W0255058

STAMMESGESCHICHTE DER SÄUGETIERE

EINE ÜBERSICHT ÜBER TATSACHEN UND PROBLEME DER EVOLUTION DER SÄUGETIERE

VON

Prof. Dr. ERICH THENIUS
PALÄONTOLOGISCHES INSTITUT DER UNIVERSITÄT WIEN

UND

Prof. Dr. HELMUT HOFER
MAX PLANCK-INSTITUT FÜR HIRNFORSCHUNG · GIESSEN

MIT 53 ABBILDUNGEN UND 2 TABELLEN

SPRINGER-VERLAG
BERLIN · GÖTTINGEN · HEIDELBERG
1960

ISBN 978-3-642-88236-4 ISBN 978-3-642-88235-7 (eBook)
DOI 10.1007/978-3-642-88235-7

Softcover reprint of the hardcover 1st edition 1960

Vorwort

Das Bild der Evolution der Säugetiere, also ihr Ursprung aus Reptilien sowie die Ausgestaltung der einzelnen Stämme in der geologischen Zeit und in den wechselnden geologischen Räumen, konnte in den letzten Jahrzehnten durch zahlreiche neue Fossilfunde sowie durch die vergleichend anatomische Untersuchung der rezenten Formen in wesentlichen Punkten genauer gezeichnet werden. Daher ist die Geschichte des Säugetierstammes wesentlich besser bekannt als die anderer Tiergruppen. Das hängt damit zusammen, daß die Säuger erst im Kaenozoikum ihre volle Blüte erlebten und daß aus fast allen Evolutionsphasen nicht nur Fossilreste erhalten sind, sondern zum Teil auch noch rezent primitive oder wenigstens diesen sehr nahestehende Formen erhalten geblieben sind. Aus dem Wechselspiel zwischen der Deutung der Fossilreste und der ergänzenden Untersuchung der rezenten Formen ergibt sich das fortschreitend klarer werdende Bild des Evolutionsganges der Säuger. Dazu kommt, daß das Gebiß der Säugetiere in seiner unerhörten Formenmannigfaltigkeit die besten Anhaltspunkte für die phylogenetische Betrachtung bietet, so daß gelegentlich anhand von Gebißresten mehr ausgesagt werden kann als anhand postkranialer Skeletteile.

Unter allen Tierstämmen wurde den Säugetieren und ihrer Stammesgeschichte immer besondere Bedeutung beigemessen. Das ist verständlich, denn sie sind der Wirbeltierstamm, in dem der Mensch verwurzelt ist, und seine frühe stammesgeschichtliche Entwicklung läßt sich innerhalb der Säuger herausstellen. Dazu kommt, daß die Säugetiere sich in der geologischen Zeit zuletzt entwickelten und die am höchsten differenzierten Formen hervorbrachten. Auf Grund des reichen und weiterhin stets anwachsenden Fossilmaterials läßt sich dieser Entwicklungsverlauf historisch mit zunehmender Genauigkeit verfolgen. Daher ist man in der Lage, das heutige, sehr mannigfaltige Bild der Säugetiere, die ihre phylogenetische Blüteperiode erst in der jüngsten geologischen Vergangenheit überschritten haben, weitestgehend stammesgeschichtlich zu verstehen. Bei anderen Wirbeltiergruppen ist das in gleichem Umfange nicht möglich. Zugleich haben die Fossilfunde aber auch gezeigt, wie schwierig eine Abgrenzung von ihren Vorfahren, den theromorphen Reptilien, ist, und daß die Grenze zwischen Reptil und Säugetier infolge fließender Übergänge nur eine rein künstliche sein kann.

In Anbetracht der Fortschritte, die auf diesem Gebiete in den letzten Jahrzehnten gemacht wurden, erschien eine Zusammenfassung unserer derzeitigen Kenntnisse dringend notwendig, um so mehr, als im deutschen Schrifttum, von älteren Werken abgesehen, eine solche Darstellung fehlt.

Wir haben versucht, vom morphologisch-historischen Standpunkt aus und unter Berücksichtigung der Ergebnisse der Nachbardisziplinen wie der Tiergeographie, Taxionomie, Parasitologie, Cytologie, Serologie und Haustierforschung in kurzer Form die Phylogenie der Säugetiere möglichst bis in die kleineren Stämme hinein darzustellen und im wesentlichen neu zu illustrieren. Die „Stammbäume" sind wie sämtliche derartige Darstellungen, Schemata — soweit nicht aus der Literatur übernommen — nach Originalentwürfen von E. THENIUS angefertigt. Sie sollen vor allem den durch die Fossilfunde bedingten gegenwärtigen Stand unserer Kenntnisse zum Ausdruck bringen.

Größter Wert wurde auf die Darstellung der Zusammenhänge gelegt sowie auf eine möglichst klare Fassung der noch bestehenden Wissenslücken. Um das Buch auch für Vertreter der Nachbarwissenschaften verwendbar zu machen, wurde auf eine eingehende Diskussion von Spezialfragen sowie auf die Darstellung der historischen Entwicklung verschiedener wissenschaftlicher Meinungen, die man bei W. K. GREGORY (1910) findet, bewußt verzichtet.

So wie sich in vergangenen Jahrzehnten das Bild der Stammesgeschichte der Säuger durch neu hinzukommende Funde und ihre Deutung laufend und zum Teil tiefgreifend veränderte, so wird es auch in Zukunft sein. Darum ist es das Schicksal phylogenetischer Darstellungen, bald zu veralten. Der Verlag, dem die beiden Verfasser für sein in jeglicher Hinsicht bewiesenes Entgegenkommen zu danken haben, hat sich deshalb bereit erklärt, dieser absichtlich klein gehaltenen Auflage bald eine zweite folgen zu lassen. So wird es möglich sein, dieses Buch einigermaßen auf dem modernen Wissensstand zu halten.

Herrn Dr. WALTER FIEDLER, Wien, sei auch an dieser Stelle für verschiedene Hinweise, dem Verlag für die vorzügliche Ausstattung des Werkes herzlichst gedankt. Herr cand. rer. nat. WERNER MEINEL, Gießen, hat in dankenswerter Weise die Zusammenstellung des Sach- und Autorenverzeichnisses übernommen. Der Druckstock zu Abb. 43 wurde freundlicherweise von der Gesellschaft für Natur und Technik, Wien, überlassen.

Gießen und Wien, im Januar 1960

H. HOFER E. THENIUS

Inhaltsverzeichnis

I. Allgemeiner Teil

1. Grundsätzliches zur stammesgeschichtlichen Forschung

Die Erforschung der Evolution der Organismen erfolgt auf zwei, nach Fragestellung und Methodik verschiedenen Wegen (TSCHULOK, REMANE, SCHINDEWOLF). Ein geschlossenes Bild der stammesgeschichtlichen Entfaltung einer Tiergruppe ergibt sich, wenn die Ergebnisse beider Forschungsrichtungen einander ergänzen.

1. Die experimentelle Forschungsrichtung (Genetik, Haustierforschung) ist notwendigerweise auf die rezenten, leicht züchtbaren Formen angewiesen. An diesen können durch verschiedene Versuchsbedingungen Faktoren herausgestellt und experimentell gesichert werden, die das Evolutionsgeschehen bestimmen. Die im Versuch gewonnenen Ergebnisse können herangezogen werden, um Probleme zu beantworten, die prinzipiell nicht oder nur sehr schwer experimentell angegangen werden können. Man kann z. B. die Wirkung der Isolation auf eine Population experimentell prüfen. Die gewonnenen Ergebnisse machen per analogiam die Entstehung von Inselformen verständlich. Es könnten noch zahlreiche Beispiele angeführt werden, doch darf in diesem Rahmen auf eine detailliertere Darstellung der experimentellen Forschungen verzichtet werden. Da die Faktoren, die die Evolution bestimmen, grundsätzlich nur an rezentem Material untersucht werden können, weil nur an diesem im Züchtungsversuch das Ergebnis durch das experimentum crucis gesichert werden kann, liegt auf der experimentellen Forschungsrichtung die ausschließliche Bedeutung der Faktorenanalyse der Evolution. Sie sagen nichts über den historischen Evolutionsablauf aus, da sie an rezentem Material unter Versuchsbedingungen gewonnen wurden. In der Interpretation des historisch erfolgten und durch das Fossilmaterial in seinem Ablauf ausgewiesenen Evolutionsvorganges durch die Ergebnisse der Faktorenforschung ist die Synthese der Ergebnisse beider Forschungszweige zu erblicken. Tiergeographie, Subtilsystematik und Genetik haben in den letzten Jahrzehnten durch eine Fülle gesicherten Wissens diese Synthese fast widerspruchslos fundieren können (DOBZHANSKY, HUXLEY, MAYR, RENSCH, STRESEMANN, TIMOFEEF-RESSOVSKY u. v. a.).

2. Die morphologisch-historische Forschungsrichtung, das vordringliche Anliegen der Paläontologie, bedient sich als Methode des Vergleiches des nach morphologischer Ähnlichkeit und nach dem chronologischen Auftreten geordneten Fossilmateriales. Der fossile Rest hat hierbei die Bedeutung eines historischen Dokumentes, das aussagt, daß eine bestimmte Form, die nach dem jeweiligen Zustande des Fossils gekennzeichnet werden kann, zu einem chronologisch festlegbaren Zeitpunkt an einem mit Wahrscheinlichkeit bestimmbaren Ort gelebt hat. Das fossile Material orientiert uns über die zeitliche und geographische Ordnung des Auftretens der Formen und vermehrt unsere Kenntnis der Formenmannigfaltigkeit. Damit ermöglicht es uns, die zeitlichen, geographischen und morphologischen Lücken zu schließen. Aus den oben angegebenen Gründen

können anhand des Fossilmaterials keine sicheren Aussagen über die Faktoren gemacht werden, die den evolutiven Formwandel bestimmten; Vermutungen sind natürlich möglich. Wenn auf Grund des Fossilmaterials und seines zeitlichen und geographischen Auftretens die Geschichte der Organismen geschrieben werden kann, dann fehlt diesem Geschichtsbild die Kenntnis des den jeweiligen konkreten Ablauf bestimmenden geschichtlichen Ereignisses. Dieses, nämlich die Evolutionsfaktoren, wird von der experimentellen Forschung übernommen und zur Interpretation des stammesgeschichtlichen Bildes unterstellt. Notwendigerweise haftet den auf diesem berechtigten Wege gewonnenen Aussagen problematischer Charakter an, d. h. der höchster Wahrscheinlichkeit.

Das Ziel der morphologisch-historischen Forschungsrichtung ist die möglichst geschlossene Darstellung des Verlaufes der Stammesgeschichte bis zu den rezenten Formen. Die Voraussetzung dafür ist ein reiches, gut erhaltenes und chronologisch datierbares Material. Man hat die Bedeutung der historisch-morphologischen Forschung geglaubt einschränken zu sollen mit dem alten und in verschiedenem Sinne verwendeten Hinweis auf die Lückenhaftigkeit des Fossilmateriales. Man versteht darunter die Tatsache, daß, gemessen an der seinerzeitigen Formenfülle, nur ein verschwindender Teil in Form meist bruchstückhafter Reste von Hartteilen auf uns gekommen ist. Zwangsläufig, so folgert man, müssen die auf diesem Material beruhenden Feststellungen ebenso unsicher sein, und zwar um so mehr, je weniger Material vorhanden ist.

Zunächst ist festzuhalten, daß die Lückenhaftigkeit des Materials für die experimentelle Forschungsrichtung belanglos ist. Die morphologisch-historische Forschung erwartet von den Fossilresten einen Einblick in die zeitliche und geographische Ordnung ihres Auftretens und eine Erweiterung der Kenntnis der Formenvielfalt, wodurch die isoliert stehenden Gruppen miteinander verbunden werden können. Dazu genügt eine relativ geringe Zahl sicher datierbarer und systematisch bestimmbarer Reste. Einige wenige sicher bestimmbare Kieferbruchstücke von kretazischen Beutelratten vom nordamerikanischen Kontinent haben die von der vergleichenden Anatomie längst vertretene Ansicht, daß dieser Formenkreis der ursprünglichste der Beuteltiere sei, zur Gewißheit werden lassen.

Je mehr Material vorhanden ist, desto besser fundiert sind die Anschauungen über die stammesgeschichtlichen Zusammenhänge. Am methodischen Prinzip, dem Vergleich in Richtung der Ähnlichkeiten und Zeitenfolge, ändert sich aber nichts. Nehmen wir an, von einem Stamm wären sämtliche Individuen, die jemals gelebt haben, fossil erhalten geblieben. Man hätte dann ein unübersehbares Material, wüßte aber nicht, welche Individuen in direkter Generationenfolge zu ordnen wären. Wir würden, da anders nicht möglich, wieder nach Ähnlichkeit, zeitlichem und geographischem Auftreten ordnen und danach die Stammesgeschichte schreiben, wir würden also genau das tun, was auch mit geringerem Material geschieht.

Die Darstellung eines stammesgeschichtlichen Ablaufes kann nur so weit gehen, als durch Fossilmaterial gestattet wird; nur darin liegt die Berechtigung des einwendenden Hinweises auf die Lückenhaftigkeit des überlieferten Materials. Bei manchen Säugerstämmen ist man wegen des Materialmangels noch nicht über vage Vermutungen hinausgekommen (Monotremata, Chiroptera, Dermoptera u. a.) oder erlebt einen steten Wechsel der vertretenen Anschauungen, wie das eben jetzt wieder im Primatenstamm der Fall ist. In anderen Stämmen, z. B. Pferde, Elefanten, viele Raubtier- und Huftierstämme, ist in Zukunft nur mehr mit unwesentlichen Änderungen der geltenden Meinungen zu rechnen.

2. Fossilisation und Biostratinomie; die Lückenhaftigkeit der Fossilüberlieferung

Fossilien (Versteinerungen, „Petrefakten") sind Reste von Lebewesen früherer Erdperioden. Schon im Altertum wurden sie als solche erkannt (z. B. HERODOT), doch ging diese Erkenntnis im Mittelalter verloren, um erst wieder in der Neuzeit (LEONARDO DA VINCI) sich durchzusetzen. Erst mit dem Siege der Deszendenzlehre gewannen sie wissenschaftliche Bedeutung als historische Dokumente für die Evolution. Damit setzte erst die Paläontologie als Wissenschaft ein.

Meist sind nur Hartteile (Knochen, Zähne, Hautpanzer) erhalten. Ausnahmen sind die Mammutkadaver in den Frostböden Sibiriens, die Fellnashornleichen in eiszeitlichen Erdwachssümpfen Polens oder Gewebereste (Muskel-, Farbstoffzellen usw.) in tertiären Braunkohlen des Geiseltales bei Halle, oder Haare im alttertiären baltischen Bernstein. Bei den Säugetieren bieten das Skelet, besonders der Schädel und das Gebiß zahlreiche Anhaltspunkte für die stammesgeschichtliche Forschung. Eine Säugetierkunde ohne Paläontologie ist undenkbar. Das zeigt die Tatsache, daß heute etwa 10000 fossile Arten nur 6000 rezenten gegenüberstehen. Das Zahlenverhältnis wird sich noch sehr zugunsten der ausgestorbenen Formen verschieben. Ohne Fossilreste wäre die Kenntnis der Säugetiere sehr unvollständig, da zahlreiche Stämme nur im Mesozoikum oder im Tertiär lebten. Im Tertiär hatten die Säugetiere ihren stammesgeschichtlichen Entfaltungshöhepunkt.

Zur Fossilisation kommt es meist nur bei rascher Bedeckung der Leiche nach dem Tode; die Voraussetzungen dazu sind am günstigsten in Flachmeeren, Seen, Höhlen oder Spaltenfüllungen. Körperlich kleine Formen haben geringere Aussichten fossil erhalten zu werden als große. Sehr schwer bleiben fliegende oder baumlebende Tiere fossil erhalten und dann meist nur in sehr bruchstückhafter Form. Darum ist für die Auswertung der Fossilien in stratigraphischer und phylogenetischer Hinsicht, aber auch für die richtige Einschätzung von Fundlücken die Kenntnis des Vorkommens entscheidend. Man spricht von einem Vorkommen auf primärer Lagerstätte, wenn der Lebensraum dem Todes- und Begräbnisraum entspricht (autochthones Vorkommen). Hier sind die Voraussetzungen zur Fossilisation und guter Gesamterhaltung am günstigsten. Ein Beispiel sind die Höhlenbären, die in ihrer Wohnhöhle verendeten und durch Generationen Schicht auf Schicht fossil wurden, wie in der Drachenhöhle bei Mixnitz (Steiermark). Wenn der Lebens- und Todesraum nicht dem Begräbnisraum entspricht, hat man eine sekundäre Lagerstätte (allochthones Vorkommen) vor sich. Eine solche kann noch vor der Einbettung durch Verschwemmung oder Verschleppung der Leiche erfolgen (synchrone Allochthonie) oder nach der Fossilisation durch erneute Freilegung des Restes und neuerliche Einbettung in geologisch jüngere Schichten (heterochrone Allochthonie) zustande kommen. Selbstverständlich können Fossilien auf heterochron-allochthoner Lagerstätte nicht zur Altersbestimmung verwendet werden. Stammesgeschichtlich sind sie nur vorbehaltlich auswertbar.

Bei sekundärer Lagerung der Leiche, wenn der Lebensraum nicht dem Begräbnisraum entspricht, sind die Voraussetzungen für die Fossilisation und günstige Erhaltung des Restes erheblich ungünstiger als bei primärer Lagerung. Darum sind baumlebende und fliegende Formen selten gut erhalten. Die Tiere fallen zu Boden, ihre Kadaver verwesen oder werden angefressen und dabei schon verschleppt. Regengüsse verschwemmen die Reste und lösen die Skeletteile voneinander, oder die Leichen werden in Flußläufen abgetrieben und in verschiedentlich zerstörtem Zustand eingebettet. Solche Vorgänge vor der Einbettung mindern die Fossilisationserwartung bei kleinen baumlebenden Tieren außerordentlich. Deshalb ist das Evolutionsbild der niederen Primaten heute noch sehr lückenhaft. Da Primitivformen immer Kleinformen sind, ist verständlich, warum die spätkretazischen ursprünglichen Vertreter der damals schon in die Hauptstämme aufgegliederten Säuger nur in seltensten Fällen gut erhalten sind. Wichtig für die richtige Deutung der Fossilien ist die Kenntnis der Vorgänge und Umstände, die nach dem Tode des Individuums zur Einbettung und damit zur Fossilisation führen (Biostratinomie; vgl. WEIGELT 1927, MÜLLER 1951).

Bei der Fossilisation kommt es bei Knochen- und Zahnresten zu einem Ersatz der organischen Substanz durch anorganische Verbindungen. Den anorganischen Stoffen entsprechend, die zur Fossilisation führen (Calciumcarbonat, Kieselsäure, Pyrit usw.), können verschiedene Erhaltungszustände unterschieden werden (Verkalkung, Verkieselung, Phosphatisierung, Verkohlung u. dgl.). Durch Ausfüllung natürlicher Hohlräume (Schädelnebenhöhlen, Cavum cranii) durch Sediment oder durch Auskristallisierung kann ein Positiv des Hohlraumes, ein „Steinkern", gebildet werden. Steinkerne des Cavum cranii sind als „fossile Gehirne" bekannt (vgl. S. 39).

Der Erhaltungszustand des Fossils kann seine Beurteilung erschweren, wenn dieser durch Vorgänge während der Fossilisation (Diagenese) oder nachher beschädigt wurde; z. B. ist Verquetschung durch Gesteinsdruck eine sehr häufige Schädigung der schon eingebetteten Schädel oder Verwitterung bei Freilegung des Fossils.

Bedenkt man, von welchen Zufällen es abhängt, daß eine Tierleiche eingebettet wird und in gutem Zustand den Fossilisationsprozeß übersteht, und bedenkt man, daß es ein Zufall ist, daß sie gefunden wird und in richtige Hände kommt, dann überrascht die Lückenhaftigkeit der paläontologischen Überlieferung, deren theoretische Bedeutung oben erwähnt wurde, keineswegs. Man kann dauernde Wissenslücken von derzeitigen, prinzipiell überbrückbaren unterscheiden. Die Ursache der ersteren ist die begrenzte Erhaltungsmöglichkeit des Leichenmaterials. Die ganze Weichteilmorphologie — über das Gehirn vgl. S. 38ff. — ist uns deshalb paläontologisch grundsätzlich verschlossen. Wenn in seltensten Ausnahmen einmal Weichteile erhalten sind, daß histologische Feinheiten erkannt werden können, so ist praktisch nichts damit gewonnen, denn es hat wohl kaum jemand bezweifelt, daß eozänen Säugern auch quergestreifte Muskulatur und typische Ohrknorpel zukommen. Außerdem gestattet der vereinzelte Fund nur äußerst selten eine wissenschaftliche Auswertung (z. B. Stacheln bei ursprünglich für Lemuren gedeuteten Insectivoren aus dem Geiseltaleozän; VOIGT 1950). Wann und wie die Säuger das Haarkleid erhielten, was für die Frage der beginnenden Homoiothermie wichtig wäre, wird wohl kaum sicher bekanntwerden, und wann die Viviparie eintrat, wird vermutlich nie beantwortet werden können. Die derzeitigen, prinzipiell aber ausfüllbaren Wissenslücken sind Fundlücken, die nach systematischer Durchforschung geschlossen werden können. Die Stammesgeschichte der australischen Beuteltiere ist noch unbekannt, weil der Kontinent noch nicht ausreichend durchforscht ist. Europa und große Teile Nordamerikas sind die einzigen Gebiete, die paläontologisch systematisch erforscht wurden.

3. Relative und absolute Chronologie

Für die Beurteilung eines Evolutionsvorganges ist die Kenntnis der zu einer Formveränderung benötigten Zeit wichtig, um zu gesicherten Angaben der Evolutionsgeschwindigkeit zu kommen. Die früheren Zeitbestimmungen, die anhand der geologischen Folge fossilführender Schichten vergleichend durchgeführt wurden, also letztlich auf den Fossilien selbst beruhten, konnten nur eine relative Chronologie zulassen. Seit einigen Jahrzehnten ist man mit physikalisch-chemischen Methoden in der Lage, eine absolute Chronologie der Erdgeschichte, besonders der hier in Frage kommenden Perioden, zu entwerfen.

Die Verfahren beruhen hauptsächlich auf dem Zerfall radioaktiver Substanzen, sei es als Elemente selbst (Uranium, Thorium), sei es als Radioisotope (Radiocarbon-Methode mit C^{14}; Kalium-Argon-Methode), deren gegenseitiges Verhältnis eine absolute Datierung ermöglicht. Andere Methoden, die nur postglaziale Ablagerungen betreffen, sind für den Gesamtablauf der Säugerevolution ohne Belang. Die dafür wichtige Zeitspanne umfaßt das Mesozoikum (Erdmittelalter: Trias, Jura und Kreide) und das Kaenozoikum (Erdneuzeit: Tertiär und Quartär). Die ältesten Säugetierreste kennt man aus der jüngsten Trias (älteres Mesozoikum). Im Mesozoikum entstehen die ersten Säugerstämme, die überwiegend in der Kreidezeit erlöschen (vgl. S. 44ff.). Auch wenn von diesen Stämmen nur sehr wenig erhalten blieb, ist doch die Chronologie dieser Epochen für die Evolution der Säuger ebenso wichtig wie die des Kaenozoikums, in dem eine aufblühende Säugerfauna überreiche Reste hinterließ.

Die Dauer der einzelnen Zeitabschnitte (Perioden oder „Formationen") wird etwas verschieden angegeben. Diese Differenzen beruhen hauptsächlich auf der schwierigen stratigraphischen Einstufung der für die absolute Zeitbestimmung benötigten vulkanischen Gesteine. Folgende Zeitangaben können für die einzelnen Perioden als anerkannt gelten:

Quartär	1 Million Jahre
Tertiär	60—70 Millionen Jahre
Kreide	70 Millionen Jahre
Jura	25—30 Millionen Jahre
Trias	30 Millionen Jahre

Diese absoluten Daten sind für die Beurteilung der Evolutionsgeschwindigkeit von höchster Bedeutung, denn sie gestatten eine absolut richtige Bewertung des zeitlichen Ablaufes der Stammesgeschichte, die man an morphologischen Änderungen, die an den Fossilien festgestellt werden können, erfassen kann. Die absolute Chronologie eröffnet der Evolutionsforschung bei den Säugetieren neue, vielfach noch ungenützte Möglichkeiten. So hat Kurten erst jüngst (1959a) darauf hingewiesen, daß die Evolutionsgeschwindigkeit im Paleozän und im Pleistozän vier- bis zehnfach höher war als während des Jungtertiärs.

Wegen der Bedeutung der exakten Alterseinstufung von Fossilfunden ist die uneinheitliche Fassung der Tertiärepochen und -stufen in der Literatur zu berück-

Tabelle 1. *Erdgeschichtliche Zeittafel*[1]

Perioden		Epochen		Wichtige Geschehnisse
Quartär		Holozän (= Alluvium)		Ausrottung von Ur, Quagga und Stellerscher Seekuh Domestikation der Haussäugetiere
		Pleistozän (= Diluvium)		Aussterben zahlreicher Großformen (Mammut, Riesenfaultiere, Riesengürteltiere, Diprotodonten, Riesenlemuren, Riesenhirsch usw.) weite Gebiete zeitweise vereist Nordsee und Sundasee Landgebiete älteste Hominiden (Australopithecinen)
Tertiär	Jung-	Pliozän		Landverbindung zwischen Nord- und Südamerika warmgemäßigtes Klima in Mitteleuropa
		Miozän		Aussterben der Indricotherien subtropisches Klima in Mitteleuropa
	Alt-	Oligozän		Aussterben der Titanotherien tropisches Klima in Mitteleuropa
		Eozän		Aussterben der Multituberculaten
		Paleozän		Isolierung Südamerikas Entfaltung der placentalen Säugetiere
Kreide	jüngere	Dan Senon Emscher Turon Cenoman		älteste didelphe und placentale Säugetiere Isolierung Australiens
	ältere	Gault Neokom		älteste Theria
Jura		Malm		Multituberculaten, Pantotheria,
		Dogger		Symmetrodonta, Docodonta,
		Lias		Triconodonta
Trias		Rhaet	Keuper	älteste typische Säugetiere
		Nor		
		Karn		Säugetierähnliche Reptilien (Therapsiden) mit verschiedenen Stämmen
		Ladin	Muschelkalk	
		Anis		
		Skyth	Buntsandstein	
Perm		Zechstein		Spaltung in Cynodontia und Bauriamorpha
		Rotliegend		

[1] Nur die für die Evolution der Säugetiere in Betracht kommenden Perioden berücksichtigt.

sichtigen, die oft Anlaß zu falschen Schlußfolgerungen war. Die Grenzen zwischen Eozän und Oligozän, Oligozän und Miozän und Miozän und Pliozän werden in der west- und mitteleuropäischen Literatur verschieden gefaßt. Diese Unterschiede sind teils historisch, teils methodisch bedingt (Grenzziehung nach Meerestrans- und -regressionen bzw. nach verschiedenen Organismengruppen). Dadurch entspricht das Obermiozän (Miocène supérieur) der französischen Literatur dem Unterpliozän im deutschen Schrifttum u. dgl. mehr (s. THENIUS 1959).

Tabelle 2. *Synchronisierung der europäischen Standardchronologie mit den Säugetierstufen des nordamerikanischen Tertiärs* (nach THENIUS 1959 ergänzt)

E = Early, M = Middle, L = Late. Beachte verschiedene Grenzziehung der Stufen und Epochen in Europa und Nordamerika.

	Europa		Nordamerika		
Ältest-Pleistozän	Villafranchium		Blancan	L	Pliocene
Pliozän	Piacentium + Astium		Hemphillian	M	
	Pannonium (= Pontium s. l.)		Clarendonian	E	
Miozän	Vindobonium (s. l.)	Sarmatium Tortonium Helvetium	Barstovian	L	Miocene
			Hemingfordian	M	
	Burdigalium		Arikareean	E	
Oligozän	Aquitanium		Whitneyan	L	Oligocene
	Stampium	Chattium			
		Rupelium	Orellan	M	
	Lattorffium	Sannoisium	Chadronian	E	
Eozän	Wemmelium	Ludium	Duchesnean	L	Eocene
	Ledium	„Bartonium" +„Auversium"	Uintan		
	Lutetium		Bridgerian	M	
	Ypresium				
	Sparnacium		Wasatchian	E	
Paleozän	Thanetium		Clarkforkian	L	Paleocene
			Tiffanian		
	?		Torrejonian	M	
	Montium		Dragonian		
	?		Puercan	E	

Ebenso wesentlich erscheint auch die Grenzziehung zwischen Tertiär und Quartär, also die Plio-Pleistozängrenze. Diese wird seit 1948 nach internationaler Übereinkunft zwischen den Stufen Astiano-Piacentiano und dem Villafranchiano (= Calabriano) gezogen, wodurch das „Oberpliozän" der älteren Literatur, das dem Villafranchiano entspricht, zum Ältestpleistozän (Early Pleistocene) wurde. Diese Feststellung ist für die Beurteilung der Stammesgeschichte geologisch junger Gruppen, wie die Rinder, Bären, Wühlmäuse oder Giraffen, wichtig.

4. Paläogeographie der Kontinente im Kaenozoikum

Die absolute Chronologie ermöglicht es, sichere Vorstellungen der Evolutionsgeschwindigkeit zu gewinnen. Die Paläogeographie, die Erdkunde vergangener geologischer Perioden, entwirft uns ein zunehmend sicherer werdendes Bild der Räume, in denen die Evolution der einzelnen Stämme vor sich ging. Sie zeigt das Schicksal der Kontinente und ihrer einstigen landfesten Verbindungen und erlaubt das Zustandekommen der Faunen und des Faunenwechsels zu verstehen. Diese stehen teilweise im Zusammenhang mit gebirgsbildenden Phasen, wovon für die Säugetiere nur die alpidische Gebirgsbildung, die mit der Kreide erst richtig einsetzt und bis in das Quartär anhält, von Wichtigkeit ist. In Verbindung mit der Paläogeographie erlaubt die Paläoklimatologie, die Lehre von den Klimaten und ihren Veränderungen in der Erdvergangenheit, Schlüsse auf Zusammenhänge, die Faunenveränderungen und -untergänge erklären können.

Als Beispiel sei Australien erwähnt. Dieses war mit der ausklingenden Kreidezeit isoliert und hatte über die ursprüngliche Landbrücke aus Asien Beutelratten (Didelphiden) als einziges Faunenelement höherer Säuger erhalten. Diesen und ihren Deszendenten standen alle ökologischen Möglichkeiten auf diesem Kontinent zur Verfügung. Der in Australien isolierte und konkurrenzlose Stamm brachte ökologische Typen hervor, die denen der placentalen Säuger anderwärts entsprachen. Darunter waren riesige herbivore Formen, die auf große Pflanzenbestände zur Ernährung angewiesen waren. Die im Quartär erfolgte Versteppung und Wüstenbildung führte zum Rückgang der Vegetation und damit ihrer Fauna. Die Paläogeographie erklärt die frühe Isolierung Australiens und macht damit die Aufsplitterung der Beuteltiere in einen sehr formenmannigfaltigen Stamm verständlich. Die Paläoklimatologie erklärt die Steppen- und Wüstenbildung und den Untergang weiter Waldformationen mit ihrer Fauna. Das Bild der heutigen australischen Beutlerfauna, das zahlreiche ökologisch verschiedene Typen aufweist und in der morphologischen Isoliertheit der rezenten Formenkreise deutlich den Charakter einer Restfauna trägt, ist paläogeographisch und paläoklimatisch verständlich geworden.

Mit der Paläogeographie sind aber auch zahlreiche Probleme verknüpft, die in den Bereich der Geophysik fallen. Vom Standpunkt der Evolution der Säugetiere aus ist vor allem die Gestalt der Kontinente im Kaenozoikum von Interesse.

Während in der Trias die Tethys, ein in west-östlicher Richtung verlaufendes Meer die Nordkontinente vom Südkontinent trennte, kam es im Laufe des Mesozoikums zu einer Trennung des Südkontinentes. Dieser Südkontinent, der nach einer Landschaft in Vorderindien den Namen Gondwanakontinent erhalten hat, wird im Permokarbon, also noch im ausgehenden Erdaltertum, durch die sog. Glossopterisflora gekennzeichnet. Außerdem zeigen die südlichen Teile dieses Kontinentes Vereisungsspuren in Form von Gletscherschliffen, Tilliten (= fossile Moränen) u. dgl. mehr. Dieser Gondwanakontinent umfaßte Teile des heutigen Südamerika und Afrika, Madagaskar und Vorderindien, Australien und die Antarktis. Wenn auch über die Art des einstigen Zusammenhanges — Landbrücken oder direkte Verbindung und spätere Trennung durch Kontinentaldrift im Sinne von Wegener — Meinungsverschiedenheiten bestehen, so deuten doch die Gemeinsamkeiten der Südkontinente auf eine einst nähere Verbindung hin. Dies wird auch durch die Meeresfauna bestätigt, wonach der Südatlantik relativ jungen Alters ist (z. B. Selachierfauna, vgl. CASIER 1954). Auch die Ergebnisse paläomagnetischer Messungen bestätigen die einstige abweichende Lage der einzelnen Kontinente zueinander.

Für das Tertiär als bereits gegenwartsnähere Periode lassen sich naturgemäß weitaus präzisere Angaben machen als über die Paläogeographie des Mesozoikums. Sie sind auch für die Phylogenie der Säugetiere bedeutend wichtiger als die paläogeographischen Gegebenheiten im Erdmittelalter (vgl. Abb. 1—4).

So war der südamerikanische Kontinent fast das gesamte Tertiär hindurch von Nordamerika getrennt. Nur zu Beginn des Tertiärs war eine landfeste Verbindung mit Mittel- und Nordamerika vorhanden, die erst im ausgehenden Tertiär wieder hergestellt wurde. Diese lange Isolation führte zur Entwicklung endemischer Faunen, die allerdings während der Eiszeit, nach dem Eindringen zahlreicher Säugetierstämme aus Nordamerika, stark dezimiert wurden und von denen sich nur Reste bis in die Gegenwart erhalten haben (Marsupialier, Xenarthra, Caviomorpha, Platyrrhina).

Der nordamerikanische Kontinent besaß im ältesten Tertiär eine direkte Landverbindung mit Europa, die im mittleren Eozän unterbrochen wird. Andauernder war die Landbrücke über die heutige Beringstraße mit Ostasien, die zu einem wiederholten regen Faunenaustausch führte. Die Beringstraße war während der Tertiärzeit nur zeitweise offen. Wohl war während des Tertiärs der Verlauf der Küstenlinie des nordamerikanischen Kontinentes ein anderer, doch handelt es sich nur um Verschiebungen im Bereich der Golf- und Atlantikküstenebene bzw. in der pazifischen Küstenprovinz. Die Isolierung Südamerikas im Tertiär wird durch die Meeresfauna bestätigt, indem die Übereinstimmung zwischen karibischen und pazifischen Formen damals viel größer war als gegenwärtig.

Weitaus einschneidender waren die Veränderungen, die den asiatischen Kontinent im Kaenozoikum betroffen haben. Erscheint Asien heute — wenn man von der südost- und ostasiatischen Inselwelt absieht — sehr einheitlich, so war dies keineswegs immer der Fall. Nicht nur lokale, randliche Überflutungen haben zu einem wechselnden Bild des Kontinents im Laufe der Zeit beigetragen. Es waren tiefgreifende Veränderungen. Wie schon erwähnt, gehört Vorderindien paläofaunistisch und -floristisch eigentlich dem Gondwanakontinent an. Die Ablagerungen des einstigen trennenden Meeres, die Tethys, treten uns heute aufgefaltet durch den alpidischen Gebirgsbildungscyclus als Gebirgsketten des Kaukasus, Hindukusch, Karakorum, Kuenlun bzw. Transhimalaya und Himalaya entgegen. Aber auch in nord-südlicher Richtung trennte ein Meeresarm östlich des heutigen Ural im Alttertiär Zentralasien von Europa. Aber selbst die japanische und indomalayische Inselwelt war zeitweise landfest mit dem asiatischen Kontinent verbunden, was zu einem Faunenaustausch führte. Besonders deutlich ist dieser Faunenaustausch in Indonesien zu verfolgen, indem die Sundasee während pleistozäner Kaltzeiten trocken lag (Meeresspiegelsenkung durch Polkappenbildung mit Bindung großer Wassermassen in Eisform) und auf Java daher mehrere, verschiedenaltrige Faunenwellen festgestellt werden konnten.

Wie bereits gesagt, war auch die heutige Beringstraße im Tertiär als Landbrücke entwickelt. Zeitweise wirkte diese Landbrücke als „Filterbrücke" (im

Sinne von SIMPSON), indem ökologisch-klimatologische Faktoren nur einen begrenzten Faunenaustausch zuließen. Das Rote Meer ist geologisch sehr junger

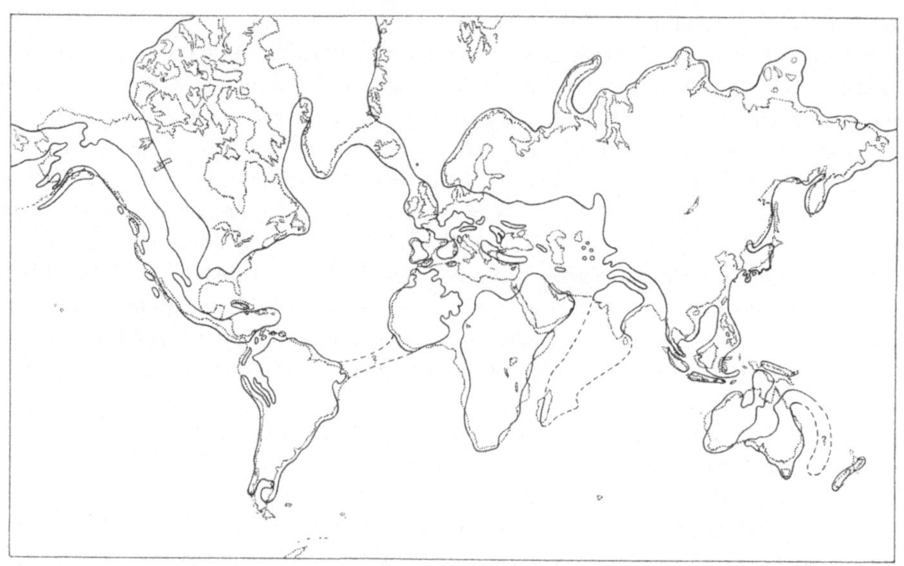

Abb. 1. Paläogeographie der Kontinente zur jüngeren Kreidezeit (Senon). Gegenwärtiger Küstenverlauf punktiert. Strichliert: vermutliche Landverbindungen. (Nach H. u. G. TERMIER 1960, kombiniert)

Abb. 2. Paläogeographie der Kontinente während des Alttertiärs (Eozän). Gegenwärtiger Küstenverlauf punktiert. Strichliert: zeitweise landfeste Verbindungen. (Nach H. u. G. TERMIER 1960, kombiniert)

Entstehung und stellt daher erst in erdgeschichtlich jüngster Zeit ein Hindernis für den Faunenaustausch dar. Auch die Bildung des Wüstengürtels in Nordafrika und Vorderasien ist geologisch sehr jung.

Von Europa, das gegenwärtig nur einen Teil des asiatischen Kontinentes bildet, waren im Tertiär weite Teile überflutet. Nordfrankreich, Südengland und

Abb. 3. Paläogeographie der Kontinente während des Jungtertiärs (Miozän). Gegenwärtiger Küstenverlauf punktiert. (Nach H. u. G. TERMIER 1960, verändert)

Abb. 4. Paläogeographie der Kontinente während des Pleistozäns (Jungeiszeit). Gegenwärtiger Küstenverlauf punktiert. Gezackte Linie: maximale Ausdehnung der Gletschermassen. (Nach H. u. G. TERMIER 1960, verändert)

Belgien bildeten im Alttertiär das anglo-gallische Becken, das wiederholt vom Meer erfüllt war. Meeresarme reichten vom Rhônetal über die Schweiz und Bayern bis nach Österreich und setzten sich am Außensaum der Karpaten bis nach

Rumänien fort. Nach Norden bestand eine Meeresverbindung über das heutige Rheintal. Die Poebene war im Jungtertiär eine Meeresbucht, wie auch das ungarische Tiefland und das Wiener Becken von einem Meer erfüllt waren, um erst im ausgehenden Tertiär zu verlanden. Die Alpen wurden erst während des Kaenozoikums zum Hochgebirge, und noch im Jungtertiär erstreckte sich die sog. Paratethys von Mitteleuropa über Südosteuropa bis weit nach Vorderasien hinein. Im Alttertiär war eine direkte Landverbindung mit Nordamerika vorhanden. Großbritannien war nicht immer eine Insel, und weite Teile der Nordsee und der nördlichen Adria waren noch während der Eiszeit landfest. Die Ostsee entstand erst mit dem Zurückweichen der ganz Nordeuropa bedeckenden Eiskappe. Die Ägäis brach erst im Quartär ein. Im Pliozän war eine landfeste Verbindung zwischen Spanien und Nordafrika vorhanden, die auch die Pityusen und Balearen einschloß. Eine sizilo-tunesische Landbrücke existierte während des Pleistozäns nicht.

Der afrikanische Kontinent hat seine — von großflächigen Überflutungen im ausgehenden Erdmittelalter und im ältesten Tertiär im Raume des Nigerbeckens, des Senegals und bis nach Nordwestafrika hinein, abgesehen — allgemeine Gestalt seit dem Mesozoikum nur unwesentlich verändert. Meist waren es nur lokale, randliche Überflutungen. Besonders im Norden (Berberei, Libyen, Ägypten) bestanden im Tertiär mehr oder weniger ausgedehnte Randmeere. Im älteren Tertiär muß eine landfeste Verbindung mit Madagaskar bestanden haben. Das große innerafrikanische Grabenbruchsystem entstand im Laufe des Tertiärs. Nordwestafrika war noch in der Nacheiszeit von einer reichen Savannenfauna belebt, der seither in Zusammenhang mit zunehmender Austrocknung der erforderliche Lebensraum entzogen wurde. Der heutige Wüstengürtel, der sich über Ägypten und den Vorderen Orient bis nach Zentralasien erstreckt, ist, geologisch gesehen, sehr jungen Datums.

Australien war schon im ausgehenden Erdmittelalter von den übrigen Kontinenten isoliert, nachdem bereits in der jüngeren Kreidezeit die Isolierung von Neuseeland erfolgt war, indem die Australien und Neuseeland verbindende Landbrücke überflutet wurde. Meeresüberflutungen lassen sich vornehmlich im südöstlichen Teil des australischen Kontinentes feststellen. Nach neueren paläomagnetischen Meßergebnissen ist ein einstiger näherer Zusammenhang zwischen dem südlichen Südamerika und Australien nicht ausgeschlossen (s. Flohn 1959).

5. Probleme des Aussterbens

Für den Phylogenetiker ist sowohl das Entstehen neuer Formen als auch der gerade bei den fossil so gut belegten Säugetieren eindrucksvolle Vorgang des Erlöschens ganzer Stämme, das zeitlich außerordentlich schnell vor sich gehen kann, ein vielfach diskutiertes Problem. Wie bedeutend das Problem des Aussterbens ist, zeigt die Tatsache, daß die weitaus meisten Säugergattungen fossil bekannt sind und daß es im Zusammenhange mit dem Untergange ganzer Stämme zur Verarmung von Faunen und zu tiefgreifenden faunistischen Umschichtungen gekommen ist. Als augenfälliges Beispiel sei die jungpleistozäne und rezente Säugetierfauna Mitteleuropas herangezogen. Die jungeiszeitlichen Großtiere Mitteleuropas sind durch Mammut, Fellnashorn, Ur, Steppenwisent, Steinbock,

Riesen- und Rothirsch, Elch, Ren, Reh, Wildpferd, Wildesel, Höhlen- und Braunbär, Höhlen„löwe", Höhlenhyäne, Leopard und Wolf vertreten. Von diesen leben heute noch in Mitteleuropa nur Rothirsch, Reh, Steinbock, Braunbär und Wolf. In benachbarten Gebieten sind noch Wildpferd, Ren, Elch und Leopard, teilweise in sehr beschränkten Gebieten, heimisch geblieben. Alle anderen der jungeiszeitlichen Großtiere sind ausgestorben.

Damit erhebt sich die Frage nach den Ursachen und Bedingungen des Aussterbens, die wiederholt diskutiert wurden (z. B. Osborn 1906, Soergel 1912, Tolmachoff 1928, Abel 1929, Slijper 1936, Simpson 1949, Schindewolf 1950, Rensch 1954, Gill 1955 u. a. m.). Mit Tolmachoff muß man zwischen natürlichem Aussterben (extinction) und gewaltsamer Vernichtung oder Ausrottung (extermination) unterscheiden. Unter keinen dieser Begriffe fällt das Verschwinden eines Formenkreises durch evolutive Umbildung im Laufe der Stammesgeschichte.

Die Ausrottung oder gewaltsame Vernichtung ist fast immer nur eine Beschleunigung eines bereits angelaufenen Vorganges des natürlichen Aussterbens von fremder Seite, wobei der Mensch nur ausnahmsweise die unmittelbar entscheidende Rolle spielen muß. Sie ist daher nur bei Formen möglich, die schon dem Untergang geweiht und die meist auch Reliktformen sind, die auf geographisch relativ begrenztem Gebiet vorkommen. Eine Ausrottung der Wanderratte wäre unmöglich, und auch die in der ausgehenden Eiszeit ausgestorbenen Riesenformen wurde nicht durch den Menschen ausgerottet (Soergel 1912), sondern durch großklimatische Änderungen, die zur Einengung bzw. zum Schwund des Lebensraumes führten. Den hochspezialisierten Arten, und nur solche starben am Ende der Eiszeit bzw. im frühen Holozän aus, war eine Anpassung an den neuen Lebensraum nicht möglich.

Bei der Stellerschen Seekuh, die ein enges Areal bewohnte, ist die Ausrottung möglich gewesen. Vielleicht sind die Bartenwale der einzige Stamm, der zum Aussterben als biologischem Vorgang nicht verurteilt wäre, aber durch Ausrottung infolge rücksichtsloser Verfolgung durch den Menschen erlöschen könnte. Zur gewaltsamen Vernichtung gehört auch der Untergang von Formen durch Eindringen faunenfremder, biologisch überlegener Tiere. Man kennt das in der australischen Fauna durch den Dingo, die eingeführten Schafe und Kaninchen. Ein ähnlicher Vorgang dürfte sich auf den westindischen Inseln durch die Einführung des Mungos abgespielt haben. Vielleicht ist dadurch *Solenodon* auf Kuba dem Aussterben preisgegeben worden. Wir haben hier schon Grenzfälle kennengelernt, denn was hier durch den Menschen mittelbar bewirkt wurde, der die faunenfremden Elemente verpflanzte, kann ohne Eingriff des Menschen auch durch das Zusammentreffen zweier verschieden differenzierter Tierformen oder ganzer Faunen durch den Wegfall tiergeographischer Barrieren erfolgen.

Das natürliche Aussterben ist ein biologischer Vorgang, dessen Faktoren und Bedingungen im Einzelfall untersucht werden müssen. Allgemein kann nur gesagt werden, daß Formen, die an eine bestimmte Umwelt in besonderer Form angepaßt sind, am stärksten durch Umweltsänderungen gefährdet sind, auf die sie nicht so reagieren können, daß ihr Fortbestand gesichert ist. So sind etwa die Koalas oder Beutelbären Australiens extreme Nahrungsspezialisten, die sich ausschließlich vom älteren Laub einiger weniger Eucalyptusarten ernähren. Daß hier leicht eine Störung des biologischen Gleichgewichtes eintreten und die Art mangels Anpassung aussterben kann, ist verständlich. Dies gilt für sämtliche Bewohner extremer Lebensräume. Sie sind viel anfälliger als die „lebenden Fossilien", deren Umwelten in der Regel die längste gleichbleibende Fortdauer besitzen und die geringfügige Umweltänderungen — ohne sich selbst zu verändern — bewältigen. Ganz allgemein zeigt sich, daß die durchschnittliche Lebensspanne der Gattungen mit den Umweltänderungen in Korrelation steht, indem die Lebensspanne bei rasch abändernden Umwelten abnimmt (Simpson 1949).

Große Arten stellen meist besondere Anforderungen an Raum und Nahrung; ihre Populationen sind kleiner als bei kleinen Arten und dadurch besonders empfindlich gegenüber zufälliger Vernichtung oder zufälligen Einflüssen aus der Umwelt sowie gegenüber Mutationen ungünstiger Art. Derartige Umstände beschleunigen das Aussterben zweifellos. Die riesigen pflanzenfressenden Beuteltiere Australiens *(Diprotodon, Nototherium)*, die im Pleistozän lebten und auf große Pflanzenbestände angewiesen waren, mußten mit der Versteppung Australiens als großklimatisch bedingter Umweltsänderung zwangsläufig zugrunde gehen (Tedford 1955, vgl. dagegen Gill 1955). Die von diesen Riesenformen benötigten großen Nahrungsräume wurden mit der Versteppung sehr stark reduziert, was zu einer ziemlich rasch einsetzenden Verkleinerung der Populationen und Verminderung der Fortpflanzungsrate und damit zur geringeren natürlichen Erbmannigfaltigkeit sowie niedriger Mutationsrate führen mußte, so daß sich veränderte Selektionsbedingungen nicht oder kaum auswirken konnten. Dasselbe dürfte auch für die ausgestorbenen Riesenfaultiere und Riesengürteltiere der Neuen Welt gelten.

Daß Exzessivbildungen, wie das Geweih des eiszeitlichen Riesenhirsches oder die enorm verlängerten Oberkiefereckzähne der Säbelzahnkatzen, als „inadaptive Entwicklungsrichtungen" zum Aussterben geführt haben, wird bereits durch deren lange Lebensdauer (Säbelzahnkatzen 35—40 Millionen Jahre; 30000 bis 50000 Jahre für den jungeiszeitlichen Riesenhirsch) widerlegt.

Als wichtiger Faktor, der zum Erlöschen einer Form oder ganzer Formenkreise führen kann, wird das Zusammentreffen zweier Formen als Nahrungskonkurrenten auf dem gleichen Wohngebiet angesehen, wobei die eine Form biologisch überlegen ist. Man spricht dann von verschiedener Konkurrenzfähigkeit, wobei die unterlegene Form dem Untergang geweiht ist, sofern es ihr nicht gelingt, sich aus dem Konkurrenz„kampf" zurückzuziehen. Je kleiner das Areal ist, auf dem die beiden Formen zusammentreffen, desto schneller stirbt die unterlegene aus. Als Beispiel, das in diesem Zusammenhang oft diskutiert wurde, sei die ursprüngliche Säugerfauna Südamerikas erwähnt, die sich, solange der Kontinent isoliert war, ungestört entfalten konnte. Mit dem später durch eine landfeste Verbindung mit Nordamerika ermöglichten Eindringen holarktischer Faunenelemente, wie echter Huftiere und placentaler Raubtiere, wurden die endemischen Huftiere (Notoungulata, Litopterna) zurückgedrängt und die didelphen Raubtiere (Borhyänen) vernichtet. Dabei dürfte auch, wie oben ausgeführt, zusätzlich eine Umweltänderung eine Rolle gespielt haben. Der Untergang der Borhyänen ist deshalb so interessant, weil sie mit den echten Raubtieren im gleichen Nahrungsraum zusammentrafen und sich in diesem als unterlegen erwiesen. Diese Unterlegenheit oder geringere Konkurrenzfähigkeit kann zahlreiche Ursachen haben (z. B. schlechtere Ausnützung vorhandener Nahrung, schlechtere Pflege der Jungen, ungünstigere Einfügung in die ökologische Nische, geringere Fortpflanzungsrate).

Um zu zeigen, daß das Zusammentreffen zweier Formen im gleichen Lebensraum zum Untergang der schwächeren führt, weist man oft auf Fälle hin, bei denen eine ungestörte Entwicklung erfolgte oder Restformen sich sehr lange erhielten, weil sie, isoliert lebend, vor einer Berührung mit anderen, evtl. stärkeren Konkurrenten bewahrt blieben. So erfuhren die auf Australien lebenden Beuteltiere eine intensive und sehr mannigfache Formenaufsplitterung ungefähr zur selben Zeit, als die südamerikanische Beutlerfauna bis auf wenige, zum Teil noch heute lebende Reste erlosch. Die Dezimierung der australischen Beutlerfauna erfolgte erst durch die spätpleistozäne Umweltänderung, als Folge der weitgehenden Versteppung. Einzelne Gattungen von Beuteltieren, die auf dem australischen Festland noch im Pleistozän nachgewiesen sind, haben sich auf den vorgelagerten Inseln erhalten können, wie die auf Tasmanien noch vorkommenden Gattungen *Thylacinus* und *Sarcophilus*.

Stammesgeschichtliche Reliktformen von teilweise erheblichem phylogenetischem Alter haben sich vielfach auf Inseln, geschützt vor eindringenden Feinden und Konkurrenten, bis heute erhalten können. So finden sich auf Madagaskar die sehr primitiven Borstenigel (Tenrecidae) noch heute erhalten und auf Haiti und (einst) auch Kuba der Schlitzrüßler (*Solenodon*). Keineswegs ist das aber so zu verstehen, als könnten sich nur in isolierten Gebieten archaische Formen erhalten. Es ist sogar die Regel, daß am langlebigsten die primitiveren Formen sind, weil sie nicht einseitig spezialisiert sind und daher weniger empfindlich gegen Umweltänderungen sein dürften (Copesche Regel vom Überleben der weniger spezialisierten Arten). Unter den rezenten Beuteltieren überwiegen nach Zahl der Gattungen die ursprünglich gebliebenen, deren Ursprung frühestens in der Kreide und spätestens im Oligozän liegt. In Südamerika sind es *Caenolestes* und seine nächsten Verwandten, die auf begrenzten Arealen lebende Reliktformen sind und spätestens im frühen Tertiär entstanden, sowie die Beutelratten, die ein wesentlich größeres Verbreitungsgebiet aufweisen und in der heutigen Form vermutlich eozänen Ursprunges sind; in Australien sind die Phascogalinae nur wenig über die Evolutionsphase der Didelphiden hinausgegangen. Die kleinen Phalangeriden sind wohl auch hierher zu stellen. Was an dem Beispiel der Beuteltiere gezeigt werden konnte, lassen alle anderen Säugetierstämme, die durch das gesamte Tertiär hindurch in zahlreichen Unterstämmen verfolgt werden können, ebenfalls erkennen, nämlich die Langlebigkeit der ursprünglichen und die Gefährdung der hochspezialisierten Arten.

Die allgemeine, wirkliche Ursache des Aussterbens scheint somit in der Änderung der Organismus-Umwelt-Beziehung zu liegen, die von den betroffenen Lebewesen Anpassungsänderungen erfordert, die sie nicht vollziehen können. Konkurrenz, geographische Einschränkung und Inzucht können als Faktoren mitwirken (Park 1948, Simpson 1949, Bettenstaedt 1958).

Zunehmende Spezialisierung ist daher nicht nur eine der weitestverbreiteten Eigenheiten des Evolutionsgeschehens, sondern auch einer der häufigsten Voraussetzungen zum Aussterben.

II. Morphologisch-anatomischer Teil

1. Grundzüge der Gebißmorphologie

In Anbetracht der Bedeutung des Gebisses für die Phylogenie der Säugetiere und dessen mannigfaltiger Ausbildung erscheint eine kurze Charakteristik der wichtigsten Gebißtypen und eine Erläuterung der Zahnhöckerterminologie angebracht, um so mehr als damit wesentliche stammesgeschichtliche Probleme verknüpft sind und die Deutung der Evolution der Säugerzähne zu zahlreichen Kontroversen geführt hat.

Das Gebiß ist bei den Säugetieren nicht nur außerordentlich formenreich entwickelt und fast bei allen Arten zur spezifischen Bestimmung verwendbar, sondern auch durch die große Widerstandsfähigkeit oft das einzige, was von fossilen Säugetieren erhalten geblieben ist. Diese beiden Voraussetzungen verleihen dem Gebiß eine besondere Wichtigkeit, und es wird verständlich, warum gerade das Gebiß bei phylogenetischen Schlußfolgerungen immer wieder herangezogen wird. Allerdings wird die stammesgeschichtliche Auswertung durch Konvergenz- und Parallelerscheinungen manchmal erschwert, doch sind solche Fälle durch eine eingehende Analyse erkennbar.

Die Differenzierung des Gebisses läßt sich mit der rascheren Aufschließung der Nahrung in Zusammenhang bringen, indem die Nahrung gekaut (und dabei gründlich mit Speichel durchsetzt) wird. Diese mechanische Aufbereitung, die bei den Vögeln durch einen Muskelmagen erfolgen kann, wird bei den Säugetieren durch die verschieden gestalteten Einzelzähne des (heterodonten) Gebisses erreicht. Bei pflanzenfressenden Reptilien mit (homodontem) Kaugebiß ist es dagegen stets eine große Zahl von gleichgeformten Einzelzähnen, die eine einheitliche Kaufläche bilden.

Das heterodonte Gebiß der Säugetiere setzt sich aus Schneidezähnen (Incisiven), Eckzähnen (Caninen), Lücken- oder Vorbackenzähnen (Prämolaren) und Backenzähnen (Molaren) zusammen. Diese Differenzierung steht in Zusammenhang mit einer Arbeitsteilung, indem das Vordergebiß mehr eine Greif- und Reißfunktion, das Backenzahngebiß mehr eine Kau- und Quetschfunktion ausübt. Die Lage der Zahnreihen von Ober- und Unterkiefer zueinander ermöglicht bei höheren Säugetieren bei Okklusion gleichzeitig eine Alternations-, Scher- und Oppositionsstellung, die Reptilien und primitiven Säugern abgeht (Abb. 5). Ein weiterer Unterschied gegenüber Reptilien liegt in der Zahl der Zahngenerationen, die bei den Säugetieren ursprünglich zwei (Milch- und Dauergebiß) beträgt, bei Reptilien, mit Ausnahme einzelner Theromorphen, höher ist. Gelegentlich kommt es bei den Säugetieren zu einer Reduktion einer Zahngeneration (Milch- oder Dauergebiß); außerdem sind die Zahnwurzeln bei den Säugern in Alveolen versenkt und nicht nur in Rinnen oder nur durch Bindegewebe direkt am Kiefer befestigt. Die alveolare Fixierung gibt den Zähnen den zum Kauen nötigen Halt (vgl. Döderlein 1921, Simpson 1936). Der Zahnwechsel erfolgt in vertikaler Richtung, indem die Ersatzzähne unter bzw. ober den Milchzähnen nachrücken. Der sog. „horizontale Zahnwechsel“ bei Elefanten und bei den Manatis entspricht keinem echten Zahnwechsel, da bei diesen Formen nur Zähne einer Generation in Funktion einrücken.

Da die Zahl der Zähne der einzelnen Arten fast ausnahmslos konstant ist, läßt sich jeweils eine Zahnformel angeben, die für ein primitives placentales Säugetier im Milchgebiß $\frac{3\ \mathrm{Id}\ 1\ \mathrm{Cd}\ 4\ \mathrm{D}}{3\ \mathrm{Id}\ 1\ \mathrm{Cd}\ 4\ \mathrm{D}}$ oder kurz $\frac{3\ 1\ 4}{3\ 1\ 4}$, im Dauergebiß $\frac{3\ \mathrm{I}\ 1\ \mathrm{C}\ 4\ \mathrm{P}\ 3\ \mathrm{M}}{3\ \mathrm{I}\ 1\ \mathrm{C}\ 4\ \mathrm{P}\ 3\ \mathrm{M}}$ oder $\frac{3\ 1\ 4\ 3}{3\ 1\ 4\ 3}$ lautet; für deren mesozoische Ausgangsformen (Pantotheria) dagegen $\frac{5\text{—}3\ 1\ 4\ 4\text{—}8}{4\text{—}3\ 1\ 4\ 4\text{—}8}$ zu schreiben ist. Es sind also bei einem primitiven Placentalier im Dauergebiß im Oberkiefer und im Unterkiefer je 3 Incisiven, 1 Caninus, 4 Prämolaren und 3 Molaren vorhanden. Die Bezeichnung Id bzw. Cd bezieht sich auf die hinfälligen (d = deciduus) Milchschneide- und Milcheckzähne der ersten Zahngeneration. Meist wird die Zahnzahl im Laufe der Phylogenese durch eine spezielle Ernährungsweise reduziert, nur gelegentlich kommt es zu einer sekundären Vermehrung (z. B. Delphine, *Otocyon*, Manatis). Um anzuzeigen, welche Zähne unterdrückt wurden, schreibt man etwa $\mathrm{P}\frac{3}{3}\cdot\frac{4}{4}$ oder $\mathrm{I}\frac{2}{2}$ und sagt damit, daß der erste und zweite Prämolar reduziert wurde bzw. nur das zweite Schneidezahnpaar erhalten geblieben ist. Eine stark aberrante Zahnformel besitzt der Ameisenbeutler *(Myrmecobius fasciatus)* mit $\frac{4\ 1\ 8}{4\text{—}3\ 1\ 8\text{—}9}$.

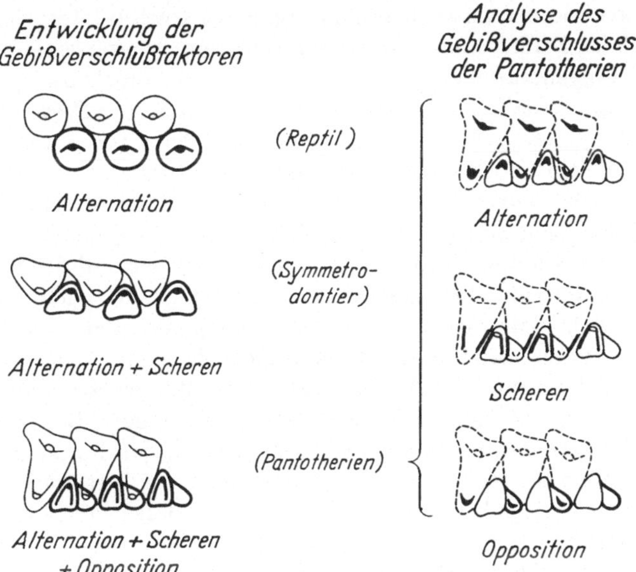

Abb. 5. Vergleich des Gebißverschlusses bei Reptilien und mesozoischen Säugetieren (Symmetrodonta und Pantotheria). (Aus E. Kuhn 1954 nach G. G. Simpson)

Während die Zähne des Vordergebisses nur selten kompliziert gebaut sind (z. B. Kammzähne beim Pelzflatterer), ist die Krone der Backenzähne oft besonders differenziert. Dies betrifft einerseits die Molaren, andererseits die molarisierten, d. h. den Molaren in der Form angeglichenen Prämolaren. Komplizierter Bau und Formenmannigfaltigkeit der Backenzähne der Säuger haben zu verschiedenen Theorien über ihre Entstehung geführt, von denen als wichtigste die Konkreszenztheorie von Gaudry (1878), Kükenthal und Röse (1892) und Gorjanovic-Kramberger (1906), die Dimertheorie von Bolk (1921/22), die Multituberculartheorie von F. Major (1893), Anthony u. Friant (1933) und die Trituberculartheorie von Cope und Osborn erwähnt seien. Zahlreiche weitere Autoren haben neue Ansichten bzw. Verbesserungen oder Modifikationen zu diesen Theorien vorgebracht (z. B. Abel 1931, Bohlin 1942, Butler 1937, 1941, Gidley 1906, Gregory 1916, 1934, Hinton 1926, Leche 1907, Patterson 1956, Winge 1882, Wortman 1902).

Von sämtlichen Theorien hat sich nur die Trituberculartheorie bestätigt, wenngleich sie heute auch nicht mehr in der von COPE und OSBORN vertretenen Fassung aufrechterhalten werden kann.

Nach der von GAUDRY erstmalig ausgesprochenen, durch RÖSE u. KÜKENTHAL begründeten Konkreszenztheorie sind vielhöckrige Einzelzähne durch Verschmelzung einfach konischer Zähne, wie sie bei Reptilien vorkommen (haplodonte Zähne), entstanden. Jeder Höcker besitze im Prinzip eine Wurzel und repräsentiere ein Zahnelement. Die Verschmelzung sei bei den Säugetieren durch die Kieferverkürzung bedingt und erfolge sowohl in mesio-distaler (anteroposteriorer) als auch in labio-lingualer (medio-lateraler) Richtung, d. h. im ersten Falle Zähne einer Zahngeneration, im zweiten eine Fusion von Zähnen zweier Zahngenerationen betreffend. Zahnverschmelzungen sind wohl von Dipnoern (*Epiceratodus*, *Protopterus*) und Teleostiern (*Diodon*) bekannt, aber nicht bei Säugetieren. Die Konkreszenztheorie wird für Säugetiere weder durch die Embryologie noch durch Fossilfunde bestätigt.

Die Bolksche Dimertheorie beruht ebenfalls auf embryologischen Untersuchungen und besagt, daß der haplodonte Reptilzahn aus reduzierten primitiv-triconodonten Zähnen entstanden sei, ferner daß die Backenzähne der Säugetiere zwei aufeinanderfolgenden Zahngenerationen angehören. Die erste (labiale) entspräche dem Protomer, die zweite (linguale) dem Deuteromer, d. h. die Zähne der Säugetiere sind nach BOLK dimer. Einzelne Zähne könnten auch trimer und selbst polymer (z. B. *Elephas*) sein. Mit paläontologischen Befunden ist diese Theorie ebenfalls nicht in Einklang zu bringen. Die Dimer- und die Konkreszenztheorie beruhen zum Teil auf einer Überschätzung der Schlußmöglichkeiten aus der Ontogenie und widersprechen der historischen Erfahrung. Aber selbst von embryologischer Seite ist die Bolksche Auffassung widerlegt worden (MARCUS 1931).

Die Multituberculartheorie (Polybuny-Theory) von F. MAJOR, ANTHONY u. FRIANT geht von der Annahme aus, die primitive Molarenform der Säugetiere sei nicht der trituberculäre, sondern ein mehr-(6-)höckriger. Die trituberculäre Zahnform sei durch Reduktion entstanden. Auch diese Theorie wird durch das paläontologische Belegmaterial nicht gestützt, da neben Formen mit multituberculaten Zähnen bereits solche mit richtigen trituberculären Molaren vertreten waren und die Multituberculaten selbst sich auch auf Grund des Schädelbaues als phylogenetisch bedeutungslose, erloschene Seitenlinie erwiesen haben.

Die wesentlichsten Punkte der Cope-Osbornschen Trituberculartheorie besagen (s. Abb. 6):

1. Sämtliche Theriamolaren lassen sich auf den trituberculären Zahn zurückführen.

2. Der Tritubercularzahn läßt sich von einem einfachen, haplodonten Reptilzahn ableiten, an dem sich vorne und hinten Höcker anfügten.

3. Der Haupthöcker des Tritubercularzahnes ist der Protoconus (Protoconid).

4. Der Tritubercularzahn ist durch Rotation der Außenhöcker aus dem triconodonten entstanden.

5. Die Höcker der Ober- und Unterkiefermolaren sind einander spiegelbildlich homolog.

Wenn man nur Punkt 1 und 2 berücksichtigt, so besitzt die Cope-Osbornsche Theorie noch volle Gültigkeit. Trituberculäre Molaren finden sich unter anderem bei primitiven Primaten, bei Condylarthren, Insectivoren usw. Hinsichtlich der Homologisierung der einzelnen Zahnhöcker und ihre Entstehung (Rotation) weicht die heutige Auffassung von der Cope-Osbornschen Theorie ab.

Wesentlich für die Homologisierung der Zahnhöcker der Backenzähne der Säugetiere ist das Gebiß der ältesten Mammalia und das der Stammformen der

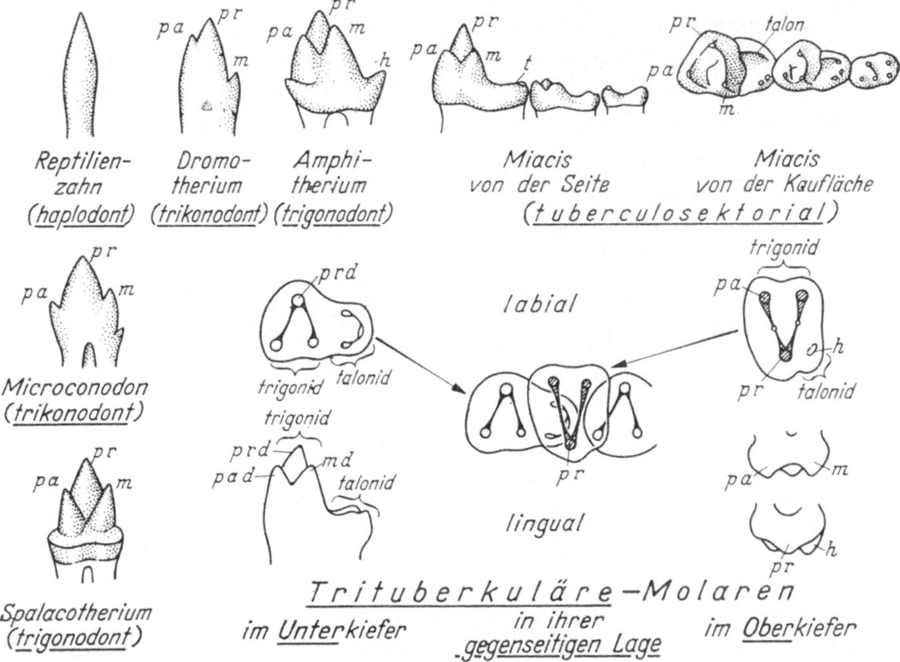

Abb. 6. Entwicklung des triconodonten, trigonodonten und tuberculosectorialen (tribosphenischen) Zahnes aus dem haplodonten Reptilzahn nach H. F. Osborn (Trituberculartheorie). (Umgezeichnet aus M. Weber 1927)

Beuteltiere und der Placentalia, nämlich der Pantotheria, auf die noch zurückgekommen sei (s. S. 47), sofern man sich nicht nur mit einer rein formalen Terminologie zufrieden geben will, die nichts über die genetischen Zusammenhänge aussagt. Eine rein formale Terminologie ist jedoch vom phylogenetischen Standpunkt aus völlig wertlos.

Cope dachte sich den tribosphenischen[1] (= trituberculär bei Cope u. Osborn, kaenotrigonal bei Döderlein) Zahn durch Rotation des vorderen und hinteren Höckers aus dem triconodonten Zahn entstanden, wodurch nach Cope der ursprüngliche Haupthöcker (Protoconus) innen (lingual) zu liegen gekommen sei. Ein solcher tribosphenischer Oberkiefermolar besteht aus zwei Außen- (Para- und Metaconus) und einem Innenhöcker (Protoconus) (s. Abb. 7). Diese Terminologie wird auch heute noch verwendet, obwohl erkannt wurde, daß die von Cope

[1] Dieser Ausdruck wurde durch Simpson (1937) zur klareren Definition geschaffen und bedeutet dreihöckriger Zahn von annähernd dreieckigem Umriß (nach Tribosphen = Mahlkeil), der nicht nur schneidende, sondern auch mahlende Funktion ausübt.

vorgenommene Homologisierung des Haupthöckers mit dem ursprünglichen Haupthöcker nicht zutrifft.

Seit dem Aufkommen der Cope-Osbornschen Trituberculartheorie haben sich verschiedene Autoren, meist anhand von Fossilfunden, mit dem Homologisierungsproblem der Zahnhöcker beschäftigt und sind zu abweichenden Ergebnissen gelangt. So sehen Gidley (1902), Gregory (1916), Matthew, Butler und Patterson (1956) im Paraconus, also im vorderen Außenhöcker, den ursprünglichen Haupthöcker, während Gregory (1934), Wood und Simpson (1936) von einem Amphiconus bzw. Parametaconus sprechen, aus dem Para- und Metaconus durch Teilung hervorgegangen sein sollen. Bohlin (1945) hingegen bezeichnet den ursprünglichen Haupthöcker neutral als Eoconus, da eine sichere Homologisierung mit den Höckern des tribosphenischen Zahnes nicht sicher durchführbar sei (vgl. Abb. 8).

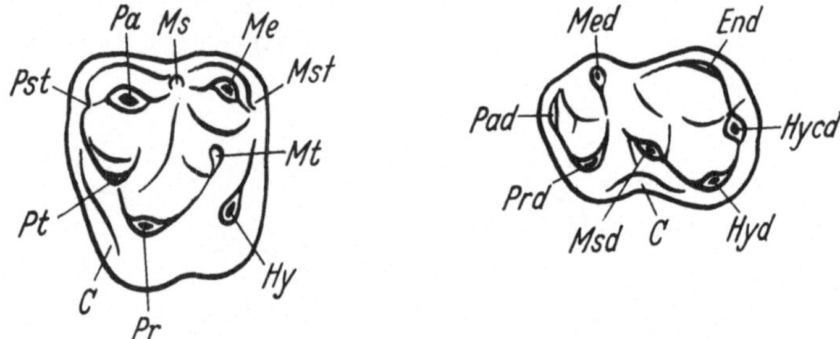

Abb. 7. Terminologie der Zahnhöcker. Links linker Oberkiefermolar; rechts linker Unterkiefermolar. Die Abkürzungen bedeuten: *C* Cingulum, *End* Endoconid, *Hy* Hypoconus, *Hycd* Hypoconulid, *Hyd* Hypoconid, *Me* Metaconus, *Med* Metaconid, *Ms* Mesostyl, *Msd* Mesoconid, *Mst* Metastyl, *Mt* Metaconulus, *Pa* Paraconus, *Pad* Paraconid, *Pr* Protoconus, *Prd* Protoconid, *Pst* Parastyl, *Pt* Protoconulus

Schon daraus werden die Schwierigkeiten ersichtlich, die sich einer Homologisierung entgegenstellen, und es ist verständlich, daß eine definitive Lösung dieses Fragenkreises auch hier nicht gegeben werden kann. Die Ansicht Butlers (1941), für den zalambdodonten (V-förmiges Kronenmuster) und dilambdodonten (W-förmiges Kronenmuster) Zahntypus eine eigene Entstehung anzunehmen, ist nach Patterson (1956) nicht aufrechtzuerhalten, da beide (zalambdodonte und dilambdodonte) auf tribosphenische Molaren zurückgeführt werden können, die erstmalig in der älteren Kreide (Neokom) auftreten, wie überhaupt die zalambdodonten Insektenfresser mindestens zweimal unabhängig voneinander entstanden sind (McDowell 1958).

Nach dem derzeitigen Stand unserer Kenntnis entspricht am ehesten der Paraconus dem ursprünglichen Haupthöcker des haplodonten Zahnes (Patterson 1956). Wesentlich für die Homologisierung der Zahnhöcker der Pantotherier mit jenen der Eutheria ist unter anderem die zentrische Okklusionsstellung (Kieferschluß bei Berührung des Squamoso-Dentalgelenkes im Mittelpunkt und Zusammenfallen der Medianebenen von Ober- und Unterkiefer) der Kiefer. Die Ansicht, die beiden Außenhöcker seien durch Trennung entstanden, läßt sich nicht aufrechterhalten. Entsprechend der Homologisierung des Haupthöckers mit dem Paraconus ist die für die Molaren verwendete Höckerterminologie auch für die Prämolaren, deren Haupthöcker stets mit dem Paraconus identifiziert wurde, gültig und die seinerzeit von Scott (1892) geschaffene eigene Terminologie (Deuteroconus, Tritoconus, Tetartoconus) überflüssig.

Aus dem tribosphenischen Molar kann sich auf verschiedenen Wegen ein vierhöckriger Zahn entwickeln. Es kann sich aus dem Basalband (Cingulum) ein richtiger Höcker ausgliedern (echter Hypoconus oder Euhypoconus bei Primaten);

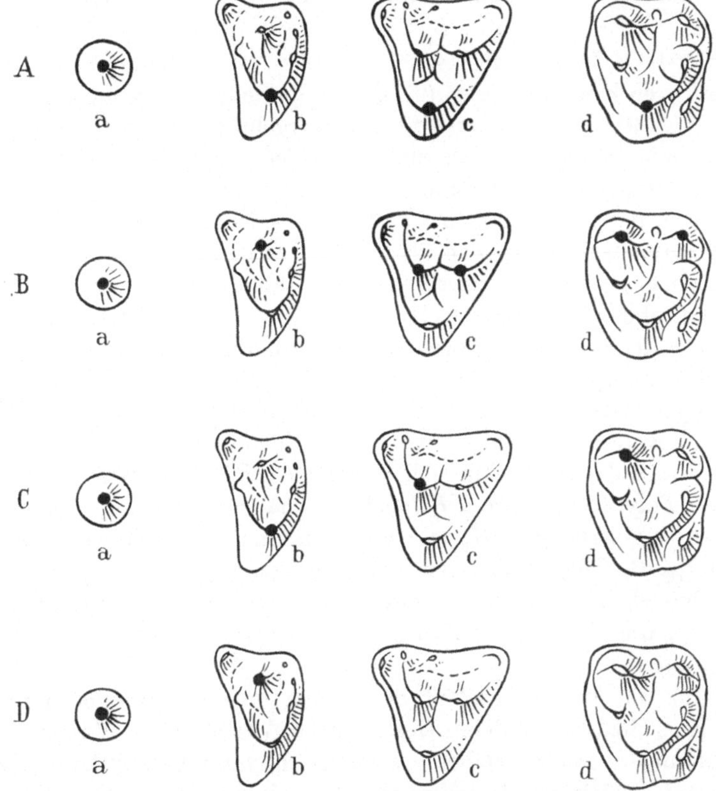

Abb. 8a—d. Homologisierung der Zahnhöcker eines Maxillarmolaren bei Reptilien (a), Pantotheria aus dem Jura (b), Theria aus der Kreide (tribosphenisch) (c), Placentalia aus dem Paleozän (quadrituberculär) (d). Ursprünglicher Haupthöcker durch schwarzen Punkt gekennzeichnet. Es bestehen bei der Interpretation sowohl Differenzen zwischen der Homologisierung von Reptil- und Pantotheria-Zahn als auch zwischen dem Pantotheria- und dem tribosphenischen Zahn und seiner Derivate. Homologisierung: *A* nach Osborn (ursprünglicher Haupthöcker: Protoconus), *B* nach Simpson (Amphiconus entspricht Para- und Metaconus), *C* nach Patterson (Haupthöcker: Paraconus, Amphiconus bei Simpson: Styloconus), *D* nach Bohlin (Amphiconus bei Simpson: Eoconus als neutraler Begriff; Homologisierung mit tribosphenischem und quadrituberculärem Zahn nicht durchgeführt)

die Hinterkante des Protoconus kann sich zu einem eigenen Höcker umformen (Pseudohypoconus oder Pseudypoconus); der hintere Zwischenhöcker (Metaconulus) wird zu einem den drei Haupthöckern gleichwertigen Gebilde. Dieser Unterscheidung kommt in phylogenetischer Hinsicht große Bedeutung zu. Außer den vier Haupthöckern treten noch weitere, meist kleinere Höcker bzw. Pfeiler auf, die je nach Lage als Para-, Meso- und Metastyl bzw. als Proto- und Metaconulus bezeichnet werden (s. Abb. 7). Eine weitere Komplikation können die Molaren durch ein Talon erfahren, das sich, besonders am letzten Molar, caudal an die Haupthöcker anschließt und bei einzelnen Formen zu einem polybunodonten (z. B. *Phacochoerus*) oder polylophodonten (z. B. *Elephas*) Zahn führt.

An den Mandibularmolaren, deren Höcker zum Unterschied von den Maxillarmolaren mit dem Suffix -id versehen sind, entspricht das Protoconid dem ursprünglichen Haupthöcker. Para-, Proto- und Metaconid bilden das Trigonid, Endo- und Hypoconid sowie Hypoconulid (= Mesoconid bei SCHLOSSER und ABEL nicht WOOD) das Talonid. Zwischen Trigonid und Talonid kann noch ein Mesoconid (bei WOOD und WILSON = Zentralhügel bei STEHLIN) auftreten.

Als wichtigste Molarentypen lassen sich buno-, seco-, lopho- und selenodonte Formen oder deren Kombinationen (z. B. selenobunodont, bunolophodont) unterscheiden (s. Abb. 9). Wie aus der Abb. 9 hervorgeht, finden sich einzelne Zahntypen unabhängig voneinander innerhalb verschiedener systematischer Einheiten wieder (z. B. bilophodonte Molaren bei Proboscidiern: *Dinotherium*; Perissodactylen: *Tapirus*; Artiodactylen: *Listriodon splendens*; Pyrotherien: *Pyrotherium*; Marsupialia: *Macropus*). Sekundär vereinfachte haplodonte Zähne treten bei Robben, Walen, Xenarthren und Tubulidentaten auf, unterscheiden sich jedoch morphologisch und histologisch-anatomisch in Einzelheiten (Schmelz vorhanden oder fehlend, Röhrchenzähne bei Tubulidentaten usw.). Aber auch verhältnismäßig komplizierte Zahntypen, wie etwa die Kamm- oder Ctenoidzähne (Plagiaulaxtypus nach ABEL 1931, S. 326) haben sich innerhalb verschiedener Säugetierordnungen unabhängig voneinander entwickelt, wie SIMPSON (1933) gezeigt hat. Ctenoidzähne finden sich mehrfach bei Beuteltieren (Caenolestiden mit *Abderites*, Polydolopiden mit *Polydolops*, Phalangeriden mit *Burramys* und Macropodiden mit *Bettongia*, *Hypsiprymnodon* und *Aepyprymnus*), bei Multituberculaten (z. B. *Plagiaulax*) und bei Primaten (*Carpolestes* von unsicherer Stellung). Die lebenden Vertreter mit Ctenoidzähnen (Känguruhratten) sind Pflanzenfresser, die sich von zähfasriger Pflanzenkost (Wurzeln, Rinde, Gras, Früchte) ernähren.

Wichtig für die Verwendbarkeit der Zähne in systematischer und phylogenetischer Hinsicht ist, daß deren Gestalt nach Abschluß des Wachstums keine Formveränderungen mehr erfährt[1], sondern bestenfalls abgekaut oder abgeschliffen werden. Mit der Bildung der Schmelzkappe, die im Zahnkeim zuerst angelegt wird, ist die Form der Zähne fixiert. Allerdings kann die Abkauung — besonders bei hypsodonten und kionodonten (prismatischen) Zähnen — zu einem stark wechselnden Bild der Kaufiguren führen.

Die vorderen Backenzähne oder Lückenzähne (Prämolaren) sind im allgemeinen einfacher gebaut als die Molaren. Bei verschiedenen Säugetieren (z. B. Nashörnern, Pferden) kommt es jedoch zu einer Molarisierung der Prämolaren, d. h. zu einer völligen Angleichung an die Molaren. Dadurch wird eine vergrößerte Kaufläche erzielt, wie sie für spezialisierte Pflanzenfresser (vor allem Grasfresser) zweckmäßig ist.

Die Differenzierung des Vordergebisses bleibt hinter jener der Backenzähne weit zurück.

[1] Die physiologische bzw. pathologische Ersatzdentinbildung kann hier außer Betracht bleiben. Auch die — allerdings nicht allgemein anerkannte — Feststellung, daß der Schmelz nach dem Durchbruch der Zähne durch die Pulpa her beeinflußt werden kann, ist, da damit keine äußere Formveränderung im Bereich der Zahnkrone verbunden ist, in diesem Zusammenhang ohne Belang.

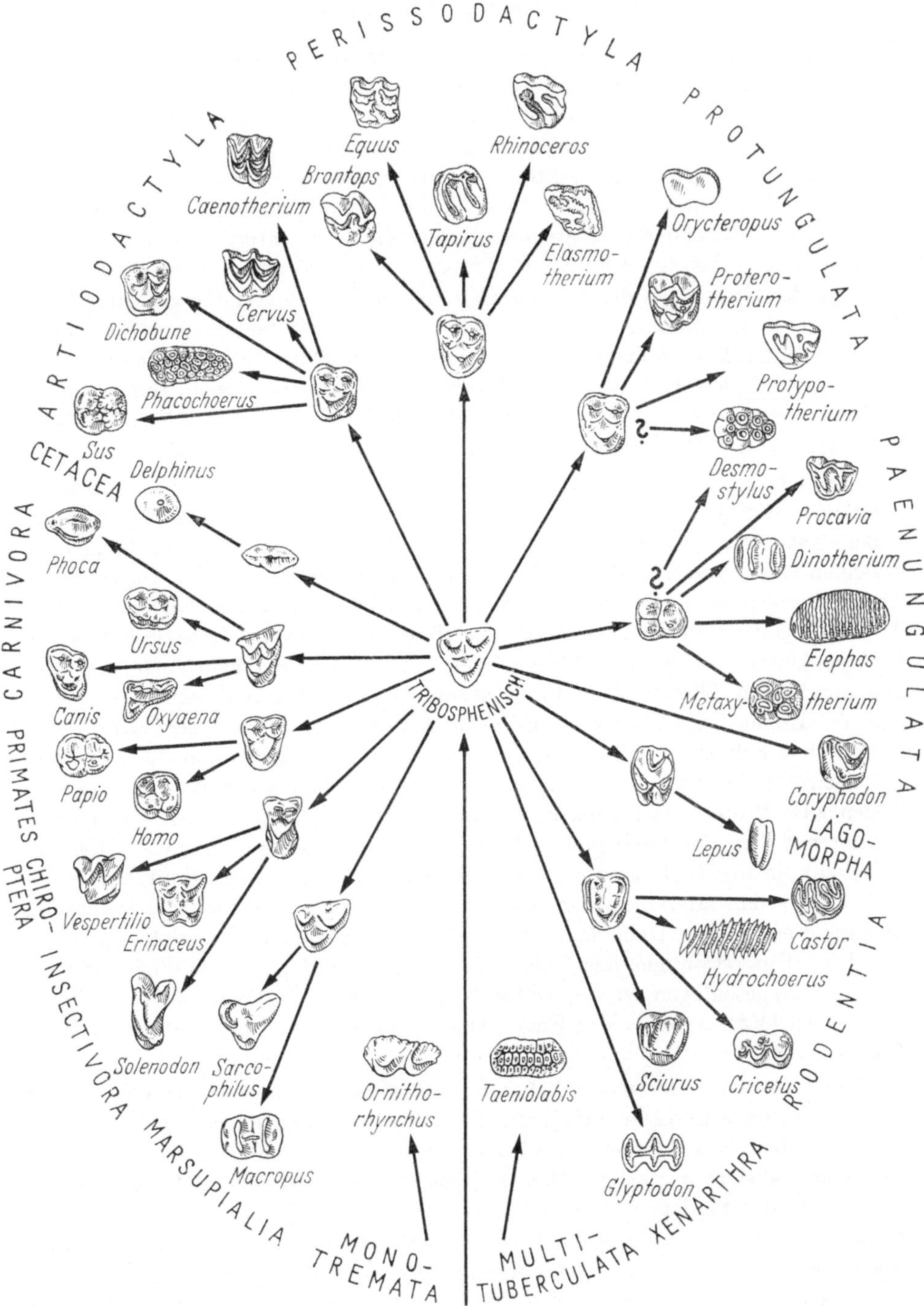

Abb. 9. Evolution der Oberkiefermolaren der Säugetiere. Sämtliche Theriamolaren lassen sich auf den tribosphenischen Zahn zurückführen. Beachte konvergente Entwicklung von bi- und polylophodonten sowie polybunodonten Molaren innerhalb verschiedener Säugetierstämme. (Originalentwurf E. THENIUS)

2. Der Ursprung der Säugetiere

Die Abstammung der Säugetiere von den Reptilien ist ein seit langem diskutiertes Problem, das heute anhand von Fossilfunden gelöst ist. Morphologische Beziehungen zwischen synapsiden Reptilien (Therapsida) und Säugetieren sind bereits OWEN (1844) bekannt gewesen, der am Schädel permischer Dicynodonten verschiedene Merkmale feststellte, die damals nur von Säugetieren bekannt waren. In der Folgezeit wurden diese Ähnlichkeiten zwischen Therapsiden und Monotremen bzw. anderen Säugetieren immer wieder bestätigt. Durch die Untersuchungen von BRINK, BROOM, v. HUENE, OLSON, WATSON u. a. konnte das Problem des Ursprunges der Säugetiere in morphologisch-stammesgeschichtlicher Hinsicht in den Grundzügen geklärt werden, zumal durch die neuesten Fossilfunde eine fast lückenlose Reihe zwischen Reptilien und Säugetieren vorliegt. Selbst über die mit diesem Evolutionsschritt verknüpften physiologischen Umstellungen (z. B. Körpertemperatur, Atmung, Fortpflanzung usw.) können begründete Vermutungen angestellt werden.

Man kennt aus dem ausgehenden Paläozoikum und dem älteren Mesozoikum zahlreiche Reptilien, die einerseits nur ein Paar Schläfenöffnungen besitzen, andererseits auch in anderen Skeletmerkmalen eine Annäherung an Säugetiere erkennen lassen und deshalb als Theromorphen bezeichnet werden. Unter diesen Theromorphen lassen sich im wesentlichen zwei Gruppen unterscheiden, nämlich die Pelycosauria und die Therapsida. Letztere bilden die phylogenetisch wichtige Gruppe. Unter ihnen sind die Stammformen der Säugetiere zu suchen (s. Abb. 10). Die wichtigsten Theromorphenfunde stammen aus der Karrooserie Südafrikas, einer 5000 m mächtigen Schichtserie kontinentaler Ablagerungen. Sie beginnen mit eiszeitlichen Schichten (Tillite) im Karbon und reichen bis in den Jura. In den permischen und triassischen Ablagerungen (Tongesteine, Sandsteine und Schiefer) finden sich Reste verschiedener Therapsidenstämme, unter denen die Theriodontier mit den Bauriamorpha und den Ictidosauria sowie die Cynodontia und Tritylodontia in der Trias vorherrschten. Diese weisen Entwicklungstendenzen auf, die von den älteren zu den jüngeren Formen eine schrittweise Annäherung an Säugetiere zeigen. Dabei kann festgestellt werden, daß die Entwicklung in den einzelnen Unterstämmen der Therapsiden eigenständig, also unabhängig voneinander, eingeschlagen wurde, und daß die einzelnen Merkmale nicht synchron evoluierten (Mosaikmodus der Entwicklung; Watsonsche Regel; DE BEER 1954, GROSS 1955).

Schon älteren Autoren war bekannt, daß die Evolution der Einzelmerkmale heterochron verläuft. Die fortschreitende Differenzierung eines Organs braucht nicht mit der eines anderen korrelat zu verlaufen, so daß primitive Merkmale neben spezialisierten stehen. Die Merkmale entwickeln sich unabhängig voneinander in der Phylogenese, so daß es in den einzelnen Stämmen zu „Spezialisationskreuzungen" (ABEL, DOLLO) kommt. Das Gesamtbild der Merkmale eines Stammes ist demnach das eines Mosaiks, indem fortschreitend differenzierte, archaiische und konservative Merkmale nebeneinander stehen und sich unabhängig voneinander und zeitlich verschieden entwickeln. Die Regelmäßigkeit, mit der diese Beobachtung gemacht werden kann, berechtigte zur Aufstellung der nach D. M. S. WATSON benannten Evolutionsregel.

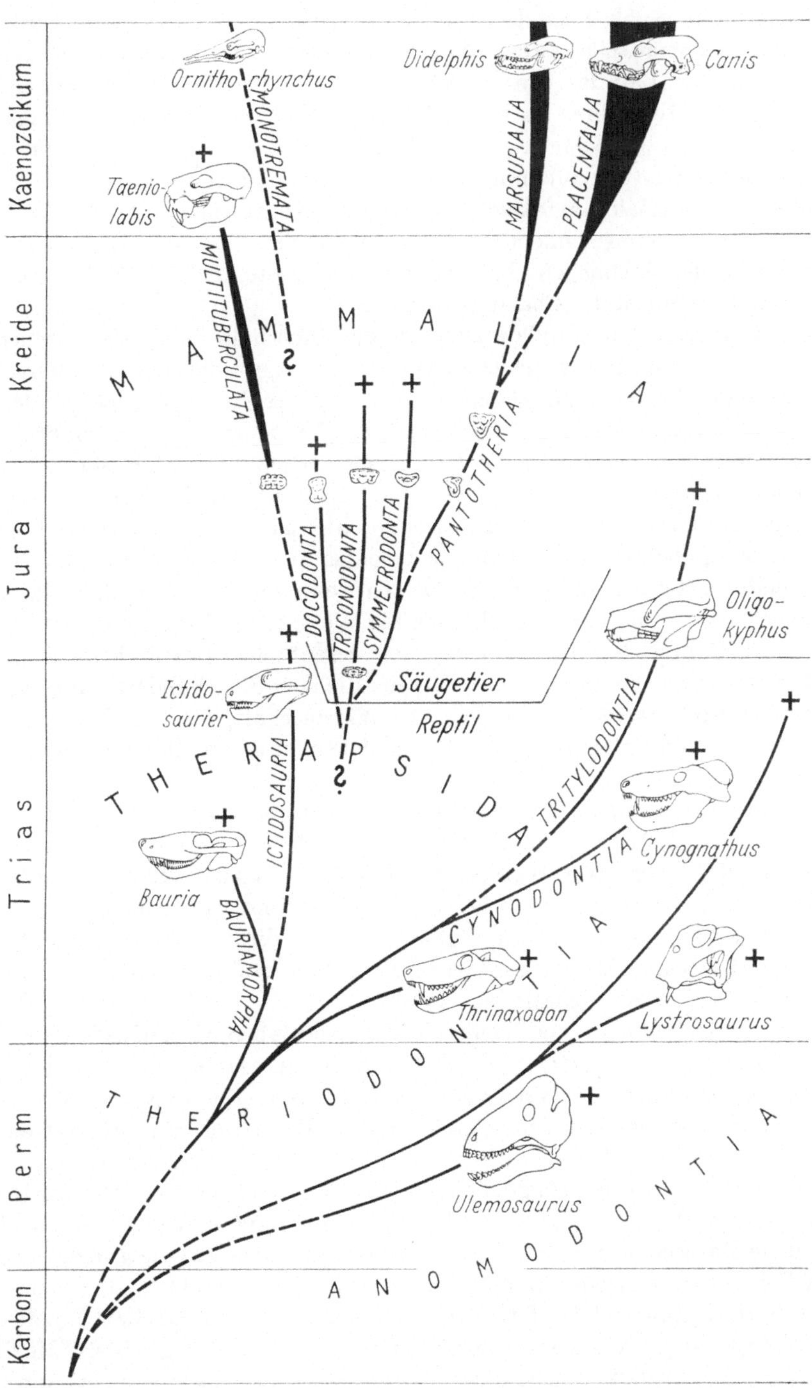

Abb. 10. Die Abstammung der Säugetiere. Nach der gegenwärtig anerkannten Grenzziehung zwischen Reptilien und Säugetieren sind die Säugetiere polyphyletischer Entstehung. Triconodonta, Docodonta und Symmetrodonta sind die ältesten Säugetiere. Weitere mesozoische Stämme bilden die Multituberculata, Pantotheria, Metatheria und Eutheria (Insectivora). Die Cynodontia bzw. Tritylodontia haben die Reptil-Säugetiergrenze nicht überschritten. Die Strichlierung bedeutet bei diesen und den übrigen „Stammbäumen" fossil nicht belegt. (Original THENIUS)

Wegen dieses Evolutionsbildes bei den säugetierartigen Reptilien wurde eine künstliche systematische Grenzziehung zwischen Reptilien und Säugetieren nötig, für die der Bau des Unterkiefers und seiner Gelenkung mit dem Schädel sowie jener des Mittelohres als kennzeichnend angenommen wurde. Da man die fossilen Formen in die Betrachtung einbeziehen muß, kann nur Skeletmerkmalen diagnostische Bedeutung zukommen, weil Weichteile nicht erhalten sind. Es gibt verschiedene Merkmale am Skelet, die für die Grenzformen zwischen Reptilien und Säugetieren kennzeichnend sind und auch den Säugern zukommen (z. B. Squamoso-jugaler Jochbogen, Turbinalia, heterodontes Gebiß, Fehlen von Präfrontale und Postorbitale, Phalangenformel).

Die interessantesten Umbildungen erfolgen innerhalb der Theromorphen am Schädel. Sie zeigen in verschiedenen Differenzierungsstufen und in unterschiedlichen Stammlinien den allmählichen Übergang des Reptilschädels in den der Säuger. Die morphologisch bedeutungsvollsten Umkonstruktionen erfahren hierbei das Unterkiefergelenk und die Gehörknöchelchen. Seit C. Reichert (1837) die Homologie des Malleus der Säuger mit dem Articulare der Reptilien und des Incus mit dem Quadratum zur Diskussion stellte, haben sich zahlreiche Forscher mit dieser Frage befaßt, was seinen Niederschlag in einer überreichen, heute noch zunehmenden Literatur fand. Heute besteht kein Zweifel mehr, daß Reichert mit seiner Theorie, die man im Hinblick auf die großen Verdienste Gaupps jetzt die Reichert-Gauppsche Theorie nennt, im wesentlichen das Richtige vermutet hat. Die Beweisforschung für diese Theorie, die sich über hundert Jahre hinzog, ist eine der großartigsten Leistungen der Wissenschaft, die nur durch das Zusammenwirken von Paläontologie und vergleichender Anatomie und Embryologie möglich war.

Wir müssen von einem ursprünglichen Therapsidenschädel ausgehen, wie er von verschiedenen Arten bekanntgeworden ist. Er ist durch einen synapsiden Jochbogen, der nach dem therapsiden Typus (Versluys 1936) gebaut war, gekennzeichnet. Außerdem muß er ursprünglich kinetisch (neurokinetisch) mit gelenkig beweglichem Quadratum gewesen sein; diesen Zustand nennt man streptostyl (Stannius 1856, Versluys 1910). Sehr wahrscheinlich war er auch in geringem Maße streptognath (vgl. S. 33).

Bei den Reptilien kann man mehrere Jochbogentypen unterscheiden, die nach der Lage der Schläfenfenster und nach den sie zusammensetzenden Knochen gekennzeichnet werden. Der Jochbogen der Therapsiden besteht aus Squamosum und Jugale und steigt vom Hinterende des Maxillare zum Hinterhaupt empor, dorsal des Quadratum bleibend.

Ob der Schädel der ursprünglichen Therapsiden kinetisch war, ist nach Hofer noch ungeklärt. Versluys gibt an, daß er bereits akinetisch war. Das bis jetzt vorhandene Material läßt eine sichere Entscheidung nicht zu; die großen spezialisierten Formen waren sicher akinetisch. Das primäre Munddach ist jedoch deutlich nach dem kinetischen Typus gebaut. Beim ursprünglichen kinetischen Reptilschädel kann ein den Oberkiefer umfassender Teil des Schädels (Maxillarsegment nach Versluys) gegen den Hirnschädel (Occipitalsegment) um eine senkrecht auf die Medianebene stehende Achse bewegt werden. Das Neurocranium wird in zwei Abschnitte geteilt; der ethmoidale Abschnitt gehört zum Maxillarsegment, der neurale zum Occipitalsegment. Die Lage der Zone, in der die Bewegung stattfinden kann, ist verschieden. VERSLUYS (1910, 1912) und HOFER (1954, 1960) haben danach verschiedene Typen der Kinetik unterschieden, denen immer gemeinsam ist, daß das Neurocranium geteilt wird. Wir nennen diesen Typus deshalb neurokinetisch; er tritt bei allen Choanaten auf, sofern sie kinetische Schädel besitzen.

Das ursprünglich noch keinen sekundären Gaumen aufweisende Munddach der ältesten Therapsiden ist eindeutig nach dem neurokinetischen Typus gebaut, zeigt aber verschiedentliche Abweichungen, z. B. sehr starke Verengerung des Interpterygoidalspaltes, die vermuten lassen, daß neurokinetische Bewegungen nicht mehr möglich waren. Dennoch könnte das Quadratum, sofern es nicht durch ein Quadratojugale fixiert war, was vor allem bei großen Formen der Fall gewesen ist, selbständig beweglich gewesen sein; der Schädel wäre demnach streptostyl, aber nicht kinetisch gewesen.

Ein für die Klassifizierung entscheidendes Merkmal, das die Reptilien von den Säugern trennt, ist der Bau des Unterkiefergelenkes. Der Umbau der Gelenksregion erfolgt ungefähr gleichzeitig und im Zusammenhang mit dem Umbau des Mittelohres. Beide müssen wir zunächst am Reptilschädel in typischer Ausprägung, wie sie bei Echsen gefunden wird, kennenlernen (vgl. Abb. 11 u. 12).

Bei den Reptilien ist der Unterkiefer eine aus mehreren Knochen zusammengesetzte Röhre, in deren Hohlraum (Canalis primordialis) der Meckelsche Knorpel, Gefäße, Nerven und intramandibulare Muskulatur verschiedener Herkunft liegen. Der Canalis primordialis öffnet sich rostral des Unterkiefergelenkes nach dorsomedial (Fossa primordialis oder Fossa adductorum, ROMER 1956). Das caudalste Ende des Meckelschen Knorpels gelenkt mit dem Quadratteil des Palatoquadratum und verknöchert als Articulare. Das Articulare bildet die Gelenkpfanne, in die der distale Gelenkkopf des Quadratums hineinpaßt. Mit den dermalen Knochenelementen, die das Articulare von median und lateral bedecken, kann das Articulare, das primordialer Herkunft ist, also knorpelig präformiert ist, gelegentlich zur Bildung eines Mischknochens verschmelzen. Das Articulare bildet caudal der Gelenkfläche für das Quadratum noch einen gedrungenen, nach hinten weisenden Processus retroarticularis, an dem der vom Hinterhaupt kommende Musculus depressor mandibulae ansetzt, der vom Nervus facialis (VII) innerviert wird und durch seine Kontraktion den Unterkiefer senkt. Dieser Muskel funktioniert als Öffner des Maules und zieht über das proximale und distale Quadratgelenk hinweg (vgl. S. 31).

Bei den Reptilien sind neben dem knorpelig präformierten Articulare noch sechs Dermalknochen in wechselnder Ausbildung vorhanden. Das zahntragende Dentale ist das rostralste und zugleich größte Element, das sich nach hinten bis zur Fossa primordialis erstrecken kann. An das Dentale schließt sich nach hinten das Coronoid (Complementare) an. Es liegt meist am Vorderrande der Fossa primordialis und damit im Ansatzgebiet eines Teiles der Adductor-Muskulatur. Im Zusammenhang damit kann es einen nach dorsal gerichteten Processus coronoideus entwickeln, der dem gleichbenannten Fortsatz des Säugerunterkiefers nicht homolog ist, weil dieser vom Dentale gebildet wird. Der Muskelfortsatz des Dentale würde besser Processus muscularis oder temporalis genannt. Das Spleniale (Operculare) und das Supraangulare sind für die Kiefergelenk- und Gehörknöchelchenfrage unwichtig. Bedeutungsvoll ist das Angulare, ein hinteres Knochenelement, das teilweise das Articulare bedecken kann und den Boden des Caudalabschnittes der Fossa primordialis bildet. Das Präarticulare ist ein großes Knochenstück, das medial mit dem Articulare verschmelzen kann.

Das Unterkiefergelenk liegt bei Fischen und Tetrapoden, mit Ausnahme der Säuger, zwischen dem Quadratum und dem Articulare, also dem hintersten Teil

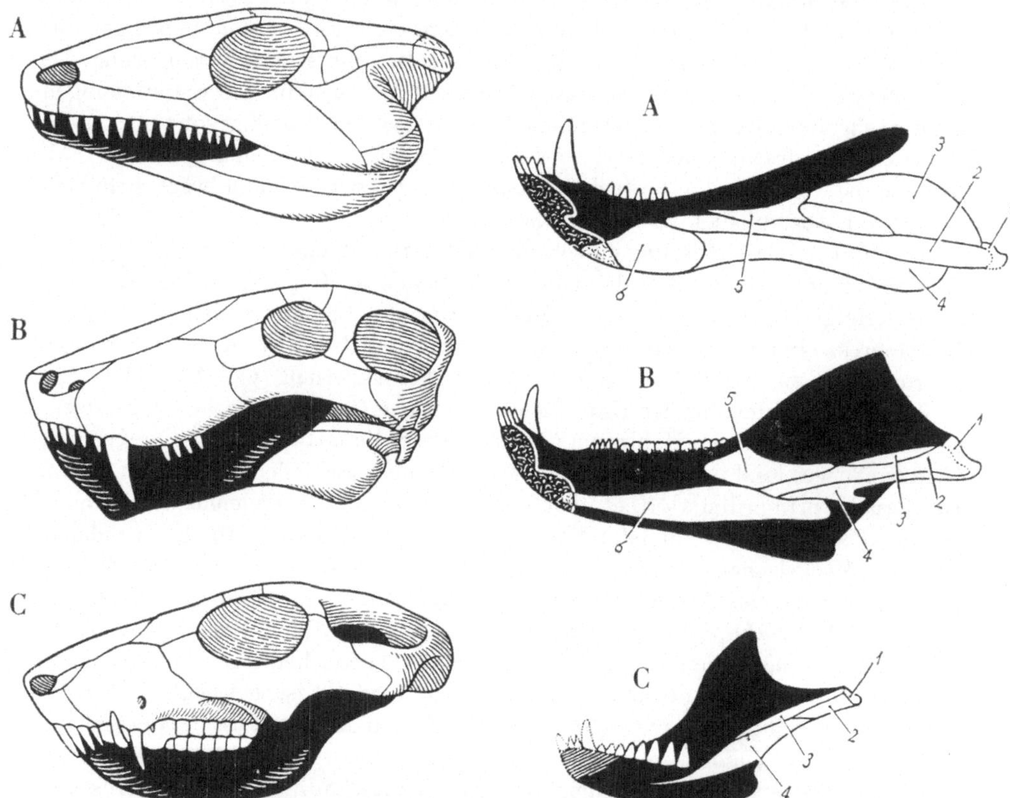

Abb. 11. **Linke Hälfte**: Lateralansicht des Schädels bei säugetierähnlichen Reptilien. Das Dentale ist schwarz gehalten, um seine Veränderung besonders hervorzuheben. Schemata nach PORTMANN (1959). *A* Primitiver Ausgangszustand. Das Schädeldach ist geschlossen, d. h. es sind noch keine Jochbogen ausgebildet. *B Scymnognathus* (Perm, Afrika). *C Sesamodon* (Trias, Südafrika). Beachte die Größenzunahme des Dentale, bei gleichzeitiger schrittweiser Rückbildung der postdentalen Knochen. Im Ausgangszustand (*A*) homodontes Gebiß, bei den beiden Theriodontia bereits Heterodontie. Bei *Sesamodon* tragen die postcaninen Zähne stumpfe Kronen. Beachte das Foramen im Maxillare bei *Sesamodon*. **Rechte Hälfte**: Rückbildung der postdentalen Knochen bei den säugerartigen Reptilien (Therapsiden). Dentale schwarz. Schemata nach PORTMANN (1959). *A* Gorgonopside (Perm, Südafrika). *B* Cynodontier (ältere Trias, Südafrika). *C* Ictidosaurier (jüngere Trias, Südafrika)

des Meckelschen Knorpels. Ein solches, die primitive Lage und Zusammensetzung bewahrendes Unterkiefergelenk, bezeichnet man, im Gegensatz zum Squamoso-Dentalgelenk der Säuger (vgl. S. 30), als *primäres Unterkiefergelenk*.

Das Quadratum gelenkt mit seinem dorsalen Ende mit dem Processus paroticus des Exoccipitale. An der Verbindung zwischen Hinterhaupt und Quadratum kann von seiten des ursprünglichen dermalen Schädeldaches auch das Supratemporale und das für die hier behandelte Frage wichtige Squamosum beteiligt sein. Letzteres bildet mit einem Fortsatz den hinteren Abschnitt des Jochbogens und mit einem anderen Fortsatz einen Teil der dermalen Bedeckung der eigentlichen Hirnkapsel, der es zunächst nur außen aufliegt. Die proximale Verbindung des Quadratum ist primär gelenkig (VERSLUYS), der Zustand ist demnach streptostyl. Zwischen dem Quadratum und dem Processus paroticus liegt ein Knorpelscheibchen, das Intercalare. Wir sehen in ihm ein akzessorisches Element, das als Discus articularis die Inkongruenz der Gelenkflächen ausgleicht. Solche Disci sind von zahlreichen Gelenken (Unterkiefergelenk der Säuger, Kniegelenk usw.) bekannt. Ontogenetisch entsteht das Intercalare in Verbindung mit dem Hyoidbogen. Nach unserer Auffassung ist dem morphologisch aber keine Bedeutung beizumessen.

Beim kinetischen Reptilschädel verbindet sich das Quadratum mit seinem medio-ventralen Teil mit dem Caudalabschnitt des Pterygoid. Bei den ältesten Therapsiden besteht diese Verbindung, doch sehen wir schon eine deutliche Verschmälerung des Hinterendes des Pterygoid, durch die die Herauslösung des Quadratum aus dieser Verbindung eingeleitet wird. Sowie diese Lösung vollzogen ist, steht das Quadratum distal nur mehr mit dem Articulare in Verbindung. Damit ist erst die Voraussetzung geschaffen, daß der ganze Knochenkomplex in das Mittelohr verlagert werden kann.

Die breite Hinterfläche des Quadratum bildet die vordere Wand der Paukenhöhle (Cavum tympani)[1]. Diese ist eine paarige Ausstülpung der Rachenhöhle, mit der sie noch breit kommuniziert. Eine Tuba auditiva (Eustachii) kommt bei Reptilien nicht vor. Die Paukenhöhle wird von Skeletteilen und der umgebenden Muskulatur begrenzt. Nach außen wird sie durch das Trommelfell (Membrana tympani) abgeschlossen, welches zwischen dem äußeren und hinteren Rand des Quadratum und der Außenkante des Musc. depressor mandibulae ausgespannt ist. Zwischen der Fenestra ovalis der Labyrinthkapsel und der Innenfläche der Membrana tympani durchzieht die teils knorpelige, teils knöcherne Columella auris die Paukenhöhle. Die Columella auris, die dem dorsalen Abschnitt des Hyoidbogens entspricht, besteht aus dem knöchernen Stapes und der knorpeligen Extracolumella. Der Stapes ruht mit seiner Fußplatte in der Fenestra ovalis. Die Fußplatte kann durchbohrt sein, ebenso wie dies bei den Säugern der Fall ist. Das Loch dient der Arteria stapedialis im Embryonalzustand zum Durchtritt. Stapes und Extracolumella können gelenkig gegeneinander beweglich sein. Die Extracolumella bildet die Fortsetzung des Stapes und fußt in der Membrana tympani.

Bei den Reptilien bleiben die Elemente des Mandibularbogens von denen des Hyoidbogens getrennt, und nur der dorsale Abschnitt des Hyoidbogens bildet die Skeletelemente des Mittelohres. Der klaren funktionellen Trennung der beiden splanchnischen Bogen entspricht auch die Lage des Mittelohres zur Muskulatur.

Bei den Säugetieren besteht der Unterkiefer nur aus dem Dentale, das dem gleichbenannten Knochen der Reptilien homolog ist. Der Meckelsche Knorpel, an dessen Außenseite sich das Dentale entwickelt, ist embryonal immer vorhanden, verschwindet dann vollständig bis auf den caudalsten Abschnitt. Dieser entspricht dem Articulare der Reptilien und wird zum Malleus in der Kette der Mittelohrknochen. Der Ramus ascendens, der zur Gelenkregion aufsteigende und meist verbreiterte Abschnitt des Dentale, bildet drei Fortsätze: 1. Den Processus

[1] Wir beziehen uns hier nur auf die Echsen, weil sie unter den rezenten Reptilien noch die ursprünglichsten Verhältnisse aufweisen.

muscularis sive temporalis, auch Kronenfortsatz (coronoideus; vgl. S. 27) genannt, der medial des Jochbogens in die Schläfengrube hineinreicht und das Insertionsgebiet des Musculus temporalis ist. Von diesem durch einen meist deutlichen Einschnitt geschieden, tritt dahinter der 2. Gelenkfortsatz (Processus condylicus) auf, der das Gelenkköpfchen für das Unterkiefergelenk trägt. 3. Am Hinterrande des Unterkiefers, dort, wo sich die Pars ascendens nach dorsal erhebt und so mit dem Unterrande der Pars horizontalis den Unterkieferwinkel (Angulus mandibulae) bildet, findet sich der Processus angularis, der Winkelfortsatz. Er tritt bei Marsupialia, Insectivora, Xenarthra u. a. hauptsächlich primitiven Formen auf. Bei den Beuteltieren ist er nach medial gewendet. Wenn ein Winkelfortsatz vorhanden ist, dient seine laterale Fläche dem Ansatz eines Teiles des Musculus masseter, seine mediale Fläche dem Ansatz der Pterygoidmuskulatur.

Die Pfanne des Unterkiefergelenkes (Fossa glenoidalis) findet sich an der Ventralfläche der hinteren Jochbogenwurzel und wird, unter gelegentlicher Beteiligung anderer Knochen des Hirnschädels, von der Pars squamosa des Schläfenbeines (Os temporale) gebildet. Das Temporale ist ein komplexer Knochen und enthält in seiner Pars squamosa das Homologon des Squamosum der niederen Tetrapoden. Das Unterkiefergelenk der Säugetiere ist demnach ein Squamoso-Dentalgelenk, das dem Quadrato-Articulargelenk der anderen Tetrapoden nicht entspricht. Man bezeichnet es deshalb als *sekundäres Unterkiefergelenk*. Dieses ist eine Neubildung, die rostral des primären Kiefergelenkes liegt. Auch in der Ontogenese nimmt das sekundäre Unterkiefergelenk eine seiner Phylogenie entsprechende Sonderstellung ein, indem es als Anlagerungsgelenk entsteht. Das primäre Unterkiefergelenk entsteht durch Abgliederung wie die meisten anderen Gelenke aus einer ursprünglich einheitlichen Anlage.

Von den Knochen, die bei den Säugern die Höhle des Mittelohres, welche die Gehörknöchelchen birgt, in sehr wechselvoller Weise umschließen, ist für die Frage der Umbildung der Ohrregion nur das Tympanicum wichtig. Es hat bei den niederen Säugern noch die Form eines verschieden weit geschlossenen Halbringes oder vollständigen Ringes (Annulus tympanicus), in dem das Trommelfell ausgespannt ist. Bei den Monotremen ist das Tympanicum isoliert. In verschiedenem Umfange ist das Tympanicum an der Bildung des knöchernen äußeren Gehörganges beteiligt. Es ist das Homologon des Angulare, welches somit aus einem hinteren Dermalelement des Reptilienunterkiefers zu einem teilweise die knöcherne Kapsel des Mittelohres bildenden Knochen geworden ist. Im Cavum tympani liegt die Kette der drei Gehörknöchelchen. Vom Hyoidbogen ist nur der Stapes erhalten geblieben; die Extracolumella ist verschwunden. Mit dem Stapes verbindet sich der Incus, der dem Quadratum entspricht. Diese Verbindung zwischen dem Incus mit dem Stapes ist neu. Der Incus ist ursprünglich durch ein Gelenk, das später synostosieren kann, mit dem Malleus verbunden. Dieses Gelenk ist das ehemalige primäre Kiefergelenk, da der Malleus dem Articulare entspricht.

Von den Deckknochen des Unterkiefers der Reptilien ist das Goniale als Processus anterior (folianus) des Malleus erhalten.

Articulare, Goniale und Quadratum sind aus ihrem ursprünglichen Verbande herausgelöst und mit dem in seiner Topik unveränderten Stapes zur Kette der Mittelohrknochen verbunden und in der Paukenhöhle eingeschlossen worden, in deren knöcherner Wand das Angulare als Tympanicum vertreten ist. Es handelt sich dabei um die tiefgreifende Umbildung einer ganzen Kopfregion, nicht nur einiger Skeletteile. Dabei müssen auch andere Organe dieser Region in gleichem Sinne betroffen worden sein. Dies trifft für die Nerven ebenso wie für die Muskulatur zu. Das primäre Unterkiefergelenk der Reptilien liegt an der Grenze der Muskulatur des Kieferbogens, welche vom N. trigeminus innerviert wird, und der des Zungenbeinbogens, welche vom N. facialis versorgt wird. Die den Unterkiefer der Reptilien senkenden und das Maul öffnenden Bewegungen werden vom Musculus depressor mandibulae ausgeführt, der vom Hinterhaupt kommend an den Processus articularis herantritt. Dieser Muskel, der hinter dem Kiefergelenk und dem Cavum tympani liegt, wird vom N. facialis versorgt und zieht über das proximale Quadratgelenk und das primäre Kiefergelenk hinweg. Durch seine Kontraktion hebt er den Processus articularis und senkt hierdurch den rostral des Quadrato-Mandibulargelenkes gelegenen Teil des Unterkiefers. Das Squamoso-Dentalgelenk der Säugetiere liegt weiter rostral als das der Reptilien. Von dem Umbau des Kiefergelenkes muß auch der M. depressor mandibulae betroffen worden sein, und damit mußte ein neuer Öffnungsmechanismus entwickelt werden. Einen typischen M. depressor mandibulae haben die Säuger nicht mehr. Bei den Monotremen, die in der Kiefergelenk- und Ohrregion überhaupt eine Sonderstellung einnehmen, kommt ein M. detrahens mandibulae vor, der vielleicht teilweise analoge Funktionen hat wie der M. depressor mandibulae der Reptilien, mit dem er auch verglichen wurde, der aber ein Derivat des M. adductor mandibulae ist, wie seine Innervation ausweist. Allen anderen Säugern fehlt dieser Muskel. Die Öffnung des Mundes erfolgt bei den Säugern einerseits durch die Teile der Mundbodenmuskulatur, die durch den N. facialis versorgt wird, andererseits durch den neu auftretenden M. digastricus. Dieser Muskel entspringt hinter der Ohrregion von der lateralen äußeren Schädelbasis und zieht caudal um den Unterkieferwinkel herum und setzt am unteren Rande der Pars horizontalis des Unterkiefers an. Bemerkenswert an diesem Muskel ist seine außerordentliche Vielgestaltigkeit, nicht nur bei stammesgeschichtlich weit voneinander entfernten Formen, sondern auch innerhalb geschlossener Verwandtschaftskreise (Marsupialia). Stammesgeschichtlich ist sie ein deutlicher Hinweis darauf, daß der M. digastricus ein später Neuerwerb ist. Erst nachdem das sekundäre Kiefergelenk in die ausschließliche Funktion eintrat, konnte die Differenzierung dieses Muskels beginnen. Daher erklärt sich auch, daß bei den als eigener Stamm aufzufassenden Monotremen ein M. detrahens mandibulae, bei allen anderen Säugern ein M. digastricus ausgebildet wurde, die teilweise analoge Bedeutung haben, aber verschiedener Herkunft sind.

Im Zusammenhang mit der Umbildung der Gehör- und Kiefergelenkregion bei den Säugern erhob sich die Frage, ob sich ein Rest des typischen Depressor mandibulae der Nichtsäuger nachweisen lasse. Fürbringer und Gaupp (1913) haben klar erkannt, daß ein solcher Muskel am Malleus zu suchen wäre. Voit (1923) hat ihn an einem Embryo von *Putorius* in der typischen Form gefunden und M. mallei externus benannt. Er wird vom N. facialis innerviert. Er zieht über die beiden Gelenke des Incus (Quadratum) hinweg und verhält sich hierin wie der typische Depressor.

Von den Nerven sei die Chorda tympani erwähnt. Diese ist ein Zweig des N. facialis, der bei den niederen Tetrapoden von hinten an den Unterkiefer tritt und meist durch ein eigenes Foramen in den Canalis primordialis eindringt und sich mit dem Ramus mandibularis des N. trigeminus verbindet. Bei den Säugern durchzieht er die Paukenhöhle mit klarer Beziehung zum Hammer- (Articulare)-Amboß- (Quadratum-) Gelenk. Damit sind grundsätzlich die Reptilverhältnisse topisch gewahrt. Eine Neubildung dürfte bei den Säugetieren das Trommelfell sein. (s. Abb. 12).

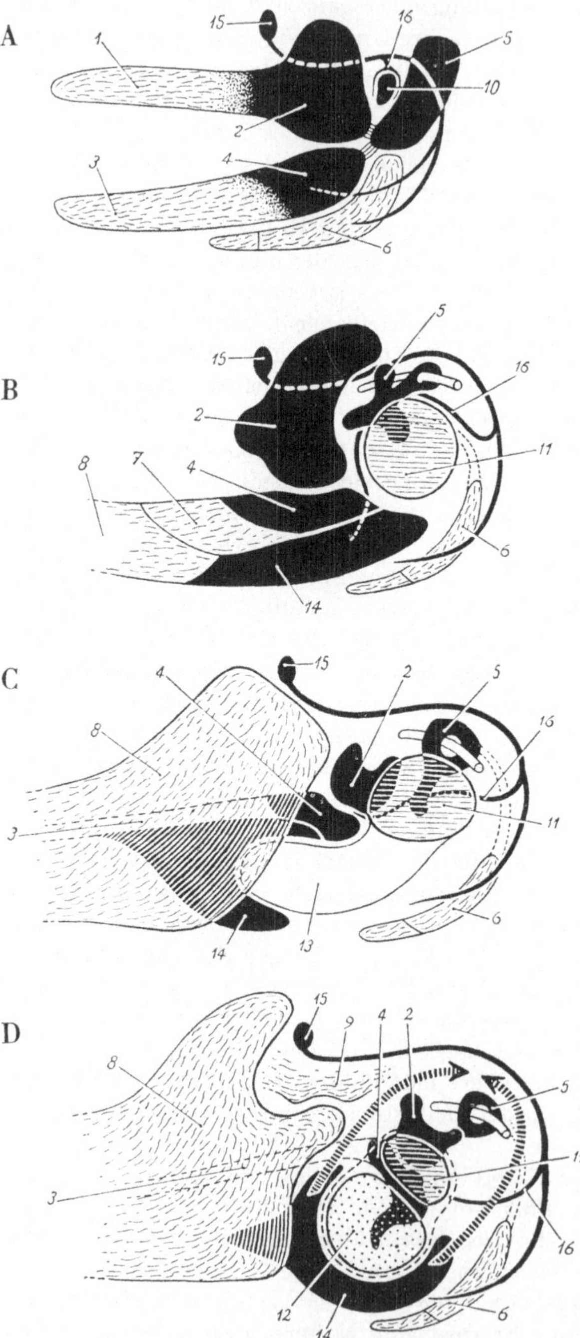

Abb. 12. Der Umbau des Unterkiefergelenkes und die Entstehung der Gehörknöchelchen bei den Säugetieren. Nach PORTMANN (1959). Die den Gehörknöchelchen entsprechenden Teile sind schwarz gehalten. Schemata! *A* Stufe autodiastyler Fische (Crossopterygii); im Text nicht erwähnt. Der Zungenbeinbogen hat noch den Bau eines splanchnischen Bogens. *B* Ursprünglicher Reptilzustand, ähnlich dem der Echsen. Das Hyomandibulare ist zum Stapes, der ventrale Abschnitt des Hyoidbogens ist zum Zungenbein geworden. Das Quadratum und die Knochen des Unterkiefers behalten noch ihre ursprüngliche Lage. Der Unterkiefer gelenkt im primären Unterkiefergelenk. *C* „Säugerähnliches Reptil", d. h. mögliche Übergangsphase, die als Schema aus verschiedenen Stämmen und Phasen zusammengestellt wurde. Das Dentale ist vergrößert, die postdentalen Elemente sind verkleinert. Das Quadratum ist noch nicht zum Gehörknöchelchen geworden und hat noch nicht Verbindung mit dem Stapes. Der Recessus mandibularis des Mittelohres hat Beziehungen zum Angulare. *D* Säugerzustand. Das Squamoso-Dentalgelenk ist neu entstanden, das primäre Unterkiefergelenk ist zum Gelenk zwischen Malleus und Incus geworden. Der Incus (Quadratum) hat Verbindung mit dem Stapes aufgenommen. Das Tympanicum (Angulare) umgreift die Trommelhöhle. Von den erhaltenen postdentalen Knochen hat keiner etwas mit der Kieferfunktion beim adulten Tier zu tun. *1* Pars palatina des Oberkiefers. *2* Pars quadrata des Oberkiefers. *3* Unterkiefer (vorderer Teil des Meckelschen Knorpels mit Deckknochen); in *B*, *C*, *D* bezeichnet *3* nur den Meckelschen Knorpel. *4* Articulare (Malleus). *5* Hyomandibulare (Stapes). *6* Hyoid. *7* Praearticulare = Goniale (Processus anterior mallei; nicht bezeichnet). *8* Dentale. *9* Squamosum. *10* Spiraculum. *11* Trommelfell (Membrana tympani) der Nicht-Säuger. Vermutlich Shrapnellsche Membran der Säuger. *12* Trommelfell der Säuger; vermutlich neu entstanden. *13* Recessus mandibularis des Mittelohres der Theriodontia. *14* Angulare (Tympanicum). *15* Ganglion des N. facialis. *16* Chorda tympani

Damit hat sich folgende Homologievorstellung als gesichert erwiesen: Der Stapes der Säuger ist dem gleichbenannten Element der anderen Tetrapoden homolog. Der Incus (Amboß) entspricht dem Quadratum. Der Malleus (Hammer) entspricht dem Articulare; das ursprünglich zwischen den beiden Elementen vorhandene Gelenk ist das primäre Kiefergelenk der Nichtsäuger. Der Processus anterior (folianus) mallei ist das ehemalige Goniale, und das Angulare ist das Tympanicum. Diese Umkonstruktion erfolgte in parallelen Stammesreihen mehrfach, wobei die Ausbildung des Squamoso-Dentalgelenkes und die Umkonstruktion des Mittelohres nicht synchron verlief. Grundsätzlich handelte es sich dabei um eine zunehmende Vergrößerung des Dentale, bis es zur Bildung des neuen Kiefergelenkes durch Anlagerung kam. Daneben kam es, wie zahlreiche Fossilfunde ausweisen, zu einer Rückbildung bzw. zum Verlust der anderen Unterkieferknochen. Die Verlagerung der bestehenbleibenden Elemente in das Mittelohr ist weniger schwierig vorstellbar, denn sie wird an einzelnen Stadien fossil vorgeführt, als das gleichzeitig damit verbundene funktionelle Geschehen. Aus naheliegenden Gründen ist diese Frage am Fossilmaterial nur sehr schwer zu lösen. Dennoch sind Fälle beschrieben worden (Kermack u. Musset, Crompton, Kühne u. a.), die ein Funktionieren beider Gelenke nebeneinander vermuten lassen. Von rezenten Beutelratten ist ein ähnlicher Zustand bei Beutelstadien, also sehr frühen postnatalen Zuständen, die bei placentalen Formen noch Embryonalphasen entsprechen, beschrieben worden. Zu dieser Frage ist noch sehr viel von der Erforschung der Ontogenesen zu erwarten. Daß nebeneinander zwei Gelenke, wobei eines durch Anlagerung entsteht, funktionstüchtig sein können, zeigt eine Beobachtung von Starck (1960) am Mausvogel *(Colius)*. Dort findet sich zwischen der Schädelbasis und dem langen inneren Fortsatz der Gelenkregion des Unterkiefers ein Anlagerungsgelenk.

Schwierigkeiten bereitete auch die Vorstellung, daß innerhalb des Unterkiefers zwei hintereinander liegende gelenkig bewegliche Stellen aufgetreten sein sollen. Das vordere Gelenk würde das Dentale gegen die übrigen Unterkieferknochen beweglich machen, während hinten das ursprüngliche Quadrato-Articulargelenk besteht. Die funktionelle Schwierigkeit liegt darin, daß beide Gelenke in ungefähr gleicher Richtung wirken und so die Bewegung in dem einen die in dem anderen aufheben kann. Solche analoge Zustände sind bei Wirbeltieren bekannt. Lubosch, der sie untersuchte, prägte dafür den Begriff der Streptognathie. Diese wird bei manchen Fischen (Scaridae), bei Mosasauriern und bei *Caprimulgus* (Ziegenmelker) gefunden. Natürlich zeigen die erwähnten Formen einen jeweils anderen Modus der Streptognathie, aber sie beweisen, daß solche Zustände unter bestimmten funktionellen Voraussetzungen möglich sind. In weniger scharf ausgeprägter Form werden sie unter den Wirbeltieren vermutlich öfter vorkommen. Es ist sehr wahrscheinlich, daß bei den Vorfahren der Säuger eine streptognathe Phase durchlaufen worden ist, die die Abgliederung des Dentale erleichterte.

Wie nun Simpson erst kürzlich (1959) ausführt, ist es zweckmäßig bzw. notwendig, von den einzelnen Punkten der bisher allgemein angenommenen Diagnose des Begriffes Säugetier (1. Quadrato-Articulare keine suspensorielle Funktion ausübend, 2. Squamoso-Dentalgelenk als Unterkiefergelenk, 3. drei Gehörknöchelchen und 4. Unterkiefer nur aus einem Knochen [Dentale] bestehend) nur den

Punkt 2 anzuerkennen (Squamoso-Dentalgelenk), da die Umbildung der einzelnen Merkmale nicht gleichzeitig erfolgt sein muß, was durch Fossilfunde auch bestätigt wird.

So zeigen die jüngsten Befunde an mesozoischen Docodonten bzw. an „Ictidosauriern" *(Diarthrognathus broomi)*, daß eine Einbeziehung des schalleitenden Apparates (Mittelohrknochen) in die Definition Säugetier unzweckmäßig ist. Denn bei diesen Formen besteht neben dem sekundären Kiefergelenk noch das primäre, d. h., Quadratum und Articulare sind noch keine Gehörknöchelchen (KERMACK u. MUSSET 1958, CROMPTON 1958). Für diese Definition ist wesentlich, daß es sich um ein paläontologisch faßbares Merkmal und dabei kein reines Anpassungsmerkmal handelt. Wie SIMPSON (1959) ausführt, stehen im wesentlichen vier Alternativen zur Verfügung, den Begriff Säugetier zu fassen.

1. Definition der Säugetiere nach rein typologischen Gesichtspunkten, nicht als phylogenetische Einheit.

2. Begriff Säugetiere auf die monophyletisch entstandenen Gruppen (Panto-, Meta- und Eutheria) beschränken.

3. Alle Gruppen, die den Säugetierzustand erreicht haben, zu einer Klasse Mammalia zusammenzufassen, wobei das entscheidende Merkmal konventionell bestimmt werden müßte.

4. Sämtliche „Mammal-like Reptiles" zu den Säugetieren zu stellen und die Grenze zwischen Reptilien und Säuger an der Basis der Therapsiden oder Synapsiden zu ziehen.

SIMPSON zieht die Alternative nach Punkt 3 vor, der auch hier gefolgt ist. Demnach sind die Säugetiere keine phylogenetische Einheit.

Nach obiger Definition müssen einzelne, einst als Säugetiere angesehene Fossilformen als Reptilien bezeichnet werden (z. B. *Tritylodon*, *Bienotherium*), während der „Ictidosaurier" *Diarthrognathus broomi* zu den Säugetieren gehört. CROMPTON (1958) betrachtet diese Art auf Grund zahlreicher reptilartiger Merkmale als Reptil. Dies ist jedoch, wie eben gezeigt wurde, Sache der Definition.

Wie schon angedeutet, ist gegenwärtig auf Grund von Fossilfunden an der polyphyletischen Entstehung der Säugetiere nicht zu zweifeln, eine Frage, die seit der Entdeckung der Monotremen wiederholt diskutiert worden ist. Säugetiere sind anscheinend in vier verschiedenenStämmen unabhängig voneinander aus säugetierähnlichen Reptilien entstanden (Symmetrodonten, Triconodonten, Docodonten und Multituberculaten[1] (vgl. Abb. 10).

Allerdings stehen sich diese Stämme verwandtschaftlich sehr nahe und sind auf die Bauriamorphen innerhalb der Therapsiden zurückzuführen. Diese Therapsiden zeigen weiter, daß in verschiedenen Stämmen die Entwicklungstendenzen zu säugerähnlichen Formen auftraten, jedoch nicht alle die Säugetierstufe, d. h. das Squamoso-Dentalgelenk, erreichten (Tritylodonten, Cynodonten, Bauriamorphen und Ictidosauriden) (vgl. OLSON 1944, 1959, v. HUENE 1956, PATTERSON 1956, KÜHNE 1958).

Die säugetierhaften Ictidosauriden lassen sich nach dem Schädel den Bauriamorphen, die Tritylodontiden dem Stamm der Cynodontia anschließen, der sich

[1] Die systematische Zugehörigkeit der mesozoischen Haramyiden ist noch ungeklärt, weshalb sie hier nicht weiter berücksichtigt sind.

seit dem jüngeren Perm (*Cistecephalus*-Zone) parallel zu dem der Bauriamorphen entwickelt hat (CROMPTON 1955), jedoch heute meist als eigener Parallelstamm und deshalb als eigene Unterordnung (Tritylodontia) angesehen wird.

Die Frage der polyphyletischen Entstehung der Säugetiere ist somit nicht nur eine Frage der Fossildokumentation, sondern auch der Definition und damit der begrifflichen Grenzziehung.

Schrittweise Umbildungen des Gebisses innerhalb der Theromorphen führen zu einer Differenzierung und Reduktion der Zahnzahl und auch der Zahngenerationen. Bei Reptilien wird die Nahrung nicht zerkaut, sondern im ganzen verschlungen oder zerquetscht. Das Gebiß besteht daher aus einheitlich gestalteten, kegelförmigen (haplodonten) Einzelzähnen, die nur zum Ergreifen der Beute dienen (Homodontie). Die zeitlebens gewechselten Zähne (polyphyodonter Zustand) sitzen meist nicht in typischen Alveolen, sondern sind locker bindegewebig am Kiefer befestigt. Bei permischen, carnivoren Theromorphen wird ein dem Eckzahn analoger Oberkieferzahn vergrößert, so daß die Zahnreihe in einen vorderen und einen hinteren Abschnitt zerlegt wird. Die vorderen Zähne sind den Schneidezähnen, die hinteren den Backenzähnen der Säuger analog. Bei spezialisierten triadischen Formen treten hinter dem vergrößerten Eckzahn mehrspitzige Zähne auf. Einzelne dieser Formen besitzen einfacher gestaltete vordere, den Prämolaren analoge, und komplizierter gebaute hintere, den Molaren analoge Backenzähne. Letztere werden überhaupt nicht, die übrigen nur einmal im Leben gewechselt. Da mit der Differenzierung auch die Mehrwurzeligkeit der Backenzähne auftritt, die dadurch sicherer im Kiefer verankert sind, ist der morphologische Zustand des heterodonten und diphyodonten, nur zwei Generationen umfassenden Säugergebisses erreicht. Diese Formen unter den Therapsiden besitzen jedoch noch kein Squamoso-Dentalgelenk und sind ein Beispiel für den Mosaikmodus der stammesgeschichtlichen Entwicklung. Schließlich kommt es zur Ausbildung einer Lücke in der Zahnreihe (Diastem) zwischen Vorder- und Backengebiß und manchmal zu einer nagezahnähnlichen Differenzierung der Vorderzähne (*Tritylodon*, *Bienotherium*, *Oligokyphus*). Die Zahl der Zähne ist festgelegt und entspricht der bei mesozoischen Säugetieren, bei denen sie zwischen 52 und 68 Einzelzähnen schwankt. Die Form der Backenzähne läßt auf eine Verarbeitung der Nahrung durch Kauen schließen. Man nimmt an, daß damit eine gesteigerte Energieproduktion gegeben ist, die mit einer annähernd konstanten Körpertemperatur in Zusammenhang stehen könnte. Im Gegensatz zum Dauergebiß besteht das Milchgebiß derartiger Therapsiden aus einfachen Kegelzähnen, so daß es nicht zum Kauen verwendet werden konnte. Man muß daher mit dem Zahnwechsel auch einen Wechsel der Ernährungsweise annehmen. BRINK (1956) schließt daraus auf eine Säugeperiode und damit auf die Existenz von Milchdrüsen. Die Vermutung, daß die Tiere bereits homoiotherm waren, erhält eine Stütze durch das Vorhandensein von Ethmoturbinalia in der Nasenhöhle, welche dadurch im Bau komplizierter wird, so daß eine Erwärmung und Anfeuchtung der Atemluft möglich war. In diesem Zusammenhange nahm man an, daß die Tiere bereits ein Haarkleid trugen; WATSON (1931) vermutete, daß bei spezialisierten Cynodontia Vibrissae vorhanden waren (vgl. BROILI 1941). Die Entstehung des Haarkleides, das ein Schutz gegen rasche Wärmeabgabe ist, dürfte jedenfalls in Zusammenhang mit der beginnenden Homoiothermie zu bringen sein. Die Maxillargruben mancher *Diademodon*-Arten werden als Lager besonderer Hautdrüsenpakete gedeutet. Bei den Gattungen *Ericiolacerta* und *Watsoniella*, die zu den Therapsiden gehören, kann aus dem Vorhandensein von Knochenforamina im Oberkiefer auf eine vermehrte Blutzufuhr für die Mundregion und damit auf das mögliche Vorhandensein beweglicher Lippen geschlossen werden. Sowie die Tiere ihre Nahrung zerkauten, also neue und andersartige Bewegungen mit dem Unterkiefer ausführten, mußte nicht nur die Kiefermuskulatur umgestaltet werden, sondern es müssen auch Wangen gebildet worden sein, was wieder eine Differenzierung der durch den N. facialis innervierten Gesichtsmuskulatur voraussetzt. Wir können darum annehmen, daß in dieser Evolutionsphase die Abspaltung des M. masseter aus dem äußeren Adductor mandibulae erfolgte; der M. masseter ist der für die Säuger typische äußere Kaumuskel. In derselben Evolutionsphase muß auch die Entstehung der Gesichtsmuskulatur erfolgt sein, die sich von der Muskulatur des Zungenbeinbogens herleitet und deshalb auch vom N. facialis versorgt wird. Sie erstreckt sich nach rostral über die Kiefermuskulatur hinweg in die Gesichtsregion; aus diesem Material entstehen die Lippen- und Wangenmuskeln. Auch in diesem Zusammenhang ist das Auftreten der Gefäßforamina verständlich.

In Zusammenhang mit dem Zerkauen der Nahrung steht auch das sekundäre Munddach der Säuger, das in dieser Evolutionsphase bereits ausgebildet war. Die Praemaxillaria, Maxillaria und Palatina bilden horizontale, sich in der Medianebene treffende plattenartige Fortsätze, die einen geschlossenen harten Gaumen (sekundäres Munddach) bilden. Dieser scheidet die Nasenhöhle von der Mundhöhle. Die inneren Nasenöffnungen werden nach hinten verlagert (sekundäre Choanen), so daß der Weg der Atemluft und der Nahrungsweg sich nur auf einem engbegrenzten Gebiet kreuzen. Damit wird das Kauen in der Mundhöhle ermöglicht, ohne gleichzeitig den Weg der Atemluft zu behindern.

Über das G e h i r n dieser Formen ist noch wenig bekannt (T. EDINGER 1929, 1955 und Manuskript 1958[1], OLSON 1944, WATSON u. a.). Es sind nur gelegentlich erhobene Befunde, deren Deutung im einzelnen mitunter strittig ist. Sie zeigen einerseits deutlich reptilienhafte Merkmale, andererseits zeichnen sich schon säugerartige Tendenzen ab.

Einzelheiten über die Form der Hirnabschnitte können am Steinkern oder Ausguß nur dann erwartet werden, wenn die Form des Endocranium die des Gehirnes wiedergibt, was nur bei enger Anlagerung möglich ist. Selbst wenn solche enge Lagebeziehungen auch bei Vögeln und Flugsauriern regelmäßig auftreten, so sind sie in den Stämmen der Therapsiden schon als Säugermerkmal zu werten. Das Vorderhirn ist kurz; die Bulbi sitzen ihm vorne auf. Bei den Cynodontia sind sie sehr groß und breiter als die Großhirnhemisphären. Das deutet auf einen besonders gut ausgebildeten Geruchssinn hin, was mit den Befunden an den Nasenhöhlen dieser Formen übereinstimmt. Bei *Lystrosaurus* (Dicynodontia) ist der Vorderhirnabschnitt besonders durch den mächtigen, den dicken Schädelknochen durchbohrenden Parietalkanal gekennzeichnet (T. EDINGER 1955). Der Parietalkomplex (Parietalauge, Epiphyse) dürfte alle Stufen von der voll-

[1] An dieser Stelle sei T. EDINGER herzlichst gedankt, die uns zur Auswertung einige Seiten eines unveröffentlichten Manuskriptes zur Verfügung stellte. Die Darlegungen T. EDINGERS haben Einfluß auf die folgende Darstellung genommen.

kommenen Ausbildung bis zum gänzlichen Schwund des Parietalauges aufgewiesen haben. T. EDINGER hat diese Verhältnisse genau untersucht. In dem dicken, knöchernen Schädeldach findet sich ein sehr voluminöser, steil nach dorsal ziehender Kanal, der sich durch das Foramen parietale nach außen öffnet. Am Ausguß erscheint dieser Kanal als säulenartiger Fortsatz. In diesem Kanal lag wahrscheinlich nicht nur das Parietalauge, sondern auch die Epiphyse und der Dorsalsack, wenigstens teilweise. TROST (1956) hat an rezenten Echsen nachweisen können, daß gelegentlich das Foramen parietale erhalten bleiben kann, auch wenn das Parietalauge bereits verloren wurde. Das sind sicher Ausnahmefälle, so daß wir, mit der durch die Ergebnisse TROSTs gebotenen Einschränkung, doch aus dem Auftreten eines Parietalkanals auf das Vorhandensein eines Parietalauges schließen können. Das ist ein typisches Reptilmerkmal, denn allen Säugern fehlt ein Parietalauge. Neben Formen mit wohlausgebildetem Parietalkanal treten unter den Theromorphen auch solche auf, denen eine Parietalöffnung fehlt (Ictidosauria). Das Mittelhirn springt bei *Lystrosaurus* dicht hinter dem Ausguß des Parietalkanals als deutliche Kuppel vor. Unmittelbar darunter liegt die umfangreiche Ausformung der großen Fossa pituitaria. In ihrem Volumen und darin, daß es keine Sella ist, erblickt T. EDINGER ein reptilienhaftes Merkmal. Die topographischen Verhältnisse dieser Region müßten an rezenten Reptilien noch genauer studiert werden, bevor man aus der Form des Ausgusses der mittleren Schädelbasis auf die Größe des Hypophysenkörpers schließen kann. OLSON (1944) hat von mittel- und oberpermischen Theriodontiern Wachsplattenmodelle der Schädelhöhle hergestellt. Dabei zeigten sich in Höhe der Basis des Cerebellum paarige, nach latero-caudal vorspringende Zapfen, die den Flocculi entsprechen. Auch bei *Lystrosaurus* sind solche zu beobachten. Obwohl auch bei den Archosauria derart vorspringende, in der Fossa subarcuata des Schädels geborgene Flocculi vorkommen, können sie bei den zu den Säugern hinführenden Stämmen mit T. EDINGER als Säugermerkmal gedeutet werden, da sie in anderen als den genannten Reptilstämmen nicht vorkommen, für die primitiven Säuger aber geradezu kennzeichnend sind. Neocerebellare Anteile sind an den Ausgüssen noch nicht feststellbar. OLSON findet an der Ventralseite der von ihm untersuchten Ausgüsse eine umfangreiche zweilappige Anschwellung, die rostro-medial durch eine Brücke verbunden ist. Diese rätselhafte Struktur als Pons (Hirnbrücke) auffassen zu wollen, halten wir für unrichtig. Der Pons ist ein neencephaler Hirnteil, der sich erst bei den Säugetieren im Zusammenhang mit dem Neocortex und dem Neo-Cerebellum fortschreitend entwickelt, wobei auf seine räumliche Ausdehnung auch die ihn durchziehende Pyramidenbahn (Tractus cortico-spinalis) Einfluß nimmt. Auch diese ist ein neencephaler Hirnteil, der erst bei Säugern mit hoch entwickeltem Neocortex besonderen Umfang erhält. Am Gehirn der Cynodonten sind die anatomischen Voraussetzungen, nämlich eine hochdifferenzierte Großhirnrinde und ein hochdifferenziertes Neo-Cerebellum, noch nicht gegeben, daß der Pons, wenn er überhaupt schon in der Anlage entwickelt war, einen Umfang hatte, der an der Schädelbasis eine Impression hinterließ, die dann am Ausguß sichtbar wäre. Bei Säugern mit primitivem oder noch wenig entfaltetem Neocortex (Didelphiden, Insectivoren, Lemuriden) ist der Pons daher noch sehr gering. Dazu kommt, daß auch bei Säugern mit hochentwickeltem Neocortex und Neocerebellum und dementsprechend umfangreichem Pons, welcher auf einem

Liquorkissen ruht, nur unter ganz besonderen Bedingungen der kranio-cerebralen Topik, wie das beim Delphin der Fall ist eine Impressio pontina hinterläßt.

Der Bau des Brustkorbes bei fortschrittlichen Cynodontia läßt BRINK (1956) vermuten, daß diesen bereits ein Diaphragma (Zwerchfell) zukam. Sichere Anhaltspunkte für den Beginn der Viviparie fehlen bisher. Die Lösung dieser Frage wäre wichtig, um die Abspaltung der Monotremen von den übrigen Stammformen der Säuger ungefähr festlegen zu können.

Die Extremitäten spezialisierter Therapsiden besitzen bereits weitgehend Säugetiercharakter: Vorder- und Hinterextremitäten sind unter den Rumpf gestellt. Sie nehmen die für Säugetiere kennzeichnende Stellung ein: Das Kniegelenk zeigt nach vorne, das Ellenbogengelenk nach hinten, Oberschenkel und Oberarm sind an den Rumpf angelegt. Bei Reptilien sind sie vom Rumpf abgespreizt. Die Tiere waren dadurch zu dem für die Säuger mit Ausnahme der Monotremen kennzeichnenden, tetrapoden Schreiten befähigt. Im Zusammenhang mit der Umorientierung der Extremitäten mußten Schultergürtel und Becken Veränderungen in der Konstruktion erfahren, so daß das Skelet der beiden Gürtel schon vielfach Merkmale der Säuger aufweist. Die Phalangenformel (2, 3, 3, 3, 3) in Hand und Fuß ist verglichen mit der für die Reptilien typischen (2, 3, 4, 5, 4 [3]) reduziert und stimmt mit jener der Säuger überein. Vielleicht hängt dies mit der geänderten Stellung von Hand und Fuß zusammen. In der Fußwurzel (Tarsus) sind Sprung- und Fersenbein (Talus und Calcaneus) schon als solche erkennbar. Obwohl manche Bauriamorpha Anzeichen einer beginnenden Digitigradie (Zehengang) zeigen, ist die Plantigradie (Sohlengang) bei den ältesten Säugern sicher der primitive Zustand gewesen. Von diesen wird vermutet, daß sie teilweise baumlebend (semiarborikol) gewesen sind. Von manchen Autoren wird reine Arborikolie angenommen (STEINER 1956). Bei den etwa mausgroßen Tieren sind am Skelet keine Anpassungen zu erwarten, die diese Frage anatomisch einwandfrei entscheiden lassen, selbst wenn sie rein arborikol waren.

3. Paläoneurologie

Weichteile sind bei fossilen Funden so außerordentlich selten erhalten, daß sie für die Fragen der Evolution der Organe im Laufe der Stammesgeschichte nicht ins Gewicht fallen. Der einzige Weichteil, dessen stammesgeschichtliche Entwicklung untersucht werden kann, sofern bestimmte Bedingungen vorliegen, ist das Gehirn und weit seltener auch das Rückenmark. Die Lehre vom Zentralnervensystem ausgestorbener Tiere ist die Paläoneurologie.

Der Name ist nicht glücklich gewählt, denn in der Anatomie versteht man unter Neurologie die Lehre vom gesamten Nervensystem, einschließlich des peripherischen. In diesem Sinne wird der Begriff im englischen Schrifttum auch heute gebraucht, während er im deutschen Sprachgebrauch sich mehr auf die Lehre von den Nervenkrankheiten verschoben hat. Die Paläoneurologie hat es, insbesondere bei den Säugetieren, ganz überwiegend nur mit den Gehirnen zu tun, selten auch mit dem Rückenmark und in seltensten Ausnahmefällen (Agnathi), aber niemals bei den Säugetieren, auch mit der nervösen Peripherie. Die Paläoneurologie ist also überwiegend die Lehre von den Gehirnen der ausgestorbenen Tiere.

Das Material, mit dem die Paläoneurologie arbeitet, besteht aus natürlichen und künstlichen Ausgüssen des Cavum cranii; erstere nennt man „Steinkerne". Das Gehirn selbst ist natürlich nie erhalten.

Erstaunlicherweise zeigt das Gehirn, das rund aus 90% Wasser besteht, unter bestimmten und auch verschiedenen Bedingungen ein langes Erhaltungsvermögen (Spatz, Klenk und Diezel 1957). Man kennt Hirnreste aus prähistorischer Zeit aus Ägypten, die im Schädel gefunden wurden, ferner etwa 2000jährige Hirnreste von Moorleichen, sowie aus dem Hochmittelalter (vgl. Spatz, Klenk und Diezel 1957). In den meisten Fällen ist das Gehirn zusammengeschrumpft, so daß zwischen dem Schädel und dem Hirnrest, der als solcher deutlich erkennbar ist, ein umfangreicher Hohlraum bestehenbleibt. Solche Hirnreste werden unter bestimmten Bedingungen auch bei Tierleichen im Anfange des Fossilisationsprozesses vorhanden gewesen sein; z. B. bei sehr trockener Lagerung oder bei im Moor oder in Sümpfen versunkenen Tierleichen. Den weiteren Fossilisationsprozeß haben sie aber nicht überstanden. Es ist nicht zu erwarten, daß von solchen Hirnresten Aufschlüsse über die Evolution des Gehirnes erlangt werden können, denn einerseits sind sie zu jung, andererseits gestattet der Erhaltungszustand keine Beantwortung der Fragen, die mit der Hirnevolution zusammenhängen (Differenzierung der Großhirnrinde, Bahnverbindungen usw.). Die Evolutionsforschung des Gehirnes wird auch weiterhin auf die Auswertung der natürlichen und künstlichen Ausgüsse (Endokranialausgüsse) beschränkt bleiben (s. Abb. 13).

Im Laufe des Fossilisationsvorganges kann das Cavum cranii, nachdem das Gehirn selbst völlig wegmazeriert ist, durch das einbettende Medium bis in letzte Feinheiten hinein ausgefüllt werden, so daß der so entstehende „Steinkern" (vgl. S. 4 sowie T. Edinger 1929) ein Positiv der Schädelhöhle darstellt. Dieses Positiv wird um so genauer sein, je feiner das ausfüllende Material ist. Was auf natürlichem Wege entstehen kann, wird auf künstlichem Wege durch verschiedene Ausgußmassen, von denen sich die Modifikationen des Pollerschen Verfahrens anscheinend am besten bewährt haben, ebenfalls erreicht. In beiden Fällen haben wir einen Endokranialausguß (Endocranium = Innenfläche des Cavum cranii) vor uns.

Noch 1929 konnte T. Edinger sagen, daß künstliche Ausgüsse nicht die Feinheit der natürlichen Ausgüsse besitzen. Inzwischen sind die Methoden so verbessert worden, daß heute in vielen Fällen das Umgekehrte zutrifft. Wollte man sich nur auf die Untersuchung von Steinkernen beschränken, dann wäre man dem bei der Fossilisation obwaltenden Zufall ausgeliefert, von dem es abhängt, ob ein Steinkern entsteht. Mit verschiedenen Verfahren ist man heute in der Lage, von jedem Schädel, sofern er eröffnet ist, in schonender Weise einen Ausguß herzustellen, der das gesamte Innenrelief bis in letzte Details hinein wiedergibt. Man kann sicher sein, daß in Zukunft die Paläoneurologie in vermehrtem Maße sich der Auswertung künstlicher Endokranialausgüsse zuwenden wird, weil es ihr dann möglich ist, ganze Evolutionsreihen zu untersuchen, wie das erstmalig T. Edinger an der Pferdereihe getan hat.

Der Endokranialausguß, ebenso wie der Steinkern, ist das Positiv des Cavum cranii, dessen Strukturen (Gefäßkanäle, Nervenforamina, Knochennähte, Fissuren, Gefäßfurchen usw.) er wiedergibt. Je mehr die Form des Endocranium mit der des Gehirnes übereinstimmt, desto deutlicher wird der Ausguß ein Abbild der äußeren Fläche des Gehirnes sein. Das ist regelmäßig der Fall bei Tieren mit hoher Cerebralisationsstufe (Vögel, Säuger) bzw. bei Tieren, bei denen infolge der Kleinheit des Kopfes das Gehirn im Verhältnis groß ist. Dabei kommt es sehr darauf an, welche Hirnabschnitte, z. B. infolge einer bestimmten Lebensweise, in besonderer Form differenziert sind. So konnte nachgewiesen werden (vgl. T. EDINGER 1927, 1929), daß die Flugsaurier (Rhamphorhynchoidea und Pterodactyloidea) ein deutlich vogelartiges Gehirn ausgebildet hatten, obwohl sie mit dem Stamme der

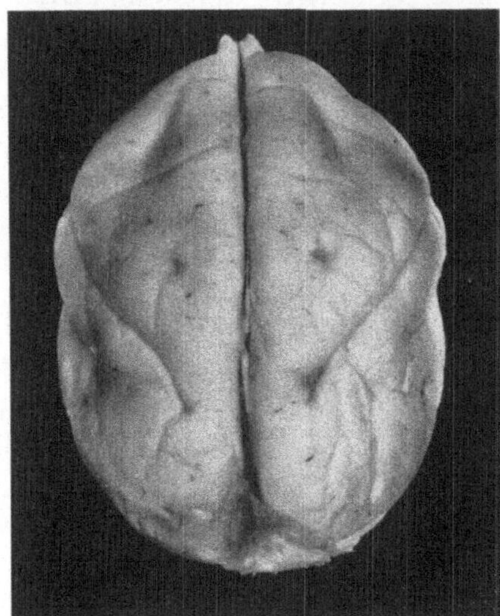

Abb. 13. Gehirn (links) und Endokranialausguß (rechts) von *Aotes trivirgatus* (südamerikanischer Nachtaffe). Ausguß und Gehirn stammen von verschiedenen Individuen. Beide in ungleichem Maßstab zueinander etwas vergrößert. Man sieht, was vom Gehirn am Endokranialausguß erkennbar ist. Als deutliche Furche erscheint die lange, schwach S-förmig gekrümmte Fissura sylvii, die seitliche Großhirnfurche. Die rostral davon liegenden Furchen sind nur schwach und unklar angedeutet. Die die beiden Großhirnhemisphären trennende Fissura interhemisphaerica ist am Ausguß nicht erkennbar. Ihrem Verlaufe entspricht ein flacher Wulst, der durch eine Längsrille im Schädeldach verursacht wird, die durch den Verlauf des oberen Längsblutleiters der harten Hirnhaut bedingt ist. Von ihr gehen beiderseits schwache Leisten ab, die seitlich über die Stirnlappen hinwegziehen. Sie entsprechen der Coronar-Naht des Schädeldaches, die bei diesem Individuum noch nicht geschlossen war. (Orig. HOFER)

Vögel nicht das geringste zu tun haben. Dies ist nur durch die Lebensweise zu erklären, die die besondere Ausbildung der homologen Hirnteile (Hemisphären, Mittelhirndach und Kleinhirn) auf einem phylogenetisch analogen Wege verständlich macht.

Steinkern und Endokranialausguß zeigen ein Positiv des Cavum cranii. Daher werden auch Bildungen, die dem Gehirn nicht angehören, mitgeformt (s. Abb. 13). Der Sinus sagittalis superior, der obere Längsblutleiter der Dura mater, ebenso wie der gewundene Sinus sigmoideus und der Sinus transversus, treten an den Ausgüssen als erhabene Wülste auf. Bei der Bestimmung und Orientierung einzelner Steinkernbruchstücke kann das von Wichtigkeit sein. Da der Ausguß das endokraniale Knochenrelief darstellt, ist er immer etwas größer als das natürliche Gehirn, welches nicht nur durch die Hirnhäute, sondern auch durch die zwischen diesen liegenden Räume (Spatium subdurale und Spatium leptomeningicum) von der Innenfläche des Schädels getrennt ist. Vom Gehirn selbst können nur die Teile am Endokranialausguß erscheinen, die dem Endocranium unmittelbar benachbart sind, und deren Form mit der örtlichen Gestaltung des Endocranium kongruiert, was nicht nur für die allgemeine Hirnform zutrifft, sondern auch sehr häufig bei Windungen der Hirnrinde der Fall ist, wenn an der Cerebralfläche des Hirnschädels Impressiones gyrorum (digitatae) auftreten. Die Fissura interhemisphaerica, die die beiden Großhirnhälften scheidet, ist am Ausguß nur durch den Verlauf der Abformung des Sinus sagittalis superior angezeigt. Im frontalen Bereiche kann sie auch durch die knöcherne Crista sagittalis interna angezeigt sein, welche am Ausguß als Spalt oder tiefere Kerbe zwischen den Stirnpolen erscheint. Selbstverständlich sind sämtliche Zisternen, welche leptomeningeale, mit extracerebralem Liquor gefüllte Flüssigkeitspolster sind, die sich zwischen Schädel und Gehirn einschieben, am Ausguß eingeebnet. Darum ist am Endokranialausguß über die Gestalt der mittleren Hirnbasis, die auf einem den Hypophysenstiel umgreifenden Zisternenring (Spatz) ruht, kein hinreichender Aufschluß zu gewinnen. Bei Hirnteilen, die dem Endocranium benachbart liegen, ist noch nicht bekannt, warum sie in einem Falle „sich imprimieren", d. h. warum ihrer Positivform eine ungefähr kongruente Negativform am Endocranium entspricht, im anderen Falle dagegen nicht[1]. Bei Raubtieren gibt der Endokranialausguß die Hirnform, besonders der Großhirnrinde, täuschend ähnlich wieder, fast ebenso bei den geschwänzten Affen der Alten Welt, so daß eine Bestimmung der Furchen möglich ist. Bei den Pongiden und besonders beim Menschen ist dies nicht der Fall. Die Bedeutung, die der Untersuchung von Endokranialausgüssen zukommt, liegt in folgendem: Das Volumen der Gehirne läßt sich annäherungsweise bestimmen. Die für die Bewertung der Spezialisationshöhe des Gehirnes wichtigen Größenverhältnisse der einzelnen Hirnteile zueinander (Bulbi olfactorii, Hemisphären, Cerebellum) lassen sich meist gut erkennen. Da die äußere Grenzfurche zwischen Neocortex und Palaeocortex, die Fissura rhinica lateralis, die richtiger mit Spatz Fissura palaeo-neocorticalis genannt würde, fast immer deutlich ist, läßt sich annähernd das Entwicklungsverhältnis der beiden Rindenteile zueinander erkennen. Bei primitiven Hirnen liegt diese Grenzfurche dorsal oder dorsolateral, weil das neocorticale Gebiet noch klein ist, während sie bei zunehmender Entfaltung des Neocortex nach basal verlagert wird. Die seitlich an den Hemisphären emporziehende Fissura Sylvii (cerebri lateralis) ist immer erkennbar und ebenso, wenn auch nicht immer und nicht in gleicher Deutlichkeit, das Windungsmuster des Neocortex gyrifizierter Gehirne. Daher ist es möglich, die Morphologie der Hirnwindungen zu untersuchen, um von hier aus auf die grobe Differenzierung bestimmter Rindenteile zu schließen.

Die Auswertung von Steinkernen und Endokranialausgüssen, die manchmal nur in Bruchstücken vorliegen, wenn der Originalschädel zertrümmert geborgen wurde, bedarf eines sehr großen Vergleichsmaterials, besonders auch von rezenten Formen, bei denen der Ausguß mit dem Gehirn verglichen werden kann.

Die Erforschung der Evolution der äußeren Form der Gehirne der Säuger wird, seit sie durch T. Edinger, der sich später weitere Forscher zugesellten, planmäßig betrieben wird, schließlich zu einem abgerundeten Bild führen. Die palaeontologische Erforschung des Rückenmarkes der ausgestorbenen Tiere ist nicht möglich, abgesehen von einigen Ausnahmefällen. Die Ausgüsse lassen zwar Segmentierungen des Inhaltes des Neuralkanales sowie die Stellen der Spinalnerven

[1] Nach der Arbeitshypothese von Spatz (1949, 1950) imprimieren sich die in Evolution begriffenen Hirnteile, wobei im besonderen der Neocortex ins Auge gefaßt wird.

erkennen, aber sonst nichts (T. Edinger 1929). Im Gegensatz zu dem in einer starren Kapsel eingeschlossenen Gehirn liegt das Rückenmark im Neuralkanal der Wirbelsäule, welche ein beweglicher Gliederstab ist. Da es den zum Teil sehr erheblichen Bewegungen dieses Gliederstabes folgen muß, bedarf es eines besonderen Schutzes. Das Rückenmark ist daher niemals so eng an die Innenfläche des knöchernen Neuralkanales angenähert wie das Gehirn dem Schädel. Im Bereiche des Wirbelkanales wird die Dura mater spinalis in ein äußeres (Lamina externa) und ein inneres Blatt (Lamina interna) geschieden. In dem zwischen ihnen liegenden Spaltraum (Spatium extradurale), der demnach nur der spinalen Dura zukommt, liegen Lymphbahnen, sehr ausgedehnte Venengeflechte und fettreiches Bindegewebe. Damit wird eine äußere Polsterung erzielt. In dem von der Dura gebildeten Sack schwimmt das Rückenmark in einem gegen die Dura durch die Arachnoides spinalis abgeschlossenen, mit Liquor gefüllten Flüssigkeitsraum zwischen den weichen Rückenmarkshäuten. Die Medulla spinalis flottiert in diesem Flüssigkeitskissen und wird in Führung gehalten von den Spinalnervenwurzeln und einem bindegewebigen, in Form eines Ligamentes differenzierten Balkenwerkes (Ligamentum denticulatum), das Arachnoides und Pia mater spinalis verbindet. Aus diesen Verhältnissen ergibt sich, daß zwischen Innenwand des knöchernen Neuralkanales und Rückenmark einige Räume liegen, die verhindern, daß die Außenform der Medulla spinalis genau mit der Innenfläche des Neuralkanales übereinstimmt; vgl. dazu T. Edinger (1929). Deshalb können wir bei Säugern gar nicht erwarten, daß ein Ausguß des Neuralkanales der Wirbelsäule Rückschlüsse auf die Form des Rückenmarkes gestattet, um so mehr, als die Länge des Neuralkanales nicht der Länge des Rückenmarkes entspricht.

Eine Ausnahme bilden Stellen einer besonderen Verdickung des Rückenmarkes, weil hier auch der Neuralkanal weiter werden muß. Im Bereiche der den Vorderextremitäten zugehörigen Halsanschwellung (Intumescentia cervicalis) und der den Hinterextremitäten zugehörigen Intumescentia lumbalis findet sich immer eine Erweiterung des Neuralkanales. Bei besonderer Beanspruchung der Vorderextremitäten ist die cervicale Anschwellung deutlicher (Chiroptera), bei bipeden die lumbale (*Macropus, Mylodon, Homo*); letztere fehlt den Walen. Dem Paläontologen sind also nur Aussagen über die lokalen Dickenverhältnisse des Rückenmarkes möglich; was darüber hinausgeht, sind reine Hypothesen, die von T. Edinger (1929) diskutiert wurden.

Die Evolution des Gehirnes in den verschiedenen Säugerstämmen darzustellen, ist das Ziel der Paläoneurologie. T. Edinger, die mit der Untersuchung der Hirnentwicklung in der Reihe der fossilen Pferde erstmalig die Evolution des Gehirnes innerhalb eines Stammes darstellte und damit die moderne Paläoneurologie begründete, hat mit Recht gefordert, daß zur Erreichung dieses Zieles grundsätzlich nur die Endokranialausgüsse eines in sich geschlossen sich entwickelnden Stammes herangezogen werden dürfen, dessen historischer Entwicklungsgang durch Knochen- und Zahnfunde gesichert erscheint. Grundsätzlich falsch wäre ein Vergleich von Endokranialausgüssen von Angehörigen verschiedener Stämme, wie das gelegentlich früher geschah. Auf diesem Wege kann, wenn das Material reichhaltig genug ist, die Geschichte der äußeren Form des Gehirnes innerhalb eines Stammes entworfen werden. Über diese verhältnismäßig eng gezogene Grenze kann die reine Paläoneurologie nicht hinausgehen. Sie muß ergänzt werden durch die Erforschung der Gehirne rezenter Tiere, an denen nicht nur die feineren Strukturen untersucht werden können, sondern die auch dem Experiment zugänglich sind und in ihrem natürlichen Verhalten beobachtet werden können.

Dieser Forschungsrichtung kommt sehr große Bedeutung zu, denn in der Säugerreihe ist das Gehirn das Organ, das von seinen Anfängen bei Primitivformen bis zu seiner höchsten Entwicklungsphase die weiteste Evolutionsspanne umfaßt. Die weitaus größte Zahl der rezenten Säuger hat primitive Gehirne oder solche, die diesen sehr nahe stehen. Nur bei den Walen, Robben, Elefanten, Pongiden und *Homo* erreicht das Gehirn die Spitzenphase der Evolution. Wenn die Untersuchung rezenter Gehirne der zweite Weg der Evolutionsforschung am Gehirn sein soll, der neben dem rein paläoneurologischen begangen werden muß, dann ist zu prüfen, ob dies möglich und aus theoretischen Erwägungen heraus statthaft ist. Dabei wird das rezente Gehirn einer Form, die unbedingt dem Stamm angehören muß, dessen Hirnevolution eben untersucht wird, in die Wissenslücke eingesetzt, die die Paläoneurologie zwangsläufig offen lassen muß. Die rezente Form wird also so bewertet, als ob sie einer längst untergegangenen entspräche.

Möglich ist dies nur bei Stämmen, deren Evolutionsgang fossil so genau belegt ist, daß die Einordnung der rezenten Vertreter in verschiedene Evolutionsphasen möglich ist. Die zweite Voraussetzung ist, daß aus verschiedenen Evolutionsphasen sich Formen bis heute halten konnten. Ist letzteres nicht der Fall, dann kann man grundsätzlich nicht über den rein paläoneurologischen Befund hinausgehen, denn es dürfen nur Angehörige des eigenen Stammes untersucht werden. Bei der Pferdereihe ist letzteres der Fall, weil nur mehr die letzte Form des Stammes rezent existiert. Bei den Marsupialiern ist die Voraussetzung, wenn auch nicht optimal, für den ersten Fall gegeben. Rezent existieren die wahrscheinlich aus der ausklingenden Kreide stammende, archaische Form *Caenolestes* und die südamerikanischen Didelphiden, die in der heutigen Form wahrscheinlich eozänen Ursprungs sind, aber auf kretazische Vorfahren zurückgehen, von denen sie sich nicht tiefgreifend unterscheiden. Neben diesen primitivsten Typen finden sich in Australien Formen, die auf Didelphiden zurückgehen müssen und sich verschieden weit von ihnen wegdifferenzierten, sowohl in Richtung auf herbivore als auch carnivore Formen, die sicher verschiedenen Evolutionsphasen dieses Stammes angehören.

Die zweite Frage ist, ob es richtig ist, eine rezente Form so zu bewerten, als ob sie im Hirnbau einer Millionen von Jahren zurückliegenden gleiche. Selbst bei typischen Konservativformen, die man an Gebiß und Skeletmerkmalen als solche erkennen kann wie bei den Beutelratten, kann man nicht ausschließen, daß am Gehirn Veränderungen im Feinbau in der langen Zeit erfolgten, die etwa im Zusammenhang mit einer geänderten Lebensweise stehen mögen, die aber als solche nicht erkannt werden können, weil das Gehirn der ersten Fossilformen dieses Stammes nicht bekannt ist. Daß sich falsche Schlußfolgerungen ergeben müssen, wenn solche Spezialisationskreuzungen vorliegen, leuchtet ein. Man versteht, daß T. EDINGER (1949) sich in einer Studie „Paleoneurology versus Comparative Brain Anatomy" dieser Forschungsmöglichkeit gegenüber sehr verschlossen zeigte, während sie von HOFER (1953) verteidigt wurde.

Grundsätzlich können Aussagen über sukzessive Veränderungen eines Organs in der Geschichte eines Stammes nur mit Sicherheit an zeitlich verschieden liegendem Fossilmaterial gemacht werden, welches dann die Bedeutung des historischen Dokumentes hat. Dies ist nur bei Hartteilen der Fall, an denen phylogenetische Reihen aufgestellt werden können. Wird an rezentem Material eine Reihe aufgestellt, deren einzelne Glieder gleichzeitig leben, dann handelt es sich um eine Spezialisationsreihe, die keine phylogenetische Aussage gestattet, da ihre Glieder nicht als historische Zeugnisse im Sinne des Fossildokumentes gewertet werden können. Die Umdeutung einer Spezialisationsreihe im phylogenetischen Sinne ist nur angängig, wenn nachgewiesen ist, daß wenigstens einige ihrer Glieder tatsächlich vorhandenen, fossilen Vertretern desselben Stammes gleichen oder weitgehend ähnlich sind. Trifft dies zu, dann ist die Spezialisationsreihe nicht zu einer Stammreihe geworden, sondern sie versinnbildlicht eine solche. Eine Reihe, die mit dem Gehirn rezenter Beutelratten beginnt und über primitive Phalangeriden zu dem Gehirn von *Macropus* führt, ist eine Spezialisationsreihe, deren einzelne Glieder bestimmt (Didelphiden) oder mit größter Wahrscheinlichkeit (primitive Phalangeriden) Evolutionsphasen entsprechen, die nacheinander durchlaufen wurden, und aus denen sich die rezenten Vertreter im wesentlichen konservativ erhalten haben.

Wertet man die Spezialisationsreihe der rezenten Beuteltiergehirne für die Evolution dieses Hirntypus aus, dann muß man mit dem Didelphidengehirn beginnen, weil dieses mit hoher Wahrscheinlichkeit dem der kretazischen Ausgangsformen ähnlich geblieben ist. Die Untersuchung der Gehirne rezenter Didelphiden verschiedener Lebensweise zeigt, ob und welche Spezialisationen im Feinbau auftreten, die evtl. später erworben worden sein können. Auf diesem nur mit den Methoden der vergleichenden Anatomie zu beschreitenden Wege gewinnt man schließlich eine Vorstellung, wie das ursprüngliche Didelphidengehirn wahrscheinlich auch im Feinbau ausgesehen hat. Dasselbe wird man mit dem Gehirn ursprünglicher und differenzierter Phalangeriden machen, um schließlich die einzelnen Differenzierungsphasen in der Richtung des tatsächlich erfolgten stammesgeschichtlichen Ablaufes in einer Spezialisationsreihe zu ordnen, die diesen wahrscheinlich versinnbildlicht. Dieser auf dem rezenten Material beruhende, mühevolle Weg ist die einzige Möglichkeit, über den rein paläoneurologischen Befund, der nur die Außenform des Gehirnes zeigt, hinauszukommen. Das Ergebnis wird immer nur den Charakter hoher Wahrscheinlichkeit haben. Entscheidend ist dabei, daß das rezente Gehirn nur dann in die Evolutionsphase eingesetzt wird, der nach der Fossildokumentation die Gattung am nächsten steht, wenn untersucht ist, ob spätere Differenzierungen eingetreten sein können.

III. Systematischer Teil

1. Die mesozoischen Säugetiere und ihre stammesgeschichtliche Bedeutung

Wie bereits im vorhergehenden Abschnitt erwähnt, kann die frühe Geschichte der Säugetiere nur durch die Paläontologie aufgehellt werden. Die Anfänge der Säuger lassen sich bis in das älteste Mesozoikum zurückverfolgen, indem aus Ablagerungen der jüngsten Triaszeit (Rhaet) die ersten echten Säugetiere nachgewiesen sind (s. o.).

Bemerkenswert ist die Tatsache, daß die rhaeto-liassischen Schichten bereits Vertreter von drei verschiedenen, in Jura- und Kreidezeit besser belegten Stämmen vorkommen (Docodonten, Triconodonten und Symmetrodonten). Wesentlich sind der Bau des Unterkiefers, der Gehörregion und der Backenzähne.

Mit der Untersuchung der mesozoischen Säugetiere hat sich vor allem G. G. SIMPSON (1929, 1936) befaßt, und seinen Arbeiten ist im wesentlichen unsere Kenntnis über diese Formen zu verdanken. Neufunde und Untersuchungen in jüngster Zeit haben jedoch zu verschiedenen Korrekturen in taxionomischer und phylogenetischer Hinsicht geführt (vgl. PATTERSON 1956, KÜHNE 1958, KERMACK u. MUSSET 1958).

Es kann hier nur auf die wesentlichsten Kennzeichen der mesozoischen Säugetiere und ihre phylogenetische Bedeutung hingewiesen werden, die aus dem Rhaet von England, Württemberg und der Schweiz, aus dem Jura von England und Ostasien und aus der älteren und jüngeren Kreide Nordamerikas beschrieben wurden. Es handelt sich meist um Zähne und Kieferbruchstücke, seltener um Teile des postkranialen Skeletes (s. Abb. 14 u. 15).

Es lassen sich — abgesehen von den rhaeto-liassischen Haramyiden (= „Microcleptidae" = „Microlestidae"), deren Zugehörigkeit zu den Säugetieren völlig fraglich ist — im wesentlichen fünf Gruppen (Eotheria, Allotheria, Metatheria, Eutheria und Triconodonten) unterscheiden. Die Haramyiden wurden auf Grund ihrer mehrhöckrigen Zähne meist mit den Multituberculaten (Allotheria) in genetische Verbindung gebracht, was jedoch nicht zutrifft. Multituberculaten sind erst seit dem jüngeren Jura nachgewiesen (BOHLIN 1945).

Die morphologisch am schärfsten umrissene Gruppe bilden die Multituberculaten. Es ist die längstlebige Säugetierordnung, die vom Jura bis in das Eozän nachgewiesen ist. Sie weisen keine näheren stammesgeschichtlichen Beziehungen zu den übrigen Säugetieren auf[1], weshalb sie als eigene Unterklasse (Allotheria) den Prototheria, Eotheria und Theria gegenübergestellt werden. Es sind maus- bis murmeltiergroße, herbivore Säugetiere mit einem an Nager erinnernden Vordergebiß und dem aus mehrhöckrigen Molaren bestehenden Backenzahngebiß, das bisweilen eine Differenzierung durch die zu Kammzähnen vergrößerten Prämolaren erfahren hat (*Plagiaulax* und andere Gattungen), ähnlich gewissen Beutlern (Polydolopidae mit *Polydolops*, Caenolestidae mit *Abderites*, Phalangeridae mit *Burramys*, Macropodidae mit *Bettongia* usw.) und Primaten *(Carpolestes)* (SIMPSON 1933). Zwischen den meißelartigen Schneidezähnen, die bei manchen Formen nur an der Vorderseite mit Schmelz bedeckt sind, und den Backenzähnen ist ein weites Diastem entwickelt. Dadurch wird eine gewisse Ähnlichkeit mit Nagetieren hervorgerufen. Ökologisch entsprachen die Multituberculaten den Nagern, von denen sie mit Ende des Paleozäns abgelöst werden. Der Schädel der Multituberculaten ist nach SIMPSON (1937) gekennzeichnet durch die kurze Basis cranii, den großen Gaumen, kräftigen Jochbogen und das offene Mittelohr. Das Gehirn besitzt riesig entwickelte Riechlappen, ungefurchte Großhirnhemisphären, die hinten seitlich das Kleinhirn überlappen, was durch eine Art

[1] Die Ansicht von FRIANT (1954, 1958) über nähere verwandtschaftliche Beziehungen mit Beuteltieren beruht auf einigen Konvergenzerscheinungen (plagiaulacoides Gebiß und Unterkieferform) und ist daher abzulehnen (vgl. RIDE 1957). Dasselbe gilt von der Gregoryschen Palimpsesttheorie (s. u.).

Unterschiebung des Kleinhirns in Zusammenhang mit dem außerordentlich kurzen Hirnschädel erfolgt sein soll und nicht mit einem fortschrittlichen Zustand wie bei den Placentaliern vergleichbar ist. Es ist im ganzen ein sehr primitives, aber doch typisches Säugerhirn.

Innerhalb der Multituberculaten lassen sich verschiedene Stammlinien unterscheiden (Plagiaulacidae, Ptilodontidae, Taeniolabidae). Ein stammesgeschicht-

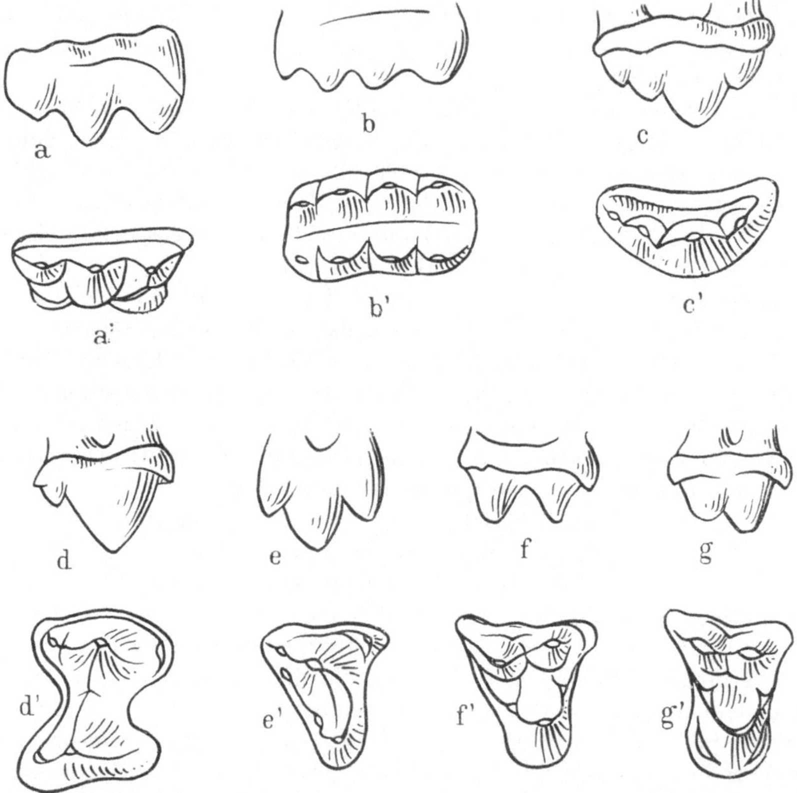

Abb. 14 a'—g'. Mesozoische Säugetiere I. Oberkiefermolaren. a—a' Triconodonta, b—b' Multituberculata, c—c' Symmetrodonta, d—d' Docodonta, e—e' Pantotheria, f—f' Marsupialia, g—g' Insectivora. Nicht maßstäblich verkleinert. (Umgezeichnet nach G. G. SIMPSON 1929)

licher Zusammenhang mit den Kloakentieren, wie er verschiedentlich angenommen wurde, besteht nicht. Die Herkunft der Multituberculaten ist durch ihr spätes Auftreten (jüngerer Jura) in Form hochspezialisierter Typen nicht zu präzisieren. Bemerkenswert ist, daß bisher keine Milchzähne nachgewiesen werden konnten, es sich also um Säugetiere mit monophyodontem Gebiß handeln dürfte. Eine eigene Ableitung von Therapsiden ist ebenso wahrscheinlich wie die von Triconodonten.

Die Triconodonten, die erstmalig im Rhaet nachgewiesen sind und die in der Kreidezeit ausstarben, waren carnivore Typen mit einem Gebiß aus dreihöckrigen Backenzähnen. Sie erreichten maximal Hauskatzengröße. Die drei annähernd gleichwertigen Zahnhöcker stehen hintereinander, wodurch dem Gebiß bei Okklusion nur eine schneidende Funktion möglich war. Die Zahnformel des

Mandibulargebisses lautet 4 1 4 5. Früher wurden sie allgemein als Stammgruppe der übrigen Säugetiere angesehen (vgl. Cope-Osbornsche Trituberculartheorie), heute jedoch oft als phylogenetisch bedeutungsloser Seitenzweig betrachtet. Das Gehirn, das von *Triconodon mordax* aus dem Jura bekannt ist, entspricht einem typischen Säugetierhirn und zeigt Ähnlichkeiten mit rezenten Primitivgehirnen.

Die Symmetrodonten, die nach PATTERSON (1956) durch isolierte Zähnchen ebenfalls schon im Rhaet („Duchy 33", genannt nach der Spaltenfüllung, aus der sie stammen) nachgewiesen sind, unterscheiden sich von den Triconodonten vor allem durch den symmetrischen Bau der Ober- und Unterkieferbackenzähne, die

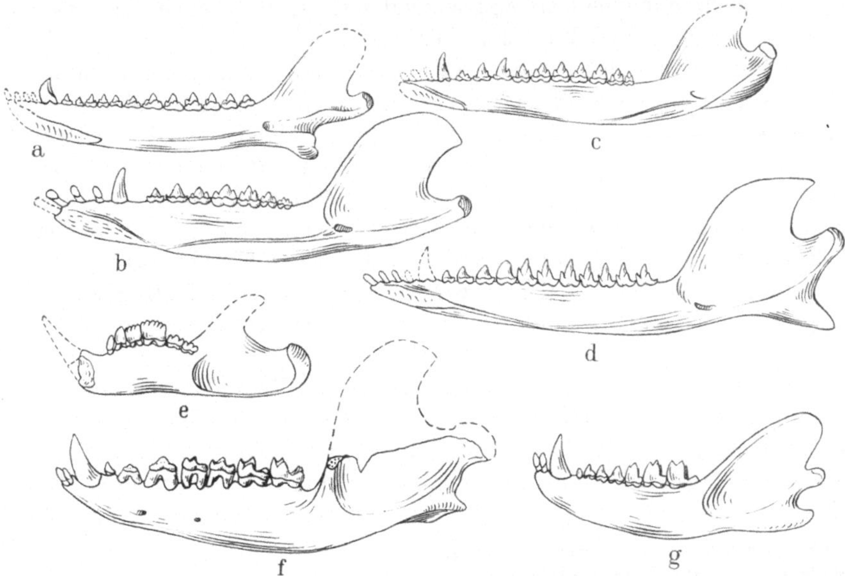

Abb. 15a—g. Mesozoische Säugetiere II. Unterkiefer. a *Docodon* (Docodonta), 6/5, b *Phascolotherium* (Triconodonta), 3/2, c *Spalacotherium* (Symmetrodonta), 3/2, d *Amphitherium* (Pantotheria), 5/2, e *Ctenacodon* (Multituberculata), 7/4, f *Eodelphis* (Marsupialia), 7/8, g *Deltatheridium* (Insectivora; geologisches Alter [Kreide] fraglich), 6/5 nat. Gr. Nur der Unterkiefer der Pantotheria entspricht morphologisch den Ausgangsformen von Marsupialia und Insectivora. (Umgezeichnet nach G. G. SIMPSON 1929 u. 1935)

aus drei in leichter Dreiecksform angeordneten Höckern bestehen (s. Abb. 14), denen bei Okklusionsstellung eine schneidend-scherende Funktion zukommt. Nach PATTERSON bilden die Symmetrodonten die Ahnenformen der Pantotheria, die im Jura aus ihnen hervorgingen. Die Symmetrodonten haben sich jedoch als Seitenstamm bis in die Kreidezeit hinein erhalten. Demgegenüber ist nach BUTLER (1939, S. 341) und BOHLIN (1945) ein näherer Zusammenhang zwischen Symmetrodonten und Pantotherien nicht vorhanden, da die Trigonidhöcker der Unterkiefermolaren einander nicht homolog wären, eine Auffassung, die jedoch irrig ist (s. KERMACK u. MUSSET 1958, S. 213). Die Ableitung der Symmetrodonten von Triconodonten ist wohl möglich.

Noch größere stammesgeschichtliche Bedeutung kommt jedoch der vierten Gruppe mesozoischer Säugetiere zu, den Pantotheria, von denen Unterkiefer- und Gebißreste aus Jura- und Kreideablagerungen vorliegen. Sie bilden die Stammformen der Meta- und der Eutheria. Es sind die formenreichsten und auch die interessantesten Jurasäugetiere. Es waren maus- bis rattengroße insektenfressende

Mammalia, wie aus dem Gebiß geschlossen werden kann. Ihre ursprüngliche mandibulare Gebißformel lautet 4 1 4 7—8, wodurch auch eine Ableitung der Beuteltiere möglich ist. Der lange und schlanke Unterkiefer besitzt einen nach hinten gerichteten Processus angularis und entspricht damit ebenfalls dem der Theria (s. Abb. 15).

Marsh (1880) erkannte erstmalig in den Pantotheria die Ahnenformen der Beuteltiere und der Placentalia, was seitherige Untersuchungen nur bestätigen konnten. Eine besondere Rolle spielt das Gebiß, das aus mehrhöckrigen Molaren besteht, welche die Vorläufer der tribosphenischen Molaren darstellen, die bei Okklusion nicht nur eine scherend-schneidende, sondern auch eine quetschende und mahlende (kauende) Funktion zulassen.

Die ältesten Reste der Pantotheria stammen aus dem mittleren Jura (Stonesfield = Bathonien) und sind nach Patterson von Spalacotheriiden (Symmetrodonten) des jüngeren Lias bzw. älteren Bajocien abzuleiten. Unter den Pantotheria entsprechen die Dryolestiden und die Amphitheriiden am meisten den Ahnenformen der Theria, die in der Kreidezeit entstanden sind, wie die jüngsten Funde von Theriaresten aus der älteren Kreide zeigen und die zu den wichtigsten Fossilfunden der letzten Jahre zählen. Eine bereits während der Jurazeit erfolgte Abspaltung der Eutheria (Insektenfresser), wie sie verschiedentlich angenommen wird (Butler, Saban), ist unseres Erachtens nicht zutreffend (vgl. Patterson 1956) (s. S. 61).

Die ursprünglich zu den Pantotheria gestellten Docodonten werden neuerdings auf Grund der Unterkiefergelenkung und der von Theriamolaren fundamental verschiedenen Maxillarbackenzähne als eigene Ordnung (Docodonta) bzw. Unterklasse (Eotheria) aufgefaßt (Kretzoi 1946, Patterson 1956, Kermack u. Musset 1958). Sie sind durch *Morganucodon* bereits aus dem Rhaet (Spaltenfüllung von Pant in Südwales) nachgewiesen. Daß Kühne (1958) die Gattung *Morganucodon* als Triconodonten betrachtet, wird durch die Ähnlichkeit der Unterkiefermolaren verständlich. Die wesentlichen Unterschiede liegen jedoch im Bau der Mandibel, die bei den Triconodonten nur ein sekundäres Kiefergelenk besitzt. *Eozostrodon* ist vermutlich nur ein Synonym von *Morganucodon*. Besonders charakteristisch ist für die Docodonten das Unterkiefergelenk, indem neben dem sekundären Squamoso-Dentalgelenk noch das primäre Quadrato-Articulargelenk vorhanden ist. Bei ihnen sind diese Kieferelemente noch nicht in das Mittelohr eingerückt und üben daher auch keine schalleitende Funktion aus. Wie neuere Untersuchungen gezeigt haben, gilt dies auch für die jungjurassischen Docodonten (*Docodon*; s. Kermack u. Musset 1958). Damit ist nicht nur ein weiteres Beispiel für den Mosaikmodus der Entwicklung gegeben, sondern zugleich auch gezeigt, daß sämtliche theoretisch möglichen Wege von den Theromorphen bzw. Säugetieren „versucht" wurden.

Gewisse Übereinstimmungen im Bau des Perioticums und des Unterkiefers mit den Monotremen lassen an einen stammesgeschichtlichen Zusammenhang mit den Prototheria denken. Nach dem Gebiß ist eine Ableitung der Docodonten von Triconodonten durchaus möglich.

Die Docodonten, die bisher nur in wenigen Gattungen bekannt wurden, sind bis jetzt nicht aus postjurassischen Ablagerungen nachgewiesen. Butler (1941) bringt *Docodon* mit primitiven Placentaliern (Leptictidae) in Beziehung.

Aus der jüngsten Kreidezeit sind außer Multituberculaten auch Metatheria (Marsupialia) und Eutheria (Insektenfresser) beschrieben worden. Sie stammen aus terrestrischen Ablagerungen Nordamerikas. Die sog. Kreidesäuger aus der Mongolei haben paleozänes Alter (s. S. 60).

2. Die Prototheria (Kloakentiere oder Monotremata)

Weitgehend im Dunkeln liegt die Vorgeschichte der Prototheria, zu denen als einzige Vertreter die Kloakentiere gehören. Sichere Fossilreste sind nur aus dem australischen Pleistozän bekannt, die über die frühe Stammesgeschichte nichts aussagen. Die beiden Familien der Ameisenigel (Echidnidae oder Tachyglossidae) und der Schnabeltiere (Ornithorhynchidae) zeigen einige für Säugetiere höchst primitive (Kloake, Eizahn, Prae- und Postfrontale, Praevomer, Interclavicula, Bau der Coracoidea) und etliche außerordentlich spezialisierte Merkmale (Schädel, Kiefer zum Teil mit Hornscheiden bedeckt, Reduktion des Gebisses, Stachelkleid usw.). Das ist ein untrügliches Zeichen dafür, daß der Stamm seit langem seinen Eigenweg ging. Ameisenigel und Schnabeltiere sind morphologisch voneinander auch so verschieden — es sei besonders auf das Gehirn verwiesen —, daß ihre familienmäßige Trennung ihre phylogenetische Isolierung voneinander zum Ausdruck bringt.

Die von Matthey (1957) betonte Ähnlichkeit der Chromosomen mit jenen der Vögel ergibt sich aus der Abkunft von Reptilahnen. Dasselbe gilt für die Spermien, denen richtige Köpfe fehlen und die als lange, wurmartige Gebilde Vogelspermien ähnlich sehen (Bishop u. Austin 1957).

Von einzelnen Autoren wurden die Monotremen auf Grund des Zahnbaues mit den fossil bekannten Multituberculaten in Verbindung gebracht. Bekanntlich besitzt *Ornithorhynchus anatinus* in der Jugend Zähne (Simpson 1929, Green 1937), die wohl mehrhöckrige Kronen aufweisen, jedoch grundsätzlich von den Molaren der Multituberculaten abweichen, indem bei letzteren Längsfurchen, bei *Ornithorhynchus* jedoch unter anderem Querfurchen die Zähne durchschneiden. Aber selbst wenn man den Zähnen von *Ornithorhynchus* als degenerierten Gebilden keinen Wert zur Beurteilung verwandtschaftlicher Beziehungen beimißt wie Green (1937), so spricht schon der Bau des Schädels und des Unterkiefers gegen eine nähere Verwandtschaft mit den Multituberculaten. Die von W. K. Gregory (1947) angeführte Ähnlichkeit mit Phalangeriden (Marsupialia) ist nur oberflächlich. Die von diesem Autor vertretene Palimpsesttheorie (wonach die angeblichen verwandtschaftlichen Beziehungen zu Phalangeriden bei den Monotremen durch deren jetzige Lebensweise gewissermaßen überprägt wurden) besitzt heute nur mehr historisches Interesse. Immerhin zeigen die Zähne von *Ornithorhynchus* einen fundamentalen Unterschied von sämtlichen Theriamolaren. Gleichzeitig mit der Ablehnung der Palimpsesttheorie muß eine Zusammenfassung der Beuteltiere und der Monotremen als Marsupionta abgelehnt werden. Ihre Abtrennung als Prototheria und Gegenüberstellung zu den Theria (Simpson 1945) ist durchaus gerechtfertigt und entspricht vollkommen der gegenwärtigen Anschauung über die Phylogenie dieser Gruppe.

Bemerkenswert ist die Übereinstimmung mit den mesozoischen Docodonten durch den „Echidna-angle“ des Unterkiefers und im Bau des Perioticums. Diese

Übereinstimmungen lassen einen stammesgeschichtlichen Zusammenhang zwischen Docodonten und Monotremen nicht ausgeschlossen erscheinen, wodurch eines der ältesten Probleme der Säugetierphylogenie und -taxionomie einer Lösung nahe wäre (vgl. PATTERSON 1956, KERMACK u. MUSSET 1958). Immerhin wäre dadurch die stammesgeschichtliche Isolierung seit der jüngsten Trias bestätigt. Daß die Abspaltung von den übrigen Säugetieren bereits sehr frühzeitig erfolgt sein mußte (Rhaeto-Lias), geht auch aus den altertümlichen Merkmalen (Schultergürtel, Perioticum usw.) hervor, die jenen bei den Tritylodontiden entsprechen. Die Monotremen bilden Relikte einer frühjurassischen Säugetierfauna (KÜHNE 1956, 1958), die seit dem Jura besondere Anpassungen erworben haben.

Jedenfalls ist nach allem eine von den übrigen Säugetieren frühzeitig getrennte Entwicklung anzunehmen, wie dies auch SIMPSON (1945) für wahrscheinlich hält. Die Ansicht REMANEs (1954), der in ihnen besonders spezialisierte Abkömmlinge eines sehr primitiven Säugetierstammes erblickt, stimmt damit überein.

Auf die durch F. AMEGHINO versuchte Verknüpfung von südamerikanischen fossilen Edentaten bzw. Cetaceen mit Monotremen und ihre gemeinsame, von den übrigen Säugetieren unabhängige Ableitung von Theromorphen sei hier nur der Vollständigkeit halber hingewiesen. Ein realer Hintergrund kommt dieser Auffassung nicht zu.

3. Die Metatheria (Beuteltiere oder Marsupialia)

Die Beuteltiere zählen in phylogenetischer Hinsicht zu einer der interessantesten Ordnungen. Dies betrifft nicht nur die phylogenetische Stellung im allgemeinen und die Formenfülle der australischen Beuteltiere im besonderen, sondern auch die stammesgeschichtlichen Zusammenhänge und die damit verknüpften paläogeographischen und zoogeographischen Fragen. Daß verschiedene, vor 2 Jahrzehnten noch offene Fragen inzwischen gelöst worden sind, ist in erster Linie das Verdienst von G. G. SIMPSON, dessen Studien an fossilen südamerikanischen Beuteltieren es ermöglichten, ein Allgemeinbild von der Entfaltung des Beutlerstammes zu gewinnen (SIMPSON 1938, 1941, 1942, 1947, 1948) (vgl. Abb. 16).

Zahlreiche Merkmale weisen den Beuteltieren unter den Säugetieren eine Sonderstellung zu, von denen nur einige wichtige hervorgehoben seien: der Beutel, der den winzigen und nur wenig entwickelten Neugeborenen zum Aufenthalt während der Aufzucht dient, die ursprünglich völlig getrennten doppelten Vaginae und Uteri, das relativ kleine und primitiv gebaute Gehirn, der meist mit Lücken versehene knöcherne Gaumen, das mehr oder minder ringförmige Tympanicum, der nach einwärts gekrümmte Processus angularis des Unterkiefers, die ursprüngliche Gebißformel $\frac{5\ 1\ 3\ 4}{4\ 1\ 3\ 4}$, die Beutelknochen usw.

Die Gesamtheit der erwähnten Merkmale haben zur Ausscheidung dieser seit der jüngeren Kreide bekannten Säugetiergruppe geführt, die in der Evolutionshöhe unter den placentalen Säugern steht, die gleichfalls seit der jüngeren Kreide nachgewiesen sind. Ihre Entstehung muß im Laufe der Kreidezeit erfolgt sein, wie die jüngsten Funde von Theriazähnen aus der älteren Kreidezeit zeigen (PATTERSON 1956).

Wenn auch einzelne dieser Merkmale bei primitiven placentalen Säugern auftreten, so ist damit für diese noch keineswegs ein ehemaliges Beutlerstadium erwiesen, sondern es handelt sich hier um Merkmale, die den gemeinsamen Vorfahren, den Pantotheria des Mesozoikums, zukamen.

Beuteltiere sind in der Gegenwart auf die australische Region, auf Süd-, Zentral- und das südliche Nordamerika beschränkt. Während die australischen Marsupialia eine überaus große Formenmannigfaltigkeit aufweisen, zeigen die amerikanischen Beutler nur eine beschränkte Typenfülle. Tatsachen, die aus der Geschichte dieser Ordnung heraus verständlich werden. Leider sind aus dem australischen Tertiär bisher nur wenig Fossilreste bekanntgeworden, so daß die stammesgeschichtlichen Zusammenhänge zwischen den australischen Stämmen im wesentlichen nur aus den rezenten Formen erschlossen werden können. Demgegenüber kennt man aus Südamerika eine Fülle von ausgestorbenen Beutlern, die zugleich einen Einblick in die stammesgeschichtlichen Zusammenhänge ermöglichen.

Das geologisch älteste Vorkommen von Beutlern ist aus der jüngeren Kreide Nordamerikas bekannt. Es handelt sich um Beutelratten (Didelphidae: Pediomyinae mit *Eodelphis*, Thlaeodontinae mit *Thlaeodon* usw.), die im Habitus nicht wesentlich von den rezenten Beutelratten abwichen. Richtige Beutelratten (Didelphinae) erscheinen im Paleozän Nordamerikas, wo sie durch Fossilreste bis in das Miozän belegt sind, ohne daß es zu wesentlichen morphologischen Veränderungen gekommen wäre. Auch in Europa waren Beutelratten bis in das Miozän verbreitet; Europa war im ältesten Tertiär direkt mit Nordamerika verbunden. Aus Asien und Afrika[1] sind bisher keine Beuteltierreste bekanntgeworden, doch ist ihr Vorkommen in der jüngeren Kreidezeit in Asien anzunehmen. Die Didelphinae sind seit dem Paleozän in Südamerika heimisch, wo sie im jüngsten Tertiär und Quartär verschiedene Formen (*Metachirus*, *Lutreolina*, *Chironectes* usw.) entwickelten, die allerdings den ursprünglichen Typus nur geringfügig variieren. Von Südamerika aus verbreiteten sich Beutelratten im Pleistozän über Zentralamerika wieder nach Nordamerika; gegenwärtig sind sie bis weit in die USA hinein vorgedrungen. Bei den rezenten Beutelratten (Gattung *Didelphis* usw.) handelt es sich um „lebende Fossilien", die sich von ihren Ahnen der Kreidezeit nur unwesentlich unterscheiden. Als primitivste lebende Formen werden die Zwergbeutelratten (Gattung *Marmosa*) angesehen (Bensley 1903, Weber 1928).

Neben den Didelphiden existieren in Südamerika noch die Opossumratten (Caenolestidae: *Caenolestes*, *Rhyncholestes*, *Lestoros*), deren systematische und phylogenetische Stellung seit ihrer um die Jahrhundertwende in Peru und Ekuador erfolgten Entdeckung bis heute diskutiert wird. Es sind Relikte einer im Tertiär viel formenreicher entwickelten Gruppe (Caenolestoidea), die seit dem Paleozän bekannt ist. Nach dem Fossilmaterial sind zumindest zwei Stämme (Polydolopidae und Caenolestidae) zu unterscheiden, deren Trennung bereits in präpaleozäner Zeit, und zwar in der jüngeren Kreidezeit, erfolgt sein muß, da die paleozänen Vertreter (*Polydolops*, *Seumadia*) zu spezialisiert sind, um als Ahnen der heutigen, außerordentlich primitiven Caenolestiden in Betracht zu kommen. Vertreter dieser Familie sind erstmalig aus dem Eozän nachgewiesen. Während

[1] *Palaeothentoides* Stromer aus dem Altmiozän Südwestafrikas ist ein Macroscelidide (s. Butler u. Hopwood 1957).

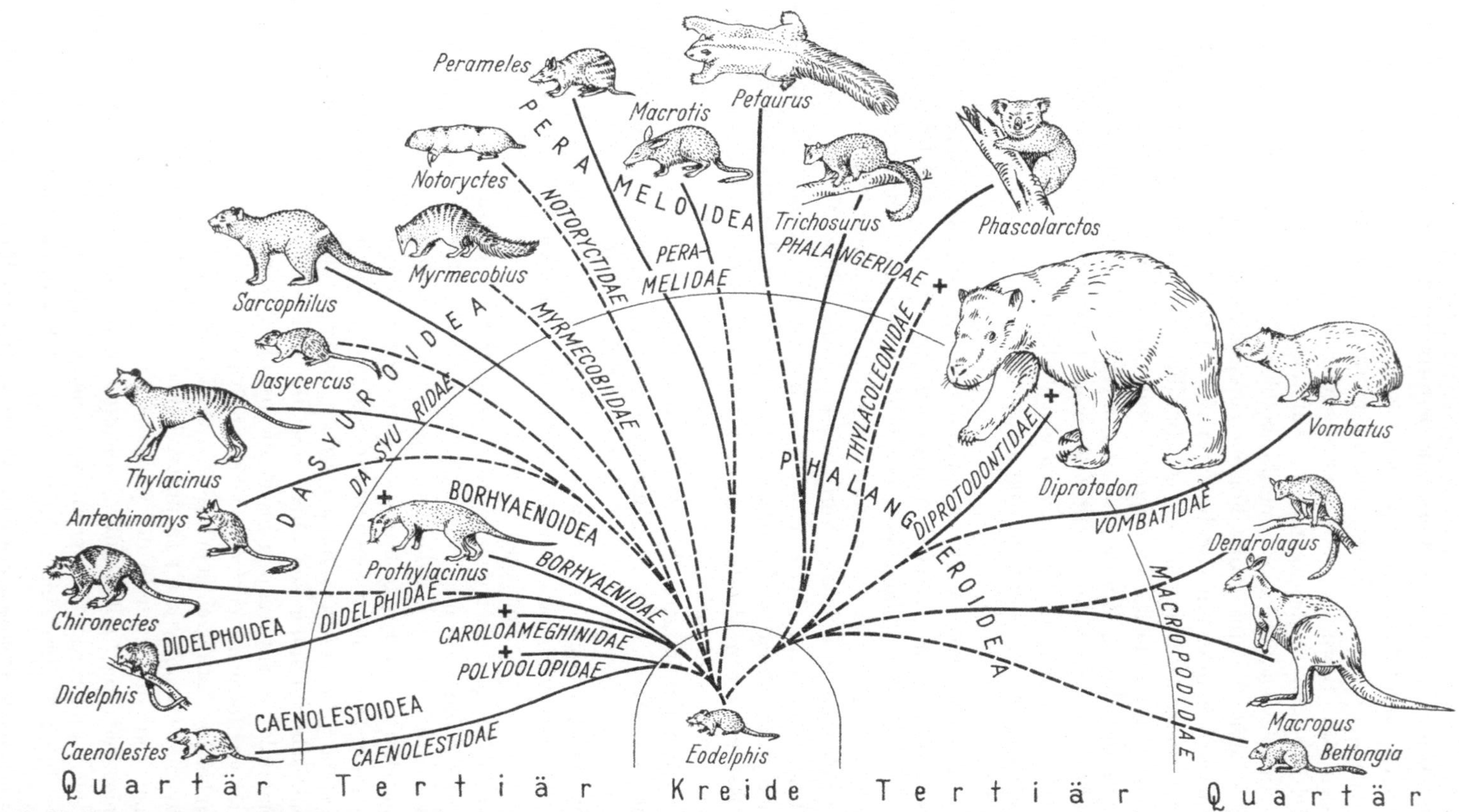

Abb. 16. Evolution der Beuteltiere (Marsupialia). Aufspaltung der Hauptstämme bereits in der Kreidezeit. Die Vielfalt der Beuteltiere wird durch die geographische Isolation verständlich. Darstellung der einzelnen Arten, wie auch bei den folgenden „Stammbäumen" dieser Art, nicht im gleichen Größenverhältnis. (Original THENIUS)

die Polydolopidae bereits mit dem Eozän wieder ausstarben, sind die Caenolestiden aus allen Tertiärepochen in Südamerika seit dem Eozän nachgewiesen. Die Polydolopiden waren rattengroße Beutler mit einem eigenartig differenzierten Gebiß, indem der vorderste Unterkiefermolar stark vergrößert und mit einer gerieften Kante versehen und zu einem Kammzahn umgebildet ist, der eine ähnliche Funktion erfüllt wie bei der rezenten Gattung *Bettongia*. Dieser Gebißtypus, der mit einem nagerähnlichen Vordergebiß gepaart ist, findet sich auch bei anderen Säugetieren (z. B. Multituberculaten: *Plagiaulax*), weshalb die Polydolopiden ursprünglich auch als Multituberculaten angesehen worden waren.

Ähnliche Differenzierungen des Gebisses zeigen auch die Abderitinen des südamerikanischen Oligo-Miozäns, die einen Seitenzweig der Caenolestiden bilden. Verwandtschaftliche Beziehungen zu den australischen Känguruhratten bestehen in beiden Fällen nicht.

Den rezenten Caenolestiden fehlt eine derartige Gebißdifferenzierung. Nur das Vordergebiß im Unterkiefer zeigt durch die Vergrößerung und Differenzierung des mittleren Schneidezahnpaares bei gleichzeitiger Reduktion der folgenden Incisiven einen Zustand, der wegen seiner Ähnlichkeit mit dem Vordergebiß der diprotodonten australischen Beutler als diprotodont bezeichnet wird. Verglichen mit der Diprotodontie bei letzteren ist das Verhalten bei den Caenolestiden insofern als primitiv zu bewerten, als im Prämaxillare mehr als drei Schneidezähne entwickelt sind. Immerhin ist die „Diprotodontie“ bei *Caenolestes* kein Beweis für direkte stammesgeschichtliche Beziehungen zu australischen Formen, sondern von einem polyprotodonten Gebiß abzuleiten, wie es etwa bei den Didelphiden ausgebildet ist. Es handelt sich in beiden Fällen um analoge Entwicklungstendenzen, die zu einem ähnlichen Endzustand geführt haben und auch bei placentalen Säugetieren zu beobachten sind (z. B. Soriciden). Den lebenden Caenolestiden fehlt ein Beutel.

Eine weitere, ausschließlich südamerikanische Beutlergruppe bilden die Borhyaeniden („Sparassodonta“), die vom Paleozän bis zum Pliozän nachgewiesen sind. Es waren Beutelraubtiere, die ähnlich den australischen Raubbeutlern eine ziemliche Formenmannigfaltigkeit entwickelten, was mit dem Fehlen placentaler Raubtiere im südamerikanischen Tertiär zusammenhängt. Diese sind vermutlich auch für den Untergang der Borhyaeniden verantwortlich zu machen, als sie im ausgehenden Tertiär nach Südamerika gelangten. Das Fehlen von Huftiertypen unter den südamerikanischen Beuteltieren erklärt sich aus dem Vorkommen placentaler Huftiere.

Ursprünglich nicht als Beuteltiere anerkannt, wurden die Borhyaeniden später mit australischen Raubbeutlern (Dasyuriden, Thylaciniden) in Verbindung gebracht (Sinclair 1906, Wood 1924 usw.; vgl. dazu Simpson 1941), deren zum Teil sehr ähnliche Typen als Parallelerscheinungen zu werten sind, wie aus der wohl gemeinsamen Abstammung, aber getrennten Entwicklung aus Didelphiden verständlich wird. Daß die einstige Formenfülle der tertiären Borhyaeniden noch lange nicht vollständig bekannt ist, zeigt der Nachweis einer säbelzähnigen Form (*Thylacosmilus*) im Pliozän, deren Stammformen, die zugleich den Anschluß an bestimmte Borhyaeniden sichern würden, unbekannt sind (Riggs 1934).

Für die Herkunft der Borhyaeniden von Didelphiden spricht unter anderem das Auftreten von Borhyaeniden mit didelphiden Merkmalen im jüngeren Paleozän

Brasiliens (*Eobrasilia*, s. SIMPSON 1947, PAULA COUTO 1952, vgl. HOFER 1952). Als Zeitpunkt der Abspaltung der südamerikanischen Raubbeutler wird die jüngste Kreidezeit bzw. das älteste Tertiär angenommen. Die Evolutionsschritte dürften ziemlich schnell aufeinander gefolgt sein.

Als wichtigster Vertreter der südamerikanischen Raubbeutler, die wolf-, marder-, katzen- und hyänenartige Typen hervorgebracht haben, seien erwähnt: *Patene* (Paleozän, Eozän), *Cladosictis* (Oligozän, Miozän), *Prothylacinus* (Miozän),

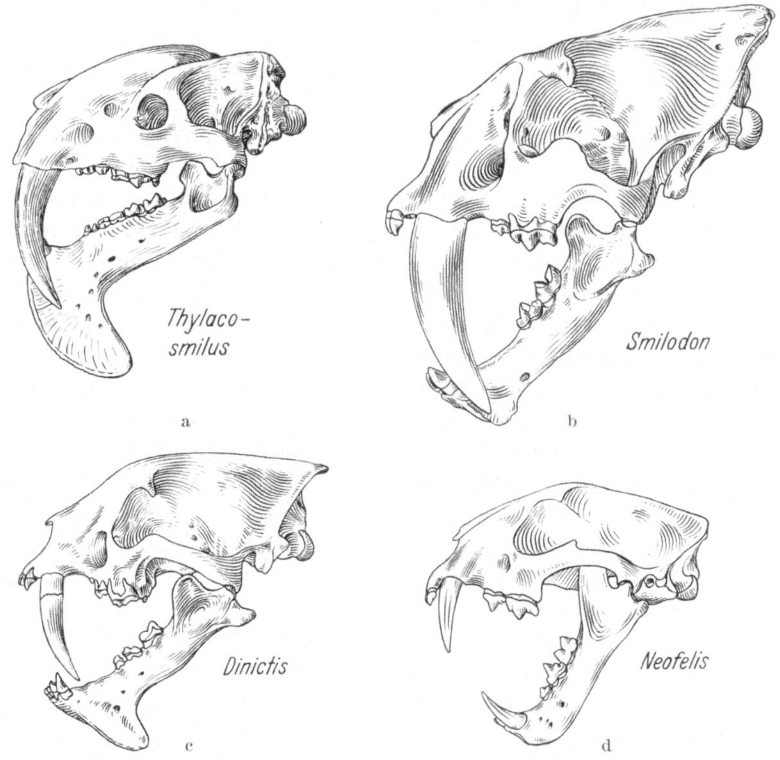

Abb. 17a—d. Verschiedene Säbelzahntypen als Beispiele für konvergente Entwicklung unter den Säugetieren. a *Thylacosmilus*, Marsupialia. Nach E.S. RIGGS 1934. b *Smilodon*, Carnivora: Machairodontidae. Nach MATTHEW 1910. c *Dinictis*, Carnivora: Felidae, U-Fam. Nimravinae. Nach MATTHEW 1910. d *Neofelis*, Carnivora: Felidae, U-Fam. Felinae; Original. Nicht maßstäblich verkleinert

Borhyaena (Oligozän, Miozän), *Thylacosmilus* (Pliozän). Besonderes Interesse beansprucht *Thylacosmilus* als Konvergenz zu den placentalen Säbelzahnkatzen (z. B. Machairodontiden), indem die Oberkiefereckzähne zu gewaltigen, seitlich komprimierten Dolchen umgestaltet sind, die durch die flanschenartig ausgeweitete Unterkiefersymphyse geschützt werden (s. Abb. 17). Die Schneidezähne sind völlig verschwunden, das Backenzahngebiß bedeutend stärker reduziert als bei den übrigen Borhyaeniden. Die Unterkiefereckzähne bilden nur kurze, stumpfe Sockel. Die durch SCOTT (1937) angenommene Beziehung von *Thylacinus* zur eozänen Gattung *Arminiheringia* läßt sich infolge verschiedener abweichender Entwicklungstendenzen nicht aufrechterhalten (SIMPSON 1948). Charakteristisch für die Borhyaeniden ist der kleine Gehirnschädel, der auch bei den evoluierten Formen weit hinter dem placentaler Raubtiere zurückbleibt.

Die in ihrer systematischen Stellung lange Zeit umstrittene Gattung *Necrolestes* aus dem argentinischen Miozän (Santacrucense) ist, wie PATTERSON (1958) nachweisen konnte, ein spezialisierter Borhyaenide und damit weder ein Insectivore noch ein Xenarthre, wie SABAN (1958) und McDOWELL (1958) annehmen. Damit bestätigt sich die Ansicht von WINGE, LECHE und LOOMIS (1921). Ein Zusammenhang mit den afrikanischen Chrysochloriden besteht daher ebensowenig wie zu nordamerikanischen Insektenfressern des Tertiärs. Insektenfresser erreichten Südamerika erst im Pleistozän, als die Panamaenge landfest geworden war. Soweit die außeraustralischen Beuteltiere.

Über die Phylogenie der australischen Marsupialia geben die bisherigen Fossilfunde nur geringe Hinweise. Während pleistozäne und altholozäne, jetzt ausgestorbene Beutler in größerer Zahl bekannt sind, ist die Kenntnis der tertiären Beutler noch sehr gering. Immerhin haben Grabungen in den letzten Jahren diese Kenntnis vermehrt, doch fehlen alttertiäre Faunen immer noch (GILL 1955, 1957, STIRTON 1955, 1957). Dies bedeutet, daß die stammesgeschichtlichen Beziehungen zwischen den australischen Beuteltieren fast nur aus Morphologie und Anatomie der rezenten Formen erschlossen werden können.

Die systematische und phylogenetische Beurteilung der australischen Marsupialia ist sehr verschieden erfolgt, was auf die jeweilige Bewertung bestimmter Merkmale zurückzuführen ist. Die gleichen Ausgangsformen und die bei verschiedenen Stämmen unabhängig voneinander erworbenen Anpassungserscheinungen erschweren die sichere Beurteilung von verwandtschaftlich bedingter oder nur konvergenter Ähnlichkeit. Es lassen sich unter den australischen Beutlern drei Gruppen unterscheiden: Dasyuroidea, Perameloidea und Phalangeroidea, von denen letztere zusammen mit den Caenolestoidea als „Diprotodontia“ zusammengefaßt werden (s. SIMPSON 1945; vgl. S. 53).

Die Formenfülle der rezenten australischen Beutler spricht für zahlreiche Stammlinien im Tertiär. Die polyprotodonten Dasyuroidea umfassen an verschiedene Lebensräume angepaßte Beuteltiere. Ist auch ihre Abstammung von Beutelratten sicher in der jüngsten Kreidezeit oder im ältesten Tertiär erfolgt, so deutet der Differenzierungsgrad einzelner Arten auf eine späte Entstehung hin. Ein genauer Zeitpunkt ist allerdings mangels fossiler Funde nicht anzugeben. Zu den wichtigsten Vertretern der Dasyuroidea gehören die Raubbeutler (Dasyuridae) mit Beutelwolf (*Thylacinus*), Beutelmardern einschließlich Beutelteufel (*Sarcophilus*) und den Beutelmäusen (Phascogalinae), ferner die Ameisenbeutler (Myrmecobiidae) und schließlich die Beutelmulle (Notoryctidae). *Thylacinus cynocephalus* wird von TATE (1947) den Phascogalinae eingeordnet, wobei die Gattung *Murexia* für den angenommenen phylogenetischen und systematischen Zusammenhang ausschlaggebend war. Immerhin rechtfertigen nach BENSLEY (1903) und HOFER (1952) die Sonderspezialisationen von *Thylacinus* dessen Abtrennung als eigene Unterfamilie (vgl. SIMPSON 1945, HALTENORTH 1958). Eine Verwandtschaft mit den Borhyaeniden, wie sie BENSLEY und WOOD annahmen, besteht nicht (s. o.). Der Beutelteufel (*Sarcophilus harrisi*), der gegenwärtig nur mehr auf Tasmanien vorkommt, ist ein spezialisierter Beutelmarder. Unter den Beutelmäusen finden sich neben ratten- bzw. spitzhörnchen- und mausähnlichen Typen (*Antechinus*, *Planigale*) auch Springbeutelmäuse (*Antechinomys*). Die *Antechinus*-Arten gehören zu den primitivsten Beutlern Australiens.

Die Beutelmulle *(Notorcytes typhlops)* sind als unterirdische Wühler so einseitig spezialisiert, daß die phylogenetische Stellung nur schwer zu ermitteln ist, um so mehr als fossile Formen fehlen. Gestalt und Lebensweise dieser blinden Tiere erinnern an Maulwürfe. Sie wühlen in lockerer Erde und Sand und besitzen mächtige Grabkrallen an den Vordergliedmaßen.

Auch der Ameisenbeutler *(Myrmecobius fasciatus)* steht isoliert. Die hohe Zahnzahl $\left(\frac{4\ 1\ 8}{3\text{—}4\ 1\ 8\text{—}9}\right)$ wird von verschiedenen Autoren mit der Ernährungsweise in Verbindung gebracht. Vom rein vergleichend-anatomischen Standpunkt aus ist die Ableitung von primitiven Dasyuriden die wahrscheinlichste (vgl. Osgood 1921). Jedoch sollen die durch Tate (1951) angeführten Unterschiede gegenüber Dasyuriden nicht unerwähnt bleiben, die möglicherweise für eine noch frühere Abspaltung dieses eigenartigen und doch primitiven Beutlers sprechen. Fossile Reste fehlen. Auch von den übrigen Dasyuroidea liegen — sofern überhaupt — nur jungtertiäre und pleistozäne Reste vor, die durchweg rezenten Gattungen angehören.

Die Perameloidea, die Bandikuts oder Beuteldachse, werden von manchen Autoren (Tate 1948) den Dasyuriden angeschlossen, von anderen (Wood Jones 1923—1925) wegen der Syndaktylie in die Verwandtschaft der Phalangeriden gestellt. Verschiedene anatomische Merkmale machen eine Ableitung von didelphiden Marsupialiern eher wahrscheinlich als von primitiven Dasyuriden. Während *Perameles* als konservativer Stamm bewertet werden kann, sind *Chaeropus* und *Macrotis* als besonders spezialisierte Formen anzusehen, die bereits frühzeitig vom *Perameles*-Stamm abzweigten. Die fossil bekanntgewordenen Formen gehören rezenten Gattungen an.

Von der dritten Gruppe australischer Beuteltiere, den Phalangeroidea, liegen verschiedene Fossilfunde vor, die, wenn auch phylogenetisch ziemlich bedeutungslos, zeigen, daß im Jungtertiär Australiens bereits die Familien der Phalangeriden (einschließlich Phascolarctiden), der Vombatiden (= „Phascolomyidae"), Diprotodontiden und der Macropodiden vorhanden waren (Stirton 1955, Gill 1955, 1957).

Die Kletterbeutler (Phalangeridae) sind gegenwärtig durch spitzmaus-, ratten-, flughörnchen-, marder- und „bären"ähnliche Typen reich vertreten und vom australischen Festland über Neuguinea bis nach Timor und Celebes verbreitet. Die bisweilen als eigene Familie abgetrennten Beutelbären oder Koalas (Gattung *Phascolarctos*) sind langsame Baumkletterer mit typischen Greifzangen (1. und 2. den übrigen Fingern gegenübergestellt). Sie schließen sich in zahlreichen Merkmalen den echten Kletterbeutlern an, weshalb ihre familienmäßige Abgliederung nicht erforderlich erscheint.

Der geologisch älteste Phalangeride ist *Wynyardia bassiana* aus dem Oligozän von Tasmanien (Gill 1957). Es handelt sich um einen primitiven Kletterbeutler aus der Verwandtschaft von *Trichosurus* (Simpson 1930), nachdem diese Form ursprünglich für eine zwischen poly- und diprotodonten Beutlern vermittelnde Art angesehen worden war (Spencer 1900) und Anlaß zu stammesgeschichtlichen Spekulationen gegeben hatte. Aus dem Miozän ist der Phascolarctide *Perikoala* bekannt. Die Fossilfunde zeigen, daß die Familien im Alttertiär bereits differenziert waren. Unter den pleistozänen Phalangeriden ist die Gattung *Burramys* durch ein Kammzahngebiß interessant.

Die Wombats (Vombatidae) sind plumpe grabende Beutler. In ihre entfernte Verwandtschaft gehören die ausgestorbenen Riesenbeutler (Diprotodontidae), von denen die Gattungen *Diprotodon* und *Nototherium* im Pleistozän Australiens verbreitet waren. Es waren nashorngroße, plumpbeinige Pflanzenfresser von entfernt wombatähnlichem Aussehen. Sie starben mit dem Ende der Eiszeit oder in früher postglazialer Zeit aus. Die Diprotodontiden sind durch Nototherien ebenfalls schon aus dem Miozän nachgewiesen. Zwischen den miozänen und den eiszeitlichen Nototherien vermittelt die Gattung *Meniscolophus* aus dem Pliozän (Stirton 1957, Gill 1957). Ebenfalls erst im Pleistozän ausgestorben ist *Thylacoleo carnifex*, ein vermeintlicher Raubbeutler. Die angebliche Carnivorie glaubte man aus der Gebißdifferenzierung schließen zu können, da neben dem diprotodonten Vordergebiß ein stark reduziertes Backenzahngebiß vorhanden ist, das durch die Vergrößerung eines Zahnpaares eine Art Brechschere bildet, die an ein spezialisiertes Raubtiergebiß erinnert. Eine carnivore Ernährungsweise ist jedoch schon auf Grund des Vordergebisses nicht anzunehmen. Viel eher trifft die Ansicht zu, in *Thylacoleo carnifex* einen einseitig angepaßten Pflanzenfresser zu sehen, dessen Backenzahngebiß zum Aufschneiden hartschaliger Früchte (z. B. Cucurbitaceen u. dgl.; vgl. Abel 1944) diente. Eine endgültige Klärung dieser Streitfrage lassen die jüngsten Fossilfunde erhoffen, die auch das Gliedmaßenskelet umfassen (Gill 1957).

Unter den rezenten Känguruhs oder Sprungbeutlern (Macropodidae) lassen sich nach verschiedenen Gesichtspunkten anatomische Reihen zusammenstellen, die zeigen, daß die einzelnen Angehörigen phylogenetisch verschieden hohe Stufen repräsentieren (vgl. Gregory 1951). Charakteristisch sind die verlängerten Hinterbeine mit der stark verlängerten und verstärkten 4. Zehe und den reduzierten, syndaktylen, oft zu Putzpfoten verkümmerten 2. und 3. Zehen. Bei den Baumbewohnern *(Dendrolagus)* kommt es sekundär zu einer Verkürzung des Fußes. Die Macropodiden sind gleichfalls seit dem Miozän fossil belegt. Interessant ist das Vorkommen von Riesenkänguruhs, die mit dem Pleistozän erlöschen (z. B. *Palorchestes*, *Sthenurus*), wie überhaupt die Artenfülle der Macropodiden im Pleistozän viel größer war als heute (Ride 1957). Pearson (1950) trennt die Känguruhratten (Hypsiprymnodontinae und Potoroinae) wegen des abweichend gebauten Urogenitalsystems von den echten Känguruhs ((Macropodidae) als eigene Familie (Potoroidae) ab und führt beide auf gemeinsame phalangeroide Ahnenformen zurück.

Mit der Phylogenese der Marsupialia sind auch paläogeographische Fragen verknüpft, auf die schon hingewiesen wurde. Während für den südamerikanischen Kontinent die von der frühen bis zur ausgehenden Tertiärzeit währende Isolierung feststeht, gehen über die Herkunft der australischen Beuteltiere die Meinungen auseinander. Nach Auffassung zahlreicher Autoren kamen die Vorfahren der heutigen australischen Beutler vom asiatischen Festland. Andere Zoologen nehmen eine zwischen Südamerika und Australien über die Antarktis verlaufende Ausbreitung über eine einstige Landbrücke an. Wenn heute auch noch entsprechende Fossilfunde aus den Kreideablagerungen Asiens fehlen, so besitzt erstere Annahme doch mehr Wahrscheinlichkeit als letztere. Auch die Verbreitung der Angiospermen und der Moas spricht für den einstigen Zusammenhang mit dem asiatischen Kontinent über Neuguinea. In der jüngeren Kreidezeit bildete sich die

Tasmangeosynklinale, welche Ostaustralien von Neuseeland trennte (FLEMING 1957). So deutet auch das Fehlen von Beuteltieren auf Neuseeland auf eine Herkunft aus Asien.

4. Die Eutheria (Monodelphia oder Placentalia)

Insektenfresser (Insectivora)

Den Insektenfressern kommt als Stammformen der restlichen placentalen Säugetiere eine ähnliche phylogenetische Bedeutung zu wie den Beutelratten unter den Beuteltieren. Diese zentrale Stellung ergibt sich nicht nur aus dem zeitlichen Auftreten, sondern auch aus zahlreichen morphologisch-anatomischen Eigenschaften (Schädel, Gebiß, Placentation usw., vgl. STRAUSS 1942). Wenn auch die rezenten Insektenfresser zum Teil stark abgewandelte Typen darstellen, so besitzen sie doch zahlreiche primitive Merkmale, die sie in ihrer Gesamtheit als Stammgruppe kennzeichnen (vgl. Abb. 18).

Typisch sind das primitive Gehirn, die ursprünglich fünfzehigen Gliedmaßen, die Zahnformel $\frac{3\ 1\ 4\ 3}{3\ 1\ 4\ 3}$ der primitiven Formen, drei- bis vierhöckrige Maxillarbackenzähne, das ringförmig verknöcherte Tympanicum, Gaumenlücken usw.

Für die Gliederung der Insektenfresser sind sowohl anatomische als auch osteologisch-odontologische Befunde herangezogen worden. Die nach dem Gebiß erfolgte Großgliederung in zalambdodonte (V-förmiges Molarenmuster) und dilambdodonte Insektenfresser (W-förmiges Molarenmuster) wird jedoch den tatsächlichen verwandtschaftlichen Beziehungen nicht gerecht, da es auf verschiedenen Wegen innerhalb der Insektenfresser zu einer zalambdodonten Zahnstruktur gekommen ist (z. B. ist die Zalambdodontie bei *Tenrec* nicht homolog mit jener von *Solenodon*). Auch für die Trennung nach dem Fehlen bzw. Vorhandensein eines Blinddarmes in die Lipotyphla und die Menotyphla (Tupaiidae, Macroscelididae), von denen unter letzteren starke Übereinstimmungen mit Primaten festzustellen sind, gilt ähnliches. Ein Merkmal allein genügt eben nicht zur Beurteilung stammesgeschichtlicher Beziehungen. Die Spitzhörnchen (Tupaiidae) weisen jedenfalls zahlreiche Beziehungen zu Primaten (Lemuriformes) auf, weshalb man sie in der neueren Literatur auch mit diesen vereint (z. B. LE GROS CLARK, SIMPSON 1945, FIEDLER 1956, vgl. REMANE 1956). Vom phylogenetischen Standpunkt aus ist wesentlich, daß einerseits verwandtschaftliche Beziehungen zu richtigen Insektenfressern, andererseits zu Primaten bestehen. Wie diese nun in systematisch-phylogenetischer Hinsicht bewertet werden, ist hauptsächlich vom einzelnen Bearbeiter abhängig.

Über die verwandtschaftlichen Beziehungen der Elefantenspitzmäuse oder Rüsselspringer (Macroscelididae) zu den Tupaiiden gehen die Meinungen auseinander. Während CARLSSON (1909, 1922) für nähere Beziehungen der Macroscelididen zu Erinaceiden eintritt, stehen sie nach EVANS (1942) in osteologischer Hinsicht den Tupaiiden sehr nahe (vgl. auch BUTLER 1956). BUTLER will deshalb auch die alte Gregorysche Ordnung der Archonta, wenn auch in etwas abgewandeltem Umfang, wieder aufleben lassen. Die Argumente von EVANS sind jedoch nicht beweiskräftig genug, da es sich nur um einen zahlenmäßigen Vergleich übereinstimmender Merkmale handelt und nicht um eine wertmäßige Beurteilung der gemeinsamen Eigenschaften. Auch CARLSSON betont, daß die Gemeinsamkeiten

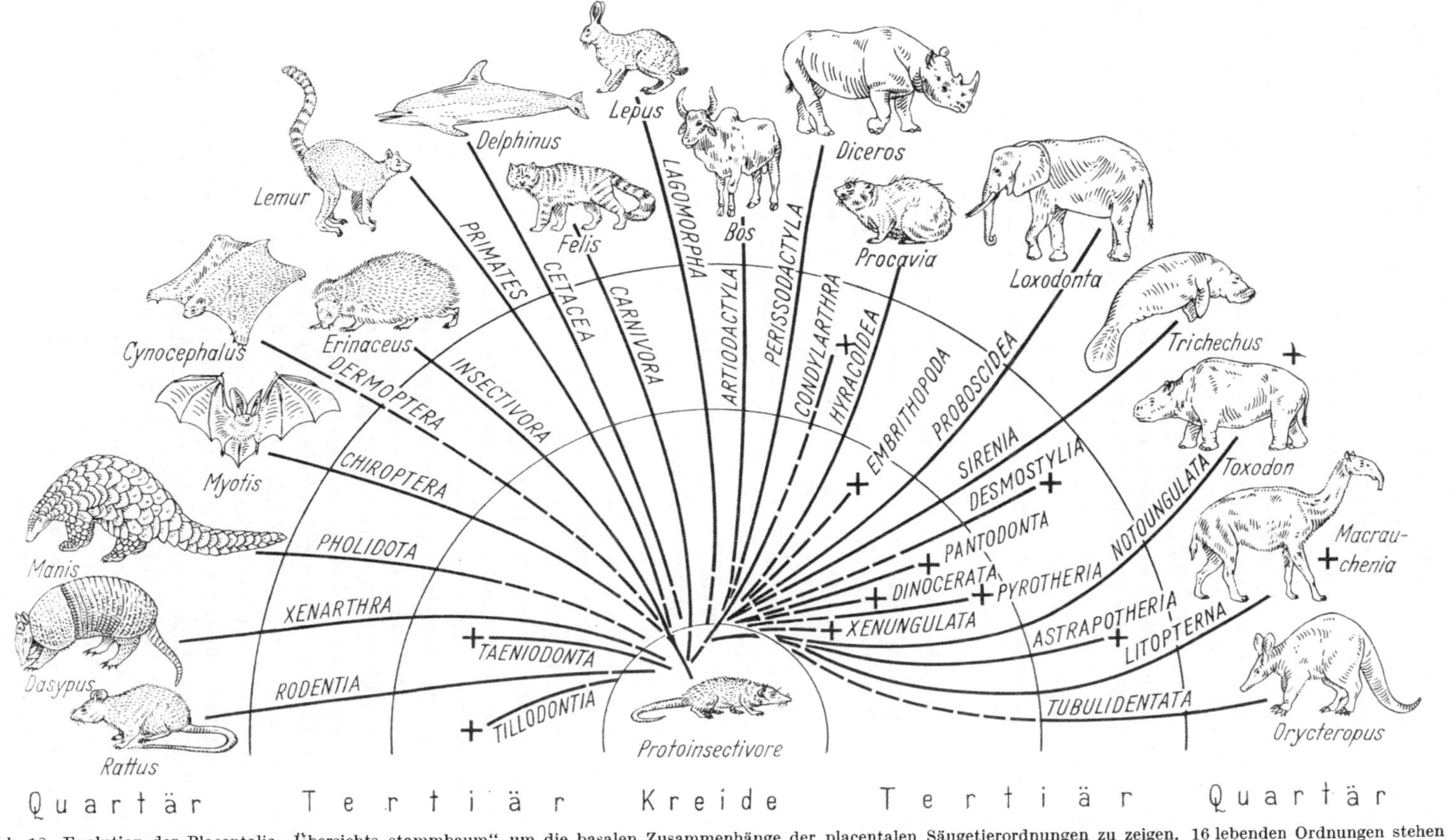

Abb. 18. Evolution der Placentalia. Übersichts„stammbaum“, um die basalen Zusammenhänge der placentalen Säugetierordnungen zu zeigen. 16 lebenden Ordnungen stehen 12 ausgestorbene gegenüber. Beachte Radiation im beginnenden Tertiär. (Original THENIUS)

der Macroscelididen mit Tupaiiden nicht als Kriterien für eine nähere Verwandtschaft angesehen werden können. Erschwert wird die Beurteilung der systematisch-phylogenetischen Beziehungen durch die in Zusammenhang mit der Lebensweise stehenden Spezialisationserscheinungen der Elefantenspitzmäuse, die gegenwärtig durch mehrere Gattungen vertreten sind. Zur Entscheidung dieses Problems ist einerseits *Anagale* aus dem Oligozän der Mongolei, andererseits das zeitliche Auftreten der Macroscelididen als wesentlich angesehen worden. Von *Anagale gobiensis* sind Schädel-, Gebiß- und Gliedmaßenreste bekanntgeworden (Simpson 1931). Während Evans (1942) diese Form als gemeinsame Stammform der Tupaiiden und Macroscelididen deutet, betrachtet sie Simpson unseres Erachtens mit Recht als Verwandte der Tupaiiden (Anagaliden), was auch mit dem geologischen Alter in Einklang steht.

Die Macroscelididen sind echte Insektenfresser, die Tupaiiden hingegen primitive Primaten. Fossile Rüsselspringer sind erst in jüngster Zeit bekanntgeworden. Butler u. Hopwood (1957) beschreiben aus dem Miozän Ostafrikas eine Art der rezenten Gattung *Rhynchocyon*. Schon dies beweist das hohe geologische Alter der auf Afrika beschränkten Rüsselspringer und außerdem, daß die Trennung von Rhynchocyoninae und Macroscelidinae bereits vor dem Miozän erfolgt war. Charakteristisch sind für die Elefantenspitzmäuse die zu Springbeinen umgestalteten Hintergliedmaßen, mit denen sie sich hüpfend fortbewegen.

Die geologisch ältesten Insektenfresser sind aus der jüngeren Kreidezeit Nordamerikas beschrieben worden. Es handelt sich um Gebißreste *(Gypsonictops)*, die mit den Leptictiden in Verbindung gebracht werden. Im Schädelbau (Gehörregion, Palatinum, Lacrimale, Squamosum usw.) stehen jedoch die Leptictidae des älteren Tertiärs von Nordamerika und Europa den Tupaiiden näher als den Erinaceiden (McDowell 1958).

Die aus der Gobi (Mongolei) durch Gregory u. Simpson (1926) beschriebenen „Kreide"-Insektenfresser stammen nach Orlov nicht aus der kretazischen Djadochtaformation, sondern aus unmittelbar darüberliegenden Schichten des älteren Paleozäns. Diese Erkenntnis ist für die Phylogenie der Insektenfresser und der übrigen placentalen Säugetiere außerordentlich wichtig, da die vermeintlichen Kreideinsektenfresser zum Teil bereits hoch spezialisierten Formen angehören, wie die vorliegenden Reste (Schädel, Kiefer, Gebiß und spärliche Wirbel- und Gliedmaßenreste) erkennen lassen. Es waren etwa rattengroße Säuger, die zwei biologisch stark verschiedenen Typen angehören und als Vertreter zweier Familien zu betrachten sind (Simpson 1928).

Während die eine Gattung *(Deltatheridium)* einen raubtierähnlichen Typus darstellt, ist die andere *(Zalambdalestes)* ein hochdifferenzierter Insektenfresser mit Diastem im Bereich der Antemolaren und mit caniniformer Ausbildung des zweiten Schneidezahnpaares. *Zalambdalestes* wird einerseits als Angehöriger der Erinaceoidea angesehen, der jedoch zu spezialisiert ist, um als Stammform geologisch jüngerer Insektenfresser in Betracht zu kommen, andererseits mit Leptictiden in Beziehung gebracht. *Deltatheridium* oder dieser Gattung nahestehende Formen können als morphologische Ausgangstypen für verschiedene Insektenfresser, aber auch für Carnivoren angesehen werden. Entsprechend dem niedrigeren geologischen Alter ist die Bedeutung dieser mongolischen Insektenfresser geringer als ursprünglich angenommen.

Die Ansichten über den Zeitpunkt des Ursprunges und der basalen Aufspaltung der Insectivoren, die auf mesozoischen Fossilfunden und damit ausschließlich auf der Zahnmorphologie basieren, differieren wesentlich voneinander. Sie beruhen zum Teil auf der verschiedenen Deutung der Zahnmorphologie, zum Teil auf der Alterseinstufung einzelner Formen (z. B. *Endotherium* aus dem Mesozoikum der Mandschurei, die von PATTERSON 1956 als Pantotherier, von SABAN 1958 als Pantolestide, also Insektenfresser, betrachtet wird). Ersteres ist auch mit der Beurteilung zalambdodonter Insektenfresser verknüpft.

Auf Grund der Zahnmorphologie will SABAN (1954) die drei von ihm unterschiedenen Hauptgruppen der Insektenfresser (Soricomorpha, Mixodectomorpha und Erinaceomorpha) auf drei verschiedene Stämme innerhalb der Pantotheria (einschließlich der Docodonta!) zurückführen, nämlich auf die Amphitheriiden, Paurodontiden und Docodontiden. Auch BUTLER (1941) nimmt eine bereits innerhalb mesozoischer Protoinsectivoren erfolgte Trennung an, indem er die Zalamdbodonten unabhängig von den übrigen Insektenfressern auf jurassische Pantotheria zurückführt, eine durch McDOWELLs (1958) Untersuchungen hinfällig gewordene Auffassung (vgl. Abb. 19).

Wie außerdem Fossilfunde aus der älteren Kreidezeit gezeigt haben (PATTERSON 1956), ist eine Entstehung bzw. Aufspaltung der Insektenfresser und damit ein getrennter Ursprung von zalambdodonten Formen vor dem Senon (jüngere Kreide) weder wahrscheinlich noch notwendig anzunehmen. Wie schon erwähnt (s. S. 23), lassen sich sämtliche Molarentypen der Placentalier auf den tribosphenischen Molaren zurückführen, der erstmalig im Neokom nachgewiesen ist.

Unter den Pantotheria bilden die Dryolestiden bzw. die Amphitheriiden des mittleren Jura ideale Ausgangsformen der Theria (SIMPSON). Die ursprünglich ebenfalls zu den Pantotheria gestellten Docodonten sind für die Phylogenie der Theria bedeutungslos (s. S. 48).

Eine eigenartige Gruppe von Insektenfressern sind die Borstenigelartigen (Tenrecoidea = „Centetoidea" mit den Familien der Tenrecidae und Potamogalidae), die gegenwärtig nur mehr in Reliktarealen auf Madagaskar (*Tenrec* = „*Centetes*", *Setifer, Hemicentetes, Microgale, Geogale* usw.) und dem afrikanischen Festland (*Potamogale, Micropotamogale*) vorkommen. Die große Formenfülle der madagassischen Borstenigel ist auf eine in Zusammenhang mit der räumlichen Isolierung erfolgte Blüte zurückzuführen. Dennoch kann an der außerordentlichen Ursprünglichkeit der noch lebenden Tenrecoidea, insbesonders der Borstenigel selbst, nicht gezweifelt werden. *Microgale* wird als besonders primitive Form angesehen. Die aus dem madagassischen Pleistozän und Holozän bekanntgewordenen Reste (hauptsächlich Höhlenfunde zusammen mit ausgestorbenen Halbaffen) gehören sämtlich rezenten Gattungen an und sind daher phylogenetisch bedeutungslos.

Potamogale und *Micropotamogale* des afrikanischen Festlandes sind durch ihre aquatische Lebensweise besonders spezialisierte Gattungen. Sie gehen mit den madagassischen Formen auf gemeinsame Vorfahren zurück. Dies belegen Fossilfunde aus dem Miozän von Kenya (*Protenrec, Geogale, Erythrozootes*). Diese Funde sind deshalb so wertvoll, weil sie nicht nur die einstige weite Verbreitung dieser Gruppe bestätigen, sondern auch zeigen, daß die Potamogaliden nur abgeleitete Tenreciden sind. Zugleich lassen sie nach BUTLER u. HOPWOOD (1957) auf die gemeinsame Wurzel mit den Chrysochloriden schließen.

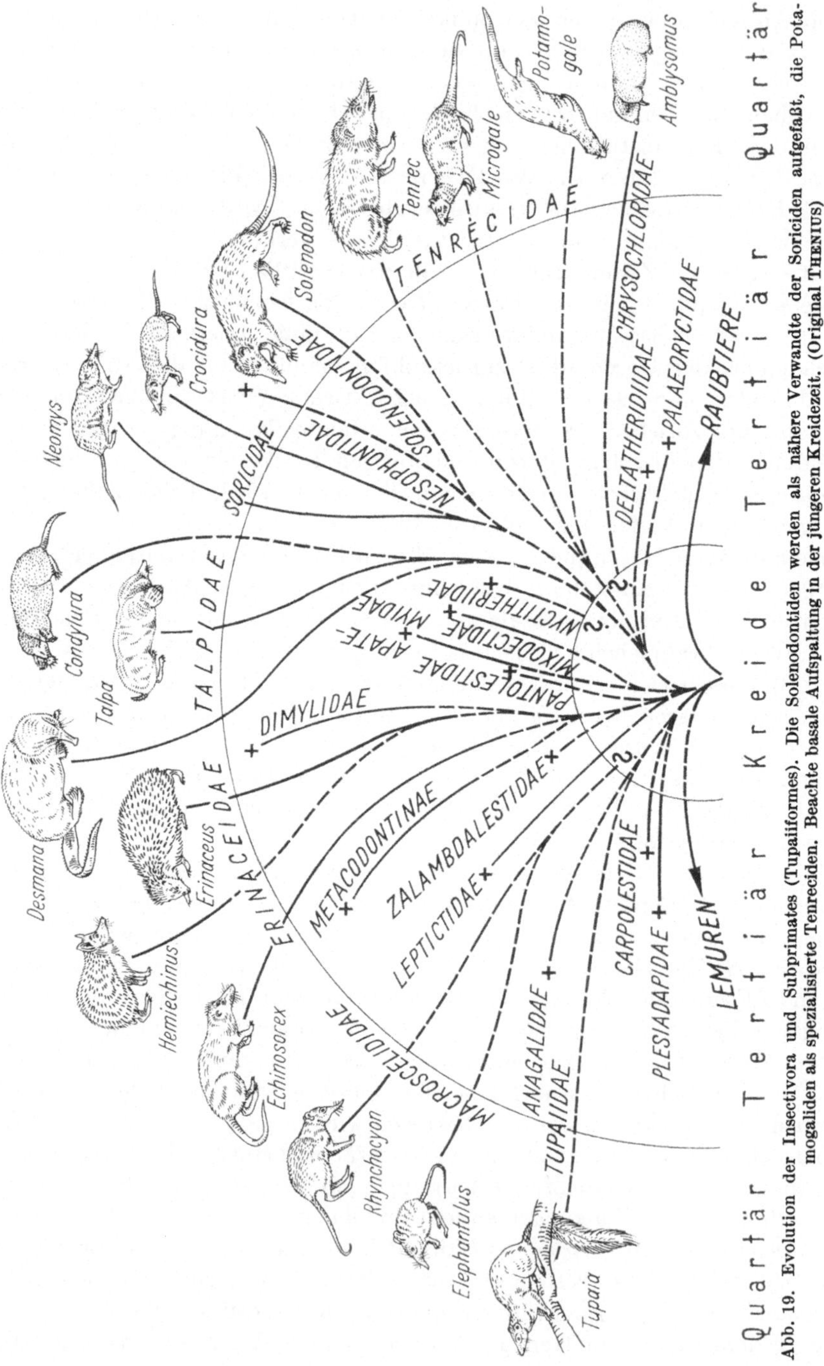

Abb. 19. Evolution der Insectivora und Subprimates (Tupaiiformes). Die Solenodontiden werden als nähere Verwandte der Soriciden aufgefaßt, die Potamogaliden als spezialisierte Tenreciden. Beachte basale Aufspaltung in der jüngeren Kreidezeit. (Original THENIUS)

Als wesentlich für die Herkunft der Tenrecoidea werden verschiedene Fossilfunde aus dem nordamerikanischen Alttertiär angesehen. So wird *Palaeoryctes* aus dem Paleozän der USA als primitiver Tenrecoide betrachtet, da er im Gebiß

Merkmale von Tenreciden und Potamogaliden besitzt. Er läßt vermuten, daß die Borstenigel ihren Ursprung auf der nördlichen Hemisphäre genommen haben.

Von den afrikanischen Goldmullen (Chrysochloridae) lagen bis vor kurzem nur spärliche, phylogenetisch bedeutungslose Fossilfunde aus dem Pleistozän vor. Erst kürzlich sind aus dem Miozän von Kenya auch Goldmulle beschrieben worden, die sich ursprünglicher verhalten als die rezenten und von diesen generisch verschieden sind (*Prochrysochloris*). Die geringen morphologischen Differenzen zwischen rezenten und fossilen Formen beweisen jedenfalls, daß die kennzeichnenden Merkmale bereits im Miozän ausgeprägt waren (Butler u. Hopwood 1957). Verwandtschaftliche Beziehungen zu den Tenreciden werden vor allem des Gebisses wegen angenommen, womit auch die neuen Fossilfunde in Einklang stehen. Die einseitige Lebensweise der rezenten Vertreter (Gattungen: *Chrysochloris*, *Amblysomus*, *Chrysotalpa* usw.) hat zu tiefgreifenden morphologisch-anatomischen Veränderungen geführt, so daß ohne weiteres Fossilmaterial nur Vermutungen über die stammesgeschichtliche Stellung angestellt werden können. Kennzeichnend für die rezenten Arten, die in Afrika Trockensteppen mit lockeren Böden südlich des Äquators bewohnen, sind die verhornte Schnauze, die verkümmerten, von Haut völlig überzogenen Augen, das Fehlen von Ohrmuscheln und die zu Wühlgeräten umgestalteten Hände, die zwei enorm vergrößerte Nägel besitzen, von denen jene des mittleren Strahles besonders groß sind.

Verwandtschaftliche Beziehungen zu *Necrolestes* aus dem patagonischen Santacrucense (Miozän), wie sie verschiedentlich angenommen wurden, bestehen nicht, da *Necrolestes* ein spezialisierter Beutler (Borhyaenide) ist, wie Patterson (1958) nachweisen konnte.

Neben den Borstenigeln gehören die mit ihnen gewöhnlich in nähere Beziehung gebrachten Schlitzrüßler (Gattung *Solenodon*) zu den größten lebenden Insektenfressern. Letztere sind heute nur mehr auf Haiti anzutreffen, da sie in Kuba praktisch ausgestorben sind. Über ihre Herkunft gehen die Ansichten auseinander. Während die Ausgangsformen nach Simpson dem oligozänen *Apternodus* des nordamerikanischen Festlandes nahestehen, der wiederum Beziehungen zu *Palaeoryctes* aus dem Paleozän erkennen läßt, sieht McDowell (1958) in den Solenodontiden (einschließlich *Nesophontes* des westindischen Quartärs) Formen, die den Spitzmäusen (Soriciden) nahestehen und begründet seine Auffassung mit Merkmalen des Schädels. Demnach würden die Solenodontiden den Spitzmäusen näher verwandt sein als den Borstenigeln. Beide Stämme (Soricoidea und Tenrecoidea) gehen allerdings auf gemeinsame Stammformen zurück. Für diese Annahme spricht auch *Nesophontes*, eine im Holozän erloschene, mit einem dilambdodonten Gebiß versehene Gattung der Antillen. Die Zalambdodontie von *Solenodon* ist demnach unabhängig von jener der Tenrecoidea eingetreten. Leider ist die Fossilgeschichte der Solenodontiden bisher nicht weiter bekanntgeworden.

Besser bekannt ist die Fossilgeschichte der Igelartigen (Erinaceomorpha) und der restlichen Soricomorphen. Erstere sind mit *Gypsonictops* schon in der jüngeren Kreidezeit Nordamerikas nachgewiesen. Unter dieser Gattung nahestehenden Formen des ältesten Tertiärs dürften auch die Stammformen der Erinaceiden (Igel) und damit auch der ausgestorbenen Dimyliden zu suchen sein. Während letztere einen aberranten, im Pliozän ausgestorbenen Stamm darstellen, haben die Igel sowohl als primitive Ratten- oder Haarigel (Echinosoricinae) als auch als echte oder Stacheligel (Erinaceinae) die Gegenwart erreicht.

Die Dimyliden, von denen bisher nur Kiefer- und Gebißreste vorliegen, sind durch eine eigenartige Differenzierung des Backenzahngebisses gekennzeichnet. Sie lassen sich von alttertiären Erinaceiden mit noch vollständigem Gebiß ableiten. Unter Reduktion der M $\frac{3}{3}$ kam es im Laufe der Phylogenese zu einer Vergrößerung der rückwärtigen Prämolaren bzw. der M $\frac{1}{1}$. Ausgehend von oligozänen Formen mit vollständiger Molarenzahl *(Exoedaenodon)* erreichten sie im jüngeren Miozän ihre Blüte *(Plesiodimylus, Metacordylodon)*. Die in mehreren Gattungen aus dem europäischen Tertiär bekanntgewordenen Dimyliden lassen sich auf zwei Hauptstämme (Dimylinae und Plesiodimylinae) verteilen, die durch die etwas verschiedene Gebißdifferenzierung voneinander abweichen (vgl. Hürzeler 1944).

Die in der Gegenwart auf Süd- und Südostasien beschränkten Haarigel sind bereits seit dem älteren Tertiär bekannt und bisher fossil aus Nordamerika, Europa und Afrika beschrieben worden, wo sie im jüngeren Tertiär ausstarben. Die im Laufe der Phylogenese eingetretenen Veränderungen sind sehr gering. Das erschwert auch die Deutung der stammesgeschichtlichen Zusammenhänge. Doch steht *Tetracus* (Oligozän) den Ahnenformen der miozänen Gattungen *Galerix* und *Pseudogalerix* nahe, *Neurogymnurus* jenen von *Metechinus* und *Brachyerix*. *Echinosorex* (= „*Gymnura*") läßt sich von oligozänen Galerixformen ableiten (Butler 1948). Die Haarigel sind demnach als „lebende Fossilien" zu bezeichnen.

Demgegenüber haben die Stacheligel (Erinaceinae) sich viel stärker verändert. Sie sind nach McKenna u. Simpson (1959) erstmalig aus dem Mitteleozän Nordamerikas nachgewiesen *(Scenopagus mcgrewi)*. Außer Differenzen im Schädel und Gebiß kommt es bei ihnen zur Reduktion des Schwanzes, zur Ausbildung des Stachelkleides und in Zusammenhang damit zur Entwicklung eines kräftigen, gürtelartigen Hautmuskelringes und einer Muskelkappe über dem Rücken zum Einrollen, ein Zustand, der beim heimischen Igel, *Erinaceus europaeus*, den höchsten Anpassungsgrad erreicht hat. In mancher Hinsicht (längere Gliedmaßen, große Ohren usw.) verhält sich jedoch *Hemiechinus* der südlichen Paläarktis trotz verschiedener primitiver Merkmale spezialisierter, was auch für *Atelerix* (z. B. Vierzehigkeit, kleiner P^3) des tropischen Afrika gilt. *Erinaceus* und *Atelerix* bilden jedoch, im ganzen gesehen, die spezialisiertesten Gattungen unter den Erinaceinen.

Nach Butler lassen sich unter den tertiären Erinaceinen zwei Gruppen unterscheiden. *Amphechinus* (= „*Palaeoerinaceus*" = „*Palaeoscaptor*") und *Dimylechinus* einerseits, *Gymnurechinus, Mioechinus* und *Postpalerinaceus* andererseits. Während *Amphechinus* bereits im Oligozän Europas nachgewiesen ist, sind letztere, aus denen sich *Erinaceus* entwickelt hat, nicht vor dem Miozän bekanntgeworden. Bemerkenswert ist, daß die primitiven Erinaceinen *(Amphechinus)* zahlreiche Merkmale besitzen, die für die Echinosoricinen charakteristisch sind. *Amphechinus* und *Dimylechinus* zeigen Entwicklungstendenzen (vergrößerte Incisiven usw.), die sie gänzlich von *Erinaceus* entfernen, weshalb sie auch nicht als Ausgangsformen dieser Gattung angesehen werden können (Viret 1938). *Postpalerinaceus vireti* aus dem Altpliozän Spaniens ist kein fortschrittlicher *Amphechinus*, sondern als konservatives Glied des Erinaceusstammes zu betrachten (Butler 1956). Von *Gymnurechinus* aus dem Miozän Kenyas ist das Skelet weitgehend bekannt. Diesem Erinaceinen fehlte wohl noch ein richtiges Stachelkleid, wie die Ausbildung der Muskelfortsätze und die Proportionierung der Wirbelsäule vermuten läßt. Das Verschwinden der Erinaceiden aus Europa hängt — soweit es sich um ein Aussterben handelt — mit der Klimaverschlechterung im ausgehenden Tertiär zusammen.

Als aberrante Igelgruppe sind die Metacodontinae (manchmal als eigene Familie angesehen) zu betrachten, die auf das Tertiär Europas und Nordamerikas beschränkt waren *(Metacodon, Plesiosorex)*.

Ähnliches gilt auch für die Amphilemuriden mit *Entomolestes* und *Amphilemur* aus dem Eozän Nordamerikas bzw. Europas (McKenna u. Simpson 1959).

Die formenreichste Überfamilie der Insektenfresser sind die Spitzmausartigen (Soricoidea), die sich ebenfalls bis in das Eozän zurückverfolgen lassen. Phylogenetisch außerordentlich wichtig für die Spitzmäuse (Soricidae) ist die Gattung *Saturninia* aus dem Jungeozän Frankreichs mit vollständigem Gebiß, das nur Tendenzen zur Vergrößerung einzelner Zähne aufweist und damit eine Homologisierung der bekanntlich stark differenzierten und reduzierten Zähne des Vordergebisses der geologisch jüngeren Spitzmäuse zuläßt. Bei *Saturninia gracilis* sind die I $\frac{1}{2}$ bereits etwas vergrößert, während die P^4 und Maxillarmolaren noch verhältnismäßig schmal sind (Stehlin 1940). Damit dürfte erwiesen sein, daß der große mandibulare Vorderzahn der Soriciden dem zweiten Schneidezahn homolog ist und nicht dem Eckzahn oder dem ersten Schneidezahn entspricht.

Im jüngeren Oligozän ist der *Sorex*-Typus bereits vollständig entwickelt, nur die Arten verhalten sich etwas archäischer. *Crocidosorex* aus dem Jungoligozän vereint im Gebiß Merkmale von *Sorex* und *Crocidura*. *Domnina* (= „*Protosorex*") ist aus dem nordamerikanischen Oligozän beschrieben worden. Ein eigener Stamm wird durch *Heterosorex* (= *Trimylus*) im Oligo/Miozän Europas gebildet (Viret u. Zapfe 1951), dem möglicherweise auch *Amblycoptus oligodon* aus dem ungarischen Altpliozän als Endform angehört. *Amblycoptus* besitzt plumpe Backenzähne, die auf conchiphage Ernährung hinweisen (Kormos 1926).

Maulwürfe und Bisamspitzmäuse (Talpidae) werden allgemein als weitgehend spezialisierte Soricidenabkömmlinge betrachtet, wobei die paleozänen Nyctitheriiden, die im Gebiß eine Mischung primitiv soricider und talpider Merkmale aufweisen, verschiedentlich als Stammformen angesehen werden. Sie werden jedoch auch mit Fledermäusen bzw. Igelartigen in nähere Verbindung gebracht (McDowell 1958). Der Körper der Talpiden hat sich in Zusammenhang mit der grabenden bzw. schwimmenden Lebensweise stark differenziert. Ihr Ursprung ist zeitlich nicht ganz eindeutig festzulegen, doch muß er, nach dem Auftreten von *Amphidozotherium* im Jungeozän, einem typischen Maulwurf, zu urteilen, bereits in prä- oder alteozäner Zeit erfolgt sein. Wenn auch aus tertiären Ablagerungen der Holarktis verschiedene Talpiden beschrieben worden sind *(Scaptonyx, Talpa, Proscapanus, Proscalops)*, so sind die stammesgeschichtlichen Zusammenhänge innerhalb dieser Familie noch immer ungeklärt, da Gebiß- und Kieferreste sich meist nicht in Verbindung mit Extremitätenresten finden. Dies macht auch die Entscheidung, ob verwandtschaftlich bedingte Ähnlichkeit oder Parallelentwicklung vorliegt, unmöglich. So ist weiters die Möglichkeit nicht auszuschließen, daß die Talpiden an verschiedenen phylogenetischen Orten aus „Spitzmäusen" hervorgegangen sind. Jedenfalls bilden die rezenten Maulwürfe im postkranialen Skelet verschieden hoch spezialisierte Typen, die sich zu anatomischen Reihen zusammenstellen lassen (vgl. CAMPBELL 1939). Die primitivsten Formen bilden die Spitzmausmaulwürfe (*Uropsilus* und *Nasilius)* Asiens und des westlichen Nordamerika. Ein weiterer Stamm sind die pazifischen Maulwürfe (Scalopinae mit *Scapanus*, *Scalopus*, *Urotrichus* usw.) mit ebenfalls amerikanisch-asiatischer Verbreitung. Von ihnen vermitteln *Urotrichus* (Japan) und *Neurotrichus* (Nordamerika) morphologisch gleichfalls zwischen Spitzmäusen und Maulwürfen, während die nordamerikanischen Gattungen *Scapanus* und *Scalopus* typische und hochspezialisierte Maulwürfe sind. Auf die Alte Welt beschränkt sind die echten Maulwürfe (Talpinae mit *Talpa*, *Mogera*, *Scaptochirus* und *Parascaptor*), unter denen Arten der Gattung *Talpa* den höchsten Anpassungsgrad erreicht haben. Einem weiteren Stamm gehören die nordamerikanischen Sternmulle (Condylurinae) an, deren Rüsselspitze von einem Kranz aus 22 fleischigen Fortsätzen umgeben ist, die als Tastorgane funktionieren. Es sind hochgradig an die unterirdische Lebensweise angepaßte Formen, über deren Phylogenie uns Fossilfunde im Stich lassen.

Die Zusammenziehung der altweltlichen Genera *Talpa*, *Mogera*, *Scaptochirus* und *Parascaptor* zu einer Gattung *(Talpa)* durch SCHWARZ (1940) wird den morphologischen Unterschieden wohl nicht ganz gerecht. Aber auch die Abtrennung von *Asioscaptor*, *Eoscalops*, *Chiroscaptor* und *Euroscaptor* als eigene Gattungen (s. HEUDE 1898, MILLER 1940, STROGANOV 1941) erscheint übertrieben.

Die Bisamspitzmäuse (Desmaninae) lassen sich bis in das Miozän Europas zurückverfolgen, wo sie in großer Formenmannigfaltigkeit verbreitet waren (SCHREUDER 1940). Noch im Pleistozän auch in Mitteleuropa heimisch, bewohnen die beiden lebenden Vertreter (*Desmana [Galemys] pyrenaica* auf der Iberischen Halbinsel und *D. [D.] moschata* in Osteuropa) nur mehr Reliktareale. Die Bisamspitzmäuse lassen sich von primitiven Talpiden ableiten, deren Gliedmaßen noch keine tiefgreifenden Grabanpassungen erfahren hatten. Kennzeichnend sind die Umbildung der Hintergliedmaßen zu Schwimmbeinen, die rüsselartig verlängerte Schnauze und die Differenzierung des Vordergebisses durch die Vergrößerung des mittleren oberen Schneidezahnpaares.

Für die Herkunft der Soricoidea wurden Kiefer- und Zahnreste aus dem Paleozän und Eozän Nordamerikas als bedeutsam angesehen, die als Nyctitheriiden zusammengefaßt werden. Die Zähne sind wohl soricidenartig gebaut, besitzen jedoch nicht deren Spezialisationen. Solange keine Schädelreste (Schädelbasis) vorliegen, sind die verwandtschaftlichen Beziehungen nicht mit Sicherheit zu beurteilen. Ob sie tatsächlich als Ausgangsformen der Soriciden und Talpiden angesehen werden können oder etwa den Stammformen der Fledermäuse nahestanden, ist derzeit nicht zu sagen.

Eine ebenfalls rein alttertiäre Gruppe bilden die Mixodectomorpha (Mixodectidae und Apatemyidae = Proglires, OSBORN 1910) aus Nordamerika und Europa, die jedoch stammesgeschichtlich für die rezenten Insektenfresser bedeutungslos sind. Ursprünglich meist als Primaten betrachtet bzw. mit Nagern in Verbindung gebracht, hat sich gezeigt, daß die Ähnlichkeiten (vor allem Gebißdifferenzierung) nur Konvergenzerscheinungen sind (HÜRZELER 1949). Während das maxillare Backenzahngebiß aus trituberculären Zähnen mit angedeutetem Hypoconus besteht, ist das Vordergebiß ähnlich den Plesiadapiden stark differenziert und reduziert. Nach SABAN (1954, 1958) ist für beide Gruppen (Mixodectidae und Apatemyidae) auf Grund verschiedener Merkmale ein gemeinsamer

Ursprung anzunehmen und die Mixodectomorpha als gleichwertige Gruppe den Soricomorpha und Erinaceomorpha gegenüberzustellen. Ein Zusammenhang mit Nagetieren besteht nicht.

Halbaffen und Affen (Primates)

Die Bedeutung der Stammesgeschichte der Primaten liegt einerseits darin, daß sie die Stammgruppe des Menschen sind, andererseits, daß sie deshalb der Säugerstamm sind, der die weiteste Evolutionsspanne umfaßt. Diese Kombination bedingt die Einzigartigkeit dieses sehr formenreichen Stammes, der deshalb immer im Mittelpunkt des Interesses der Phylogenetiker stand. Daher erklärt sich auch die Verschiedenheit der Meinungen der Autoren, die sich mit dem Bekanntwerden neuer Funde und neuen Bearbeitungen älterer Funde naturgemäß änderten. Dementsprechend sammelte sich um die Primatenphylogenie eine Fülle von Literatur, die im einzelnen hier nicht besprochen werden kann (ABEL, GREGORY, HEBERER, HÜRZELER, LE GROS CLARK, KÄLIN, OSBORN, PATTERSON, REMANE, SIMPSON, STEHLIN u. a. m.).

Die Erforschung der Stammesgeschichte der Primaten stößt auf verschiedene Schwierigkeiten. Der Ursprung des Stammes muß in der Oberkreide aus Insectivoren erfolgt sein (Abb. 19, 20). Die ältesten *bekannten* halbäffischen Formen aus dem mittleren Paleozän sind schon so spezialisiert, daß eine spätere Entstehung sehr unwahrscheinlich ist. Diese Stammgruppe selbst ist noch nicht fossil aus dieser Zeit bekannt; *Anagale* und *Anagalopsis* (vgl. S. 75) sind viel zu spät und dürften selbst auf die ursprüngliche Grenzgruppe zwischen Primaten und Insectivoren zurückgehen. Die rezenten Tupaiiformes kamen dieser Stammgruppe am nächsten, haben aber später einige weitere Differenzierungen erfahren (vgl. S. 71), so daß man sie nicht an den Anfang des Stammbaumes einsetzen kann; sicher gehen sie unmittelbar aus der Stammgruppe als die am wenigsten differenzierten Nachfahren hervor.

Die Stammgruppe kann man, aus den erhaltenen Resten der schon abgeleiteten Formen sowie von den rezenten Spitzhörnchen ausgehend, einigermaßen sicher rekonstruieren. Es müssen kleine, höchstens rattengroße Formen mit körperlangem Schwanz gewesen sein. Das Gebiß muß die volle Zahnzahl in Ober- und Unterkiefer aufgewiesen haben, wie es noch bei *Anagale* der Fall ist. Die Molaren zeigten den ursprünglichen tribosphenischen Bau wie z. B. bei *Tarsius*. Die Finger und Zehen waren bekrallt, der erste Strahl des Cheiridium war wahrscheinlich abspreizbar. Ob die Tiere arborikol waren oder busch- oder bodenlebend, ist nicht zu entscheiden.

Die erste Formenstreuung, die aus dieser tupaioiden Stammgruppe hervorging und wahrscheinlich auch in der obersten Kreide bereits einsetzte und mit dem Paleozän ihren Höhepunkt erreichte, brachte eine außerordentliche Fülle verschiedener kleiner Formen hervor. Fossil ist zwar schon ein größeres Material von Zähnen, Kieferstücken, gelegentlich auch Schädeln und Teilen des postkranialen Skeletes bekannt, aber man kann sie meist keiner bekannten Formengruppe sicher eingliedern, ja, man weiß in einigen Fällen nicht, ob man sie überhaupt zu den Primaten stellen soll (Apatemyidae, vgl. S. 66). Kürzlich hat SIMPSON (1955) dieses Problem aufgegriffen. Es gibt keine scharfe diagnostische Grenzziehung zwischen Halbaffen und Insectivoren, die auf das Fossilmaterial in allen Fällen eindeutig anwendbar wäre. Man löst dieses Problem nicht, indem man die Primaten enger definiert, denn damit wären die frühtertiären Formen nicht klarer erfaßt. Eine Eingliederung dieser Formen bei den Insectivoren würde nicht nur die Definition dieser überdehnen und unbrauchbar machen, sondern auch der Tatsache nicht gerecht werden, daß sich in diesen frühen Gruppen Evolutionstendenzen bemerkbar machen, die oft nicht ganz klar gefaßt werden können, aber halbäffischen Charakter haben und schließlich zu den Halbaffen führen. Wir schließen uns damit dem von SIMPSON ausgesprochenen Gedanken an, der sagte, daß dort eine scharfe Unterscheidbarkeit nicht erwartet werden kann, wo in der Natur nie eine scharfe Grenze bestand. Die Folge dieser Situation ist, daß manche der fossilen Formengruppen einer wechselnden Interpretation unterliegen, wie in jüngster Zeit die Necrolemuridae (HÜRZELER) und Phenacolemuridae (SIMPSON).

Man kann annehmen, daß die alttertiären halbäffischen Formenkreise erheblich formenreicher waren, als wir sie uns anhand des fossilen Materials, das nur einen Teil derselben vorführt, vorstellen können. Da die Ausgangsform dieser Stammeslinien noch nicht bekannt ist, obwohl wir wissen, daß es eine tupaioide Form gewesen sein muß, gewinnt die stammesgeschichtliche Verknüpfung der bekannten Formenkreise einige Unsicherheit, die sich bis auf die Ableitung der rezenten Formen erstreckt. Diese wird noch dadurch erhöht, daß bei den alttertiären Halbaffen mehrfach und unabhängig voneinander die gleiche Spezialisationsrichtung eingeschlagen wird, die habituell durch den Typus *Galago* bis *Tarsius* gekennzeichnet ist. Es sind kleine, wohl überwiegend arborikole Tiere, die biped im Geäst springen, daher einen Springbeintypus der hinteren Extremität erwerben, großäugig sind und deshalb wohl nächtlich lebten und soweit bekannt kleine lissencephale, d. h. furchenlose Gehirne besaßen (z. B. *Necrolemur*). Daneben tritt noch eine weitere Differenzierungsrichtung mehrfach auf, die durch eine verschieden weit entwickelte Diprotodontie gekennzeichnet ist, die bis zu reinen Nagergebissen führen kann. Eine ähnliche Form, etwa das Springbein, Gebißmerkmale, Augengröße und im Zusammenhang damit Schädelmerkmale, kann auf Grund der ähnlichen, gleichsinnigen Spezialisation beruhen und drückt dann keine unmittelbare Verwandtschaft aus. Primitivmerkmale beweisen ebenfalls nicht die unmittelbare Verwandtschaft, denn sie können bei den im Stammesablauf ganz tief stehenden Formen gemeinsames Erbe von der Ausgangsgruppe sein. Systematische und stammesgeschichtliche Umgruppierungen sind daher bei den alttertiären Halbaffen auch in Zukunft zu erwarten. Da in diesen Formenkreisen auch die stammesgeschichtliche Wurzel der späteren Descendenten liegt, ist heute noch die basale Aufgliederung des ganzen Primatenstammes im Dunklen.

Ein vieldiskutiertes und tiefgreifendes Problem stellt dabei die Gruppe der Tarsiiformes dar. Das *Tarsius*-Problem ist deshalb so wichtig, weil von der Bewertung dieses Formenkreises die systematische und phylogenetische Auffassung der höheren Primaten abhängt. Wir können nur kurz auf diese Frage eingehen. (Vgl. dazu ABEL 1931, LE GROS CLARK 1934, SIMPSON 1940, 1945, HILL 1955, FIEDLER 1956, REMANE 1956 u. a.) In der systematischen Bewertung der Tarsiiformes stehen sich auch heute noch zwei Meinungen gegenüber. Manche Autoren, zuletzt SIMPSON, FIEDLER u. a., fassen die Tarsiiformes als eigene Infraordo der Subordo Prosimiae auf. Sie werden dadurch innerhalb der echten

Halbaffen neben die Lemuriformes und Lorisiformes gestellt. Andere Autoren, besonders HILL (1955), folgen einem auf POCOCK zurückgehenden Vorschlag und teilen die Primaten nach der Form des Nasenspiegels (Rhinarium) in einen Gradus Strepsirhini und einen Gradus Haplorhini. Die Strepsirhini umfassen die Lorisoidea und Lemuroidea, die Haplorhini, die Tarsioidea und Pithecoidea, letztere im Umfange der Simiae HAECKELs. Durch diese systematische Gliederung (vgl. Abb. 20) wird *Tarsius* den Affen nähergerückt und aus den Halbaffen herausgenommen. REMANE schloß sich der Auffassung an und meint, daß *Tarsius* mit den Affen näher verwandt sei als die anderen Halbaffen. In den Tarsiiformes sucht REMANE im Anschluß an frühere Autoren die Ursprungsgruppe der höheren Primaten. Soweit die einander entgegenstehenden Ansichten.

Das morphologische Merkmal, das zu dieser Gliederung geführt hat, ist die Form der äußeren Nasenöffnung und ihrer Umgebung, also ein Kennzeichen, das nur an rezenten Formen verwendbar ist. Bei den Strepsirhini sind die äußeren Nasenöffnungen seitliche Spalten oder Schlitze; der nackte Nasenspiegel zieht sich als unpaarer medianer Streifen zum oberen Lippenrand herab. Er bildet das Philtrum. Mundseitig entspricht ihm das mediane, unpaare Frenulum, ein Lippenbändchen, das die Oberlippe am Zwischenkiefer befestigt. Bei den Haplorhini ist das Nasenfeld bis an die runden, nicht schlitzförmigen Nasenlöcher behaart. Das Philtrum ist kaum angedeutet und schwer von dem benachbarten Lippenabschnitt zu unterscheiden. Da ein Frenulum fehlt, ist bei den Haplorhini die Oberlippe beweglicher, woraus das für den menschlichen Beobachter verständlichere und daher als ausdrucksvoller empfundene Minenspiel resultiert. Man hat darin einen besonderen Hinweis auf die Verwandtschaft von *Tarsius* mit den höheren Affen erblicken wollen. Selbstverständlich hat man versucht, die eigenartige Stellung von *Tarsius*, die er durch dieses Merkmal erhält, auch an anderen Organen zu untermauern.

Dabei ist die Zielsetzung der Argumentation zu unterscheiden. Will man damit dartun, daß innerhab der Halbaffen *Tarsius* eine eigene Stellung einnimmt, dann ist nach unserer Auffassung dagegen nichts einzuwenden. Die Sonderstellung von *Tarsius* ist in diesem Rahmen von allen Forschern akzeptiert worden und durchaus berechtigt. Will man damit beweisen, daß *Tarsius* den höheren Affen näher verwandt sei, was auch durch die systematische Zusammenfassung in dem Gradus Haplorhini zum Ausdruck kommt, dann ist zu prüfen, ob diese Merkmale zur Stützung dieser Auffassung ausreichen. Die Besonderheit der Problemlage ist darin zu erblicken, daß die Tarsiiformes nur durch eine rezente Gattung, den „Koboldmaki" *(Tarsius)*, vertreten sind. Dieser ist aber der am einseitigsten und tiefstgreifenden spezialisierte Primat überhaupt. Von ihm her ist die ganze Gruppe definiert, in die dann fossile Formen mit sehr verschiedener Berechtigung eingeordnet werden.

Alle Merkmale, die sich auf Weichteile beziehen und im Sinne der vermuteten Verwandtschaft mit den höheren Primaten ausgewertet werden, beruhen nur auf dieser einen hochspezialisierten Form. Dabei läßt sich nicht ausschließen, daß die Ähnlichkeiten durch Parallelevolution zustande kamen, demnach nicht direkte Verwandtschaft ausdrücken. Das gilt für die Ähnlichkeit des Nasenspiegels ebenso wie für andere Merkmale (z. B. Genitalien, Gesichtsmuskulatur u. a.). Wenn die systematische Zusammenfassung der Tarsiiformes mit den

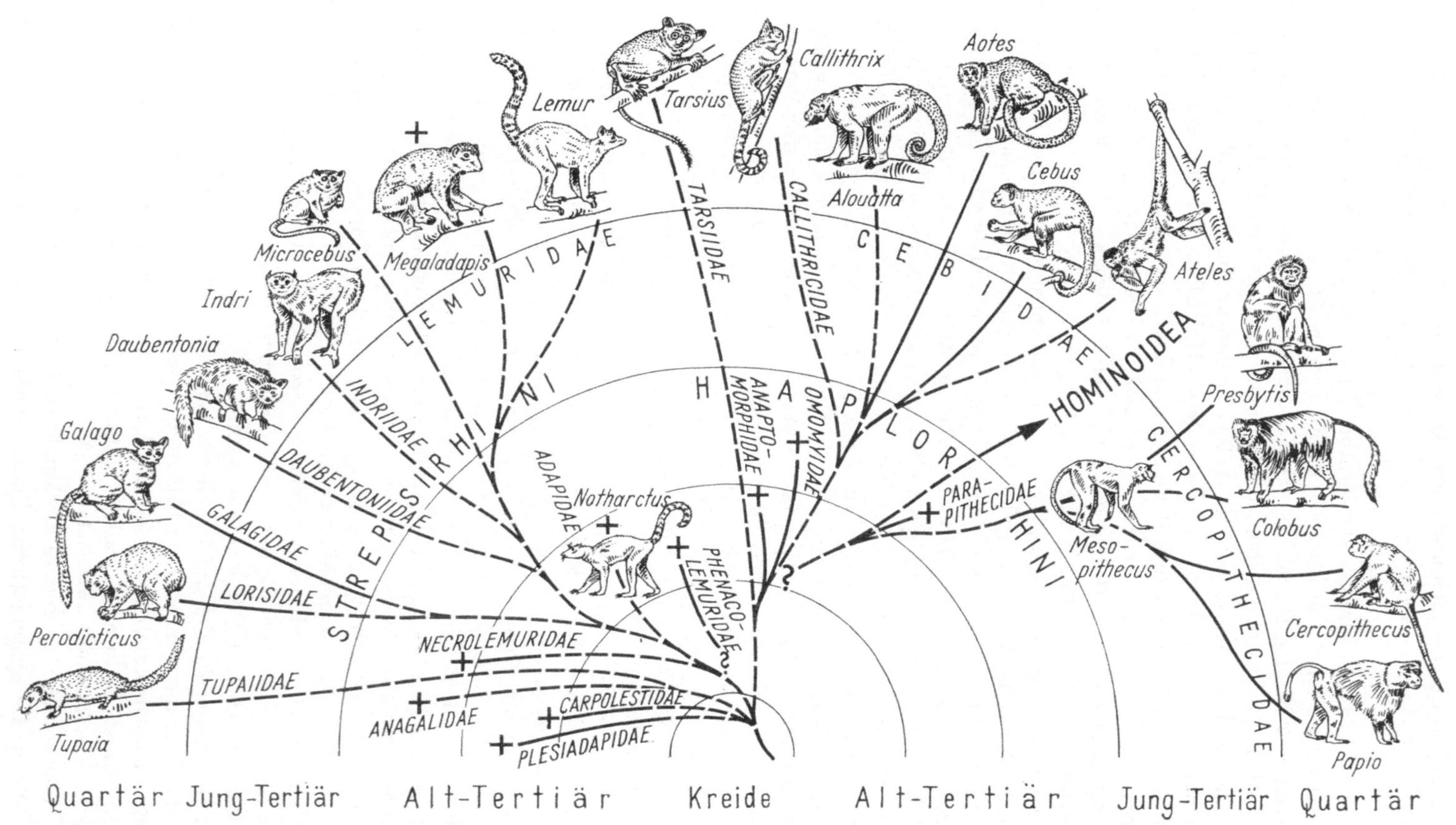

Abb. 20. Evolution der Primaten I. Beachte die basale (Kreide-Paleozän) Radiation der Subprimaten und Prosimiae, jene der Platyrrhina im Oligozän sowie der Cercopithecoidea im Jungtertiär. Megaladapiden hier als Unterfamilie der Lemuridae angesehen. (Original THENIUS)

Simiae Verwandtschaft ausdrücken soll, dann ist sie durch die Weichteilmorphologie nicht beweisbar.

Da die Weichteilmorphologie für das *Tarsius*-Problem keine brauchbaren Argumente abgibt, bleibt nur mehr die Gestaltung des Gebisses und des Skeletes bedeutsam. Hier finden sich sehr primitive Merkmale neben hochspezialisierten; über die fossilen Formen vgl. S. 92ff. Die Primitivmerkmale sind z. T. so sehr ursprünglich, daß man sie als subprimaten-artig bezeichnen kann. Im Gebiß sind die Eckzähne caniniform, die oberen Molaren typisch primitiv tritubercülär, die unteren tuberculo-sectorial. Die ganz primitiven Merkmale wie eben das Gebiß gestatten einen Ableitungsversuch der entsprechenden, spezialisierteren Merkmale der Affen; beim Gebiß ist dieser Versuch auch mit Recht gemacht worden. Sie zwingen aber nicht zur Annahme einer engeren Verwandtschaft mit den Affen, denn ebensogut können von diesen ursprünglichsten Zuständen Prosimierzustände abgeleitet werden. Wir schließen uns deshalb der Ansicht an, daß die Tarsiiformes ein eigener und sehr früher Seitenzweig des Halbaffenstammes sind, der sehr wahrscheinlich noch vor den Lemuriformes und Lorisiformes von der gemeinsamen basalen Subprimatengruppe abgezweigt ist.

Die spezialisierten Merkmale sind, auch bei den fossilen Formen, unter zwei Gesichtspunkten zu analysieren. Erstens unter dem der biped-springenden Fortbewegung im Geäst, wovon unmittelbar die Hinterextremitäten betroffen sind, und zweitens unter dem der Größenrelationen und des extrem hochentwickelten Gesichtssinnes. Der erste Gesichtspunkt kann unberücksichtigt bleiben, weil aus der Gestaltung der Hinterextremität eine engere Beziehung zu den Affen nicht ableitbar ist. Der zweite Gesichtspunkt ist aber sehr wesentlich, weil er sich auf einige Merkmale des Schädels bezieht, die als äffisch oder wenigstens den Affen sehr nahestehend aufgefaßt wurden. In diesem Zusammenhang können wir darauf nicht detailliert eingehen, sondern nur einige Punkte hervorheben, um so mehr, als unter diesem Gesichtspunkt der Schädel von *Tarsius* erneut durchgearbeitet werden muß. Die frontale Wendung der Orbitae und ihre weitergehende knöcherne Abgrenzung von den Schläfengruben, die Anatomie der Nasenhöhle und die ventral-zentrale Lage des Foramen magnum sind Struktureigenheiten des Schädels, die als äffisch aufgefaßt oder mindestens diskutiert wurden. Gerade diese Merkmale lassen sich z. T. zwanglos durch die unwahrscheinliche Vergrößerung der Augen erklären, die die ganze Kopforganisation verständlich machen, wie in jüngster Zeit STARCK (1953) gezeigt hat. Ein Augenbulbus allein hat ein größeres Volumen als das Cavum cranii (STARCK) und liegt nur etwa zur Hälfte in der knöchernen Orbita (A. H. SCHULTZ). Zwischen Körper- und Augengröße besteht eine gesetzmäßige Beziehung, indem die Bulbi relativ volumkonstant sind, so daß ceteris paribus körperlich kleine Tiere relativ große Augen haben und körperlich große Tiere relativ kleine Augen besitzen (A. H. SCHULTZ). Demnach hätte *Tarsius* auch ohne extreme Sonderspezialisation große Augen. Nun kommt diese noch in einem Ausmaße dazu, das dazu führt, daß die Augen von *Tarsius* erheblich größer sind als die der anderen „Augenspezialisten" unter den Affen. Die relative Augengröße beträgt nach A. H. SCHULTZ (1940):

Tarsius	2,24
Galago senegalensis	0,46
Aotes	0,35

Galago senegalensis ist ein nächtlich und arborikol lebender lorisiformer Halbaffe, der nicht nur wegen seiner springenden bipeden Fortbewegung im Geäst habituell *Tarsius* am nächsten kommt. *Aotes* ist ein platyrrhiner, sehr primitiver Affe, der als einziger unter diesen nächtlich lebt.

Dagegen finden sich bei „normaläugigen" Affen folgende Werte:

Lemur	0,15
Cebus	0,13
Macaca	0,07
Pan	0,012
Homo	0,013

Die Werte verdeutlichen die Sonderstellung von *Tarsius* hinsichtlich der Augengröße. Die Bulbi werden in den Orbitae bei ihren Bewegungen geführt. Da sie nur zur Hälfte in ihnen liegen, ist der weitgehende knöcherne Verschluß der Orbitae gegen die Schläfengruben nicht nur zum Schutz, sondern auch zur sicheren Führung verständlich. Die Augenbulbi bewegen sich in den Augenhöhlen des Schädels wie der Gelenkkopf in einer Gelenkpfanne. Die knöcherne Abgrenzung der Orbitae, die bei „normaläugigen" Affen auftritt, ist in ganz anderem Zusammenhange verständlich und mit der von *Tarsius* nicht vergleichbar. Für die phylogenetische und systematische Argumentation fällt die knöcherne Umrahmung der Orbitae also weg.

Die Frontalwendung der Orbitae hat stammesgeschichtlich und systematisch kein besonderes Gewicht, denn sie kommt in verschiedenem Ausmaße auch bei anderen Halbaffen vor, besonders bei den pithekoiden Lemuriformes. Sie wird bei *Tarsius* durch die enorme Größe der Orbitae nur besonders auffällig.

Die Vergrößerung der Augen beengt die Nasenhöhle um so mehr, je körperkleiner das Tier ist. Man kennt ähnliche Zustände auch von höheren Affen, die keine Augenvergrößerung erfuhren, aber klein sind (*Saimiri, Callithrix*). Die Rückbildung und Umlagerung der Turbinalia dürfte in diesem Zusammenhange stehen. Darin erblickte man ein äffisches Merkmal. Wir glauben, daß es richtiger ist, hierin den Ausdruck einer ähnlich gerichteten Entwicklung zu erblicken, denn das Gehirn des nahezu anosmatischen Tieres zeigt durch eine Reihe baulicher Eigentümlichkeiten, daß es ein extrem einseitig spezialisiertes, lissencephales Halbaffengehirn ist. Der ursprüngliche Zustand des Gehirnes der Tarsiiformes muß etwa der eines *Tupaia*-Gehirnes gewesen sein. Man kann in der Rückbildung der Bulbi olfactorii und der Tractus olfactorii des Gehirnes, die eben mit dem Geruchsvermögen im Zusammenhang stehen, ein affenähnliches Merkmal erblicken, denn bei diesen ist dies die Regel, bei den Halbaffen nicht. Für phylogenetische Verwandtschaft spricht es, angesichts aller Gegenbefunde, keinesfalls.

Im Zusammenhang mit der Vergrößerung der Augen und der Rückbildung des vorderen Riechhirnabschnittes steht die Klinokranie des Schädels, die STARCK (1953) nachgewiesen hat. Dieser Schädeltyp wird sonst bei Primaten nicht gefunden. Er besteht in einer Ventralknickung des Kieferschädels und einer rostralen Erhebung des Hirnschädels, bedingt durch die enormen Augenbulbi.

Eine zentrale Lage des Foramen magnum in der Schädelbasis findet sich nur, wenn man den Schädel in die Frankfurter Horizontale orientiert. Dabei wird der Schädel so eingestellt, daß der oberste Punkt der äußeren Gehöröffnung und der tiefste Punkt der Orbita in einer Horizontalebene liegen. Diese für den menschlichen Schädel anwendbare Orientierung versagt wegen der variablen Lage des Orbitalpunktes bei den Primaten, besonders bei den großäugigen. *Tarsius* ist also gerade der Extremfall, bei dem diese Orientierung nicht angewendet werden darf, weil sich zwangsläufig eine Fehleinstellung ergibt. Aus den Untersuchungen von STARCK (1953) ergibt sich eindeutig, daß bei Orientierung auf die Schädelbasis das Foramen magnum in ähnlicher Lage gefunden wird wie bei *Aotes*.

Eine besondere Rolle bei der Klassifikation der Primaten spielt die Ohrregion seit den ersten Untersuchungen von HYRTL und der grundlegenden Monographie von VAN KAMPEN (1905). In diesen komplexen Problemkreis können wir hier nicht eintreten. Er bedarf einer erneuten Durcharbeitung unter dem Gesichtspunkt der verschiedenen wechselseitigen Größenverhältnisse und der damit zusammenhängenden Raumfrage. Bei den Lemuriformes ist der Annulus tympanicus in die Bulla tympani eingeschlossen. Die äußere Ohröffnung wird daher nicht von ihm gebildet. Bei den Lorisiformes liegt der Annulus in der Öffnung der Bulla, also außen und nicht in sie eingeschlossen. Bei *Tarsius* und den katarrhinen Affen bildet der außen liegende Annulus eine knöcherne Röhre, den äußeren knöchernen Gehörgang (Meatus acusticus externus). Bei den platyrrhinen Affen findet sich ein an die Lorisiformes erinnernder Zustand; der ringförmige Annulus tympanicus liegt außen und in der Öffnung der Bulla. Bei den Lorisiformes scheinen aber doch Verhältnisse aufzutreten, die von denen von *Tarsius* nicht grundsätzlich verschieden sind, denn bei *Loris* und *Nycticebus* bildet der Annulus einen kurzen äußeren Gehörgang (HILL). Davon wäre der Zustand von *Tarsius*, mindestens hinsichtlich dieses Merkmales, nur graduell verschieden. Das Ohrskelet wird immer herangezogen, um eine Verwandtschaft zwischen *Tarsius* und den Simiae zu begründen. Dabei muß man im Auge behalten, daß wir das Ohrskelet der für eine Ableitung der Simiae evtl. in Frage kommenden Tarsiiformes gar nicht kennen, sondern immer von dem Zustand des rezenten *Tarsius* ausgehen. In der Tat bestehen Ähnlichkeiten mit den katarrhinen Affen. Nehmen wir an, daß sich die Stammform der Simiae von tarsiiformen Halbaffen abzweigte, was noch im Alttertiär erfolgt sein muß, dann war diese Stammgruppe noch in der Evolutionsphase der Halbaffen. Die unterschiedliche Ausbildung des Ohrskeletes bei Ost- und Westaffen läßt darauf schließen, daß diese nach der Trennung der beiden Stämme erfolgte, also in stammesgeschichtlich weiterer Distanz von den tarsiiformen Vorfahren. Damit verliert die Ähnlichkeit des Ohrskeletes von *Tarsius* mit dem der katarrhinen Affen an phylogenetischem Gewicht. Man muß also annehmen, daß die Gemeinsamkeiten spätere eigenständige Differenzierungen sind, was wieder durch den Befund bei *Loris* und *Nycticebus* nahegelegt wird. Man wird berechtigt annehmen können, daß das Ohrskelet bei den frühen Tarsiiformes und den noch unbekannten Stammformen der Simiae im wesentlichen lorisiform war.

Nach diesen Darlegungen ergibt sich folgendes Bild: Die Unterscheidung von Haplorhini und Strepsirhini in dem auf unserer Abb. 20 angegebenen Umfange scheint uns nicht sinnvoll, weil dadurch ein extrem spezialisierter Halbaffe in engeren Verband mit den Simiae gestellt wird. Die Zusammenfassung der Tarsiiformes mit den übrigen Halbaffen (SIMPSON 1945, FIEDLER 1956) kommt den phylogenetischen Gegebenheiten näher und ist daher systematisch richtiger.

Innerhalb der Prosimiae haben die Tarsiiformes die Stellung eines sehr früh isolierten, wohl auf ganz primitive tupaioide Formen zurückgehenden Stammes. Diese alttertiären Formen, die überwiegend nur durch das Gebiß definiert werden können, werden in ein System hineingezwängt, das an den rezenten Formen gewonnen wurde. Da *Tarsius* ein ausgesprochen ursprüngliches Gebiß besitzt, werden die Fossilformen zu den Tarsiiformes gestellt, die ein ebensolches Gebiß aufweisen, bzw. deren Gebiß zwanglos von einem *Tarsius*-ähnlichen ableitbar ist. Bei alttertiären Stämmen, die der Stammform noch zeitlich am nächsten stehen, ist aber zu erwarten, daß Gebißmerkmale noch primitiv sind oder leicht auf den ursprünglichen Zustand zurückgeführt werden können. Das besagt aber nicht, daß man sie deshalb als Tarsiiformes auffassen muß, denn dazu würde eine Reihe weiterer Merkmale gehören. Diese sind aber überwiegend von einer rezenten extrem spezialisierten Form gewonnen. Man wundert sich deshalb nicht, daß bei genauerer Kenntnis einige bisher für sichere Tarsiiforme gehaltene Gattungen aus diesen ausscheiden mußten und eigene Stammlinien repräsentierten. Auf die unglücklichen Folgen, die das Hineinzwängen fossiler Formen in das auf rezenten Formen begründete System mit sich bringt, hat Hürzeler (1948) hingewiesen. Simpson (1955) hat mit Recht hervorgehoben, daß es wenig sinnvoll sei, die paleozänen und eozänen Halbaffenstämme als lemuroid, lorisoid oder tarsioid zu bezeichnen, solange sie nicht besser bekannt sind. Erst wenn erwiesen ist, daß sie durch einen Merkmalskomplex gekennzeichnet sind, der diese Gruppen charakterisiert, könnten wir jene Formen diesen zurechnen. Es wäre möglich, daß in einigen dieser Stämme die diagnostischen Merkmale („lorisoid", „tarsioid" usw.) erst am Ende des Alttertiärs ausgebildet wurden. Dann sind die Vorfahrengruppen sinngemäß nicht „lorisoid" oder „tarsioid", sondern sie sind etwas Eigenes.

Halbaffen (Prosimiae)

Da die ersten Halbaffen bereits im mittleren Paleozän mit mehreren spezialisierten Formen in Nordamerika auftreten, muß der Ursprung des Stammes spätestens an der Kreide-Tertiär-Wende erfolgt sein. Sie treten schon in mehreren Stammeslinien auf, die sehr wahrscheinlich auf die erste Formenstreuung unmittelbar zurückgehen und spätestens im jüngeren Eozän erlöschen. Phylogenetisch sind es blind endende Stämme, die man systematisch nur in sehr weitem Rahmen und auch mit einiger Unsicherheit rezenten Unterordnungen oder Überfamilien eingliedern kann oder sie incertae sedis vorläufig stehenläßt. Natürlich stellen diese Formenkreise nur einen Teil der Mannigfaltigkeit der ersten Evolutionsphase des Primatenstammes dar, denn einerseits können die späteren Primatenformen nicht unmittelbar auf die bekannten frühesten zurückgeführt werden, andererseits fehlt noch der Nachweis der tupaioiden Primitivgruppe aus dieser Zeit.

Die Tupaiiformes, die wir mit Fiedler (1956) lieber neben die Lemuriformes stellen möchten, als sie ihnen unterzuordnen, sind rezent noch in den Tupaiidae erhalten. Sie sind ein gutes Beispiel für die phylogenetisch lange Lebensdauer undifferenzierter Stämme. Fossil sind sie durch *Anagale gobiensis* aus dem Oligozän der Mongolei bekannt, die eine eigene Familie vertritt. Bekannt ist ein nahezu vollständiger Schädel, der etwa so groß ist wie der von *Tana*, sowie Gebiß und Reste der Extremitäten. *Anagale* vereinigt primitive Merkmale mit solchen, deren Spezialisation über die der rezenten Tupaiidae hinausgehen. Primitiv ist die vollständige Zahnformel $\frac{3 \cdot 1 \cdot 4 \cdot 3}{3 \cdot 1 \cdot 4 \cdot 3}$, die bei den Tupaiidae bereits abgeleitet ist $\left(\frac{2 \cdot 1 \cdot 3 \cdot 3}{3 \cdot 1 \cdot 3 \cdot 3}\right)$. In der weiter gediehenen Molarisierung der Prämolaren ist *Anagale* über die Tupaiidae hinaus spezialisiert. Nach der Längsfurche der Endglieder der Finger zu schließen, war die Hand kräftig bekrallt; die Zehen, deren Endglieder breit waren, könnten schon Plattnägel getragen haben. Wenn das zutrifft, ist *Anagale* in diesem Punkte höher spezialisiert als *Tupaia*, bei der auch die Füße bekrallt sind. Der gedrungene Schädel, dessen Orbitae noch nicht durch eine Postorbitalspange gegen die Temporalgruben abgeschlossen sind, ist deutlich tupaioid und erinnert andererseits stark an den von *Notharctus*, worauf GREGORY hinwies. Besonders trifft dies für die Form des Unterkiefers zu, der ebenso wie der von *Tupaia* lemurenartig erscheint. Der Annulus tympanicus liegt in der Bulla wie bei *Tupaia* und den Lemuren.

Anagale sehr ähnlich ist *Anagalopsis*, die von BOHLIN (1951) beschrieben wurde. Der aus West-Kansu stammende Fund, der einen fast vollständigen Schädel und Teile des postkranialen Skeletes umfaßt, ist zeitlich nicht genau einzuordnen; er dürfte aus dem früheren Tertiär stammen. Der Annulus tympanicus soll in den Aufbau der sehr umfangreichen Bulla mit aufgenommen sein. Wenn dies zutrifft, wäre ein Unterschied zu *Anagale* gegeben.

Solange nicht weiteres Material gefunden ist, das eine sichere Beurteilung gestattet, wird man *Anagalopsis* am besten im Anhang an *Anagale* erwähnten.

Aus mitteleozänen Schiefern von Messel bei Darmstadt wurden von WEITZEL (1949) die Gattungen *Macrocranion* und *Aculeodens* beschrieben und vorläufig zu den Tupaiiden gestellt. Eine Nachuntersuchung des Materiales wird zu entscheiden haben, ob es sich nicht um Insectivoren (Leptictidae ?) handelt.

Die stammesgeschichtliche Bewertung von *Anagale* ist schwierig, da nur ein Fund vorliegt. Sie steht sicher nicht in der direkten Stammeslinie zu den rezenten Tupaiiformes, aber sie dürfte eine Abzweigung aus demselben Stamm sein. Die Ähnlichkeit mit *Notharctus* scheint uns darauf hinzuweisen, daß die Notharctidae auf eine Stammform innerhalb der frühen Tupaiiformes zurückgehen. Ebensolche Übereinstimmungen bestehen zu den Lemuren, wie vor allem das Ohrskelet dartut, so daß *Anagale* als erster und bisher einziger Vertreter der basalen Formengruppe der Lemuriformes gelten kann.

Die nur rezent bekannten Tupaiidae werden in die Tupaiinae, die eigentlichen Spitzhörnchen, und die Ptilocercinae, die Fahnenschwanzhörnchen, gegliedert. Der einzige Vertreter der letzteren, *Ptilocercus*, der auf dem südlichen Malakka, nördlichen Borneo, Banka und Nordsumatra sowie auf einigen sumatranischen kleinen Inseln auftritt, ist habituell ein Urprimat. Einige Merkmale sind eindeutig primitiv, wie z. B. die Beschuppung des Schwanzes sowie die Dreiergruppen der Haare hinter jeder Schuppe. Das Schwanzende ist zweizeilig mit verlängerten Haaren besetzt. Das Gehirn und Gebiß sind primitiver als bei *Tupaia*. Die Gebißformel, die mit *Tubaia* übereinstimmt, zeigt also nicht mehr den ursprünglichen Insectivorentypus. An den bekrallten Cheiridien sind die ersten Strahlen wie bei *Tupaia* abspreizbar.

Die eigentlichen Spitzhörnchen (Tupaiinae) finden sich in mehreren Gattungen (*Tupaia*, *Tana*, *Anathana*, *Dendrogale*, *Urogale*) in Vorder- und Hinterindien und dem Indomalaiischen Archipel, Mindanao, auf den Philippinen, nicht auf Celebes. Für die basale Stellung der Tupaiidae ist kennzeichnend, daß sie von den Autoren bald zu den Primaten, bald zu den Insectivoren gestellt wurden. Heute besteht Einigkeit, daß sie zu den primitivsten Vertretern der Primaten gehören (LE GROS CLARK, FIEDLER, HOFER, PIVETEAU, REMANE, SABAN, A. H. SCHULTZ, SIMPSON, STARCK u. a.). Die Tupaiinae zeigen einige Merkmale, durch die sie sich von *Ptilocercus* unterscheiden und gerade hierin weiter differenziert erscheinen (Scrotum, Descensus testiculorum, Penis pendulans, Sehrinde, Entwicklung des Neocortex u. a. m.). Besonders sei auf den Nachweis einer ganz ursprünglichen, kurzen, aber typisch äffischen Fissura sylvii an dem im übrigen lissencephalen Gehirn hingewiesen (SPATZ u. STEPHAN 1960). Diese Kennzeichen können wir einem Ur-Primaten kaum zubilligen. Deshalb kann man annehmen, daß sie diese auf dem Eigenweg, nach der Abtrennung vom basalen Stamm, selbständig erwarben. Es muß noch erwähnt werden, daß *Tupaia glis*, nach den Beobachtungen von HOFER und SPRANKEL, einige Verhaltensweisen zeigen, die sehr an *Lemur* erinnern, wie das Kämmen des Schwanzes mit den Schneidezähnen des Unterkiefers, die Duftmarkierung mit Urin, die Schlafstellung u. a. Die Großzehe ist stärker abspeizbar als der Daumen. Diese Beobachtung ist wichtig, weil bei den Affen der Fuß früher und ausgeprägter zum Greiffuß wird als die Hand zur Greifhand. Die Oppositionsfähigkeit des Daumens wird später erworben als die der Großzehe[1].

Im Anschluß an die Tupaiiformes sollen die Formenkreise besprochen werden, die bereits im Paleozän auftreten und sehr wahrscheinlich als erste Formenstreuung unmittelbar aus tupaioiden Subprimaten hervorgingen. Da sie systematisch noch nicht sicher eingereiht werden können, wollen wir sie vorläufig im Anhang an jenen Formenkreis erwähnen, der ihrer Stammgruppe noch am nächsten kam. Alle diese Formen sind durch eine deutliche, aber verschieden weit differenzierte Diprotodontie gekennzeichnet, die sich bis zu reinen Nagergebissen steigern kann. Diese Differenzierung wurde bei den Halbaffen mehrfach unabhängig in verschiedenen Stämmen eingeschlagen; die extremste Spezialisierung in dieser Richtung zeigt *Daubentonia* (S. 89).

Die alttertiären Apatemyidae zeigen die Schwierigkeiten auf, vor denen man sich bei der Bewertung und systematischen Einordnung dieser frühen Stämme befindet. Ursprünglich wurden sie wegen der Diprotodontie mit den Plesiadapidae vereinigt, bis JEPSEN (1934) nachwies, daß es sich um einen eigenen Stamm handelt, den man zunächst noch bei den Halbaffen stehen ließ (SIMPSON 1945). Erst durch die Untersuchungen von HÜRZELER (1949) und SABAN (1954) wurde erwiesen, daß sie zu den Insectivoren gehören, unter denen sie eine eigene Unterordnung (Mixodectomorpha) repräsentieren (vgl. S. 66).

Die Umbildung des unteren Backengebisses bei Diprotodontie ist bei den Carpolestidae weit gediehen. Auch die Carpolestidae sind, falls es überhaupt Primaten sind, sehr unsicher einzuordnen. Von manchen Autoren (z. B. ABEL 1931) wurden sie den Tarsiiformes zugezählt, HILL stellt sie zu den Lemuroidea, während SIMPSON, dem wir uns hierin anschließen, sie incertae sedis stehenläßt. Sie umfassen die Gattungen *Carpolestes*, *Carpodaptes* und *Elphidotarsius*, die aus

[1] Wir danken Herrn Dr. SPRANKEL (Gießen) für mündliche Mitteilungen und die Überlassung eines von ihm gedrehten Filmes von *Tupaia* zum Studium.

dem nordamerikanischen Paleozän stammen und nur durch Kieferreste mit Zähnen bekannt sind. Solange nicht mehr vorliegt, sind die morphologischen Beziehungen, die zu den Anaptomorphiden, Insectivoren und Plesiadapiden bestehen, nur schwer stammesgeschichtlich deutbar. Interessant sind die Carpolestidae wegen des unteren Backengebisses, das einen Konvergenzfall zu manchen diprotodonten Gebissen aus ganz anderen Stämmen darstellt (Multituberculata, Caenolestoidea, manche Macropodidae).

Erst 1955 konnte Simpson den Nachweis führen, daß die Phenacolemuridae ein eigener Stamm der Halbaffen sind; zu welcher Unterordnung er zu stellen ist, ist noch unklar. Die zentrale Gattung der Familie ist *Phenacolemur*, um die sich einige Formen gruppieren lassen (*Paromomys, Palaechthon, Plesiolestes, Palaenochtha*), die vielleicht auch zu den Phenacolemuriden gehören; bisher wurden sie den Tarsiiformes zugerechnet. *Phenacolemur* ist aus dem jüngeren Paleozän und älteren Eozän von Nordamerika in Kieferbruchstücken und einem unvollständigen Schädelrest bekannt. Der Schädel war breit und flach; der Kieferabschnitt war länger als der kleine Hirnschädel. Der Gaumen soll ungewöhnlich breit gewesen sein. Die Bulla war groß und vollständig verknöchert, doch konnte über das Ohrskelet nichts ausgesagt werden. Der Unterkiefer, der enorm große Schneidezähne trägt, war retromandibulär. Aus der breiten, lappenartigen Form des vorspringenden Processus angularis sowie aus der Tuberosität am Rande des Fortsatzes kann auf das Vorhandensein eines sehr großen M. masseter und M. pterygoideus geschlossen werden, wie es auch zu dem Schneidezahntypus paßt. Die Symphyse des Unterkiefers ist nicht synostosiert. Dies und andere Merkmale sprechen dafür, daß bei *Phenacolemur* die Unterkieferhälften gesondert beweglich waren. Die Zahnformel lautet nach Simpson: $\frac{?\cdot1\cdot3\cdot3}{1\cdot0\cdot1\cdot3}$. Das Gebiß ist diprotodont in vorgeschrittenem Spezialisationsgrad. Falls die Gattungen *Paromomys* und *Palaechthon* in die Verwandtschaft von *Phenacolemur* gehören, würden sie mit der Unterkiefer-Zahnformel 1 · 1 · 3 · 3 einen weniger spezialisierten Zustand verkörpern und als primitiver gelten müssen, weil die Eckzähne und drei Prämolaren erhalten sind. Simpson nimmt an, daß die Phenacolemuridae wie die anderen paleozänen Halbaffen als eigener Stamm von der primitiven Stammgruppe entsprangen und blind endigten.

Die Lemuriformes umfassen mehrere Stämme von z. T. sehr eigenartig spezialisierten Formen, die mit größter Wahrscheinlichkeit von einer Stammgruppe abgeleitet werden können, die im unteren Paleozän lebte und selbst auf tupaiiforme Vorfahren unmittelbar zurückging.

Der älteste Stamm der Lemuriformes sind die Plesiadapidae; Simpson, Hill, Fiedler und Piveteau rechnen sie zu den Lemuriformes, während Remane zwar ihre verwandtschaftlichen Beziehungen zu diesen zugibt, sie aber doch diesen nicht beizählt. Das bisher vorhandene Material rechtfertigt beide Standpunkte. Im Molarengebiß zeigen die Plesiadapiden deutliche Ähnlichkeiten mit den Notharctinae, also primitiven und typischen Lemuriden. Andererseits sind auch tupaioide Merkmale vorhanden wie die bekrallten Finger. Eine Reihe von Sondermerkmalen ist mit der ausgeprägten Diprotodontie zu erklären. Stammesgeschichtlich kann man (Simpson 1935) die Plesiadapiden von sehr frühen Lemuriformes ableiten, wohl aber erst nach der Abtrennung derselben von den konservativ bleibenden Tupaiiformes. Die Plesiadapiden sind in Nordamerika und Europa vom mittleren Paleozän bis zum mittleren Eozän nachgewiesen. Sie umfassen mehrere Gattungen, von denen *Pronothodectes* (mittleres Paleozän Nordamerikas) vermutlich die ursprünglichste Form war. Die formenreichste und wichtigste Gattung ist *Plesiadapis*, die sowohl in Nordamerika als auch in Europa auftrat. *Chiromyoides* aus dem jüngeren Paleozän Frankreichs dürfte ihr am nächsten stehen[1]. Im Eozän erlöscht der Stamm ohne Nachfahren. Die Vermutung, daß das Fingertier *(Daubentonia)* zu den Plesiadapiden gehören soll, hat sich nicht aufrechterhalten lassen.

Das wichtigste Kennzeichen ist die Diprotodontie, die Merkmale aufweist, die zeigen, daß sie auf eigenem Wege erworben wurde. Die Symphyse des Unterkiefers ist nicht ossifiziert, so daß möglicherweise gesonderte Bewegungen der Unterkieferhälften auch hier möglich waren wie bei manchen Nagern und Macropodiden. Die Backenzahnreihen des Unterkiefers stehen parallel, ähnlich wie bei *Daubentonia* und Nagern. Das würde darauf hindeuten, daß schlittenartige vor- und rückwärts verlaufende Kaubewegungen ausgeführt wurden wie bei den erwähnten Vergleichsformen. Allerdings zeigt die flache, wenig differenzierte konvexe Gelenkfläche des Capitulum des Unterkiefers keine Ähnlichkeit mit der der Nager. Der ganze Bau des Unterkiefers, der sehr massiv *(Chiromyoides)* oder deutlich durchkonstruiert sein kann *(Plesiadapis)*, spricht für eine starke Belastung desselben und intensive Ausbildung der protrahierenden Muskulatur.

Die stammesgeschichtlich wichtigste Gruppe der Lemuriformes sind die Adapidae. CUVIER beschrieb den ersten *Adapis* aus den Gipsen von Paris. Weitere Funde aus Europa (Frankreich, Schweiz, Deutschland) und Nordamerika kamen hinzu, so daß die Adapidae heute eine der bestbekannten fossilen Halbaffengruppe sind. Es sind eozäne, in vieler Hinsicht sehr primitive Halbaffen, die die Subprimatenphase überschritten haben. Sie bilden zwei nahe verwandte, aber durch zahlreiche Merkmale voneinander geschiedene Unterstämme, nämlich die Notharctinae in Nordamerika und die Adapinae in Europa. Die Merkmalsanalyse beweist, daß sie aus einer gemeinsamen Stammform entsprangen, die primitiv tupaiiform war. Sehr deutlich zeigt dies die Gebißformel. Bei den Adapidae ist nur ein Schneidezahn verloren worden, so daß die Formel $\frac{2 \cdot 1 \cdot 4 \cdot 3}{2 \cdot 1 \cdot 4 \cdot 3}$ lautet. Sie ist damit primitiver als die der *Tupaia* und nur durch den Verlust eines Schneidezahnes abgeleiteter als die von *Anagale*. Habituell erinnern die Adapidae an generalisierte Lemuren, so daß REMANE (1956) sagte, daß sie in fast idealer Weise das Aussehen primitiver Primaten aufweisen. Der wuchtige Schädel, der bei großen Formen bis 12 cm lang sein kann, besitzt einen langgestreckten mächtigen Kiefer-Gesichtsabschnitt (Abb. 21). Im Verhältnis dazu sind die Orbitae klein; sie werden durch eine knöcherne Postorbitalspange von der Schläfengrube getrennt. Der schlanke, eiförmige Hirnschädel ist im Verhältnis zum Gesichtsschädel klein. Daher werden als Ursprungsgebiete für die umfangreiche Kiefermuskulatur eine Crista sagittalis und nuchalis ausgebildet. Der Unterkiefer besitzt einen sehr großen Winkelfortsatz. Der Schädel ist äquimandibulär.

---

[1] *Megachiromyoides*, aus den eozänen Braunkohlen des Geiseltales, die als jüngste Form der Plesiadapiden angesehen wurde, ist überhaupt kein Primat, sondern ein sciuroider Nager *(Aeluravus picteti)*.

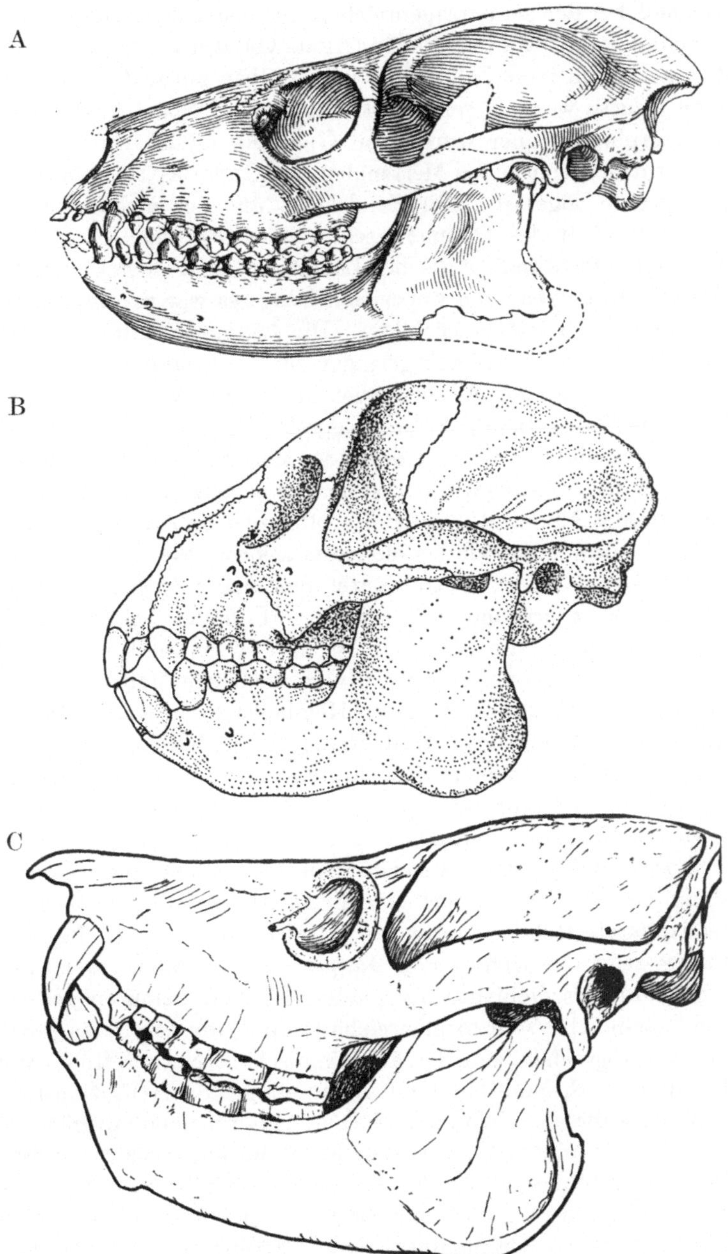

Abb. 21. Einige Schädeltypen von Halbaffen. *A Notharctus osborni* (Eozän, Nordamerika). Nach GREGORY aus REMANE (1956); primitiver Lemurentypus. *B Archaeolemur edwardsi* (Pleistozän, Madagaskar). Nach STANDING, umgezeichnet von REMANE (1956); pithekoider Typus. *C Megaladapis edwardsi* (Pleistozän und Holozän, Madagaskar). Nach HOFER (1953); extrem spezialisierte Riesenform

Daher stehen die unteren Schneidezähne aufrecht, nicht nach vorne gewendet wie bei den rezenten Lemuren. Das Vordergebiß ist in Zahnform und -stellung primitiv. Die unteren Eckzähne bleiben caniniform. Das Backengebiß zeigt erwartungsgemäß bei der sehr formenreichen Gruppe Unterschiede, die im einzelnen hier nicht erwähnt werden können (ABEL, GREGORY, STEHLIN), die letzlich immer auf einen primitiven Zahntypus unmittelbar zurückführbar sind. Das Skelet ist von *Adapis* weniger genau bekannt als von *Notharctus*. Eine hervorragende Monographie darüber wurde von GREGORY (1920) veröffentlicht. Bei *Notharctus* weist das Skelet neben Merkmalen, die GREGORY als primitiv auffaßt, sehr stark lemuroide Züge auf. Am Handskelet läßt sich nicht entscheiden, ob die Oppositionsfähigkeit des Daumens schon erworben war. Die Nägel waren vermutlich länger und schmäler als bei Lemuriden (GREGORY). Die Großzehe (Hallux) ist weit abspreizbar und oppositionsfähig; es war der typische Kletterfuß der Lemuriformes bereits ausgebildet. Die Länge der Hinterextremität im Verhältnis zu der der vorderen war geringer als bei *Lemur*.

Das Gehirn (Abb. 22) der Adapiden ist am besten von *Adapis parisiensis* bekannt (LE GROS CLARK 1945). Es ist langgestreckt, flach und breit. Die Ausdehnung der Temporallappen ist ein lemuroides Merkmal; sie springen stark nach lateral vor, so daß der Zwischenhirnboden nicht eingeengt wird. Auch das ist ein primitiv halbäffisches Merkmal. Die Bulbi olfactorii haben im Verhältnis zum übrigen Hirn nicht die Größe wie bei Makrosmatikern. Sie sind „gestielt", d. h. der Tractus olfactorius blickt rostral unter den Frontalpolen des Großhirnes hervor. Bei den Spitzhörnchen und rezenten Halbaffen schließt der Bulbus olfactorius unmittelbar an die Stirnpole an, so daß er am Endokranialausguß diesen aufzusitzen scheint, oder er wird in verschiedenem Maße von ihnen überlagert. Das Kleinhirn wird nicht von den Hemisphären bedeckt. Als ursprüngliches Merkmal ist die beachtliche Ausdehnung des Kleinhirnwurmes zu werten, der wulstartig in der Medianebene nach hinten und dorsal vorspringt; im Verhältnis dazu sind die Kleinhirnhemisphären gering entfaltet. Die Fissura sylvii ist typisch, wie bei Halbaffen und Affen. Nach LE GROS CLARK steht das Gehirn von *Adapis* morphologisch etwa zwischen dem von *Tupaia* und *Microcebus*. In der Ausbildung der Furchen erinnert es mehr an letzteres, in der Entfaltung der Kleinhirnhemisphären steht es wohl noch tiefer als das von *Tupaia*. Nach LE GROS CLARK zeigt das Gehirn von *Adapis* eine generalisierte Form, die als ancestrales Stadium des Gehirnes der madagassischen Lemuren gelten könne.

Die Adapiden sind eine sehr formenreiche Gruppe, die durch das ganze Eozän nachweisbar ist. Abgesehen von der amerikanischen (Notharctinae) und europäischen (Adapinae) Stammlinie sind noch einige Spezialisationsformen zu unterscheiden, die wahrscheinlich kleineren Seitenstämmen entsprechen, wie z. B. *Pronycticebus*. Die Adapiden, die zwischen der Evolutionsphase der Subprimaten und Prosimiae vermitteln, sind der Stamm, aus dem, vielleicht mit dem jüngsten Eozän oder dem ältesten Oligozän, die übrigen Lemuriformes hervorgehen. Die Adapinae umfassen neben der mannigfaltigen Gattung *Adapis* noch die Genera *Pronycticebus* und *Anchomomys*, die wahrscheinlich enger miteinander verwandt sind. *Pronycticebus* ist nur durch ein brauchbar erhaltenes Schädelfragment bekannt, das aus dem Mitteleozän Frankreichs stammt und ursprünglich in Beziehung zu *Nycticebus* gestellt wurde, dann als tarsioide Form aufgefaßt wurde, bis LE GROS CLARK (1934) durch Untersuchung des Ohrskeletes zeigen konnte, daß es sich um einen Lemuriformen aus der Nähe von *Adapis* handelt, da die Bulla, wie immer bei den Lemuriformen, das Tympanicum umschließt. Der

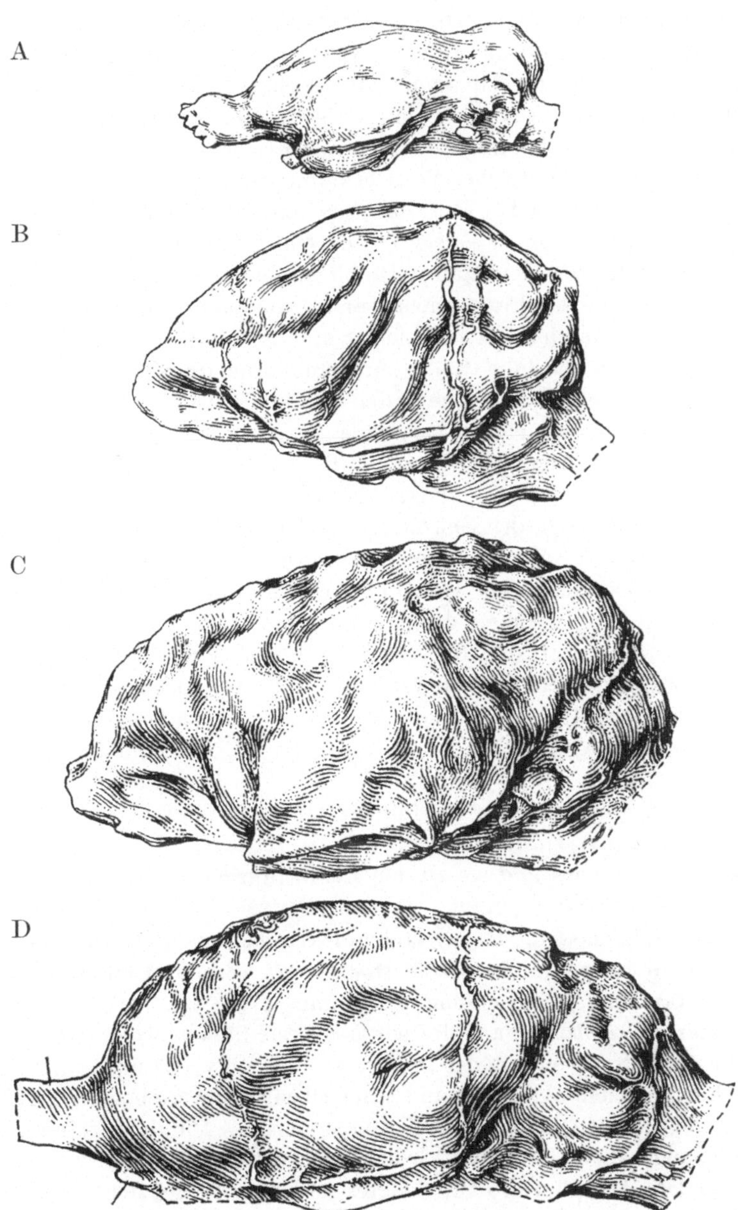

Abb. 22. „Gehirne“ (Endokranialausgüsse) fossiler Halbaffen nach W. E. LE GROS CLARK (1945). *A Adapis parisiensis* (Eozän, Europa). Primitives Halbaffengehirn mit bereits deutlicher Fissura sylvii, vorspringendem Bulbus olfactorius und noch wenig entfalteten Kleinhirnhemisphären. *B Mesopropithecus pithecoides* (Pleistozän, Madagaskar). Primitiv-longitudinal verlaufende Furchen bei einem typischen Halbaffengehirn. *C Archaeolemur edwardsi* (Pleistozän, Madagaskar). Äffisches Furchenbild, insbesondere Zunahme der Furchung im Frontalbereich bei einem Halbaffen. *D Megaladapis madagascariensis* (Pleistozän und Holozän, Madagaskar). Longitudinaler Furchenverlauf und stark ausgezogener (nicht vollständig erhaltener) Tractus olfactorius

Schädel, dem die Schnauzenspitze fehlt, ist etwa so groß wie der eines mittelgroßen *Lemur.* Die Orbitae sind im Verhältnis größer als bei *Adapis* und *Notharctus.* Vielleicht ist eine Spezialisationsrichtung eingeschlagen worden, die zu großäugigen Nachttieren führte. Der Hirnschädel ist klein. Die Zahnformel entspricht der von *Adapis*; das Gebiß zeigt z. T. sehr primitive Merkmale.

Die Gattung *Adapis* umfaßt nach Hill sechs voneinander besonders in der Größe sehr verschiedene Arten. Die morphologischen Unterschiede werden nach den Gesichtspunkten der Einflüsse der Größenkorrelationen erneut geprüft werden müssen, bevor ihr systematischer Wert erkannt werden kann. Die Schädellänge von *Adapis magnus* betrug 124 mm; daneben sind, allerdings noch sehr ungenau, Zwergformen bekannt wie *Leptadapis*, eine Untergattung von *Adapis*, aus den eozänen Braunkohlen des Geiseltales. Problematisch ist die Gattung *Protoadapis*, die aus dem unteren Eozän Frankreichs stammt und damit innerhalb der Adapiden sehr alt ist. Die vorhandenen Unterkieferreste lassen am Gebiß einige Merkmale erkennen wie die Rückbildung des ersten Prämolaren, die eine direkte Verwandtschaft mit *Adapis* sehr unwahrscheinlich machen. Abel und Simpson finden Ähnlichkeiten mit primitiven Notharctinen.

Unsicher in ihrer Zugehörigkeit sind die Gattungen *Aphanolemur* (Mittel-Eozän von Nordamerika), *Caenopithecus* (Mittel-Eozän von Egerkingen, Schweiz), *Amphilemur* (Braunkohlen des Geiseltales) und *Europolemur* und *Microtarsioides* vom gleichen Fundort, die Remane hierherstellt. Die Gattungen weichen in verschiedenen Merkmalen von den typischen Adapiden ab und weisen damit auf die Formenmannigfaltigkeit des Stammes hin.

Die Notharctinae umfassen die zwei Gattungen *Pelycodus* und *Notharctus*; wenn man Simpson folgen will, kommt noch der europäische *Protoadapis* dazu. *Pelycodus* ist die primitivere Form, die in mehreren Arten bekannt ist und in der Evolutionsrichtung sich direkt in *Notharctus* fortsetzt, der ebenfalls in zahlreichen Arten vorliegt.

Eine weitere eozäne europäische Halbaffengruppe sind die Necrolemuridae. Ursprünglich hielt man sie für Tarsiiformes, bis Hürzeler den lemuroiden Bau des Ohrskeletes nachwies und sie zu den Lemuriformes stellte. Hierin sind ihm Remane und Patterson gefolgt, während Simpson (1955) und Fiedler sie incertae sedis stehenlassen. Die Necrolemuridae beginnen im Mittel-Eozän und verschwinden im jüngsten Eozän (*Microchoerus*). Sie sind ein wohl schon im Paleozän entstandener, blind endender Stamm.

Die Gattung *Necrolemur*, auf die wir uns beschränken wollen, war habituell *Galago* sehr ähnlich. Der Schädel (Stehlin, Gregory, Hürzeler) zeigt einen schmalen, kurzen Kieferabschnitt und einen blasig aufgetriebenen, kurzen Hirnschädel mit deutlicher Crista sagittalis und nuchalis. Die durch eine knöcherne Postorbitalspange abgeschlossenen Orbitae sind sehr groß, nach vorn und etwas lateral gewendet. Der Bau des Ohrskeletes und der Verlauf der Carotis weichen vollständig von dem bei *Tarsius* ab. Der Annulus tympanicus hat die Form eines halbringförmigen Tellers und hängt frei in der Bulla, die selbst einen langen Meatus acusticus externus bildet. Das Verhalten des Annulus ist absolut lemuroid. Der Verlauf der Carotis interna, deren Eintrittsforamen medio-occipital in der Bulla liegt, ist tupaioid, zeigt aber Beziehungen zu den bei Adapiden und Lemuriden gefundenen Verhältnisse (Hill). Das ist ein Hinweis darauf, daß die Stammform der Necrolemuriden in einer sehr primitiven tupaioid-lemuriformen Gruppe gesucht werden muß, die zur Evolutionsphase der Subprimaten gehörte. Durch Hürzeler (1948) wurde ein Steinkern des Cavum cranii bekannt (Abb. 23), der die Form des Gehirns und seine Lage im Schädel deutlich macht. Im ganzen hat das Gehirn die Form ähnlich wie bei *Galago senegalensis*. Im Verhältnis zum Großhirn sind die Bulbi olfactorii klein und prominieren rostral. Die Frontallappen des Großhirnes überlagern sie demnach nicht. Die Temporallappen sind sehr umfangreich. Die Frontallappen sind flach, schmal und kurz. An typischer Stelle ist eine deutliche Fissura sylvii vorhanden. Andere neocorticale Furchen sind an dem Steinkern nicht erkennbar. Das lissencephale Gehirn entspricht der Evolutionshöhe des Tieres. Von Kleinhirn ist nur der umfangreiche freiliegende Wurm zu erkennen, die Hemisphären liegen noch im Schädel. Mit Recht vergleicht HÜRZELER das Gehirn von *Necrolemur* mit dem von *Mircrocebus*, mit dem

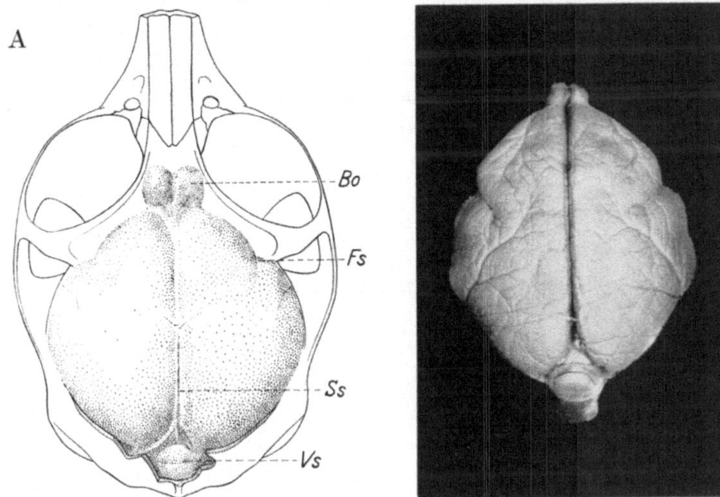

Abb. 23. Schädel von *Necrolemur antiquus* (Eozän, Europa) mit eingezeichnetem Steinkern (*A*) im Vergleich mit dem Gehirn von *Galago senegalensis* (*B*). *A* Nach HÜRZELER (1948) aus REMANE (1956); *B* Original

es in der Größe der Bulbi olfactorii, der Furchenlosigkeit der Hirnrinde und der Form des Kleinhirnwurmes und in der Form und Ausdehnung der Fissura sylvii Ähnlichkeit hat. Allerdings kann bei *Microcebus* schon eine angedeutete Fissuration auftreten. In mehreren wichtigen Punkten weicht es von der Form des Hirnes bei *Microcebus* ab. Die Temporallappen sind bei *Necrolemur* erheblich mächtiger und die Frontallappen deutlich geringer entwickelt. In der äußeren Form ist das Gehirn von *Necrolemur* von dem von *Microcebus* stark unterschieden.

Ein Tier mit einem solchen Gehirn und diesen Augen war sicher überwiegend optisch und in erheblich geringerem Grade olfaktorisch orientiert. Allein daraus könnte man schließen, daß *Necrolemur* arborikol war. Die Hinterextremitäten waren, ähnlich wie bei *Tarsius*, *Galago* und *Chirogaleus*, zu Sprungbeinen entwickelt.

Mit dem jüngeren Eozän erlöschen die Necrolemuriden und die Adapiden. Damit setzt die große Fundlücke ein, die bei den Lemuriformes bis zu den subfossilen madagassischen Halbaffen reicht und bei den Lorisiformes nur im Miozän und im Pliozän durch *Progalago* und die ganz ungenügend bekannte Gattung *Indraloris* unterbrochen wird. Wegen des Fehlens von Fossilmaterial können einige fundamentale Fragen der Primatenphylogenie nicht beantwortet werden, auf die hier nur kurz hingewiesen sei.

Man weiß nicht, wie die madagassischen Lemuroidea stammesgeschichtlich in den Adapiden verwurzelt sind. An der nahen Verwandtschaft besteht kein Zweifel, doch ist von den bisher bekannten Adapidengattungen eine Ableitung der heute auf Madagaskar beschränkten Formen nicht möglich. Auch die Frage nach den stammesgeschichtlichen Beziehungen zwischen Lorisiformes, also den nicht-madagassischen Halbaffen exklusive *Tarsius* und den auf Madagaskar beschränkten Lemuriformes, kann heute noch nicht sicher beantwortet werden.

Die rezenten Lemuriformes, zu denen man die subfossilen Riesenformen rechnen muß, die z. T. erst in historischer Zeit ausstarben, finden sich nur auf Madagaskar und z. T. auch auf den Komoren *(Lemur)*. Systematisch gliedert man sie in die Familien der Lemuridae, Megaladapidae, Indriidae und Daubentoniidae; vielleicht wäre letzteren eine höhere eigene systematische Kategorie zuzubilligen. Im Alttertiär waren die Lemuriformes wohl auf der ganzen nördlichen Hemisphäre und Afrika verbreitet, über das sie wahrscheinlich Madagaskar erreichten. Es ist auffallend, heute aber noch nicht erklärbar, daß die Lemuriformes überall ausstarben, sich aber in Madagaskar nicht nur erhielten, sondern eine weitere Entfaltung erfuhren. Die imposanteste Primatenfauna, die von ganz primitiven *(Microcebus)* bis zu pithecoiden Formen reicht *(Hadropithecus, Archaeolemur, Mesopropithecus)*, hat sich in der Isoliertheit Madagaskars entwickelt. Hier liegt ein eigenes Entfaltungsgebiet. Ähnlich ist das Entfaltungsbild der australischen Beutler und der madagassischen Insectivoren.

Unter den Lemuridae nehmen die Cheirogaleinae (Mausmakis) eine Sonderstellung ein, so daß Hill (1953) es für möglich hält, daß sie eine eigene Familie repräsentieren. Man unterscheidet die Gattungen *Microcebus, Cheirogaleus* und evtl. noch *Phaner*. Es sind kleine Tiere (Kopf-Rumpflänge bei *Microcebus* 130 mm, bei *Cheirogaleus major* 300 mm), die im Habitus eine Mischung von *Galago* und *Tarsius* darstellen. Das trifft besonders für *Microcebus* zu, weil wegen seiner Kleinheit das „galagoide" bzw. „tarsioide" im Habitus allometriebedingt stärker hervortritt. Die Ohren sind groß und häutig, die Augen sind groß und nach vorn gewendet, die Schnauze ist spitz. Wie bei *Galago* und *Tarsius* ist durch die Verlängerung von Calcaneus und Naviculare ein Springbein entwickelt, so daß die Tiere biped springen können. Die Endglieder der Finger und Zehen sind mit Haftballen versehen *(Tarsius!)*. Es ist verständlich, daß man die Cheirogaleinae ursprünglich nicht zu den Lemuren, sondern zu den Galagidae stellen wollte. Die Cheirogaleinae leben nächtlich (Augengröße!).

Das Gehirn von *Microcebus* ist sehr primitiv (Le Gros Clark). Die Anatomie und das Verhalten der Mausmakis ist noch zu wenig bekannt, so daß eine vielseitige morphologische Abgrenzung gegen die Lemurinae, mit denen sie die Zahnformel gemeinsam haben, noch nicht möglich ist. Stammesgeschichtlich könnten sie ein sehr alter Seitenzweig primitiver lemuriner Formen sein, der nach seiner Abgliederung die Spezialisationen erwarb, die an *Galago* und *Tarsius* erinnern. *Microcebus* könnte ein Modellfall sein, der verdeutlicht, daß aus primitiven lemurinen Formen der Typus *Galago* oder *Tarsius* entstehen kann.

Die einzigen echten Lemuren, die nächtlich leben, sind die „Halbmakis" *(Hapalemur)*. Vielleicht ist dieser die ursprünglichere Gattung als *Lemur*. Die Hinterextremitäten sind im Verhältnis zu den Vorderextremitäten kürzer als bei *Lemur*.

Aus pleistozänen Süßwasserablagerungen ist ein unvollständiger Schädelrest bekannt *(Prohapalemur)*. *Lepilemur* (Wiesellemur) ist kleiner und graziler als *Lemur*; im permanenten Gebiß fehlen die oberen Schneidezähne, die in der Milchdentition noch vorhanden waren. Die Gattung muß hier erwähnt werden wegen ihrer mutmaßlichen Beziehung zu *Megaladapis* (vgl. S. 86, THENIUS 1954). Von *Lemur* sind drei subfossile Arten bekannt, die z. T. erst in historischer Zeit ausgestorben sein können *(Lemur insignis)*. *Lemur jullyi* dürfte eine Riesenform gewesen sein, deren Schädellänge bis 126 mm betrug; bei *Lemur varius* beträgt sie 100—110 mm.

Die Megaladapidae sind eine der interessantesten Primatengruppen. Hierzu gehört *Megaladapis*, von dem ein sehr reiches Material vorliegt, und *Megalindris*, der nur durch einen Femur bekannt ist. SIMPSON (1945) gliedert diese Formen als Subfamilie den Lemuridae ein. Angesichts des morphologischen Abstandes ist wohl der Rang einer Familie angebrachter (FIEDLER, HILL, REMANE). Nach alten Reiseberichten (vgl. LE GROS CLARK 1950) wäre es möglich, daß *Megaladapis* erst in jüngerer historischer Zeit ausstarb. Es werden drei Arten unterschieden, von denen *M. edwardsi* die Größe von Schimpanse und Orang erreichte.

Die Schädel (Abb. 21) von *M. edwardsi* waren 280—315 mm lang! Die Vorderextremitäten waren beachtlich länger als die Beine. Nach Untersuchungen von A. H. SCHULTZ (1953) hatte *Megaladapis* einen Intermembralindex von 121,7. Er übertraf damit den Index von Schimpansen (105,3), Klammeraffen (108,1) und Gorilla (115,5). Höhere Indices haben *Hylobates* (132,2), *Pongo* (143,6) und *Symphalangus* (148,9), also die extremsten Kletterer unter den höheren Affen. Danach könnte man vermuten, daß *Megaladapis* arborikol war. Die Vermutung, *Megaladapis* sei aquatil gewesen, ist unbegründbar. Der Schädel ist lang und schmal und sehr deutlich airorrhynch, d. h. der Kieferschädel ist in bezug auf die Schädelbasis erhoben. Die Orbitae sind klein und etwas nach dorsal gewendet. Diese Stellung der Orbitae findet sich bei rein arborikolen Primaten oft noch viel ausgeprägter *(Loris, Arctocebus, Alouatta)*; sie kann also nicht als Hinweis auf aquatile Lebensweise gelten. Im Zusammenhang mit der enormen Zunahme der Körpergröße mußte eine Vergrößerung des Kieferschädels erfolgen, die wieder eine Vermehrung der Kiefermuskulatur zur Folge hatte. Von dieser Größenzunahme wird aber das Gehirn nicht betroffen, das im Verhältnis dazu klein bleibt. Der Schädel ist aber nicht nur allgemein vergrößert, sondern auch zusätzlich in die Länge gestreckt; der Wuchsform nach ist er ein „Streckschädel". Durch die Streckung und Vergrößerung wird die Kopftopik verändert (HOFER 1953). Die Nasenhöhle wird rostral vom Cavum cranii abgezogen, so daß die Form der Kopforgane, insbesondere des Gehirnes, extrem inkongruent wird. Diese Inkongruenz wird durch das System der enorm entfalteten Nebenhöhlen der Nase ausgeglichen, so daß der Schädel eine funktionelle, architektonische Einheit bleibt (STARCK 1953). Von der Änderung der Kopftopik ist besonders das Gehirn betroffen. Zwischen der Nasenhöhle, die vom Cavum cranii nach rostral abgezogen ist, und dem Gehirn muß wegen des Tractus olfactorius eine Verbindung erhalten bleiben. Daher wird dieser Tractus zu einem langen Strang ausgezogen, der in einer rostral das Cavum cranii fortsetzenden Röhre liegt, die mit der Siebplatte abschließt. Diese eigentümlichen Verhältnisse haben zu Mißdeutungen des Endokranialausgusses Anlaß gegeben; vgl. dazu HOFER (1953). Das Gehirn (Abb. 22), zuletzt von LE GROS CLARK (1945) und HOFER (1953) nachuntersucht, ist eiförmig und langgestreckt und hat etwa die Größe des Gehirnes eines erwachsenen männlichen *Macaca mulatta*. Es ist also im Verhältnis zu dem Riesentier klein. Der Endokranialausguß der kleineren Art *madagascariensis*, der von LE GROS CLARK bearbeitet wurde, läßt einen Furchenverlauf erkennen, der dem von *Lemur* sehr ähnlich ist. Am Endokranialausguß fällt an der Hirnbasis das mächtige Kaliber des Nervus ophthalmicus des Trigeminus auf, der sonst dessen schwächster Ast ist. HOFER (1953) versucht dies mit der Annahme zu erklären, daß *Megaladapis* weichteilige Nasenaufsätze oder Gesichtszierden besessen habe. Damit könnten auch die gekrümmten, nach vorne gebuckelten Nasenbeine erklärt werden, deren Oberfläche mit Gefäßzeichnungen versehen ist. Im Gebiß sind nach THENIUS deutliche lemurenartige Merkmale zu erkennen. Der Verlust der oberen Schneidezähne erinnert an *Lepilemur*, mit dessen Zahnformel die von *Megaladapis* übereinstimmt $\left(\frac{0 \cdot 1 \cdot 3 \cdot 3}{2 \cdot 1 \cdot 3 \cdot 3}\right)$. Die zweiten und dritten oberen und unteren Molaren sind stark vergrößert. Im Unterkiefer verhalten sich $P_{3-4}:M_{1-3}$ wie 1:3. Die letzten Molaren sind größer als die $M\frac{2}{2}$. THENIUS deutet dies, in Übereinstimmung mit HOFER, als Hinweis auf eine sehr rasch erfolgende Vergrößerung bzw. Verlängerung des Kieferabschnittes. Das Gebiß beweist eine herbi- und frugivore Ernährung.

Die Indriidae fassen wir mit FIEDLER und REMANE etwas weiter als SIMPSON, indem wir die Archaeolemurinae und Hadropithecinae hier und nicht den Lemuriden eingliedern. Die Indris sind rein madagassisch. Neben den rezenten Gattungen (*Propithecus*, *Avahi*, *Indri*) kommen noch pleistozäne Formen vor, die eigene Stammlinien vertreten dürften.

Die Indris sind große Halbaffen mit kurzem Gesichtsschädel und großem, rundem Hirnschädel; sie erscheinen daher viel äffischer als die langschnauzigen Lemuren. Das Ohrskelet ist lemuroid; bei *Palaeopropithecus* und *Archaeoindris* fehlt die Bulla. Die Hinterextremitäten sind erheblich länger als die Vorderextremitäten. A. H. SCHULTZ hat die relative Beinlänge bei Halbaffen berechnet und findet folgende Werte:

Lemur	100,0—129,9
Microcebus	88,0—98,9
Propithecus	146,0
Indri	146,9
Avahi	141,2
Loris	155,8
Tarsius	178,4

Die relative Beinlänge der Indris wird also nur von *Loris* und *Tarsius* übertroffen. Die Indris sind vertikalkletternde Baumtiere, während die Lemuren Horizontalkletterer sind. Die Oppositionsfähigkeit des Daumens soll wenig ausgeprägt sein. Dagegen ist der sehr große Hallux oppositionsfähig. Er wirkt den anderen Zehen, die durch eine Spannhaut bis auf die letzten Phalangen verbunden sind, funktionell entgegen.

Bei den Indriinae lautet die Zahnformel $\frac{2 \cdot 1 \cdot 3 \cdot 3}{2 \cdot 0 \cdot 2 \cdot 3}$; sie ist also durch den Verlust eines Prämolaren und des unteren Canins von der der Lemuren unterschieden.

Von den rezenten Gattungen dürfte *Propithecus* die ursprünglichste, *Avahi* die am meisten abgeleitete sein. *Propithecus* ist subfossil in einer etwas größeren Art *verreauxoides* nachgewiesen. Dieser Gattung steht der ebenfalls subfossile *Neopropithecus* nahe; gleichzeitig vermittelt er zu der schon mehr abweichenden Gattung *Mesopropithecus*, deren Artname *pithecoides* schon andeutet, daß sie mehrfach äffische Merkmale aufweist. Im Habitus erinnert der Schädel, der maximal 101 mm lang wird (Hill), sehr an den von Meerkatzen oder Makaken. Die im Verhältnis zum Gesamtschädel kleinen Orbitae zeigen nach vorn. Im Verhältnis zu dem großen und gewölbten Hirnschädel ist der Kieferschädel mäßig entwickelt. Eine deutliche postorbitale Einziehung trennt den Gesichtsabschnitt vom Hirnschädel. Die starke frontale Wölbung ist wahrscheinlich durch Stirnhöhlen bedingt, denn im Stirnteil ist der Endokranialausguß flach. Die frontale Wölbung ist sehr variabel: auch das spricht für ihre Bedingtheit durch den Sinus frontalis. Ähnliches kennt man von *Cebus*, bei dem die frontale Wölbung bei den Individuen am stärksten ist, bei denen der Sinus am besten ausgebildet ist. Äffisch erscheint auch der hohe Gesichtsschädel, dessen Profillinie in Höhe der Orbitae konkav verläuft, ferner die geringe Beteiligung des Supraoccipitale und die erhebliche Beteiligung des Parietale an der Bildung des Schädeldaches. Die Zahnformel entspricht der von *Propithecus*; die beiderseitigen Backenzahnreihen verlaufen parallel! Der Bau der Einzelzähne ist im Grundsätzlichen indriinenartig. Der Endokranialausguß (Abb. 22) (Le Gros Clark 1945) zeigt überwiegend longitudinal gerichtete, hintereinander über die Hemisphären herabziehende Furchen.

Das Gehirn war demnach lemurenartig und noch nicht äffisch. Eine der interessantesten Formen unter den Halbaffen ist die in zwei ausgestorbenen Arten bekannte Riesenform *Palaeopropithecus*. Die Gattung ist aus pleistozänen und holozänen Ablagerungen bekannt. Wahrscheinlich ist *Palaeopropithecus* erst nach der Besiedlung Madagaskars durch den Menschen ausgestorben.

Der Schädel ist in einigen Merkmalen (z. B. Stellung und Umrahmung der Orbitae, Fehlen der Bulla tympanica, Form des Hirnschädels u. a.) von dem anderer Indriiden unterschieden. Sicher sind diese Kennzeichen in einer eigenen Stammeslinie erworben worden. Die Bulla fehlt z. B. bei *Archaeoindris* und *Megaladapis*; mit keiner der beiden Formen kann *Palaeopropithecus* in näheren Zusammenhang gebracht werden. Einige der von Hill hervorgehobenen Merkmale werden sich durch die Riesenwüchsigkeit des Tieres erklären lassen, wie z. B. die Form des Hirnschädels und die starke postorbitale Einschnürung. Der Schädel erreicht bis 20 cm Länge und ist von gestreckter Wuchsform (Remane 1956). Auch letzteres erklärt einige Merkmale, z. B. die Hirnform. Der flache, lange Hirnschädel, die nach vorn und dorsal gewendeten Orbitae und der lange gestreckte Kiefer, der sehr massige Winkelbereich des Unterkiefers verleihen dem Cranium Ähnlichkeit mit dem von *Alouatta* (Hill) und lassen es anderen Affenschädeln unähnlich erscheinen. Die Stirnhöhlen sind umfangreich und sind in gleicher Weise zu verstehen wie bei *Megaladapis*. Am seitlichen und oberen Rand der Nares bilden die Praemaxillaria einen knöchernen kurzen Zapfen, der nach vorn und etwas lateral gewendet ist. Die Oberfläche der Zapfen ist rauh und durch feine Gefäßfurchen gezeichnet. Danach kann man mit Standing (1907), dem wir eine grundlegende Bearbeitung der madagassischen Riesenhalbaffen verdanken, annehmen, daß *Palaeopropithecus* weichteilige, stark durchblutete Nasenzierden besaß. SERA vermutete deshalb, daß er einen Rüssel besaß; nach unserer Ansicht ist das sehr unwahrscheinlich. Ähnliches mag bei *Archaeoindris* und *Megaladapis* vorhanden gewesen sein. Der Endokranialausguß läßt erkennen, daß das Gehirn, zuletzt von LE GROS CLARK bearbeitet, ein durch die Kopftopik etwas modifiziertes lemuroides Gehirn war. Der Furchenverlauf ist dem von *Mesopropithecus* sehr ähnlich. Stammesgeschichtlich ist *Palaeopropithecus* eine einseitig spezialisierte Endform, die man in keine unmittelbare nähere Beziehung zu einer anderen Gattung setzen kann. Da die subfossilen madagassischen Halbaffen fast alle Riesen-, mindestens aber Großformen sind und dadurch einseitig spezialisiert sind, können sie nur auf primitivere und kleinere Formenkreise zurückgeführt werden. Diese selbst sind noch unbekannt. Vielleicht kommt *Archaeoindris fontoynonti* aus dem Pleistozän Madagaskars *Palaeopropithecus* noch am nächsten. Die Gattung wurde erst 1934 durch LAMBERTON näher bekannt. Der Schädel der Riesenform mißt 260 mm größter Länge. Natürlich sind auch bei *Archaeoindris* zahlreiche Merkmale durch die Riesenwüchsigkeit verständlich. Am Beispiel von *Megaladapis* und *Palaeopropithecus* können allometriebedingte Ähnlichkeiten nicht verwandtschaftlich gedeutet werden. Deshalb wird man nur mit Vorsicht *Archaeoindris* und *Palaeopropithecus* zueinander in Beziehung setzen. Der wuchtige Schädel besitzt eine tiefe postorbitale Einziehung und relativ kleine Orbitae. Der Neuralschädel zeigt postorbital eine deutliche Aufwölbung, die wohl durch den Sinus frontalis bedingt ist. Der Kieferschädel ist im Verhältnis zum Hirnschädel nicht verlängert und hoch. Äffischen Charakter erhält das Cranium durch das Größenverhältis von Kiefer- und Hirnschädel und die nach rostral, nicht auch nach dorsal weisenden Augen. Auch bei *Archaeoindris* finden sich über der äußeren Nasenöffnung Knochenzapfen, die aber weniger vorspringen als bei *Palaeopropithecus*. Die Zahnformel stimmt mit den Indriinae überein. Auffallend ist das große Diastema zwischen dem oberen Eckzahn und dem folgenden Prämolar und die Stellung des I^2 hinter dem vergrößerten I^1. Im übrigen erinnert das Gebiß an das von *Palaeopropithecus*.

Die Archaeolemurinae, die FIEDLER, HILL und REMANE zu den Indris stellen, während SIMPSON sie den Lemuridae anschließt, umfassen die Gattungen *Hadropithecus* und *Archaeolemur*. Die Gattung *Archaeolemur* ist sehr variabel, so daß ältere Autoren die Unterschiede der Fundstücke zu hoch bewerteten und eigenen Gattungen zuwiesen, die heute als Synonyma von *Archaeolemur* geführt werden (*Lophiolemur*, *Nesopithecus*, *Globilemur*, *Protoindris* u. a.). *Archaeolemur*, von dem ein reicheres Material bekannt ist, und *Hadropithecus* sind subfossile madagassische Formen, die beide durch mehrere äffische Merkmale auffallen. Zunächst ist es die allgemeine Form des Schädels und das Größenverhältnis zwischen Hirn- und Gesichtsschädel, sowie die Form des Unterkiefers, die an manche Cercopitheciden erinnert (Abb. 21). Die Orbitae sind im Verhältnis zum Schädel klein und nach vorne gerichtet; dies ist bei *Hadropithecus* ausgeprägter als bei *Archaeolemur*. Der Schädel erreicht bei *Archaeolemur* eine Maximallänge von 157 mm (HILL), bei *Hadropithecus* von 141 mm. Das Gebiß $\left(\frac{2\cdot1\cdot3\cdot3}{2\cdot0\cdot3\cdot3}\right)$ ist wegen des Besitzes dreier unterer Prämolaren primitiver als das der Indriinae. Die beiden Gattungen unterscheiden sich etwas im Gebiß. Bei *Archaeolemur* ist die Zahnmorphologie besser bekannt. Im Vordergebiß sind die medialen Schneidezähne vergrößert; ihr Schmelz ist an der Vorderseite vermehrt. Die I^2 sind erheblich kleiner und lehnen sich gegen die medialen Schneidezähne. Die unteren Incisiven zeigen keine Vergrößerung. HILL und REMANE betonten bereits, daß damit ein diprotodonter Zustand ausgebildet ist, der sich in ähnlicher Form auch bei Cercopitheciden findet. Daher wirkt die Gesichtsansicht bei *Archaeolemur* ausgesprochen äffisch. Außerdem wirken die oberen und unteren Schneidezähne aufeinander, so daß ein schneidender Spitzenbiß bewirkt wird wie bei den Cercopitheciden. Das Gehirn ist durch Endokranialausgüsse bekannt, die zuletzt von LE GROS CLARK und PIVETEAU bearbeitet wurden. Das Gehirn überschreitet die Größe eines Makakengehirnes und vereinigt pithekoide und prosimierhafte Merkmale. Die Furchung ist im Frontalbereich stärker geworden. Im ganzen scheint der Neocortex in ursprünglich äffischer Form gefurcht zu sein, doch bleiben weitere Untersuchungen abzuwarten. Halbäffisch ist die Größe der Bulbi olfactorii im Verhältnis zum ganzen Hirn. Dementsprechend sind auch die Tractus olfactorii breiter und die Lobi pyriformes liegen weit auseinander und springen nach basal vor. Die Basalansicht des Endokranialausgusses ist rein lemuroid. Bei den Archaeolemurinae ist die pithekoide Entwicklungsrichtung am weitesten vorgedrungen, ohne eine rein äffische Evolutionsphase erreicht zu haben. Sie sind ein Beweis, daß diese Entwicklungsrichtung innerhalb der Halbaffen mehrfach eingeschlagen werden konnte.

Die Stammesgeschichte der *Daubentoniidae*, die rezent nur durch die Art *Daubentonia („Chiromys") madagascariensis*, das Fingertier, und eine subfossile größere Form *(D. robusta)* vertreten sind, ist noch im Dunkeln. Einerseits fehlt jegliches Fossilmaterial, andererseits ist die rezente Gattung durch tiefgreifende Sonderspezialisationen gekennzeichnet. Alle bisher geäußerten Vermutungen über die Ableitung des Fingertieres beruhen auf der phylogenetischen Deutung der morphologischen Merkmale der rezenten Form. Diese wird durch die Sonderspezialisationen aber sehr unsicher. Am Schädel (Abb. 24) bestehen diese in der Ausbildung eines typischen Nagergebisses und der sich daraus erklärenden Umkonstruktion des gesamten Schädels. Daher ist verständlich, daß man *Daubentonia* ursprünglich für einen Nager hielt. Sie ist ein klassischer Fall konvergenter Entwicklung. Das permanente Gebiß hat die Formel $\frac{1\cdot 0\cdot 1\cdot 3}{1\cdot 0\cdot 0\cdot 3}$; das Milchgebiß $\left(\frac{2\cdot 1\cdot 2}{2\cdot 0\cdot 2}\right)$ ist insofern noch ursprünglicher geblieben, als noch vier Schneidezähne und ein oberer Eckzahn vorhanden sind. Die großen oberen Schneidezähne sind etwa viertelkreisförmig gestaltet. Die offene Wurzel reicht bis etwa zum ersten Molaren. Da die Schnauze kurz und spitz ist, konvergieren die Schneidezähne sehr stark nach vorne, während die Backenzahnreihen parallel verlaufen. Der Schmelzbelag findet sich nur an der Vorderfläche des Zahnes. Die unteren Schneidezähne sind erheblich größer als die oberen und bilden etwa einen Halbkreis; ihre offenen Wurzeln reichen bis in den Beginn des Kronenfortsatzes. Ein weites Diastema trennt die Schneidezähne von den kleinen Backenzähnen. Das Gehirn ist bei dem etwa katzengroßen Tier ziemlich groß. Sein Furchenverlauf macht eine Ableitung von einem bereits gyrifizierten Halbaffengehirn unmöglich (HOFER 1956), obwohl dieser Versuch mehrfach unternommen worden ist. Insbesondere weicht die Form der Fissura sylvii gänzlich von der aller anderen Primaten ab. Nach der Auffassung von HOFER stammen die Fingertiere von einem primitiven Halbaffenstamm, von dem unsicher ist, ob er zu den Lemuridae oder Indriidae oder keinem von beiden gehörte, und erfuhren ihre weitere stammesgeschichtliche Entwicklung eigenständig.

A

B

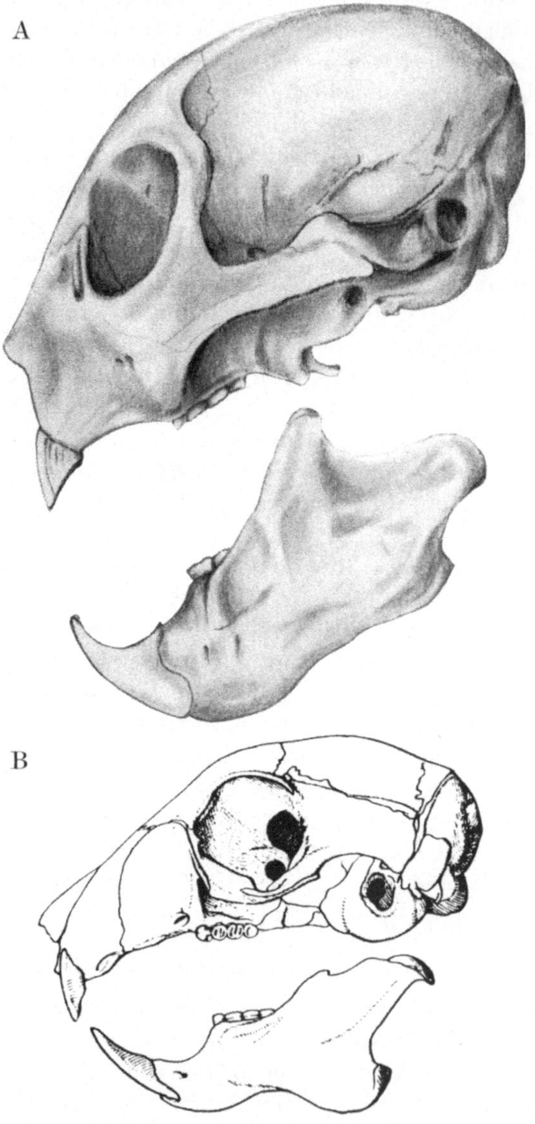

Abb. 24. Schädel von *Daubentonia madagascariensis* (*A*) im Vergleich mit dem eines sciuroiden Nagers *Myosciurus pumilio* (*B*), um die auf Konvergenz beruhende Ähnlichkeit zu zeigen. *A* Original, *B* aus GRASSÉ (1955)

Man hat versucht, *Daubentonia* von Fossilformen abzuleiten oder wenigstens mit ihnen zu vereinigen (Chiromyoidea), die durch ein diprotodontes Gebiß verschiedener Spezialisationshöhe ausgezeichnet sind. Heute stellt man diese Formen zu den Plesiadapidae (z. B. *Chiromyoides*) oder den Apatemyidae (z. B. *Eochiromys*). ABEL hat sogar angenommen, daß *Daubentonia* ein rezenter Plesiadapide sei. Alle diese Auffassungen überzeugen nicht (SIMPSON, REMANE). Die Diprotodontie, die innerhalb der Halbaffen in isolierten Stämmen (z. B. Phenacolemuridae) mehrfach ausgebildet wird, kann nicht als Beweis für Verwandtschaft gelten. HILL vermutet, daß *Daubentonia* aus demselben Formenkreis entsprang wie die Indriinae. Die Entscheidung darüber kann nur durch Fossilmaterial gefällt werden.

Die Lorisiformes treten rezent in zwei Familien auf, den Lorisidae und Galagidae, die man seit langem, spätestens im Oligozän, getrennten Stammlinien gleichsetzen kann, die sich in grundsätzlich verschiedener Richtung spezialisierten. Die spärlichen Fossilfunde zeigen, daß die beiden Familien im Miozän bereits getrennt waren. Rezent treten die Lorisidae in westlichen und zentralen Waldgebieten Afrikas (*Arctocebus*, *Perodicticus*) und Indiens (*Loris*, *Nycticebus*) auf. *Loris* findet sich in Vorderindien und Ceylon, *Nycticebus* in Hinterindien, Malayische Halbinsel, Sumatra, Java und Borneo. Allein dieses Verbreitungsbild weist schon auf das hohe phyletische Alter hin. Die Lorisidae sind fossil nur durch einen M_2 (*Indraloris lulli*) aus den pliozänen Siwalik-Schichten bekannt, der Ähnlichkeiten mit dem entsprechenden Molaren von *Nycticebus* aufweisen soll. Der Fund liegt zeitlich zu spät und ist selbst zu dürftig, um stammesgeschichtliche Aussagen machen zu können. Er beweist nur, was zu erwarten war, daß im Pliozän die Lorisidae als eigener Stamm bereits vorhanden waren. Die Lorisidae sind rein arborikole Nachttiere, die zahlreiche Sonderspezialisationen aufweisen, die zeigen, daß sie keinesfalls auf Galagidae zurückgeführt werden können, sondern von einer vermutlich weit zurückliegenden gemeinsamen Vorfahrenform abgeleitet werden müssen. Es liegt nahe, diese unter den Lemuriformes zu suchen, doch kann es sich nur um eine „prälemuroide" Form gehandelt haben (REMANE). Damit ist man aber bereits bei einer tupaioiden Stammgruppe angelangt. Die Annahme, daß die Lorisiformes ein eigener Stamm sind, der aus der tupaioiden Ancestralformengruppe sich eigenständig entwickkelte, ist heute wohl am nächstliegenden. Diese Annahme wird auch durch das Ohrskelet gestützt, denn der Annulus liegt nicht in der Bulla wie bei den Lemuriformes, sondern außen in ihrer Öffnung und kann einen kurzen, knöchernen Gehörgang bilden. Bei den rezenten Lorisidae ist der Gesichtsschädel kurz und spitzschnauzig, der Hirnschädel voluminös und abgeflacht. Die Orbitae sind groß und weisen nach vorne und stark nach oben. Die Extremitäten sind ungefähr gleich lang. Die Tiere springen nicht, sondern sind typische Vertikalkletterer, die mit zeitlupenhaft langsamen, aber sehr weitgreifenden Bewegungen klettern. Die Füße, besonders aber die Hände sind zu Greifzangen umgestaltet. Der Daumen, ebenso die Großzehe, stehen in Daueropposition, d. h. sie werden an die übrigen Finger nicht mehr angelegt. Von diesen ist der Zeigefinger immer reduziert, am weitesten bei *Arctocebus*, bei dem auch der Mittelfinger im Beginn der Rückbildung steht. Beim Zugreifen wirken dem sehr kräftigen Daumen die erhaltenen Finger funktionell als Einheit entgegen. Der Fuß ist der Hand äußerlich sehr ähnlich, nur ist die zweite Zehe verkürzt und mit einem langen Putznagel versehen. Die proximalen und distalen Gelenke der Extremitäten gestatten außerordentliche Bewegungsfreiheit (HOFER 1957) und ermöglichen damit ein sehr sicheres Klettern im Geäst. Die verlängerten Dornfortsätze der beiden letzten Halswirbel ragen bei *Perodicticus* als kurze hautüberzogene Zapfen über die Nackenhaut empor.

Die Galagidae sind rein afrikanisch. Rezent kommen sie mit einer Gattung *Galago* mit zwei Untergattungen *(Hemigalago, Euoticus)* in mehreren Arten vor. Es sind nächtlich lebende, daher großäugige Tiere, die sich mit außerordentlicher Behendigkeit biped springend fortbewegen. In der Fußwurzel sind Calcaneus und Naviculare verlängert, so daß ein Springbein gebildet wird wie bei *Tarsius* und den *Cheirogaleinae*. Der lange Schwanz dient beim Sprung als Steuer. Die sehr großen häutigen Ohrmuscheln können zusammengefaltet werden. Die Galagidae sind aus dem Miozän von Ostafrika in der Gattung *Progalago* bekannt (LE GROS CLARK u. THOMAS 1952). Das reichliche Material zeigt, daß *Progalago* stammesgeschichtlich durch eine Reihe primitiverer Merkmale sich als weniger spezialisierte Vorstufe zu *Galago* erweist. Auch diese Funde liegen zeitlich zu spät, um auf die Frage nach der Stammform der Lorisiformes Antwort geben zu können. Wichtig ist, daß *Progalago* im Gebiß einige Merkmale aufweist, die an *Nycticebus* erinnern, so daß über diese die beiden Zweige der Lorisiformes etwas näher aneinander rücken könnten.

Zu den Tarsiiformes gehören die alttertiären Anaptomorphidae und die rezenten Tarsiidae mit der in drei Arten vertretenen Gattung *Tarsius*, dem „Koboldmaki“. Er ist ein nächtlich lebender Waldbewohner. Er findet sich auf Südost-Sumatra, Borneo, einigen zugehörigen kleineren Inselgruppen, sowie auf einigen philippinischen Inseln (Mindanao, Bohol, Leyte, Samar) und Celebes. Die Verbreitung geht also über die Wallacesche Linie hinweg, durch die Celebes und die Inseln der Flores-See (ab Lombok) von den indo-malayischen Inseln getrennt werden. Hierin ist ein zoogeographisches Argument für das stammesgeschichtlich hohe Alter der Gattung zu erblicken. Über die rezente Gattung ist das Wichtigste bereits S. 68ff. berichtet.

Die systematische Umgrenzung der fossilen Tarsiiformes ist auch heute noch unsicher. Die Schwierigkeit besteht einerseits darin, daß die wesentlichsten Merkmale der Unterordnung von der rezenten Form genommen sind, die extreme Spezialisationen mit sehr primitiven Merkmalen verbindet, andererseits in dem zwar reichhaltigen, aber meist sehr bruchstückhaften Material. Die Systematik der fossilen Tarsiiformes ist weitestgehend eine Zahnsystematik. Daher ist verständlich, daß von einem Teil der großen Zahl der beschriebenen Gattungen noch nicht sicher ist, ob es überhaupt Tarsiiformes sind. Die Necrolemuridae wurden von Hürzeler aus den Tarsiiformes ausgegliedert. Le Gros Clark tat dasselbe mit *Pronycticebus*, der zu den europäischen Adapinae gestellt wird, und durch Simpsons Untersuchungen wurden die Paromomyinae als Verwandte der Phenacolemuridae erkannt. Diese Tatsache mahnt zur Vorsicht. Die von *Tarsius* eingeschlagene Spezialisationsrichtung (bipedes Springen, Vergrößerung der Augen bei nächtlicher Lebensweise) trat bei Halbaffen mehrfach auf und führte zu ähnlichen Umkonstruktionen (z. B. Springbein). Berücksichtigt man diese Merkmale bevorzugt, dann besteht die Gefahr, daß Formen, die anderen Unterstämmen angehören, wegen dieser Spezialisationen zu den Tarsiiformes gestellt werden. Ein ähnlicher Irrtum kann unterlaufen, wenn man die Primitivmerkmale im Gebiß berücksichtigt und Kieferbruchstücke mit primitiven Gebissen zu den Tarsiiformes stellt. Durch die Darlegungen von Simpson (1955) ist auch sehr wahrscheinlich geworden, daß derartige im Gebiß primitive Stämme existierten, die dennoch keine Tarsiiformes sind. Er zeigte, daß die Phenacolemuridae auf eine Ausgangsform zurückgehen dürften, von der sich auch andere alttertiäre Halbaffenformen ableiten könnten (Plesiadapidae, Notharctinae, Necrolemuridae u. a.). Die durch das bruchstückhafte Fossilmaterial bedingte Unsicherheit macht verständlich, daß unter den Autoren keine Einigkeit in der systematischen Gliederung der fossilen Tarsiiformes besteht (z. B. Abel, Fiedler, Hill, Remane, Simpson u. a.). Wir folgen der Gliederung von Simpson.

Die Anaptomorphidae umfassen jetzt nur mehr die Omomyinae, Anaptomorphinae und Pseudolorisinae. Die Formenkreise sind vom mittleren Paleozän bis zum älteren Oligozän (Chadronian) in Nordamerika und im Eozän in Europa bekannt.

Die Omomyinae umfassen die primitivsten Formen, soweit man aus den Kieferbruchstücken und spärlichen Resten des postkranialen Skeletes schließen kann. *Teilhardina* dürfte die primitivste Form sein. Früher vereinigte man sie mit der amerikanischen Gattung *Omomys*. *Teilhardina belgica*, die aus dem ältesten Eozän von Belgien stammt, ist der älteste und primitivste Primate

Europas[1]. Im Unterkiefer ist sehr wahrscheinlich die für primitive placentale Säuger kennzeichnende Zahnzahl (3.1.4(3).3) vorhanden, indem ein dritter Incisiv und ein rudimentärer P_1 erhalten sein kann. Bei den anderen Omomyinae lautet die Zahnformel $\frac{2\cdot1\cdot3\cdot3}{2\cdot1\cdot3\cdot3}$; bei eigenen Gattungen ist sie noch unsicher. Der Calcaneus von *Teilhardina* zeigt den Beginn einer Verlängerung, die zum Springbeintypus führt, welcher bei *Hemiacodon* schon stärker ausgeprägt ist. Die Omomyinae umfassen mehrere Genera, die sich nach GAZIN (1958) in einige Stammesreihen ordnen lassen, von denen *Dyseolemur*, *Macrotarsius* und *Chumasius* stammesgeschichtlich nach derzeitigem Wissensstand am längsten erhalten geblieben sind. Bedeutungsvoll ist die Gruppe deshalb, weil man versucht hat, in ihnen die Stammgruppe, mindestens aber einen dieser sehr nahestehenden Formenkreis der platyrrhinen Affen zu erblicken (zuletzt GAZIN 1958). In ähnlicher Form ist der Gedanke bereits von REMANE (1956) ausgesprochen worden, der eine andere Gruppierung der fossilen Tarsiiformes vorschlug und eine „*Anaptomorphus*-*Washakius*-Gruppe" annahm, die er als die vermutlichen Vorfahren der Simiae auffaßte. Diese Zusammenfassung ist durch die Untersuchungen GAZINs (1958) nicht gestützt worden, da sich die Omomyinae und Anaptomorphinae als gesonderte Stammlinien darstellten, die wahrscheinlich im unteren Paleozän aus primitiven Omomyinen hervorgingen. *Washakius* ist ein im Molarengebiß spezialisierter Omomyine. Eine stammesgeschichtliche Verbindung zwischen den Anaptomorphiden und den höheren Primaten ist wegen der bei ersteren eingetretenen Spezialisationen nicht wahrscheinlich (GAZIN 1958).

Die Anaptomorphinae, die GAZIN als Familie auffaßt, wurden durch diesen Autor um einige neue Gattungen bereichert. Mit Ausnahme von *Tetonius*, von dem ein sehr gut erhaltener Schädelrest vorliegt, sind alle Gattungen nur durch Kieferbruchstücke bekannt. Deshalb ist noch unsicher, welche Gattungen zu den Anaptomorphinen gerechnet werden sollen; vgl. SIMPSON (1945) und GAZIN (1958). Die vermutlich ursprünglichste Gattung ist *Anaptomorphus*, mit der Zahnformel 2.1.2.3, von der sich sehr wahrscheinlich schon im Paleozän die hochspezialisierte, aus dem untersten Eozän bekannte Gattung *Tetonius* abzweigte, wie GAZIN aus dem Molarenbau schließt. Bei *Tetonius* scheint ein diprotodonter Gebißtyp in eigener Prägung aufgetreten zu sein. Der Schädel hat etwa die Größe eines *Tarsius*-Schädels mit sehr großen Orbitae, die deutlich nach oben zeigen und noch nicht die vollständige Frontalwendung erfahren haben wie bei der rezenten Gattung. Leider ist der Bau des Mittelohres nicht bekannt. Die Anaptomorphinae sind ein blind endender Seitenzweig der alttertiären Tarsiiformes, der wahrscheinlich im Mitteleozän ausstarb und nur auf Nordamerika beschränkt blieb.

Die Pseudolorisinae erwähnen wir im Anhang an die Anaptomorphidae. Alle Autoren sind sich einig, daß sie den Tarsiidae so nahe kommen, daß zu erwägen ist, ob man sie nicht diesen zuordnen sollte. Sie sind aus dem Eozän von Frankreich und Deutschland (Braunkohlen des Geiseltales) bekannt und sind somit

[1] *Teilhardina belgica* wird von HÜRZELER (1948) als vermutlich primitivster Necrolemuride aufgefaßt. Nach unserer Auffassung ist das nicht sicher. Wir schließen uns der Auffassung von GAZIN (1958) an, nach der *Teilhardina* zu den Omomyinae gehört. Eine endgültige Entscheidung wird erst nach Bekanntwerden neuen Materials möglich sein.

neben der sehr primitiven Gattung *Teilhardina* (Omomyinae) die einzigen sicheren europäischen Tarsiiformes. Bemerkenswert ist dabei, daß eine Primitivform (*Teilhardina*) aus dem älteren Eozän mit einem großen amerikanischen Formenkreis engstens verwandt ist und die spätere hochspezialisierte Form *Pseudoloris* von keinem der amerikanischen Stämme abgeleitet werden kann, soweit wir bis heute übersehen. Auf Grund sehr wenig aufschlußreichen Materials sind aus dem Mittel- bis Jungeozän Europas die Gattungen *Megatarsius*, *Microtarsioides und Gesneropithex* beschrieben und den Tarsiiformes zugeordnet worden. HILL (1955) läßt sie mit Recht noch incertae sedis stehen.

Habituell ist *Pseudoloris* ein *Tarsius*, dessen spezifische Merkmale noch primitiv geprägt sind. Der Kieferschädel ist kurz und spitz, die Orbitae sehr groß, aber kleiner als bei *Tarsius*. Anscheinend rein frontal gewendet. Der Hirnschädel besitzt eine starke postorbitale Einziehung. Die Hinterextremitäten waren Springbeine, doch war die Streckung von Astragalus und Calcaneus noch nicht so weit gediehen wie bei *Tarsius*. Letztere Merkmale sind für die Verwandtschaft mit *Tarsius* nicht unbedingt beweisend (s. o.). Die Zahnformel von *Pseudoloris* $\left(\frac{2\cdot1\cdot3\cdot3}{2\cdot1\cdot4\cdot3}\right)$ ist primitiver als die von *Tarsius* $\left(\frac{3\cdot1\cdot3\cdot3}{1\cdot1\cdot3\cdot3}\right)$. Das Gebiß zeigt Merkmale, die an *Tarsius* sehr stark erinnern, aber auch solche, die HILL mit *Nercrolemur* vergleicht. Als unmittelbare Vorfahrengruppe von *Tarsius* können die Pseudolorisinae nicht gelten.

Höhere Affen (Simiae)

Über die systematische Gliederung der höheren Affen herrscht heute keine Einigkeit. Wenn man sie als Simiae oder Anthropoidea in einer Unterordnung vereinigt, dann ist damit eine Stufen- oder Stadiengruppe im Sinne REMANES gemeint, die mit den Prosimiae im gleichen Sinne ein systematisches Begriffspaar bildet. Innerhalb der Simiae unterscheidet man die Affen der Neuen Welt oder Breitnasenaffen (Platyrrhina) von denen der Alten Welt oder Schmalnasenaffen (Catarrhina). Bei ersteren ist die Nasenscheidewand breit, so daß die Nasenlöcher überwiegend lateral weisen, bei letzteren ist sie schmal, so daß die Nasenlöcher nach vorne weisen. Es ist klar, daß dieses diagnostische Merkmal nicht sehr glücklich gewählt ist; da es aber einen signifikanten Unterschied bildet, kann es vorläufig beibehalten werden. Da die Dicke der Nasenscheidewand selbstverständlich der Variabilität unterliegt, kommen auch Platyrrhinen mit schmäleren Septa vor. Solche Formen sind aber immer noch erheblich von catarrhinen unterschieden. Die Schwierigkeit liegt nicht in dem taxionomischen Begriff der Platyrrhina, sondern in dem der Catarrhina, die die Cercopithecoidea und Hominoidea umfassen. Es ist die Frage, ob es richtig ist, diese beiden unter einem Begriff zusammenzufassen. Nimmt man an, daß beide einer bereits äffischen Vorfahrenform entsprangen, dann wäre die Zusammenfassung phylogenetisch vertretbar. Neigt man aber der Auffassung zu, daß Cercopithecoidea und Hominoidea als getrennte Linien aus halbäffischen Vorfahren abstammen, dann wäre es richtiger, den Begriff der Catarrhina fallen zu lassen. Das hängt von der Bewertung von *Parapithecus* und evtl. auch *Propliopithecus* ab (vgl. S. 103). Der ganze damit zusammenhängende Fragenkreis, der vielfach diskutiert wurde, kann nur anhand weiteren Fossilmaterials entschieden werden. Das bisher vorhandene reicht dazu nicht hin. Deshalb haben wir vorläufig die alte Gliederung beibehalten, obwohl wir das Vorgehen SIMPSONs (1945), der innerhalb der Unterordnung der Anthropoidea die Überfamilien der Ceboidea, die unseren Platyrrhina entsprechen, Cercopithecoidea und Hominoidea nebeneinander bestehen läßt, durchaus verständlich und vertretbar finden.

Die Platyrrhina (Ceboidea) sind ein nur auf Süd- und Mittelamerika beschränkter Stamm, dessen Ursprung noch nicht durch Fossilfunde belegt ist. Die ältesten bis jetzt bekannten Fossilfunde platyrrhiner Affen aus dem späten Oligozän sind schon so weit entwickelt, daß man sie rezenten Familien eingliedern kann. Es sind demnach noch ältere Formen zu erwarten, die die stammesgeschichtliche Verbindung zu der halbäffischen Stammgruppe herstellen. Erst wenn diese vorliegen, kann entschieden werden, welcher Formenkreis sicher als Ursprungsgruppe zu gelten hat. Heute ist man auf Vermutungen angewiesen. Früher erblickte man in den Notharctinae die Stammgruppe der platyrrhinen Affen (GREGORY, GIDLEY u. a.). Heute hat der alte Gedanke wieder mehr Platz gegriffen, daß sie von Tarsiiformen abstammen (GREGORY, GAZIN, REMANE). GAZIN (1958) hat sehr klar die logische Begründung dafür gegeben: Alle spezialisierten Formen kommen wegen ihrer Differenzierungen als Stammgruppe der Neuweltaffen nicht in Betracht. Da auch die Notharctinae ausscheiden, bleiben nur mehr die Omomyinae übrig, denen man dann die Rolle der direkten Stammform zubilligt. Das kann zutreffen, aber es ist durchaus möglich, daß eine noch unbekannte Gruppe paleozäner oder eozäner Halbaffen die Stammform war. Da man die Stammgruppe noch nicht kennt, ist die Ansicht von SIMPSON (1945, 1955), der sich im wesentlichen auch STIRTON (1951) anschloß, sicher die vorsichtigere und vielleicht auch die richtigere. Danach wären die Vorfahren der höheren Affen als gesonderte Stammlinien im Paleozän-Eozän entstanden und hätten eigenständig ihre Stammesgeschichte durchlaufen. Auf Amerika beschränkt, entfalteten sich die Platyrrhinen eigenständig. Damit ist die Frage berührt, ob die Simiae mono- oder polyphyletisch seien.

Anhand von Fossilmaterial ist diese Frage auch für die Affen der Alten Welt nicht zu entscheiden. REMANE hat sich für eine monophyletische Entstehung eingesetzt, während andere Autoren einen di- oder polyphyletischen Ursprung annehmen. Auf unserem Stammbaum haben wir zunächst der Monophylie noch den Vorzug gegeben (Abb. 20). Für die Affen der Neuen Welt ist diese Frage aber nicht sehr wichtig, solange kein neues Fossilmaterial vorliegt, denn alle neueren Autoren sind sich einig (vgl. PIVETEAU 1957), daß die Trennung der Stämme bereits im Paleozän-Eozän erfolgte. REMANE (1956) läßt die Vorfahrengruppe zu diesen Zeiten von Nordamerika aus nach Südamerika eingewandert sein. Damals war der Affenstamm aber über die Subprimatenphase nicht hinausgelangt. Somit haben die Affen der Neuen Welt ihre Merkmale in einer grandiosen Parallelevolution zu denen der Alten Welt entwickelt, auch wenn die älteste Stammform gemeinsam war. Diese Entwicklung muß sehr schnell verlaufen sein, denn sonst könnten die oligozänen und miozänen Formen nicht schon dem System der rezenten Formen eingeordnet werden. Das Besondere der Platyrrhinen ist, daß die rezenten Formen aus verschiedenen Evolutionsphasen stammen und damit hinsichtlich der Evolutionshöhe ein weniger einheitliches Bild bieten als die Affen der Alten Welt. Die Aotinae und vielleicht auch die Callithricidae stehen noch auf der Evolutionsphase der Prosimiae, die Cebinae sind die Vertreter der simischen Phase, und die Atelinae reichen in das Niveau der Pongiden.

Systematisch teilt man die Neuweltaffen in die Familien der Cebidae und Callithricidae. Vermutlich entsprechen die beiden Familien zwei seit langem getrennten Stämmen. Ob dies zutrifft und wann man zeitlich die Trennung ansetzen will, hängt von der Bewertung von *Dolichocebus gaimanensis* aus dem jüngsten Oligozän Patagoniens ab[1]. Die etwa eichhörnchengroße Form ist in leidlich gut erhaltenen Resten bekannt. KRAGLIEVICH (1951) hält *Dolichocebus* für einen Callithriciden. HILL (1957) hält ihn für einen Hapaliden (Callithriciden) incertae sedis. Die Zahnformel des Oberkiefers (2·1·3·2) entspricht der der typischen Callithriciden, nicht der der Cebiden $\left(\frac{2\cdot1\cdot3\cdot3}{2\cdot1\cdot3\cdot3}\right)$, da der letzte Molar verloren ist. Solange andere morphologische Merkmale wegen des Zustandes des Fundes nicht ausgewertet werden können, wird man auf den Verlust des M^3 besonderes Gewicht legen. Allerdings darf nicht übersehen werden, daß die Einordnung von *Dolichocebus* noch sehr unsicher ist. Sollte erwiesen werden, daß er tatsächlich ein Callithricidae ist, so würde die Trennung der Cebidae und Callithricidae bereits im Oligozän erfolgt sein. HILL (1957) hält *Dolichocebus* für einen der spezialisiertesten Platyrrhinen, obwohl er bisher der geologisch älteste ist. Wir stimmen dem insofern zu, als wir in *Dolichocebus* keine Primitivform erblicken können. HILL (1959) leitet, allerdings mit verständlicher Zurückhaltung, *Dolichocebus* von einer nicht näher definierten Stammgruppe als eigenen Seitenzweig ab. Aus dieser würden sich nach HILL (1959) nach der Abspaltung von *Dolichocebus* die Cebidae und Callithricidae als eigene Stämme entfalten.

Die Callithricidae (Hapalidae), die Krallenäffchen, sind eine sehr formenreiche Familie, deren Systematik noch sehr unsicher ist. Sie erreichen höchstens die Größe eines Eichhörnchens; *Cebuella pygmaea* ist der kleinste höhere Primate, der sich in einer Männerhand verkriechen kann. Alle haben sehr kurzschnauzige, lange, aber im Stirnbereich sehr flache Schädel. Die kleinen Orbitae sind nach vorne gewendet. Das Gehirn ist lissencephal, das Cerebellum ist im Verhältnis zum Großhirn klein. Das Riechhirnsystem verhält sich wie bei den anderen Simiae. Der lange buschig behaarte Schwanz wird nie als Roll- oder Greifschwanz verwendet. Nach FIEDLER (1956) ist bei Jungtieren noch ein Schwanzrollreflex vorhanden. Der Daumen ist nicht opponierbar, die Großzehe abspreizbar. Letztere trägt einen Nagel, die anderen Strahlen des Cheiridium tragen Krallen. Manche Autoren halten die Krallen für modifizierte Kuppennägel, also für unechte Krallen, andere für primitive Krallen. Die Tiere sind reine Krallenkletterer, die sich vertikal fortbewegen können. Das regelmäßige Auftreten von Zwillings- und Mehrlingsgeburten ist primitiv. Daneben treten Merkmale hoher Spezialisation auf, wie z. B. die Schädelform. In der phylogenetischen Deutung der Callithriciden stehen sich auch heute noch zwei Auffassungen gegenüber: Die einen halten sie für primitive Formen und stützen sich auf die primitiven Merkmale, die anderen halten sie für abgeleitete Cebiden, wobei sie sich auf die abgeleiteten Kennzeichen stützen und die primitiven teilweise durch sekundäre Veränderungen erklären wollen. Die Entscheidung kann nur an weiterem

[1] Andere etwa gleichzeitig anzusetzende Funde, die als Primaten beschrieben wurden, haben sich als Beuteltiere erwiesen (KRAGLIEVICH 1951).

Fossilmaterial getroffen werden; *Dolichocebus* reicht dazu nicht hin. Sie sind sicher keine Vorfahren der Cebiden, sondern sie können von der gleichen primitiven Vorfahrengruppe abstammen wie diese. Möglicherweise ist diese primitive Ausgangsform für beide in den Aotinae (vgl. S. 98) zu suchen. Die rezente Gattung *Callimico*, der Springtamarin, dessen systematische Zugehörigkeit bisher unklar war, ist neuerdings durch HILL (1959) untersucht worden. Demnach ist er ein primitiver Callithricide mit nur wenigen Merkmalen, die er mit den Cebidae gemeinsam hat, und diese weisen wieder auf die primitiven Gattungen unter diesen, auf *Aotes* und *Callicebus*. *Callimico* ist nach HILL eine Form, die erhalten blieb, bevor die Callithriciden alle sie kennzeichnenden Merkmale typisch ausgeprägt hatten; z. B. ist der letzte Molar in beiden Kiefern noch nicht reduziert.

Die von uns vertretene Ableitung der Callithricidae gewinnt an Wahrscheinlichkeit durch den Nachweis etwa gleichzeitig mit *Dolichocebus* lebender primitiver Cebiden. Aus dem älteren Miozän Argentiniens und jüngeren Miozän von Kolumbien ist *Homunculus* in mehreren Arten beschrieben, zu der vielleicht auch *Pitheculus* gehört. AMEGHINO, der noch weitere Primatenreste beschrieb, die sich später als Fehlbestimmungen erwiesen, hat *Homunculus* eine Rolle in der menschlichen Phylogenie zugedacht. Inzwischen sind neue Funde gemacht worden, die genau bearbeitet sind (BLUNTSCHLI 1931; RUSCONI 1935; BORDAS 1942; STIRTON 1951). BLUNTSCHLI, SIMPSON u. a. sehen in *Homunculus* einen großen Aotinen; SIMPSON (1945) reiht ihn auch diesen ein. STIRTON findet Übereinstimmungen mit *Alouatta*, dem Brüllaffen. Das widerspricht unserer Auffassung nicht, denn *Alouatta* dürfte als eigene Stammeslinie auf Aotinen zurückgehen, so daß eine Ähnlichkeit mit ihm durchaus zu erwarten ist. Die Aotinen als primitivste Formen unter den Platyrrhinen dürften an der Wende vom Oligozän zum Miozän erheblich formenreicher gewesen sein als die rezenten, die nur einen Restbestand darstellen.

Die rezenten Aotinen umfassen zwei Gattungen: *Callicebus*, der Springaffe, der die primitivere Form ist, und *Aotes*, den Nachtaffen, der durch seine Augenvergrößerung der abgeleitetere ist. Auch im Gebiß erweist sich *Callicebus* als primitiver, was REMANE besonders betonte. *Aotes* ist der einzige nächtlich lebende, tagsüber die Dunkelheit aufsuchende Affe. Der Schwanz wird bei beiden nicht als Greifschwanz verwendet. Die Daumen sind nicht opponierbar, wohl aber die Großzehe, so daß ein typischer Greiffuß ausgebildet ist. Wie alle Affen der Neuen Welt sind die Aotinae rein arborikol. Das Großhirn zeigt bei beiden ein halbäffisch primitives Furchenbild (Abb. 13).

Aus dem jüngeren Miozän von Kolumbien wurde ein sehr gut erhaltener Rest einer neuen Gattung (*Cebupithecia*) geborgen, die eindeutig beweist, daß damals schon die Cebidae in die Unterstämme gegliedert waren, denen wir den Rang von Unterfamilien im rezenten System zubilligen. *Cebupithecia* zeigt alle Merkmale eines spezialisierten Pitheciinen, so daß STIRTON ihn von der Vorfahrenreihe der rezenten Gattungen (*Cacajao, Pithecia, Chiropotes*) ausschließt und ihn zu *Pithecia* in nächste Beziehung setzt. Das Tier muß etwa die Größe eines kleinen Kapuzineraffen gehabt haben. Die Oberkieferschneidezähne waren stark nach vorn gewendet, und die Eckzähne waren sehr stark. Die Schädelwölbung entspricht der von *Pithecia*, das postkraniale Skelet, das teilweise bekannt ist, zeigt die meisten Übereinstimmungen mit eben dieser Gattung. GREGORY leitet die Pitheciinae unmittelbar von primitiven Aotinen ab.

Von derselben Fundstelle wurde noch ein guterhaltener Unterkieferrest als *Neosaimiri* beschrieben (STIRTON 1951). Das Stück vereinigt Merkmale von *Saimiri* mit solchen von *Callithrix*. Stammesgeschichtlich ist der Fund noch nicht auszuwerten, trotz der genauen Untersuchung von STIRTON.

Die pleistozänen Reste von Platyrrhinen stehen erwartungsgemäß den rezenten Formen sehr nahe. Auffallend ist *Xenothrix mcgregori*, die WILLIAMS und KOOPMAN (1952) nach einem Unterkiefer mit zwei erhaltenen Molaren aus einer Höhle von Jamaika beschrieben. Der Fund ist pleistozänen oder rezenten Alters und zeigt einige Besonderheiten, die eine generische Abtrennung verständlich machen. Überraschend ist, daß der Fund auf Jamaika gemacht wurde, wo, ebenso wie auf den anderen westindischen Inseln, keine endemischen Primaten auftraten. Weiteres Material bleibt abzuwarten.

Nach dem bisher bekannten Fossilmaterial sind wir noch nicht in der Lage, das Bild der rezenten platyrrhinen Affen stammesgeschichtlich hinreichend zu interpretieren. Wir wissen nur, daß an der Oligozän-Miozän-Wende die primitivste Gruppe (Aotinae) bereits vorhanden war. Im jüngsten Miozän war die Aufgliederung bis in die Unterfamilien bereits erfolgt. Die Fossilfunde, die über die Abspaltung der Unterstämme der Platyrrhinen Aufschluß geben können, sind also im Oligozän und Miozän zu erwarten. Im Eozän müssen die Funde liegen, die über die Stammform der Neuweltaffen ein Urteil gestatten.

GREGORY leitet alle rezenten Platyrrhinen von primitiven Aotinen unmittelbar ab, wie es in ähnlicher Form auch unser Stammbaum zeigt. Ein anderer Weg ist vorläufig kaum gangbar. Eine Gruppe für sich sind die Brüllaffen (Alouattinae), die wir nicht in irgendwelche Beziehungen zu den Atelinae bringen wollen, wie das GREGORY versucht hat. Das wird durch das in vielen Zügen primitivere Gehirn ausgeschlossen, das sich eher von einem *Aotes*-Gehirn ableiten läßt. Außerdem ist die tiefgreifende Umgestaltung des Zungenbein-Kehlkopfkomplexes zu einem Brüllapparat, die Einfluß auf die Gesamttopographie des Kopfes nimmt, mit einer *Ateles*-Verwandtschaft nicht zu vereinen. Der Daumen ist nicht oppositionsfähig, so daß das Tier mit allen fünf Fingern zugreift, die gemeinsam eingeschlagen werden. Auch beim Umgreifen der Äste übernimmt der Daumen keine Sonderfunktion, denn der Griff erfolgt zwischen Zeige- und Mittelfinger; dasselbe findet sich bei Pitheciinen und *Lagothrix*, der zu den Atelinae gehört. Es ist also ein in mehreren Unterstämmen auftretendes Merkmal. Die Brüllaffen sind reine Baumbewohner mit einem mehr als körperlangen Greifschwanz, der beim Laufen auf Ästen als Balancierstange verwendet wird. An seinem Ende trägt er an der Ventralseite eine unbehaarte Tastfläche, die ein deutliches Tastleistenmuster aufweist. Die Alouattinae haben unter den Affen der Alten Welt keine entsprechenden Formen.

Die Cebinae, zu denen die Kapuzineraffen *(Cebus)* und die kleinen Totenkopfäffchen *(Saimiri)* gehören, zeigen keine besonderen Spezialisationen, die eine basale Verbindung mit den Pitheciinae und Atelinae ausschließen würden. Darüber kann nur Fossilmaterial Aufschluß geben. Im Lebensraum entsprechen sie ungefähr den arborikolen Meerkatzen der Alten Welt. Der Schwanz ist bei *Cebus* ein Rollschwanz, der nach unseren Beobachtungen beim Klettern nur in Extremfällen zur Verankerung verwendet wird. Bei einer Art soll eine Tastfläche vorkommen, doch ist das noch unsicher. *Saimiri* ist nächstverwandt mit *Cebus*.

Er hat etwa die Größe eines Eichhörnchens. Daher ist das Gehirn im Verhältnis zum Körper sehr groß, was auf die Kopfform Einfluß nimmt (LECHE 1912; A. H. SCHULTZ 1941; HOFER 1958 u. a.). Der Schwanz ist weder ein Roll- noch ein Greifschwanz.

Die miozäne Gattung *Cebupithecia* zeigt die alte Eigenstämmigkeit der Pitheciinae. Es sind kräftige Formen mit kürzeren, dicht behaarten Schwänzen, die keine Greiffunktion haben.

Die höchste Evolutionsstufe unter den Affen der Neuen Welt erreichen die Atelinae, zu denen die Klammer- *(Ateles)*, Spinnen- *(Brachyteles)* und Wollaffen *(Lagothrix)* gehören. Das Gehirn von *Ateles* zeigt einen pongidenartigen Windungstyp und gut ausgebildete Frontallappen, denen eine echte Frontalwölbung des Hirnschädels entspricht.

Meldungen, die von neuentdeckten Menschenaffen aus Südamerika zu berichten wissen, beziehen sich immer auf große Individuen von *Ateles*, die den Greifschwanz verloren haben. Dieser trägt distal wieder eine nackte, mit Leistenhaut bedeckte Tastfläche. In der Schwanzhaut sind Tastkörperchen reichlich vorhanden (FIEDLER) sowie kleine Schweißdrüsen. Die Tasthaut entspricht einer Fingerhaut. *Lagothrix* greift wie *Alouatta* zwischen Zeige- und Mittelfinger, der Daumen ist nicht opponierbar. Bei *Ateles* ist der Daumen entweder ein Stummel, der nicht mehr funktionsfähig ist, oder er ist gänzlich rückgebildet. Die Hand ist, ähnlich wie bei *Colobus*, zu einer Hakenhand (ABEL) geworden. Die Tiere sind hangelnde Schwingkletterer, wobei der Greifschwanz als zusätzliche Extremität wirkt. Die motorische Repräsentation des Greifschwanzes in der Großhirnrinde, also jenes Gebiet, von dem die willkürlichen Bewegungen des Schwanzes dirigiert werden, umfaßt bei *Ateles* ein größeres Feld als das Arm- und Beingebiet zusammen. Spontanes bipedes Laufen ist, abgesehen von den Aotinae, bei den Cebidae nachgewiesen, besonders von den Atelinae und Pitheciinae. Die Bewegung wird völlig sicher ausgeführt, ebenso im langsamen Schreiten wie im schnellen Lauf; die Arme werden dabei über dem Kopf gehalten. All das spricht für eine hohe Spezialisation des Stammes, der die Evolutionsphase der Ponginen erreicht hat und im Lebensraum etwa den Gibbons der Alten Welt entspricht.

Die Stammesgeschichte der Catarrhina, der Affen der Alten Welt, ist in den letzten Jahren wieder sehr intensiv diskutiert worden. Der Anlaß war die phylogenetische Einordnung neuer Funde von Menschenaffen aus Ostafrika, ferner das erst in jüngster Zeit gehobene imponierende Material von Australopitheciden und schließlich die neuen Funde von *Oreopithecus* und *Pliopithecus*. Im Zusammenhang damit kam es zu lebhaften Diskussionen um ihre stammesgeschichtliche Bedeutung und systematische Eingliederung (HEBERER, HÜRZELER, KÄLIN, REMANE u. a.), worauf wir im einzelnen nicht eingehen können. Da innerhalb des Stammes der Affen der Alten Welt die phylogenetische Wurzel der Hominiden liegt, kommt diesen Formen besonderes Gewicht zu. Leider läßt uns die Fossildokumentation dieses Stammes aus den entscheidenden Perioden des Alttertiärs auch hier weitgehend im Stich. Daher wissen wir noch nicht, ob die Cercopithecoidea und Hominoidea aus einem Stamme hervorgingen oder ob sie getrennt aus Halbaffen entsprangen. Beide Auffassungen sind vertreten worden. Wenn eine gemeinsame Ausgangsform angenommen werden soll, dann muß die Trennung der beiden Stämme sehr früh erfolgt sein. Der Formenkreis der vermuteten

Stammgruppe muß spätestens im jüngsten Eozän aufgetreten sein. HEBERER hat diese vorläufig als ,,Protocatarrhine" bezeichnet, der er ausdrücklich *Parapithecus* und *Propliopithecus* nicht zurechnet. Die Protocatarrhinen selbst sollen auf tarsiiforme Vorfahren zurückgehen.

Einige, leider sehr spärliche und umstrittene Kieferbruchstücke liegen bereits vor, die andeuten, daß in der kritischen Zeit (jüngeres Eozän — Altoligozän) Formen gelebt haben, die man als protocatarrhin vorläufig auffassen kann; ihre systematische Stellung ist gänzlich ungewiß. *Alsaticopithecus* (Mitteleozän, Elsaß) ist anhand von Zähnen und Kieferresten von HÜRZELER (1947) beschrieben worden. Mit ihm stimmen HEBERER und REMANE überein, daß im Gebiß Merkmale auftreten, die einer von den Tarsiiformes zu den catarrhinen Affen überleitenden Form zugebilligt werden können. Aus dem Jungeozän von Burma stammen die beiden Gattungen *Amphipithecus* und *Pondaungia*, deren Gebisse, soweit sie bekannt sind, ebenfalls vermittelnde Merkmale aufweisen. Nach Ansicht der Autoren weisen sie deutlich in die Richtung der Hominoidea; HEBERER (1956) erblickt in *Amphipithecus* ein ,,präpongides Modell" (S. 394). Nach erneuter Untersuchung des Originalfundes kommt HÜRZELER (1958) in Zweifel, ob *Amphipithecus* überhaupt ein Primat sei. *Pondaungia* und *Kansupithecus* sind in so spärlichen Resten bekannt, daß über sie nichts ausgesagt werden kann. *Kansupithecus* (BOHLIN 1951) ist durch ein Unterkieferbruchstück bekannt, dessen geologisches Alter verschieden bewertet wird. REMANE (1956) nimmt oberoligozäne Herkunft an, während nach neuen Untersuchungen von THENIUS (1958) Mittelmiozän wahrscheinlicher ist. SIMPSON (1945) hält *Amphipithecus* und *Pondaungia* für fragliche Pongiden unsicherer näherer Verwandtschaft. Wenn es sich bewahrheiten sollte, daß diese frühen Formen sich schon in Richtung der Hominoidea spezialisierten, dann wäre die Trennung der Cercopithecoidea und Hominoidea noch früher erfolgt, was dann nur innerhalb der Halbaffenphase möglich gewesen wäre. Dann wären die ,,Catarrhina" diphyletisch. Vorläufig ist das Material zur Lösung dieser Frage noch zu gering.

Aus dem Altoligozän Ägyptens (Fayum) sind anhand kleiner Kieferbruchstücke die noch problematischen Gattungen *Apidium* und *Moeripithecus* bekanntgeworden. Manche Autoren (ABEL, HEBERER, LE GROS CLARK u. LEAKEY, SIMPSON) erblicken in ihnen cercopithecoide Formen, die verschieden phylogenetisch bewertet werden. HÜRZELER (1958) kommt dagegen zu der u. E. unrichtigen Ansicht, daß *Apidium* ein Condylarthre aus der Verwandtschaft von *Phenacodus* sei (vgl. SIMONS 1959). Auch *Moeripithecus* ist nach diesem Autor nur mit starken Vorbehalten den Primaten zuzuzählen. Die aufgeführten wechselnden Meinungen kennzeichnen die Situation, in der wir uns befinden, solange kein weiteres Material bekannt ist. Die stammesgeschichtliche Wurzel der beiden Stämme der Affen der Alten Welt ist also noch sehr im Dunkeln.

Das Fossilmaterial der Cercopithecoidea ist noch so gering, daß noch nicht daran gedacht werden kann, die heutigen Formen stammesgeschichtlich zu interpretieren. Die ersten sicheren Fossilformen entstammen dem Pliozän und können in die rezenten Subfamilien, die Colobinae und Cercopithecinae, eingereiht werden. Wann sich diese voneinander trennten, ist unbekannt.

Die Cercopithecinae umfassen die rein afrikanischen Meerkatzen, die fossil kaum bekannt sind, die Paviane, einschließlich Drill, Mandrill und Dschelada, die afrikanische Felsen- und Steppenaffen sind, die afrikanischen Mangaben *(Cercocebus)* und die sehr artenreichen Makaken, die in Afrika nur im Atlas, in Europa auf Gibraltar vorkommen und sonst auf Asien beschränkt sind. Die Meerkatzen *(Cercopithecus, Erythrocebus)* sind kleine bis mittelgroße, hauptsächlich baum- und buschlebende Tiere. *Erythrocebus* (Husarenaffe) ist eine langgliedrige Steppenmeerkatze. Fossil sind Meerkatzen aus dem Pliozän Indiens (COLBERT 1935) bekannt, woraus hervorgeht, daß sie früher ein weiteres Verbreitungsgebiet hatten. Makaken sind aus dem europäischen Pleistozän gesichert; pliozäne Formen sind unsicher. Unklar sind die stammesgeschichtlichen Beziehungen zwischen den Makaken und den rezent auf Afrika beschränkten Pavianen. Die Paviane sind nach den Ponginae die größten Affen. *Dinopithecus* (Pleistozän, Südafrika) erreichte die Größe eines mittelstarken Gorilla (BROOM 1940). Eine vermittelnde Rolle zwischen Pavianen und Makaken spielen vielleicht die celebensischen Schopfpaviane *(Cynopithecus)*, die die für Paviane kennzeichnenden langen Kiefer besitzen und in anderen Merkmalen an Makaken erinnern. Diese Fragen können nur an Fossilmaterial gelöst werden. Zu den Pavianen gehört wohl sicher der kurzkieferige *Simopithecus* (Pleistozän, Ostafrika), der aber nicht als Vorfahrenform der rezenten langkieferigen Paviane angesehen werden darf. Aus dem Pleistozän sind *Parapapio* (Südafrika) sowie einige weitere systematisch noch unklare Gattungen nachgewiesen (vgl. REMANE 1956). Wichtig ist, daß aus dem Pleistozän von China und Indien Paviane bekannt sind, die jedoch stammesgeschichtlich ebenso wenig zu besagen haben wie die gleichzeitigen afrikanischen Formen. Die rezenten Pavianarten sind kaum älter als das Pleistozän.

Vielleicht wird es einmal möglich sein, anhand geologisch späten Materials die stammesgeschichtlichen Beziehungen zwischen den Pavianen *(Papio)* und *Theropithecus* (Dschelada) zu klären. Letzterer ist den Pavianen sicher nächstverwandt, aber doch durch einige Merkmale deutlich von ihnen geschieden.

Die Mangaben *(Cercocebus)* des tropischen Afrika sind fossil noch unbekannt.

Libypithecus aus dem ägyptischen Jungpliozän, der in einem gut erhaltenen Fundmaterial vorliegt, hatte etwa die Größe eines mittelgroßen Makaken. Habituell gleicht der Schädel wegen des relativ zum Hirnschädel kurzen Oberkiefers auch am meisten dem der Makaken und unterscheidet sich eben hierin von dem der Paviane. Die einmal vermutete Zugehörigkeit zu den Colobinae ist nicht wahrscheinlich. An dem durch B. K. SCHULTZ neu zusammengesetzten Schädel konnte ein Endokranialausguß hergestellt werden. Das sehr gut erhaltene Windungsbild ist von einem rezenten Cercopitheciden-Gehirn nicht unterscheidbar (T. EDINGER 1938).

Die zweite Linie der Cercopithecidae, die Colobinae (Schlankaffen), ist ebenfalls stammesgeschichtlich noch nicht zu verfolgen. Rezent kommen sie in Äquatorialafrika *(Colobus)* sowie in Vorder- und Hinterindien und auf den malayischen Inseln (nicht auf Celebes) vor, die in Untergattungen und zahlreiche Arten gegliedert sind. Obwohl an der Verwandtschaft der Colobinae untereinander kein Zweifel besteht, zeigen die Gattungen doch klare morphologische Unterschiede, die auf ein höheres Alter des Stammes und starke Spezialisation innerhalb der Unterfamilie schließen lassen. Es sind überwiegend Baumtiere, die zu Nahrungsspezialisten geworden sind (Blätter, Früchte, Rinde usw.). Damit hängt auch die kompliziertere Struktur des Magens und des Darmkanales zusammen. Bei den Cercopithecinae sind die Vorder- und Hinterextremitäten etwa gleich lang; bei den Colobinae sind die Beine länger. Eine Anpassung an das Baumleben ist die Reduktion des Daumens bis zu einem stummelartigen Rudiment bei *Colobus*. Einem Parallelfall sind wir bei *Ateles* begegnet. Der Schädel ist rund infolge des hohen Unterkiefers und des kurzen und hohen Gesichtsschädels sowie der Wölbung des Hirnschädels. Unter den rezenten Formen wird *Presbytis*, dem man nach FIEDLER (1956) *Semnopithecus* (Hulman), *Kasi* und *Trachypithecus* (Blätteraffen, Budeng) als Untergattungen zurechnen könnte, als der ursprünglichste angesehen. Eine Besonderheit ist bei *Rhinopithecus*, *Simias* und *Nasalis* (Nasenaffen) die vorspringende Weichteilnase, die bei den Männchen von *Nasalis* am größten wird und gurkenförmig erscheint. Die afrikanische Gattung *Colobus* ist sicher mit den indischen Formen verwandt, doch zeigt sie einige Besonderheiten (HILL 1952), die sie als stammesgeschichtlichen Seitenzweig erscheinen lassen.

Aus den altpliozänen Hipparionfaunen von Griechenland, Rumänien, Südrußland, Ungarn und Persien sind vollständige Skeletreste von *Mesopithecus pentelici* bekannt; vielleicht gehören einzelne Reste aus dem ostafrikanischen Miozän dieser Gattung an. *Mesopithecus* zeigt im Skelet Merkmale der Colobinae, so vor allem den runden Schädel, dessen Kiefer kurz sind, und die langen Hinterextremitäten. Der Daumen ist allerdings noch nicht in Rückbildung begriffen. Das schließt die Zuordnung zu den Colobinae nicht aus, da Kletteranpassungen stammesgeschichtlich rasch erworben worden sein können. Nach Vorkommen der Funde und ihrer Begleitfauna war *Mesopithecus* sicher nicht in dem Maße baumlebend wie die rezenten Colobinae. Das Gehirn, bekannt durch einen Steinkern (PIVETEAU 1957), zeigt das Furchenbild der Cercopitheciden. Die Einordnung von *Dolichopithecus* aus dem Jungpliozän und Ältestquartär Frankreichs bei den Colobinae ist noch unsicher. Im Gegensatz zu diesen ist der Kieferschädel sehr lang und erinnert an den der Paviane. Die Extremitäten sind kurz, ähnlich wie bei Makaken (DEPERET 1890).

Der zweite große Stamm der Affen der Alten Welt sind die Hominoidea. Sie müssen in primitivsten Formen noch im Oligozän entstanden sein. Ihre Formenstreuung setzte im Jungtertiär ein. Man rechnet die altoligozänen Parapithecidae schon zu den Hominoidea. Sie sind bisher nur durch einen gut erhaltenen Unterkiefer mit vollem Gebiß aus Ägypten (Fayum) bekannt. Unterkiefer und Gebiß zeigen eine Merkmalskombination, die *Parapithecus* ziemlich tief an den Ursprung der Catarrhinen heranführt. Er steht, unbeschadet der wechselnden Deutung einzelner Merkmale durch die jeweiligen Bearbeiter, im „Übergangsfeld" von Halbaffen und altweltlichen Simiae. Diese Situation sicherten dem Fund das Interesse aller Forschergenerationen seit seiner Entdeckung (SCHLOSSER, WERTH, ABEL, GREGORY, REMANE, LE GROS CLARK u. LEAKEY, HEBERER, KÄLIN u. a.). Eine abschließende phylogenetische Bewertung dieses bisher vereinzelten Fundes wird erst möglich sein, wenn der Oberschädel und das postkraniale Skelet bekannt sind. Der Unterkiefer, der eine offene Symphyse besitzen soll, ist etwa so groß wie der von *Saimiri*; das Tier war also klein. Der Winkelbereich der Mandibula ist niedrig, der Kronenfortsatz ist wenig ausgeprägt und nach hinten geneigt, der Gelenkfortsatz, der ein quergestelltes, walzenförmiges Gelenkköpfchen trägt, liegt tief, der Unterrand des Unterkiefers ist fast gerade. Die beiden Äste der Mandibel konvergieren nach vorne sehr stark, in einem Winkel von 33°, so daß die Schnauze spitz und der Hinterhauptsteil des Hirnschädels sehr breit gewesen sein muß. Die Zahnreihe ist geschlossen, die Zahnformel (2·1·2·3) des Unterkiefers entspricht der der catarrhinen Affen. Der erste Prämolar ist nicht caninisiert, d. h. eckzahnförmig geworden, der letzte nicht molarisiert. Diese Merkmale könnten, abgesehen von dem weiten Konvergenzwinkel, als primitive, noch halbäffische Züge gewertet werden, wie man sie an der Wurzel des Stammes der Catarrhina erwarten darf. Daneben treten Merkmale auf, die wohl als spezialisiert zu gelten haben, so daß *Parapithecus fraasi* nicht als direkte Stammform der catarrhinen Affen in Betracht kommt, wie neuerdings von KÄLIN (1958) wieder betont wurde. Der zweite Schneidezahn ist das höchste Element der Zahnreihe; beide Schneidezähne sind mäßig nach vorne geneigt. Dieser Gebißtypus ist auf das Erfassen kleiner Objekte (Früchte, Knospen, Insekten, Schnecken usw.) mit den Vorderzähnen spezialisiert. Man wollte darin ein an *Tarsius* erinnerndes Merkmal erblicken und ihm phylogenetischen Wert beimessen. Wir glauben, daß funktionell verständliche Konvergenz wahrscheinlicher angenommen werden kann und daß darin ein Ausdruck eines stammesgeschichtlichen Eigenweges (KÄLIN) zu erblicken ist. Die Molaren sind etwa quadratisch, quinquetuberculär (KÄLIN 1958) mit etwa gleich hohen, gerundeten Höckern. Während GREGORY (1951) und andere Forscher von dem Kronenmuster von *Parapithecus* einerseits die typische Bilophodontie der Cercopithecoidea, andererseits den Molarentypus der Hominoidea ableiten wollen, hat KÄLIN (1958) die Ansicht vertreten, daß der Ursprungszustand, der an der Wurzel der Hominoidea gefordert werden muß, bei der Form aus dem Fayum bereits überschritten sei. GREGORY (1951) meinte, in Anlehnung an einen Gedanken von SCHLOSSER, daß *Parapithecus* das derzeit beste Verbindungsglied zwischen Tarsiiformen und Altweltaffen sei. Dagegen stellte KÄLIN fest, daß *Parapithecus* an keine bekannte Halbaffenform, auch nicht an *Tarsius* angeschlossen werden könne. Da aus den gleichen Schichten auch *Propliopithecus* (vgl. S. 104) nachgewiesen ist, kann *Parapithecus* höchstens eine Konservativform sein, die in einigen Merkmalen der Ursprungsform der Hominoidea ähnlich blieb. Wir fassen deshalb (Abb. 20) *Parapithecus* als Vertreter eines Seitenzweiges auf, der aus einer solchen Formengruppe entsprang und einen phylogenetischen Eigenweg ging. Dafür scheint uns auch das sehr breite Hinterhaupt zu sprechen, auf das man aus der Stellung der Unterkieferäste zueinander schließen kann. Solange der Oberschädel unbekannt ist, kann nichts darüber ausgesagt werden. Demnach ist die Occipitalbreite und damit der Konvergenzwinkel des Unterkiefers als spezialisiertes Merkmal zu werten.

Das gleichaltrige Schädelfragment (Frontale) aus dem Fayum (SIMONS 1959) gehörte zu einem katarrhinen Affen, wie der Vorderteil des Endokranialausgusses beweist. Seine mögliche Zugehörigkeit zu einer bekannten Gattung ist gänzlich ungewiß.

HÜRZELER (1958, S. 33) hat neuerdings Zweifel an der Primaten-Natur von *Parapithecus* angemeldet, die uns nicht angezeigt erscheinen. Die stammesgeschichtliche Bedeutung, die man seinerzeit dieser Form zubilligte, hat sie aber nicht.

Die Hylobatidae (Gibbons) sind in ältesten Formen Zeitgenossen der Parapithecidae. Der Unterkiefer von *Propliopithecus haeckeli* wurde ebenfalls aus den altoligozänen Schichten des Fayum geborgen. Bekannt sind nur zwei

Unterkieferäste, denen die Schneidezahn-Kinnregion, der Gelenkfortsatz und der Winkelbereich fehlen. Das Tier war erheblich größer als *Parapithecus*, und der Unterkiefer ist kräftiger, der Kronenfortsatz ist breiter, steiler emporsteigend. Die beiden Unterkieferäste konvergieren nach vorn nicht so stark wie bei *Parapithecus*. Die Form des aufsteigenden Astes des Unterkiefers läßt vermuten, daß das Kiefergelenk höher über der Kaufläche des Unterkiefergebisses lag als bei *Parapithecus*. Im Verhältnis zur Mächtigkeit des Kiefers sind die Zähne klein (GREGORY). Der Eckzahn ist klein, ist aber der höchste Zahn der ganzen Zahnreihe. Über sein Größenverhältnis zu den Schneidezähnen wissen wir nichts Sicheres; es wird nur betont, daß auch sie klein waren. Zu dem durch *Propliopithecus* vertretenen Habitus würde es passen, wenn sie kleiner gewesen wären als der Eckzahn. Der erste Prämolar ist einspitzig, was als Beginn einer Caninisierung gedeutet wird, der zweite ist im Begriffe, molariform zu werden. Die Kronenmuster der Molaren zeigen Merkmale (LE GROS CLARK u. LEAKEY 1951), die an den tuberculosectorialen Typus von Halbaffen anklingen sollen; im besonderen erwähnen die beiden Autoren hier die Tarsiiformes und *Amphipithecus* (vgl. S. 100). KÄLIN (1958) weist auf die Ähnlichkeit der Molarenkronen von *Propliopithecus* mit denen von *Parapithecus* hin und schließt daraus, daß beide Gattungen von einer gemeinsamen primitiven Form entsprangen, die im Übergangsfeld von Halbaffen zu Altweltaffen stand. Im ganzen wird durch die Merkmale des Unterkiefers und des Gebisses klar, daß *Propliopithecus* differenzierter ist als *Parapithecus*. Wenn man ihn in die Hylobatidenlinie stellt, dann ist seine Ähnlichkeit mit *Pliopithecus* und *Limnopithecus* dafür maßgebend. REMANE (1956) hält diese Einreihung für verfrüht und vermutet, daß *Propliopithecus* in dem gemeinsamen Stamm noch vor der Abzweigung der Cercopithecoidea stehe. Die nächsten Funde stammen aus dem älteren (?) Miozän von Kenya. Die reichhaltigen Funde werden der für sie errichteten Gattung *Limnopithecus* zugerechnet, die *Propliopithecus* sehr nahesteht, so daß eine generische Vereinigung erwogen wird. Beschrieben ist eine kleinere Art *(L. legetet)*, die etwa die Größe eines Gibbons hat und im ganzen die primitivere ist und mehr an *Propliopithecus* erinnert, und eine große spezialisierte Art *(L. macinnesi)*. Sehr wichtig für die Beurteilung der hylobatinen Extremitätenspezialisation ist, daß das Extremitätenskelet von *Limnopithecus* sich durch die Kürze der vorderen und die cercopithecoiden Merkmale der hinteren Extremität auszeichnet. Die Tiere waren demnach keine schwingend-hangelnden Kletterer, wie es die rezenten Formen in extremer Weise sind. Arborikole Lebensweise als Greifkletterer kann ihnen zugebilligt werden. Die morphologischen Voraussetzungen für die bei den rezenten Gibbons gefundenen Spezialisationen waren vorhanden, so daß man darin einen präadaptativen Zustand erblicken kann.

In Europa schließt sich zeitlich *Pliopithecus* an die afrikanischen Formen an, die von zahlreichen mittel- bis jungmiozänen Fundorten (Deutschland, Österreich, ČSR, Frankreich, Schweiz) nachgewiesen ist. Außereuropäische Funde sind bisher umstritten worden. *Pliopithecus*, einschließlich *Epipliopithecus*, ist durch die Untersuchungen HÜRZELERs (1954) und das neue, aus Spaltenfüllungen (Neudorf an der March = Devinska Nova Ves, ČSR) von ZAPFE (1952, 1958) gewonnene und in vorläufigen Mitteilungen bearbeitete Material heute eine der bestbekannten fossilen Primatengattungen. Von *Pliopithecus* sind zahlreiche Arten beschrieben worden.

Daß *Pliopithecus* ein Hylobatide ist, war bereits den früheren Bearbeitern klar. Im Gebiß treten Spezialisationen insbesondere an den Molaren auf, die zeigen, daß er eine Eigenentwicklung ging, die aber nicht ausschließt, daß die zu *Hylobates* und *Symphalangus* führende Linie eine *Pliopithecus*-Phase durchlaufen hat. Ein direkter Anschluß scheint uns sehr unwahrscheinlich. Durch Zapfe ist von drei Individuen, die zu der neuerrichteten Untergattung *Epipliopithecus* gestellt werden, das postkraniale Skelet bekanntgeworden, das viele ursprüngliche Merkmale zeigt. Die Proportionen der Lendenwirbel stimmen mit denen der Cercopitheciden überein. Das Sacrum besteht nur aus drei Wirbelelementen. Das Sternum ist breit und flach und damit hominoid. Auch die Clavicula erinnert an die der Menschenaffen. Das Becken zeigt cercopithecoide Merkmale. Am Skelet der Extremitäten werden gibbonartige, cercopithecoide und z. T. halbäffische Merkmale beschrieben. Wesentlich sind die Längenverhältnisse der langen Knochen, die Zapfe mitteilt. Die verschiedenen Indices, die die Körperproportionen ausdrücken sollen (Zapfe 1958), liegen meist in den Werten, die auch bei Cercopitheciden gefunden werden. Das trifft auch für den Intermembralindex zu, denn *Pliopithecus* hat, verglichen mit *Hylobates*, etwa um ein Drittel kürzere Arme. Die Beinlänge stimmt dagegen fast genau überein. Die Körperproportionen der rezenten Gibbons sind demnach erst später entwickelt worden, was Schlosser für alle Menschenaffen bereits vermutet hatte. Ebenso wie *Limnopithecus* war demnach auch *Pliopithecus* kein schwingend-hangelnder Baumbewohner. Zapfe vermutet, daß *Pliopithecus* neben dem Baumleben auch bodenlebend war und sich hier nach der Art bodenlebender cercopithecoider Formen fortbewegte. Das reiche Vorkommen z. T. sehr vollständig erhaltener Skelete in den Spaltenfüllungen ist nur verständlich, wenn man annimmt, daß die Tiere sich auf dem Boden bewegten und vielleicht sogar in die Spalten hineinkletterten, in denen sie dann zugrunde gingen. In diesem Zusammenhang ist zu erwähnen, daß gerade die extrem an das Baumleben angepaßten *Hylobates*, *Symphalangus* und der ihnen entsprechende Typ in Südamerika, die Klammeraffen, häufig auf den Boden gehen, wo sie sich tetrapod und auffallend sicher und lang anhaltend auch aufrecht (biped) bewegen. Möglicherweise ist bei den Gibbons die bipede Fortbewegung auf dem Boden die ältere Art der Lokomotion als das schwingende Hangeln im Geäst. Der Schädel (Gesichtsschädel und Unterkiefer) ist groß und plump mit auffallender Interorbitalbreite, habituell ein Gibbonschädel.

Die rezenten Gattungen *Hylobates* und *Symphalangus* (Siamang), die Hinterindien, Malakka und die indomalayischen Inseln bewohnen, sind, wie pleistozäne Funde beweisen, die man diesen Gattungen zuzählen kann, früher weiter auf dem Kontinent verbreitet gewesen. Stammesgeschichtlich können die rezenten Formen nicht direkt angeschlossen werden.

Noch im jüngsten Oligozän muß, von einem ursprünglichen Formenkreis ausgehend, ein weiterer Stamm entwickelt worden sein, der die Ursprungsgruppe der Pongidae und Hominidae darstellte. Ob diese Gruppe auf die Hylobatidenlinie zurückging oder nicht, läßt sich mangels geeigneten Fossilmaterials nicht sicher entscheiden. Remane hält eine sehr frühe Abspaltung der Hylobatiden als eigene Linie für wahrscheinlicher. W. E. le Gros Clark u. Leakey (1951) formulieren vorsichtig die Möglichkeit, daß von *Limnopithecus* aus eine Evolutionslinie zu *Proconsul* führte, der schon ein typischer Pongide ist. Der neben *Proconsul* in gleichen Schichten gefundene *Limnopithecus* hätte dann als nur wenig weiterspezialisierte Ursprungsform neben ihrem eigenen Descendenten weitergelebt. Das ist möglich, aber nur anhand von Fossilmaterial beweisbar. Trifft die Ableitung der beiden Autoren zu, der sich auch HEBERER (1956) anschließt, dann hätte sich E. HAECKELs *Prohylobates*-Hypothese im wesentlichen bestätigen lassen. Wir müssen den Ursprung des Stammes der Pongidae ins jüngste Alttertiär verlegen, weil bereits im Alt- (Mittel- ?) Miozän höher entwickelte Menschenaffen auftreten (*Proconsul*), die zwar noch einige ursprüngliche Merkmale aufweisen, aber doch schon Pongiden sind. Die Funde sind zahlreich, aber nur selten so vollständig erhalten, daß sie ein genaueres Bild gestatten. Die systematische Gliederung dieser Formen, die die Mannigfaltigkeit eines in der Evolution befindlichen Stammes zeigen, und die vermutlichen stammesgeschichtlichen Beziehungen innerhalb des Formenkreises, sind deshalb noch sehr umstritten (HEBERER, KÄLIN, HÜRZELER, REMANE u. a.), worauf wir im einzelnen hier nicht eingehen können (vgl. Abb. 25).

Die Pongidae beginnen mit der sehr heterogenen Gruppe der „Dryopithecinae“, von denen man mit HEBERER (1956) die Proconsulinae als eigene Subfamilie abgliedern kann. LE GROS CLARK (1952) und KÄLIN (1955) haben diese Trennung bereits erwogen. Berechtigt ist sie einerseits, weil die Proconsuliae eine gut bekannte und scharf umgrenzbare Gruppe darstellen, und andererseits, weil die „Dryopithecinae“ wahrscheinlich verschiedene, sicher aber sehr unterschiedliche Stämme umfassen. Vielleicht stellen sie eine Evolutionsphase dar, die von mehreren Unterstämmen durchlaufen wurde, die jetzt aber noch nicht als Einzelstämme nachgewiesen werden können (SIMPSON 1945; GREGORY 1951; FIEDLER 1956). Sicher werden neue und bessere Funde zu einer weiteren Aufgliederung der „Dryopithecinae“ führen.

Unsere genaue Kenntnis der Proconsulinae beginnt mit den ersten Funden durch HOPWOOD im Jahre 1931. Seitdem wurde durch mehrere Forscher ein sehr großes Material geborgen und bearbeitet (HOPWOOD, LE GROS CLARK, LEAKEY, MCINNES), so daß wir über *Proconsul* gut orientiert sind. Die Funde sind wahrscheinlich altmiozänen Alters und stammen aus Kenya, besonders von der an Fossilfunden reichen Rusinga-Insel (Viktoria-See). Man unterscheidet drei Arten, von denen *africanus* kaum die Größe eines *Pan paniscus* (Zwergschimpanse), *major* aber die Größe eines Gorillas erreichen konnte. Die Gattung war also in der Größe extrem variabel, was bei der morphologischen Analyse unter dem Blickpunkt der Allometrie-Verhältnisse zu berücksichtigen ist. Der Schädel ist in einem sehr verdrückten und von LE GROS CLARK und später noch von ROBINSON rekonstruierten Stück von der kleinsten Art *africanus* bekannt. Die Rundung von Frontalregion und Schädeldach und die weit voneinander getrennten Temporallinien sind im Zusammenhang mit der Kleinheit des Tieres zu verstehen. Bei der großen Form *major* kann mit einer wesentlich flacheren Stirn und flachem Hirnschädel, der vielleicht eine Sagittalcrista besaß, gerechnet werden. Sicher war bei *major* ein erhebliches System des Sinus frontalis (Stirnhöhle) vorhanden; bei *africanus* ist ein solcher Sinus schon da, wenn auch wenig entwickelt. Auffallend und von den rezenten Zwergschimpansen — nur den können wir wegen der ungefähr gleichen Größe zum Vergleich heranziehen — verschieden ist die starke Prognathie. Auch wenn sie z. T. durch die Verdrückung verstärkt erscheinen mag, bleibt sie doch erheblich. Ebenso bemerkenswert ist die Einziehung des Nasion. Die Orbitae sind fast viereckig; das kann durch die Verdrückung nicht verursacht sein, ebensowenig die nach außen abfallende Querachse der Orbitae. Das Fehlen des Torus supraorbitalis kann wieder mit der Kleinheit des Individuums in Zusammenhang gebracht werden. Auffällig ist auch die weite Interorbitalbreite. Die Nasenöffnung erinnert teilweise an die der Cercopithecoidea. Habituell ist der Unterkiefer pongid, zeigt im einzelnen aber Merkmale, die an Vorfahrenstadien erinnern. So fehlt in der Kinnregion die Basalplatte, und die beiden Unterkieferäste konvergieren stark nach vorne. Die beiden Zahnreihen stehen parallel. In dem nur teilweise erhaltenen Endocranium ist ein unvollständiges Furchenbild erkennbar. Die Zentralfurche ist lang, die Frontallappen noch sehr wenig umfangreich. LE GROS CLARK u. LEAKEY betonen den cercopithecoiden Charakter des frontalen Furchenbildes. Im ganzen dürfte das Gehirn noch klein gewesen sein; die Schädelkapazität ist nicht bestimmbar. Das Gebiß ist entschieden primitiv-pongid. Die wenigen gefundenen Reste des postkranialen Skeletes zeigen, daß *Proconsul* entschieden leichter gebaut war, als man seiner Größe nach annehmen würde. Der Bau des Humerus und der Hand, des Femurs und der Fußwurzel zeigt, daß es tetrapode, vorwiegend bodenlebende Formen waren, mit beginnender Entwicklung von Merkmalen von Schwingkletterern (Brachiatoren); vgl. LE GROS CLARK u. LEAKEY (1951), NAPIER (1958).

Der Fuß war sehr wahrscheinlich plantigrad. Auf die Hinterbeine aufgerichtet, dürften die Tiere auf den Fersen gestanden sein, so daß eine Entwicklung der Bipedie von dem Fußtypus der Proconsulinae aus einen anderen Spezialisationsweg eingeschlagen hätte als der, der zu den Ponginae führte. Daher kommen LE GROS CLARK u. LEAKEY zu der Ansicht, daß sich der menschliche Fuß funktionell von dem der Proconsulinae ableiten ließe. Das würde wieder die Ursprünglichkeit dieser Formen erweisen, denn bei den rezenten Ponginae ist das Fußskelet stark spezialisiert und gestattet keine funktionellen Ableitungsmöglichkeiten des menschlichen Fußes. Im ganzen sind die Proconsulinae eine ursprüngliche Pongidengruppe. Das Vorkommen der Proconsulinae zusammen mit *Limnopithecus*, einem Hylobatiden, und *Sivapithecus*, einem ,,Dryopithecinen'', zeigt jedenfalls, daß der Ursprung der Hominoidea im gesamten früher anzusetzen ist. Damit würde die basale Radiation der Hominoidea ins Oligozän, ihre Hauptblüte ins Jungtertiär gefallen sein. Das stimmt wieder überein mit dem S. 105 zur Evolution der Hylobatiden und S. 107 über *Oreopithecus* Gesagten.

Die ,,Dryopithecinae'' sind eine Sammelgruppe, die bei weiter fortschreitender Kenntnis der Fossilformen in mehrere Unterfamilien zerfallen wird. Die weitest verbreitete Gattung ist *Sivapithecus* mit zahlreichen, z. T. noch fraglichen Arten, die ursprünglich aus den jungtertiären Siwalik-Schichten Indiens beschrieben wurde und seither auch in miozänen Ablagerungen Ostafrikas gemeinsam mit *Proconsul* und in miozänen Schichten Europas gefunden wurde.

Sivapithecus war entschieden ein Pongide, der die Größe eines erwachsenen Schimpansen erreichte. Bekannt sind nur Kieferreste, die ein gutes Bild des Gebisses sowie des Unterkiefers ermöglichen. Oberkieferfragmente sind ebenfalls bekannt, aber sie gestatten nur eine Rekonstruktion des vorderen Kieferschädels. Das Gebiß zeigt im ganzen einen primitiven Dryopithecinencharakter. Ältere Autoren (PILGRIM) haben auf Ähnlichkeiten mit Hominiden Wert gelegt, die stammesgeschichtlich jedenfalls ohne Bedeutung sind. Wichtiger sind jedenfalls Ähnlichkeiten mit dem Orang, so daß man jetzt *Sivapithecus (Palaeosimia)* in die

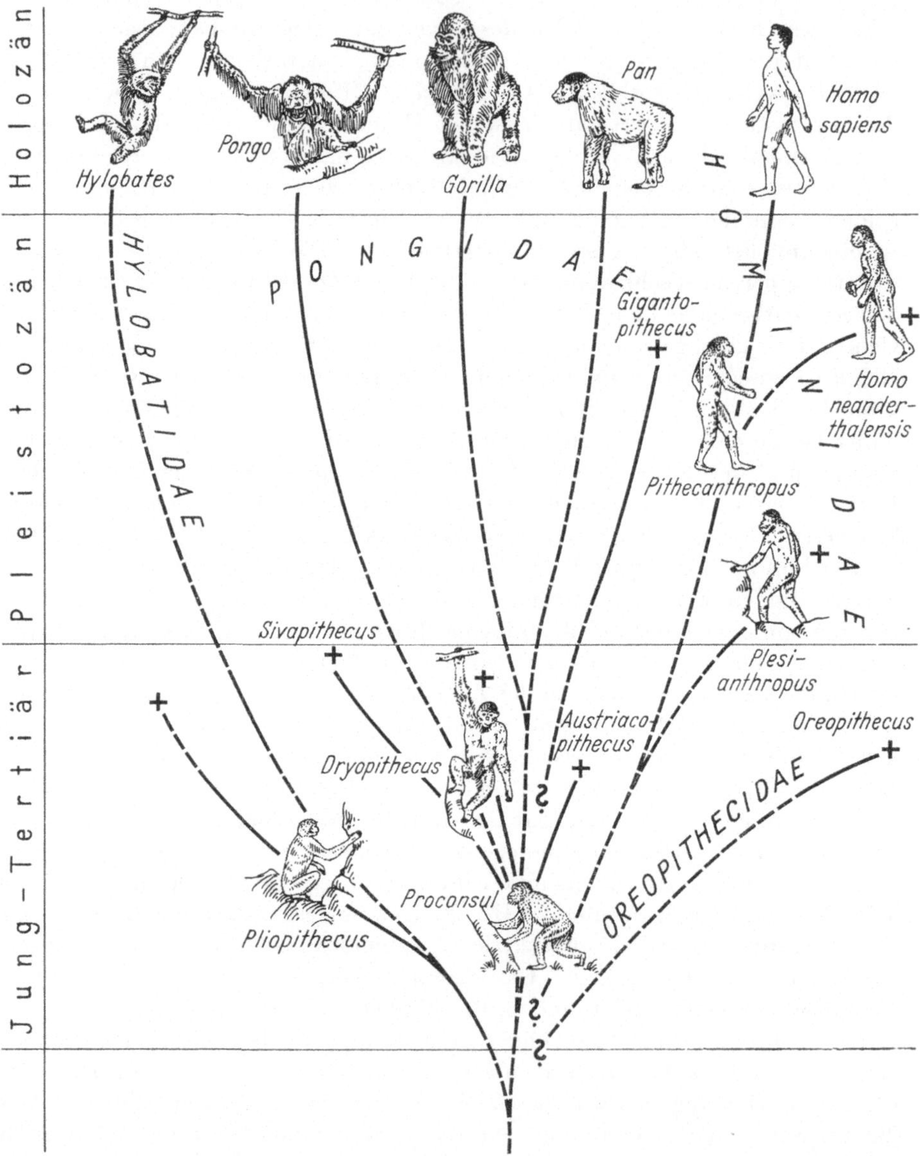

Abb. 25. Evolution der Primaten II (Hominoidea Simpson). Die Oreopithecidae werden als eigener, blind endender Stamm der Hominoidea angesehen, der sich bereits im Oligozän von den übrigen Primaten getrennt hat. Für die Pongiden ist die Radiation im Miozän deutlich. Australopithecinen (*Plesianthropus* = *Australopithecus*) und die „kaltzeitlichen" Neandertaler sind Seitenstämme innerhalb der Hominidae. (Original Thenius)

Evolutionslinie dieses Menschenaffen stellt. Diese Ähnlichkeit ist bei den einzelnen Arten verschieden deutlich ausgeprägt.

Aus den Siwalikschichten sind noch drei weitere Gattungen von Dryopitheeinen beschrieben worden (*Bramapithecus, Ramapithecus, Sugrivapithecus*), die man als typische Pongiden aufzufassen hat, auch wenn sich im Gebiß Merkmale finden, die an Hominiden erinnern. Der „Mosaik-Modus" der Evolution (S. 24) macht solche Spezialisationskreuzungen der Evolution durchaus verständlich. Leider sind diese Formen nur in wenigen Bruchstücken bekannt, so daß man sie noch nicht in bestimmte phylogenetische Beziehungen setzen kann. Sie zeigen aber, daß im Jungtertiär die Pongiden im vollen Aufbruch ihrer Evolution standen, wodurch einerseits die Formenmannigfaltigkeit verständlich ist, andererseits aber auch die noch nicht immer scharfe Ausprägung dieser frühen Formen erklärlich ist. Die evolutive Phase dürfte mit dem jüngeren Pliozän im wesentlichen beendet gewesen sein. Leider liegen nur ganz spärliche Reste vom Extremitätenskelet der Dryopithecinen vor, so daß wir darüber noch kaum Kenntnis besitzen. Ein unvollständiger Humerus, der auf *Dryopithecus* bezogen wird, aus dem französischen Miozän und außerdem ein beschädigter Humerus und eine Ulna aus dem Mittelmiozän von Österreich, die als *Austriacopithecus weinfurteri* beschrieben wurden (EHRENBERG 1938), sind die einzigen Extremitätenreste. Letztere zeigen nach EHRENBERG eine Mischung von anthropomorphen (hominoiden) und cynomorphen (cercopithecoiden) Merkmalen, die nach THENIUS (1954) nicht phylogenetisch zu interpretieren ist, sondern dadurch, daß es sich bei *Austriacopithecus* um einen nicht brachiatorischen Pongiden handelt. Dies wird — abgesehen vom anatomischen Befund — durch Vorkommen und Begleitfauna (Savannenformen) bekräftigt. Auch der auf *Dryopithecus fontani* bezogene Humerus stammt von einem noch nicht zum typischen Schwingkletterer gewordenen Pongiden (LE GROS CLARK u. LEAKEY 1951, HEBERER 1956).

Dryopithecus ist aus dem Miozän und Pliozän von Westeuropa bis Ostasien bekanntgeworden. Der klassische *Dryopithecus*, der für die ganze Unterfamilie den Namen gab, ist jedoch der europäische. Er ist in mehreren Arten aus Frankreich, Spanien, Südwestdeutschland und Österreich nachgewiesen. Bekannt sind einige Unterkiefer und zahlreiche Zähne sowie die erwähnten Extremitätenreste. Das Bild, das wir uns von *Dryopithecus* machen können, ist demnach sehr unvollständig. Nach den Unterkiefern handelt es sich um einen Pongiden, der die Größe eines Schimpansen erreichte, jedoch vermutlich graziler war. Im Gebiß fällt der große Caninus, die kleinen Incisiven und eine besondere Form der Molarenkronen auf, die GREGORY als „*Dryopithecus*-Muster" beschrieben hat. Dabei verlaufen Furchen zwischen den Höckern der Krone in Form eines doppelten Ypsilon. Dieses Kronenmuster ist bei den Hominoidea weit verbreitet. Es kommt auch den Hominiden zu; da diese sich aber nicht von Dryopitheciden ableiten lassen, ist es wahrscheinlich von gemeinsamen Vorfahren übernommen (HEBERER) oder eigenständig erworben; die Entscheidung wird an Fossilmaterial gefällt werden. Der Unterkiefer zeigt eine sehr schräggestellte Symphyse, eine Basalplatte und im ganzen eine Form, die etwa zwischen Gorilla und Schimpansen steht. Man hat auch versucht, stammesgeschichtliche Beziehungen zu diesen herzustellen, besonders wurde dabei an den Gorilla gedacht, doch sind solche Versuche anhand des bisher vorhandenen Materials wenig aussichtsreich.

Aus der pliozänen Sinapserie von Anatolien ist ein weiterer Dryopithecine als *Ankarapithecus meteai* beschrieben worden (OZANSOY 1957).

Aus altpliozänen Anteilen der Siwalikschichten wurde ein auffallend großer unterer Molar als *Dryopithecus giganteus* von PILGRIM beschrieben, der später zu

Sivapithecus gestellt wurde. v. KOENIGSWALD (1949) basierte auf ihm das neue Genus *Indopithecus* und vermutet (1952) phylogenetische Beziehungen zu dem bereits früher beschriebenen pleistozänen *Gigantopithecus blacki* (vgl. dagegen HOOIJER 1951). Von dieser Form, deren Backenzähne jene des Gorillas noch an Größe übertreffen — nach REMANE (1956) liegen sie jedoch noch in der Variationsbreite der Backenzähne des Gorillas —, liegen seit kurzem auch Unterkieferreste vor. Damit ist nicht nur die Herkunft und das geologische Alter, sondern auch die systematische Zugehörigkeit von *Gigantopithecus* geklärt. Dies ist von Wichtigkeit, denn im Anschluß an WEIDENREICH (1945) wurde *Gigantopithecus*, der nur durch isolierte Molaren bekannt war, die aus chinesischen Apotheken stammten, von verschiedenen Autoren als hominide Gigantenform angesehen, was zu einer mehrjährigen Diskussion des „Gigantenproblems" führte. In der Hominidenlinie war eine Gigantenform im höchsten Grade unwahrscheinlich, so daß viele Autoren damals schon in *Gigantopithecus* eine pongide Großform vermuteten (v. KOENIGSWALD 1935, REMANE 1956, HERRE 1951 u. a.). Die jetzt vorliegenden Reste beweisen, daß *Gigantopithecus* ein spezialisierter Pongide ist; auffallend sind die hypsodonten Molaren. *Gigantopithecus* findet sich in südchinesischen Höhlen zusammen mit der altpleistozänen *Stegodon-Ailuropoda*-Fauna (PEI u. LI 1958).

Die Ponginae *(Pongo, Pan, Gorilla)* sind bisher nicht aus präquartären Schichten bekanntgeworden. Die rezenten Formen sind Relikte, die auf die Formenstreuung der „Dryopithecinen" zurückgehen. Vom Orang ist immer schon eine stammesgeschichtliche Beziehung zu der *Sivapithecus*-Gruppe der „Dryopithecinen" vermutet worden, die auch sehr wahrscheinlich ist. Jedenfalls kann man aus vergleichend anatomischen Gründen annehmen, daß der Orang früher als die beiden anderen rezenten Gattungen der Menschenaffen sich eigenständig entwickelte. Pleistozäne Funde stammen vom ostasiatischen Festland und auch von Java, also von Gebieten, wo er heute nicht mehr vorkommt. Die pleistozänen Formen waren spezialisierter und größer als die rezenten, die kleine Inselformen sind. Unter den rezenten Menschenaffen ist der Orang am ausgesprochensten arborikol. *Pan* und *Gorilla* entstammen einem gemeinsamen Stamm und dürften sich schon im Jungtertiär, spätestens mit dem Beginn des Pleistozäns voneinander getrennt haben (s. Abb. 25). Ihre Ausgangsform, die noch unbekannt ist, war ebenfalls arborikol. Der Schimpanse bewegt sich im Geäst schwingkletternd und auf dem Boden tetrapod oder geschickt biped, z. B. bei Imponiertänzen. Die gelegentliche Bipedie ist bei ihm vielleicht nicht so ausgeprägt wie beim Gorilla. Beim Gorilla ist der Sexualdimorphismus stärker als beim Schimpansen; alte Männchen sind Giganten, die bodenlebend sind. Sie erreichen Gewichte von 250—270 kg und sind deshalb für das Baumleben zu schwer. Weibchen und Jungtiere dagegen pflegen die Nächte im Geäst in Schlafnestern zu verbringen. Zum Unterschied vom Schimpansen, der eine schmale lange Hand besitzt, die als Greifhaken verwendet wird, ist die Hand des Gorillas breiter und gedrungener mit relativ kürzeren Fingern. Daraus kann man schließen, daß die arborikole Phase ihrer Vorfahren nicht lange währte, so daß keine Spezialanpassungen erworben wurden. Der Fuß des Gorillas ist nur von einem äffischen Greiffuß ableitbar, mit stark nach medial abstehender Großzehe. Bei Jungtieren, besonders beim Neugeborenen, ist der Fuß noch ein reines Greiforgan.

Früher versuchte man den Bau des menschlichen Fußes von dem des Berggorillas abzuleiten, wobei man sich auf einen Gipsabguß eines Fußes dieser Form stützte, bei dem die Großzehe an die anderen Zehen herangedrückt worden war, so daß eine grobe Ähnlichkeit mit einem menschlichen Fuß entstand. SCHULTZ und KÄLIN[1] konnten aber zeigen, daß der Fuß des Berggorillas ebensowenig Ähnlichkeit mit dem des Menschen hat wie der des Tieflandgorillas. Wie bereits betont (vgl. S. 107), ist der Fuß der rezenten Pongiden schon zu sehr spezialisiert, um als Ausgangsstadium für die Ableitung des menschlichen Fußes zu dienen.

Die beiden Formen des Gorillas („Berggorilla" = östlicher Gorilla, *Gorilla beringei*; „Tieflandgorilla" = westlicher Gorilla, *Gorilla gorilla*) sind wohl nur Subspecies einer Art.

Vom Schimpansen *(Pan)* sind zahlreiche Arten beschrieben worden, die nur als Lokalrassen oder Varietäten gelten können. Heute unterscheidet man nur die große Form *Pan troglodytes* und die kleine Form *Pan paniscus* („Bonobo", Zwergschimpanse), die südlich des Kongo-Bogens vorkommt. TRATZ u. HECK (1954) wollten dem Bonobo den Rang einer eigenen Gattung zubilligen, was von A. H. SCHULTZ (1954) überzeugend widerlegt wurde.

Oreopithecus bambolii hat innerhalb der Hominoidea den Rang einer eigenen Familie, die neben den Pongidae und Hominidae steht. *Oreopithecus bambolii* stammt aus dem älteren Pliozän (Miocène supérieur der französischen Autoren) der Toskana (Grosseto-Lignite), von dem dank der Initiative von J. HÜRZELER (Basel) in den letzten Jahren ein reiches Material, darunter auch ein weitgehend vollständiges, leider stark verquetschtes Skelet, geborgen werden konnte, nachdem die ersten Funde bereits vor 80 Jahren gefunden und beschrieben worden waren. *Oreopithecus* ist bisher nur von diesem Fundort bekannt. Aus der Begleitfauna und der noch wenig bekannten Begleitflora geht hervor, daß *Oreopithecus* in Sumpfwäldern lebte.

Um die systematische und stammesgeschichtliche Deutung von *Oreopithecus* hat sich im Anschluß an die ersten Untersuchungen von HÜRZELER (1949, 1951, 1956, 1958) eine lebhafte, heute noch nicht beendete Diskussion erhoben (BREITINGER 1959; BUTLER u. MILLS 1959; HEBERER 1952, 1956, 1959; KÄLIN 1955; REMANE 1955, 1956; A. H. SCHULTZ 1960; THENIUS 1958 u. a.), die sich erst entscheiden wird, bis die endgültige Bearbeitung von HÜRZELER vorliegt. Die ersten Funde wurden von älteren Autoren (GREGORY 1920) in Beziehung zu Cercopitheciden oder Pongiden (SCHWALBE 1915) gebracht oder als intermediäre Form zwischen beiden angesehen. SIMPSON (1945) betrachtet *Oreopithecus* als Vertreter einer noch unsicheren Unterfamilie der Cercopithecoidea. HÜRZELER hat dann *Oreopithecus* als hominide Form aufgefaßt. Damit würde sich, wie HEBERER und REMANE (1955, 1956) hervorhoben, das Evolutionsbild der Hominidenlinie erheblich verschieben, denn bisher sind die ältesten Reste von Hominiden, die südafrikanischen Australopithecinen, aus dem ältesten Pleistozän bekannt; sie sind demnach nicht älter als 1 Million Jahre. Wäre *Oreopithecus* ein subhumaner Hominide, denn nur ein solcher könnte es sein, dann wäre dieser Stamm 5—10 Millionen Jahre alt. Nach

[1] Wir danken den Herren Prof. A. H. SCHULTZ (Zürich) und Prof. J. KÄLIN (Fribourg) für Mitteilungen über noch laufende Untersuchungen.

bereits veröffentlichten Abbildungen des wichtigen Fundes[1], der Schädel und Skelet leidlich erhalten zeigt, ist *Oreopithecus* zu sehr einseitig spezialisiert, als daß er in die subhumane Hominidengruppe, die postuliert wird, fossil aber noch nicht belegt ist, eingeordnet werden könnte. Nach der letzten Mitteilung von A. H. Schultz (1960) hatte *Oreopithecus*, der habituell an einen Schimpansen erinnert, ein Körpergewicht von etwa 40 kg (männliche Schimpansen haben 30—50 kg Körpergewicht). Die Rumpflänge betrug etwa 460 mm, was wieder ungefähr in den Werten der Menschenaffen, ausschließlich Gorilla, liegt. Ähnliche Werte hat A. H. Schultz auch für männliche *Presbytis entellus* und *Nasalis larvatus* angegeben, die aber aus anderen Gründen für einen Vergleich mit *Oreopithecus* nicht in Frage kommen. Nach dem Becken und dem Thorax kann mit Sicherheit geschlossen werden, daß der Rumpf breit war. Vor allem die gut erhaltene zweite Rippe, deren Collum genau wie bei den Hominoiden gegen das Corpus abgewinkelt ist, sowie das breite Becken beweisen dies. Es waren nur fünf Lendenwirbel vorhanden. Die Längenverhältnisse der Arme und Beine, die Oberschenkel sind kurz, die Arme lang, erinnern an die des Gorillas. Leider ist das Skelet der Hand noch nicht näher bekannt. Wir teilen die Ansicht von A. H. Schultz (1960), nach der *Oreopithecus* arborikol war, und zwar vermutlich langsam schwingkletternd sich fortbewegte. Zur Frage der Lebensweise wird das Skelet der Hand Aufschlüsse geben können. Im Zusammenhang mit dem neuen Fund, der einem männlichen Individuum zugehört, ist die Frage aufgeworfen worden, ob Anpassungen an Bipedie vorhanden wären. Gegen eine Dauerbipedie spricht das Vorkommen in Sumpfwäldern (vgl. Thenius 1958). Gelegentliche bipede Fortbewegung kann dagegen nicht ausgeschlossen werden. Am Beispiele der Gibbons und Klammeraffen sehen wir, daß diese extrem arborikolen Tiere sich sehr geschickt, sicher und lange, aber nicht ausschließlich biped bewegen können.

Von besonderer Bedeutung ist der Schädel. Die letzten Funde werden zu seiner genaueren Kenntnis noch beitragen. Der Schädel (maximale Länge 12,5 cm; Hürzeler 1958) ist auffallend klein. Eine Crista sagittalis fehlt, der Nackenkamm ist nur mäßig entwickelt. Das spricht für eine schwach entfaltete Kaumuskulatur. Dem entspricht auch der eigenartig grazile und kurze Kieferschädel, der vermutlich keinen massiven Belastungen ausgesetzt war. Damit könnten die kaum angedeuteten Tori supraorbitales im Zusammenhang stehen, deren Entfaltung man mit der Kieferfunktion in Konnex bringt. Mit Recht sagt Hürzeler (1958), daß unter allen nicht hominiden Hominoidea *Oreopithecus* den kürzesten Gesichtsschädel habe. Darin hat man, mit Hürzeler, ein abgeleitetes Merkmal zu erblicken. Sehr bemerkenswert ist auch das tiefe, gerundete Kinn. Leider ist nichts über die Schädelbasis und das Endocranium bekannt.

Interessant ist das Gebiß, schon deshalb, weil Hürzeler ursprünglich darauf sein Urteil gründete und *Oreopithecus bambolii* zu den Hominiden stellte, Remane hingegen diese Art in die Verwandtschaft der Cercopithecoiden verwies. Dies ergibt sich aus der verschiedenen Bewertung der Einzelmerkmale, indem ursprüngliche neben stark spezialisierten Charakteren (z. B. zweischneidige Oberkieferincisiven) vorhanden sind.

[1] Wir danken Herrn Dr. Hürzeler, der uns die Möglichkeit gab, das Originalmaterial zu sehen, und uns auf manche Einzelheiten hinwies. Wir wollen seiner Bearbeitung der Funde nicht vorgreifen und stützen uns deshalb nur auf die bereits veröffentlichten Angaben.

Wie BUTLER u. MILLS (1959) auf Grund einer erneuten Untersuchung des Oberkiefergebisses überzeugend zeigen konnten, kann *Oreopithecus* weder zu den Cercopithecoiden noch zu den Pongiden (entfernte Ähnlichkeiten mit *Proconsul* bestehen), noch zu den Hominiden gestellt werden. Diese Art zeigt sehr primitive, an Tarsiiformes erinnernde Merkmale, die als Erbe einer gemeinsamen catarrhinen Vorfahrengruppe anzusehen sind. Sie waren für REMANEs Untersuchungsergebnis entscheidend. Die spezialisierten Merkmale (Kürze des Gesichtes, Incisiven usw.) seien erworben worden, nachdem *Oreopithecus* sich von der gemeinsamen Stammgruppe getrennt habe. *Oreopithecus* kann daher nur als Endform einer vermutlich seit dem Oligozän unabhängigen Seitenlinie aufgefaßt werden, die für die menschliche Stammesgeschichte ohne Bedeutung ist. Dieser Situation entspricht am besten ihre Einstufung als Vertreter einer eigenen Familie innerhalb der Hominoidea (vgl. SCHWALBE 1915, KÄLIN 1955, THENIUS 1960, A. H. SCHULTZ 1960) (s. Abb. 25).

Die Darstellung der menschlichen Stammesgeschichte ist hier nicht vorgesehen. Bis zum zweiten Weltkriege vermutete man, daß die Hominiden nächstverwandt mit dem Gorilla-Schimpansen-Stock seien (Summoprimaten im Sinne WEINERTs). Die bis dahin vorliegenden Funde südafrikanischer Australopitheciden faßte man meist als Pongidenreste auf. Der erste Fund war der berühmte Kinderschädel von Taung im Betschuanaland (DART 1925), der zwar sensationell war, aber eben weil es ein infantiles Individuum war, kein abschließendes Urteil gestattete. Der Initiative R. BROOMs ist es zu verdanken, daß nach dem Kriege mit höchster Intensität weitergesucht und ein sehr großes Material von Australopitheciden gefunden werden konnte. Zeitlich liegen die Funde im Altpleistozän (HOWELL 1955, KURTEN 1957). Den Arbeiten von BROOM, DART, LE GROS CLARK, ROBINSON und SCHEPERS ist es zu danken, daß wir heute wissen, daß die Australopitheciden die ersten bekannten Hominiden sind, die noch als prähominin (HEBERER) zu bezeichnen sind. Die stammesgeschichtliche Entwicklung der Hominiden vollzog sich von da ab in der Zeitspanne von einer Million Jahre mit unerhörter Schnelligkeit. Wie die Stammesgeschichte bis zu den Australopitheciden verlief und wo im Stamme der Catarrhina die zu den Hominiden führende Linie verwurzelt ist, entzieht sich vorläufig noch unserer Kenntnis, da jegliches Fossildokument fehlt.

„Pelzflatterer“ oder Riesengleitflieger (Dermoptera)

Die „Pelzflatterer“ sind heute nur mehr durch eine Gattung *(Cynocephalus = „Galeopithecus“)* mit zwei Untergattungen vertreten, die auf die Urwälder Südostasiens (südliches China, Hinterindien, Indonesien, Philippinen) beschränkt sind. Die Tiere sind herbivor. Ursprünglich nahm man verwandtschaftliche Beziehungen zu den Fledermäusen oder den Lemuren („fliegende Lemuren“, *Galeopithecus*) an, die sicher nicht bestehen. Die Dermoptera sind Gleitflieger, nicht Flatterflieger wie die Fledertiere und besitzen daher eine anders entwickelte Flughaut. Die Ausdehnung derselben ist zwar geringer als bei den Fledertieren, aber umfangreicher als bei allen übrigen zum Gleitflug befähigten Säugern. Das Propatagium erstreckt sich zwischen Kopf, Hals und Vorderrand der Vordergliedmaßen und schließt die Finger bis zu den Krallen ein. Das Plagiopatagium spannt sich zwischen Rumpf-, Vorder- und Hintergliedmaßen aus und das Uropatagium erstreckt sich von den Hintergliedmaßen bis zur Schwanzspitze.

Die bisher nur spärlichen Fossilfunde konnten die Herkunft der Dermoptera nicht klären, doch zeigen sie, daß es sich um eine geologisch sehr alte Gruppe handelt, die sich frühzeitig, mindestens schon im Paleozän, aus Insectivoren entwickelt hat. Fossil liegen Kieferreste mit Zähnen aus dem Paleozän (*Planetetherium*) und Alteozän (*Plagiomene*) vor, die MATTHEW (1918) und SIMPSON (1928) in die Verwandtschaft der Dermoptera stellen. Sie werden als eigene Familie (Plagiomenidae) den Cynocephalidae zur Seite gestellt. Mandibular- und Maxillarmolaren sind bei den fossilen und rezenten Gattungen nach dem gleichen Schema (dilambdodont) gebaut, doch verhalten sich die Fossilformen hinsichtlich der Zahnzahl und des Reduktionsgrades der Prämolaren etwas ursprünglicher. Die Incisiven von *Planetetherium* besitzen kleine Höcker an den Schneiden, die als Ausgangsstadium der zu Kammzähnen umgestalteten Schneidezähne von *Cynocephalus* angesehen werden können. Die Schneidezähne des Unterkiefers sind bei den rezenten Formen zu breiten, horizontalgestellten Schaufeln geworden, deren Schneiden in mehrere nach vorne gewendete Zinken aufgelöst sind. Diese Kammzähne sind ein diagnostisches Kennzeichen von *Cynocephalus*.

Im Schädel und Molarengebiß bestehen noch die meisten Anklänge an Insectivoren. GREGORY (1910) hat daher die „Pelzflatterer“ auch mit den Menotyphla, Chiroptera und Primaten als Archonta zusammengefaßt, eine Überordnung, die BUTLER (1956) in etwas engerem Umfange verwendet, indem er die Chiropteren nicht einbezieht. Die Abtrennung der Dermoptera als eigene Ordnung, die das heutige System vorsieht, ist durch ihre morphologischen Besonderheiten und ihr hohes stammesgeschichtliches Alter gerechtfertigt.

Fleder- oder Flattertiere (Chiroptera)

Die Flattertiere weichen durch ihre fliegende Lebensweise und die damit verknüpften anatomischen Merkmale stark von den übrigen Säugetieren ab. Nachdem man sie ursprünglich für eine besondere Art von Vögeln gehalten hatte und sie LINNÉ als Primaten klassifizierte, werden sie gegenwärtig als eigene Ordnung Chiroptera von den übrigen Säugetieren abgetrennt. Dank ihrer mit dem Erwerb des Flugvermögens in Zusammenhang stehenden Besonderheiten bilden sie eine fest umrissene Säugetierordnung, unter denen einerseits die Fledermäuse (Microchiroptera), andererseits die Flughunde (Megachiroptera) zwei große Einheiten bilden.

Eines der wesentlichsten stammesgeschichtlichen Probleme bildet die Entstehung des Flatterfluges[1]. Von den Fledertieren abgesehen, existieren unter den rezenten Säugetieren verschiedene Formen mit Flugeinrichtungen. Sämtliche dieser Arten sind jedoch keine aktiven Flatterflieger, sondern nur Gleitflieger, die mit Hilfe von seitlichen Hautfalten mehr oder weniger weite Strecken in schrägem Gleitfluge zurücklegen können (Pelzflatterer, Flughörnchen, Dornschwanzhörnchen, Flugbeutler). Keine von diesen Formen kann als Modell der Vorstufe des Fledermausfluges angesehen werden, da keine ein Chiropatagium besitzt. Wohl besteht kein Zweifel darüber, die Fledertiere von arborikolen Formen abzuleiten, doch stellen sich selbst der hypothetischen Konstruktion von flugfähigen

[1] Dem Ausdruck Flatterflug haftet — wie EISENTRAUT (1957) mit Recht hervorhebt — eine gewisse abfällige Beurteilung des Flugvermögens an, die jedoch völlig fehl am Platze ist. Schon aus diesem Grund ist die Bezeichnung Fledertiere bzw. Handflügler vorzuziehen.

Zwischenformen Schwierigkeiten entgegen. Leider geben die Fossilfunde über diese Frage keinen Aufschluß. Die ältesten Funde stammen bereits von typischen Flatterfliegern mit einem wohlentwickelten Chiropatagium. Auch die Ontogenese zeigt nur, daß es bei den Embryonen zuerst zu seitlichen Anlagen von Hautfalten kommt, später zu deren Ausdehnung und zum Längenwachstum der Fingerknochen, das auch noch nach der Geburt vor sich geht. Immerhin kann daher angenommen werden, daß die Umbildung der Vorderextremität zum Flugapparat — geologisch gesehen — außerordentlich rasch erfolgte.

Aber nicht nur hinsichtlich ihres Flatterfluges zählen die Fledertiere zu den interessantesten Säugetieren. Ihre erstaunliche Orientierungsfähigkeit hat gezeigt, daß sie mit Ultraschall (30000—70000 Schwingungen pro Sekunde) arbeiten, indem sie beim Flug ständig hohe, für das menschliche Ohr nicht wahrnehmbare Töne ausstoßen, deren Echo von den meist mit großen Ohrmuscheln versehenen Ohren aufgenommen wird. Die Nasenaufsätze bestimmter Formen dienen anscheinend dazu, dem Schall eine bestimmte Richtung zu geben. Diese Echopeilung, die erst vor wenigen Jahren erkannt wurde (Griffin u. Galambos 1941, Dijkgraaf 1946), gibt den Fledertieren nicht nur die Möglichkeit, in total dunklen Höhlen zu fliegen, sondern auch ihre Nahrung sicher zu erbeuten. Fledermäuse sind also ausgesprochene Ohrentiere, während die großen Flughunde als Dämmerungsflieger Augentiere sind. Höhlenbewohnende Flughunde (*Rousettus*) orientieren sich allerdings auch mittels Echopeilung. Daneben sind besonders Geruch- und Temperatursinn entwickelt, wie zahlreiche Untersuchungen erbracht haben. Interessant ist, daß man nach der Ultraschallorientierung zwei verschiedene Typen (Vespertilionidae und Rhinolophidae) unterscheiden kann.

Erstaunlich ist weiters die Formenfülle unter den lebenden Fledertieren, besonders innerhalb der Fledermäuse. Bekanntlich sind geologisch alte Gruppen, und als solche sind sie nach Organisation und erstmaligem Auftreten zu betrachten, in der Gegenwart nur durch wenige, deutlich voneinander getrennte Arten vertreten. Anders bei den Fledertieren, die gegenwärtig in einer derartigen Artenfülle (fast 1000 Arten) existieren, daß von einer Wiederholungsblüte (Hofer) gesprochen wurde, womit eine sekundäre Entfaltungsperiode gemeint ist, die sich bei den Fledermäusen am ehesten durch die Ausnützung des Lebensraumes bzw. durch ihr Orientierungsvermögen erklären läßt, indem die Fledertiere Dämmerungs- und nächtliche Flieger unter den Säugern sind. Die einzigen als Nahrungskonkurrenten in Betracht kommenden Vögel sind — mit wenigen Ausnahmen — Tagtiere.

Dies hat nicht nur zu den insektenfressenden Typen, sondern auch zu den blutsaugenden, frucht-, pollen- und nektarfressenden sowie blütenbestäubenden Fledertieren geführt, die zu den spezialisiertesten Chiropteren gehören, wie die lange Zunge, die stark verlängerten Kiefer mit weitgehend reduziertem Backenzahngebiß usw. erkennen lassen. Interessant ist, daß ausgesprochen chiropterophile Pflanzen reine Nachtblüher sind, denen leuchtende Blütenfarben meist fehlen und die einen starken Duft ausströmen.

Die wesentlichsten Kennzeichen der Fledertiere liegen in den zu Flügeln umgestalteten Vordergliedmaßen, zwischen deren, mit Ausnahme des Daumens, stark verlängerten Fingern eine Flughaut (Chiropatagium) ausgespannt ist, die seitlich vom Rumpf (Plagiopatagium) bis zu den Hintergliedmaßen reicht und auch den

Schwanz umschließen kann (Uropatagium). Ein zwischen Hals und Vorderextremitäten liegendes Propatagium ist ebenfalls charakteristisch, und gelegentlich greift die Flughaut auch auf den Rücken über und überdeckt sich dort. Entsprechend den Anforderungen des Fluges sind die Claviculae und ihre Verbindung mit dem Acromion und dem Sternum stark ausgebildet. Charakteristisch ist ferner die Stellung der als Klammerorgan dienenden Hintergliedmaßen durch eine Drehung des Beckens. Dadurch sind die Zehen seitlich nach hinten gerichtet. Die Brustmuskulatur ist stark entwickelt und sitzt an dem mit einem kleinen Kamm versehenen Brustbein an. Die Knochen sind ähnlich Vogelknochen pneumatisiert. Alle anatomischen Besonderheiten stehen in Zusammenhang mit dem Flatterflug.

WINGE spricht von den Vorfahren der Flattertiere als kleinen Säugetieren, ähnlich den ursprünglichen Insektenfressern. Von solchen bzw. von Protoinsectivoren müssen sie sich auch im ausgehenden Mesozoikum entwickelt haben, wie z. B. das Gebiß, der Bau des Gehirns und des Darmtraktes vermuten lassen (EISENTRAUT 1957, SCHNEIDER 1957). Fledertiere und Insektenfresser gehen dementsprechend zweifellos auf gleiche Vorfahren zurück. Eine direkte Ableitung von jurassischen Pantotherien, wie sie REVILLIOD (1925) vertritt, ist nicht erforderlich. Ebenso kann auch nicht *Cynocephalus*, der „Pelzflatterer", als Vorfahrenstadium der Fledertiere betrachtet werden. Wie bei verschiedenen Insektenfressern ist auch für die Fledermäuse die primitive Wärmeregulation und damit ein echter Winterschlaf charakteristisch, eine auf stammesgeschichtlich primitive Säugetiere beschränkte Erscheinung, im Gegensatz zu den Raubtieren, unter denen es keine echten Winterschläfer gibt (EISENTRAUT 1956).

Die ältesten sicheren Fledermausreste[1] kennt man aus dem mittleren Eozän Europas (*Palaeochiropteryx, Archaeonycteris, Cecilionycteris*). Es handelt sich um typische Fledermäuse, deren taxionomische Stellung unsicher ist (REVILLIOD 1917, HELLER 1935). Außerdem können sie infolge verschiedener Spezialisationsmerkmale nicht als Stammformen rezenter Fledermäuse angesehen werden.

Über die taxionomisch-phylogenetische Stellung verschiedener, als Phyllostomatiden gedeuteter Reste aus dem nordamerikanischen Paleozän (*Picrodus* und *Zanycteris*) gehen die Meinungen auseinander (SIMPSON 1945).

Wesentlich für die phylogenetische Beurteilung der Chiropteren ist die Frage, ob mono- oder diphyletischer Herkunft. Fledermäuse (Microchiroptera) und Flughunde (Megachiroptera) bilden in der Jetztzeit zwei durch zahlreiche Merkmale getrennte Gruppen, die verschiedentlich Zweifel an einer gemeinsamen Abstammung aufkommen ließen. Fossilfunde, vergleichend-anatomische Befunde an rezenten Flattertieren, ihre gegenwärtige Verbreitung und die den Fledertieren eigentümlichen Parasiten (Fledermausfliegen) sprechen jedoch für den monophyletischen Ursprung. So sind nach THOMAS u. MILLER (1907) die meist einfach gebauten Molaren der Flughunde von vielspitzigen Backenzähnen, wie sie für die Microchiropteren charakteristisch sind, abzuleiten[2]. Auch das Fehlen von Flughunden in (Süd-) Amerika kann als Hinweis für deren späteres Entstehen

[1] Aus dem Paleozän der USA kennt man Schädelreste mit Steinkernen des Gehirns, die T. EDINGER als Microchiropteren ansieht, deren Zugehörigkeit zu Creodonten jedoch nicht auszuschließen ist.

[2] Die Ansicht FRIANTS (1952), die Megachiropteren mit den rhaetischen Haramyiden (= Microcleptiden) in genetische Verbindung zu bringen, ist völlig unhaltbar.

und damit für einen gemeinsamen Ursprung aller Fledertiere gelten (BAKER u. HARRIS 1957). Dagegen verhält sich das Gehirn der Flughunde eher primitiver als das der Kleinfledermäuse und steht damit dem Grundtypus der Insektenfresser näher als das der Microchiropteren (SCHNEIDER 1957), was jedoch mit deren Ultraschallorientierung und den damit verbundenen Umkonstruktionen in Verbindung gebracht werden kann.

Die Flughunde (Megachiroptera) sind meist große, fast ausschließlich fruchtfressende Fledertiere der Tropen und Subtropen der Alten Welt, deren Organismus durch die Lebensweise zahlreiche Umformungen erfahren hat (langer Facialschädel, Gebiß aus einfachen Zähnen usw.) und auch in der Ausbildung der zu Flugorganen umgestalteten Vordergliedmaßen Unterschiede gegenüber den Microchiropteren erkennen läßt (z. B. dreigliedriger 2. Finger mit Kralle). Das Fehlen von Ohrdeckel, Schwanz und Schwanzflughaut zählt zu den weiteren Kennzeichen der Flughunde. Der geologisch älteste Flughund stammt aus dem Altoligozän (Sannoisium) von Italien (*Archaeopteropus transiens*; DAL PIAZ 1937). Er besitzt die typischen Merkmale der Flughunde, verhält sich jedoch in mancher Hinsicht primitiver als die rezenten Arten. Diese können nach EISENTRAUT (1957) in die eigentlichen Flughunde oder Kurzzungenflughunde (Pteropidae), die Langzungenflughunde (Macroglossidae) und die aberranten Spitzzahnflughunde (Harpionycteridae) gegliedert werden. Während die Pteropiden reine Fruchtfresser sind, sind die Langzungen hauptsächlich Pollen- und Nektarfresser, die zu den kleinsten Vertretern der Flughunde gehören. Ihre Verbreitung erstreckt sich mit Ausnahme einer einzigen afrikanischen Art (*Megaloglossus woermanni*) auf das indomalayische und australisch-polynesische Gebiet. Stammesgeschichtlich und paläogeographisch interessant ist das bereits erwähnte Fehlen von Flughunden in Süd- und Zentralamerika, ferner das Fehlen von Flugfüchsen (*Pteropus*) auf dem afrikanischen Kontinent, wo sie durch die ihm eigenen Epaulettenflughunde (Epomophorinae) und auch durch *Rousettus* vertreten werden. Dagegen kommen Flugfüchse auf Madagaskar, den Seychellen sowie in Südasien, Australien und Polynesien vor. Viele von den *Pteropus*-Arten haben nur ein sehr begrenztes Verbreitungsgebiet und sind auf einzelne Inseln oder Inselgruppen beschränkt. Die Röhrennasenflughunde (Nyctimeninae) sind im pazifischen Inselgebiet verbreitet; sie sind anscheinend Insektenfresser. Die Kurznasenflughunde (Cynopterinae) sind auf das indomalayische Gebiet beschränkt. Schon daraus wird ersichtlich, daß die heutige Verbreitung der Flughunde nur aus dem geschichtlichen Werdegang verständlich wird, der jedoch mangels geeigneter Fossilfunde nicht zu verfolgen ist.

Die Fledermäuse (Microchiroptera) bilden nicht nur die formenreichere, sondern auch geologisch ältere Gruppe, deren älteste Vertreter aus dem mittleren Eozän bekannt wurden (s. o.). Von den einzelnen rezenten Familien lassen sich die Emballonuriden (mit *Vespertiliavus*), die Megadermatiden (mit *Necromantis*), die Rhinolophiden (mit *Rhinolophus*), die Hipposideriden (mit *Pseudorhinolophus*) und die Vespertilioniden (mit *Stehlinia*) bis in das Eozän zurückverfolgen. Die Gattungen *Myotis* (Vespertilionidae) und *Tadarida* (Molossidae) sind bereits aus dem Oligozän bekannt.

Eine Phylogenie der Fledermäuse zu schreiben ist derzeit mangels geeigneter Fossilfunde und entsprechender Untersuchungen an rezenten Formen nicht möglich. Nach SCHNEIDER (1957) zeigt das Gehirn der Fledermäuse eine derartige Formenfülle, die in Zusammenhang mit der besonderen Ausbildung einzelner Funktionssysteme steht (z. B. Ultraschallorientierung) und die eine stammesgeschichtliche Auswertung außerordentlich erschwert, da mit zahlreichen, seit dem älteren Tertiär sich parallel entwickelnden Stämmen innerhalb der Chiropteren zu rechnen ist.

Ähnlich wie die Flughunde bieten auch die Microchiropteren verschiedene paläogeographisch interessante Probleme. So fehlen die Hufeisennasen in Amerika, während Blattnasen (Phyllostomatidae), Vampire (Desmodontidae) und Hasenmaul- oder Fischfledermäuse (Noctilionidae) nur in der Neuen Welt verbreitet sind. Rein madagassisch sind die Haftscheibenfledermäuse (Myzopodidae). Interessant ist auch, daß sich unter den neuweltlichen Fledermäusen entsprechend dem Fehlen von Flughunden Fruchtfresser entwickelt haben (vor allem Carolliinae und Stenodermatinae unter den Blattnasen).

So bieten die Fledertiere als Ganzes phylogenetisch ein außerordentlich lehrreiches Beispiel, wie sehr ein freier Lebensraum die Entwicklung beeinflussen kann.

Neuweltliche „Zahnarme" (+Palaeanodonata und Xenarthra)

Die ursprünglich mit Schuppentieren (Manidae) und Erdferkeln (Tubulidentata) als „Zahnarme" (Edentata)[1] zusammengefaßten Xenarthra bilden heute nur mehr Überreste einer im Laufe des Tertiär überwältigend formenreich entfalteten Gruppe. Nach der Zusammenstellung von SIMPSON (1945) kommen auf rund 120 fossile Gattungen 13 rezente! Dieses Zahlenverhältnis wird sich noch erheblich zugunsten der Fossilformen verschieben. Das Gemeinsame der „Zahnarmen" liegt nur in der Reduktion des Gebisses, welche aber nur bei den Myrmecophagiden (Ameisenfressern) offensichtlich im gleichen Zusammenhange steht wie bei den Manidae und Tubulidentata, nämlich mit der ausgeprägten Myrmecophagie. Die Faultiere sind phyllophag (Blätterfresser). Die Edentata im alten Sinne sind eine heterogene Gruppe, die aufgelöst werden mußte; die Ordnung Edentata hat SIMPSON (1945) in richtigem Umfange beibehalten, indem er nur die Unterordnungen Palaeanodonta und Xenarthra darin beläßt; vgl. auch GREGORY (1951).

Der Ursprung des die beiden Unterordnungen umfassenden Stammes muß in Protoinsectivoren der Kreide liegen. Die ältesten bekannten Formen entstammen dem jüngeren Paleozän Nordamerikas (*Palaeanodon*) und Südamerikas (Dasypodidae inc. sed.; SIMPSON 1948). Es sind schon typische Edentaten, einerseits Palaeanodonten, andererseits Xenarthren. Sie zeigen, daß die Xenarthren auf primitive, altpaleozäne oder jüngstkretazische Palaeanodonten zurückzuführen sind. Die Xenarthren müssen bei der Isolierung Südamerikas schon dort gewesen sein, denn die Entfaltung des Stammes erfolgte auf diesem Kontinent in völliger Abgeschlossenheit. Es ist also einer jener Stämme, die auf die älteste Formenstreuung der placentalen Säuger zurückgehen und mit den anderen Stämmen keine unmittelbare Verbindung hatten. Daraus erklärt sich die große Zahl von nur ihnen zukommenden Merkmalen. Eines derselben, das den Palaeanodonta noch nicht in typischer Ausprägung zukam, ist die Entwicklung zusätzlicher Wirbelgelenke in der Lumbal- und teilweise auch der Thorakalregion. Daher

[1] Mitunter wurden auch die Taeniodonta und Tillodontia zu den Edentata gerechnet.

wurden sie als Xenarthra den Nomarthra (Tubulidentata und Manidae der alten Systematik) entgegengestellt. Die Zähne, die einen sehr eigentümlichen Bau aufweisen, haben nur offene Wurzeln. Das Gehirn zeigt einen außerordentlich primitiven Bau; weiters könnten noch zahlreiche weitere Merkmale erwähnt werden (vgl. SIMPSON 1931).

Die Palaeanodonta sind nur aus Nordamerika nachgewiesen, wo sie in zwei Familien auftraten und im Alttertiär bereits ausstarben. Zu den geologisch jüngsten gehören die aberranten Gattungen *Epoicotherium* und *Xenocranium*. Es waren kleine gürteltierähnliche Formen, jedoch ohne Knochenpanzer, mit weitgehend reduziertem Gebiß aus fast schmelzlosen Zähnen. Innerhalb des Stammes soll die Rückbildung des Schmelzes verfolgbar sein. Sie besitzen einerseits ursprüngliche Merkmale (Fehlen des Panzers, „nomarthral“), andererseits lassen sie deutlich die Evolutionstendenz zu den Xenarthra erkennen, die von einer noch unbekannten Vorfahrengruppe der Palaeanodonta abgezweigt sein müssen (vgl. Abb. 26).

Die Entfaltung der Xenarthra war durch die frühe Isolierung Südamerikas entscheidend beeinflußt, da sie dort, ähnlich wie die Beuteltiere in Australien, in freie Lebensräume eindringen konnten; das ist, wie sich wiederholt gezeigt hat, die Voraussetzung für weitere stammesgeschichtliche Entwicklung. In Südamerika erlebten die Xenarthra ihre stammesgeschichtliche Blüte und ihren Untergang bis auf die Restbestände, die heute noch leben. Altweltliche Xenarthra sind nicht bekannt; aus paläogeographischen Gründen ist auch nicht zu erwarten, daß solche gefunden werden. Die vermeintlichen Edentaten aus dem europäischen Oligozän sind Schuppentiere.

Die basale Spaltung der Edentata muß sehr früh erfolgt sein; sie ist leider fossil noch nicht belegt. Aus dem Paleozän sind bereits die Palaeanodonta und Dasypodiden (s. o.) bekannt. Das heißt, die erste Formenbildung war bereits abgeschlossen, und die ersten spezialisierten Gruppen waren schon vorhanden. Damit ist die grundlegende Frage nach der stammesgeschichtlichen Zusammengehörigkeit der behaarten Xenarthra (Pilosa) noch nicht zu beantworten. Daß alle Xenarthra eine stammesgeschichtliche Einheit darstellen, ist durch ihre anatomische Kennzeichnung erwiesen. Die einseitige hohe Spezialisation mancher Formenkreise (Bradypodiden, Myrmecophagiden) zwingt aber die Frage auf, wie sie innerhalb der Xenarthra miteinander verwandt sind. Da darüber kein Fossilmaterial Auskunft gibt, ist es wohl am nächstliegenden, anzunehmen, daß sie als eigene Stämme im ältesten Paleozän (jüngste Kreide ?) aus einer Stammgruppe hervorgingen, die wir noch nicht kennen; vgl. Abb. 26. Den Zeitpunkt erschließen wir mit allen Vorbehalten aus dem Auftreten der ersten Palaeanodonta und Dasypodiden. Die gepanzerten Formen, die als Loricata den Pilosa gegenübergestellt werden, sind ein einheitlicher Stamm.

Damit verbindet sich die Frage, ob der Hautpanzer ursprünglich allen Xenarthra zukam und, wenn dies zuträfe, die Pilosa als sekundär panzerlos und behaart aufzufassen wären. Man hat Argumente angeführt, die für eine sekundäre Panzerlosigkeit der Pilosa sprechen können. Bei Riesenfaultieren, die zu den Pilosa gehören, kommen Hautknochen vor. Wichtiger ist, daß ein Seitenzweig der Riesenfaultiere aus dem südamerikanischen Alttertiär, die Paragravigraden (Orophodontidae), einen Hautpanzer besaßen, der dem der Gürteltiere ähnlich

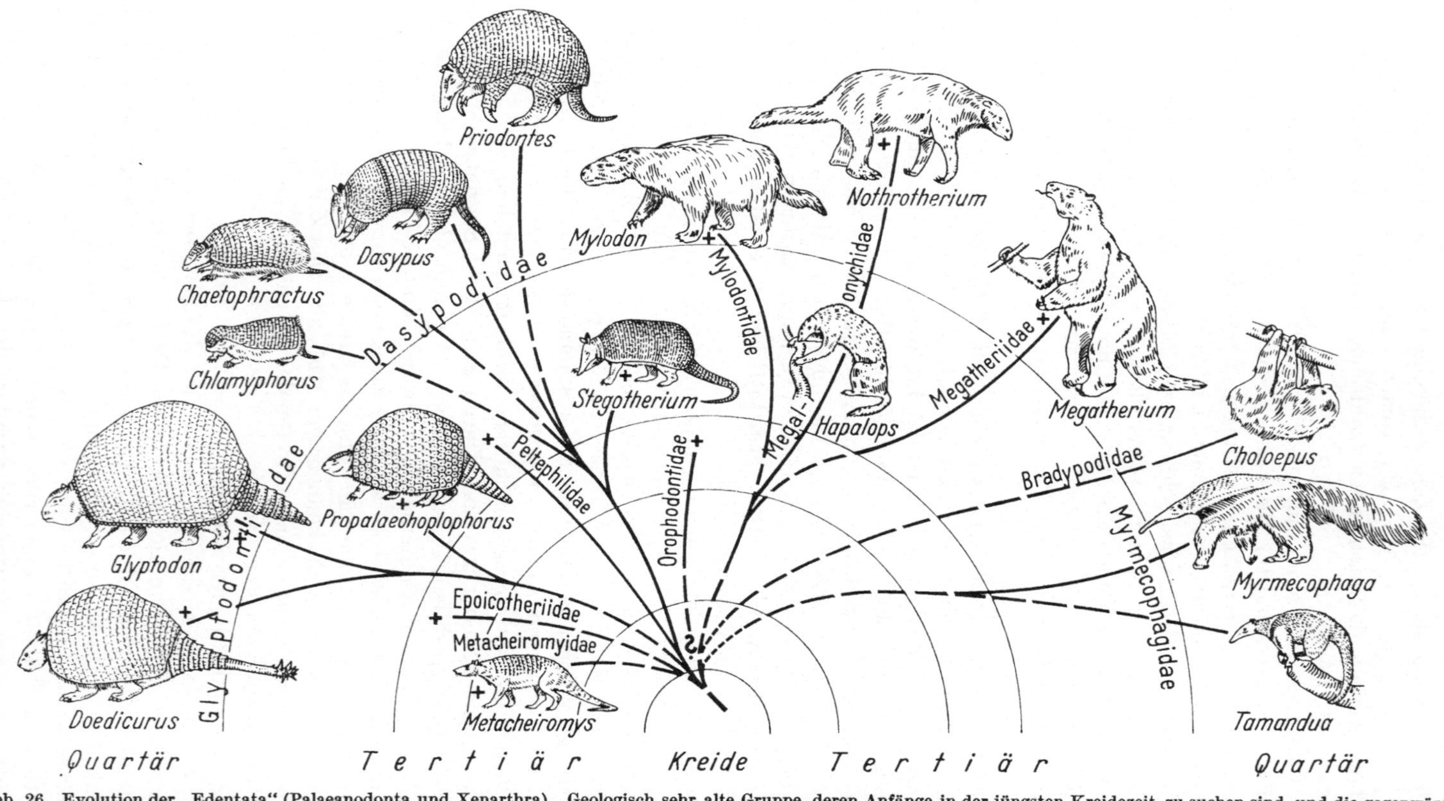

Abb. 26. Evolution der „Edentata" (Palaeanodonta und Xenarthra). Geologisch sehr alte Gruppe, deren Anfänge in der jüngsten Kreidezeit zu suchen sind, und die gegenwärtig nur durch die Gürteltiere, Baumfaultiere und Ameisenfresser vertreten sind. Die tertiären Palaeanodonten (Fam. Metacheiromyidae und Epoicotheriidae) bilden einen Seitenstamm. (Original THENIUS)

war (HOFFSTETTER 1958). Man hat diese Befunde für die Annahme einer sekundären Panzerlosigkeit der Pilosa herangezogen. Dazu ist zu sagen, daß die primitive und ursprüngliche Körperbedeckung der Säuger das Haar und die Schuppe ist, und zwar in einer bestimmten Zusammenordnung. Man muß eine solche Körperbedeckung auch für die ursprünglichen Xenarthra annehmen, um so mehr, als bei den Palaeanodonta kein Panzer vorhanden war. Das Auftreten einer Hautknochenpanzerung bei den Loricata, das sehr früh einsetzte, spricht dafür, daß die Tendenz zu dieser Spezialisation in der Evolutionsrichtung der Xenarthra lag. Daher überrascht es nicht, wenn die „Anlage“ dazu auch bei Riesenfaultieren auftrat und in einem stammesgeschichtlichen Seitenast daraus auch tatsächlich ein Panzer gebildet wurde. Wir glauben das zwangloser im Sinne einer parallelen Entwicklung deuten zu können.

Für diese Deutung spricht auch die Ontogenese und vergleichende Anatomie des Hautpanzers. Die dermalen Knochen entstehen in Papillen der Lederhaut, deren bedeckende Epidermis eine Hornschuppe bildet. Die Ossifikationen im Corium und die Hornschuppen müssen einander topisch nicht streng entsprechen. Man gewinnt den Eindruck, als seien nebeneinander zwei Spezialisationen gleichzeitig eingeschlagen worden, die miteinander konkurrieren, wie MAX WEBER das treffend ausdrückt. Das zeigt sich auch darin, daß bei *Chlamyphorus* die Coriumossifikationen stark reduziert werden. Außerdem gibt es unter den Loricata Formen, bei denen die Behaarung noch recht gut ausgebildet ist *(Dasypus villosus, Chlamyphorus)*. Bei sehr ausgeprägter Ossifikation in der Lederhaut geht das Haarkleid natürlich zurück. Diese Hautknochen können aber noch feine Kanälchen für durchtretende Haare besitzen; der zugehörige Haarfollikel liegt dann unterhalb des Hautknochens. Auch Drüsen können die Hautknochen durchbohren. Das Vorkommen der drei Kennzeichen der vielschichtigen Haut der Säugetiere, Schuppen, Haare, Drüsen, im Integument der Loricata spricht sehr dafür, daß primär die typische Haut der Säugetiere bei ihnen auftrat, vielleicht mit besonderer Betonung der Schuppen, die dann sekundär durch Ossifikationen der Lederhaut spezialisiert wurde. Der Panzer der Loricata kann beweglich sein, indem die Panzerung in Schilder und Gürtel zusammengefaßt ist, die gegeneinander beweglich bleiben. Das kann so weit gehen, daß die Tiere sich kugelig einrollen können *(Tolypeutes)*. Bei den Riesengürteltieren (Glyptodontidae) ist der Panzer zu einer starren Tonne geworden. Eine Besonderheit ist der Panzer bei *Chlamyphorus*, einem höchstens rattengroßen Tier, das subterran wühlend lebt, bei dem von der Mittellinie des Rückens eine Hautduplikatur, die M. WEBER treffend mit der Schale eines Ostrakoden vergleicht, den Körper umgreift, in der die Panzerringe liegen.

Die Loricata, bei SIMPSON (1945) als Unterordnung Cingulata geführt, werden in die Dasypodoidea (Gürteltiere) und Glyptodontoidea (Riesengürteltiere) geteilt, die eigenen Stämmen entsprechen; da die ältesten Dasypodidae bereits im Paleozän auftraten, muß die Trennung der beiden Linien im Altpaleozän erfolgt sein, jedenfalls früher als GREGORY (1951) annimmt. ABEL (1928) läßt die Trennung erst im Oligozän erfolgt sein. Zu den Dasypodoidea kann man die bereits im Jungtertiär erloschenen Peltephilidae und Stegotheriinae rechnen. Die Peltephilidae sind durch zwei hornartige Knochenfortsätze gekennzeichnet, die aus der rostralen dermalen Kopfbeschilderung hervorgehen („gehörnte Gürteltiere“). Die Dasypodidae sind im wesentlichen seit dem Alttertiär konservativ geblieben.

Die Glyptodonten, die Riesengürteltiere, sind erst vom Jungeozän an bekannt, müssen als Stamm aber älter sein. Sie gliedern sich in mindestens drei jüngere Unterstämme, die alle im Pleistozän ausstarben. Sie unterscheiden sich in der Form des riesigen, starren Panzers und der Schwanzröhre, die nach Art eines Morgensterns am Ende Stacheln tragen konnte *(Glyptodon, Doedicurus, Sclerocalyptus)*. Ein Seitenzweig der Glyptodontidae, der das Pleistozän nicht erreichte, waren die Propalaeohoplophorinae, die im Miozän Südamerikas ausstarben.

Im Pleistozän gelangten die Glyptodonten und Dasypodiden auch nach Nordamerika.

Die Glyptodonten sind durch einige Besonderheiten gekennzeichnet. Der wuchtige Schädel ist kurz; die Muskelfortsätze der Jochbogen greifen tief nach ventral herab, so daß eine besondere Ausbildung des M. masseter vorhanden gewesen sein muß, da auf diesen sein Ursprungsgebiet liegt. Dafür würde auch das umfangreiche Winkelgebiet des plump gestalteten Unterkiefers sprechen, wo das Insertionsgebiet dieses Muskels liegt. Eine genaue Kenntnis der Knickungsverhältnisse des Schädels wäre deshalb wichtig, weil danach evtl. auf die Tragweise des Schädels geschlossen werden kann, worüber noch keine Klarheit besteht. Diese könnte wieder im Zusammenhang mit dem starren Panzer stehen. Das Gebiß besteht aus dreiteiligen, hypsodonten Zähnen. Am interessantesten sind die Veränderungen der Wirbelsäule, die in Einklang mit dem starren Panzer stehen dürften.

Eine Verschmelzung der Halswirbel 2—5 tritt schon bei Dasypodiden auf; man spricht dann von einem Os mesocervicale. Bei *Glyptodon* verschmilzt der 2. Halswirbel (Epistropheus) mit den folgenden bis einschließlich des 6.; das Os mesocervicale umfaßt also mehr Wirbelelemente und gelenkt selbst mit dem 7. Halswirbel. Dieser aber verschmilzt mit den beiden folgenden Thorakalwirbeln zu einem Os trivertebrale. Die Elemente der Halswirbelsäule bilden somit nicht insgesamt einen beweglichen Gliederstab, sondern es sind einige Stellen in bestimmter Form beweglich geworden, und zwar in einer Art und einem Ausmaße, das sonst bei Xenarthra nicht vorkommt, während die anderen Gelenke zwischen den Wirbeln ankylosieren. Auffallend ist, daß die Gelenkung zwischen dem Mesocervicale und dem Trivertebralkomplex (Postcervicale) und zwischen letzterem und dem folgenden Brustwirbel hauptsächlich der Bewegung in vertikaler Richtung dient. Daraus schließt man, daß die Tiere mit der kurzen Schnauze im Boden wühlten, den sie vorher mit den Grabpfoten aufgerissen hatten (M. Weber 1928). Man dachte auch an die Möglichkeit, daß die Tiere den Hals, ähnlich wie die Schildkröten, in den Panzer zurückziehen konnten. Im Zusammenhang mit dem Panzer, der die Mobilität der Rumpfwirbelsäule einschränkte, kam es zu Veränderungen derselben, indem bei ihnen die Thorakalwirbel zu einem starren Hohlstab (Wirbelkanal) verschmelzen, der mit der Lumbalwirbelsäule, deren Elemente ebenfalls ankylosierten, in schwach beweglicher Verbindung stand. Die Lumbalwirbelsäule verschmolz mit dem Sacrum und dem Becken. Die weitgehende Verschmelzung ist durch den starren Panzer erklärlich.

Über die Stammesgeschichte der Pilosa sind wir bis jetzt nur teilweise orientiert. Von den Bradypodiden (Faultiere) fehlt Fossilmaterial vollständig. Das hängt sicher mit ihrer extremen und sehr eigenartigen Arborikolie zusammen, die

die schlechtesten Fossilisationserwartungen bedingt (vgl. S. 3/4). Rezent existieren nur die Gattungen *Bradypus* (dreizehiges Faultier) und *Choloepus* (zweizehiges Faultier). Es sind einseitig an das Leben im Geäst der Urwälder Südamerikas angepaßte Formen. Diese extreme Spezialisation zeigt, daß sie als Unterstamm sehr alt sein müssen. Ebenso wie die anderen rezenten Xenarthra sind auch sie Reliktformen, die einen seinerzeit sicher formenmannigfaltigen Stamm repräsentieren, von dem man bisher kein Fossildokument besitzt. Unter den Spezialanpassungen sei die hängende Körperhaltung im Geäst erwähnt, mit der der verkehrte Haarstrich im Einklang steht, so daß das Regenwasser ablaufen kann. Im Haar, das einen besonderen Bau aufweist, der wieder bei beiden Gattungen verschieden ist, können sich Algen und auch Larven des Faultierschmetterlinges *(Bradypodicola hahneli)* ansiedeln, so daß das Fell einen grünen Farbton erhält, der natürlich in der Gefangenschaft verloren wird. Die Faultiere sind rein phyllophag und haben daher einen sehr komplizierten Magen, der durch die Ausbildung mehrerer Abteilungen gekennzeichnet ist und eine Besonderheit der Faultiere innerhalb aller Säuger ist. Wie meist bei baumlebenden Tieren, ist der Kopf und die Halswirbelsäule sehr ausgiebig drehfähig. *Bradypus* hat neun, *Choloepus* sechs Halswirbel, was diesen Xenarthra eine Sonderstellung innerhalb der Säuger verleiht, die nur sieben Halswirbel haben.

Die Ameisenfresser (Myrmecophagidae, Vermilingua wegen der wurmförmigen Zunge) sind fossil in mehreren Gattungen *(Promyrmecophaga, Protamandua)* aus dem Altmiozän (Santacrucense) von Patagonien bekannt. Diese Funde beweisen aber nur, daß der Stamm damals schon isoliert war, was vermutet werden konnte. Nach Hoffstetter (1954) können sie nicht von phytophagen Gravigraden abgeleitet werden. Dagegen spricht die primitive Isodaktylie des Fußes und die Myrmecophagie, die stammesgeschichtlich nicht auf eine Pflanzennahrung folgen kann. Auch Merkmale des Schädels sprechen dagegen. Sie müssen frühzeitig von Ur-Xenarthra (praedasypodid) abgezweigt sein und stammesgeschichtlich einen Eigenweg eingeschlagen haben. Auch hier müssen wir demnach einen durch das ganze Tertiär hindurchgehenden Formenkreis erwarten, der heute nur mehr in Reliktformen erhalten ist. Es sind dies *Myrmecophaga*, der große Ameisenfresser, *Tamandua*, der „mittlere“ (Tamandu) und *Cyclopes*, der Zwergameisenfresser. *Myrmecophaga* ist terrikol, *Tamandua* kann sich noch in stärkerem Geäst bewegen, und *Cyclopes*, die kleinste Form, ist arborikol. Auch die Myrmecophagiden sind hochgradig spezialisiert, was z. T. im Zusammenhang mit ihrer Ernährung steht (langer röhrenförmiger Schädel und wurmförmige Zunge). Mit dem Nahrungserwerb kann die Grabkralle des 2. und 3. Fingers in Zusammenhang gebracht werden; bei *Cyclopes* ist der 3. Finger enorm vergrößert. Die Tiere treten, vermutlich infolge der starken Vergrößerung der beiden Zehen, mit der Außenkante der Hand auf und schlagen die Zehen nach innen ein.

Bekannt sind seit langem die Gravigraden (Riesenfaultiere), von denen zahlreiche Fossilfunde aus dem Tertiär und Quartär von Süd- und Nordamerika vorliegen. Man kann mehrere Stämme der Riesenfaultiere unterscheiden (Megatheriidae, Megalonychidae, Mylodontidae), die im ausklingenden Alttertiär entstanden und im Pleistozän, ähnlich wie die Glyptodonten, Riesenformen hervorgebracht haben. Zu den bekanntesten der Riesenfaultiere gehört die elefantengroße Gattung *Megatherium*, die bis 6 m lang wurde. Wie alle Riesenformen waren auch diese terrestrisch lebend und phytophag. Im Bau der Vorderextremitäten treten Spezialisationen auf, die entfernt an die der Ameisenfresser erinnern. An eine stammesgeschichtliche Verbindung ist auf keinen Fall zu denken. Manche anatomischen Merkmale der Gravigraden finden wir auch bei den Bradypodiden wieder, aber in stark veränderter Form. Eine basale Verbindung zwischen Gravigraden und Bradypodiden kann angenommen werden, doch muß die Trennung im Alttertiär, spätestens im Eozän erfolgt sein. Aus dem Altoligozän (Deseadense) sind nämlich bereits primitive Gravigraden nachgewiesen. Es handelt sich um die Nothrotheriinae, eine sehr formenreiche Gruppe, von der hier nur *Hapalops* erwähnt sei. Von den den Gravigraden und Bradypodiden gemeinsamen Merkmalen, auf die GREGORY (1951) besonders hinwies, sei nur auf den einwärts gedrehten Hinterfuß, das aus 5/4 schmelzlosen, stiftförmigen oder mit Querleisten versehenen Zähnen bestehende Gebiß und den Jochbogen hingewiesen. Man darf aber nicht vergessen, daß hier riesenwüchsige und im Verhältnis dazu sehr kleine Formen miteinander verglichen werden und daß die Einzelmerkmale erst durch Analyse der allometriebedingten Einflüsse auf ihren verwandtschaftlichen Wert geprüft werden müssen.

Von einigen Gravigraden sind Koprolithen aufgefunden, die über die Nahrungspflanzen (Pflanzenhäcksel, Pollenkörner) Aufschluß geben. Von eiszeitlichen Riesenfaultieren sind Algen im Haar nachgewiesen, ähnlich wie bei den rezenten Bradypodiden. In Nordamerika lebten Riesenfaultiere bis in die postglaziale Zeit (12000 v.Chr. nach der C^{14}-Methode). In einer vom Menschen abgemauerten Höhle von Ultima Esperanza in Patagonien wurden Knochen, Fell und Dungreste von Riesenfaultieren gefunden. Man hat deshalb seinerzeit geglaubt, daß Riesenfaultiere von präkolumbianischen Bewohnern Südamerikas als Haustiere gehalten wurden *(„Grypotherium“ domesticum = Mylodon)*.

Schuppentiere oder altweltliche „Zahnarme“ (Pholidota)

Die Schuppentiere (Pangolins) sind gegenwärtig durch eine Gattung *(Manis)*, die evtl. in Untergattungen aufgegliedert werden kann, in subtropischen und tropischen Gebieten Afrikas und Asiens vertreten. Hornschuppen, die sich dachziegelartig überdecken, die Zahnlosigkeit, die wurmförmige, sehr bewegliche lange Zunge und der langgestreckte, orthokrane oder airorrhynche Schädel waren einst der Grund, warum man sie mit den Xenarthren als Edentata zusammenfaßte. Dabei wurden sie mit den Orycteropodidae (vgl. S. 195) als Nomarthra vereinigt und den Xenarthra gegenübergestellt. WINGE (1941) erblickte sogar in ursprünglichen Orycteropodiden die Stammformen der Maniden. Zwischen den beiden bestehen aber, gerade in den morphologisch entscheidenden Merkmalen, so tiefgreifende Unterschiede, daß eine solche vermutete phylogenetische Beziehung ausgeschlossen ist. Sicher sind die Zahnlosigkeit und die wurmförmige Zunge als Konvergenzerscheinungen zu deuten, die im Einklang mit der bei diesen Formen typischen Art der Insectivorie stehen. Der in diesem Zusammenhang oft herangezogene Schädel ist bei den in Frage kommenden Formen doch so verschieden, daß seine Merkmale nicht zur phylogenetischen Argumentation herangezogen werden können. Dennoch wurde verschiedentlich ein gemeinsamer Ursprung von Xenarthren und Pholidoten angenommen (SCHLOSSER 1923, ABEL 1928). Das Fossilmaterial, an dem die Entscheidung über die Herkunft der Pholidota eindeutig gefällt werden könnte, liegt noch nicht vor. Bisher sind nur aus Europa einige Gattungen *(Leptomanis, Necromanis, Teutomanis, Galliaetatus)* aus dem Oligozän und dem Miozän beschrieben worden (HELBING 1938, VIRET 1951)[1]. Sie sind also zeitlich zu spät, denn die ursprünglichen Formen, die über die Herkunft Aufschluß geben könnten, müssen erheblich früher gelebt haben. Die von AMEGHINO (1905) auf Schuppentiere bezogenen Reste *(Argyromanis)* aus dem patagonischen Miozän gehören Xenarthren an (WINGE 1915).

Man kann annehmen, daß die Pholidota sich bereits frühzeitig selbständig entwickelten. Offen bleibt, ob sie sich aus der gleichen Stammgruppe wie die Xenarthren oder unabhängig von diesen aus primitiven Insectivoren entwickelten.

Die rezenten Schuppentiere lassen sich in zwei auch geographisch getrennte Gruppen aufteilen, die jeweils durch verschiedene gemeinsame Merkmale charakterisiert sind (Gestalt des Xiphisternums, Anordnung der Hornschuppen usw.).

+ Tillodontia

Die Tillodontia bilden eine der wenigen ausgestorbenen Säugetierordnungen, deren Herkunft bisher im Dunkeln liegt. Sie zeigen, wieviel uns von den alttertiären und spätmesozoischen Säugetieren noch unbekannt ist.

Die Tillodontia waren auf das Paleozän und Eozän beschränkt und zählen dadurch zu den geologisch ältesten placentalen Säugetieren. Ursprünglich wegen entfernter Ähnlichkeiten des Vordergebisses mit einem Nagergebiß für Nagetiere gehalten bzw. mit den südamerikanischen Toxodonten sowie mit den Taeniodonten in Verbindung gebracht, haben vollständigere Fossilfunde zur Abtrennung als eigene Ordnung geführt, nachdem sie vorher als Unterordnung der Insectivoren betrachtet worden waren (COPE 1876).

Es handelt sich um eine kleine Gruppe mit nur einer Familie (Esthonychidae), innerhalb derer sich verschiedene Gattungen unterscheiden lassen, die bisher nur aus Nordamerika, Europa und Ostasien bekanntgeworden sind (GAZIN 1953).

Die ältesten Formen *(Esthonyx)* sind aus dem jüngsten Paleozän (Clarkforkian) beschrieben worden. Reste von Tillodontiern sind in jungpaleozänen und alteozänen Ablagerungen häufig, im Mitteleozän jedoch schon selten, wobei es sich um größere Formen handelt, und aus dem Jungeozän sind mit Ausnahme von *Adapidium huanghoense*[2] aus der Yuanchüserie Chinas keine Tillodontier mehr bekannt.

Im ausgehenden Paleozän und im älteren Eozän waren die Tillodontier in Nordamerika *(Esthonyx* und *Trogosus)* und Europa *(Esthonyx)* verbreitet.

Das wesentliche Kennzeichen dieser Säugetiere sind die nagezahnartig vergrößerten Schneidezähne und die an primitive Arctocyoniden bzw. an *Pantolambda* erinnernden Backenzähne. Das zweite Schneidezahnpaar beider Kiefer ist entweder bewurzelt *(Esthonyx)* oder wurzellos wie bei den Nagern *(Trogosus, Tillodon)*. Die Backenzähne sind teils brachyo-, teils hypsodont. Neben den

[1] Der von KORMOS (1934) als ? *Manis* aus dem Pleistozän angeführte Rest ist nach KRETZOI keine Manide.

[2] *Adapidium* wurde ursprünglich als Primate angesehen (vgl. dazu GAZIN 1953, S. 32).

Anklängen an arctocyonid-pantolambdide Säugetiere sind auch Ähnlichkeiten mit Insectivoren, Condylarthren, Primaten und Taeniodonten vorhanden. Sie sprechen in ihrer Gesamtheit für eine Ableitung der Tillodontier von einem sehr primitiven Säugerstamm.

Die Gesamtheit der Merkmale im Schädel, Gebiß und den Gliedmaßen zeigt, daß die nagerähnlichen Vorderzähne eine reine Konvergenzerscheinung darstellen.

Wenn auch die Herkunft dieser Gruppe noch nicht geklärt ist, so lassen sich innerhalb der Tillodontier die mitteleozänen Formen (*Trogosus* und *Tillodon*) von der alteozänen Gattung *Esthonyx* ableiten. Besonders *E. acutidens* aus dem Lysite- und Lost Cabin-Member (jüngeres Wasatchian, d. h. jüngeres Alteozän) vermittelt in verschiedenen Merkmalen.

+ Taeniodonta

Ähnlich wie bei den Tillodontia handelt es sich bei den Taeniodonten oder Bandzähnern um eine auf das Paleozän und Eozän beschränkte kleine Säugetierordnung, die ursprünglich mit Edentaten in Verbindung gebracht wurde. Taeniodonten waren bis vor kurzem nur aus Nordamerika bekannt. In jüngster Zeit konnten Dehm u. Öttingen (1958) sie auch aus Südasien (Lower Chharatserie des Mittcleozäns von Basal in Pakistan; Gattung *Basalina*) nachweisen.

Die ältesten Taeniodonten sind aus dem basalen Paleozän (Puercan) der USA beschrieben worden, die jüngsten stammen aus dem jüngeren Eozän. Es handelt sich um eine isolierte Gruppe, die vermutlich von bisher noch unbekannten Insektenfressern der Kreidezeit abzuleiten sind. Ihre Namen verdanken diese Säugetiere den besonders bei den geologisch jüngeren Arten mit bandförmigem Schmelz versehenen hypsodonten Vorderzähnen. Zahlreiche Funde geben über die Evolution dieser eigenartigen Säugetiere Aufschluß. Nach den Untersuchungen von Wortman (1897) und Patterson (1949) lassen sich zwei Stämme unterscheiden, die Stylinodontinae und die Conoryctinae (s. Abb. 27). Während die Conoryctinen auf das Paleozän beschränkt waren, traten die Stylinodontinen auch im Eozän auf. Die vorhandenen Fossilfunde lassen sich zu einer direkten Ahnenreihe zusammenstellen, die von der Gattung *Wortmania* aus dem Puercan über *Psittacotherium* des Torrejonian und *Lampadophorus* des Tiffanian sowie *Ectoganus* des älteren Wasatchian zu *Stylinodon* des jüngeren Wasatchian bis Uintan führt. Sie bilden dadurch ein außerordentlich interessantes und wichtiges Beispiel für die Evolution innerhalb bekannter Zeitspannen. Zu den wichtigsten morphologischen Veränderungen zählen die wurzellos werdenden Eckzähne im Gebiß, die allgemeine Größenzunahme, Verbreiterung des Schädels, Verkürzung der Facialregion, Reduktion der Praemaxillaria, Verkürzung der Mandibel, hohes Occiput, Vergrößerung der Temporalfossa und des Processus coronoideus. Die Gliedmaßen sind fünfzehig und besitzen gut entwickelte Klauen.

Die Phylogenie der Taeniodonta zeigt, daß das Evolutionstempo für die einzelnen Organe bzw. Körperteile (Vorder- und Backenzahngebiß, Schädel, Gliedmaßen und Gesamtgröße) recht verschieden ist, wie auch die Entwicklungsgeschwindigkeit selbst bei einem Organ nicht immer gleichmäßig verläuft.

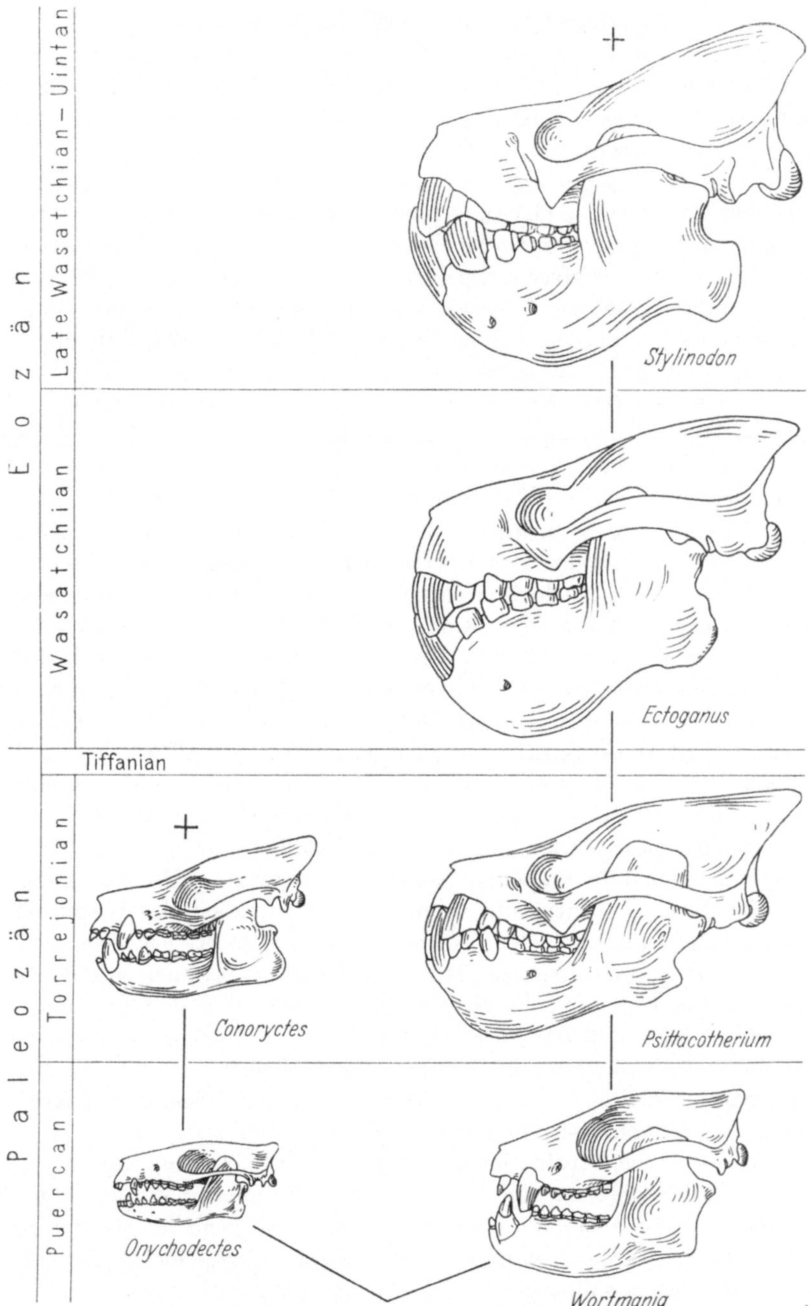

Abb. 27. Evolution der Taeniodonta (Schädel). Links: Conoryctinae; rechts: Stylinodontinae. Schädel z. T. ergänzt. Maßstäblich verkleinert. (Unter Verwendung von Originalabbildungen bei W. D. MATTHEW 1935, umgezeichnet nach B. PATTERSON 1949)

Dadurch bilden die Taeniodonten neben den Equiden, Proboscidiern, Rhinocerotiden, Titanotherien usw. eines der wichtigsten Beispiele für stammesgeschichtliche Reihen innerhalb der Säugetiere.

Nagetiere (Rodentia oder Simplicidentata)

Die Nagetiere zählen gegenwärtig zur artenreichsten Ordnung, indem ihr mehr als ein Drittel der Gattungen und über die Hälfte aller lebenden Arten angehören. Sie sind als einzige Säugetierordnung weltweit verbreitet und finden sich auch in den unwirtlichsten Lebensräumen (Wüsten, Hochgebirge, Tundren usw.).

So eindeutig die Abgrenzung der Rodentia von den übrigen Säugetieren und damit von den Hasenartigen (Lagomorphen) auch durchführbar ist, so umstritten ist die taxionomisch-phylogenetische Gliederung innerhalb der Nagetiere selbst. Über die Abtrennung der Hasenartigen als eigene Ordnung vgl. S. 186.

Bis zum Jahre 1945, als SIMPSON seine Klassifikation der Säugetiere veröffentlichte, galt — von geringen Ausnahmen (z. B. ZITTEL 1893, TULLBERG 1899, MILLER u. GIDLEY 1918) abgesehen — im Prinzip die durch BRANDT (1855) aufgestellte Dreigliederung in die Unterordnungen der Sciuromorphen, Myomorphen und Hystricomorphen, wenn auch Inhalt und Umfang dieser Einheiten bei den einzelnen Bearbeitern in gewissen Grenzen schwankte. Diese Gliederung beruht auf dem Bau der Infraorbitalregion und der Ausbildung des Massetermuskels, während TULLBERG für seine Großgliederung in Sciurognatha und Hystricognatha den Bau des Unterkiefers heranzog. Der Masseter ist bei den Nagern außerordentlich stark differenziert und läßt drei Partien unterscheiden. Seit dem Jahre 1951 ist die Diskussion um die Gliederung erneut aufgeflammt. Anlaß hierzu boten die jahrelangen Untersuchungen von STEHLIN u. SCHAUB (1951) sowie jene von LAVOCAT (1951) am Gebiß der Rodentia, die zur Erkenntnis führten, daß die drei obgenannten Unterordnungen heterogener Zusammensetzung sind. Weitere Fortschritte wurden durch SCHAUB (1953a, 1953b, 1958), WOOD (1950, 1955) und LAVOCAT (1956) erzielt. Die Widersprüche zwischen den Auffassungen der einzelnen Autoren beruhen im wesentlichen auf den verschiedenen berücksichtigten Merkmalskomplexen (Gebiß, Masseter, Mandibel usw.).

Die Nagetiere sind in manchen Merkmalen primitiv gebliebene Säugetiere (z. B. Uterus duplex, plantigrade, fünfzehige Gliedmaßen der ursprünglichen Formen), deren Schädel und Gebiß meist stark spezialisiert ist. Die geologisch ältesten, aus dem Jungpaleozän (Tiffanian) bekanntgewordenen Rodentier besitzen bereits das typische, aus zwei Schneidezähnen (I $\frac{2}{2}$) im Ober- und Unterkiefer gebildete Nagegebiß, das durch ein Diastem vom Backenzahngebiß getrennt ist. Eckzähne fehlen auch diesen Formen. Ihr zeitliches Auftreten macht einen direkten Ursprung der Nager von Insektenfressern der jüngsten (?) Kreidezeit wahrscheinlich. Übergangsformen fehlen bisher jedoch.

Die hier vertretenen Auffassungen stützen sich nicht nur auf das Gebiß, sondern auch auf andere morphologisch-anatomische Merkmale, wobei mangels eigener Studien auf die umfangreiche Literatur zurückgegriffen werden mußte. Von den zahlreichen Fragen und Problemen in stammesgeschichtlicher Hinsicht sind die wichtigsten erwähnt und diskutiert (vgl. dazu Abb. 28).

Eine der wesentlichsten Streitfragen bilden die Herkunft und die verwandtschaftlichen Beziehungen der südamerikanischen Nager, die allgemein mit den altweltlichen Nagern als Hystricomorphen zusammengefaßt werden. Während sie SCHAUB (1953, 1958) von altweltlichen Theridomyiden ableiten will, stammen sie nach A. E. WOOD (1950, 1955) von eozänen nordamerikanischen Paramyiden ab. Eine entscheidende Rolle spielt dabei die Interpretation der fünf Joche der

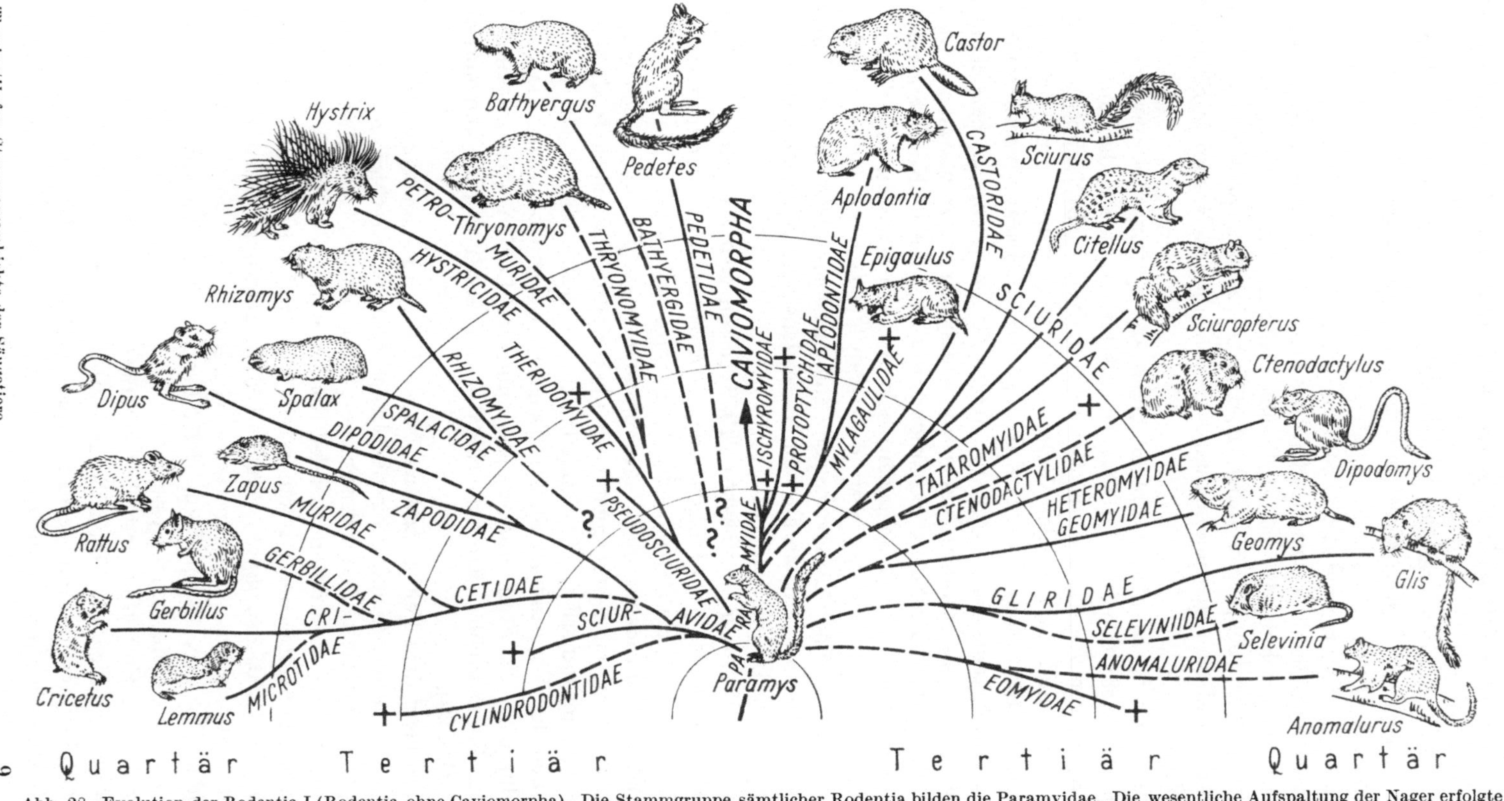

Abb. 28. Evolution der Rodentia I (Rodentia ohne Caviomorpha). Die Stammgruppe sämtlicher Rodentia bilden die Paramyidae. Die wesentliche Aufspaltung der Nager erfolgte im Eozän. Die stammesgeschichtliche Ableitung der Rhizomyidae und Spalacidae einerseits, der Bathyergoidea und Pedetidae andererseits ist fraglich, wie aus dem Schema hervorgeht. Die südamerikanischen Nager sind nicht näher mit den altweltlichen Hystricomorphen und die Schläfer nicht näher mit den Myomorphen verwandt (Original THENIUS)

Backenzähne, die bei den südamerikanischen Nagern nach WOOD u. PATTERSON (1959) nicht mit jenen altweltlicher Hystricomorphen (Theridomyiden) homologisiert werden können, weshalb sie von diesen Autoren als Caviomorpha abgetrennt werden (= Nototrogomorpha SCHAUB = Orthohystricognatha LAVOCAT). LANDRY (1957) lehnt zwar ebenfalls direkte Beziehungen zwischen südamerikanischen Nagern und den Theridomyiden ab, hält jedoch im Gegensatz zu WOOD an der näheren Verwandtschaft mit altweltlichen Hystricomorphen fest. Die Verhaltensforschung liefert zu diesem Problem kein eindeutiges Ergebnis (EIBL-EIBESFELDT 1958). Wesentlich ist, daß die Caviomorphen seit dem älteren Oligozän (Deseadense) sich unabhängig von den übrigen Nagern in Südamerika entwickelten.

Weitere lebhaft diskutierte Fragen bilden die systematisch-phylogenetische Stellung der Bathyergoidea, der Ctenodactylidae, Anomaluridae und Eutypomyidae, ferner von *Pedetes* und die verwandtschaftlichen Beziehungen der Gliriden, Spalaciden und Rhizomyiden. Von sekundärer Bedeutung ist die wechselnde taxionomische Bewertung einzelner Gruppen (z. B. Paramyinae-Paramyidae).

Die südamerikanischen Nager, die WOOD als Caviomorpha bezeichnet hat (= Nototrogomorpha SCHAUB), bilden eine unter sich näher verwandte Gruppe, was auch durch ihre Geschichte bestätigt wird. Die ältesten Nager Südamerikas sind aus dem Deseadense (Altoligozän) bekannt, aus einer Zeit, da dieser Kontinent bereits isoliert war. Mit SIMPSON (1950) läßt sich das Fehlen von Nagerresten in präoligozänen Ablagerungen Südamerikas durch das erst in dem zwischen Mustersense (Mittelozän) und Deseadense gelegenen Zeitraum erfolgte Eindringen (über Inselketten) erklären.

Nach A. E. WOOD u. PATTERSON (1959) lassen sich die geologisch ältesten südamerikanischen Nager (*Platypittamys*, *Acaremys*) von nordamerikanischen Paramyiden ableiten, die *Rapamys* des Jungeozäns nahestehen. Auch dies spricht für ein späteres „Einsickern" der Nager in Südamerika und nicht für einen bereits im Paleozän erfolgten Faunenaustausch über eine damals noch landfeste Verbindung mit Nordamerika. Es handelt sich bei diesen oligozänen Nagern um Formen aus der Verwandtschaft der Trugratten (Octodontiden), die morphologisch durchaus als Stammformen aller jüngeren Caviomorphen — mit Ausnahme der Baumstachler (Erethizontiden) — angesehen werden können (WOOD 1955) (s. Abb. 29).

Entsprechend dem Fehlen anderer Nager und der Lagomorphen bildeten die Caviomorphen unter Ausnützung des Lebensraumes verschiedene ökologische Nagertypen („Ratten", „Stachelschweine", „Hasenartige" usw.) aus, zu denen unter anderem auch die größten lebenden Rodentier, die Wasserschweine, gehören. Die weitere Phylogenie der Caviomorphen ist durch Fossilfunde teilweise aufgehellt worden (z. B. *Dinomys*, s. FIELDS 1957). Allerdings gehen die Meinungen über die taxionomisch-phylogenetische Gliederung einzelner Gruppen stark auseinander (SIMPSON 1945, WOOD 1955, FIELDS 1957, LANDRY 1957, SCHAUB 1958): Soviel Autoren, soviel Systeme!

Als wichtigste Einheiten sind die Octodontoidea, unter denen sich die primitivsten Formen finden, die Chinchilloidea mit den Chinchillas, Pakaranas, Pakas und Agutis, die Cavioidea mit Meerschweinchen, Maras und den Wasserschweinen und schließlich die Erethizontoidea, die Baumstachler, zu unterscheiden.

Zu den eigenartigsten Caviomorphen gehören zweifellos die Baumstachler (Erethizontidae), die als eine der wenigen südamerikanischen Nagergruppen auch nach Zentral- und Nordamerika gelangte. Nach ihrem Stachelkleid als Stachelschweine der Neuen Welt bezeichnet, sind sie mit den altweltlichen nicht näher verwandt und unterscheiden sich vor allem durch die bewurzelten, brachyodonten Zähne, die vollständige Clavicula und den ausgeprägten Greifschwanz von ihnen. Sie ähneln den echten Stachelschweinen (Hystricidae) also hauptsächlich durch die Entwicklung von Stacheln sowie durch die gelegentliche Aufblähung des Schädels im Bereich der Frontalia *(Coendou)*. Innerhalb der südamerikanischen Nager stehen sie ziemlich isoliert. Vielfach sind die ältesten Nager aus Südamerika als Erethizontiden (Acaremyinae: *Platypittamys*) angesehen worden, doch stellen Wood u. Patterson diese zu den Octodontiden. Die gegenwärtig durch mehrere Gattungen von Alaska bis nach Argentinien verbreiteten Baumstachler *(Erethizon, Chaetomys, Coendou)* lassen sich bis in das Oligozän (Deseadense) zurückverfolgen *(Protosteiromys)* und sind mit dieser Gattung durch *Eosteiromys* (Colhuehuapiense) und *Neosteiromys* (Araucanense) in Form einer Stufenreihe verbunden. Unter den lebenden Formen vermitteln die brasilianischen Baumstachler *(Chaetomys)* zwischen den nordamerikanischen Ursons *(Erethizon)* und den mittel- und südamerikanischen Greifstachlern *(Coendou)*.

Auch serologische und parasitologische Befunde sprechen für eine frühe Trennung der Erethizontiden von den übrigen Caviomorphen (Moody u. Doninger 1956, Vanzolini u. Guimaraes 1955).

Die übrigen Caviomorphen lassen sich auf gemeinsame südamerikanische Ahnenformen zurückführen, die im Altoligozän erstmalig nachgewiesen sind. Es handelt sich um primitive, rattenähnliche Formen aus der Verwandtschaft der gegenwärtig durch die Trugratten (Octodontidae), Kamm- (Ctenomyidae), Chinchilla- (Abrocomidae), Stachel- oder Lanzenratten (Echimyidae), Ferkel- (Capromyidae) und Biberratten oder Sumpfbiber (Myocastoridae) vertretenen Nager. Wie schon erwähnt, lassen sich die ältesten südamerikanischen Formen von nordamerikanischen Paramyiden aus der Verwandtschaft von *Rapamys* ableiten und sind nicht auf altweltliche Theridomyiden zurückzuführen. Damit ist der getrennte Ursprung der neu- und altweltlichen „Hystricomorphen" wahrscheinlich gemacht.

Die Octodontoidea sind in zahlreichen Merkmalen primitiv gebliebene Formen, die im Habitus nur wenig differieren. Bei den Biberratten oder Nutrias sind in Zusammenhang mit der schwimmenden Lebensweise Schwimmhäute an den Füßen entwickelt. Im Gebiß verhalten sich die Lanzenratten am ursprünglichsten von allen lebenden Octodontoiden, indem sie ein brachyodontes, bewurzeltes Backenzahngebiß besitzen. Die Stachelratten sind bereits aus dem Oligozän mit Formen bekannt, die noch einen echten P$\frac{4}{4}$ besitzen (A. E. Wood u. Patterson 1959). Die Biberratten (Myocastoridae) lassen sich bis in das Altmiozän zurückverfolgen. Die ihnen nahestehenden Ferkelratten (Capromyidae) kennt man bisher nicht aus präquartären Ablagerungen (Schaub 1958). Wood u. Patterson bringen dagegen die Capromyiden mit den Chinchilliden in nähere Verbindung, während Landry (1957) die Stachelratten einschließlich der Ferkelratten in die Verwandtschaft der Baumstachler stellt. Die Gattung *Plagiodontia* (Zaguti) aus Haiti besitzt einen echten Greifschwanz und kann als Verwandte der Biberratten mit etwas modifiziertem Zahnbau angesehen werden.

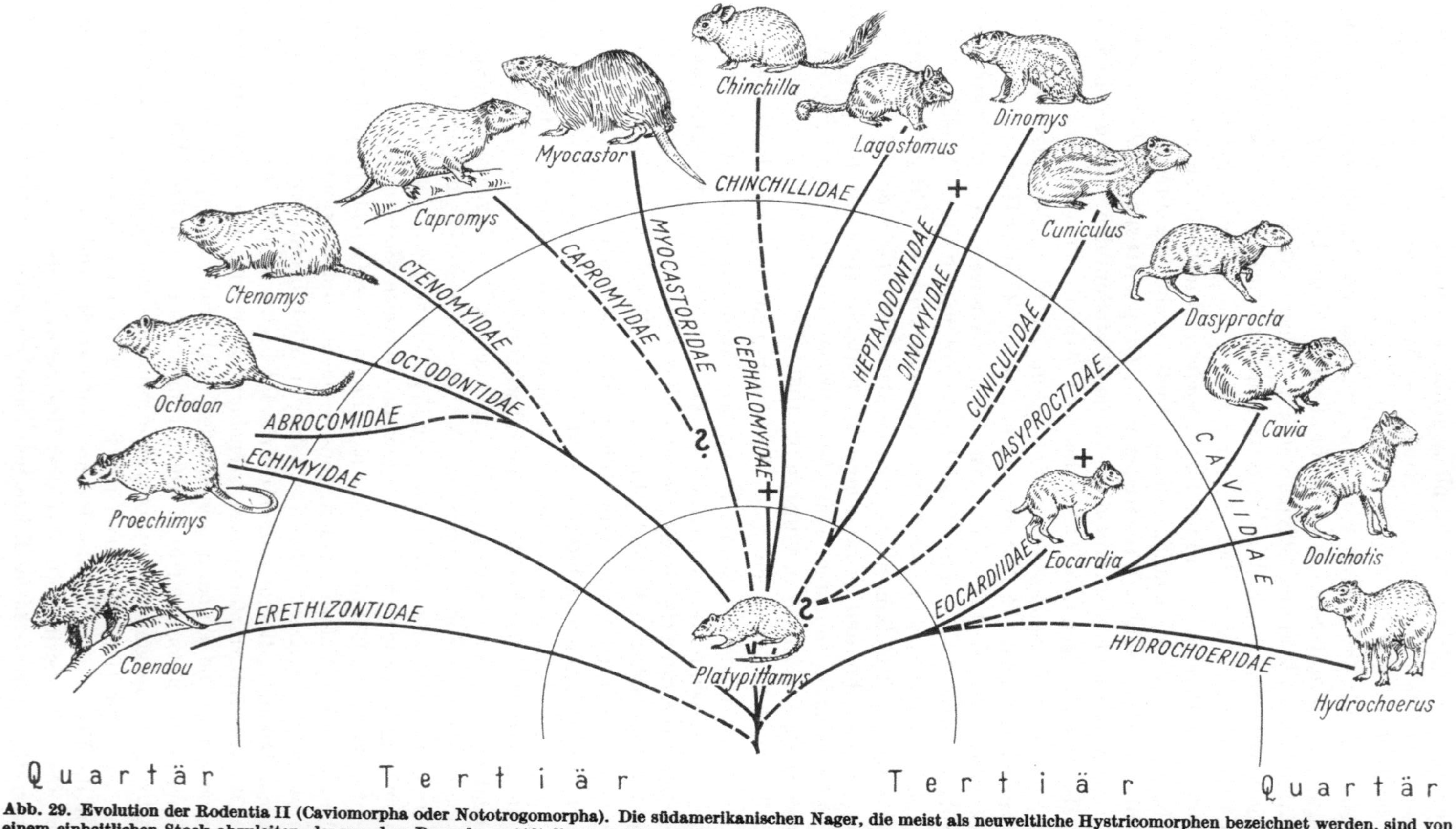

Abb. 29. Evolution der Rodentia II (Caviomorpha oder Nototrogomorpha). Die südamerikanischen Nager, die meist als neuweltliche Hystricomorphen bezeichnet werden, sind von einem einheitlichen Stock abzuleiten, der vor dem Deseadense (Altoligozän) Südamerika erreichte. Die Isoliertheit dieses Kontinentes im Tertiär führte zu der überaus charakteristischen Entfaltung der Caviomorphen. Über die verwandtschaftlichen Zusammenhänge der einzelnen Familien gehen die Meinungen auseinander (s. Text). (Original Thenius)

Die Trug-, Kamm- und Chinchillaratten bilden eine untereinander näher verwandte Gruppe, indem sich die Kamm- und die Chinchillaratten von jungtertiären Trugratten ableiten lassen. Die Octodontiden selbst sind, wie schon ausgeführt, bereits aus dem Oligozän nachgewiesen. Sie bilden die Stammgruppe der gesamten Überfamilie.

Die Meerschweinchenartigen (Cavioidea) bieten in stammesgeschichtlicher Hinsicht weitaus weniger Probleme. Nur über den Umfang der Überfamilie wird diskutiert. Sie stellen durch die Eocardiiden, Caviiden und Hydrochoeriden eine genetische Einheit dar. Das Gebiß ist einheitlich gebaut und besteht aus hypsodonten und wurzellosen Backenzähnen. Die Eocardiidae sind bisher nur aus dem Oligozän und Miozän bekanntgeworden, und unter ihnen sind die Stammformen der übrigen Cavioidea zu suchen. Sie glichen im Habitus den Maras, indem die Hintergliedmaßen stärker verlängert waren als die vorderen. *Schistomys* aus dem älteren Miozän wird durch Scott als Vorläufer von *Dolichotis* angesehen. Meerschweinchen sind seit dem Pliozän nachgewiesen und lassen sich auf Eocardiiden zurückführen. Es sind durchweg kleine, sekundär kurzbeinige „Grasschlüpfer" mit besonders hochkronigen Backenzähnen, die in mehreren Formen vom Tiefland bis in die Hochsteppen verbreitet sind. Auch anatomische Befunde sprechen für eine Abkunft von langbeinigen Formen (Thenius 1950a). Die Stammform des domestizierten und vielfach als Versuchstier in Laboratorien gehaltenen Meerschweinchen ist das peruanische Meerschweinchen *(Cavia cutleri)*, das bereits in der Prä-Inkazeit als Fleischtier gezüchtet wurde. *Asteromys* und *Chubutomys* aus dem Deseadense sind nach Wood u. Patterson (1959) die Ausgangsformen der beiden Eocardiidenstämme (Luantinae und Eocardiinae).

Eine zweite Gruppe innerhalb der Caviiden bilden die Maras *(Dolichotis)*, hochbeinige Bewohner der Pampas und baumlosen Trockensteppen Argentiniens. Sie erinnern teils an Hasen, teils an Zwergpaarhufer und damit auch an die ausgestorbenen Caenotherien (s. S. 225). Es sind schnelle Läufer. Die ältesten Formen sind aus dem Pliozän bekanntgeworden.

Als hochspezialisierte Abkömmlinge der Eocardiiden können die Wasserschweine oder Capybaras *(Hydrochoerus)* betrachtet werden, die gegenwärtig die größten Nager darstellen. Es sind semiaquatische Formen mit entsprechenden Anpassungserscheinungen. Leicht zähmbar, werden Wasserschweine *(Hydrochoerus hydrochaeris)* in Südamerika vielfach als Hausgenossen gehalten. Aus dem Pliozän sind zahlreiche Gattungen beschrieben worden, die zum Teil ausgestorbenen Seitenstämmen angehörten *(Protohydrochoerus)*. Die pliozänen Cardiatheriinae *(Cardiatherium, Anchimys)* waren kleine, primitive Formen. Wasserschweine *(Neochoerus)* gelangten während des Pleistozäns auch nach Nordamerika, starben aber dort wieder aus.

Diskutiert wird die taxionomische Stellung der Pakaranas (Dinomyidae einschließlich „Heptaxodontidae"), der Cuniculidae und der Dasyproctidae. Während Wood diese Familien zu den Cavioidea stellt, vereint Schaub (1958) nach odontologischen Gesichtspunkten die Dinomyiden, Cuniculiden und Chinchilliden zur Überfamilie der Dinomyoidea. Diese verschiedenen Auffassungen erklären sich weitgehend aus dem gemeinsamen Ursprung dieser Formen, ihrer parallelen Entwicklung und aus den verschiedenen, zur Beurteilung herangezogenen Merkmalskomplexen. Immerhin bestehen zweifellos gewisse verwandtschaftliche

Beziehungen zwischen Dinomyiden und Pakas einerseits, zwischen Pakas und Agutis andererseits, weshalb sie hier zusammen besprochen seien.

Während von den Pakas *(Cuniculus)* und Agutis *(Dasyprocta)* bisher nur spärlich Fossilfunde[1] vorliegen, die in stammesgeschichtlicher Hinsicht nichts aussagen, sind die Pakaranas (Dinomyidae) in ziemlicher Formenfülle seit dem Oligozän nachgewiesen. *Dinomys* stellt den letzten Überlebenden einer einst artenreichen Gruppe dar. Die älteste Gattung, die zugleich als Ausgangsform betrachtet werden kann, bildet *Scleromys* aus dem Colhuehuapiense, von der sich nach Fields (1957) *Dinomys* über *Olenopsis*- (Miozän) und *Tetrastylus*-Arten (Pliozän) ableiten läßt. Einem ausgestorbenen Seitenzweig gehören die Riesennager *(Eumegamys)* an, ebenso die „Heptaxodontiden". Damit ist auch die stammesgeschichtliche Stellung des Pakarana *(Dinomys brannickii)* geklärt, das zwischen den primitiven (Octodontoiden) und den meerschweinartigen Caviomorphen steht.

Eine in sich geschlossene Familie mit zwei Hauptstämmen sind die Hasenmäuse (Chinchillidae), die durch Schaub mit Dinomyiden, durch Wood mit den Capromyiden in Verbindung gebracht werden. Auch die Hasenmäuse lassen sich bis in das Deseadense *(Scotamys)* zurückverfolgen, doch konnte ihre Phylogenie erst teilweise aufgehellt werden. So steht *Scotaeumys* aus dem Altmiozän (Santacrucense) odontologisch zwischen *Chinchilla* und *Lagostomus*, ohne als Ahnenform beider in Betracht zu kommen. *Perimys* und *Prolagostomus* aus dem Miozän sind den Viscachas verwandt. Gegenwärtig bilden die Chinchillas *(Lagidium, Chinchilla)* und die Viscachas *(Lagostomus)* Angehörige zweier Stämme, deren Trennung im Jungtertiär erfolgte.

Unter den nichtcaviomorphen Nagern wird selbst die Zugehörigkeit verschiedener Familien zu den einzelnen Unterordnungen diskutiert. Doch steht fest, daß die alttertiären Ischyromyoiden die Stammgruppe sämtlicher Nager bildeten. Da diese und einige andere, von ihnen abzuleitende Nager weder mit den Myomorphen noch mit den Hystricomorphen viel gemeinsam haben und auch wenig mit den Sciuromorphen, stellte sie Zittel (1893) als Prototrogomorpha den übrigen Unterordnungen gegenüber. Zittel zählte allerdings auch die Dipodiden zu dieser Gruppe, die zweifellos Myomorphen sind. Vom phylogenetischen Gesichtspunkt aus ist es unwesentlich, ob die Angehörigen der Ischyromyoiden (Paramyiden, Sciuraviden, Cylindrodontiden, Ischyromyiden, Protoptychiden) als Unterfamilien (Schaub) oder Familien (Wood) gewertet werden. Die ältesten Formen *(„Paramys")* sind aus dem jüngeren Paleozän Nordamerikas bekanntgeworden. Es waren hörnchenartige Formen mit einem Backenzahngebiß aus brachyodonten, drei- oder vierhöckrigen Molaren und ursprünglicher Zygomasseterstruktur, die als Ausgangsformen der geologisch jüngeren Nager angesehen werden können. Es lassen sich sowohl die primitivsten lebenden Nager (Sciuriden) als auch die Myomorphen und „Hystricomorphen" von ihnen ableiten. Der Ursprung der Paramyiden und damit die Herkunft der Nager selbst ist derzeit noch in Dunkel gehüllt, wenn auch die Herkunft von (Proto-) Insectivoren als sicher gelten kann. Während die nordamerikanisch-asiatischen Sciuraviden bunolophodonte Molaren mit der Tendenz zu Querjochen und damit eine cricetide Aus-

[1] Wood u. Patterson (1959) betrachten *Cephalomys* und *Liodontomys* des Deseadense als Dasyproctiden.

bildung zeigen, bleibt bei der eozänen Gattung *Protoptychus* aus Nordamerika noch der quadrituberculäre Bau erhalten. Auch bei den nordamerikanischen Ischyromyiden (*Ischyromys, Titanotheriomys*) kommt es zur Jochbildung. Die vermutlich von Sciuraviden abstammenden asiatisch-nordamerikanischen Cylindrodontiden (*Cylindrodon, Ardynomys, Cyclomylus, Tsaganomys, Sespemys*) entwickelten hypsodonte, wurzellose Zähne, deren ursprünglicher Bau nicht mehr erkennbar ist. Die Molaren sind zylindrische, teilweise von Zement bedeckte Gebilde geworden. Die Cylindrodontiden starben mit dem Oligozän aus.

Von eozänen Paramyiden lassen sich die Aplodontiden ableiten, die gegenwärtig nur durch eine einzige Art, das Stummelschwanzhörnchen (*Aplodontia rufa*), auch Bergbiber genannt, in den bergigen Gebieten der pazifischen Küste Nordamerikas vertreten sind und in mancher Hinsicht zu den ursprünglichsten lebenden Nagern gehören. Es sind äußerlich etwas an Murmeltiere erinnernde Nager, die wurzellose, hypsodonte Zähne besitzen. Die Aplodontiden kamen im Tertiär auch in Europa (*Maurimontia, Ameniscomys*) und Asien (*Pseudaplodon*) vor. Sie waren einst artenreich entwickelt, weshalb die einzige, auf ein Reliktareal beschränkte rezente Art nicht nur vom Standpunkt des Embryologen und Anatomen als „lebendes Fossil" bezeichnet werden kann. Die Phylogenie ist durch Fossilfunde bekannt. Die älteste Gattung ist *Eohaplomys* aus dem Jungeozän (Sespe-Eozän) Nordamerikas, die auch als Stammform der im Jungtertiär wieder ausgestorbenen Mylagauliden betrachtet werden kann (McGrew 1941). *Eohaplomys* stimmt im Gebiß in den wesentlichsten Zügen mit Paramyiden (*Prosciurus*) überein, so daß die Abspaltung im Mitteleozän erfolgt sein dürfte. *Meniscomys* (Miozän) bildet die strukturelle Ausgangsform der geologisch jüngeren Aplodontiden. *Ameniscomys* und *Liodontia* sind Angehörige von Seitenlinien. Während sich bei den Aplodontiden die Gebißstruktur nicht wesentlich änderte und der bunoselenodonte Bauplan der Backenzähne auch noch bei *Aplodontia* erhalten geblieben ist, entstanden bei den wühlenden Mylagauliden typisch lophodonte Zähne. Die älteste bekannte Gattung ist *Promylagaulus* aus dem älteren Miozän (Lower Rosebud), die über *Mylagaulodon* (Upper Rosebud) und *Mesogaulus* (Middle Miocene) mit *Mylagaulus* (Lower Pliocene) direkt verbunden ist. Innerhalb dieser Ahnenreihe läßt sich die zunehmende Komplikation des Kauflächenbildes schrittweise verfolgen. Die Mylagauliden starben im Pliozän wieder aus. Bei *Epigaulus* aus dem Pliozän waren knöcherne Nasenhörner entwickelt. Die Mylagauliden blieben ausschießlich auf Nordamerika beschränkt (vgl. auch Shotwell 1958).

Als ziemlich ursprüngliche Nager sind die hörnchenartigen Nager (Sciuroidea) anzusehen, die gegenwärtig formenreich und auf sämtlichen Kontinenten mit Ausnahme von Australien verbreitet sind. Die ältesten Formen sind, sofern man *Plesiospermophilus* und verwandte Formen aus dem Eozän als Sciuriden und nicht als Paramyiden betrachtet, aus dem Eozän nachgewiesen. Die Gattung *Sciurus* selbst ist seit dem Oligozän bekannt. Im Gebiß und auch im Habitus haben die Hörnchen ihren primitiven Charakter unter allen lebenden Nagetieren am ehesten bewahrt. Gegenwärtig als Baumformen (*Sciurus, Tamiasciurus, Funambulus, Callosciurus* usw.), Bodenbewohner (*Xerus, Marmota, Cynomys, Citellus* usw.) und Flugtiere (*Petauristes, Glaucomys, Sciuropterus* usw.) die verschiedensten Lebensräume besiedelnd, gehören sie trotz verschiedener Spezialisationserscheinungen zu den anpassungsfähigsten Nagetieren. Unter den Baumformen sind mehrere Stämme zu unterscheiden, von denen die wichtigsten Gattungen bereits oben angeführt wurden. Innerhalb der Erdbewohner bilden die Murmeltiere *(Marmota)*, Präriehunde *(Cynomys)* und Ziesel *(Citellus)* näher verwandte Formen, die mit *Paracitellus* bereits im Altmiozän (Burdigalium) nachgewiesen sind (Dehm 1950). Auch die Flughörnchen sind durch *Sciuropterus* bereits im Miozän belegt. Ähnliches gilt für *Xerus* und *Ratufa*, die sich somit, wie *Sciurus* selbst, als geologisch alte Gattungen erweisen. Aus den oligo-miozänen Arten *Sciurus feignouxi* — *fissurae* — *bredai* hat sich das heutige *Sciurus vulgaris* entwickelt (Dehm 1950). Interessant ist, daß die meist als Nannosciurinae vereinigten rezenten Zwerghörnchen der äquatorialen Gebiete Afrikas *(Myosciurus)*, Indonesiens *(Nannosciurus* und *Exilisciurus)* und Südamerikas *(Sciurillus)* untereinander nicht näher verwandt, sondern durch Parallelentwicklung entstanden sind. Die Zwerghörnchen sind also eine rein künstliche Einheit (Moore 1959). Bemerkenswert ist auch, daß die langschnauzigen, insektenfressenden (!) Erdhörnchen der indo-malayischen Region *(Rhinosciurus)* nach Moore (1959) nicht näher mit den eigentlichen Erdhörnchen (Xerini und Marmotini) verwandt sind.

Über die Herkunft und phylogenetische Stellung der Biber (Castoridae) gehen die Ansichten auseinander. Während Matthew (1910) sie von *Ischyromys* und Wood (1955) sie direkt von Paramyiden ableiten, sehen Schlosser, Freudenberg (1941) und Schaub (1953) in den Theridomyiden die Stammformen der Biber, wobei letztere Auffassung ausschließlich auf der Gebißstruktur basiert und nicht den sonst typisch sciuroiden Kieferbau berücksichtigt. Die ältesten Formen sind *Steneofiber* aus dem europäischen, *Agnotocastor* aus dem nordamerikanischen Oligozän. *Agnotocastor* weicht durch den Besitz von zwei Prämolaren im Oberkiefer von den übrigen Castoriden (und auch von *Trechomys*, der im Gebiß nächststehenden Theridomyidengattung) ab. Innerhalb der Gattung *Steneofiber* (= *Chalicomys)* läßt sich die schrittweise Umwandlung in *Castor* verfolgen, die im Gebiß durch die steigende Hypsodontie zur Wurzellosigkeit führt. *Castor (Pliocastor)* tritt erstmalig im Altpliozän auf (Viret u. Mazenot 1948). Im Tertiär existierten verschiedene parallele Stammlinien (*Steneofiber*, *Palaeocastor*, *Anchitheriomys* = „*Amblycastor*“, *Sinocastor*, *Dipoides*; vgl. Stirton 1935), im Pleistozän waren Riesenbiber *(Trogontherium*, *Castoroides)* verbreitet, die dimensionell kleinen Bären entsprachen (Schreuder 1951). Die Biber sind und waren ausschließlich holarktischer Verbreitung und sind durch ihre ausgeprägten Anpassungen an das Wasserleben gekennzeichnet (Hinterfuß mit Schwimmhäuten, abgeplatteter Schwanz, Gliedmaßendifferenzierung und deren Proportionen, Behaarung, Ohren usw.).

Ausschließlich nordamerikanischer Verbreitung sind die Taschenmäuse (Heteromyidae) und die Taschenratten (Geomyidae), die trotz ihres maus- bzw. rattenähnlichen Habitus mit diesen nicht näher verwandt sind, sondern den Hörnchenartigen nahestehen.

Ursprünglich mit echten Mäusen (z. B. *Perognathus*), Wühlmäusen (z. B. *Geomys*) oder Springmäusen (z. B. *Dipodomys*) vereint, haben nämlich Miller u. Gidley (1918) gezeigt, daß die Ähnlichkeiten mit diesen nur oberflächlicher Natur sind und daß es sich um sciuromorphe Nager handelt (Zygomasseterregion usw.).

Beiden Familien sind behaarte Backentaschen gemeinsam, und auch sonst stimmen sie in mancher Eigenschaft überein, weshalb sie als Geomyoidea

(= Saccomyidae BAIRD) zusammengefaßt werden. Sie sind einerseits an eine springende (Heteromyiden), andererseits an eine wühlende Lebensweise (Geomyiden) angepaßt. Gegenwärtig sind die Taschen- oder Hamsterratten (Heteromyidae) durch verschiedene ökologische Typen vertreten, die maus- *(Perognathus)*, ratten- *(Microdipodops)* oder springmausähnlichen Habitus *(Dipodomys)* besitzen. Letztere sind durch stark verlängerte Hintergliedmaßen gekennzeichnet und werden von den Amerikanern nach ihrer hüpfenden Fortbewegungsweise auch „Känguruhratten" genannt. Es sind Wüstenbewohner.

Wie WOOD (1935) gezeigt hat, lassen sich sämtliche rezenten Gattungen und Arten von oligozänen *Heliscomys*-Arten ableiten, die den gemeinsamen Stammformen mit den Geomyiden nahestanden. Der eine Hauptstamm führt über *Mookomys* und *Cupidinomys* zu *Dipodomys* bzw. über *Mookomys* zu *Perognathus*, aus dem anderen sind über *Proheteromys Heteromys* und über *Peridiomys Liomys* hervorgegangen. *Florentiamys* aus dem Altmiozän gehört einem ausgestorbenen Seitenzweig an (WOOD 1935, 1936).

Die Taschenratten (Geomyidae) oder „Pocket-Gophers" sind unterirdisch lebende Wühler, die mit stark bekrallten Grabgliedmaßen und riesigen Schneidezähnen ausgestattet sind. Als vermutlich älteste Gattung ist *Griphomys* aus dem Jungeozän zu betrachten. Die älteren Formen besitzen bewurzelte Backenzähne, bei den jüngeren und damit den gesamten rezenten Taschenratten sind sie wurzellos; es sind vorwiegend Wurzelfresser. Einen eigenen Stamm bildeten die alttertiären Entoptychinen *(Gregoromys, Entoptychus)*. Von den rezenten Taschenrattengattungen ist *Thomomys* bereits aus dem Miozän nachgewiesen. Diese sowie fossile Gattungen bestätigen die frühzeitig erfolgte Spezialisierung.

Recht isoliert stehen die afrikanischen Dornschwanzhörnchen (Anomaluridae) im System, die durch SCHAUB nach dem Gebiß mit den ausgestorbenen Eomyiden in Verbindung gebracht werden, nach WOOD (1955) jedoch vermutlich von Theridomyiden abzuleiten sind, während LAVOCAT (1951) schon aus geographischen Gründen für eine lange Trennung und unabhängige Entwicklung dieser Familie eintritt. Sie sind gegenwärtig in mehreren Gattungen *(Anomalurus, Zenkerella, Idiurus)* in Afrika verbreitet und haben auf diesem Kontinent ökologisch die Rolle der holarktischen Flughörnchen übernommen. Im Habitus erinnern sie teilweise an richtige Hörnchen *(Anomalurus)*, teilweise an Schlafmäuse *(Zenkerella* und *Idiurus)*, ohne daß direkte verwandtschaftliche Beziehungen zu beiden Gruppen angenommen werden können. Dem Dornschwanzbilch *(Zenkerella)* fehlt eine Flughaut, die bei den anderen Anomaluriden als doppelte seitliche Hautfalte entwickelt ist und durch einen vom Ellbogengelenk ausgehenden Knorpelstab gestützt wird.

Bis vor kurzem standen die Kammfinger oder Gundis (Ctenodactylidae) Nordafrikas (Marokko bis Somaliland) völlig isoliert unter den Nagetieren. Es sind kleine, plumpe und gedrungene, terrestrisch lebende Nager mit stumpfschnauzigem Kopf und langen Schnurrhaaren. Sie verdanken ihren Namen den Borsten, die über den Krallen sitzen und beim Graben im Wüstensand besenartig wirken. Die Ctenodactyliden *(Ctenodactylus, Pectinatur)* sind bisher mit sämtlichen Unterordnungen (Hystricomorphen einschließlich Caviomorphen, Sciuromorphen und Myomorphen) in Verbindung gebracht und schließlich auch als eigene Unterordnung angesehen worden. In den letzten Jahren sind aus dem

Tertiär verschiedene Formen beschrieben worden, die in ihre Verwandtschaft gehören. Sie zeigen, daß trotz gewisser Übereinstimmungen ein Ursprung von den Theridomyiden nicht angenommen werden kann (LAVOCAT 1951, SCHAUB u. STEHLIN 1951), sondern sie eher auf eozäne Paramyiden zurückgehen. Es sind demnach Angehörige der Sciuromorphen, wie schon TULLBERG (1899) trotz gewisser Ähnlichkeiten mit ,,Hystricomorphen" vermutete. Die fossilen Formen (*Tataromys*, *Karakoromys*, *Sayimys*), die aus dem Oligozän und dem Jungtertiär Asiens und Afrikas beschrieben wurden (WOOD 1937a, LAVOCAT 1953), werden als eigene Familie (Tataromyidae) abgetrennt. Sie umfassen Arten mit einfach vierhöckrigen, brachyodonten und jochförmigen, hypsodonten Backenzähnen (*Sayimys*), die zu den rezenten Gattungen überleiten, deren Backenzahngebiß eine progressive Vereinfachung erkennen läßt. *Pectinator* kann im Gebiß von *Tataromys* bzw. *Karakoromys* abgeleitet werden.

Einen recht einheitlichen ,,Formenkreis" bilden die Schläferartigen oder Bilche (Gliroidea = Gliromorpha), die meist mit den Myomorpha in Verbindung gebracht wurden. Heute ist ihre Herkunft und ihre Geschichte dank der Fossilfunde geklärt. Es handelt sich um baumbewohnende, langschwänzige Nager mit nächtlicher Lebensweise. Sie bilden einen sehr alten Stamm, der mit *Gliravus* aus dem Jungeozän (Ludium) Europas erstmalig nachgewiesen ist. *Gliravus* (Eozän und Oligozän) besitzt ein einfach gebautes Backenzahnmuster, das nicht nur eine Ableitung sämtlicher Zahnmuster der rezenten Schläfer zuläßt, sondern auch die Herkunft von ,,*Paramys*"-artigen Nagern belegt. Die weitere Geschichte läßt sich über *Peridyromys* (Jungoligozän, Altmiozän) zu *Dryomys* (Baumschläfer) verfolgen, eine Gattung, die erstmalig im Miozän auftritt (*D. hamadryas*). *Muscardinus* (Haselmaus), *Glis* (Siebenschläfer), *Glirulus* und *Eliomys* (Gartenschläfer) haben sich in der erwähnten Reihenfolge im mittleren und jüngeren Oligozän vom Peridyromysstamm abgespalten und sind ebenfalls durch Fossilfunde belegt. Einem eigenen Stamm gehören die afrikanischen Schläfer oder Pinselschwanzbilche (*Graphiurus*) an, die mit ungefähr 40 Arten südlich der Sahara bis zum Kapland verbreitet sind. Zahnhistologisch verhalten sich *Graphiurus* und *Muscardinus* am spezialisiertesten, *Glis* am ursprünglichsten (KORVENKONTIO 1934), im Bau des Masseters ist *Graphiurus* jedoch am primitivsten. Aus dem Jungpleistozän von Malta und anderer Mittelmeerinseln sind Riesenschläfer (*Leithia*) bekanntgeworden.

Die sog. Stachelbilche oder Stachelmäuse (Platacanthomyinae) Südasiens gehören nach SCHAUB in die Verwandtschaft der Hamster (s. S. 143). Näher verwandt mit den echten Bilchen sind dagegen die erst seit 1939 bekannten Salzkrautbilche (Seleviniidae) von Kasachstan. Es sind Wüstenbewohner mit riesiger Bulla, sehr kleinen und stark vereinfachten, brachyodonten Backenzähnen. Fossilfunde liegen bisher nicht vor, so daß über die stammesgeschichtlichen Beziehungen nichts ausgesagt werden kann.

Innerhalb der ,,altweltlichen Hystricomorphen" (Palaeotrogomorpha SCHAUB) kommt den alttertiären Theridomyiden Europas und Nordafrikas eine zentrale Stellung zu. Charakteristisch ist die fünfjochige (pentalophodonte) Bauplan der Backenzähne, die ursprünglich brachyodont, bei den spezialisierten Arten ausgesprochen hypsodont gebaut sind. Innerhalb der Theridomyiden sind verschiedene Stammlinien zu unterscheiden (*Theridomys*, *Archaeomys*, *Issiodoromys*,

Phiomys), unter denen die schrittweise Zunahme der Hypsodontie beobachtet werden kann (vgl. SCHAUB u. STEHLIN 1951). Vom stammesgeschichtlichen Gesichtspunkt aus ist wesentlich, daß die Theridomyiden durch eozäne Pseudosciuriden mit den Paramyiden in genetischem Zusammenhang stehen, indem die Gattungen *Paramys*, *Dectiadapis*, *Adelomys* und *Theridomys* eine Ahnenreihe bildeten. Die aus dem Eozän und Oligozän bekanntgewordenen Pseudosciuriden *(Pseudosciurus, Adelomys = „Suevosciurus")* besitzen brachyodonte, bunodonte Backenzähne mit transversalen Kämmen.

Vom *Theridomys*-Bauplan lassen sich die Muster der Backenzähne der Stachelschweine (Hystricidae) ableiten und vielleicht auch die der Wurzelratten (Rhizomyidae) und Blindmäuse (Spalacidae), die jedoch verschiedentlich mit den Myomorphen in Verbindung gebracht werden. Ob der Springhase (Gattung *Pedetes*) einen Abkömmling dieser Gruppe darstellt, ist ebenfalls sehr fraglich.

Die Stachelschweine (Hystricidae) zählen in mancher Hinsicht zu den aberrantesten Nagern, doch gilt dies hauptsächlich für die eigentlichen Stachelschweine *(Hystrix)*, die von Südeuropa über ganz Afrika, Vorderasien und Teile Südasiens verbreitet sind. Äußerlich durch aufrichtbare Halsmähne, Rumpf- und Schwanzstacheln gekennzeichnet, zeigt auch das Gebiß durch die hochkronigen Backenzähne und der aufgeblähte Facialschädel, daß es sich um hochspezialisierte Formen handelt. Viel ursprünglicher verhalten sich die südostasiatischen Stachelschweine, von denen der Langschwanzstachler *(Trichys)* aus Hinterindien und Indonesien rattenähnlichen Habitus und ein Haarkleid aus starren Borsten und kurzen weichen Stacheln besitzt. Die Backenzähne sind brachyodont wie auch beim Quastenstachler *(Atherura)*. Stachelschweine sind aus dem Jungtertiär (*Miohystrix*, KRETZOI 1951, *Hystrix*) und Pleistozän Eurasiens und Afrikas bekanntgeworden. Direkte verwandtschaftliche Beziehungen zu den neuweltlichen „Stachelschweinen" (Erethizontidae) bestehen nicht (s. S. 131).

Die Felsen- (Petromyidae = Petromuridae) und Rohrratten (Thryonomyidae) sind gegenwärtig auf Afrika beschränkt. Sie werden allgemein in die Verwandtschaft der „Hystricomorphen" gestellt. Fossilfunde aus dem asiatischen Miozän (*Paraulacodus*, ein Thryonomyide) geben kaum Aufschluß über ihre Herkunft. Auf Grund verschiedener Merkmale (Gebiß) werden sie manchmal mit südamerikanischen Caviomorphen (Octodontiden) in Verbindung gebracht (ELLERMAN, MORRISON-SCOTT u. HAYMAN 1953), was schon aus paläogeographischen Gründen nicht gut möglich ist. Es sind Nager, die sich frühzeitig von den Ischyromyoiden getrennt haben.

Ebenfalls fraglich ist die Herkunft des afrikanischen Springhasen *(Pedetes caffer)*, der als Vertreter einer eigenen Familie (Pedetidae) zu betrachten ist, von der Fossilfunde aus dem Miozän Südwest- *(Parapedetes)* und Ostafrikas (*Megapedetes*; STROMER 1926, MACINNES 1957) vorliegen. *Megapedetes* ist zwar deutlich weniger spezialisiert (brachyodonte, bewurzelte Backenzähne, Großzehe gut entwickelt usw.) als die rezente Art mit hypsodonten, wurzellosen Backenzähnen und reduziertem Hallux, doch ist auch *Megapedetes pentadactylus* schon ein typischer Springhase. Die Springhasen sind Bewohner der offenen Landschaft, die in den weiten Ebenen und Steppen sowie gebirgigen Gegenden von Kenya und Angola bis zum Kapland verbreitet sind. Dementsprechend sind ihre Gliedmaßen wie bei den Springmäusen proportioniert. Der Kopf erinnert entfernt an

Hasen. Ursprünglich fast durchweg als Springmaus (Dipodide) betrachtet (ILLIGER 1811, WAGNER 1841, BRANDT 1855, FITZINGER 1867 usw.), stellte THOMAS (1897) *Pedetes* zu den Hystricomorphen, nachdem DORAN (1878) die hystricomorphe Gestalt des Malleus betont hatte. TULLBERG (1899) hält verwandtschaftliche Beziehungen zu den Anomaluriden für wahrscheinlich, KORVENKONTIO (1934) betont die hystricomorphe (einschließlich caviomorphe) Schmelzstruktur der Nagezähne. Die Ähnlichkeiten mit Dipodiden sind reine Konvergenzerscheinungen (vgl. POCOCK 1922). LAVOCAT (1951) deutet gewisse Ähnlichkeiten mit den Theridomyiden nicht als verwandtschaftlich bedingt, sondern als Parallelerscheinungen.

Die Sandgräber (Bathyergidae), die im östlichen Afrika südlich der Sahara verbreitet sind, bilden eine der wenigen Nagergruppen, deren taxionomisch-phylogenetische Stellung gänzlich ungeklärt ist. Dies hängt nicht zuletzt mit ihrer unterirdischen Lebensweise zusammen, die zu weit extremeren Spezialisationserscheinungen geführt hat, als dies bei anderen wühlenden Nagern der Fall ist. Ursprünglich meist mit Myomorphen in Verbindung gebracht, haben osteologische und anatomische Untersuchungen Beziehungen zu Hystricomorphen eher wahrscheinlich gemacht (WINGE 1887, PARSON 1894, 1896, KORVENKONTIO 1934, REWALL 1903). Neuerdings werden sie jedoch als eigene Unterordnung Bathyergoidea (ROBERTS 1951, s. WOOD 1955) aufgefaßt und damit ihre isolierte Stellung betont und zugleich auch die Ansicht MILLER u. GIDLEYs (1918) bestätigt. Fossilfunde liegen nur vereinzelt vor und sagen nichts über die Herkunft aus (*Bathyergoides* aus dem Altmiozän Südwestafrikas; STROMER 1926). Die lebenden Arten unterscheiden sich schon äußerlich durch die Behaarung, indem die Nacktmulle *(Heterocephalus)* nahezu nackt sind. Weitere kennzeichnende Gattungen sind: *Georychus*, *Cryptomus*, *Heliophobius* und *Bathyergus*. Winzige offene oder verschlossene Augen, verkümmerte angewachsene Ohrmuscheln, die auch bei geschlossenem Maul sichtbaren Nagezähne sind ihnen allen gemeinsam. Ihre Herkunft wird vermutlich erst durch Fossilfunde aus dem afrikanischen Alttertiär geklärt werden. Vertreter der Gattung *Heterocephalus* bilden die eine, die übrigen, untereinander näher verwandten Genera, die andere Gruppe.

Ebenfalls durchaus nicht einhellig beurteilt werden die Wurzelratten und die Blindmäuse, die untereinander näher verwandt sind, weshalb sie manchmal zu einer einzigen Familie vereint werden. Während sie SCHAUB (1958) auf Grund der Gebißstruktur zu seinen Pentalophodonten und damit in die Verwandtschaft der Theridomyiden stellt, werden sie von den Zoologen meist als entfernte Verwandte der Hamster und Mäuse angesehen. WOOD (1955) bezeichnet sie als Muroidea incertae sedis innerhalb der Myomorphen. Es handelt sich um wühlende bis ausschließlich unterirdisch lebende Nager, deren Habitus bei den Spalaciden dementsprechend entfernte Ähnlichkeit mit Maulwürfen und Sandgräbern besitzt, mit denen sie auch in nähere genetische Verbindung gebracht wurden. Diese Anpassungserscheinungen erschweren die Beurteilung der taxionomisch-phylogenetischen Stellung außerordentlich. So sind bei den Blindmäusen (Spalacidae) die mohnkorngroßen Augen von Haut bedeckt, die Ohren winzige Wärzchen, der Pelz ist weich und hat wie bei Maulwürfen keinen „Strich". Die Nagezähne sind stark und reichen mit ihren Wurzeln bis unter den Gelenkkopf des Unterkiefers, der Schädel verbreitert sich stark nach hinten. Die ältesten Blindmäuse sind aus dem Oligozän *(Rhizospalax)* bekanntgeworden. *Pliospalax* kann als Vorläufer des pleistozänen *Prospalax* angesehen werden.

Bei den Wurzelratten (Rhizomyidae) sind die Anpassungen an das unterirdische Leben geringer, indem die wohl kleinen Augen noch sehtüchtig sind, die Ohrmuscheln noch aus dem Pelz hervorragen usw. Charakteristisch sind die mächtigen Nagezähne, die auch zum Wühlen verwendet werden. Durch Fossilfunde sind Wurzelratten seit dem ältesten Pliozän belegt *(Rhizomys, Pararhizomys)*, die sich durch die brachyodonten Backenzähne von den meist mit hypsodonten Molaren ausgestatteten rezenten Arten unterscheiden (Teilhard 1942). Die Schnellwühler *(Tachyoryctes)* werden durch Ellerman (1940) zu den Muriden gestellt, doch wird diese Annahme weder durch das Gebiß noch durch anatomische Merkmale gestützt.

Die im folgenden besprochenen Nager gehören zur großen Gruppe der Mäuseartigen (= Myomorpha Brandt p. p.[1] = Myodonta Schaub), die gegenwärtig durch ihre Artenfülle die übrigen Unterordnungen unter den Nagern weit übertrifft. Dabei bleiben sowohl Dimensionen als auch die Formenmannigfaltigkeit verhältnismäßig gering. Die große Artenzahl einzelner Familien steht in Zusammenhang mit dem geologisch jungen Alter, indem etwa die gegenwärtig artenreichste Gruppe, die Wühlmäuse, erst im ausgehenden Tertiär entstanden sind. Dank zahlreicher Fossilfunde ist man nicht nur über den einstigen Artenreichtum etwas unterrichtet, sondern kann auch konkrete Angaben über Herkunft, geologisches Alter und verwandtschaftliche Beziehungen der einzelnen Familien bzw. Gattungen untereinander machen (s. Abb. 30).

Die ältesten Myomorphen sind aus dem Jungeozän (*Simimys* aus dem Duchesnean von Nordamerika; Wilson 1935a, b) bekanntgeworden. Sie lassen sich im Gebiß von Sciuraviden *(Pauromys)* ableiten. *Simimys* wird allgemein als Zapodide betrachtet (Schaub 1958) und besitzt ein cricetodontoides Backenzahngebiß. Schon daraus geht hervor, daß sich im Eozän die zwei Hauptstämme der Myodonten, die Dipodoidea und Muroidea, außerordentlich nahestanden. Weiters bestätigen sie das hohe geologische Alter der primitivsten Familien, nämlich den Zapodiden unter den Dipodoidea, den Cricetiden unter den Muroidea.

Von den Dipodoidea haben die Hüpfmäuse (Zapodidae) zahlreiche ursprüngliche Merkmale bewahrt, während die Springmäuse (Dipodidae) zum Teil außerordentlich stark spezialisiert sind. Die Hüpfmäuse erinnern auch im Habitus noch mehr an echte Mäuse, wie etwa die rezenten Birken- und Streifenmäuse *(Sicista)* erkennen lassen. Es fehlen ihnen die kennzeichnenden Gliedmaßenproportionen und die damit verbundenen anatomischen Umkonstruktionen (Fuß nicht verlängert, Metapodien nicht verschmolzen usw.) der richtigen nordamerikanischen Hüpfmäuse *(Zapus* und *Neozapus)*. Eine vermittelnde Stellung nimmt *Eozapus setchuanus* aus Szechuan ein. Diese Art kann im Gebiß als strukturelle Ausgangsform der Dipodiden angesehen werden. *Pliozapus* aus dem nordamerikanischen Pliozän ist eine richtige Hüpfmaus gewesen.

Wie schon erwähnt, bilden die Zapodiden mit den Sicistinen *(Simimys)* ein sehr altes Geschlecht. *Plesiosminthus* aus dem Oligozän stellt einen primitiven Vertreter dieses Stammes dar (Schaub 1930a). *Sicista* ist erstmalig im Ältestquartär nachgewiesen.

[1] Wie bereits oben erwähnt, werden die Schläfer (Gliridae) nicht als Myomorpha angesehen.

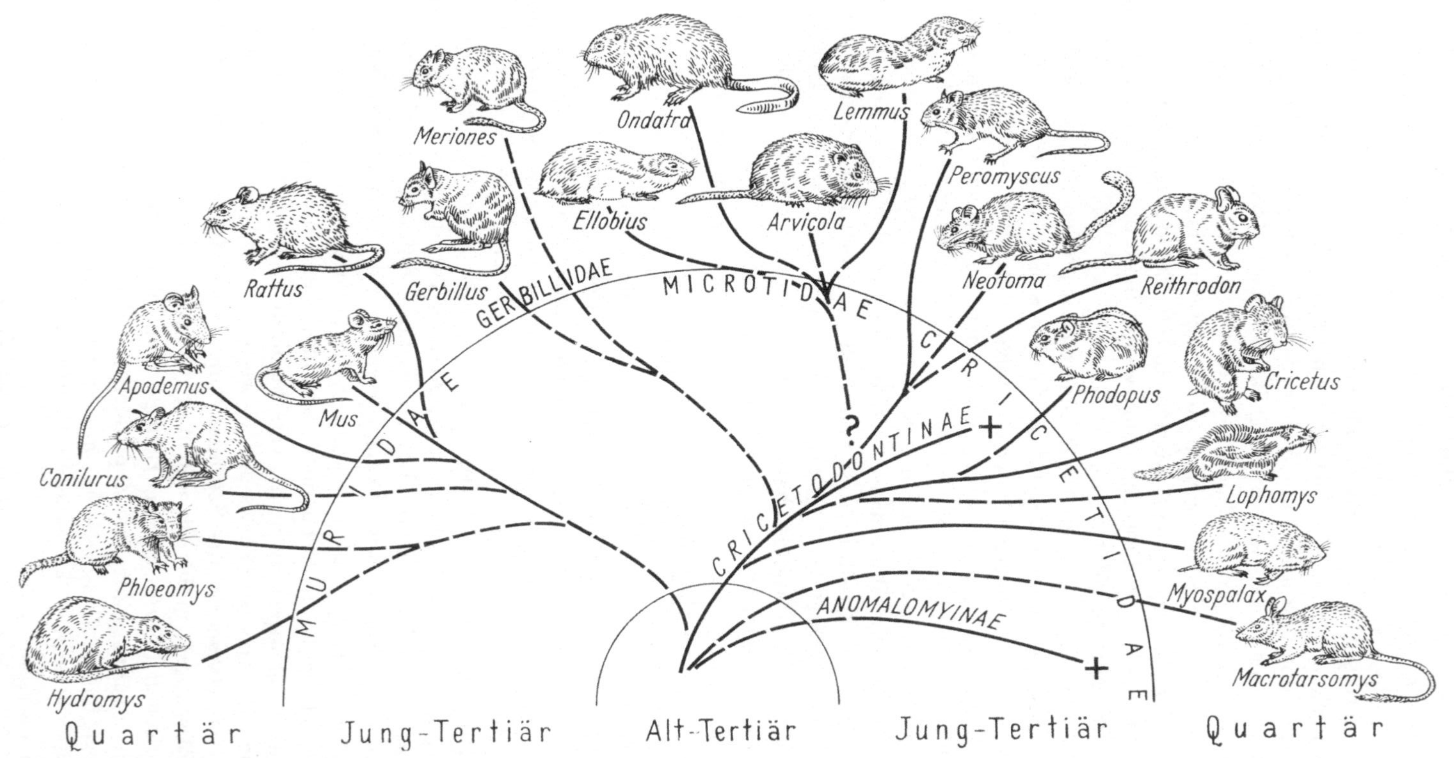

Abb. 30. Evolution der Rodentia III (Muroidea). Zu den Muroidea gehören die geologisch jüngsten Familien der Nager (Muridae und Microtidae). Ihre Entstehung und Aufspaltung erfolgte hauptsächlich im jüngeren Jungtertiär und im Quartär. Zu den geologisch ältesten Muroidea zählen unter anderen die Madagaskarratten. Beachte die konvergente Entstehung habituell weitgehend übereinstimmender Formen unter den altweltlichen Murinae *(Mus, Rattus)* und den neuweltlichen Hesperomyinae *(Peromyscus, Neotoma)*. (Original THENIUS)

Die Springmäuse (Dipodidae), die gegenwärtig durch mehrere Gattungen *(Allactaga, Jaculus, Euchoreutes, Cardiocranius, Dipus)* Trockengebiete Südrußlands, Vorder- und Innerasiens sowie Nordafrikas bewohnen, sind typische Springer mit stark verlängerten Hinterextremitäten, deren Mittelfußknochen zu einem einheitlichen Gebilde verschmelzen können. Auch das Gebiß ist nicht cricetodontoid wie bei den Sicistinen, sondern die Molaren sind hemihypsodont. Abgesehen von den primitiven rezenten Cardiocraniinen *(Cardiocranius* und *Salpingonotus)*, bei denen die Metapodien nicht verschmolzen sind, kennt man aus dem Jungtertiär verschiedene Formen, die sich ursprünglicher verhalten als ihre rezenten Verwandten. Die fossilen und rezenten Arten zeigen, daß mehrere Stämme innerhalb der Springmäuse angenommen werden müssen, deren Spezialisationsgrad verschieden hoch ist (Riesenohrhüpfmaus: *Euchoreutes*; Pferdespringer: *Allactaga*; Wüstenspringmaus: *Dipus* usw.). Von den Pferdespringern sind *Protalactaga* und *Heterosminthus* aus dem asiatischen Jungtertiär primitive Vorläufer, die mit *Allactaga* während der Eiszeit auch in Europa verbreitet waren. Zu den Wüstenspringmäusen gehört *Sminthoides* aus dem Pliozän Asiens. *Jaculus* und *Dipus*, die rezenten Wüstenspringmäuse Vorderasiens und Nordafrikas, sind außerordentlich hoch spezialisierte Wüstenbewohner mit riesigen Bullae, stark verlängerten Hinter- und reduzierten Vordergliedmaßen. Wie bereits erwähnt, haben die Dipodiden von oligozänen Zapodiden ihren Ausgang genommen.

Eine ähnliche Rolle wie den Hüpfmäusen unter den Dipodoidea kommt den hamsterartigen Nagern (Cricetidae) unter den Muroidea zu, welche die ältesten und primitivsten Formen umfassen. Sie bilden die Stammgruppe der gegenwärtig reich entfalteten mausartigen Nager und lassen sich wie die Zapodiden auf eozäne Sciuraviden (*Pauromys* aus dem Bridger-Eozän) zurückführen. Ihre Urheimat bildete die Nordhalbkugel.

Die geologisch ältesten hamsterartigen Nager sind die Cricetodontiden, deren Geschichte besonders durch die Untersuchungen von SCHAUB (1925, 1930b) aufgehellt wurde. Sie waren vom ältesten Oligozän bis in das Pliozän in mehreren Gattungen *(Cricetodon, Heterocricetodon, Paracricetodon, Neocricetodon, Myocricetodon)* in zahlreichen Arten in Eurasien, Nordafrika und Nordamerika verbreitet. Innerhalb der Gattung *Cricetodon* lassen sich Ahnenreihen aufstellen. Aus den Cricetodontinen sind die Hamster (Cricetinae) hervorgegangen, die gegenwärtig in mehreren Gattungen in Eurasien *(Cricetus, Mesocricetus, Cricetulus, Phodopus)* und Afrika *(Mystromys)* verbreitet sind. Sie fehlen in Nordamerika, wo sie durch die Neuweltmäuse vertreten werden. Aus dem Pliozän und Pleistozän sind verschiedene, zum Teil ausgestorbene Hamster aus Eurasien bekannt (z. B. *Allocricetus, Sinocricetus, Nannocricetus*). Die Gattung *Cricetus* erscheint erstmalig im älteren Pliozän Europas (SCHAUB 1930b). Der als Haustier gehaltene Goldhamster *(Mesocricetus auratus)* stammt von einer rötlichen Form der syrischen Wildart ab.

Eigene Stämme bilden die Stachel„bilche" (Platacanthomyinae), die Mähnenratten (Lophiomyinae), die ausgestorbenen Anomalomyinae, die Madagaskarratten (Nesomyinae), die Mullmäuse (Myospalacinae) und die Neuweltmäuse (Hesperomyinae).

Die Stachelmäuse oder Stachelbilche (Platacanthomyinae) Südchinas und Indiens *(Typhlomys* und *Platacanthus)* sind bis vor kurzem stets in die Verwandtschaft der echten Bilche (Gliridae) gestellt worden (s. ELLERMAN 1940), doch haben Fossilfunde aus dem Miozän Europas *(Neocometes)* gezeigt, daß es sich um hamsterartige Nager handelt (SCHAUB 1953). Die lebenden Formen, die auf kleine Areale der orientalischen Region beschränkt sind, sind langschwänzige Baumbewohner. Wie die Fossilfunde belegen, muß die Abspaltung vom Hauptstamm bereits frühzeitig erfolgt sein.

Die ostafrikanische Mähnenratte *(Lophiomys)* ist trotz ihres eigenartigen Schädelbaues (granulierte Schädeloberfläche) als Verwandte der eigentlichen Hamster anzusehen. Im Schädel, Gebiß und den Gliedmaßen hoch spezialisiert sind die Mullmäuse (Myospalacinae = „Siphneidae"), die ein völlig unterirdisches Leben führen. Der zweite bis vierte Finger der Hand ist stark vergrößert und bildet das Grabwerkzeug, die Augen sind klein, die Ohrmuscheln verkümmert und der Schwanz kurz. Sie lassen sich bis in das Miozän zurückverfolgen (*Prosiphneus lupinus* aus Asien). Wie TEILHARD (1942) gezeigt hat, sind mehrere Stammlinien unter den Mullmäusen zu unterscheiden. Die Veränderungen im Gebiß können schrittweise von ursprünglichen brachyodonten bewurzelten bis zu extrem hypsodonten, prismatischen, wurzellosen Backenzähnen verfolgt werden, die für die rezenten Arten *(Myospalax = „Siphneus")* charakteristisch sind. Sie sind stets auf Asien beschränkt gewesen.

Ausschließlich auf Madagaskar beschränkt sind die Nesomyinae, äußerlich echten Ratten ähnelnde Formen, die sich durch die Isolierung von Madagaskar seit dem Alttertiär und dem Fehlen von Konkurrenten an verschiedene Lebensräume angepaßt haben. Wie SCHAUB u. STEHLIN (1951) gezeigt haben, läßt sich die Molarenstruktur sämtlicher Gattungen (*Nesomys*, *Macrotarsomys*, *Brachyuromys* usw.) auf einen gemeinsamen, typisch cricetodontiden Grundplan zurückführen, der ihre frühe Abspaltung bestätigt.

In der Molarenstruktur ähneln die Nesomyinen (Semihypsodontie, Lamellenbau) der Gattung *Anomalomys* aus dem europäischen Jungtertiär, die vermutlich auf die Gattung *Argyromys* aus dem asiatischen Oligozän zurückgeht und den Fall einer Parallelentwicklung zu den Madagaskarratten darstellt (SCHAUB 1958).

Weitaus formenreicher sind die Neuweltmäuse (Hesperomyinae) entwickelt. Sie vertreten die echten Mäuse (Muridae) in Amerika. Stammesgeschichtlich kommt ihnen eine ähnliche Rolle zu wie den Cricetodontinen in Europa. Unter den rezenten Arten finden sich neben mausähnlichen *(Peromyscus)* und kaninchenähnlichen, jedoch langschwänzigen Formen *(Reithrodon)*, grabende *(Blarinomys, Oxymycterus)*, wasserbewohnende *(Ichthyomys)* und auch kletternde Typen *(Phyllotia)*. Auch sie bilden überaus lehrreiche Beispiele von Parallelentwicklungen, denn nur nach dem Habitus allein läßt sich die verwandtschaftliche Zugehörigkeit echter Mäuse (z. B. Hausmaus) und Neuweltmäuse (z. B. Weißfußmaus) nicht erkennen. Die Hesperomyiden sind seit dem Miozän nachgewiesen (*Peromyscus, Macrognathomys*; HOFFMEISTER 1959). Die Mehrzahl der beschriebenen Gattungen (ungefähr 60) ist nur rezent bekannt. Neben Formen mit primitiven Molarenbau (z. B. *Oryzomys*) finden sich solche mit hochspezialisierten, hypsodonten Backenzähnen (z. B. *Nectomys*).

Damit ist die Gruppe der hamsterartigen Nager besprochen. Die im folgenden behandelten Nagetiere, wie Wühl- (Microtidae), Renn- (Gerbillidae) und echte Mäuse (Muridae), sind jedoch ebenfalls Abkömmlinge der Cricetiden. Aus diesem Grund werden die Wühl- und Rennmäuse vielfach auch nur als Untergruppen der hamsterartigen Nager gewertet. Ihr verhältnismäßig junger Ursprung wird durch cytogenetische Befunde bestätigt (MATTHEY 1958).

Die Wühlmäuse (Microtidae = „Arvicolidae") bilden neben den echten Mäusen und den Neuweltmäusen die jüngste Gruppe unter den Nagern. Wie zahlreiche Fossilfunde erkennen lassen, fällt ihre Entstehung in die jüngste Tertiärzeit. Dies erklärt auch die Artenfülle der Wühlmäuse, die gegenwärtig mit über 200 Arten fast die gesamte Nordhalbkugel bewohnen. Dank den Untersuchungen durch MEHELY (1914) und HINTON (1926) liegen derzeit die Grundzüge der stammesgeschichtlichen Entwicklung der Wühlmäuse ziemlich klar. Sie lassen sich besonders deutlich am Gebiß verfolgen, indem die Entwicklung von Arten mit semihypsodonten, wurzelzähnigen Molaren zu jenen mit prismatischen, wurzellosen verlief. *Mimomys* und verwandte Formen aus dem jüngsten Tertiär und ältesten Quartär Eurasiens und Nordamerikas *(Cosomys, Ogmodontomys)* bilden die Stammformen (KRETZOI 1955, HELLER 1957) der rezenten Wühlmäuse (*Arvicola, Microtus, Chionomys, Clethrionomys, Lagurus* usw.), wobei der Spezialisationsgrad der einzelnen Gattungen und auch Arten verschieden ist. Die geologisch ältesten Formen sind sog. Firstwurzler (Acrorhiza), bei denen die Unterkieferschneidezähne unter den Wurzeln des M_2 liegen. *Mimomys intermedius* bildet wahrscheinlich die unmittelbare Stammform von *Arvicola*. Nicht nur das Kauflächenbild (Mimomyskante der ursprünglichen Formen) und der Grad der Hypsodontie sprechen dafür, sondern auch die eigentümliche Schmelzbandgestaltung, deren dicke und dünne Stellen wie bei den geologisch ältesten *Arvicola*-Arten *(Arvicola bactonensis, A. mosbachensis)* des Altquartärs verteilt sind (HELLER 1957). *Mimomys hassiacus* aus dem Cromerium verhält sich durch die Dreiwurzeligkeit des M^3 besonders primitiv und weist auf die Herkunft von Cricetiden hin. Nach KRETZOI (1955) sind die Wühlmäuse von hesperomyinenähnlichen Nagern mit brachyodonten Backenzähnen abzuleiten. Aus dem Pliozän sind verschiedene Nager mit primitiver „microtoider" Backenzahnstruktur beschrieben worden *(Trilophomys, Microtodon, Pseudomeriones, Microtoscoptes)*, doch handelt es sich nach SCHAUB (1958) nicht um direkte Ahnenformen der Wühlmäuse.

Unter den lebenden Wühlmäusen lassen sich mehrere, untereinander näher verwandte Gruppen unterscheiden, von denen als wichtigste die Lemminge (Lemmini), die eigentlichen Wühlmäuse (Microtini), und die Mull-Lemminge (Ellobiini) zu erwähnen sind. Die zirkumpolar verbreiteten Lemminge sind hochspezialisierte Formen. Den in Nordskandinavien heimischen Lemmingen *(Lemmus)* schließen sich räumlich die in Rußland, Nordamerika und Grönland verbreiteten Halsbandlemminge *(Dicrostonyx)* an. Fossilfunde aus dem ältesten Pleistozän lassen vermuten, daß es ursprünglich Steppenbewohner waren *(Pliolemmus)*.

Als eigentliche Wühlmäuse werden Erd- und Feldmaus *(Microtus)*, Rötelmäuse *(Clethrionomys)*, Schnee- *(Chionomys)*, Kurzohrmaus *(Pitymys)* und Schermäuse bzw. Wasserratten *(Arvicola)* bezeichnet, welche das Hauptkontingent der in Mäusejahren auftretenden Massen bilden. Ihnen lassen sich die Bisamratten *(Ondatra = „Fiber")* und die Floridawasserratte *(Neofiber)* anschließen. Erstere besitzt als semiaquatische Form Schwimmborstensäume am Hinterfuß und einen seitlich abgeflachten Ruderschwanz. Sie ähnelt in der

Lebensweise den Bibern. *Dolomys* (= *Dinaromys* bei KRETZOI), eine ursprüngliche, schneemausähnliche Gattung vom Balkan, wurde zuerst fossil entdeckt, bevor sie rezent nachgewiesen werden konnte. *Dolomys* läßt sich ebenfalls auf *Mimomys* zurückführen.

Die Mull-Lemminge (Ellobiini) sind grabende Steppenbewohner und gegenwärtig auf Asien beschränkt, waren jedoch im Pleistozän auch in Nordafrika und Palästina heimisch. Sie weisen verschiedene Anpassungserscheinungen auf, wie den walzenförmigen Körper, winzigen Schwanz, kleine Augen und reduzierte Ohrmuscheln. Einzelne Gattungen aus dem europäischen Ältestquartär *(Ungaromys, Germanomys)* werden mit ihnen in Verbindung gebracht.

Stark spezialisierte Typen umfassen die Rennmäuse (Gerbillidae), die an das Leben in Wüsten und Steppen angepaßt sind und heute von Südosteuropa bis zur Mongolei und bis nach Südafrika verbreitet sind. Im Gebiß verhält sich *Gerbillus* mit bewurzelten, bunodonten Backenzähnen am primitivsten. *Meriones* und *Rhombomys* gehören mit hypsodonten und jochzähnigen bzw. wurzellosen Molaren zu den spezialisiertesten Gattungen. Die Hintergliedmaßen sind meist etwas verlängert. Fossilfunde liegen bisher nur aus dem Pleistozän *(Gerbillus)* vor. Morphologisch vereinen die Rennmäuse Merkmale von Hamstern und echten Mäusen.

Die umfangreichste Gruppe unter den Nagern bilden gegenwärtig die echten Mäuse (Muridae), die mit mehr als 70 Gattungen nicht nur die größte Familie unter den Rodentiern, sondern unter den Säugetieren überhaupt stellen. Die Murinae (echte Mäuse i. e. S.) sind ähnlich den Wühlmäusen geologisch sehr jung und waren ursprünglich auf die Alte Welt beschränkt. Erst durch den Menschen sind sie weltweit verbreitet worden (Haus- und Wanderratte, Hausmaus). Die ältesten Muriden sind aus dem Altpliozän bekannt geworden (*Anthracomys, Parapodemus, Stephanomys*; SCHAUB 1938). Es sind dem Schädel und Gebiß nach typische Muriden, die über die Geschichte dieser Gruppe kaum etwas aussagen. Sie lassen jedoch vermuten, daß die ursprüngliche Entfaltung bereits in präpliozäner Zeit erfolgt ist. Im Molarenbau verhält sich *Steatomys* von allen Muriden nach SCHAUB (1951) am ursprünglichsten.

Unter den lebenden Arten zählen die Ratten *(Rattus)* und die eigentlichen Mäuse *(Mus)* zu den anpassungsfähigsten und auch am weitesten verbreiteten Muriden. Ihnen lassen sich die Brand- und Waldmaus *(Apodemus)* sowie die Zwergmaus *(Micromys)* anschließen. Eine durch die verlängerten Hinterextremitäten entfernt an Springmäuse erinnernde Form ist die Springratte („Jerboa" rat der Engländer; Gattung *Conilurus* usw.) Australiens. Es sind Muriden, die sich känguruhartig hüpfend fortbewegen. Stammesgeschichtlich bemerkenswert ist die räumliche Verbreitung verschiedener rezenter Arten. So leiten die für die Philippinen kennzeichnenden Riesen- *(Crateromys)*, die Nasen- *(Rhynchomys)* und die Borkenratten *(Phloeomys)* zu den Woll- *(Mallomys)* und den Schwimmratten (*Hydromys* usw.) Neuguineas, Australiens und Tasmaniens über und bezeichnen damit einen Wanderweg vom asiatischen zum australischen Kontinent.

Näher untereinander verwandt sind auch die Baummäuse (*Dendromys, Deomys, Steatomys* usw.) Afrikas, zu denen verschiedentlich auch die Ohrenratten *(Otomys)* gezählt werden.

Außer den besprochenen Nagerfamilien sind noch einige weitere bekannt, die in ihrer Stellung jedoch unsicher oder umstritten sind (z. B. Melissiodontidae,

Eutypomyidae, Eupetauridae, Pellegrinidae, Iomyidae). Erwähnenswert sind die Melissiodontiden (Gattung *Melissiodon*) des Oligo-Miozäns von Europa, deren Phylogenie durch die Untersuchungen von SCHAUB (1925, 1933) und HRUBESCH (1957) bekannt ist (*Melissiodon schaubi* [Rupelium] — *M. schalki* [Chattium] — *M. dominans* [Burdigalium]).

Als ganzes gesehen, bieten die Rodentia in phylogenetischer Hinsicht eine Reihe außerordentlich interessanter Beispiele für Parallel- und Konvergenzerscheinungen und für die Evolution einzelner Merkmale innerhalb von Ahnenreihen. Langsame, kaum merkbare Evolutionsgeschwindigkeit wechselt mit einem raschen, wenn auch schrittweisen und nicht sprunghaften Entwicklungstempo.

Raubtiere (Carnivora)

Die rezenten Raubtiere bilden eine fest umrissene Ordnung innerhalb der Säugetiere, deren Zusammengehörigkeit bereits frühzeitig erkannt wurde („Ferae" LINNÉ).

Die phyletische und systematische Klassifikation der Raubtiere ist wiederholt diskutiert worden. Wenn auch bis zu Beginn des 20. Jahrhunderts im wesentlichen die Gliederung LINNÉs beibehalten wurde, so haben Untersuchungen in den letzten Jahrzehnten diese Einteilung ins Wanken gebracht. Anlaß hierzu boten einerseits die Untersuchungen POCOCKs von zoologischer (äußere Kennzeichen), andererseits die von TEILHARD, KRETZOI und HOUGH von paläontologischer Seite her (Gebiß bzw. Schädelbasis). Wenn man KRETZOIs Argumentation meist auch nicht zustimmen kann, so haben seine Untersuchungen doch wertvolle Anregungen und neue Gesichtspunkte für eine phyletische Beurteilung der Raubtiere geliefert.

Die rezenten Raubtiere lassen sich zwanglos in die Flossenfüßer (Pinnipedier) und in die Landraubtiere (Fissipedia) gliedern. Letztere werden nach den lebenden Formen seit FLOWER (1869) nach dem Bau der Bulla ossea in die Arcto-Cynoidea und Aeluroidea (= Arctoidea und Herpestoidea bei WEBER 1928; Canoidea und Feloidea bei SIMPSON 1945) eingeteilt, eine Gliederung, die KRETZOI (1945) heftig kritisiert. Während sich die rezenten Arten zwanglos in dieses Schema einordnen lassen, ist dies für fossile Arten durchaus nicht immer der Fall. Zudem treten verschiedene, auf Grund lebender Formen als stammesgeschichtlich wichtig erkannte Merkmale ursprünglich als individuelle Varianten auf (z. B. Scapholunare bei Creodonten: *Claenodon*, s. MATTHEW 1937).

KRETZOI (1945, 1957) unterscheidet auf Grund des Prämolarenbaues drei Ordnungen (Feliformia: Felidae, Machairodontidae, Nimravidae und Cryptoproctidae; Caniformia: Hunde, Bären, Wasch- und Katzenbären, Marder, Schleichkatzen, Hyänen und Miaciden; Creophaga: Acreodi und Pseudocreodi) und nimmt damit für die Raubtiere einen polyphyletischen Ursprung an. HOUGH (1953) kommt auf Grund der Untersuchung der Schädelbasis (vor allem Gehörregion) verschiedener fossiler Formen zur Gliederung in vier Überfamilien (Machairodontoidea, Cynofeloidea, Herpestoidea [= Aeluroidea] und Arctoidea), wobei die Arctoidea nur die Procyoniden (einschließlich Ailuriden), Ursiden und Musteliden umfassen, die Herpestoidea die Viverriden (einschließlich der Herpestidae), Hyaeniden und Daphoeniden, die Cynofeloidea, die Caniden und Feliden und als

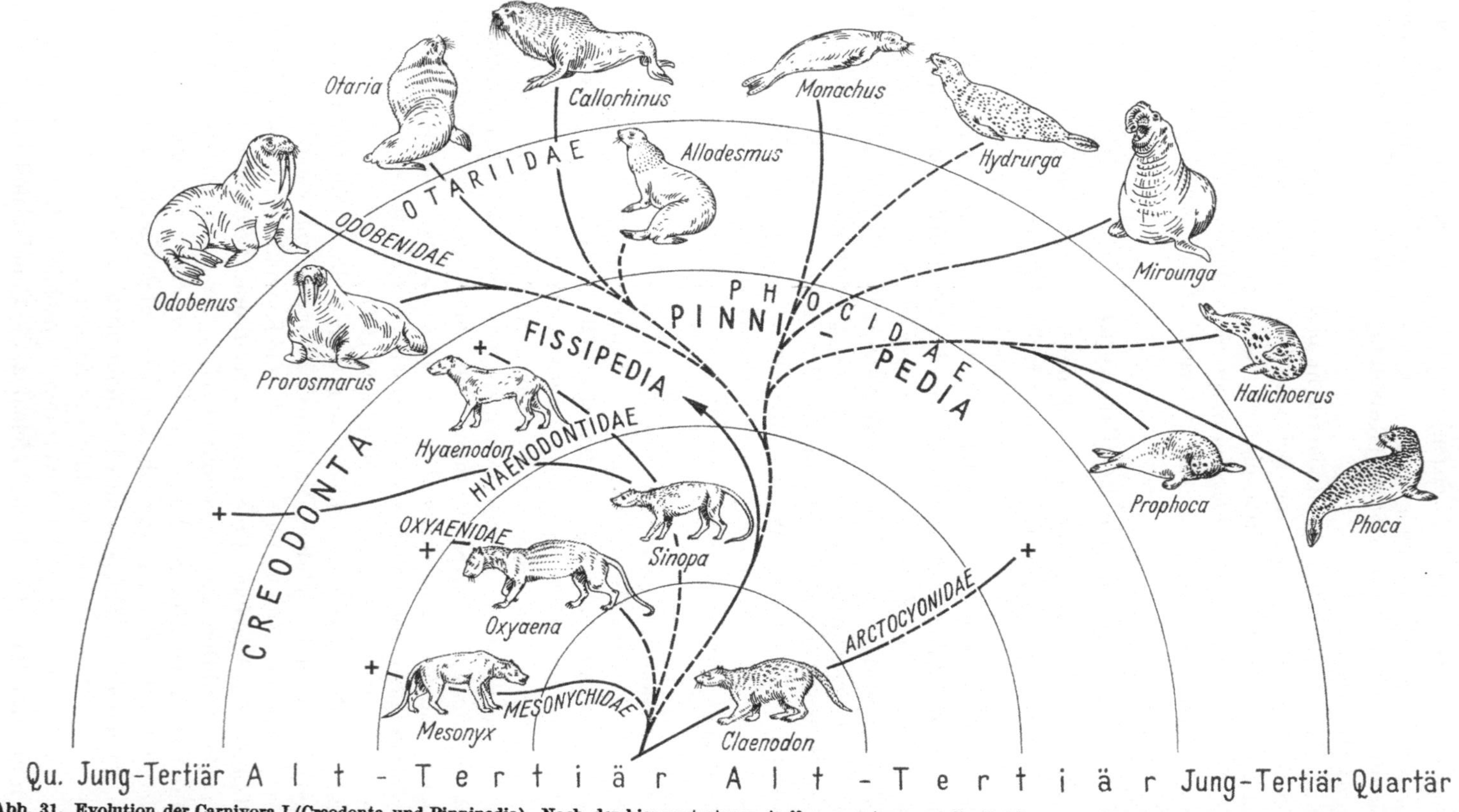

Abb. 31. Evolution der Carnivora I (Creodonta und Pinnipedia). Nach der hier vertretenen Auffassung stammen die Robben von alttertiären Fissipediern ab. Ihre Aufspaltung war am Ende des Alttertiärs bereits vollzogen. Die Odobeniden stehen den Otariiden näher als den Phociden, unter denen die Monachinen die ursprünglichsten sind. Die fast ausschließlich alttertiären Creodonten sind mit Ausnahme der Arctocyonoidea stammesgeschichtlich für die fissipeden Raubtiere ohne Bedeutung. (Original Thenius)

Machairodontoidea die Machairodontidae, Eusmilidae und Hoplophoneidae zusammengefaßt werden.

Wesentlich in stammesgeschichtlicher Hinsicht ist die Erkenntnis, daß die oligozänen Feliden sich im Bau der Schädelbasis durchaus canoid verhalten (Fehlen des Septum bullae, Form, Zahl und Lage der basikranialen Foramina). Erst die postoligozänen Feliden besitzen die diagnostischen Merkmale der Feloidea (im Sinne von SIMPSON). Nach HOUGH besitzen die Flowerschen Kategorien Aeluroidea, Cynoidea und Arctoidea keine phylogenetische Bedeutung, da zweikammerige Bullae unabhängig voneinander entstanden sind. Weitere Feststellungen HOUGHs sind: Die ältesten Musteliden stehen den ältesten Procyoniden nahe (*Plesictis genettoides* besitzt procyonide Bullae bei mustelidem Gebiß), die Musteliden sind vermutlich polyphyletischer Entstehung, die Beziehungen zwischen Ursiden und Procyoniden seien größer als zwischen Procyoniden und Caniden, die ausgestorbenen Daphoeniden seien Viverriden, die von Caniden deutlich verschieden sind, die Machairodontiden seien keine Feliden; Formenmannigfaltigkeit und Unterschiede innerhalb der Procyoniden (einschließlich Ailuriden) machen deren doppelten bzw. dreifachen Ursprung wahrscheinlich.

Diese Gegenüberstellung zeigt, wie stark die Auffassungen voneinander abweichen, mit anderen Worten, wie sehr die Klassifikation je nach berücksichtigtem Merkmalskomplex und je nach dem Bearbeiter verschieden ausfällt. Daß das Gebiß allein zu phylogenetischen Schlußfolgerungen nicht ausreicht, wie vor allem durch WORTMAN und MATTHEW angenommen wurde, ist jedenfalls sicher.

Urraubtiere (+ Creodonta)

Als Urraubtiere kann man mit SIMPSON alle ausgestorbenen Landraubtiere zusammenfassen, die nicht zu den Fissipediern gehören. Ursprünglich für eine Gruppe ausgestorbener Carnivoren einschließlich einiger (lebender und fossiler) Insektenfresser durch COPE (1875) aufgestellt, hat SCHLOSSER (1886) den Begriff Creodonten auf Raubtiere eingeschränkt, während SIMPSON (1945) auch die Miaciden als Stammgruppe der fissipeden Raubtiere von den Creodonten abtrennt.

Die Gliederung dieser im Gebiß, Schädel und Habitus recht verschiedenartigen Raubtiere erfolgt sehr verschieden, wie auch die Auffassungen über ihre näheren verwandtschaftlichen Beziehungen auseinander gehen. Besonders die Arctocyoniden (= Procreodi, MATTHEW) werden verschiedentlich von den übrigen Creodonten abgetrennt und mit Ungulaten in Verbindung gebracht (KRETZOI 1945). Es geht jedoch daraus nur hervor, wie gering im ältesten Tertiär die gegenwärtig fundamentalen Unterschiede zwischen Raubtieren und Huftieren waren.

Die erstmalig im ältesten Paleozän (Puercan) Nordamerikas nachgewiesenen Creodonten umfassen kleine und große, rein carnivore und omnivore Formen, deren Formenmannigfaltigkeit nicht durch verschiedene Baupläne gegeben ist, sondern auf starke adaptive Radiation zurückzuführen ist. SIMPSON (1945) gliedert die Creodonta in drei Gruppen: Arctocyonoidea, Mesonychoidea und Oxyaenoidea (s. Abb. 31).

Die Arctocyonoidea umfassen die ältesten und primitivsten Raubtiere, die von einigen wenigen Nachzüglern abgesehen, auf das Paleozän und Eozän Nordamerikas und Europas beschränkt waren. Wie vollständigere Funde im Laufe der letzten Jahrzehnte gezeigt haben, stehen die Oxyclaeniden den Arctocyoniden sehr nahe (MATTHEW 1937). Die ältesten Oxyclaeniden *(Loxolophus)* können als Ahnenformen der Arctocyoniden betrachtet werden.

Die Arctocyoniden waren omnivore Creodonten mit einem vielhöckerigen, bärenähnlichen Backenzahngebiß, einem niedrigen Schädel mit kräftigen Sagittalkamm und ausladenden Jochbögen, schmalem Hirnschädel, fünfzehigen, plantigraden, vorne als Greiffuß entwickelten Gliedmaßen, die nach MATTHEW für ein Baumleben sprechen. Im Habitus waren sie nur wenig von den Urhuftieren verschieden. Die Ähnlichkeiten mit Bären sind als Konvergenzerscheinungen zu betrachten.

Die Mesonychoidea (= Acreodi MATTHEW) verdienen die Bezeichnung Raubtiere schon eher. Es handelt sich um einen ebenfalls nur kurzlebigen und dabei wenig formenreichen Stamm der Urraubtiere, der auf das Paleozän und Eozän der Holarktis beschränkt war, und dessen Endformen gewaltige Dimensionen erreichten. So mißt der Schädel von *Andrewsarchus mongoliensis* aus der jungeozänen Irdin-Manha-Formation der Mongolei über 80 cm. Ein richtiger Brechscherenapparat fehlt den Mesonychiden. Das Gebiß ist vollständig, die Molaren primitiv gebaut. Hand- und Fußbau waren paraxonisch. Die Krallenphalangen sind breit und hufartig gespalten. Das Gehirn war auch bei den Riesenformen außerordentlich klein. Die Mesonychiden lassen sich auf primitive Arctocyoniden zurückführen.

Die dritte Gruppe der Creodonten, die Oxyaenoidea (= Pseudocreodi, MATTHEW) werden durch in verschiedener Richtung spezialisierte Raubtiere gebildet, die sich mit den Arctocyoniden auf gemeinsame Stammformen zurückführen lassen, und die eine weitaus größere Formenfülle entwickelten als die Mesonychiden. Ein wesentlicher Unterschied gegenüber diesen ist durch ihr Brechscherengebiß gegeben, das entweder durch den M^1/M_2 (Oxyaeniden) oder durch den M^2/M_3 (Hyaenodontiden) gebildet wird. Unter den Oxyaeniden ist die Gattung *Patriofelis* aus dem mittleren Eozän Nordamerikas mit otternartiger Anpassung zu erwähnen. Diese Gattung wurde seinerzeit als Ahnenform der Pinnipedier angesehen (WORTMAN). *Patriofelis* war vermutlich ein Aasfresser und ist auf alteozäne *Protopsalis*-Arten zurückzuführen. Innerhalb der Gattung bildet *Patriofelis ulta* den Vorläufer der größeren *P. ferox* (GAZIN 1957). Mit *Sarkastodon*, der einen übertrieben scherenden M^1 besaß, starb dieser Stamm der Urraubtiere im Jungeozän aus. Hand und Fuß dieser Creodonten war mesaxonisch gebaut, die Krallenphalangen gespalten.

Viel länger haben sich die Hyaenodontiden behauptet, der zweite Stamm innerhalb der Oxyaenoidea, die mit *Dissopsalis carnifex* aus der Chinji-Zone der Siwalikablagerungen Südasiens noch aus dem Jungtertiär nachgewiesen sind (COLBERT 1935). Unter den Hyaenodontiden, die gleichfalls auf Arctocyoniden zurückgeführt werden, lassen sich verschiedene Stammlinien unterscheiden. Es waren Fleischfresser mit einem aus M^2/M_3 gebildeten Brechscherengebiß. Bemerkenswert ist, daß im Eozän mit *Machaeroides* ein säbelzähniger Typus auftrat, wie er unabhängig davon sowohl von echten Raubtieren als auch von den Beuteltieren hervorgebracht wurde.

Die Hauptverbreitung der Hyaenodontiden fällt in das Eozän und das ältere Oligozän der Holarktis. Im Laufe des Oligozäns wurden sie mehr und mehr von den fissipeden Raubtieren zurückgedrängt, um schließlich im ausgehenden Miozän mit den letzten Nachzüglern auszusterben. Während Proviverrinae und Hyaenodontinae ihre Hauptverbreitung in Eurasien hatten, bildeten die Limnocyoninae einen fast ausschließlich nordamerikanischen Stamm. Aus primitiven Proviverrinen (*Sinopa, Proviverra, Tritemnodon*) haben sich die Hyaenodontinen (*Pterodon, Hyaenodon, Apterodon*) entwickelt.

Landraubtiere (Fissipedia)

Die Stammgruppe der modernen Raubtiere (+ Miacidae)

Phylogenetisch außerordentlich wichtig ist eine Gruppe von primitiven Raubtieren, die entsprechend ihrer intermediären Stellung zwischen Creodonten und Fissipediern ursprünglich zu ersteren (Cope, Schlosser, Matthew), in neuerer Zeit jedoch allgemein zu den letzteren gestellt wird (Wortman, Osborn, Simpson). Wohl ist auch von jenen, die sie zu den Creodonten zählen, ihre phylogenetische Bedeutung erkannt worden („adaptive" Creodonten oder Eucreodi Matthew im Gegensatz zu den primitiven [Acreodi] und den „inadaptiven" Creodonten [Pseudocreodi]). Wenn auch über die Taxionomie dieser Gruppe keine Einhelligkeit besteht (vgl. dazu Matthew 1937, Gregory u. Hellman 1939, Simpson 1945), so ist ihre phylogenetische Zwischenstellung unbestritten. Es handelt sich um die strukturellen Ahnenformen der Fissipedia, die sich durch den primitiveren Bau von diesen unterscheiden. Die nächsten genetischen Beziehungen sind zu Caniden und Viverriden vorhanden, zu denen einzelne Gattungen (z. B. *Vulpavus, Viverravus*) verschiedentlich auch gestellt wurden. Sie lassen sich jedoch von diesen im Schädelbau unterscheiden.

Die als Miaciden zusammengefaßten Raubtiere sind aus mittel- und jungpaleozänen sowie eozänen Ablagerungen Nordamerikas und Europas beschrieben worden. Es waren kleine bis mittelgroße, langschwänzige Carnivoren mit vollständigem Gebiß, bei dem erstmalig P^4/M_1 die Brechschere bilden, einem langen niedrigen Schädel, dessen Gehirn jedoch das der Creodonten an Größe übertrifft, ringförmig verknöchertes Tympanicum und hinten stets offenen Orbitae. Die fünfzehigen, mäßig langen Gliedmaßen besitzen in der Handwurzel ein freies Centrale, und auch Radiale und Intermedium sind nicht miteinander verschmolzen. Die komprimierten Nagelphalangen sind nicht gespalten.

Unter den Miaciden lassen sich nach den hauptsächlichsten Schädel- und Gebißmerkmalen zwei untereinander näher verwandte Gruppen (Viverravinae: *Didymictis, Viverravus,* und Miacinae: *Miacis, Vulpavus*) unterscheiden, die als Ausgangsformen für die arctoiden und aeluroiden Fissipedia betrachtet werden. Deren Trennung wäre demnach sehr frühzeitig erfolgt. Die Ahnenformen der Miaciden sind nach Simpson unter primitiven Creodonten (Arctocyoniden) zu suchen (vgl. Abb. 32).

Hunde (Canidae)

Die Phylogenie der Caniden ist durch Fossilfunde in ihren Grundzügen geklärt. Im Tertiär existierten verschiedene Stämme, von denen die meisten ausgestorben sind. Sämtliche rezente Caniden gehören nämlich nur einer Unterfamilie (Caninae)

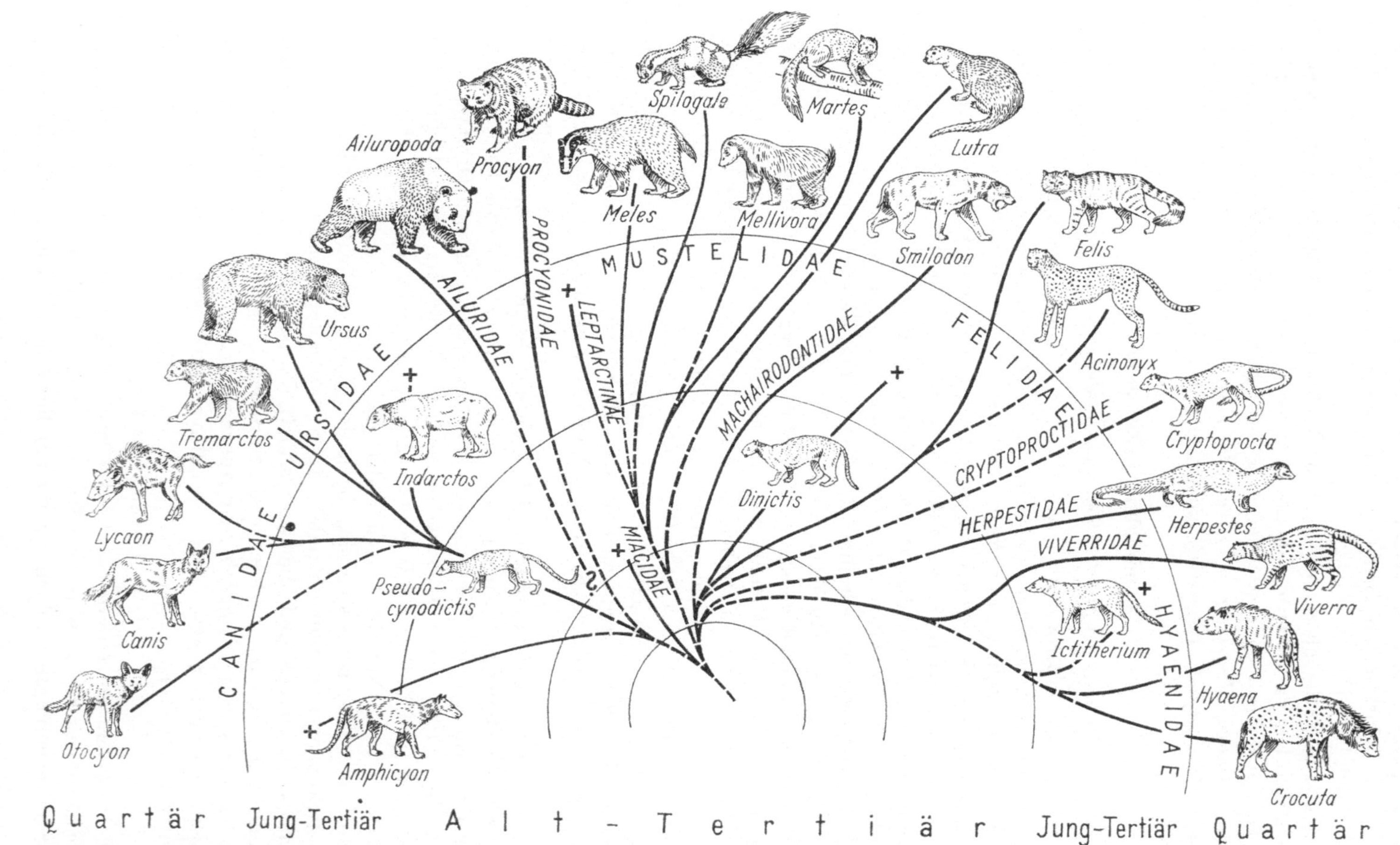

Abb. 32. Evolution der Carnivora II (Fissipedia). Die basale Aufspaltung der fissipeden Raubtiere, die von primitiven Miaciden abstammen, erfolgte im ältesten Tertiär. Die Ursiden und auch die Procyoniden werden als Abkömmlinge der Caniden betrachtet, die Cryptoproctiden als überlebende felinoide Raubtiere von alttertiärem Gepräge angesehen. Die Hyaeniden sind neben den Ursiden die geologisch jüngste Familie. Bei den ausgestorbenen Machairodontiden (*Smilodon*) fehlt irrtümlicherweise das +. (Original THENIUS)

an. Wölfe, Koyoten, Hyänenhunde, Schakale, Marderhunde und Füchse sind — stammesgeschichtlich gesehen — sehr jung und erst im ausgehenden Tertiär und im Pleistozän entstanden (s. Abb. 33).

Als Entstehungszentrum der Caniden kann Nordamerika betrachtet werden, wo sich neben verschiedenen erloschenen Seitenlinien der zu *Canis* führende Stamm vom Oligozän an verfolgen läßt. Dieser führt nach Matthew von der oligozänen, fuchsgroßen Gattung *Hesperocyon* (= „*Pseudocynodictis*" der älteren amerikanischen Autoren) über *Cynodesmus* (Jungtertiär) zu *Canis*. Erst innerhalb dieser Gattung kommt es zur Aufspaltung in Wölfe, Grauwölfe und Schakale. Die Rotwölfe und Hyänenhunde lassen sich von primitiven *Canis*-Arten ableiten. Aber auch die Füchse sind erst im ausgehenden Tertiär entstanden und entwickelten sich im Quartär zu den heutigen Arten und Rassen. Die morphologischen Veränderungen im Laufe der Phylogenie sind — verglichen mit anderen Säugetierstämmen — verhältnismäßig gering, indem das Gebiß bereits bei *Hesperocyon* im wesentlichen den Grundplan von *Canis* (Streckung der Prämolaren, M^1-Komplikation) erkennen läßt und auch der Schädelbau im Prinzip der gleiche war. Dies erschwert die taxionomisch-phylogenetische Beurteilung einzelner, oft nur auf Gebißresten beruhender fossiler Gattungen und Arten sehr. Die Umbildungen im Schädelbau betreffen die Verlängerung des Facialschädels zum richtigen Fang, die Vergrößerung des Hirnschädels und des Gehirns sowie die allgemeine Größenzunahme, die in den einzelnen Stammlinien jedoch nicht gleichmäßig erfolgte.

Die ältesten Caniden (*Cynodictis*, *Procynodictis*) sind aus dem jüngeren Eozän bekannt und vermitteln morphologisch zwischen den ältesttertiären Miaciden und den geologisch jüngeren Caniden. Von den Miaciden unterscheiden sie sich unter anderem durch die Schädelbasis, das relativ größere Gehirn, den schneidenden P^4 und auch die schlankeren Gliedmaßen. Von den Landraubtieren haben die Caniden den ursprünglichen Charakter ziemlich erhalten, wenn es auch bei ihnen zu zahlreichen Spezialisationserscheinungen gekommen ist. Zu den wichtigsten ausgestorbenen Stämmen gehören die Amphicyoniden, die Cynodontiden (= Amphicynodontinae), die Simocyoniden (im Sinne von Zittel 1893, deren Zugehörigkeit zu den Musteliden nicht ausgeschlossen ist) und die Borophagiden.

Die erstmalig im Oligozän nachgewiesenen Amphicyoniden unterscheiden sich von den übrigen modernen Caniden im Bau der Schädelbasis, durch drei Maxillarmolaren und plumpe, bärenähnliche Gliedmaßen. Bei einigen Formen kommt es unabhängig voneinander zu einer Reduktion des M^3 (z. B. *Pseudamphicyon*). Innerhalb *Amphicyon*, einer vom Oligozän bis ins Pliozän von Eurasien und Nordamerika verbreiteten Gattung, zeigen die vorderen Prämolaren Reduktionstendenzen, während der obere Eckzahn, ähnlich den Säbelzahnkatzen, verlängert sein und eine scharfe Hinterkante aufweisen kann. Die Amphicyoniden erreichten mit *Amphicyon major* im Miozän Europas Braunbärengröße.

Reduktionen an den Prämolaren und Molaren zeigen die Simocyoniden mit der Gattung *Alopecocyon* (= ?*Galecynus*) aus dem Miozän und deren pliozäner Nachfolger *Simocyon* (= „*Metarctos*" = „*Araeocyon*"), der über die ganze Holarktis verbreitet war. Die Gebißformel dieser Gattung lautet: $\frac{3\,1\,2\,2}{3\,1\,2\,2}$. Ein stammesgeschichtlicher Zusammenhang mit den rezenten Gattungen *Cuon*, *Lycaon* und *Speothos*, wie er auch noch in jüngster Zeit angenommen wurde, besteht nicht (THENIUS 1954). Von weiteren tertiären Formen mit ähnlichen Reduktionstendenzen seien nur *Thaumastocyon*, *Haplocyonides*, *Tomocyon* und *Enhydrocyon*

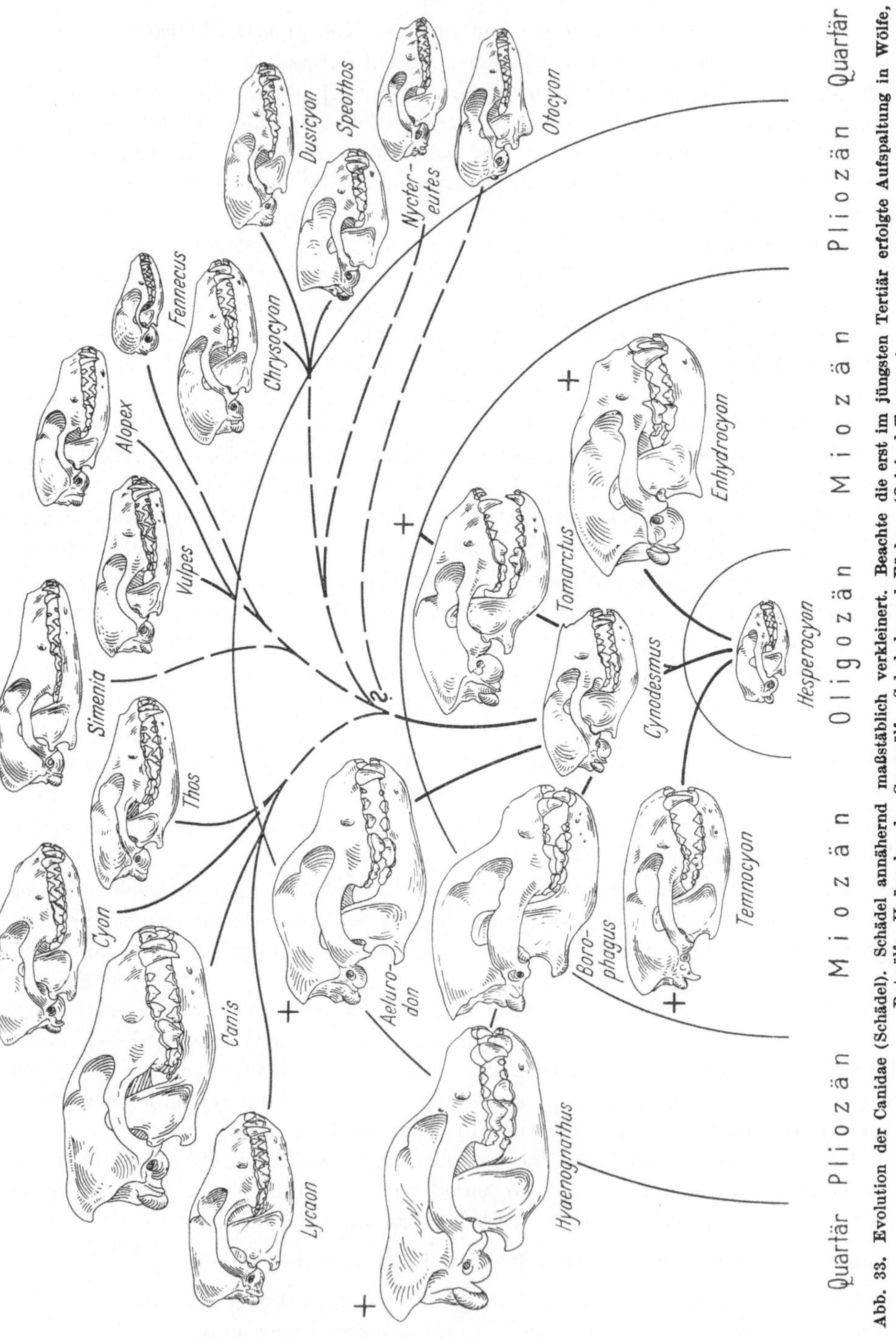

Abb. 33. Evolution der Canidae (Schädel). Schädel annähernd maßstäblich verkleinert. Beachte die erst im jüngsten Tertiär erfolgte Aufspaltung in Wölfe, Rotwölfe, Hyänenhunde, Grauwölfe, Schakale und Füchse. (Original THENIUS)

erwähnt. Diese gleichsinnigen Reduktionstendenzen waren der Grund, diese Gattungen zu einer Unterfamilie zusammenzufassen.

Als eigene Unterfamilie werden die Cynodontiden (= Amphicynodontinae, SIMPSON 1945) betrachtet, die im Alttertiär Eurasiens und Nordamerikas beheimatet waren. Sie zeigen vor allem Tendenzen, wie sie bei den Bären weiterentwickelt wurden. *Cephalogale*-Arten des Jungoligozäns können nach dem Gebiß als Ausgangsformen von *Ursavus*, der ältesten Ursidengattung, angesehen werden. *Hemicyon* und *Dinocyon* sind ebenfalls Ursiden (FRICK 1926, vgl. HOUGH 1948).

Für die Borophaginen des nordamerikanischen Jungtertiärs und Pleistozäns ist ein hyänenähnlich differenziertes Gebiß charakteristisch. Die ältesten Gattungen sind aus dem Miozän *(Borocyon, Aelurodon, Osteoborus)* bekannt. Letztere bildet die Stammform der Gattung *Borophagus* (= ,,*Hyaenognathus*''), die im Pleistozän wieder ausstarb.

Unter den rezenten Caniden (Caninae) wird seit HUXLEY scharf zwischen den Alopecoidea (= vulpine Reihe) und Thooidea (= lupine Reihe) geschieden. Diese scharfe Trennung ist, wie die Untersuchungen HILZHEIMERs an lebenden Formen gezeigt haben, nicht vorhanden. Diese Ansicht wird durch Fossilfunde bestätigt, nach denen im jüngsten Tertiär eine starke Radiation erfolgte, deren Ergebnis die heute weltweit verbreiteten Wildhunde sind.

Die einst zu einer eigenen Unterfamilie zusammengefaßten ,,Cuoninae'' oder ,,Lycaoninae'' (Gattungen *Cuon*, *Lycaon* und *Speothos*) sind hochspezialisierte Abkömmlinge pleistozäner Caniden. Sie bilden keine genetische Einheit. Das Gemeinsame der drei Gattungen liegt in der Reduktion des Gebisses und der Verkürzung des Facialschädels. Mit der Verkürzung der Schnauze rückten die ziemlich spitzkronigen Prämolaren dicht aneinander und bilden, besonders beim afrikanischen Hyänenhund *(Lycaon pictus)*, ein ausgesprochenes Scherengebiß. Rotwölfe (Gattung *Cuon*) waren im Pleistozän auch in Europa verbreitet. Zahlreiche Fossilfunde aus Eurasien lassen die Gebißreduktion schrittweise verfolgen. Sie bestätigen die Annahme, daß es sich um geologisch junge Caniden handelt, die nicht näher mit tertiären Simocyoniden verwandt sind, sondern von schakalartigen Hunden abstammen (THENIUS 1954). Auch das Extremitätenskelet zeigt die schrittweisen Veränderungen (Schlankerwerden und damit zunehmender ,,felinoider'' Charakter). Es ist beim altquartären *Cuon priscus* noch primitiver und canisähnlicher entwickelt als bei den rezenten Rotwölfen. Die Gattung *Lycaon*, die erstmalig im älteren Quartär auftritt, kann von ältestquartären *Canis*-Arten und *Speothos* zwanglos von südamerikanischen Pleistozäncaniden *(Dusicyon)* abgeleitet werden. Die zahlreichen Differenzen, die *Speothos venaticus* gegenüber den anderen südamerikanischen Wildhunden eine gewisse Sonderstellung verleihen (z. B. Gebißreduktion, kurze Gliedmaßen, Schädelverkürzung), reichen jedoch nicht aus, um *Speothos* zu einer eigenen Unterfamilie innerhalb der Caniden zu stellen, wie POCOCK (1914) annimmt. *Speothos venaticus* ist ein kurzbeiniger Waldbewohner.

Im ältesten Quartär (Villafranchium) treten erstmalig Caniden von primitiv schakalartiger Prägung *(Canis arnensis)* neben wolf- *(C. etruscus* = ,,*olivolanus*''*)* und fuchsartigen Formen *(C. alopecoides)* auf, deren Aufspaltung in der jüngsten Tertiärzeit erfolgt sein muß. Von ,,*Canis*'' *cipio* aus dem Altpliozän Spaniens

(Crusafont 1950) liegt bisher nur ein Maxillarfragment vor, das für eine sichere generische Einstufung nicht ausreicht. Die aus dem Pleistozän Mitteleuropas nachgewiesene Artenfülle ist teilweise auf geographische Verschiebungen zurückzuführen (z. B. *Alopex lagopus* und *Vulpes v. vulpes* im Jungpleistozän).

Bemerkenswert für die Abstammung des Haushundes, dessen wilde Stammform *Canis lupus* darstellt, ist die Feststellung, daß die pleistozänen und rezenten kleinen („Steppen"-) Wölfe (z. B. *Canis lupus mosbachensis*, *C. l. pallipes*) morphologisch zwischen Schakalen und den großen („Wald"-) Wölfen *(Canis lupus lupus)* vermitteln. In diesem Zusammenhang sei nur kurz auf die Schakalabstammung der Haushundrassen hingewiesen, die Lorenz (1949, 1950) auf Grund des Verhaltens der Haushunde fordert, nachdem bereits vorher Jeitteles, Nehring, Hilzheimer, Pocock und Antonius die Abstammung des Haushundes von Wolf und Schakal vertreten haben. Nach Lorenz ist der Goldschakal *(Canis [Thos] aureus)* die Stammform aller Haushundrassen mit Ausnahme einiger weniger Rassen (z. B. Eskimo- und Samojedenhunde, Chow-Chow), für die er Einkreuzung von Wolfsblut annimmt. Demgegenüber kommt vom morphologischen und vom cytogenetischen Standpunkt aus nur *Canis lupus* als Stammform der Haushundrassen in Betracht. Wie Herre (1955) gezeigt hat, ist der Schakal nach der Hirngröße der primitiven Haushundrassen (Parias bzw. Schensihunde; vgl. Werth 1944) als Ahnenform auszuschließen. Auch die verschiedene Chromosomenzahl von Haushund und Schakal spricht nach Matthey (1954) dagegen (39 bei Haushunden, 37 bei Schakalen). Ferner konnte Obussier (1958) zeigen, daß bei *Canis lupus* beide grundsätzlich verschiedene Wuchsformtypen, wie sie bei Haushunden durch Züchtung extrem gesteigert wurden (Bulldogge bzw. Windhund), bereits in ihren Anfängen vorhanden sind. In Zusammenhang mit kulturgeschichtlichen Gründen ist anzunehmen, daß die Haushunde aus einer kleineren südlichen Wolfsrasse hervorgegangen sind, wie sie gegenwärtig durch *Canis lupus pallipes* im südlichen Vorderasien vertreten ist (Werth 1944, Thenius 1954; vgl. dagegen Hauck 1950). Die Ansicht von Studer (1901), in einem eiszeitlichen, ausgestorbenen Wildhund *(Canis ferus)* die Stammform der Haushunde bei nachfolgender Einkreuzung von Wölfen zu sehen, hat nur mehr historisches Interesse. In Mittel- und Nordeuropa ist der Haushund das älteste Haustier. Er ist bereits aus dem Mesolithikum Dänemarks bekannt. Aus dem Neolithikum Europas sind schon verschiedene Haushundformen beschrieben worden (Hauck 1950, Haltenorth 1958). Der australische Dingo *(Canis familiaris dingo)* ist ein verwilderter, primitiver Haushund (Schensihund nach Werth 1944) und ist durch den Menschen in vorhistorischer Zeit nach Australien gelangt. Er fehlt den eiszeitlichen australischen Faunen (Tindale 1955, Tedford 1955). Interessant ist, daß der recht dingoähnliche Schensihund der Eingeborenen des Kongogebietes, der Basenji, ebenfalls nicht bellen kann (Henning 1959). Es soll damit nicht die direkte Verwandtschaft zwischen Dingo und Basenji behauptet, sondern nur aufgezeigt sein, daß der Dingo ebenfalls von Schensihunden abstammt.

Über die Phylogenie innerhalb der Füchse geben die bisherigen Fossilfunde einigen Aufschluß. Sie zeigen, daß im ältesten Quartär Rot- und Steppenfüchse noch nicht differenziert waren *(Canis alopecoides)*. *Vulpes praeglacialis* aus dem älteren Pleistozän, der *V. alopecoides* nahesteht, kann als Ahnenform von *V. (Alopex) lagopus*, dem Eisfuchs, angesehen werden, während *V. praecorsac* dem rezenten Korsak *(V. corsac)* nahesteht (KORMOS 1932). Korsaks und Eisfüchse sind nah verwandte Füchse, erstere Steppenbewohner, letztere Tundrenformen.

Der nordafrikanische Löffelhund oder Fennek *(Fennecus zerda)* dürfte einem bereits im Tertiär abgespaltenen Stamm angehören. Wie auch andere Wüstensäuger besitzt er riesige Bullae tympani.

Für die Marderhunde (Gattung *Nyctereutes*), die vielleicht die primitivsten lebenden Caniden bilden, ist das Vorkommen typischer Formen bereits im Jungpliozän *(N. donnezani)* belegt. *Nyctereutes megamastoides* und *N. petenyi* waren im ältesten Quartär Europas verbreitet. *N. sinensis* aus dem Pleistozän Ostasiens leitet zum rezenten *N. procyonides* über.

Die südamerikanischen Wildhunde *(Dusicyon* einschließlich *Cerdocyon* und *Lycalopex*, ferner *Speothos* und *Chrysocyon)* haben sich nach Vorkommen und Fossilfunden erst im Laufe des Quartärs in die heutigen Arten und Rassen aufgespalten, nachdem mit dem Beginn der Eiszeit primitive, marderhundähnliche Formen nach Südamerika gelangt waren. Während *Speothos venaticus*, der Waldhund, wie schon oben erwähnt, ein kurzbeiniger Waldbewohner ist, bildet *Chrysocyon brachyurus („jubatus")*, der Mähnenwolf der Anden, durch Schlank- und Hochbeinigkeit das andere Extrem. Er ist ein ausgesprochener Kurzstreckenschnelläufer (KRUMBIEGEL 1954).

Eine gewisse Sonderstellung innerhalb der altweltlichen Caniden kommt dem abessinischen Fuchs *(Canis [Simenia] simenis)* durch den stark verlängerten Facialschädel und das verhältnismäßig schwache Brechscherengebiß zu.

Ziemlich isoliert steht *Otocyon megalotis*, ein fuchsähnliches, großohriges und langbeiniges Steppentier Süd- und Westafrikas, mit der unter den Raubtieren einmaligen Gebißformel $\frac{3\ 1\ 4\ 3\text{–}4}{3\ 1\ 4\ 4\text{–}5}$. Da er auch sonst in verschiedenen Merkmalen von den übrigen rezenten Caniden abweicht, glaubte man ihn als Überlebenden alttertiärer Caniden ansehen zu können. Jedenfalls wurde seine Herkunft lange diskutiert. Sie kann jedoch durch Fossilfunde als geklärt gelten. *Sivacyon curvipalatus* aus dem indischen Ältestquartär wird über *Prototocyon recki* aus dem Pleistozän Afrikas mit dem rezenten *Otocyon megalotis* genetisch verknüpft (POHLE 1928, PILGRIM 1932). Dadurch ist die taxionomisch-phylogenetische Stellung von *Otocyon megalotis* geklärt und die hohe Molarenzahl als sekundär erwiesen. *Otocyon* gehört somit einem Seitenstamm an, der sich im Jungtertiär vom Hauptstamm der Caniden abzweigte. Eine Abtrennung als eigene Unterfamilie erscheint nicht erforderlich, wie auch die Ableitung von Amphicyoniden oder anderen alttertiären Caniden damit entkräftet ist.

Bären (Ursidae)

Dank zahlreicher Fossilfunde ist die Fossilgeschichte der Bären sehr gut bekannt. Die rezenten Bären stehen — phylogenetisch gesehen — auf recht verschiedener Höhe, was mit ihrem verschiedenen geologischen Alter in Zusammenhang gebracht werden kann. Es handelt sich mit Ausnahme des Brillenbären *(Tremarctos ornatus)*, der einer eigenen Unterfamilie angehört, um untereinander näher verwandte Formen, unter denen die Braunbären zu den spezialisiertesten, die Malayenbären, abgesehen von gewissen Sonderspezialisationen, zu den ursprünglichsten zählen.

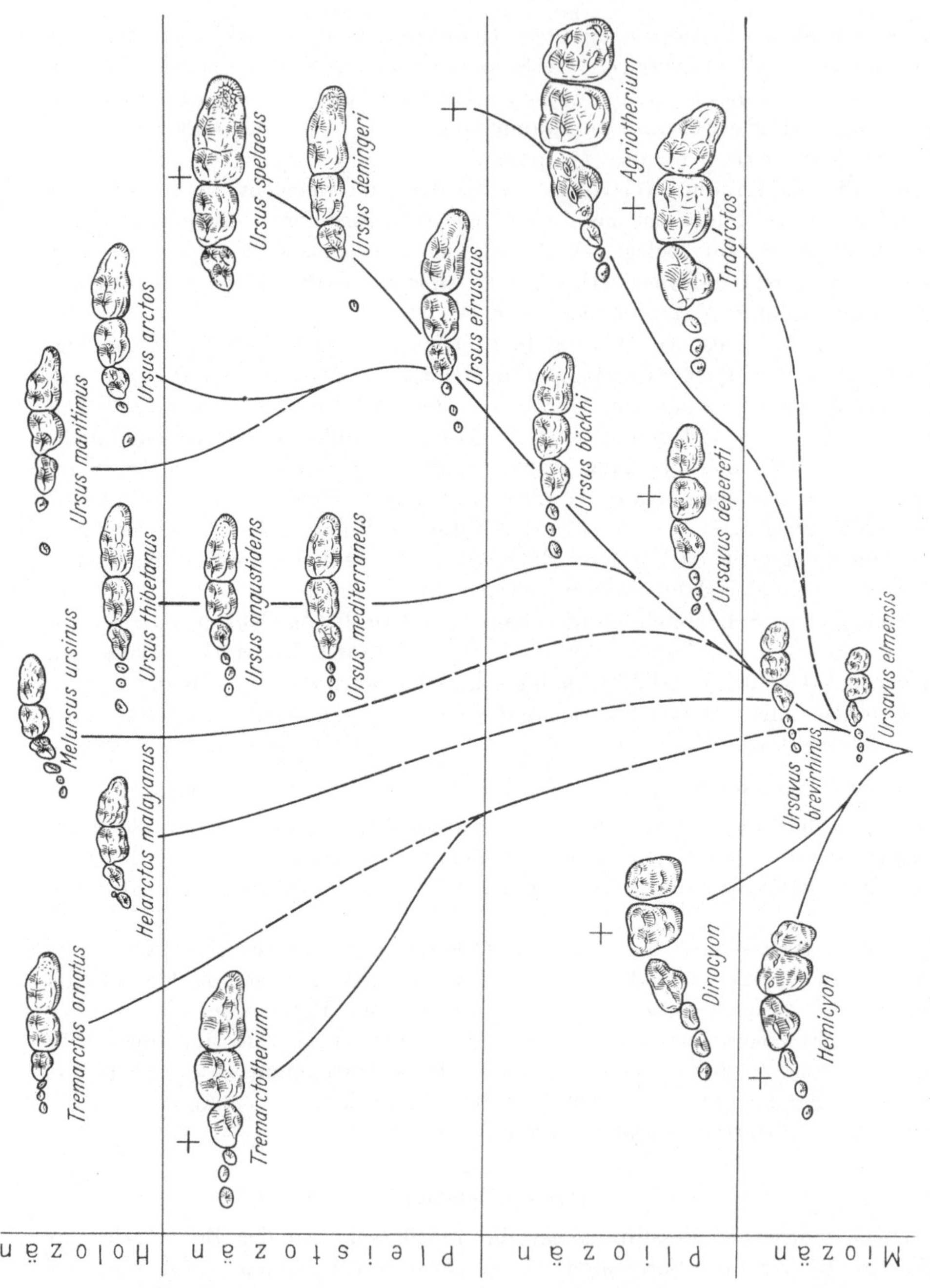

Abb. 34. Evolution der Ursidae I (Backenzahngebiß). Linkes P- und M-Gebiß von der Kaufläche. Beachte zunehmende Vergrößerung und Verlängerung der Molaren vor allem bei den Schwarz- und Braunbären sowie Reduktion der Prämolaren. Sekundäre Verkleinerung der Molaren beim vorwiegend carnivoren Eisbären. Maßstäblich verkleinert. (Original THENIUS)

Für die rezenten Ursiden ist das für Omnivorie sprechende Gebiß kennzeichnend, indem eigentliche Reißzähne (P^4 und M_1) nicht ausgebildet sind und die flachen Molaren ein Kauen zulassen. In Zusammenhang damit steht der gegenüber anderen Raubtieren verhältnismäßig plumpe Habitus der Bären, die

Proportionen der Gliedmaßen, der teilweise Sohlengang und schließlich auch die oft riesigen Dimensionen, die unter den lebenden Raubtieren einmalig sind.

Die ältesten, auf Bären zu beziehenden Fossilfunde stammen aus dem europäischen Altmiozän (Burdigalium). Es waren kaum fuchsgroße Raubtiere mit einem relativ kurzschnauzigen Schädel und einem Gebiß, das deutlich Tendenzen zur Vergrößerung der Molaren bei gleichzeitiger Reduktion des P^4 erkennen läßt *(Ursavus elmensis)*. Die geologisch jüngeren *Ursavus*-Arten *(Ursavus brevirhinus, U. primaevus)* aus dem Mittel- und Jungmiozän sind etwas größer und ihre Molaren deutlich verlängert.

Wesentlich für die stammesgeschichtliche Bedeutung der *Ursavus*-Arten ist die Beurteilung des Innenhöckers des P^4 (Deuteroconus). Während er bei *Ursavus* — wie bei allen carnivoren Raubtieren — vorne innen liegt, ist er bei den rezenten Ursiden hinten innen gelegen. Nun zeigen altpliozäne *Ursavus*-Arten und die geologisch ältesten *Ursus*-Formen (*Ursus böckhi = ruscinensis* aus dem Jungpliozän), wie sich der Innenhöcker mehr und mehr nach hinten verlagert und der zugehörige Wurzelast bei den rezenten Formen schließlich mit der äußeren Wurzel verschmilzt. Diese Verschiebung des Deuteroconus steht in Zusammenhang mit der Vergrößerung der Molaren und damit mit der Omnivorie (s. Abb. 34).

Nach Kretzoi (1945) kommt *Ursavus* wegen des Proentoconides des M_1 nicht als Stammform von *Ursus* in Betracht, da dieser Höcker bei den geologisch ältesten *Ursus*-Arten fehlt oder nur schwach angedeutet ist. Während die jungpliozänen und ältestquartären Ursiden der Evolutionshöhe nach den rezenten Schwarzbären vergleichbar sind, haben sich Braunbären erst im Laufe des Quartärs entwickelt.

Die gegenwärtig in Süd- und Ostasien und in Nordamerika verbreiteten Schwarzbären („*Selenarctos*“ = *Euarctos thibetanus* als altweltliche Kragenbären und *E. americanus* als amerikanische Baribals) bilden einen Formenkreis, der sich seit dem Altquartär kaum verändert hat. Im europäischen Altquartär ist *Ursus mediterraneus (= „schertzi“ = „stehlini“)*, im ostasiatischen sind *Ursus kokeni* und *U. angustidens* als Vertreter der Schwarzbären zu betrachten. *Ursus (Euarctos) americanus* ist nur ein etwas fortschrittlicher Angehöriger der Schwarzbären. Nach Kurten (1959) bildet Ursus *etruscus* des Villafranchium die gemeinsame Stammform der Schwarz- und Braunbären, während andere Autoren im *U. etruscus*-Formenkreis die Ausgangsformen der Braunbären allein sehen, die damals von den Schwarzbären schon getrennt sein sollen (s. Thenius 1959).

Der Braunbärenstamm läßt sich zweifellos auf den *Ursus etruscus*-Formenkreis zurückführen, aus dem auch die jungdiluvialen Höhlenbären *(Ursus spelaeus)* hervorgegangen sind. Während die Höhlenbären mit dem Ende des Pleistozäns ausstarben, zählen die Braunbären (s. str.) gegenwärtig zur formenreichsten Gruppe unter den Ursiden. Erstmalig im älteren Quartär nachgewiesen, haben die Braunbären im ausgehenden Pleistozän auch den nordamerikanischen Kontinent erreicht. Der Grizzly oder Graubär *(Ursus arctos ferox = „horribilis“)* ist nur ein fortschrittlicher Braunbär. Seine überaus große Variabilität, die an den jungeiszeitlichen Höhlenbären erinnert, hat zur Ausscheidung zahlreicher „Rassen“ und „Arten“ geführt (vgl. dazu Erdbrink 1953).

Durch die Fossilfunde ist demnach die Geschichte der Braunbären voll geklärt. Nur über den Zeitpunkt der Trennung der eigentlichen Braunbären

(Ursus arctos) und der Höhlenbären *(Ursus spelaeus)* gehen die Meinungen etwas auseinander, indem einerseits die Aufspaltung im Ältestquartär, andererseits im Altquartär erfolgt sein soll. Nach ersterer Auffassung ist *Ursus etruscus* die

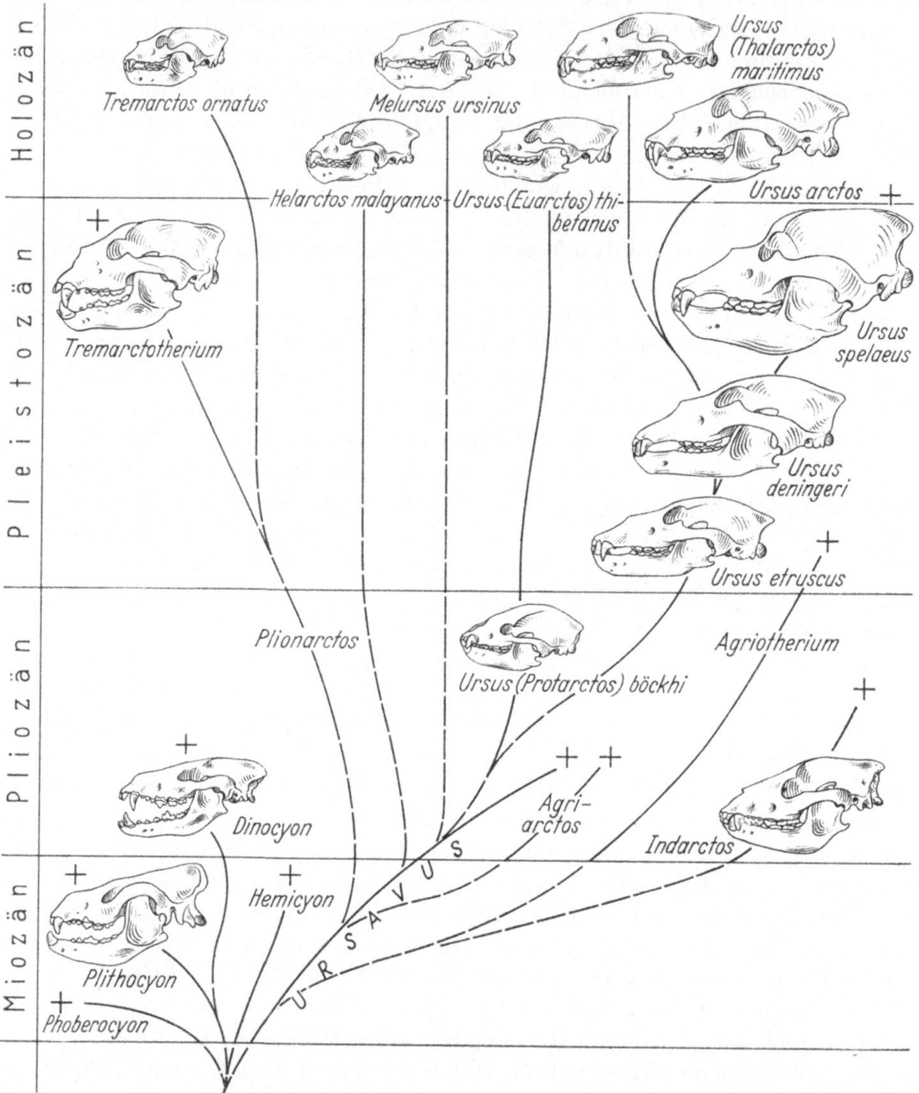

Abb. 35. Evolution der Ursidae II (Schädel). Der Brillenbär *(Tremarctos)* ist der einzige Überlebende der neuweltlichen Kurzschnauzbären. Unter den echten Bären (Ursinae) ist der Malayenbär *(Helarctos)* der ursprünglichste, während die Braunbären *(Ursus arctos)* zu den fortschrittlichsten und auch geologisch jüngsten gehören. Maßstäblich verkleinert. (Nach E. Thenius 1959)

gemeinsame Stammform und *Ursus deningeri* ein Angehöriger des Höhlenbärenstammes, nach letzterer Ansicht bildet *Ursus deningeri* die gemeinsame Ahnenform (s. Kurten 1957, 1959, Thenius 1959). So betrachtet Kurten *Ursus deningeri* als stark variablen Formenkreis mit arctoiden und spelaeoiden Populationen.

Bei den Eisbären *(Ursus [Thalarctos] maritimus)* handelt es sich um einen Stamm, der bereits die Evolutionshöhe von *Ursus* (s. str.) erreicht hatte, aber infolge der Ernährungsweise verschiedene Umkonstruktionen (Vereinfachung des Backenzahngebisses, Behaarung usw., s. THENIUS 1953) erfahren hat. Nach neueren Untersuchungen soll selbst eine subgenerische Trennung von Ursus nicht erforderlich sein. Auf das häufige Vorkommen von Braun- und Eisbärenbastarden sei in diesem Zusammenhang hingewiesen.

Der Malayenbär *(Helarctos malayanus)* gehört zu den primitivsten lebenden Bären, dessen Backenzahngebiß evolutionsmäßig nicht über das des miozänen *Ursavus* hinausentwickelt ist. Freilich hat der zu *Helarctos* führende Stamm seit dem Miozän verschiedene Spezialisationen erworben, welche die rezente Art in verschiedener Hinsicht zum spezialisiertesten Ursiden machen, eine bei verschiedenen Stämmen zu beobachtende Erscheinung. Ähnliches gilt für den Lippenbären *(Melursus ursinus)*, dessen Phylogenie allerdings infolge starker, in Zusammenhang mit der Lebensweise stehenden Spezialisierungen schwieriger zu beurteilen ist, und der ursprünglich nicht einmal als Bär erkannt worden war. Immerhin muß für ihn eine Trennung von den übrigen Ursiden seit dem Pliozän angenommen werden. Dadurch und seiner morphologischen Sonderstellung wegen ist wie bei *Helarctos* eine generische Trennung notwendig.

Einer eigenen Linie gehört der rezente südamerikanische Brillenbär *(Tremarctos ornatus)* an, der mit den pleistozänen Kurzschnauzbären (*Arctotherium*, *Tremarctotherium* usw.) näher verwandt ist und mit ihnen zu einer eigenen Unterfamilie *(Tremarctiinae = „Arctodontinae")* gestellt werden muß. *Plionarctos edensis* aus dem Jungpliozän von Kalifornien bildet die gemeinsame Stammform (s. FRICK 1926). Diese Art zeigt zugleich, daß die Ahnen ursavusähnliche Formen waren, wie sie auch aus Nordamerika bekannt geworden sind, und daß die Trennung zwischen den Ursinae und den Tremarctinae bereits im Miozän erfolgt sein mußte. *Tremarctos* und die Artotherien erreichten Südamerika zusammen mit den anderen Einwanderern erst im Pleistozän. Ein genetischer Zusammenhang zwischen Brillen- und Schwarzbären, wie ihn SIMPSON annimmt, existiert nicht. Das gleiche gilt für Beziehungen zu *Helarctos malayanus* (vgl. Abb. 35).

Neben *Ursavus* sind die Gattungen *Indarctos*, *Agriarctos* und *Agriotherium* *(= „Hyaenarctos")* im Pliozän der nördlichen Hemisphäre zu erwähnen, die ausgestorbenen Seitenlinien angehören (FRICK 1926). Ein stammesgeschichtlicher Zusammenhang mit den amerikanischen Kurzschnauzbären (Arctotherien) besteht nicht. *Indarctos* und *Agriotherium* sind Abkömmlinge miozäner *Ursavus*-Arten. Sie erreichten Braunbärengröße.

Aus dem Miozän sind außerdem die Gattungen *Hemicyon*, *Phoberocyon*, *Plithocyon* und *Dinocyon* zu erwähnen, die in zahlreichen Merkmalen an Caniden erinnern (GINSBURG 1955). *Ursavus* selbst läßt sich nach dem Gebiß auf *Cephalogale*-Arten des jüngeren Oligozäns zurückführen. Demnach wären die Bären ein Seitenzweig der Caniden, die, ausgehend von kleinen arborikolen Formen, erst verhältnismäßig spät zu einer terrestrischen Lebensweise übergingen und dadurch zahlreiche primitive Züge im Gliedmaßenbau erklärlich machen.

Der oft mit den Bären in Verbindung gebrachte Bambusbär oder Große Panda *(Ailuropoda melanoleuca)* ist kein Angehöriger der Ursiden, sondern ein Verwandter vom kleinen Panda und damit ein Ailuride (s. S. 162).

Durch ihr geringes geologisches Alter kommen die Bären als Stammformen der Robben, wie dies verschiedentlich angenommen wurde, nicht in Betracht (s. S. 176).

Katzen- und Waschbären (Ailuridae und Procyonidae)

Als Kleinbären sind jene Raubtiere zusammengefaßt worden, die teils an Bären, teils an Marder erinnern, aber weder mit diesen noch mit jenen vereint werden können.

Die Beurteilung der systematisch-phylogenetischen Zusammenhänge ist außerordentlich verschieden. Während GILL (1872) sie auf 4 Familien aufteilt, betrachtet sie SIMPSON (1945) als Angehörige einer Familie. Dazwischen vermitteln die Ansichten von HOLLISTER (1916), POCOCK (1921), KRETZOI (1945) und anderer, indem einerseits die altweltlichen Formen *(Ailurus* und *Ailuropoda)* abgetrennt, andererseits *Bassariscus* bzw. die ausgestorbenen Leptarctinen den übrigen Procyoniden gegenübergestellt werden. Aber auch *Ailurus* und *Ailuropoda* sind verschiedentlich als Vertreter eigener Familien angesehen worden.

Erscheint die Abtrennung der altweltlichen Katzenbären von den Waschbären begründet, so sind die Unterschiede zwischen *Ailurus* und *Ailuropoda* viel zu gering, um deren familienmäßige Trennung zu rechtfertigen. Die Differenzen sind nur durch die hochgradige Spezialisierung von *Ailuropoda melanoleuca* bedingt, die in Zusammenhang mit dessen pflanzlicher Ernährung stehen.

Nicht nur auf Grund verschiedener morphologisch-anatomischer Unterschiede erscheint ein getrennter Ursprung und damit eine Zweiteilung der Kleinbären in die altweltlichen Ailuriden und die neuweltlichen Procyoniden wahrscheinlich (vgl. TEILHARD 1915, HOUGH 1948), sondern auch durch die räumliche Verbreitung. Die Procyoniden sind stets auf Amerika, die Ailuriden auf Eurasien beschränkt geblieben[1].

Zunächst seien die Ailuriden besprochen. Ursprünglich (BARDENFLETH 1914, LYDEKKER, WINGE) mit Bären („*Hyaenarctos*" = *Agriotherium* bzw. *Indarctos* und *Arctotherium* vgl. BOULE u. PIVETEAU 1935) in Verbindung gebracht, gehört der große Panda oder Bambusbär *(Ailuropoda melanoleuca)* zweifellos in die nähere Verwandtschaft von *Ailurus fulgens*, dem kleinen Panda, wie vergleichend-anatomische Untersuchungen (Schädel, Gebiß, Muskulatur, Darmtrakt usw.) gezeigt haben (RAVEN 1936, GREGORY 1936). Abgesehen von den Differenzen im Bau des Schädels und Unterkiefers zeigt das Backenzahngebiß durch die Molarisierung der Prämolaren und die nicht verlängerten Molaren entgegengesetzte Entwicklungstendenzen als bei den Ursiden. Bei *Ailurus* ist der M_3 völlig reduziert und der M^2 dadurch ohne Talon, der bei *Ailuropoda* vorhanden ist. Dadurch ist eine entfernte Ähnlichkeit mit primitiven Ursiden gegeben. Auch der Habitus des Bambusbären besitzt manche Ähnlichkeit mit echten Bären, die jedoch als Konvergenz- bzw. Parallelerscheinungen zu werten sind und einerseits der Körpergröße, andererseits der ähnlichen Ernährungsweise zuzuschreiben sind. Der große Panda ist nämlich ein streng vegetarisches Raubtier (Bambusfresser). Interessant ist die in Zusammenhang mit der absoluten Körpergröße stark ent-

---

[1] Der durch CRUSAFONT (1958) signalisierte Procyonide (*Schlossericyon* n.g.) aus dem spanischen Miozän ist ein Ailuride, *Aletocyon* aus dem Miozän Nordamerikas ein Procyonide.

wickelte Pneumatizität des Schädels von *Ailuropoda* gegenüber *Ailurus*. Auch die Entwicklung des Scheitelkammes beim Bambusbären steht damit in Zusammenhang.

Über die Herkunft der Ailuriden geben die bisherigen Fossilfunde etwas Auskunft. *Sivanasua viverroides* ist ein primitiver Ailuride aus dem europäischen Jungtertiär, während der pliozäne *Parailurus* Europas in die nächste Verwandtschaft von *Ailurus* gehört und nur die einst weitere Verbreitung dieser Katzenbären belegt. Fossile Bambusbären sind bisher nur aus dem chinesischen Pleistozän beschrieben worden. So muß die Herkunft dieser Formen problematisch bleiben, denn die Carnivoren aus dem Alttertiär des Quercy, die gewisse Übereinstimmungen im Bau der Schädelbasis erkennen lassen, reichen für eine sichere Beurteilung und damit als mögliche Stammformen nicht aus.

Unter den in Nord- und Südamerika verbreiteten Procyoniden lassen sich mehrere Stammlinien unterscheiden. *Bassariscus* steht unter den rezenten Formen als alte und konservative Form ziemlich isoliert und zeigt Beziehungen zu oligozänen Carnivoren, die eine Abtrennung als eigene Unterfamilie rechtfertigen. Eine familienmäßige Trennung ist jedoch nicht angebracht. *Bassariscus astutus*, das Katzenfrett, ist ein „lebendes Fossil".

Charakteristisch für die Procyoniden sind verschiedene primitive Merkmale (Fünfzehigkeit der Gliedmaßen usw.), die eine frühzeitige Abspaltung von hunde- bzw. marderähnlichen Raubtieren notwendig machen, von denen sie allgemein abgeleitet werden. Die geologisch ältesten Vertreter *(Phlaocyon)* sind aus dem nordamerikanischen Miozän bekannt. Sie werden einerseits mit nordamerikanischen Caniden in Verbindung gebracht (Matthew), andererseits von altweltlichen Musteliden *(Plesictis* → *Bassariscus; Pachycynodon* → *Phlaocyon* und *Procyon)* abgeleitet (Teilhard 1915, Hough 1953). Während sich Matthew auf das Gebiß stützte, basieren die Ansichten von Teilhard und Hough auf der Schädelbasis, die sich konservativer verhält als das Gebiß und stammesgeschichtliche Zusammenhänge daher sicherer beurteilen läßt. McGrew (1938) sieht in „*Pseudocynodictis*" *(= Hesperocyon)* des nordamerikanischen Oligozäns die Stammformen der Procyoniden. *Cynarctus* und verwandte Formen gehören ausgestorbenen Seitenstämmen an.

Zu den spezialisiertesten Vertretern der Procyoniden zählen die Gattung *Potos* mit den Wickelbären sowie *Nasua* und *Nasuella* mit den Nasenbären, die auf Südamerika beschränkt sind, wo sie bereits während des Pliozäns nachgewiesen sind. Bemerkenswert ist der Greifschwanz bei *Potos flavus*, dem Wickelbären. Pocock (1921) betrachtet die Wickel- und Nasenbären als Vertreter einer eigenen Unterfamilie. *Potos* unterscheidet sich übrigens in einzelnen anatomischen Merkmalen grundsätzlich von allen übrigen Procyoniden (Davis 1941). Über die Phylogenie dieser südamerikanischen Kleinbären geben die bisherigen Fossilfunde *(„Amphinasua"-Cyonasua)* nur wenig Aufschluß. Immerhin beweisen sie, daß die Procyoniden bereits im Laufe des Jungtertiärs (Mesopotamiense = ? Altpliozän) Südamerika erreicht hatten, also vor dem Eindringen der „modernen" Fauna in Südamerika, das bekanntlich erst am Ende des Tertiärs erfolgte. Sie haben sich bereits im Miozän aus nordamerikanischen Procyoniden entwickelt. Die Waschbären selbst (Gattung *Procyon*) lassen sich auf nordamerikanische Kleinbären aus der Verwandtschaft von *Phlaocyon* zurückführen.

Marder (Mustelidae)

Die Musteliden bilden eine ziemlich polymorphe Gruppe mit zahlreichen rezenten Vertretern. Unter diesen lassen sich fünf Großstämme unterscheiden, deren Angehörige untereinander näher verwandt, hauptsächlich durch ihre verschiedenen Spezialisationstendenzen voneinander abweichen, und über deren einstige Artenfülle Fossilfunde Auskunft geben. Erschwert wird die Beurteilung des Fossilmateriales durch die meist nur isoliert vorliegenden Reste (z. B. Zähne, Gliedmaßenknochen), die vielfach Vorstellungen vom Gesamthabitus unmöglich machen.

Gegenüber den Bären und den Hyänen handelt es sich um eine geologisch alte Gruppe, die bereits im Oligozän formenreich entwickelt war. Zu den primitivsten Vertretern zählt die Gattung „*Plesictis*" aus dem europäischen und nordamerikanischen Oligozän, die unter den ursprünglichsten Formen, den Mustelinen, eine zentrale Stellung einnimmt. Verglichen mit anderen Musteliden, haben sich die rezenten Mustelinen nur wenig gegenüber ihren tertiären Stammformen verändert. Wohl besitzen diese einen gut entwickelten M^2 neben anderen primitiven Merkmalen. Unter der Gattung *Plesictis* lassen sich nach dem Gebiß drei Gruppen unterschieden. Eine cynodontine (M_1 mit nichtgrubigem Talonid), eine cynodictine (M_1 mit verkürztem Talonid und schwachem Metaconid wie etwa *Palaeogale* [= „*Bunaelurus*"] und *Plesiogale* mit felinoiden Tendenzen) und eine evoluierte musteline *Plesictis*-Gruppe (M_1 mit grubigem Talonid), die vom jüngeren Oligozän an herrschend wird, während die erstere bereits im Miozän wieder erlischt. Aus ihnen geht auch der *Martes-Gulo*-Stamm hervor, der erstmalig im älteren Miozän (Burdigalium) mit *martes*- und *laphyctis*-artigen Formen erscheint. Während sich die Gattung *Martes* (echte Marder) seither nur wenig verändert hat, erfuhr der zum rezenten Vielfraß (*Gulo gulo*) führende Stamm neben der Größenzunahme auch eine entsprechende Differenzierung im Schädel und Gebiß. Stehlin (1933) und Viret (1939) betrachten *Plesiogulo* (= *Perunium*) des Pliozäns als Vorläufer von *Gulo*, der erstmalig im Pleistozän nachgewiesen ist. Wenn auch die bekannten Arten von *Plesiogulo* wie *Pl. brachygnathus* aus dem älteren und *Pl. monspessulanus* aus dem jüngeren Pliozän nicht die direkten Ahnenformen von *Gulo* darstellen, so stehen sie diesen zumindest außerordentlich nahe. *Laphyctis* aus dem Miozän bildet eine Seitenlinie. *Gulo schlosseri* aus dem älteren Quartär kann als Stammform des jungpleistozänen und rezenten *Gulo gulo* angesehen werden. Interessant ist, daß die tertiärzeitlichen Vorläufer in Gebieten mit warmgemäßigtem Klima lebten und die Kälteanpassung des heutigen Vielfraßes erst im Laufe des Pleistozäns erfolgte. *Gulo gulo* bewohnt gegenwärtig die Gegenden der Baumgrenze im Norden.

Aus *Plesiogale* läßt sich der um *Mustela* gruppierende Stamm (*Putorius*, *Vormela*) ableiten, der heute noch in größerer Artenzahl verbreitet ist. Hieher gehören auch die afrikanisch-vorderasiatischen Bandiltisse (*Zorilla*), die im Habitus auffällig an die nordamerikanischen Stinktiere erinnern und wie diese im gereizten Zustand das Sekret aus den Stinkdrüsen austreten lassen. Das vermeintliche Vorkommen von Bandiltissen („*Zorilla fossilis*") im europäischen Ältestquartär beruht auf Verwechslung mit ausgestorbenen Formen (*Baranogale*; s. Schaub 1949).

Einen weiteren Stamm, dessen Wurzel vermutlich bei plesictisartigen Formen zu suchen ist, bilden die rezenten südamerikanischen Marder (*Galera* = ,,*Tayra*", *Grison* = ,,*Galictis*"), mit denen auch altweltliche Formen (*Enhydrictis* = ,,*Pannonictis*") in Verbindung gebracht wurden, die auf einen gemeinsamen asiatischen Ursprung hinweisen würden (PILGRIM 1931, VIRET 1954). Nähere Beziehungen zwischen ,,*Pannonictis*" und Fischottern bestehen nicht. Die im Gliedmaßenskelet und auch im Schädelbau vorhandenen Ähnlichkeiten sind Parallelerscheinungen (MOTTL 1939). Weitere Marder ohne phylogenetische Bedeutung sind die Gattungen *Megalictis*, *Mionictis* und *Sinictis* aus dem Jungtertiär Nordamerikas bzw. Eurasiens. Anklänge von *Mionictis* an Fischottern sind Konvergenzerscheinungen.

Abkömmlinge primitiver Mustelinen sind die Honigdachse (Mellivorinae), die im Jungtertiär auch in Europa und Nordamerika verbreitet waren. Zur bekanntesten Gattung zählt *Eomellivora* im holarktischen Pliozän. *Mellivora* ist gegenwärtig auf Afrika und Südasien beschränkt.

Die zweite größere Gruppe mit mehreren Stammlinien bilden die Dachse (Melinae). Seit dem ältesten Miozän (Burdigalium) nachgewiesen, ist für diese Marder die zum Teil unterirdische Lebensweise, die mit den Grabextremitäten in Zusammenhang steht, und die mehr omnivore Ernährung charakteristisch. Die ältesten Gattungen (*Broiliana*, *Stromeriella*) aus dem europäischen Altmiozän weisen zahlreiche primitive Merkmale auf (vollständige Prämolarenzahl, wohlentwickelter M^2, relativ einfacher M^1, breites Basioccipitale usw.), aber mit deutlich melinen Tendenzen, die sie in die Nähe der Stammformen dieser Gruppe rücken. Aus dem Jungtertiär der Alten Welt ist eine Reihe von Gattungen beschrieben worden, die die einstige Formenfülle der Dachse erkennen lassen. Meist handelt es sich um Angehörige von Seitenzweigen, wie aus verschiedenen Spezialisationen hervorgeht (*Palaeomeles*, *Plesiomeles*, *Taxodon*, *Parataxidea*, *Melodon*). *Melodon* und *Parataxidea* aus dem Pliozän stehen dem europäischen (*Meles*) und dem nordamerikanischen Dachs (*Taxidea*) noch am nächsten, und aus *Melodon*-Arten dürften sich auch die rezenten Dachse entwickelt haben. *Meles gennevauxi* bzw. *M. taxipater* (Jungpliozän), *M. thorali* (Villafranchium) und *M. meles atavus* (Altpleistozän) bilden eine Stufenreihe. Die Zugehörigkeit von *Promeles palaeattica* aus dem Altpliozän ist umstritten (THENIUS 1949a, VIRET 1951). Ähnliches gilt für *Trocharion* aus dem europäischen Miozän, der im Gebiß meline und mephitine Merkmale vereint, während sich das Gliedmaßenskelet im wesentlichen mustelin verhält (ZAPFE 1950). Während PILGRIM (1932) und DEHM (1950) ihn mit *Mydaus* in Verbindung bringen, betrachten ihn VIRET u. CRUSAFONT (1955) als Mephitinen. Über die Herkunft von Schweinsdachs (*Arctonyx*) und Stinkdachs (*Mydaus*) geben Fossilfunde kaum Aufschluß. Nah verwandt mit ersterem, wenn nicht sogar kongenerisch damit, ist *Arctomeles pliocaenicus* aus dem jüngsten Pliozän von Polen (STACH 1951). PILGRIM (1933) stellt *Mydaus* als eigenen Stamm überhaupt zu den Mephitinen. Der indonesische Stinkdachs ist jedoch zweifellos ein Dachs, der mit den Stinktieren und den Zorillas nur das Verspritzen des Sekretes seiner Afterdrüsen gemeinsam hat. Zu den primitivsten lebenden Dachsen gehören die Sonnendachse (*Helictis*) von Südostasien, die in anatomischer Hinsicht eine Art Mittelstellung zwischen Mardern und Dachsen einnehmen.

Als dritte Gruppe unter den rezenten Musteliden sind die Skunke oder Stinktiere (Mephitinae) zu betrachten, die sich ebenfalls bis in das ältere Miozän (Burdigalium) zurückverfolgen lassen *(Miomephitis)*. Charakteristisch für letztere Gattung sind primitive Merkmale neben solchen, welche die Zugehörigkeit zu Mephitinen vertreten lassen. *Trochotherium* ist eine spezialisierte Gattung des europäischen Miozäns, während *Promephitis* im Pliozän Eurasiens verbreitet war. Gegenwärtig sind die Stinktiere mit mehreren Gattungen (Streifenskunke: *Mephitis*; Surilhos: *Conepatus* und Fleckenskunke: *Spilogale*) auf die Neue Welt beschränkt. Reig (1952) führt sie auf *Martinogale* (Pliozän) zurück.

Als letzte größere Einheit sind die Fischottern (Lutrinae) zu erwähnen, die bereits frühzeitig (Jungoligozän) durch hochspezialisierte Formen *(Potamotherium)* vertreten waren. *Potamotherium* selbst kommt als Stammform von *Lutra* nicht in Betracht. *Potamotherium valetoni* aus dem Aquitanium bildet den Vorläufer des miozänen *P. miocenicum* (Thenius 1949). Zahlreiche weitere Stämme sind durch Fossilfunde belegt. Bemerkenswert ist die Feststellung, daß im zentralasiatischen Altpliozän Fischottern als Seebewohner lebten *(Semantor macrurus)*, die im Gliedmaßenskelet höher spezialisiert waren als der rezente Meerotter *(Enhydra = „Latax")*, und die deshalb verschiedentlich als Ahnenformen der Pinnipedier angesehen wurden (Orlov 1933), eine Annahme, die bereits durch das geologische Alter dieser Formen hinfällig ist, aber auch aus morphologischen Gründen nicht aufrechterhalten werden kann (Thenius 1949a). Von den zahlreichen jungtertiären Gattungen seien *Paralutra*, *Enhydriodon*, *Limnonyx*, *Sivaonyx* und *Vishnuonyx* erwähnt, deren genauere systematisch-phylogenetische Stellung diskutiert wird. So bildet *Vishnuonyx* nach Pilgrim die Stammform von *Sivaonyx* usw. Gegenwärtig lassen sich neben *Lutra* noch *Aonyx*, *Amblonyx*, *Lutrogale*, *Pteronura* und *Enhydra* als Gattungen unterscheiden, die zum Teil schon seit dem Miozän getrennten Stammlinien angehören. Das spezialisierteste rezente Mitglied der Unterfamilie ist zweifellos der Meerotter *(Enhydra lutris)*, der nicht nur im Becken- und Gliedmaßenbau die stärksten Anpassungserscheinungen (Proportionen usw.) aufweist, sondern auch im Gebiß (Mollusken- und Seeigelfresser) (Jacobi 1938). *Lutra reevei* aus dem englischen Pliozän wird zur Gattung *Enhydra* gestellt. Innerhalb der Gattung *Lutra* gehört *Lutra sumatrensis* zu den ursprünglichsten, *Lutra felina* als meeresbewohnende Art (Gebiet um Kap Horn) zu den spezialisiertesten Arten.

Einige weitere, etwas waschbärenähnliche Formen des nordamerikanischen Miozäns *(Mephititaxus, Leptarctus, Craterogale)* betrachtet Gazin (1936) als Stamm der Musteliden, während sie Kretzoi (1945) als eigene Familie ansieht.

So stellt sich das gegenwärtige Bild von der Evolution der Musteliden als ein aus zahlreichen mehr oder weniger parallelen Zweigen gebildeter Stammbusch dar, der zugleich erkennen läßt, daß die Musteliden auch heute noch in Entfaltung begriffen sind.

Hyänen (Hyaenidae)

Die Hyänen bilden ähnlich den Bären eine geologisch etwas jüngere Gruppe, deren älteste Vertreter aus dem Miozän nachgewiesen sind[1]. Wesentlich für die

[1] Der durch Teilhard (1926) auf einen Hyaeniden *(?Ictitherium)* bezogenen Rest aus dem chinesischen Oligozän gehört m. E. zu einem Hyaenodontiden. Teilhard u. Leroy (1942) erwähnen diese Form übrigens auch in ihrem Verzeichnis nicht.

Phylogenie der Hyänen ist die Feststellung, daß die rezenten Vertreter zwei (mit *Proteles* sogar drei) seit dem Miozän getrennten Stämmen angehören. Diese lange phyletische Trennung, die sich im äußeren Erscheinungsbild nicht so ausprägt, wird durch das verschiedene Verhalten der Fleckenhyänen einerseits, der Streifenhyänen andererseits bestätigt. Wie die Fossilfunde lehren, existierten einst verschiedene Stämme, von denen heute nur mehr einige wenige Arten vorhanden sind.

So lassen sich bereits innerhalb der *crocuta*-Gruppe mindestens drei Stammlinien unterscheiden. Zur geologisch ältesten zählen *Percrocuta eximia* (einschließlich *variabilis*), ferner die Arten *P. mordax, carnifex* und *gigantea*, die bereits frühzeitig (Jungmiozän und Altpliozän) eine hochgradige Spezialisierung des Brechscherengebisses erreichten und deshalb nicht als Ahnenformen geologisch jüngerer Formen in Betracht kommen. Sie scheinen im südasiatischen Raum entstanden zu sein. *Crocuta tungurensis* aus dem Jungmiozän der Mongolei bildet einen alten Seitenzweig. Diese Steppenhyänen (*eximia*-Gruppe) werden gegen Ende des Pliozäns von zwei anderen Gruppen abgelöst, die sowohl eurasiatische *(C. sivalensis, sinensis, brevirostris)* als auch afrikanische Formen umfaßt *(C. crocuta, spelaea, ultima, colvini)*. In Europa stirbt der *crocuta*-Stamm mit der Höhlenhyäne *(Crocuta [= Crocotta] spelaea)* im Jungpleistozän aus. Während die *sivalensis*-Gruppe verschiedene primitive Charaktere bewahrt hat (kurzer P^4 usw.), kommt es bei der aus ihr hervorgehenden *crocuta*-Gruppe zu einer Verlängerung des P^4 (Kurten 1957).

Vertreter der Gattung *Hyaena* sind erstmalig aus dem Jungpliozän nachgewiesen und lassen sich auf *Lycyaena* des Pliozäns zurückführen. Nach ihrem zeitlichen Auftreten haben sie nach Pilgrim (1932) ihren Ursprung in Afrika genommen. Nach Ewer (1955) sind möglicherweise zwei getrennte Stämme, ein afrikanischer *(H. namaquensis, H. hyaena [= „striata"]* und *H. brunnea)* und ein eurasiatischer *(H. borissiaki, H. brevirostris, H. sinensis)* zu unterscheiden.

Wie schwierig es ist, Parallelerscheinungen von verwandtschaftlich bedingter Ähnlichkeit zu unterscheiden, zeigt die verschiedene Beurteilung durch die einzelnen Autoren, indem Kretzoi (1938) und Viret (1954) *Hyaena brevirostris* als *Pachycrocuta* bzw. als Subgenus *Plesiocrocuta* von *Crocuta* betrachten (vgl. dagegen Pilgrim 1932 und Kurten 1956). *Hyaena brunnea* ist die spezialisierteste lebende Art der Gattung *Hyaena*.

Einen Parallelstamm zu *Hyaena* bildet die Gattung *Leecyaena*, die bisher nur aus dem Pleistozän Ostasiens und Südafrikas bekannt geworden ist (Ewer 1955). *Hyaenictis* und *Lycyaena* sind auf das Pliozän beschränkte primitive Formen Eurasiens („hyaenoide" Ictitherien nach Kretzoi), aus denen *Hyaena* hervorgegangen sein dürfte und auch „*Euryboas*" (= *Lycaenops* Kretzoi 1938) *lunensis*, eine auf das Villafranchium Europas beschränkte Hyäne, die in *Chasmaporthetes* (= „*Ailuraena*") *johnstoni* aus dem Blancan von Texas eine verwandte Form besitzt (Stirton u. Christian 1940). Diese Art ist übrigens die einzige, auf nordamerikanischem Boden nachgewiesene Hyäne.

Außer den erwähnten Gattungen sind noch als Seitenstamm die Ictitherien (Ictitheriinae: „Waldhyänen") anzuführen. Es waren schleichkatzenähnliche Formen, die im Gebiß Tendenzen zur hyaeniden Bezahnung aufweisen und deshalb lange Zeit als Ahnenformen der echten Hyänen betrachtet wurden. *Ictitherium* war im älteren Pliozän bei nur subspezifischer Verschiedenheit als Großart von

Westeuropa bis Ostasien verbreitet. Es lassen sich im wesentlichen drei Gruppen unterscheiden (*Ictitherium [= „Palhyaena"] robustum — gaudryi*; *I. sivalense — hyaenoides* und *I. hipparionum — wongi*; KURTEN 1954), die durch PILGRIM (1932) auf die miozäne Gattung „*Progenetta*" (= *Miohyaena)* zurückgeführt werden, die KRETZOI (1938) als echte Hyäne betrachtet.

Auch die als *Tungurictis* aus dem Jungmiozän der Mongolei beschriebene Gattung steht den Ictitherien morphologisch sehr nahe (s. S. 170). Aus dem älteren und mittleren Miozän Europas sind einige Viverriden beschrieben worden, die vermutlich als die eigentlichen Ausgangsformen der Ictitherien betrachtet werden können (s. KRETZOI 1938, 1945). Der älteste Vertreter der Gattung „*Progenetta*" ist *Pr. praecurrens* aus dem älteren Burdigalium von Süddeutschland (DEHM 1950; vgl. VIRET 1951). Unter solchen Formen ist auch die Stammform der echten Hyänen zu suchen, die erstmalig im mittleren Miozän auftreten, wie die jüngsten Funde aus Jugoslawien gezeigt haben (PAVLOVIC u. THENIUS 1959).

Die allgemeine Tendenz im Gebiß der Hyaeniden besteht in der Vergrößerung einzelner Prämolaren, der Ausgestaltung des Brechscherenzahnpaares unter Reduktion des Talonides vom M_1 sowie Rückbildung der dahinter liegenden Molaren. Die Gebißkonstruktion steht in Verbindung mit der Ernährungsweise (Aufbeißen von Röhrenknochen zur Markgewinnung), die wiederum in Zusammenhang mit der mächtig entwickelten Kaumuskulatur und damit dem starken Sagittalkamm steht, der die eigentliche Schädelform bestimmt.

Einen aberranten Typus stellt der afrikanische Erdwolf (*Proteles cristatus*) dar, dessen Backenzahngebiß in Zusammenhang mit der Ernährung (Termiten) weitgehend reduziert ist. Die Stammform von *Proteles* hat jedenfalls nicht die für die eigentlichen Hyänen charakteristische Anpassung erworben und dürfte den Vorläufern der Ictitherien nahe gestanden haben. Dementsprechend muß die Abtrennung von den übrigen Hyänen verhältnismäßig frühzeitig (Miozän) erfolgt sein. Fossilfunde geben keinen Hinweis auf die Geschichte dieser rein afrikanischen Gattung. Interessanterweise verhält sich das Milchgebiß im Gegensatz zum stark reduzierten Dauergebiß weitgehend viverrid, ähnlich den typischen Hyänen (LECHE 1910). KRETZOI (1945) stellt *Proteles* als eigene Familie in die nähere Verwandtschaft der Viverriden, POCOCK betrachtet sie als Unterfamilie der Hyaeniden. Für die Sonderstellung des Erdwolfes sprechen verschiedene altertümliche (viverride) Merkmale (zweigeteilte Bulla usw.), der wohl am besten durch Abtrennung als eigene Unterfamilie innerhalb der Hyaeniden Rechnung getragen wird.

Als Ganzes gesehen, verlief die Entwicklung der Hyaeniden zu Beginn (Miozän) ziemlich rasch, seither jedoch nur langsam.

Schleichkatzen (Viverridae und Herpestidae)

Die Phylogenie der Schleichkatzen ist viel diskutiert worden und bis heute noch nicht völlig geklärt. Dies ist einerseits durch die Mannigfaltigkeit der rezenten Formen Madagaskars, andererseits durch Fossilfunde bedingt. GREGORY u. HELLMAN (1939) unterscheiden auf Grund des Schädels und des Gebisses unter den rezenten Formen mehrere Stämme als Unterfamilien und trennen in Übereinstimmung mit POCOCK die Herpestiden (= Mungotidae bei POCOCK) als eigene Familie von den Viverriden ab. POCOCK hat nach äußeren Merkmalen eine

Gliederung der rezenten Vertreter in natürliche Gruppen vorgenommen, die im wesentlichen durch die Untersuchungen GREGORY u. HELLMANs bestätigt wurde, wenn auch Differenzen im einzelnen bestehen. Wesentlich ist unter anderem die phyletische Beurteilung von *Cryptoprocta ferox*, die madagassische Fossa und von der Gattung *Prionodon*, die sich mit alttertiären Formen Europas (*Palaeoprionodon*, *Stenoplesictis*) in Verbindung bringen lassen. *Cryptoprocta* wird durch GREGORY u. HELLMAN als Felide, durch KRETZOI (1957) als Vertreter einer eigenen Familie aufgefaßt (s. S. 170).

Jedenfalls bilden die Schleichkatzen eine auch heute in ziemlicher Formenfülle verbreitete altweltliche Raubtiergruppe, über deren Herkunft die derzeitigen Fossilfunde immerhin nähere Angaben zulassen. So finden sich unter den alttertiären Miaciden verschiedene Formen, die im Schädel und Gebiß weitgehend den strukturellen Ahnenformen der Schleichkatzen entsprechen. Die ältesten Schleichkatzen sind die Stenoplesictinen, die als Ausgangsformen der geologisch jüngeren Schleichkatzen betrachtet werden können.

Unter den Herpestiden (Ichneumons) kommt es bei der Gebißdifferenzierung einerseits zu einer schrittweisen Vergrößerung der Kaufläche ähnlich wie bei den Procyoniden, indem auch der P^4 breitflächig entwickelt ist (Endform *Bdeogale*, Hundemangusten), andererseits zu einem sekundär insectivoren Gebißtypus durch anterioposteriore Verkürzung von P^4-M^2 (*Mungos*, *Crossarchus*, *Suricata*). Unter diesen zählen die Suricaten des afrikanischen Kontinents (Gattung *Suricata*) zur spezialisiertesten Gattung mit einem großen Gehirn und *ictops*-ähnlichem Backenzahngebiß. Eine gewisse Sonderstellung nimmt *Calogale* ein mit rein carnivorer Dentition und verhältnismäßig kurzem Schädel.

Unter den rezenten Viverriden (Zibetkatzen) sind vier untereinander näher verwandte Gruppen zu unterscheiden. Einmal der zentrale, sich um Ginsterkatzen (*Genetta*) und echten Zibetkatzen (*Viverra*) gruppierende Stamm, zu dem auch die Prionodontinen gezählt werden müssen (Viverrinae), ferner die Palmenroller mit *Paradoxurus*, *Nandinia*, *Arctictis*, *Paguma* und *Arctogalidia* als Paradoxurinae, weiters die Bänder- und Otterzivetten mit *Fossa*, *Hemigale*, *Cynogale* und *Eupleres* als Hemigalinae und schließlich die Madagaskar-Mungos mit *Galidia*, *Salanoia* und *Galidictis* als Galidiinae. Letztere besitzen durch verschiedene *herpestes*-ähnliche Merkmale (Bulla, Gebiß) eine Art Mittelstellung zwischen den Herpestiden und Viverriden. Es sind altertümliche Formen, wie dies auch für andere madagassische Arten gilt, und weshalb CARLSSON (1910) auch eine frühzeitige Abspaltung vom Hauptstamm annimmt. Charakteristisch ist gegenüber anderen Viverriden unter anderem die enorme Verkürzung und Verbreiterung der Schnauze. Die Arten der Hemigalinen hingegen sind ausgesprochen langschnauzig. Zwischen den Viverrinen (s. str.) und den Hemigalinen nimmt die Gattung *Fossa* (Fanaloka) eine Art Mittelstellung ein. Ein etwas aberranter Seitenzweig wird durch die südostasiatische Otterzivette (*Cynogale*) gebildet, eine semiaquatische Form, deren Prämolaren in Zusammenhang mit der piscivoren Ernährungsweise ähnlich den Robben zu einem Fanggebiß mit nach hinten gekrümmten Spitzen umgestaltet sind. Bei der madagassischen Ameisenschleichkatze (*Eupleres*) hingegen ist eine Gebißreduktion eingetreten, die zusammen mit einer Streckung des Schädels und Unterkiefers zu einem entfernt ameisenfresserartigen Habitus geführt hat.

Die afroasiatischen Palmroller (Paradoxurinen) sind vornehmlich frugivore, arborikole Viverriden. Der Pardelroller *(Nandinia)* verhält sich hinsichtlich Gebiß und Schädel am ursprünglichsten, der südostasiatische Binturong *(Arctictis)* am spezialisiertesten. Der Binturong oder „Marderbär", wie er seines rauhhaarigen und lockeren Pelzes wegen auch genannt wird, gleicht den übrigen Schleichkatzen recht wenig. Er läßt sich ökologisch durch die kletternde Lebensweise am besten mit dem südamerikanischen Wickelbären vergleichen und besitzt neben verschiedenen Eigentümlichkeiten (z. B. Haarpinsel an den Ohren, verlängerter harter Gaumen, Plantigradie, gespaltenes Hamatum) wie dieser einen richtigen Wickelschwanz. Er bildet somit ein typisches Beispiel einer konvergenten Entwicklung.

Als zentraler Stamm gelten die Viverrinae mit *Genetta*, *Viverra* und verwandten Formen. Ihr Gebiß entspricht grundsätzlich dem verschiedener alttertiärer Miaciden *(Didymictis, Ictidopappus, Viverravus)*, welches nur in Details etwas primitiver gebaut ist. Unterschiede im Bau der Gehörregion (ursprünglichere Bullae) verhindern eine direkte Zuordnung dieser Miaciden zu den Viverriden. Bei etwas jüngeren Formen aus den Phosphoriten des Quercy (Frankreich) unterscheidet TEILHARD (1915) unter den damaligen Carnivoren die sog. Stenoplesictoiden, die eine Gliederung in einen viverriden (*Palaeoprionodon* und verwandte Formen) und einen Mustelidenzweig zulassen. Bei ersteren besitzt der Schädel alle für die Viverriden kennzeichnenden, diagnostisch wichtigen Merkmale. Im Gegensatz zu dieser Auffassung sieht jedoch KRETZOI (1945, S. 79) in *Palaeoprionodon, Stenoplesictis* und verwandten Formen Vertreter einer eigenen Familie (Proailuridae), die ohne Nachkommen an der Wende Oligo-Miozän ausgestorben sein sollen.

Aus dem Jungtertiär Eurasiens sind verschiedene Viverrinen *(Semigenetta, Viverra, Jourdanictis, Tungurictis)* beschrieben worden, die phylogenetisch deshalb interessant erscheinen, weil sie zum Teil den Ausgangsformen der Hyänen nahe stehen (s. S. 168). Über die Zugehörigkeit des Erdwolfes *(Proteles cristatus)* vergleiche das auf S. 168 Gesagte.

Die Schleichkatzen sind, geologisch gesehen, eine alte Gruppe, deren Phylogenie mit der Isolierung der madagassischen Formen verknüpft ist, die nicht nur zur Erhaltung einzelner altertümlicher Arten geführt hat, sondern auch zu einer Formenfülle hochspezialisierter Typen, die durch den freien Lebensraum verständlich wird. Zahlreiche Parallelerscheinungen, die in Zusammenhang mit der in verschiedenen Stämmen unabhängig voneinander eingeschlagenen Lebens- und Ernährungsweise stehen, erschweren die Beurteilung der verwandtschaftlichen Beziehungen außerordentlich.

Frettkatzen oder Fossas (Cryptoproctidae)

Eine außerordentlich wechselnde taxionomisch-phyletische Beurteilung hat die rezente madagassische Gattung *Cryptoprocta* im Schrifttum erfahren. Die Gattung wird gegenwärtig nur durch eine Art, *Cryptoprocta ferox*, die Fossa, vertreten. Sie zählt zu den interessantesten lebenden Raubtieren. *Cryptoprocta* ist als Katze (Felide; s. GREGORY u. HELLMAN 1939), als Schleichkatze (Viverride; s. CARLSSON 1911, SIMPSON 1945) oder als Vertreter einer eigenen Familie (Cryptoproctidae; s. POCOCK, KRETZOI 1957) angesehen worden.

Es handelt sich um einen sehr konservativen Überlebenden des ältesten, viverridenähnlichen Stadiums der Feliden, welcher der oligozänen Gattung *Proailurus* nahesteht und frühzeitig von dieser Form abgezweigt ist. *Cryptoprocta* hat dadurch verschiedene Merkmale, teils mit den Katzen (retraktile Krallen, Gebiß, Facialschädel), teils mit Viverriden wie etwa den Madagaskar-Mungos (Galidiinae) und der Fanaloka (Gattung *Fossa*) (lange Glans penis, Penisknochen, Krallenform, Verhalten der Fußballen), teils mit Herpestiden (Analsack, Fehlen von Präscrotaldrüsen) gemeinsam, weshalb *Cryptoprocta* verschiedentlich einer eigenen Familie zugeordnet wird. Neben diesen Merkmalen wird die Fossa durch verschiedene Eigenschaften gekennzeichnet, die sie sich in Zusammenhang mit ihrer Lebensweise erworben hat (CARLSSON 1911). Funde aus dem madagassischen Altholozän zeigen, daß damals auch größere *Cryptoprocta*-Arten *(Cryptoprocta spelaea)* gelebt haben, sagen aber phylogenetisch nichts aus (LAMBERTON 1939).

Katzen (Felidae)

So leicht auch die Trennung der Feliden von den übrigen rezenten Raubtieren möglich ist, so schwierig ist die Beurteilung der phylogenetischen Beziehungen untereinander und die Stellung nur fossil bekannter Formen durch die einzelnen Autoren. Hinsichtlich der Säbelzahnkatzen sei hier der Auffassung von HOUGH (1953) gefolgt, der diese von den echten Katzen (Felidae) als eigene Familie abtrennt. Im Gegensatz zu dieser Ansicht unterscheidet PIVETEAU (1931, 1948) zwischen den oligozänen Palaeofeliden (= Nimravidae) mit *Nimravus*, *Hoplophoneus* und *Eusmilus* und den pliozänen bis rezenten Neofeliden (= Felidae) mit den Felinae und Machairodontinae.

Die echten Katzen besitzen, um nur die wichtigsten gemeinsamen Kennzeichen hervorzuheben — mit Ausnahme von *Acinonyx* —, rückziehbare Krallen, einen kurzschnauzigen Schädel und in Verbindung damit ein meist stark reduziertes Gebiß mit einem mehr oder weniger schneidend entwickelten P^4. Diese Merkmale stehen in Zusammenhang mit der rein carnivoren Ernährungsweise und dem Beuteerwerb, indem die Beutetiere mit den Pranken niedergeschlagen werden und nicht mit dem Fang allein gerissen wird wie bei den Hunden. Die Eckzähne bilden eine richtige Greifzange im Gegensatz zu den Säbelzahnkatzen, bei denen die Eckzähne keine Bißfunktion ausüben (vgl. MATTHEW 1910, MARINELLI 1938).

Unter den rezenten Feliden fallen die Geparde *(Acinonyx)* durch ihre hundeähnlichen Tendenzen (beschränkt retraktile Krallen, Hochläufigkeit, schlanker Rumpf usw.) bei gleichzeitig extrem felider Kurzschnauzigkeit aus dem Rahmen der übrigen Katzen und sind als Vertreter eines eigenen Stammes anzusehen, dem zweifellos der Rang einer Unterfamilie zukommt. Die Geparde sind ausgesprochene Steppentiere mit zu Laufgliedmaßen umgestalteten Extremitäten. Die geologisch ältesten Geparde sind aus dem ältesten Quartär Eurasiens beschrieben worden (*A. pardinensis*, SCHAUB 1949). Sie unterscheiden sich jedoch nur geringfügig im Schädel und Gebiß von den lebenden, auf Asien und Afrika beschränkten Arten. Geparde wurden bereits in frühgeschichtlicher Zeit in Ägypten zur Jagd verwendet. Sie lassen sich leicht zähmen; dennoch kann bei ihnen nicht von Haustieren gesprochen werden (vgl. S. 267 ff.).

Die übrigen rezenten Feliden werden allgemein in „Groß“- und „Klein“-Katzen eingeteilt, die sich jedoch nur teilweise mit den Begriffen Brüll- (Pantherinae) und Schnurrkatzen (Felinae) decken (Pocock 1917, vgl. Haltenorth 1953). Mit der phylogenetischen Gliederung der Feliden hat sich vor allem Kretzoi (1929) befaßt, der jedoch mit seiner Aufsplitterung viel zu weit geht. Wichtig erscheint, daß die durch die Verhaltensforschung gewonnenen phylogenetischen Ergebnisse (Leyhausen 1950, 1956) nicht mit den morphologischen Befunden in Einklang stehen. Dieser scheinbare Widerspruch erklärt sich wenigstens teilweise aus der Lebensweise der untersuchten Formen und dem dadurch verschiedenen Verhalten oft nah verwandter Formen (z. B. Löwe und Tiger als Steppen- und Waldformen). Im übrigen ist jedoch, wie Starck (1959) mit Recht betont, in derartigen Fällen der morphologischen Methode der Vorzug zu geben.

Die Großkatzen (Pantherinae) umfassen die Gattungen *Panthera* mit Löwe und Tiger, Leopard und Jaguar und *Uncia* mit dem Schneeleopard. Sie bilden in vieler Hinsicht die primitivsten lebenden Feliden. Der Puma oder Silberlöwe der Neuen Welt ist keine Großkatze, sondern nur eine überdimensionierte Kleinkatze, wie aus morphologischen und anderen Kriterien hervorgeht. Die Aufspaltung der rezenten Großkatzen scheint ziemlich rasch im ausgehenden Tertiär erfolgt zu sein, wie das plötzliche Auftreten echter Großkatzen (*Panthera arvernensis*, *P. cristata*) im beginnenden Pleistozän vermuten läßt, die den Ahnenformen von Löwe und Tiger sehr nahe standen. Löwen waren während des gesamten Pleistozäns auch in Europa verbreitet. Über die systematisch-phylogenetische Stellung von *Panthera spelaea* aus dem Jungpleistozän gehen die Ansichten auseinander. Die wahrscheinlichste Auffassung ist, daß es sich um eine eigene, von Löwe (*P. leo*) und Tiger (*P. tigris*) verschiedene Form handelt, die mit dem Ende der Eiszeit ausstarb. Noch in geschichtlicher Zeit auch in Südosteuropa vorkommend, ist das Verbreitungsgebiet des Löwen seither stark einschränkt worden. Interessant ist, daß sich die vorderasiatischen Löwen osteologisch weniger stark vom Tiger unterscheiden als die südafrikanischen. Dies weist zusammen mit anderen Kriterien auf die Entstehung beider nah verwandter Arten in Eurasien hin. Löwe und Tiger gehören in verschiedener Hinsicht zu den ursprünglichsten Katzenarten, doch verhalten sie sich in einzelnen Merkmalen sehr spezialisiert, was sich auch im Verhalten ausdrückt. Der Löwe ist als Steppentier eine Rudelform, der Tiger hingegen als Waldbewohner ein ausgesprochener Einzelgänger. *Panthera tigris* ist mit etwas größeren Unterarten im asiatischen Altquartär nachgewiesen (Hooijer 1947).

Leopard (*Panthera pardus*) und Jaguar (*P. onca*) stehen dem Löwen etwas ferner als der Tiger. Ersterer war im Pleistozän auch in Europa verbreitet. Noch geringer sind die verwandtschaftlichen Beziehungen zum Irbis (Schneeleopard). Der sog. Löwe des nordamerikanischen Pleistozäns (*Panthera atrox*) war ein Riesenjaguar (Simpson 1941). *Panthera (Uncia) uncia*, der Irbis, ist der spezialisierteste Typus innerhalb der Großkatzen.

Der Nebelparder (*Neofelis nebulosa*), den Haltenorth (1937) als hochspezialisierten Verwandten des Leoparden ansieht, und dessen spezialisiertes Vordergebiß ein stammesgeschichtlich sehr junger Erwerb ist, weicht in seiner Gesamtheit doch so stark von *Panthera pardus* und den übrigen Großkatzen ab, daß seine generische Trennung notwendig ist. Die verlängerten Oberkiefereckzähne erinnern etwas an Machairodontiden bzw. lassen an einen spezialisierten Nimraviden denken, doch fehlt ihnen die seitliche Abplattung, und außerdem sind auch die Unterkiefereckzähne verlängert. Demnach handelt es sich um einen hochspezialisierten Feliden, dessen Vordergebiß die für Angehörige dieser Familie charakteristische Greiffunktion voll bewahrt hat. Er ist weder mit den Nimraviden noch mit den Machairodontiden näher verwandt. Die Verlängerung der Caninen mögen ein stammesgeschichtlich junger Erwerb sein, jedoch weicht der gesamte Facialschädel so stark von sämtlichen Großkatzen ab, daß eine Sonderstellung gerechtfertigt erscheint (vgl. Matschie 1895, Pocock 1917). Kretzoi (1929) hat für *Neofelis* sogar eine eigene Unterfamilie errichtet.

Die übrigen lebenden Feliden werden als Kleinkatzen (Felinae) und Luchse (Lyncinae) zusammengefaßt, deren verwandtschaftliche Beziehungen untereinander infolge ihrer Formenfülle nur schwer zu beurteilen sind. Wie bereits oben angedeutet, gehört der Puma *(Felis [Puma] concolor)* zu den Felinen. Unterschiede gegenüber den Pantherinen liegen nicht nur im Bau des Schädels und Hyoidapparates, sondern auch im Jugendkleid und im Verhalten. Fossilfunde aus dem nordamerikanischen Pleistozän (*F. [P.] inexpectatus* usw.) belegen nur die Existenz dieser Untergattung, sagen jedoch über ihre Herkunft nichts aus (Simpson 1941). Für die in zahlreiche Untergattungen aufgespaltenen lebenden Kleinkatzen gilt ähnliches wie für die Großkatzen. Ihre Aufsplitterung erfolgte zum Teil erst in geologisch junger Zeit.

Eine leicht kenntliche, etwas abseits von den übrigen Feliden stehende und nunmehr meist auch als eigene Unterfamilie (Lyncinae) abgetrennte Katzengruppe sind die durch Ohrpinsel, stark reduziertes Prämolarengebiß und kurzen Schwanz gekennzeichneten Luchse, die erstmalig aus dem Jungpliozän bekannt sind *(Lynx brevirostris)*. Sie lassen sich in zwei Gruppen einteilen. Die echten Luchse (Untergattung *Lynx*) der borealen und temperierten Zone der nördlichen Hemisphäre und die Wüstenluchse (Untergattung *Caracal*) Südwestasiens und Afrikas. Von *Lynx issiodorensis* aus dem Villafranchium läßt sich eine Ahnenreihe über *L. teilhardi* (Altquartär) zu *L. lynx* (Jungpleistozän bis rezent) verfolgen (Kurten 1957). In die entfernte Verwandtschaft der Luchse wird auch der Manul *(Otocolobus manul)* der innerasiatischen Wüsten und Steppen gestellt (Schwangart 1936), jedoch ist diese Auffassung nicht sicher. Dies gilt auch für die afrikanischen Servals *(Leptailurus)*.

Im Gegensatz zu den Luchsen haben die Wildkatzen (Untergattung *Felis*) niemals die Neue Welt erreicht. Ihre Urheimat ist nach Haltenorth (1957) im westlichen Asien gelegen, und ihren ursprünglichen Lebensraum bilden Gebiete mit warmtrockenem Klima. Zu den primitivsten Formen gehören die westasiatischen Steppenkatzen mit Fleckenmuster, während die Arten mit Streifenmuster (z. B. Gobikatze; *Felis silvestris chutuchta*) als östlichste der Steppenkatzen, ferner die Falbkatzen und die europäischen Waldkatzen *(Felis silvestris silvestris)* zu den fortschrittlichsten zählen. So ist auch die chinesische Graukatze *(Felis bieti)* stammesgeschichtlich jünger als die asiatische Barchan- *(Felis thinobia)*, die Sahara- *(F. margarita)* und die Karrookatze *(F. nigripes)*. Die Rohrkatzen (Untergattung *Chaus*) mit *Felis (Chaus) chaus* stellen hingegen nach Haltenorth (1953) einen eigenen, von den Wildkatzen getrennten Typus dar.

Die Stammform der Hauskatze *(Felis catus)* bildet die ägyptische Falbkatze *(Felis silvestris libyca = „ocreata")*, nur bei den Langhaar- (Angora-) Katzen soll auch die europäische Wildkatze *(F. s. silvestris)* blutmäßig beteiligt sein (SCHWANGART 1929, 1932, HALTENORTH 1953). In Mitteleuropa tritt die Hauskatze erstmalig in der Römerzeit auf. Sie wurde bereits von den alten Ägyptern domestiziert, hat jedoch niemals die Formenfülle aufzuweisen vermocht wie etwa der Haushund.

Außer den besprochenen Formen sind noch einige weitere Felinen zu erwähnen, deren stammesgeschichtliche Stellung weniger klar ist. Es sind dies die neuweltlichen Gattungen *Herpailurus* (Jaguarundis) und *Leopardus* (Ozelot) und die altweltlichen Genera *Profelis* (Goldkatzen), *Prionailurus* (Bengalkatzen) und *Pardofelis* (Marmorkatzen).

Die Felinae lassen sich bis in das Altpliozän zurückverfolgen (*Felis, Sivaelurus, Dinofelis*; PILGRIM 1931, 1932, ZDANSKY 1924).

Die geologisch ältesten Katzen sind jedoch schon aus dem Alttertiär bekannt geworden. Es handelt sich um *Proailurus* und verwandte Formen (Proailurinae), die aus den Phosphoriten des Quercy beschrieben wurden. Verschiedentlich als Musteliden angesehen (SCHLOSSER), vereinen sie viverride mit feliden Merkmalen und können als strukturelle Ahnenformen der katzenartigen Raubtiere angesehen werden. Eine im Pliozän bereits wieder ausgestorbene Gruppe bilden die Nimravinae (Scheinsäbelzahnkatzen) mit *Dinictis* und *Nimravus* (Oligozän Nordamerikas), *Dinaelurus* (Miozän Nordamerikas), *Pseudailurus* und *Metailurus* (Mio/Pliozän Eurasiens bzw. Nordamerikas). Auch *Sansanosmilus* aus dem europäischen Miozän gehört nach GINSBURG (1956) zu den Nimraviden. Diese besitzen meist verlängerte Oberkiefereckzähne ähnlich den echten Säbelzahnkatzen (Machairodontiden), mit denen sie auch in Verbindung gebracht wurden, sich jedoch unter anderem im Bau der Gehörregion unterscheiden. Ihre phylogenetische Bedeutung liegt darin, daß verschiedene Nimravinen (z. B. *Pseudaelurus*) sich intermediär zwischen den alttertiären Proailurinen und den echten Katzen verhalten. Deren Stammformen sind daher unter den Nimravinen zu suchen (vgl. DEHM 1950). Auch PIVETEAU, der die Nimraviden nicht als direkte Ahnen der (Neo-)Feliden ansieht, betont, daß letztere phylogenetisch ein Nimravidenstadium durchmachen.

Die manchmal zu den Feliden gestellte madagassische Fossa *(Cryptoprocta ferox)* wird hier nicht als Felide, sondern als Vertreter einer eigenen Familie angesehen.

Säbelzahnkatzen (+ Machairodontidae)

Die heute ausgestorbenen Säbelzahnkatzen weichen durch eine Reihe von Merkmalen von den echten Katzen ab, die ihre frühe Eigenentwicklung erkennen lassen. Diese hat — besonders im neueren Schrifttum — ihren Ausdruck in einer familienmäßigen Abtrennung erfahren. Nach HOUGH (1953) ist es sogar fraglich, ob sie überhaupt gemeinsam mit den Feliden auf die gleichen Ahnenformen zurückzuführen sind. HOUGH spricht von Pseudofeliden, die sich parallel zu den Feliden entwickelten. Letzteres ist zweifellos zutreffend, wenn man auch verschiedener Meinung sein kann, ob eine Abtrennung als Familie oder nur als Unterfamilie (innerhalb der Feliden) gerechtfertigt ist. Eine Aufspaltung in mehrere

Familien, wie sie HOUGH durchführt, erscheint jedoch nicht am Platze, wenn auch innerhalb der Säbelzahnkatzen keine direkten stammesgeschichtlichen Beziehungen bestehen. So sind nach PIVETEAU (1948) die jungtertiären Säbelzahnkatzen den Feliden näher verwandt (= Neofelidae), die alttertiären Säbelzahnkatzen näher mit *Nimravus* (= Palaeofelidae). Jedenfalls sind die „echten" Säbelzahnkatzen (Machairodontidae) keine phylogenetische Einheit.

Zu den hervorstechendsten Kennzeichen der Säbelzahnkatzen gehören die dolchförmig verlängerten Oberkiefereckzähne und die Reduktion der Unterkiefereckzähne sowie die stark schneidende Funktion der „Brechschere". Sie bilden dadurch einen wesentlich von den Feliden abweichenden Raubtiertypus, indem die Caninen keine Bißfunktion mehr ausüben, sondern die riesigen Oberkiefereckzähne nur durch Mitarbeit des ganzen Körpers, insbesondere der Nackenmuskulatur und der Vordergliedmaßen in den Körper der Beutetiere eingeschlagen werden konnten (s. MARINELLI 1938). Der gleiche Ernährungstyp findet sich unter Nimravinen, bei den Creodonten und zum Extrem gesteigert bei *Thylacosmilus* unter den Beutlern (s. S. 54).

Die gegensätzliche Spezialisierung zwischen Feliden und Machairodontiden ist bereits im Alttertiär vorhanden gewesen und hat bei den geologisch jüngsten Machairodontiden ihr Extrem erreicht (z. B. *Machairodus, Smilodon*, s. Abb. 17). Zu den geologisch ältesten Machairodontiden gehören *Hoplophoneus* und *Eusmilus* (Eozän, Oligozän, vgl. CHOW 1958), die jedoch nicht die Stammformen der jungtertiären Säbelzahnkatzen sind. Wie neuere Untersuchungen gezeigt haben, lassen sich im Jungtertiär und im Pleistozän kurz- *(Megantereon, Smilodon)* und schlankbeinige Machairodontiden *(Homotherium = „Epimachairodus")* unterscheiden. Damit ist auch die Frage der Ernährungsweise der Machairodontiden verknüpft, über die viel diskutiert wurde (vgl. BOHLIN 1940, 1947, KURTEN 1952, MARINELLI 1938, SIMPSON 1941, ZAPFE u. DREXLER 1956).

Die Machairodontiden starben im Pleistozän bzw. Frühholozän aus. Zu den geologisch jüngsten Vertretern gehört die Gattung *Smilodon* des amerikanischen Jungpleistozäns.

Robben (Pinnipedia)

Die Robben sind an das Wasserleben angepaßte Raubtiere, denen sie als eigene Unterordnung zugerechnet werden. Verschiedene anatomische Merkmale (z. B. Verschmelzung von Radiale und Intermedium im Carpus, Foramen entepicondyloideum des Humerus bei einzelnen Phociden, Bau des Gehirns, Musculus palpebralis, Tapetum lucidum cellulosum der Augen) beweisen die näheren Beziehungen zu den Landraubtieren (Fissipedia) und lassen keinen Zweifel über den gemeinsamen Ursprung beider Gruppen. Die Eigentümlichkeiten der Robben sind hauptsächlich durch die Anpassung an die aquatische Lebensweise bedingt und äußern sich am auffälligsten im Bau der Gliedmaßen. Die Geschichte der Pinnipedier ist zugleich eine Geschichte der räumlichen und ökologischen Isolation im Laufe des Tertiärs und Quartärs, in die uns Fossilfunde jedoch nur teilweise Einblick geben (s. SCHEFFER 1958) (s. Abb. 31).

Es lassen sich drei Gruppen unterscheiden, die vor allem durch den verschiedenen Grad der Anpassung an das Wasserleben voneinander abweichen. Zu den primitivsten Robben gehören die Ohrenrobben (Otariidae), zu den spezialisiertesten die Seehunde (Phocidae), während die dritte Gruppe, die der Walrosse (Odobenidae = „Trichechidae"), sich etwas intermediär verhält, jedoch den Ohrenrobben näher steht. Leider geben die Fossilfunde keinen eindeutigen Hinweis auf die Herkunft der Robben. Immerhin zeigen sie, daß diese fast ausschließlich marinen Säuger nicht von den Bären abgeleitet werden können, wie dies lange Zeit die herrschende Ansicht war (MIVART, ABEL, WINGE, WEBER), da die Bären erst später entstanden sind (s. bereits SCHLOSSER). Ebenso ist auch die Ansicht von ORLOV (1933) und ROMER (1953), *Semantor macrurus* sei ein primitiver Pinnipedier, nicht aufrechtzuerhalten (THENIUS 1949a). *Semantor* stammt aus altpliozänen nichtmarinen Ablagerungen von Pavlodar in Kasachstan und ist ein hochspezialisierter Fischotter, ähnlich dem heutigen Meerotter. Auch direkte genetische Beziehungen zu *Pantolestes*, einem eozänen Insektenfresser bzw. zu *Patriofelis*, einem eozänen Creodonten, sind abzulehnen. Was die Ähnlichkeit mit Lutrinen im allgemeinen betrifft, so dürfte es sich um Parallelentwicklung handeln. Wenn auch heute noch die diphyletische Abstammung der Robben (MIVART), nämlich für die Otariiden und Odobeniden einerseits, für die Phociden andererseits nicht endgültig widerlegt ist, so ist sie doch äußerst unwahrscheinlich. Interessant ist in diesem Zusammenhang, daß die Läuse (Anopluren) der Robben zu einer einzigen systematischen Gruppe gehören (HOPKINS 1949), während unter den für die Pinnipedier charakteristischen parasitischen Milben die Gattung *Orthohalarachne* sich nur bei Otariiden und Odobeniden, *Halarachne* nur bei Phociden findet (NEWELL 1947). Für die genauere Beurteilung der Herkunft und der verwandtschaftlichen Beziehungen der Robben sind die rezenten Vertreter zu spezialisiert, um sichere Angaben zu gestatten.

Die geologisch ältesten Robben stammen aus altmiozänen[1] Ablagerungen. Wohl verhalten sie sich verschiedentlich primitiver (z. B. M_2 bei *Allodesmus* aus dem kalifornischen Miozän; Gliedmaßenbau usw.) als ihre lebenden Verwandten, doch sind es bereits typische Robben (vgl. FRIANT 1947). Das angebliche Auftreten landraubtierartiger Charaktere in den Extremitäten (TOTH 1944) beruht auf der irrigen Deutung von Fischotterresten als Robbenreste (THENIUS 1950).

Als Stammformen der Robben werden heute entweder fortschrittliche Miaciden oder arctoide Landraubtiere (? Musteliden) angesehen, die zum Wasserleben übergegangen sind. Im Vergleich mit anderen Wassersäugetieren (Wale, Seekühe) sind die Anpassungen nur unvollständig. Charakteristisch ist der stark reduzierte Schwanz, der nicht zu einem Ruderorgan umgestaltet wurde. Seine Funktion wird von den Hintergliedmaßen ausgeübt, die bei den Ohrenrobben und beim Walroß noch unter den Körper geschlagen werden können, bei den Seehunden hingegen nicht mehr. Dies und die nicht gänzlich reduzierten Ohrmuscheln, das noch entwickelte Milchgebiß, Augen, Schädelbasis usw. zeigen, daß die Ohrenrobben die ursprünglicheren, die Seehunde die spezialisierteren Robben sind.

Unter den Ohrenrobben (Otariiden) sind zwei Gruppen auseinanderzuhalten: Seelöwen oder Haarrobben (*Zalophus*, *Eumetopias*, *Neophoca* und *Otaria*) und Pelzrobben oder Seebären (*Arctocephalus* rund um die Antarktis und *Callorhinus* im nördlichen Pazifik). Fossile Ohrenrobben kennt man aus dem Jungtertiär der pazifischen Küste Nordamerikas (*Allodesmus*, *Desmatophoca*, *Pithanotaria* usw.)

[1] Vereinzelt auf Robben bezogene Zahnreste aus dem Oligozän sind zu dürftig, um sichere Schlußfolgerungen zuzulassen. Meist handelt es sich um Reste von Zahnwalen.

und aus Argentinien *(Arctocephalus)*. Die Verbreitung der fossilen und auch der rezenten Ohrenrobben macht ihren Ursprung im nördlichen Pazifik wahrscheinlich.

Die Walrosse (Odobenidae) sind mit den Otariiden näher verwandt als mit den Seehunden. Es handelt sich um plumpe und massige Muschelfresser mit entsprechend umgestaltetem Gebiß (Caninen sind wurzellose Hauer, die Prämolaren und Molaren stummelförmige Gebilde). *Prorosmarus alleni* aus dem Jungmiozän der atlantischen Westküste ist die älteste bekannte Walroßart. Es ist ein primitiver Odobenide, der sich noch mehr an die Otariiden anschließt, indem Schädel und Gebiß gewisse Ähnlichkeiten mit Ohrenrobben besitzen. Auch die bei adulten Individuen von *Odobenus rosmarus* fehlenden Unterkiefereckzähne sind vorhanden (Berry u. Gregory 1906). Weitere Fossilfunde sind aus dem Pliozän und Pleistozän Europas bekannt *(Alachtherium, Trichecodon)*.

Die Seehunde (Phocidae) bilden die spezialisiertesten Robben und zugleich die formenreichste Gruppe. Sie lassen sich in verschiedene Unterfamilien gliedern, die im Anpassungsgrad bzw. durch Sonderspezialisierungen (Incisivenreduktion usw.) voneinander abweichen. Zu den primitivsten Seehunden gehören die Mönchsrobben (Monachinae), welche die tropisch bis subtropischen Meere bevorzugen, und deren älteste Reste aus dem mittleren Miozän beschrieben wurden *(Pristiphoca = „Miophoca")*. Diese stehen den heutigen Mönchsrobben nahe und lassen sich von den damaligen Phocinen gut trennen. Weitere Mönchsrobben sind als *Monotherium*, *Palaeophoca* und *„Pliophoca"* *(= Monachus)* aus dem europäischen Jungtertiär beschrieben worden. Die Verbreitung der rezenten Mönchsrobben erstreckt sich vom Schwarzen Meer über das Mittelmeer, die Karibische See bis in den Pazifik (Hawaii-Inseln; vgl. King 1956).

Eine zweite, neuerdings mit den Monachinen vereinigte Gruppe bilden die auf die Antarktis und südliche Tropen beschränkten Südrobben (Lobodontinae bzw. Lobodontini) mit *Lobodon* (Krabbenfresser) und *Hydrurga* (Seeleopard) als wichtigsten Vertretern. In verschiedener Hinsicht spezialisiert (nur $\frac{2}{2}$ I, Hinterflossen krallenlos), handelt es sich jedoch um ursprünglichere Formen als die eigentlichen Seehunde (Schädel mit langer Schnauze, kleine Orbitae usw.), die den Mönchsrobben nahe stehen (Incisivenreduktion, Reduktion der Krallen an den Hinterflossen, Proportionen der Metatarsalia).

Die eigentlichen Seehunde (Phocinae) gehören zu den höchst entwickelten Formen unter den Robben. Sie sind auf die Meere und Seen der Nordhalbkugel beschränkt und bereits aus dem älteren Miozän nachgewiesen. Leider handelt es sich bei den fossilen Formen nur um unvollständige Reste (Gliedmaßenknochen, Einzelzähne, Kieferfragmente), doch sind es richtige Seehunde. Interessant ist das Vorkommen verschiedener Seehunde in Binnenseen Europas, Asiens und Nordamerikas (Ladoga-, Aral- und Baikalsee, Kaspisches Meer, Kukunor, Lower Seal Lake in Kanada usw.), über deren Besiedlung diskutiert wird (vgl. Chapsky 1955). Meist handelt es sich bei diesen Süßwasserbewohnern um nur unterartlich von den marinen Stammformen verschiedenen Formen (z. B. Baikalsee-Ringelrobbe, Kukunor-Ringelrobbe), die im (?) Jungtertiär oder Pleistozän in ihren jetzigen Lebensraum gelangten. Eine direkte Abstammung von jungtertiären Arten der Paratethys, wie sie Kretzoi (1941) als *Praepusa pannonica* aus dem ungarischen Jungmiozän beschrieben hat, ist nicht wahrscheinlich. Außer den Arten der

Gattung *Phoca* (Seehund, Ringelrobbe Subgenus *Pusa*) sind noch die als eigene Gattungen abgetrennte Sattelrobbe *(Pagophilus)*, die Kegelrobbe *(Halichoerus)* und die langschnauzige Bartrobbe *(Erignathus)* zu erwähnen. Letztere wird innerhalb der Phocinen den übrigen Seehunden als eigener Tribus gegenübergestellt (CHAPSKY 1955). Die Sattelrobbe *(Pagophilus groenlandicus)*, die gegenwärtig nicht mehr in der Ostsee vorkommt, war im Neolithikum durch eine Kleinform *(P. groenlandicus neolithicus)* in der Ostsee vertreten. Die Sattelrobbe war zur Yoldiazeit in die Ostsee eingewandert und verkümmerte anscheinend, als die Verbindung zum Meer abgeschnitten wurde (Ancylus-See), zu einer Zwergform (REQUATE 1957).

Die eigenartigsten Formen sind jedoch die Rüssel- oder Blasenrobben (Cystophorinae), deren besonderes Kennzeichen ein aufblasbarer Rüssel der Männchen ist, der den übrigen Phociden abgeht. Weitere gemeinsame Merkmale sind die auf $\frac{2}{1}$ reduzierten Schneidezähne, kleine einspitzige Backenzähne und die sehr langen 1. und 5. Zehenstrahlen. Es ist einerseits die Klappmütze *(Cystophora)* der Nordmeere (Arktis bis Westindien), andererseits sind es die See-Elefanten *(Mirounga)*, die von der Antarktis bis nach Kalifornien verbreitet sind. Es sind die größten Robben. *Mesotaria* aus dem belgischen Pliozän wird als Cystophorine angesehen.

Als Besonderheit sei vermerkt, daß auch unter den Robben die Ponderosität und Pachyostose des Skeletes auftritt, ähnlich den Sirenen, gewissen Walen und anderen sekundär wasserbewohnenden Wirbeltieren (TOTH 1944; MARACOVICI u. OESCU 1942).

Wale (Cetacea: + Archaeoceti, Odontoceti und Mysticeti)

Die als Wale zusammengefaßten Formen zählen durch ihre vollkommene Anpassung an das Wasserleben zu den interessantesten Säugetieren. Durch LINNÉ als Säugetiere klassifiziert, wurden sie ursprünglich mit den Robben und Sirenen vereint. Wie bei allen extrem an einen bestimmten Lebensraum angepaßten Säugetieren stößt eine rein vergleichend-anatomische Beurteilung der stammesgeschichtlichen Stellung der Wale und ihrer Ableitung auf große Schwierigkeiten. Wenn auch der Ursprung der Wale mangels geeigneter Fossilfunde noch in Dunkel gehüllt ist, so geben die altertümlichen Urwale (Archaeoceti) doch wertvolle Hinweise auf die Organisation primitiver Wale und ihre vermutliche Herkunft (s. Abb. 36).

Das Auftreten von zum Teil völlig an das Wasserleben angepaßten Cetaceen (Gesamtgestalt, Vordergliedmaßen zu Flossen umgestaltet, Hintergliedmaßen reduziert, Schwanzflosse, Gehörapparat) im mittleren Eozän *(Eocetus, Pappocetus)* läßt erkennen, daß ihre Entstehung in das älteste Tertiär bzw. die jüngste Kreidezeit verlegt werden muß, und daß als Ahnenformen nur placentale Säugetiere (Protoinsectivoren oder Creodonten) in Betracht kommen. Wesentlich ist ferner, daß die Trennung der beiden lebenden Hauptstämme (Zahn- und Bartenwale) frühzeitig, und zwar im ältesten Tertiär, erfolgt sein muß. Damit ist eines der wesentlichsten Probleme berührt, nämlich die Frage, ob die Zahn- und Bartenwale tatsächlich zwei nah verwandten Gruppen angehören, oder ob sie diphyletischen Ursprunges und damit als zwei getrennte Ordnungen aufzufassen sind (s. KÜKENTHAL 1891, HALTENORTH 1957).

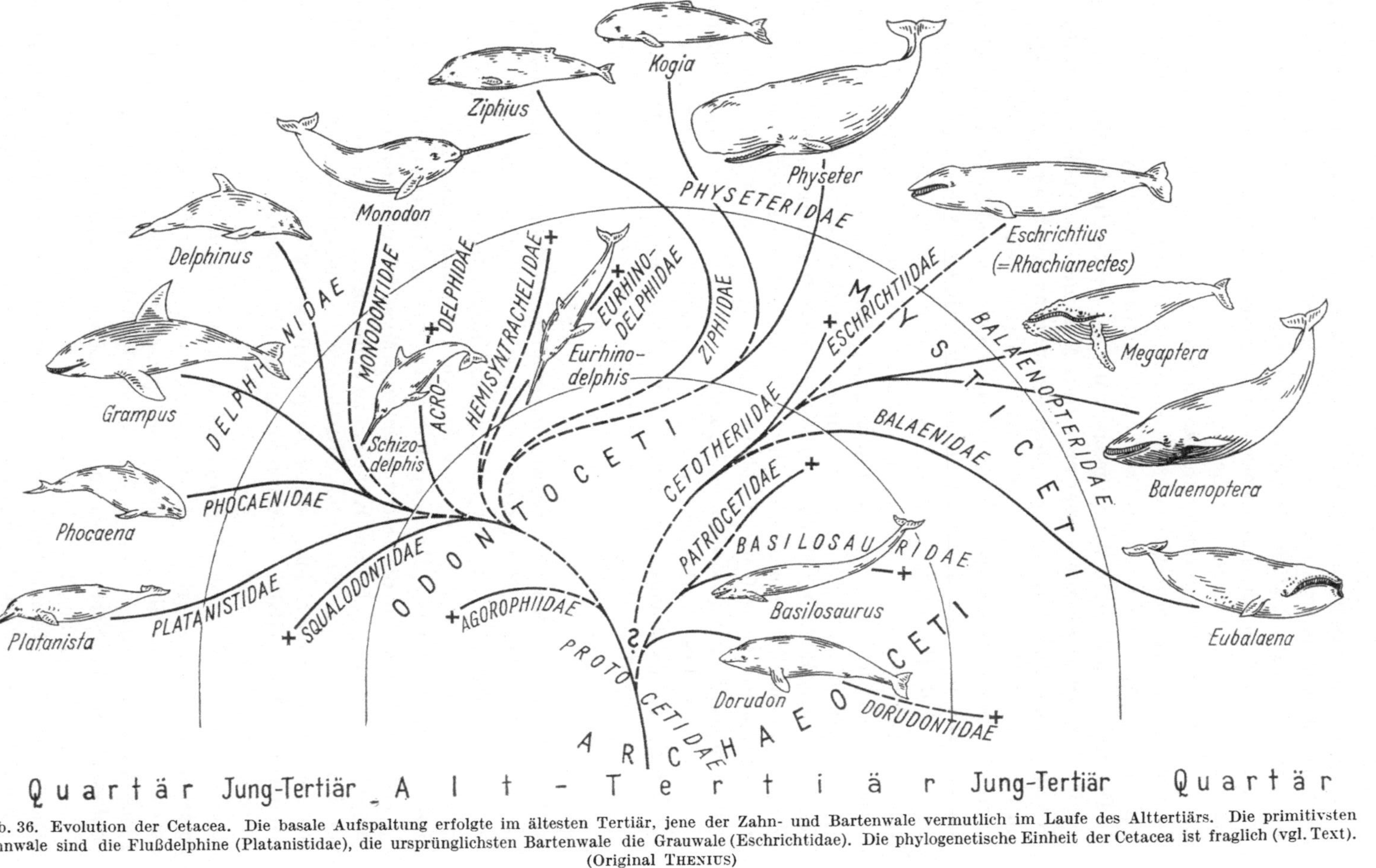

Abb. 36. Evolution der Cetacea. Die basale Aufspaltung erfolgte im ältesten Tertiär, jene der Zahn- und Bartenwale vermutlich im Laufe des Alttertiärs. Die primitivsten Zahnwale sind die Flußdelphine (Platanistidae), die ursprünglichsten Bartenwale die Grauwale (Eschrichtidae). Die phylogenetische Einheit der Cetacea ist fraglich (vgl. Text). (Original THENIUS)

Eine sichere Entscheidung dieser Frage ist auch derzeit noch nicht möglich. So hat SLIJPER, wohl einer der besten lebenden Walkenner, auf Grund vergleichend-anatomischer Studien (1936, 1958) einen getrennten Ursprung der Wale angenommen, indem er die Odontoceten auf langschwänzige, die Mystacoceten auf kurzschwänzige Formen zurückführt, die unter einer Gruppe primitiver (aquatischer) Insektenfresser oder Creodonten zu suchen wären. Verschiedene anatomische Kennzeichen (z. B. Gehörregion) werden als Beweis für den gemeinsamen Ursprung angesehen. ABEL (1905) betrachtet sogar die Odontoceten als polyradicale Gruppe.

Die geologisch ältesten Wale, die erstmalig aus dem mittleren Eozän bekannt wurden, werden wegen zahlreicher primitiver Merkmale als Archaeoceten oder Urwale zusammengefaßt. Auftreten und Verbreitung lassen erkennen, daß es sich um typische Flachwasserbewohner handelte, deren fossile Reste bisher von den Küsten Nord- und Westafrikas, Europas, Nordamerikas und Neuseelands bekannt wurden. Die wichtigsten Gattungen, die zugleich verschiedenen Stammlinien angehören, sind: *Protocetus, Eocetus, Basilosaurus (= „Zeuglodon")* und *Dorudon*. Neben den Protocetiden als ältesten Archaeoceten mit noch an tribosphenische Zähne erinnernden Molaren lassen sich unter den Urwalen zwei Hauptstämme unterscheiden, die vor allem durch den Bau der Wirbelsäule voneinander abweichen. Die eine Reihe mit *Eocetus — Prozeuglodon — Basilosaurus* und *Platyosphys* (Mitteleozän bis Altoligozän), bei der es zu einer Verlängerung des Rumpfes durch verlängerte Rumpf- und Lendenwirbel gekommen war und die von *Protocetus* ausgehende, durch *Dorudon* und *Zygorhiza* (Mittel- bis Jungeozän) gebildete Reihe, bei der diese Verlängerung fehlt. Das Gebiß ist bei beiden Stämmen durch mehrspitzige Molaren gekennzeichnet. Der Schädel dieser Urwale läßt in seiner Gesamtgestalt (Fehlen der Verkürzung bzw. Überschiebung einzelner Knochen usw.) am ehesten eine Ableitung von einem primitiven Creodontentypus zu, jedoch ist der Bau des Gehirnes etwas verschieden (s. Abb. 37). Dem Schädel der Urwale fehlt jede Asymmetrie, wie sie vor allem für Zahnwale charakteristisch ist. Nach KELLOGG (1936) lassen verschiedene Merkmale (hochspezialisiertes Gehör, schwacher Gesichtssinn) der spezialisierten Archaeoceten (Basilosauriden, Dorudontiden) eine direkte Ableitung der Zahn- und Bartenwale von diesen Formen nicht zu. KELLOGG betrachtet die Archaeoceten überhaupt als eigenen Stamm, der für die Odontoceten und Mysticeten phylogenetisch bedeutungslos ist. Immerhin kommt KELLOGG zu dem Schluß, daß die Wale sich lange vor dem Auftreten von *Protocetus* (Mitteleozän) in verschiedenen Stammreihen aus einer gemeinsamen Placentaliergruppe entwickelt hätten. Demgegenüber wären nach SLIJPER (1955) die Stammformen der Odontoceten und der Mysticeten unter ursprünglichen Archaeoceten (Protocetiden) zu suchen. Leider liegt von dieser Gruppe noch zuwenig Material vor, um eine endgültige Stellungnahme zuzulassen. Bemerkenswert ist jedoch, daß die von *Protocetus* bekannten Wirbel durchaus landraubtierähnlich gebaut sind (freie Halswirbel, Axis mit kräftigem Processus odontoideus, Rumpf- und Lendenwirbel mit normal entwickelten Zygapophysen), und daß Sacralwirbel zum Ansatz für das Ilium vorhanden sind, die allen übrigen Walen abgehen. Eine Zunahme der präsacralen Wirbel (vor allem Lendenregion) ist noch nicht eingetreten. Es dürften daher die Hintergliedmaßen noch viel weniger reduziert gewesen sein, als dies etwa KELLOGG (1936) annimmt (vgl. STROMER 1938), und eine amphibische Lebensweise ist für *Protocetus* nicht ganz auszuschließen. Erwähnte morphologische Merkmale verleihen *Protocetus* demnach eine viel größere phylogenetische Bedeutung, als ihm KELLOGG zumißt. Von *Protocetus atavus* aus dem Mitteleozän von Ägypten sind der Schädel samt Gebiß, Wirbel und Rippen bekannt (FRAAS 1904). Der Schädel ist langgestreckt, mit einem aus Praemaxillaria, Nasalia und Maxillaria gebildeten Rostrum mit distaler, äußerer Nasenöffnung. Der knöcherne Gaumen ist rückwärts verlängert, die Jochbogen sind kräftig und laden weit aus, der Gehirnschädel ist klein, das Tympanicum besitzt die für Cetaceen charakteristische Verdickung des inneren Walles. Das Gebiß besteht wie bei Creodonten aus 11 Zähnen pro Kieferhälfte (3 1 4 3), jedoch sind die Incisiven den Caninen angeglichen, die Prämolaren verlängert und die Molaren etwas schwächer. Schädel- und Gebißmerkmale waren für WINGE (1921) der Grund, die Protocetiden und damit auch die übrigen Wale von Hyaenodontiden (Creodonten) abzuleiten.

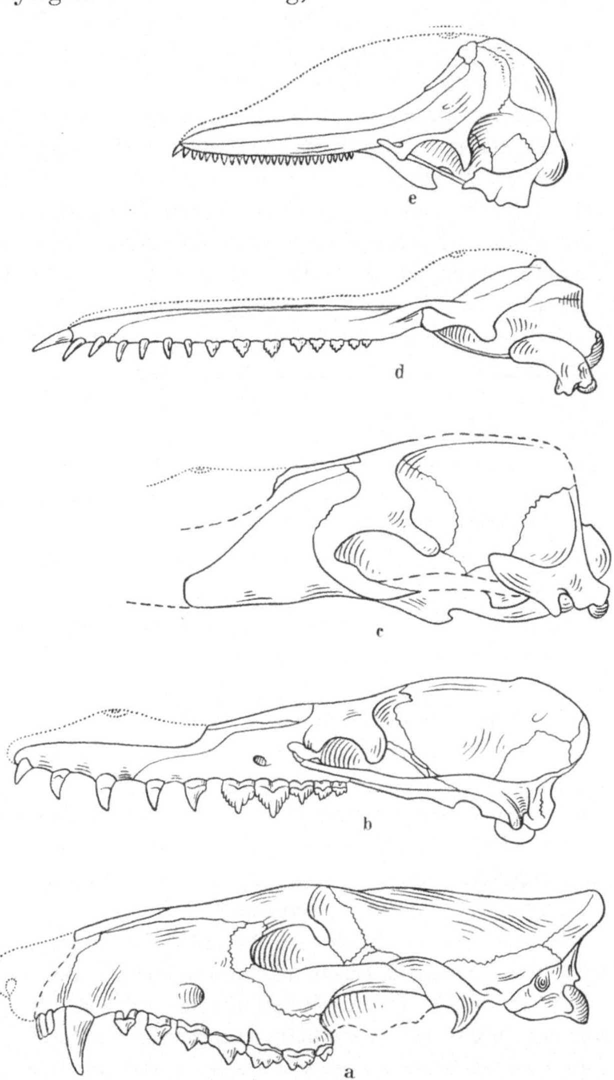

Abb. 37a—e. Stufenreihe zur Entwicklung des Schädels bei den Cetaceen. Beachte Verlagerung der Nasenöffnung und Verschiebung bzw. Reduktion von Nasalia und Frontalia. a *Sinopa* (Creodonte), Mitteleozän; b *Basilosaurus* (Archaeocete), Jungeozän; c *Archaeodelphis*, Jungeozän; d *Squalodon* (primitiver Odontocete), Miozän; e *Tursiops* (spezialisierter Odontocete), Holozän. Nicht maßstäblich verkleinert. (Verändert umgezeichnet nach W. K. GREGORY 1951)

Selbst wenn man *Protocetus atavus* nicht als direkte Stammform der Zahn- und Bartenwale ansehen will, was äußerst unwahrscheinlich ist, so bildet diese Form doch den Typus eines zum Wasserleben übergegangenen Säugetieres, das nicht grundsätzlich von den tatsächlichen Ahnen der Zahn- und Bartenwale abwich. Bei den spezialisierten Urwalen ist das Becken bereits stark reduziert, und die Hintergliedmaßen sind funktionslos gewesen.

Die erstmalig aus dem jüngsten Eozän nachgewiesenen Zahnwale sind wohl von (primitiven) Archaeoceten abzuleiten, doch sind die stammesgeschichtlichen Zusammenhänge im einzelnen noch zu wenig durch Fossilfunde belegbar. So vermitteln die Squalodontiden im Schädel und Gebiß zwischen Archaeoceten und modernen Zahnwalen, indem das Backenzahngebiß noch aus mehrspitzigen und zum Teil auch mehrwurzeligen Zähnen besteht, die Schädelknochen noch nicht die für rezente Zahnwale charakteristische Lage einnehmen und das Gehirn kleiner ist. Mit dem beginnenden Jungtertiär sind, zum Teil in ziemlicher Formenfülle, die Platanistiden, Phocaeniden, Delphiniden, Acrodelphiden, Hemisyntracheliden, Eurhinodelphiden, Ziphiiden und Physeteriden nachgewiesen. Bemerkenswert ist das häufige Vorkommen von Flußdelphinen (Platanistiden) im europäischen Miozän. Neben primitiven Merkmalen (z. B. freie Halswirbel, Fehlen einer richtigen Rückenflosse, primitive Rippengelenkung) treten stark spezialisierte (z. B. Facialschädel, Gebiß) auf. Die Beschränkung der rezenten Formen *(Inia, Lipotes, Platanista)* auf Süßwasser und ihre diskontinuierliche Verbreitung (Ganges, Hoangho, Amazonas) spricht für den starken Niedergang dieser Gruppe seit dem Jungtertiär und auch für eine frühzeitige Isolierung. Über die Frage, ob das Leben im Süßwasser ursprünglich oder sekundär zu werten ist, gehen die Meinungen auseinander. Das Vorkommen der fossilen Formen, die aus Nord- *(Hesperocetus, Goniodelphis,* ? *Potamodelphis)* und Südamerika *(Saurodelphis, Pontistes)* und Europa *(Pachyacanthus, Eoplatanista)* bekannt wurden, läßt keine eindeutige Entscheidung zu, doch ist es sicher, daß auch die tertiären Platanistiden bestenfalls Küstenbewohner und keine Hochseeformen waren.

Die Schweinswale (Phocaeniden) bilden nach SLIJPER die höchstspezialisierten Zahnwale. Es sind durchweg kurzschnauzige Formen mit delphinartiger Rippenartikulation. *Phocaena* und *Neomeris* sind zwei nahverwandte Genera, von denen letzteres unter anderem durch das Fehlen der Dorsalfinne und durch den breiten und kurzen Schädel gekennzeichnet ist. Bemerkenswert ist das Auftreten von mehrlappigen und mehrwurzeligen Backenzähnen.

Die Delphinartigen (Delphinidae) bilden die artenreichste Familie. Sie sind auch heute noch in Blüte. Im wesentlichen lassen sich drei Stämme unterscheiden mit den charakteristischen Gattungen: *Delphinus*, *Kentriodon* und *Grampus (= „Orcinus“)*. Die Kentriodontinae mit verhältnismäßig geringer Wirbelzahlvermehrung starben bereits im Jungtertiär wieder aus. Unter den langschnauzigen Delphini ist *Steno* mit nur teilweise verschmolzenen Halswirbeln die primitivste Gattung, während *Prodelphinus* und besonders *Delphinus* höher spezialisiert sind. Unter den kurzschnauzigen Lagenorhynchi läßt sich der ursprüngliche *Tursiops* von prodelphinusartigen Formen ableiten. *Tursiops* und *Lagenorhynchus* sind fortschrittlich gebaut und durch Verkürzung und Abflachung des Rostrums gekennzeichnet. *Grampus orca*, der Schwertwal oder Mörder, ist durch das Gebiß (12 Zähne pro Kiefer) höher spezialisiert als die meisten übrigen Delphiniden. *Orcella* verhält sich im Gebiß primitiver (zahlreiche kleine Zähne), ist jedoch durch das breite Intermaxillare spezialisierter.

Die Schnabelwale (Ziphiidae), die um die Oligo/Miozänwende ihren Ursprung aus delphinähnlichen Walen genommen haben müssen, zeigen nähere Beziehungen zu den Pottwalen. Zu den geologisch ältesten und auch primitivsten Ziphiiden gehören *Incacetus* und *Notocetus (= „Diochotichus")* aus dem südamerikanischen Miozän (COLBERT 1944). Von ihnen nahestehenden Formen lassen sich *Ziphius (= „Xiphius")* und auch die durch ihr aberrantes Gebiß gekennzeichneten Gattungen *(Berardius, Mesoplodon* und *Hyperoodon)* ableiten. Bei ihnen sind einige wenige Einzelzähne stark vergrößert worden.

Die Pottwale (Physeteridae) mit den rezenten Gattungen *Kogia* und *Physeter* bilden einen weiteren Stamm der Zahnwale. Der Pottwal *(Physeter macrocephalus = „catodon")* ist mit einer Länge bis zu 22 m deren größter Vertreter. Die Pottwale lassen sich mit den Schnabelwalen auf primitiv delphinähnliche Formen zurückführen. *Physeter macrocephalus* ist aber nicht nur der größte, sondern auch einer der spezialisiertesten Zahnwale. Seine Hauptnahrung bilden Tintenfische, die auch seine weiten Wanderungen bedingen. Er besitzt ein reduziertes, auf den Unterkiefer beschränktes Gebiß aus 40—60 Einzelzähnen. Diese ragen nur mit der Spitze, die eine Schmelzkappe trägt, aus dem Zahnfleisch. Weitere kennzeichnende Veränderungen sind im Schädel eingetreten, der fast ein Drittel der Körperlänge einnimmt, und dessen Vorderteil außerordentlich stark aufgetrieben ist und den sog. Walrat enthält. *Kogia* verhält sich in verschiedenen Merkmalen primitiver als *Physeter* (Oberkieferzähne noch vorhanden usw.).

Von den Gründelwalen (Monodontidae) liegen bisher keine tertiären Reste vor. Es handelt sich um Formen mit Stoßzähnen. Beim Narwal *(Monodon monoceros)* ist ein Schneidezahnpaar zu Stoßzähnen umgebildet, von denen jedoch meist nur einer richtig zur Entwicklung kommt. Bei *Delphinapterus (= „Beluga")* fehlt ein derartiger Stoßzahn. Die Gründelwale bewohnen flache Küstengewässer des hohen Nordens und steigen gelegentlich in Flußläufen weit auf. Sie ernähren sich von Schollen, Tintenfischen und Krebsen.

Die Acrodelphiiden, Eurhinodelphiiden und Hemisyntracheliden stellen ausgestorbene Seitenstämme der Zahnwale dar. Es waren durchweg Formen von delphinartigem Aussehen, deren Unterschiede vor allem im Bau des Schädels und Gebisses liegen. Sie waren im Jungtertiär zum Teil recht verbreitet *(Schizodelphis, Eurhinodelphis)*. Die Eurhinodelphiiden besitzen eine stark verlängerte Schnauze, indem ihr Oberkiefer in ein spitzes Rostrum ausgezogen ist wie bei *Eurhinosaurus* unter den mesozoischen Ichthyosauriern. Die Eurhinodelphiiden besitzen eine ziphiidenartige, die Acrodelphiiden eine delphinartige Rippenartikulation.

Die Agorophiiden des älteren Tertiärs sind spezialisierte Squalodontiden. Die Zugehörigkeit von *Patriocetus* und *Agriocetus* zu dieser Familie ist fraglich (s. u.).

Der zweite rezente, von den Zahnwalen in zahlreichen Merkmalen abweichende, artenmäßig stark zurücktretende Hauptstamm ist der der Bartenwale (Mysticeti), der gegenwärtig durch drei Familien vertreten wird. Einen der wichtigsten Unterschiede bildet das Fehlen von Zähnen, die durch Barten ersetzt sind, welche zum Abseihen der Nahrung, planktonischer Krebschen, des sog. Krills, dienen.

Auch die Bartenwale lassen sich auf bezahnte Ahnenformen zurückführen, wie Untersuchungen von GEOFFROY ST. HILAIRE, ESCHRICHT und KÜKENTHAL an rezenten Bartenwalembryonen, die Zähne bzw. Zahnanlagen besitzen, gezeigt haben. Es ist jedoch abwegig, deren Zahnzahl mit der Zahl der Zahnspitzen der angenommenen Ausgangsformen (Archaeoceten bzw. *Patriocetus*) in stammesgeschichtliche Verbindung bringen zu wollen und daraus auf einen Zerfall der Einzelzähne zu schließen, wie es verschiedentlich angenommen wurde (s. ABEL 1914).

Die geologisch ältesten Bartenwale sind die Cetotheriiden, die als Stammgruppe der rezenten Mysticeti angesehen werden können. Sie traten erstmalig im Oligozän auf und starben im Laufe des Jungtertiärs wieder aus. Leider ist unsere Kenntnis von ihnen noch sehr lückenhaft. Es waren kleine bis mittelgroße, zahnlose Formen, deren Unterkiefer noch nicht die für Balaeniden und Balaenopteriden charakteristische Vergrößerung besaß. Auch der Schädel ist ursprünglich gebaut; die Nasenöffnung liegt weit vorne, die Supraoccipitalia reichen weniger weit nach oral, ein Sagittalkamm ist entwickelt usw. (z. B. *Mauicetus* aus dem Altoligozän (Duntroonian) von Neuseeland; Marples 1956).

Die rezenten Bartenwale, die sich im ausgehenden Alttertiär aus primitiven Cetotherien entwickelt haben, sind — verglichen mit den Zahnwalen — in mancher Hinsicht ursprünglich organisiert, wenn man von den Anpassungen an das Tauchen und die Nahrungsaufnahme, die bei *Balaena* den höchsten Grad erreicht hat, absieht.

Von den drei rezenten Familien sind die Grauwale (Eschrichtidae = „Rhachianectidae") mit *Eschrichtius glaucus*, dem Grauwal mit bis 13 m Gesamtlänge, die primitivsten Bartenwale, sowohl hinsichtlich der Barten, des Schädels und Unterkiefers als auch nach den (geringen) Dimensionen. *Eschrichtius glaucus* erinnert dadurch an miozäne Bartenwale.

Die Glattwale (Balaeniden) und die Furchen- oder Finnwale (Balaenopteridae) sind seit dem Miozän nachgewiesen (*Morenocetus* bzw. *Mesoteras* im Miozän, *Protobalaena* bzw. *Plesiocetus* im Pliozän). *Balaena* und *Balaenoptera* treten erstmalig im Pliozän auf. Es handelt sich um geologisch junge Gattungen, was auch ihr Spezialisationsgrad bestätigt. Innerhalb der Balaeniden verhält sich *Balaena* primitiver als *Neobalaena*, die von primitiven *Balaena*-Arten abgeleitet werden kann. *Balaena australis* ist wiederum die ursprünglichere, *B. mysticeta*, der Grönlandwal, die spezialisiertere Art (Winge 1921). Unter den Balaenopteriden kann *Megaptera* mit *M. boops*, dem Buckelwal, als höher spezialisiert als *Balaenoptera* angesehen werden (lange Flossen, Verhältnis von Kopf zu Rumpf usw.).

Während also die rezenten Bartenwale auf Cetotherien zurückgeführt werden können, wird die Herkunft und Ableitung der Bartenwale selbst noch diskutiert. Abel (1914) leitet sie von oligozänen Patriocetiden, einer in ihrer systematischen Stellung umstrittenen Gruppe der Zahnwale, ab, die Slijper als aberrante Archaeoceten betrachtet, wofür auch der Bau der Wirbel spricht (Stromer 1938). Die bisher bekannten Schädelreste von *Patriocetus* und *Agriocetus*, die aus dem Jungoligozän von Oberösterreich stammen, sind zu schlecht erhalten, um eine sichere Beurteilung der Lage und Anordnung der einzelnen Schädelknochen zu gestatten. Im allgemeinen ist eine weitgehende Übereinstimmung mit *Agorophius* vorhanden, die an nähere Beziehungen zu den Agorophiiden denken läßt. Die von Abel (1914) behauptete Ähnlichkeit mit *Rhachianectes (= Eschrichtius)* beruht auf einem Irrtum (Winge 1921, S. 71). Jedenfalls kommt den Patriocetiden in phylogenetischer Hinsicht keine weitere Bedeutung zu.

Die Wale weisen entsprechend ihrer rein aquatischen Lebensweise eine Reihe von Anpassungserscheinungen auf, welche die ursprünglichen Merkmale völlig oder weitgehend verwischt haben und damit die Beurteilung in systematisch-phylogenetischer Hinsicht erschweren bzw. unmöglich machen. Zu den wesentlichsten Umkonstruktionen zählen Reduktion des Beckens und der Hintergliedmaßen, Umbildung der Vorderextremitäten zu Flossen, horizontale Schwanzflosse und Dorsalfinne, der meist senkrechte Nasen-Rachengang und die damit verbundene dorsocaudale Emporschiebung zahlreicher Schädelknochen, die Verkürzung der Halswirbelsäule und die mehr oder weniger vollständige Verschmelzung von Halswirbeln, Form und Bau des Brustkorbes, die Atmung, Nahrungsaufnahme, Kreislaufsystem, Ausbildung der Längsmuskulatur und Antiklinie der Wirbelsäule, Bau des Gehörapparates mit Isolierung des Tympano-Perioticums (s. Kellogg 1928, Howell 1930, Slijper 1936, Fraser u. Purves 1959 usw.). Die Anpassungen beziehen sich auch auf die Art der Fortpflanzung (etwa 50% Steißgeburten) und die Entwicklungshöhe der Neonaten.

Somit stellen die Wale ein Beispiel für eine völlig dem Wasserleben angepaßte Gruppe von Säugetieren dar, deren Ursprung nur durch Fossilfunde aus dem ältesten Tertiär endgültig geklärt werden kann. Immerhin kann nach den bisherigen Fossilfunden eine rasche Umbildung von Landraubtier zum Urwal angenommen werden. Der von Steinmann (1909) vertretene genetische Zusammenhang mit marinen Reptilien (Ichthyosauria, Plesiosauria und Thalattosauria) entbehrt jeder Grundlage. Das gleiche gilt für die Auffassungen F. Ameghinos, der die Cetaceen gemeinsam mit Monotremen und Edentaten direkt von Theromorphen ableitet.

Bei den Zahnwalen kommt es besonders unter den Delphinen zu einer imponierenden Entwicklung des Gehirns. Davon ist vor allem der Neocortex und das Kleinhirn betroffen. Beim Cerebellum ist die Differenzierungshöhe durch die außerordentlichen Bewegungsleistungen der Wale verständlich. Bei fossilen Walen, bei denen der Neocortex noch nicht die Entwicklungshöhe erreichte wie beim Delphin, ist immer das Kleinhirn außerordentlich groß (T. Edinger). Die rhinencephalen Teile sind bei den wasserlebenden Tieren reduziert. Der Neocortex ist außerordentlich reichlich und eng gefurcht und überwölbt wie der Hut eines Pilzes das Stammhirn. Ein vergleichbarer Zustand wird nur noch beim Menschen gefunden. Bei den Menschenaffen ist die Überwölbung nicht so stark. Eine Vorstellung von der Ausdehnung des Neocortex im Verhältnis zu anderen Hirnteilen, ausgenommen das Cerebellum, gibt der Grünthalsche Quotient (Hypothalamuslänge: Großhirnlänge), der nachstehend für einige Säuger nach Grünthal (1948) aufgeführt sei:

Insectivora	0,3 —0,23
Niedere Affen	0,13 —0,11
Orang, Gorilla	0,109—0,101
Schimpanse	0,097—0,085
Delphin	0,08
Homo	0,084—0,07

Wenn diese Zahlen auch mit Vorsicht zu verwerten sind, weil die Längen der vermessenen Hirnabschnitte durch topische Verhältnisse beeinflußbar sind, so geben sie doch einen deutlichen Hinweis, daß das Delphingehirn sich in der Evolutionshöhe den am höchsten entwickelten Gehirnen der Säuger einfügt. Bekannt ist die außerordentliche Lernfähigkeit der Delphine. Bedenkt man, daß die Wale durch das ganze Tertiär hindurch im gleichen Lebensraum lebten, dann ist der Anlaß zu dieser Hirnentwicklung vollkommen unklar. Stammesgeschichtlich ist für die Delphine, deren Körperbau einseitig an das Wasserleben angepaßt ist und daher nicht entwicklungsfähig ist, das hochentwickelte Großhirn auch völlig wertlos, denn bei einer nicht einmal tiefgreifenden Änderung des Lebensraumes würden sie zugrunde gehen. Stammesgeschichtlich ist ferner interessant, daß für *Physeter* und die in der Ernährung spezialisierten Bartenwale die Möglichkeit des Aussterbens viel mehr gegeben ist als für die übrigen Wale.

Hasenartige (Duplicidentata oder Lagomorpha)

Die Lagomorphen wurden seit ILLIGER (1811) — besonders im europäischen Schrifttum — als Unterordnung der Nagetiere betrachtet, indem sie den übrigen Nagern, die später als Simplicidentaten bezeichnet wurden, als Duplicidentaten gegenübergestellt wurden. Maßgebend für diese Trennung waren die zwei Schneidezähne pro Prämaxillare. Nachdem bereits TULLBERG (1899) sich definitiv für einen eigenen Ursprung der Duplicidentaten ausgesprochen hatte: „... es kommt mir viel wahrscheinlicher vor, daß die beiden fraglichen Gruppen (Simplicidentaten und Duplicidentaten, der Verf.), bereits ehe sie zu eigentlichen Nagetieren wurden, aus anderen Ursachen zu differenzieren begonnen hätten, und daß erst später jede Gruppe sich zu Nagern ausbildete" (TULLBERG 1899, S. 338) und sie schon durch BRANDT (1855) Lagomorphen benannt worden waren, trennte sie GIDLEY (1912) als eigene Ordnung (Lagomorpha) ab.

Für diese Trennung sprechen die spärlichen geologisch ältesten Reste von Rodentiern und Lagomorphen aus dem Paleozän, die bereits deutlich verschieden sind und nur die allen placentalen Ursäugern zukommenden Merkmale gemeinsam aufweisen. Diese Tatsache deutet auf einen getrennten phylogenetischen Ursprung der Nager. Verschiedene Merkmale und Befunde (Gebiß, Muskulatur, Gehirn, Serologie, Embryologie) sprechen weiters gegen eine engere Verwandtschaft zwischen Rodentiern und Lagomorphen. Eine eingehende Analyse zeigt zudem, daß die Ähnlichkeiten und Übereinstimmungen zwischen Lagomorphen und Rodentiern nur oberflächlicher Natur sind. Das Nagergebiß ist nur eine Parallelentwicklung. Das Backenzahngebiß ist fundamental von dem der Rodentier verschieden, indem Prämolaren und Molaren entwickelt sind, die nach ihrem ursprünglichen Höckerbau (Milchzähne bzw. phylogenetisch primitive Formen) nicht direkt von Insectivorenzähnen abgeleitet werden können, sondern Beziehungen zu Condylarthren zeigen (A. E. WOOD 1957). Auf die zahlreichen Hypothesen, die sich mit der Interpretation der Backenzahnhöcker der Lagomorphen befassen, kann hier nicht eingegangen werden (s. OSBORN, EHIK, BOHLIN, BURKE, A. E. WOOD). Wesentliche Unterschiede zeigen auch der Massetermuskel, der niemals die hohe Differenzierung wie bei den Rodentiern erreicht, und der extrem schwach ausgebildete Temporalismuskel. Auch die Palatinalfontanellen, die mit den Foramina incisiva verschmelzen können (= abgeleiteter Zustand), fehlen Rodentiern. Die Oberkieferzahnreihe ist im Gegensatz zu den Rodentiern weiter voneinander entfernt als die des Unterkiefers. Charakteristisch sind ferner die oft netzartig durchbrochenen Maxillaria. Das Gehirn der Lagomorphen ist bedeutend primitiver gebaut. Nach der Serologie stehen sich Lagomorphen und Rodentier nicht näher als etwa Lagomorphen und Artiodactylen. Wenn sie mit diesen auch nicht näher verwandt sind (gewisse Ähnlichkeiten mit den alttertiären Caenotherien, mit denen sie seinerzeit in Verbindung gebracht wurden, beruhen auf Konvergenzerscheinungen, indem die Caenotherien die Lagomorphen oder besser gesagt die Leporiden ökologisch vertraten), so spricht die Gesamtheit der Befunde für einen getrennten Ursprung. Das gleiche gilt für die Ähnlichkeit mit südamerikanischen Notoungulaten (Typotheria und Hegetotheria). Auch die Parasiten belegen keinen näheren Zusammenhang zwischen Rodentiern und Lagomorphen (HARTMAN 1925; MOODY, COCHRANE u. DRUGG 1949). Interessanterweise weicht auch das Verhalten vielfach von den echten Nagern ab (z. B. Art und Weise des Streckens wie bei Raubtieren). Eine Überordnung Glires (s. SIMPSON 1945) ist demnach nicht gerechtfertigt.

Damit ist die Frage nach der Herkunft der Lagomorphen erneut aktuell. Von verschiedenen unhaltbaren Theorien über die Herleitung von Beutlern (GIDLEY 1906), Triconodonten (EHIK 1926) oder direkt von Reptilien abgesehen, besteht kein Zweifel über die Herkunft von Protoinsectivoren. Nach WOOD (1957) erfolgte diese nicht direkt von Insektenfressern, sondern vermutlich über primitive Condylarthren, eine Annahme, die sich jedoch im wesentlichen nur auf einen Merkmalskomplex (Backenzahngebiß) stützt.

Die Phylogenese der Lagomorphen ist durch Fossilfunde in den Grundzügen bekannt. Wenn auch nach den rezenten Vertretern anzunehmen ist, daß die Pfeifhasen (Ochotonidae) die primitiveren sind, so wird dies allerdings durch die Fossilfunde nicht bestätigt, da die Hasen (Leporidae) bereits im Jungeozän, die Ochotoniden erst im Oligozän nachgewiesen sind. Es handelt sich bei den Pfeifhasen nur um in manchen Merkmalen primitiv gebliebene Lagomorphen. Die geologisch ältesten Lagomorphen stammen aus dem Jungpaleozän der Mongolei (*Eurymylus* = „*Baenomys*"), einer sehr primitiv wirkenden Gattung, die der gemeinsamen Stammform von Ochotoniden und Leporiden nahe gestanden haben muß. Als direkte Ahnenform kommt *Eurymylus* jedenfalls infolge der reduzierten Prämolarenzahl nicht in Betracht. Auch *Mimolagus* aus Kansu gehört zu diesen, als eigene Familie (Eurymylidae) abgetrennten Lagomorphen (A. E. WOOD 1942, 1957). Die nächst jüngeren Lagomorphen sind aus dem Jungeozän Ostasiens und Nordamerikas beschrieben worden. Es sind Leporiden (*Shamolagus*, *Gobiolagus*, *Mytonolagus*), während richtige Ochotoniden erst im Laufe des Oligozäns auftraten (*Sinolagomys* und *Desmatolagus* in Asien, *Titanomys* und *Amphilagus* in Europa; vgl. LAVOCAT 1951). *Desmatolagus* aus dem ostasiatischen Oligozän ist, wie BOHLIN (1942) nachweisen konnte, als Ochotonide zu betrachten und durch *Sinolagomys* mit diesen verbunden. *Desmatolagus gobiensis* ist die primitivste Art der Gattung und zugleich die ursprünglichste der bisher bekannten Ochotoniden und primitiver als *Amphilagus antiquus* aus dem europäischen Oligozän.

Unter den Leporiden als größere und progressivere Lagomorphen lassen sich zwei Gruppen unterscheiden, die Palaeolaginen, die im Tertiär verbreitet waren und erstmalig im Eozän nachgewiesen sind, und die Leporinen, die bisher nicht aus präpleistozänen Ablagerungen bekannt wurden (DICE 1929, SIMPSON 1945). Die geologisch ältesten Formen kennt man aus dem Ältestquartär (= Oberpliozän der älteren Literatur). Die durch DICE abgetrennten Archaeolaginen sind morphologisch von den Palaeolaginen nicht zu trennen (KORMOS 1934, SCHREUDER 1936). Sie sind jedoch nach DAWSON (1958) fortschrittliche Palaeolaginen, die einen eigenen, vor allem im Jungtertiär Nordamerikas verbreiteten Stamm bilden.

Die Palaeolaginen unterscheiden sich unter anderem durch das primitivere Gebiß (besonders wichtig ist der P_3) von den Leporinen. Im Tertiär in Eurasien und Nordamerika verbreitet, sind sie gegenwärtig auf einige Reliktareale beschränkt. Es sind *Romerolagus* als Reliktform in Mexiko, *Pentalagus* auf den Riu-Kiu-Inseln Ostasiens und *Pronolagus* in Südafrika. Die diskontinuierliche Verbreitung bestätigt das hohe geologische Alter dieser Unterfamilie. DAWSON (1958) betrachtet diese drei Gattungen allerdings als primitive Leporinen.

Die Leporiden sind gegenwärtig weltweit durch verschiedene Gattungen verbreitet (in Australien durch den Menschen eingeführt). KORMOS (1934) sieht in pliozänen Palaeolaginen *(Hypolagus = Lagotherium)* die Stammformen der eurasiatischen Hasen, wobei „*Lepus*" *youngei* aus dem ostasiatischen Pleistozän zwischen *Hypolagus* und *Lepus* eine Art vermittelnde Stellung zukommt (BOHLIN 1942). Nach DAWSON (1958) hingegen wären die Leporinen bereits von miozänen Palaeolaginen abzuleiten und *Alilepus* der älteste Leporine. Während *Lepus* zu der am weitesten verbreiteten Gattung gehört (Nordamerika, Eurasien, Afrika), ist *Brachylagus* auf die Great Basin-Provinz der USA beschränkt. Die Gattung *Oryctolagus* ist seit dem Ältestquartär bekannt. *Oryctolagus cuniculus* wird allgemein als erst im Mittelalter nach Mitteleuropa eingeführtes Haustier angesehen, doch waren Kaninchen auch noch im ausgehenden Pleistozän in Mitteleuropa heimisch. Die Wildkaninchen verschwanden in der Nacheiszeit aus Mitteleuropa, um sich erst im Mittelalter wieder in Mitteleuropa zu verbreiten, nachdem vorher Hauskaninchen nach dort eingeführt worden waren. Entstehung und Aufspaltung der Leporinen erfolgte somit erst im ausgehenden Tertiär.

Wie Fossilfunde gezeigt haben, waren Pfeifhasen (Ochotoniden = „Lagomyiden") im Tertiär nicht nur in Eurasien und Nordamerika verbreitet, sondern auch in Afrika heimisch (*Austrolagomys* und *Kenyalagomys* im Miozän Südwest- bzw. Ostafrikas; STROMER 1926, MACINNES 1953). Seit dem Oligozän in Eurasien nachgewiesen, waren Pfeifhasen im Jungtertiär und Pleistozän Europas sehr häufig und durch zahlreiche Gattungen *(Titanomys, Prolagus, Lagopsis, Ochotona)* vertreten, die verschiedenen Stammlinien angehören. *Prolagus* lebte auf Korsika noch im Neolithikum. Diese Gattung läßt sich von *Piezodus branssatensis* aus dem Stamp ableiten. Von *Prolagus vasconiensis* (Burdigal) führt eine Ahnenreihe über *P. oeningensis* (Vindobon) zum quartären *P. sardus*. Einer eigenen, vermutlich auf *Titanomys* zurückzuführenden Seitenlinie gehört *Paludotona* aus dem Altpliozän Europas an (VIRET 1947, DAWSON 1959). Im Jungtertiär Asiens ist *Ochotonoides gobiensis* vertreten (YOUNG 1931, BOHLIN 1942). *Proochotona* aus dem Altpliozän (Pont) Europas steht der Gattung *Ochotona* nahe, die erstmalig im Jungpliozän nachgewiesen ist und die gegenwärtig als einzige überlebende Gattung in mehreren Untergattungen in Eurasien und Nordamerika verbreitet ist.

Huftiere (Ungulata)

Wenn man etwa die Klassifikation bei SIMPSON (1945) durchsieht, so vermißt man den Namen Ungulaten als taxionomische Einheit. Dennoch betrachtet SIMPSON die Huftiere als genetische Einheit. Gegenwärtig durch die Paar- und Unpaarhufer und die Erdferkel vertreten, bilden sie neben den Nagern und Raubtieren die formenreichste größere systematische Gruppe unter den Säugetieren. Trotz des sehr mannigfaltigen Habitus bilden die Huftiere eine genetische Einheit, wie durch Fossilfunde bestätigt werden konnte.

So lassen sich nach SIMPSON sämtliche Ungulaten auf Condylarthren zurückführen und damit schließlich auf eine gemeinsame Wurzel. Diese Gruppe von archäischen Säugetieren gehört einem bereits in der jüngsten Kreidezeit von Raubtieren und Insektenfressern getrennten Stamm an, der seine größte Formenmannigfaltigkeit vielfach schon im Tertiär erreichte.

„Urhuftiere“ (Protungulata)

Als Protungulata faßt SIMPSON (1945) die Condylarthra als Stammgruppe der Ungulaten und vier weitere Gruppen zusammen, die als Produkte einer alten (paleozänen) Entfaltung dieser Urhuftiere angesehen werden können. Es sind dies die südamerikanischen Notoungulata, Litopterna und Astrapotheria sowie die gegenwärtig auf Afrika beschränkten Tubulidentata. Ob die ausgestorbenen Desmostylia ebenfalls hieher zu zählen sind, kann definitiv erst durch Untersuchung des seit kurzem vorliegenden, aber noch nicht beschriebenen Gesamtskelettes dieser Gattung entschieden werden. Wie unter anderen SICKENBERG (1938) gezeigt hat, kann *Desmostylus* nicht zu den Sirenen gestellt werden, eine Auffassung, die durch die neuen Funde aus dem japanischen Jungtertiär bestätigt wird (vgl. Abb. 38).

Als Protungulaten werden vielfach auch nur die Urhuftiere oder Condylarthren angesehen (z. B. WEBER u. ABEL 1928).

Die Stammgruppe der Huftiere (+ Condylarthra)

Die Condylarthren gehören zu den geologisch ältesten Huftieren. Man kennt sie bereits aus dem ältesten Paleozän (Puercan) Nordamerikas und sie lebten — wie neuere Funde gezeigt haben — in Südamerika noch im jüngsten Miozän. Sie sind stammesgeschichtlich außerordentlich wichtig, indem sie die Wurzelgruppe der Huftiere bilden und zugleich die nahen verwandtschaftlichen Beziehungen mit Insectivoren und Carnivoren (Creodonten) erkennen lassen. Ihre verbindende Position zwischen primitiven, krallentragenden und spezialisierten, huftragenden Säugetieren bringt es mit sich, daß über die Gruppierung der Condylarthren und die Zuweisung einzelner Gattungen Meinungsverschiedenheiten bestehen.

Es handelt sich um herbi- oder omnivore Säugetiere mit vollständigem Gebiß $\left(\frac{3\ 1\ 4\ 3}{3\ 1\ 4\ 3}\right)$, fünfzehigen, plantigraden oder semiplantigraden Gliedmaßen mit gespaltenen krallen- oder hufähnlichen Endphalangen, langem Schwanz, niedrigem Schädel mit fast gestrecktem Profil und hinten weit offenen Orbitae, sehr kleinem Gehirn mit glatten Hemisphären des Großhirns und einer deutlichen Sagittalcrista. Im Habitus glichen diese Urhuftiere mehr omnivoren Raubtieren als Huftieren. Die Backenzähne sind entweder bunodont, bunoselenodont oder lophoselenodont gebaut und dabei niedrigkronig.

Es lassen sich verschiedene Stämme unterscheiden, die mit Ausnahme der erstmalig durch AMEGHINO zu den Condylarthren gestellten südamerikanischen Didolodontiden auf das ältere Tertiär beschränkt waren. Condylarthren sind bisher aus Nord- und Südamerika, Europa und Asien bekannt geworden. Die bisherigen asiatischen Fossilfunde beruhen jedoch auf sehr dürftigen Resten (*Phenacolophus fallax* aus der jungpaleozänen Gashatoformation der Mongolei [s. MATTHEW u. GRANGER 1925] und *Promioclaenus* [?] *gandaensis* aus der mitteleozänen unteren Chharatserie von Pakistan [s. DEHM u. OETTINGEN 1958]). Am voll-

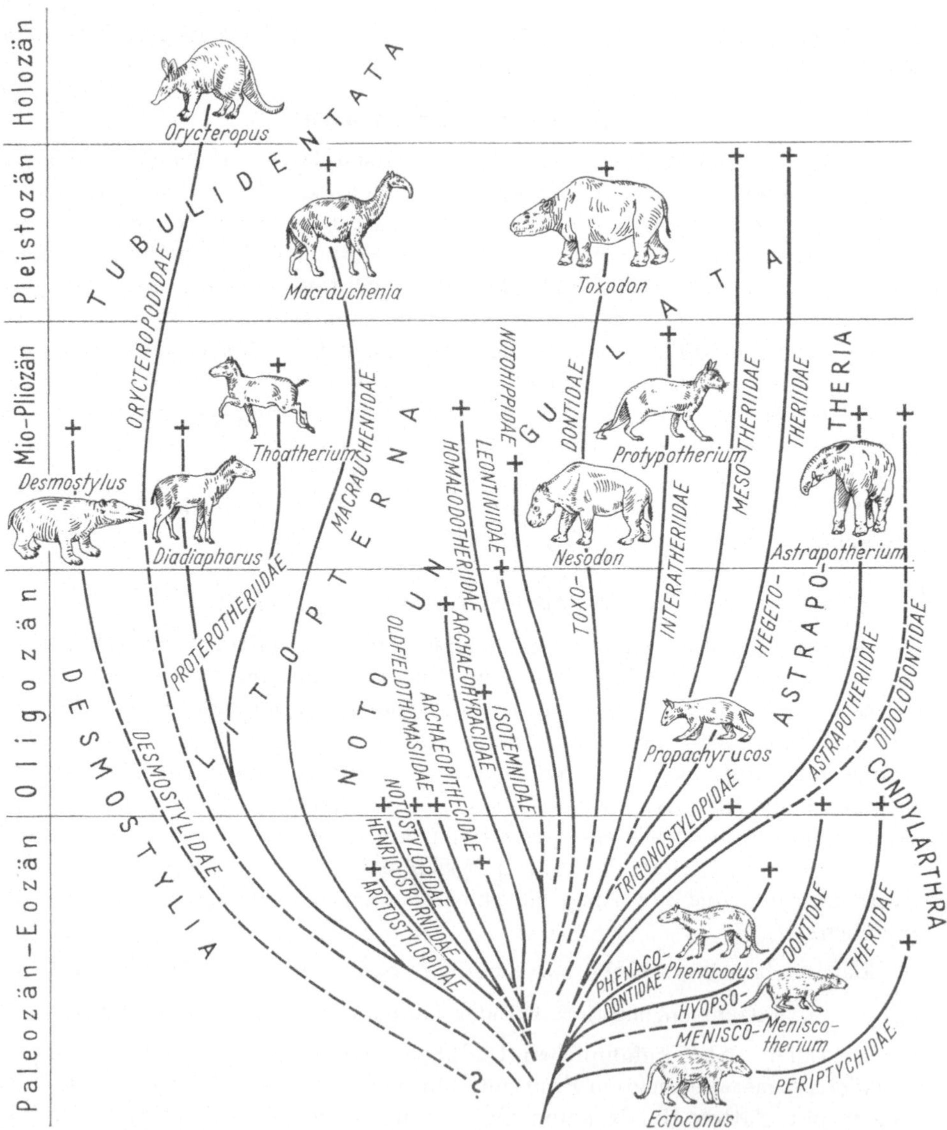

Abb. 38. Evolution der Protungulata. Der einzige lebende Vertreter dieser Huftiere ist das afrikanische Erdferkel *(Orycteropus afer)*. Litopterna, Notoungulata und Astrapotheria sind fast ausschließlich südamerikanische Huftiere, die im Tertiär infolge des Fehlens „echter" Huftiere und „Subungulaten" sowie von Lagomorphen pferde-, nashorn-, chalicotherier-, schliefer-, flußpferd-, lama- und hasenähnliche Typen hervorgebracht haben. Hasenähnliche Formen sind innerhalb der Interatheriidae und der Hegetotheriidae unabhängig voneinander entstanden. Die Stammformen dieser südamerikanischen Huftiere sind die Condylarthra, die praktisch im Alttertiär wieder ausstarben. Die Zugehörigkeit der Desmostylia zu den Protungulaten ist unsicher. (Original THENIUS)

ständigsten sind die Funde aus dem nordamerikanischen Paleozän und dem älteren Eozän (Wasatchian), die eine gute Vorstellung von diesen Urhuftieren vermitteln.

Zu den geologisch ältesten Condylarthren gehören die Periptychidae, die auf das ältere und mittlere Paleozän Nordamerikas beschränkt waren. Sie bilden einen kurzlebigen konservativen Seitenstamm unter den Condylarthren. Von der altpaleozänen Gattung *Ectoconus* ist das vollständige Skelet bekannt (SIMPSON 1941). Abgesehen von den polybunodonten Backenzähnen und den ziemlich plumpen, entfernt an *Orycteropus* erinnernden Gliedmaßen, waren es außerordentlich primitive Säugetiere, die zeigen, daß die gemeinsamen Stammformen mit den Raubtieren in der jüngsten Kreidezeit existiert haben müssen. Zu weiteren Kennzeichen im Skelet gehören der lange, massige Schwanz mit großen, unteren Bögen, das Entepicodylarforamen des Humerus, ein Centrale carpi und der flache, mit einem Foramen versehene Talus.

Die Meniscotheriiden, die erst ab dem jüngeren Paleozän nachgewiesen sind, waren auch in Europa verbreitet (*Pleuraspidotherium*, *Orthaspidotherium*). Sie sind anscheinend ohne Nachfahren im Eozän wieder ausgestorben. Gewisse Ähnlichkeiten mit den Hyracoidea lassen allerdings verwandtschaftliche Beziehungen zu den Schliefern vermuten.

Weitaus wichtiger sind die Hyopsodontiden und die Phenacodontiden, die nach SIMPSON (1945, S. 234) als Ausgangsformen für die Paarhufer und für die Unpaarhufer zu betrachten sind. Allerdings sind direkte Übergangsformen, welche die letzten Lücken schließen würden, noch unbekannt. Hyopsodontiden und Phenacodontiden waren im ältesten Paleozän bereits getrennt. Im älteren Eozän noch verbreitet, sind die letzten Phenacodontiden aus dem jüngeren Mitteleozän Spaniens beschrieben worden (*Almogaver* und *Phenacodus* von Capella; CRUSAFONT 1958a).

Die Phenacodontiden wurden ursprünglich zu den Insectivoren gestellt. Es sind kleine Urhuftiere mit einem bunodonten, zur Selenodontie neigenden Backenzahngebiß aus fünf- bis sechshöckerigen Molaren.

Die Phenacodontiden, die durch *Tetraclaenodon* (= „*Euprotogonia*") bereits im ältesten Paleozän vertreten waren (Puercan), sind durch *Phenacodus* auch im älteren und mittleren Eozän Europas nachgewiesen. Von ihnen ist das vollständige Skelet bekannt. Von Phenacodontiden, die ein sechshöckeriges Molarengebiß besitzen, lassen sich sämtliche Unpaarhufer ableiten.

Die südamerikanischen Didolodontiden (= „Bunolitopternidae") scheinen nach SIMPSON ihren Ursprung von Phenacodontiden genommen zu haben. Ihre Zugehörigkeit zu den Condylarthren wird nicht allgemein anerkannt (ABEL 1928), wenngleich auch die verwandtschaftlichen Beziehungen zu solchen nicht bestritten werden. Sie werden vielfach als Ahnen der Litopternen angesehen. Die ältesten Reste stammen aus dem jüngeren Paleozän und die jüngsten aus jungmiozänen Ablagerungen Südamerikas (MCKENNA 1956). Letztere (Gattung *Megadolodus*) unterscheiden sich — abgesehen von den größeren Dimensionen — kaum von den eozänen Formen. Aus dem jüngeren Alttertiär fehlen bisher Funde dieser Gruppe. *Lophiodolophus* aus der altoligozänen Chaparralfauna Kolumbiens (STIRTON 1953) ist nach MCKENNA (1956) kein Condylarthre.

Nach MCKENNA lassen sich zwei Gruppen innerhalb der Didolodontiden unterscheiden. Eine mit den Gattungen *Proectocion*, *Paulogervaisia*, *Lamegoia* und *Didolodon* mit Litopterna-Notoungulatenspezialisierung, die andere mit *Ernestokokenia*, *Asmithwoodwardia* und *Megadolodus* mit arctocyonidenähnlichem Gebiß.

Letztere können als fortschrittliche Hyopsodontiden betrachtet werden, sofern es sich nicht um reine Konvergenzerscheinungen im Gebiß handelt.

Nach PAULA COUTO (1952) sind jedoch zwischen *Asmithwoodwardia* und *Ernestokokenia* keine näheren verwandtschaftlichen Beziehungen vorhanden, da *Asmithwoodwardia* ein Hyopsodontine sei, *Ernestokokenia* hingegen zu den primitiven Phenacodontiden Beziehungen zeigen soll.

+ *Litopterna*

Einen auf Südamerika beschränkten, durch AMEGHINO einst als Perissodactylen angesehenen Protungulatenstamm bilden die Litopterna, die im Tertiär verbreitet waren. Sie starben im Pleistozän wieder aus, nachdem sie kamelgroße Formen wie *Macrauchenia* hervorgebracht hatten. Manchmal mit den Notoungulaten vereinigt, ist jedoch die Annahme eines eigenen Ursprunges aus Condylarthren die wahrscheinlichere. Die Übereinstimmungen mit den Notoungulaten sind nur gering, die Ähnlichkeiten mit Perissodactylen Konvergenzerscheinungen. Die Geschichte der Litopternen wird verständlich, wenn man die Palaeogeographie berücksichtigt. Der südamerikanische Kontinent war, wie schon oben (s. S. 9) ausgeführt, fast das gesamte Tertiär hindurch isoliert.

Von den zwei Hauptstämmen, den Proterotheriiden und den Macraucheniiden, ist der erstere deshalb bemerkenswert, weil es sich um die einzigen Huftiere handelt, die außer den Pferden die Monodactylie der Gliedmaßen erworben haben. Es liegt, wie der Bau des Schädels und das Gebiß zeigen, ein typischer Fall einer Konvergenz vor. Phasen der schrittweisen Reduktion der Seitenzehen sind durch die dreizehige Gattung *Diadiaphorus* und das einzehige *Thoatherium* überliefert. Interessant ist, daß die Einhufigkeit bei den Litopternen bereits im Miozän (Santacrucense) erreicht wurde, als die Equiden noch durchweg dreizehige Gliedmaßen besaßen. In Zusammenhang mit dieser extremen Spezialisation erscheint es nicht verwunderlich, daß die Proterotheriiden bereits im Pliozän ausstarben.

Demgegenüber existierten die im Gliedmaßenbau primitiveren Macraucheniiden noch im Pleistozän. Sie sind durch die eigenartige Spezialisierung im Schädelbau gekennzeichnet. Bei den geologisch jüngeren Macraucheniiden ist nämlich die äußere knöcherne Nasenöffnung weit nach rückwärts verschoben und liegt dadurch bei *Macrauchenia* senkrecht über der Choanenöffnung, was mit einem Wasserleben bzw. mit einem Rüssel in Verbindung gebracht wurde.

Die geologisch ältesten Litopternen (*Victorlemoinea, Anisolambda*), die aus dem Paleozän (Rio Chiquense und Itaboraiense) beschrieben wurden (PAULA COUTO 1952), bilden eine etwas heterogene Gruppe, die Merkmale primitiver Litopternen mit condylarthrenähnlichen Zügen verbinden. Sie bestätigen die Herkunft von den Condylarthren und verhalten sich primitiver als die Arten des Alteozäns (Casamayorense), indem die Molaren, obwohl deutlich lophoselenodont, noch schwach bunodont sind.

+ *Notoungulata*

Die Notoungulaten bilden die formenreichste Gruppe der südamerikanischen Huftiere. Ähnlich wie die Beuteltiere in Australien verschiedene biologische Typen unabhängig von den placentalen Säugetieren hervorgebracht haben, steht die Formenfülle der Notoungulaten mit der Isolierung Südamerikas im Tertiär in Zusammenhang.

Die Notoungulaten füllten den vorhandenen — mangels echter Huftiere, Hyracoiden und Lagomorphen nicht ausgenützten — Lebensraum durch eine Vielfalt von Formen aus. Wie die Litopternen starben sie jedoch im Pleistozän aus, was zum Teil auf die im ausgehenden Tertiär durch die landfest gewordene Verbindung mit Nordamerika eindringende, aus echten Huftieren und Raubtieren bestehende Fauna erklärt werden kann.

Entsprechend der Formenfülle und dem vorliegenden Fossilmaterial kann heute noch keine Stammesgeschichte der Notoungulaten geschrieben werden.

Bis auf die Familie der Arctostylopiden, die aus dem ältesten Tertiär Nordamerikas und Asiens bekannt wurde, handelt es sich ausschließlich um südamerikanische Protungulaten. Die erwähnte Familie zeigt, daß die Notoungulaten ihren Ursprung auf der nördlichen Hemisphäre genommen haben. Die Notoungulaten sind Protungulaten mit stark entwickeltem Os tympanicum und großer Bulla. Das Cranium ähnelt den Condylarthren, das Gehirn bleibt verhältnismäßig klein. Schädelprotuberanzen treten nur bei Toxodonten auf (z. B. *Trigodon*). Das meist vollständige Gebiß bildet in der Regel eine geschlossene Zahnreihe. Einzelne Schneidezähne können zu Stoßzähnen oder nagerähnlichen Zähnen entwickelt sein, die Molaren sind stets lophodont; ursprünglich mit brachyodonter Krone, kommt es bei den geologisch jüngeren Notoungulaten zur Hypsodontie. Die Gliedmaßen erinnern eher an primitive Raubtiere oder Nagetiere als an Huftiere.

SIMPSON unterscheidet vier Unterordnungen: Notioprogonia, Toxodonta, Typotheria und Hegetotheria.

Die Notioprogonia zählen zu den geologisch ältesten Notoungulaten und sind bisher nur aus dem Paleozän und Eozän bekannt geworden. Zu ihnen gehören die Arctostylopiden, die aus Asien und Nordamerika beschrieben wurden. Es sind primitive Notoungulaten mit einem brachyodonten Gebiß, dessen Vorderzähne jedoch schon spezialisiert und durch ein Diastem vom Backenzahngebiß getrennt sein können.

Die weitaus formenreicheren Toxodonten haben ihren Ursprung von den primitiven und bereits aus dem Paleozän nachgewiesenen Isotemniden genommen. *Thomashuxleya* ist eine dieser primitiven Gattungen aus dem Paleozän und Alteozän, die als strukturelle Ahnenform der Toxodontiden und auch der aberranten Homalodotheriiden angesehen werden kann. Es handelt sich um ursprüngliche, im Gebiß und Skelet nicht einseitig spezialisierte Formen.

Während die Toxodonten im jüngeren Tertiär (Gattung *Nesodon*) und im Pleistozän (*Toxodon*) tapir- und nashorngroße dreizehige Formen von huftierartigem Aussehen hervorbrachten, besaßen die Homalodotherien des Miozäns an den fünfzehigen Gliedmaßen Scharrkrallen, die entfernt an die Chalicotherien unter den Unpaarhufern erinnern. Charakteristisch für *Homalodotherium* ist die gut ausgebildete Clavicula, die ebenso wie der Humerus und die lange Hand auf einen Greif- und Grabgebrauch der metapodiograden[1] Vordergliedmaßen hinweist. Kurze, plumpe plantigrade Hintergliedmaßen und Bau des Beckens lassen vermuten, daß *Homalodotherium* aufrecht sitzen konnte. Diese aberranten Homalodotherien (= Entelonychia) verhalten sich zu den übrigen Toxodonten wie die

[1] Es berühren nur die distalen Enden der Metapodien und die Phalangen den Boden.

Chalicotherien zu den restlichen Perissodactylen. *Thomashuxleya*, ein primitiver Entelonychier aus dem Alteozän, kann als Stammform von *Homalodotherium* des Miozäns angesehen werden und zeigt, daß die Homalodotherien von der gleichen Stammgruppe wie die übrigen Notoungulaten abzuleiten sind und außerdem, daß die Spezialisierung im Extremitätenskelet relativ rasch erfolgte. Die Trennung der Entelonychia von den Toxodonten und Typotheria lag im Casamayorense (Alteozän) noch nicht lange zurück. Während bei den Typotheria und Toxodonta hauptsächlich das Gebiß spezialisiert wurde und die Gliedmaßen nicht wesentlich verändert wurden (nur etwas reduziert), blieben die Homalodotherien im Gebiß primitiv und das Gliedmaßenskelet wurde spezialisiert (Simpson 1936).

Die durch Ameghino als *Archaeopithecus*, *Acropithecus*, *Eohyrax* und *Archaeohyrax* bezeichneten Gattungen sind aberrante Toxodonten und besitzen keine verwandtschaftlichen Beziehungen zu Primaten oder Hyracoiden. Dasselbe gilt für die Notohippiden mit *Notohippus*, *Morphippus*, *Stilhippus* und andere Gattungen, die nur in einzelnen Merkmalen an Equiden erinnern.

Die vom älteren Eozän (Casamayorense) bis in das Pleistozän nachgewiesenen Typotheria waren durchweg kleine bis mittelgroße Formen, die im Bau des Schädels, Vordergebiß und im Habitus an Nager bzw. Schliefer erinnerten und ursprünglich auch mit diesen in nähere Verbindung gebracht wurden. Die Backenzähne der geologisch jungen Arten sind hypsodont, die Incisiven bewurzelt (Interatheriidae) oder wurzellos (Mesotheriidae). Beide Familien besitzen verschiedene fundamentale Merkmale (Fehlen einer Scheide in der Bulla tympani, Carotis interna geht durch die Bulla) gemeinsam.

Unter den Interatheriiden zählen die Notopithecinen mit *Notopithecus* und *Transpithecus* aus dem älteren Eozän zu den ältesten und primitivsten Gattungen. Das Backenzahngebiß ist brachyodont, mit kompliziert lophodontem Bau. Bei den oligozänen und miozänen Interatheriiden (*Cochilius*, *Protypotherium*) ist die Krone der Backenzähne vereinfacht und das Vordergebiß vom Backenzahngebiß manchmal durch ein Diastem getrennt.

Unter den Mesotheriiden bilden die Trachytheriinen die primitivsten Formen mit vollständiger Bezahnung (*Proedium* und *Trachytherus* aus dem Deseadense). Die stammesgeschichtlichen Zusammenhänge innerhalb der Familie sind weitgehend ungeklärt, da zwischen dem Altoligozän und dem Jungmiozän eine Fundlücke klafft. Die Mesotheriinen umfassen die geologisch jüngeren und spezialisierteren Arten. *Mesotherium* aus dem Pleistozän erinnert an einen Riesenbiber. Die Arten erreichten Schwarzbärengröße. Verwandtschaftliche Beziehungen zu Primaten oder Dermopteren, wie Namen wie *Notopithecus* oder *Progaleopithecus* vermuten lassen, bestehen nicht.

Die meist zu den Typotheria gestellten Hegetotherien sind, wie neuere Untersuchungen gezeigt haben, scharf von diesen zu trennen (Bau der Gehörregion). Die Ähnlichkeit mit den Typotherien ist nur oberflächlich, der lagomorphenähnliche Habitus demnach unabhängig von ihnen erworben (vgl. Patterson 1936, Simpson 1945). Aus diesem Grund trennt Simpson die Hegetotheriiden als eigene Unterordnung ab. Die Hegetotherien waren vom Eozän bis ins Pleistozän in Südamerika verbreitet. Sie haben zusammen mit den Typotherien während des Tertiärs die Lagomorphen ökologisch vertreten. Die habituelle Ähnlichkeit mit hasenartigen Nagern bezieht sich nicht nur auf den Bau des Schädels, sondern auch auf den gesamten Körper mit Gliedmaßenproportionierung, kurzen Schwanz usw. Zu den wichtigsten Gattungen gehören *Hegetotherium, Propachyrucos, Pachyrukhos* und *Munizia.*

+ *Astrapotheria*

Als Astrapotheria (nach den fünfzehigen, mit strahlig angeordneten Metapodien versehenen Gliedmaßen Strahlenfüßer genannt) wird die dritte Gruppe südamerikanischer Protungulaten bezeichnet, die unabhängig von Litopternen und Notoungulaten ebenfalls von Condylarthren ihren Ursprung genommen hat. Eine wesentliche Bereicherung unserer Kenntnis haben die Funde aus dem Paleozän von Brasilien (Itaboraiense) erbracht (PAULA COUTO 1952).

Die Astrapotheria unterscheiden sich durch den Bau der Gehörregion (kein Sinus epitympanicus) und des Gebisses wesentlich von den übrigen Protungulaten. Die Eckzähne sind zu wurzellosen, hauerartigen Gebilden ähnlich den Flußpferdhauern umgestaltet, Vorder- und Backenzahngebiß sind durch Diastemata weit getrennt. Es lassen sich zwei Gruppen unterscheiden: Trigonostylopidae und Astrapotheriidae.

Bei *Trigonostylops* aus dem Paleozän und Eozän ist das Gebiß — soweit bekannt — vollständig, und die starken Eckzähne sind bewurzelt.

Unter den Astrapotheriiden sind die primitiven Albertogaudryinen aus dem Eozän, die Astrapotheriinen aus dem Oligozän und Miozän nachgewiesen. *Astrapotherium* aus dem patagonischen Miozän ist durch das ganze Skelet belegt. Bemerkenswert ist die Schnauzenregion mit der nach rückwärts verschobenen und stark vergrößerten, knöchernen Nasenöffnung, die auf einen Rüssel deutet. Die Gliedmaßen dieser zum Teil nashorngroßen Formen erinnern in ihrem Bau (vorne digitigrad mit Sohlenkissen) an Proboscidier. Gliedmaßen und Rumpfskelet machen eine amphibische Lebensweise oder sogar dauerndes Wasserleben wahrscheinlich, wenn auch die Anpassungen anderer Art sind als bei den Flußpferden. *Parastrapotherium* aus dem Altoligozän (Deseadense) gehört dem gleichen Stamm an wie *Astrapotherium,* während *Astrapothericulus* aus dem jüngeren Oligozän (Colhuehuapiense) einer weiteren Linie zugerechnet werden muß.

Erdferkel (Tubulidentata)

Zu den merkwürdigsten Säugetieren der Gegenwart zählen zweifellos die Erdferkel, die heute als Vertreter einer eigenen Ordnung (Tubulidentata) angesehen werden. Die in der Gegenwart nur durch eine Gattung *(Orycteropus)* vertretenen Röhrchenzähner sind wegen ihrer Lebensweise und der damit verbundenen Anpassungserscheinungen einst als Edentaten mit den südamerikanischen Xenarthren (u. a. *Myrmecophaga*) in Verbindung gebracht worden, indem sie diesen zusammen mit den altweltlichen Schuppentieren als Nomarthra gegenübergestellt wurden. Neueren Untersuchungen zufolge sind es jedoch Überlebende einer geologisch sehr alten Gruppe, die ihren Ursprung von Condylarthren genommen haben dürfte. Sichere Fossilfunde von Tubulidentaten sind bisher nur aus dem ostafrikanischen Miozän *(Myorycteropus)*, dem altweltlichen Pliozän und Pleistozän *(Orycteropus)* beschrieben worden, die jedoch kein Licht auf die Herkunft der Erdferkel werfen.

Viel bedeutsamer schienen hingegen einige durch JEPSEN (1932) als *Tubulodon* beschriebene Kiefer- und Zahnreste aus dem älteren Eozän (Wasatchian) von

Wyoming (USA) zu sein, die gewisse Übereinstimmungen mit *Orycteropus* zeigen. Wie jedoch neuere Untersuchungen gezeigt haben, handelt es sich um einen Palaeanodonten aus der Verwandtschaft der Epoicotheriidae (GAZIN 1952, SIMPSON 1959).

So ist also die Herkunft dieser Säugergruppe noch in Dunkel gehüllt. Immerhin zeigt auch eine morphologisch-anatomische Analyse der rezenten Formen, daß es sich um Huftierverwandte handelt, die seit langem isoliert, durch ihre grabende Lebensweise und ihre Ernährung (Termiten) zahlreiche Spezialisationen aufweisen, die ihre Herkunft verwischen. *Orycteropus* ist heute auf Afrika beschränkt und bildet durch die geringe Behaarung, die verlängerte Schnauze, die großen Ohren, den langen Schwanz und die mit kräftigen Krallen versehenen Gliedmaßen einen recht eigenartigen Typus unter den Säugern. In Zusammenhang mit der Ernährung von Termiten ist das Gebiß rückgebildet, die Zähne sind stiftförmige Gebilde von charakteristischem mikroskopischem Bau, der Facialschädel zu einem röhrenförmigen Gebilde gestaltet und eine lange Zunge entwickelt. Verschiedene Übereinstimmungen im Skeletbau mit den Condylarthren lassen auf verwandtschaftliche Beziehungen zu dieser Gruppe schließen (Gehirn, Paukenhöhle, Mesethmoid, Extremitätenskelet).

Die vermeintliche Übereinstimmung mit Pholidoten und Xenarthren durch den Besitz eines Musculus pterygotympanicus trifft nicht zu, da dieser Muskel bei *Orycteropus* nicht ausgebildet ist (FRICK 1956). Es sind vielmehr Ähnlichkeiten mit primitiven Ungulaten (Suiden) in der Schädelmuskulatur vorhanden.

Spärliche Reste aus dem Pleistozän bzw. Holozän zeigen, daß Erdferkel (*Plesiorycteropus madagascariensis*) einst auch auf Madagaskar heimisch waren (FILHOL 1894, MACINNES 1956)[1].

So bilden die Erdferkel eine interessante Konvergenzerscheinung zu den Ameisenfressern und den Schuppentieren. Sie sind Vertreter einer selbständigen Ordnung, die sich von Condylarthren ableiten läßt (vgl. LE GROS CLARK u. SONNTAG 1926).

+*Desmostylia*

Eine meist mit den Sirenen in Verbindung gebrachte Gruppe bilden die ausgestorbenen Desmostylia (REINHART 1953, 1959). Es handelt sich um amphibisch lebende, küstenbewohnende Säugetiere von flußpferdähnlichem Habitus mit abgeflachtem und in der Schnauzenregion verbreitertem Schädel. Das Vordergebiß ist ähnlich wie bei den Flußpferden aus gestreckten und zum Teil vergrößerten Einzelzähnen zusammengesetzt, das Backenzahngebiß besteht aus mehrhöckerigen, niedrig- bis hochkronigen Zähnen, die ebenfalls entfernt an *Hippopotamus* erinnern und eine Quetsch- und Mahlfunktion zulassen.

Über die verwandtschaftlichen Beziehungen dieser durch mehrere Gattungen (*Cornwallius* aus dem Oligozän, *Desmostylus*, *Vanderhoofius* und *Paleoparadoxia* aus dem Miozän) von der pazifischen West- (Japan, Sachalin usw.) und Ostküste (Alaska, Britisch-Kolumbien, USA) und auch von den Neusibirischen Inseln (s. PFIZENMAYER 1927) bekannt gewordenen Gruppe besteht keine Einhelligkeit. Während sie ABEL (1922, 1929, 1932) auf Grund eines Kanales im Squamosum,

---

[1] *Palaeorycteropus* aus dem Alttertiär des Quercy (Frankreich) beruht auf einem Humerus und gehört sicher nicht zu den Tubulidentaten.

eines großen Palatinalfensters und der polybunodonten Backenzähne als Multituberculaten deutet und OSBORN und YOSHIWARA u. IWASAKI an Beziehungen zu den Proboscidiern denken, wurden sie später meist als Sirenen betrachtet (KELLOGG 1931, VANDERHOOF 1937, SIMPSON 1945), um in jüngster Zeit (REINHART 1953) als Vertreter einer eigenen Ordnung aufgefaßt zu werden. Diese Ansicht wird durch den Nachweis des postkranialen Skeletes bestätigt, das zeigt, daß es sich um quadrupede, mehrzehige Säugetiere handelt, deren Gliedmaßen nicht zu Flossen umgestaltet sind (NAGAO 1941, SHIKAMA 1957). Auch SICKENBERG (1938) verweist mit Nachdruck auf zahlreiche wesentliche Differenzen gegenüber den Sirenen, die nähere Beziehungen ausschließen. Das postkraniale Skelet ist bisher noch nicht ausführlich beschrieben worden. Interessant ist die dichte Knochenstruktur der Kiefer und Gliedmaßen, die an jene der Sirenen und verschiedener Robben erinnert (VANDERHOOF 1937).

REINHART (1959) bringt die Desmostylia mit den Paenungulaten in Verbindung, indem er annimmt, daß sich die Desmostylia aus primitiven Paenungulaten, die den Proboscidiern bzw. Sirenen nahestehen, entwickelt haben. Abgesehen von den äußerst geringen Ähnlichkeiten zwischen Desmostylia einerseits, Proboscidea und Sirenia andererseits spricht auch die geographische Verbreitung der Desmostylia eher gegen derartige verwandtschaftliche Beziehungen. Vermutlich sind die Desmostylia von primitiven Condylarthren abzuleiten, weshalb sie hier in Zusammenhang mit den Protungulaten angeführt sind. Als eigener, ausgestorbener Stamm sind sie für die Phylogenie der übrigen Huftiere ohne Bedeutung.

Unpaarhufer (Mesaxonia oder Perissodactyla)

Über die nähere verwandtschaftliche Zusammengehörigkeit der Unpaarhufer besteht in Fachkreisen kein Zweifel, und es erscheint heute einem Paläontologen schwer verständlich, daß diese für die rezenten Formen nicht schon frühzeitig erkannt worden war. Dies hängt einerseits mit der extremen Spezialisierung der Einhufer, andererseits mit früher gebräuchlichen systematischen Einheiten wie den „Dickhäutern" zusammen. Daß mit diesem Begriff verschiedene, nicht näher verwandte Formen zusammengefaßt wurden, erscheint heute selbstverständlich.

Die näheren verwandtschaftlichen Beziehungen unter den Unpaarhufern sind nicht nur durch den Fußbau und zahlreiche weitere anatomische Übereinstimmungen gegeben, sondern auch durch die gemeinsame Abstammung von den Condylarthren. Über den Umfang der Unpaarzeher besteht mit Ausnahme der Schliefer, die bereits im älteren Schrifttum und auch neuerdings wieder zu den Unpaarhufern gestellt werden (s. S. 262), keine Diskussion. Dagegen wird ihre Herkunft verschieden beurteilt (vgl. SIMPSON 1945 und MATTHEW 1937).

Innerhalb der Mesaxonia lassen sich zwei Untergruppen unterscheiden, die mit H. E. WOOD (1937) als Ceratomorpha und Hippomorpha zu bezeichnen sind. Erstere umfassen die Nashörner (im weiteren Sinne) und die Tapire, letztere die Pferde (im weiteren Sinne), Titanotherien und Chalicotherien (s. Abb. 39).

Ceratomorpha (= „Tridactyla")

Als Ceratomorpha bezeichnet WOOD (1937) die ursprünglich zu den „Dickhäutern" gestellten Nashörner und Tapire, deren lebende Vertreter als Überbleibsel einst formenreich entwickelter Huftierstämme anzusehen sind.

Nashörner (Rhinocerotoidea)

Die in der Gegenwart nur durch die Familie der Nashörner (Rhinocerotidae) vertretene Gruppe der Rhinocerotoidea war im Tertiär viel formenreicher entwickelt. Sie gehören verschiedenen Familien (Hyrachyidae, Hyracodontidae, Rhinocerotidae und Amynodontidae) an und sind seit dem Eozän bekannt.

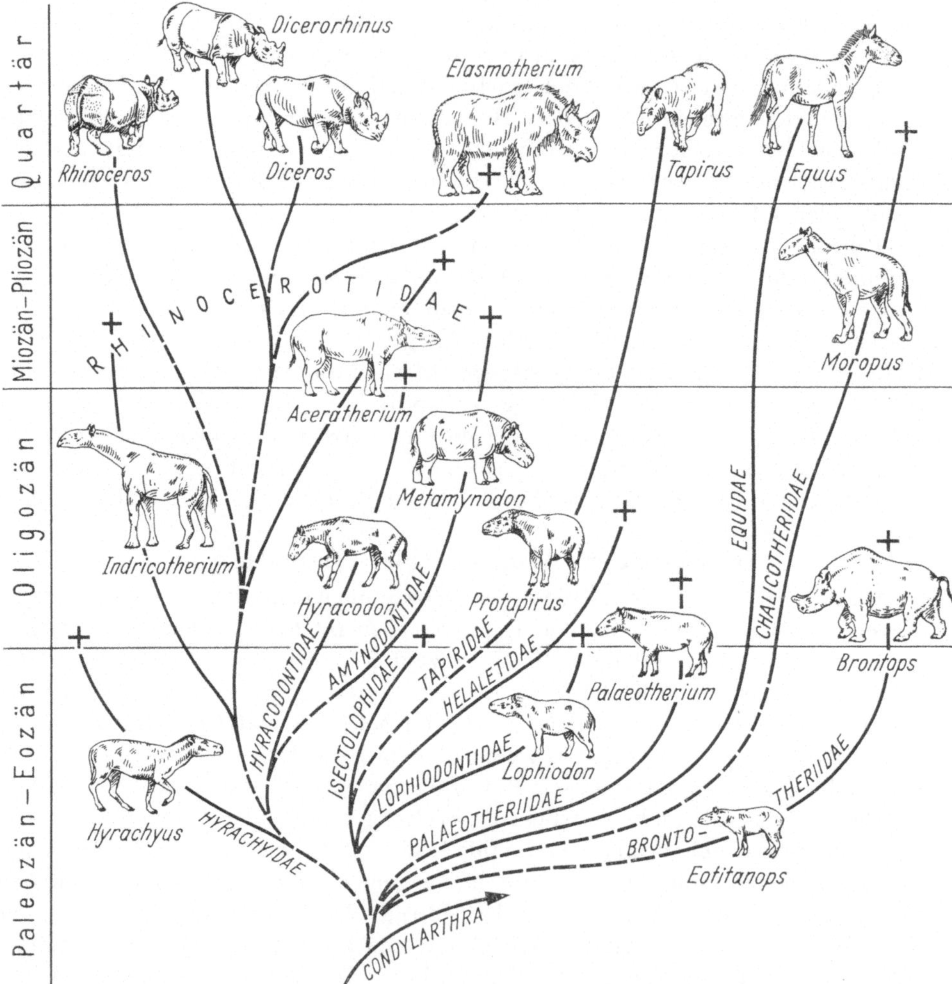

Abb. 39. Evolution der Perissodactyla. Von den im Tertiär formenreich entwickelten Unpaarhufern sind nur wenige Arten in der Gegenwart vertreten. Besonders mannigfaltig waren die Nashörner entwickelt. Völlig erloschene Stämme sind die Titanotherier und die Chalicotherien. Sämtliche Unpaarhufer stammen von ältesttertiären Condylarthren ab. (Original THENIUS)

Aber auch von den Rhinocerotiden selbst leben nur mehr einige wenige Formen, die von der einstigen Artenfülle kaum etwas ahnen lassen. Gegenwärtig auf Asien und Afrika beschränkt, waren Nashörner einst auch in Europa und Nordamerika verbreitet. Sie erscheinen erstmalig im Eozän als hornlose, schlankfüßige kleine Formen, die sich im Habitus nur wenig von den übrigen damaligen Perissodactylen unterschieden. Der Schädel ist niedrig und flach und zeigt keinerlei Rugositäten für Hörner. Das brachyodonte Backenzahngebiß ist aus lophodonten Prämolaren und Molaren zusammengesetzt, indem ein Außen- und zwei Querjoche vorhanden sind. Dieser Zahntypus wird bei sämtlichen Nashörnern beibehalten und nur durch zusätzliche Elemente (Crista, Crochet, Antecrochet) kompliziert oder gefältelt wie bei den Elasmotherien. In fast allen Stämmen kommt es zur Hypsodontie der Backenzähne und zur Reduktion des Vordergebisses. Die Prämolaren werden auf verschiedenen Wegen molarisiert.

Über die verwandtschaftlichen Beziehungen und die Phylogenie der Nashörner sind die verschiedensten Ansichten vertreten worden, die vor allem auf die Interpretation fossiler Formen beruhen (vgl. MATTHEW 1931).

Von den verschiedenen Stämmen innerhalb der Rhinocerotidae sind die hornlosen Aceratherien (mit *Aceratherium*, *Chilotherium* usw.) des eurasiatischen Tertiärs, die über die gesamte nördliche Hemisphäre verbreiteten tertiären Caenopinae (mit *Eotrigonias*, *Trigonias*, *Caenopus*, *Ronzotherium*), die riesigen Paraceratherien (*Indricotherium*, *Paraceratherium* = „*Baluchitherium*" und *Benaratherium*) des Oligo-Miozäns Eurasiens, die Panzernashörner Asiens (*Rhinoceros* und *Gaindatherium*), die eurasiatischen Halbpanzernashörner (*Dicerorhinus*, *Coelodonta*), die afro-eurasiatischen Doppelnashörner (*Diceros* und *Ceratotherium*) und die Elasmotherien Eurasiens (*Elasmotherium*, *Iranotherium*, *Hispanotherium*) zu erwähnen.

Zu den primitivsten und ältesten Nashörnern gehören die Caenopinen, die vorwiegend aus dem nordamerikanischen Alttertiär bekannt wurden (*Eotrigonias* aus dem Jungeozän Nordamerikas, *Epiaceratherium*, *Caenopus*, *Trigonias* und *Subhyracodon* aus dem Oligozän Europas und Nordamerikas). Hornloser Schädel, vollständiges Vorder- und Backenzahngebiß und beginnende Molarisierung der Prämolaren sowie schlanke Extremitäten sind kennzeichnend für diese Stammgruppe der Nashörner (WOOD 1927). Diese Formen lassen erkennen, daß bei den geologisch jüngeren Nashörnern die stoßzahnartigen Incisiven des Unterkiefers aus dem zweiten Schneidezahnpaar gebildet werden. Eine Ausnahme macht nur die Gattung „*Eggysodon*" (= *Praeaceratherium*), bei der das 3. Incisivenpaar vergrößert wurde (STEHLIN 1930, WOOD 1931). Bemerkenswert ist, daß in Europa mit Ausnahme von *Prohyracodon orientale* aus dem Mitteleozän von Siebenbürgen (Rumänien) keine Nashornreste aus präoligozänen Schichten bekannt wurden. Dafür erschienen diese mit dem beginnenden Oligozän mit mehreren Gattungen (*Ronzotherium*, *Epiaceratherium*[1], *Aceratherium*).

Innerhalb der von *Caenopus* abzuleitenden Gattung *Subhyracodon* läßt sich nach WOOD (1941) folgende Ahnenreihe verfolgen: *Subhyracodon copei* (Upper Chadronian) — *S. occidentalis* (Lower Orella member) — *S.* „*metalophus*" (Upper Orella member) — *S. tridactylus* (Whitney member der Brule-Formation).

Von den gegenwärtig noch vertretenen Stämmen lassen sich die eurasiatischen Halbpanzernashörner bis in das Oligozän zurückverfolgen, wo sie mit kleinen, kaum tapirgroßen Formen (*Dicerorhinus tagicus*) erstmalig auftreten. Bereits im Tertiär lassen sich mehrere Linien unterscheiden. Zu den wichtigsten zählen: *Dicerorhinus tagicus* — *D. sansaniensis*; *D. caucasicus* (Miozän) — *D. schleiermacheri* (Altpliozän) — *D. megarhinus* (Jungpliozän) — *D. etruscus* bzw. *D. kirch-*

[1] *Epiaceratherium bolcense* stammt aus dem Altoligozän (Sannoisium) vom Monteviale (Italien) und nicht aus dem Eozän des Monte Bolca, wie irrtümlich angenommen wurde (s. FABIANI 1915).

bergensis (= „*mercki*"; Ältest- bis Altpleistozän) (vgl. BORISSIAK 1935). *Dicerorhinus etruscus* war ein Steppennashorn. Neben dimensionellen Unterschieden ist für die spättertiären und pleistozänen Halbpanzernashörner die schrittweise Verknöcherung der Nasenscheidewand charakteristisch, die beim jungeiszeitlichen Fellnashorn ihren Höhepunkt erreicht. *D. megarhinus* aus dem Jungpliozän ist größer als *D. etruscus* des Ältestpleistozäns, doch kennt man zwischen beiden morphologisch und dimensionell vermittelnde Formen (THENIUS 1955). Von solchen Nashörnern ist auch das jungeiszeitliche Fellnashorn *(Coelodonta antiquitatis)* abzuleiten, das zu einer kälteharten Art geworden ist. Charakteristisch ist die lange Behaarung (bekannt von Kadavern aus sibirischem Frostboden und von Höhlenzeichnungen des paläolithischen Menschen), der langgestreckte Schädel und das hypsodonte Backenzahngebiß, das mit der Ernährung von harten Steppengräsern in Einklang steht. Gleichzeitig ist auch das Vordergebiß vollständig reduziert worden wie beim ökologisch entsprechenden Breitmaulnashorn Afrikas, mit dem es verschiedentlich in genetische Verbindung gebracht wurde. *Coelodonta antiquitatis* starb mit dem Ende der Eiszeit aus. Das (größere) Mercksche Nashorn *(Dicerorhinus kirchbergensis)* des älteren und mittleren Pleistozäns war mehr eine Waldform. *Dicerorhinus hemitoechus*, das Steppennashorn des älteren und mittleren Pleistozäns Europas, ist eine Parallelentwicklung zum Fellnashorn. Das rezente *Dicerorhinus sumatrensis* ist viel primitiver organisiert (brachyodontes Backenzahngebiß, noch vorhandenes Vordergebiß usw.) und als nur wenig veränderter Überlebender aus dem Tertiär anzusehen.

Die gegenwärtig auf Südasien beschränkten Panzernashörner existierten bereits im Miozän. *Gaindatherium browni* aus den unteren und mittleren Siwalikschichten Indiens (Chinji- und Nagri-Zone) bildet die Stammform der pleistozänen *(Rhinoceros sivalensis* und *Rh. sinensis)* und rezenten Arten *(Rh. unicornis* und *Rh. sondaicus)*. *Rhinoceros sondaicus* ist die ursprünglichere lebende Form und hat bereits im Jungpliozän ihre Prägung erfahren. Diese Art bildet also ein richtiges „lebendes Fossil". Die miozäne Stammgattung *Gaindatherium* läßt sich unschwer vom *Caenopus*-Stamm ableiten (COLBERT 1935).

Einen eigenen Stamm[1] bilden die afrikanischen Doppelnashörner, die gegenwärtig in Form des primitiveren Spitzmaulnashornes *(Diceros bicornis)* und des spezialisierteren Breitmaulnashornes *(Ceratotherium simum)* auftreten. *Ceratotherium simum*, das heute weitgehend ausgerottete Steppennashorn, erinnert habituell an das eiszeitliche Fellnashorn, mit dem es auch vielfach in verwandtschaftliche Beziehung gebracht wurde. Wie bereits WÜST (1900) klar erkannt hat, handelt es sich um eine Konvergenzerscheinung. *Ceratotherium* ist eine Endform der Dicerinae, *Coelodonta* eine der Dicerorhinae, wie aus dem Bau des Schädels und auch des Gebisses hervorgeht. *Diceros pachygnathus* aus dem eurasiatischen und afrikanischen Altpliozän zeigt zahlreiche Tendenzen zur Verlängerung des Schädels und Veränderungen im Gebiß, wie sie für *Ceratotherium* charakteristisch sind, ohne daß jedoch *D. pachygnathus* als deren Stammform angesehen werden kann. Vielmehr ist diese in der afrikanischen Art (*Diceros [*= „*Serengeticeras*"*] germano-africanus* HILZH.) zu sehen (vgl. DIETRICH 1942).

Charakteristisch für die Dicerinae ist die völlige Reduktion des Vordergebisses. In Zusammenhang mit der Rückbildung der Incisiven und damit auch des Prä-

[1] SIMPSON (1945) zählt *Diceros* und *Ceratotherium* zu den Dicerorhinae.

maxillare kommt es im Gegensatz zu den Dicerorhinae nicht zu einer Verknöcherung der Nasenscheidewand. Mit der einseitigen Spezialisierung auf die Grasnahrung ist nicht nur die Hypsodontie der Backenzähne und die Ausbildung einer breiten, fortsatzlosen Oberlippe verbunden, sondern auch die Schädelhaltung. Diese ist bei *Ceratotherium* (und auch bei *Coelodonta*) durch die Schrägstellung von den laubfressenden Nashörnern verschieden (s. ZEUNER 1934).

Ceratotherium war einst über große Teile Afrikas verbreitet und ist heute auf zwei kleine Areale (Rhodesien und Belgisch-Kongo) beschränkt, wo es in zwei verschiedenen Rassen (*C. simum simum* und *C. s. cottoni*) vorkommt (LANG 1920).

Die aus dem Tertiär Eurasiens (Eozän bis Miozän) beschriebenen Paraceratherien (= Baluchitherien) sind hornlose Rhinocerotiden, die mit *Paraceratherium* (= „*Baluchitherium*"), *Indricotherium* und *Benaratherium* im Oligo-Miozän die größten Landsäugetiere hervorgebracht haben. Man kennt aus dem asiatischen Jungeozän auch Formen (*Forstercooperia totadentata* aus der Irdin-Manha-Formation der Mongolei), die als ihre Ahnen angesehen werden können (WOOD 1938). *Indricotherium parvum* aus dem chinesischen Oligozän bildet die primitivste Art der Gattung (CHOW 1958). Die Indricotherien waren gewaltige, langhalsige Nashörner mit Säulenbeinen und einer Schulterhöhe von ungefähr fünf Metern. Sie sind im Miozän ohne Nachkommen ausgestorben (GROMOVA 1957, 1959).

Ähnliches gilt für die ebenfalls hornlosen[1] Aceratherien. Es waren meist schlankfüßige und hochbeinige Nashörner, die feuchte Niederungen bewohnten. Sie starben im Pliozän aus, nachdem sie im älteren Pliozän noch eine kurzfüßige Steppenform (Gattung *Chilotherium*) hervorgebracht hatten, die aus Asien und Südeuropa bekannt geworden ist (RINGSTRÖM 1924). Die Aceratherien besaßen lange, mit schneidenden Kanten versehene Unterkieferstoßzähne, deren Antagonisten im Prämaxillare bei *Chilotherium* vollkommen rückgebildet sind.

Als restliche Nashornstämme seien die ausgestorbenen Diceratherien und die Nashörner der Gattungen *Teleoceras* (Nordamerika) und *Brachypotherium* (Europa) erwähnt. Letztere sind ausgesprochene Steppennashörner mit besonders kurzbeinigen Gliedmaßen und einem subhypsodonten Gebiß und werden meist als Teleoceratinae zusammengefaßt. Innerhalb *Brachypotherium* läßt sich eine Ahnenreihe vom altmiozänen *Brachypotherium aurelianense* und *Br. brachypus* (Mittel- und Jungmiozän) zum altpliozänen *Br. goldfussi* mit schrittweiser Verkürzung der Extremitäten verfolgen. Die Übereinstimmung zwischen *Teleoceras* und *Brachypotherium* beziehen sich nur auf die Kurzfüßigkeit und das Gebiß. Der Schädelbau ist wesentlich verschieden, wie auch die Gliedmaßenknochen im einzelnen stark voneinander abweichen. Es handelt sich um reine Parallelentwicklungen. *Teleoceras* ist als Nachkomme von *Aphelops* (Caenopine) zu betrachten, *Brachypotherium* als solcher von Aceratherien des Oligozäns.

Die Diceratherien sind Nashörner mit einem paarigen Nasenhorn und sind aus dem Oligo-Miozän Nordamerikas und Eurasiens bekannt geworden. Ihr Ursprungsland dürfte Nordamerika sein, von wo sie im jüngeren Oligozän bis nach Europa gelangten. Sie starben bereits im Miozän wieder aus.

---

[1] Nur bei geologisch jüngeren Formen (*Aceratherium incisivum* des Altpliozäns) sind Anzeichen für ein schwaches Frontalhorn vorhanden.

Eine weitere, erloschene Seitenlinie bilden die schon erwähnten Elasmotherien. *Elasmotherium* ist aus dem eurasiatischen Pleistozän bekannt geworden. Es waren riesige Rhinocerotiden, deren nahezu 1 m Länge erreichender Schädel mit einem gewaltigen Knochenpolster in der Stirnregion versehen war, das ein entsprechend mächtiges Horn getragen haben muß. Das Gebiß setzt sich aus prismatischen Backenzähnen zusammen, deren Schmelz gefältelt ist. Lange Zeit blieb die Herkunft dieser Nashörner ungeklärt, bis aus dem Pliozän von China Rhinocerotiden mit einem wohl nur subhypsodonten, aber mit gefälteltem Schmelz versehenen Gebiß beschrieben wurden *(Sinotherium)*, die als Ausgangsformen der pleistozänen Elasmotherien betrachtet werden können. *Iranotherium morgani* aus dem Altpliozän des Iran besitzt wohl ebenfalls Backenzähne mit gefälteltem Schmelz, doch ist der Schädel zweihörnig, so daß die Schmelzfältelung innerhalb der Rhinocerotiden mindestens zweimal unabhängig voneinander aufgetreten sein muß (vgl. KRETZOI 1941). In neuerer Zeit wird eine noch primitivere Form aus dem spanischen Miozän *(Hispanotherium)* mit *Elasmotherium* in Verbindung gebracht (CRUSAFONT u. VILLALTA 1948). Neuerdings hat CHOW (1958) neue *Sinotherium*- und Elasmotherienreste beschrieben. Damit ist die Geschichte der Rhinocerotiden in ihren Grundzügen geschildert.

Die Hyrachyiden des Eozäns und die Hyracodontiden des Eozäns und Oligozäns von Nordamerika waren primitive, hornlose Nashörner mit langen, schlanken Gliedmaßen, ähnlich den damaligen Equiden. Während die Hyracodontiden ohne Nachkommen erloschen sind, dürften primitive Hyrachyiden die Stammformen sämtlicher übriger Nashörner gebildet haben. Die ebenfalls ausgestorbenen Amynodontiden besaßen hingegen mehr flußpferdartigen Habitus. Sie waren im Alttertiär Eurasiens und Nordamerikas verbreitet. Die ältesten Vertreter sind aus dem Mitteleozän (Bridgerian) Nordamerikas bekannt geworden. Innerhalb dieser Familie führt eine Ahnenreihe von *Amynodon advenus* bzw. *A. intermedius* über *Megalamynodon regalis* (Duchesnean) zu *Metamynodon chadronensis* (Chadronian) und *M. planifrons* (Orellan) (WOOD 1949). Kennzeichnend ist die progressive Reduktion der Incisiven und Prämolaren, die in scharfem Gegensatz zur Hypertrophie von Caninen und Molaren steht. Letztere werden besonders buccal stark hypsodont. Während die Amynodontiden in Nordamerika im Oligozän ausstarben, sind sie aus Asien noch aus dem Altmiozän *(Cadurcotherium* [= *Cadurcamynodon*, KRETZOI 1942] *indicum)* bekannt (GROMOVA 1954).

Tapire (Tapiroidea)

Die rezenten Tapire zählen in mancher Hinsicht zu den primitivsten lebenden Huftieren. Deutet bereits die disjunkte Verbreitung der rezenten Formen auf eine einst weite Verbreitung und auf ein hohes geologisches Alter, so wird dies durch Fossilfunde bestätigt. Die rezenten Arten, die auf Südamerika *(Tapirus terrestris, T. roulini)* und Zentralamerika *(Tapirus bairdi* und *dowi)* sowie Südostasien *(T. indicus)* beschränkt sind, besitzen neben verschiedenen ursprünglichen Merkmalen (vierzehige Vordergliedmaßen, dreizehige Hinterextremitäten mit relativ primitiver Proportionierung, brachyodontes Backenzahngebiß usw.) auch stark spezialisierte Charaktere, wie etwa der Rüssel und der damit verbundene Bau des Schädels. Die Nasenbeine sind bei den rezenten Tapiren stark nach rückwärts verlagert und die knöcherne Nasenöffnung dadurch bedeutend vergrößert. Das Vordergebiß ist vollständig, wobei der I^3 die Funktion des Eckzahnes übernommen hat. Die drei rückwärtigen Prämolaren sind stark molarisiert und die Molaren bilophodont gebaut.

Durch Fossilfunde ist nicht nur die Geschichte der Tapiriden aufgehellt worden, sondern auch die Existenz verschiedener, heute längst ausgestorbener Stämme belegt.

Zu den geologisch ältesten Tapiren zählen die eozänen Isectolophiden Nordamerikas und Asiens. Es sind sehr primitive Perissodactylen, die sich kaum von den Stammformen sämtlicher ceratomorpher Mesaxonier unterscheiden. Die Lophiodontiden des europäischen Alttertiärs erinnern im Gebiß etwas an Rhinocerotiden und entwickelten im jüngeren Eozän nashorngroße Arten. Eine verlängerte, rüsselähnliche Oberlippe und damit das tapirartige Profil fehlte den Lophiodontiden. Das gilt auch für die Helaletiden, die im Alttertiär Nordamerikas und Asiens verbreitet waren, und unter denen vermutlich die Stammformen der mit dem Oligozän auftauchenden Tapire zu suchen sind. So spricht nach SCHLAIKJER (1937) kein Merkmal dagegen, daß *Heptodon* (Helaletide) aus dem älteren Eozän Nordamerikas als Ahnenform der Tapiriden betrachtet werden kann. Zu den ältesten Tapiren zählt die Gattung *Protapirus* aus dem Oligozän Europas und ? Nordamerikas (die generische Identität der nordamerikanischen Protapirusreste mit den europäischen ist fraglich), der der bewegliche Rüssel noch abging. Immerhin ist eine Vergrößerung der Nasenapertur angebahnt. Innerhalb dieser Gattung bilden *Protapirus simplex* — *P. validus* — *P. obliquidens* und *P. undans* vom mittleren Oligozän zum älteren Miozän eine Ahnenreihe. Zwischen den fortschrittlichsten Protapirusformen und *Tapirus* vermittelt *Miotapirus harrisonensis* aus dem Mittelmiozän (SCHLAIKJER 1937). *Tapiravus* aus dem Jungtertiär Nordamerikas ist als Seitenlinie mit Zwergformen zu betrachten.

Die im Laufe der Phylogenese eintretenden Veränderungen betrafen vor allem den Schädel. Gebiß und Gliedmaßen verhalten sich konservativ, wenn auch hier im einzelnen schrittweise Umbildungen zu konstatieren sind.

Aus dem europäischen Tertiär ist eine Reihe von Tapiren beschrieben worden. Leider ist in Ermangelung vollständiger Fossilfunde die phyletische Gliederung noch durchaus unsicher. Immerhin lassen sich die europäischen Tapire auf *Protapirus priscus* aus dem Altoligozän zurückführen, aus dem sich über den mitteloligozänen *Tapirus bavaricus* die Arten *T. intermedius, robustus* und *brönnimanni* des Aquitanium entwickelt haben (OETTINGEN-SPIELBERG 1958). Die Tapire starben in Europa im Ältestquartär (Villafranchium) aus. Für eine sichere Verknüpfung der europäischen tertiären Tapire mit den rezenten südostasiatischen und amerikanischen liegen bisher keine Anhaltspunkte vor. Nach der Verbreitung und verschiedenen morphologischen Unterschieden dürfte die Trennung der alt- und neuweltlichen Tapire bereits im Oligozän erfolgt sein. VON KOENIGSWALD (1930) nimmt die Trennung im Miozän an und zählt *T. priscus* zum *indicus*-, *T. hungaricus* zum *terrestris*-Stamm.

Aus dem Pleistozän Ostasiens sind Großformen beschrieben worden (*Megatapirus*). Südamerika haben die Tapire erst mit der großen Einwanderungswelle, die am Beginn des Pleistozäns diesen Kontinent überflutete, erreicht.

Entsprechend der einstigen Verbreitung und der Phylogenese dieser Unpaarhufer sind die rezenten Arten als Überbleibsel einer einst formenreichen Gruppe zu betrachten, die neben zahlreichen altertümlichen Kennzeichen auch starke Spezialisationsmerkmale besitzen und die deshalb in Untergattungen aufgeteilt werden. Verschiedentlich werden auch die mittelamerikanischen Formen (*Tapirus bairdi* und *dowi*) als eigene Gattung (*Elasmognathus* = „*Tapirella*“) abgetrennt, da bei ihnen die knöcherne Nasenscheidewand bis über die Nasenbeine verlängert ist, sie also höher spezialisiert sind als die übrigen Arten.

Hippomorpha

Die hippomorphen Unpaarzeher sind gegenwärtig nur durch die Einhufer der Alten Welt vertreten. Einst fast weltweit verbreitet, sind die Pferde die letzten, extrem spezialisierten Überlebenden dieser Unterordnung. Ihre gemeinsamen Stammformen existierten im Paleozän. Nach anfänglich rascher Evolution haben sich von den Brontotherioidea, Chalicotherioidea und Equoidea nur die Equiden im Gebiß, Schädel und Gliedmaßenbau weiterspezialisiert.

Einhufer und deren Verwandte (Equidae und + Palaeotheriidae)

Die Einhufer zählen gegenwärtig zu den spezialisiertesten Säugetieren. In der Gegenwart sind es reine Steppentiere; zahlreiche Fossilfunde haben in nahezu lückenloser Reihe ihre Herkunft aus fünfzehigen, fuchsgroßen waldbewohnenden Säugetieren gezeigt.

Die Phylogenie der Pferde ist seit der durch Othniel Marsh (1870) begründeten „natürlichen Stammlinie der Pferde“ zum Paradebeispiel der Paläontologie geworden. Wenn auch die seitherigen Untersuchungen gewisse Korrekturen erforderlich machten, so bildet die Pferdeevolution nach wie vor eines der besten Beispiele für die Phylogenese einer bestimmten Gruppe, deren Ablauf schrittweise verfolgt werden kann. Die Phylogenie der Equiden ist die Geschichte der Anpassung und der zunehmenden Spezialisierung. Unsere heutige Kenntnis ist das Ergebnis zahlloser Einzeluntersuchungen.

Im Laufe der sich über annähernd 60 Millionen Jahre erstreckenden Phylogenese der Equiden traten im Tertiär zahlreiche Stammlinien auf, von denen gegenwärtig nur eine einzige erhalten geblieben ist. Dieser ursprünglich nicht klar erkannten bzw. durch schematische Darstellung nicht zum Ausdruck kommenden Tatsache zufolge galt die „Pferdereihe“ als Musterbeispiel für eine orthogenetische Entwicklung. Dies trifft nicht zu. Besonders G. G. Simpson (1951) gebührt das Verdienst gezeigt zu haben, daß die Entwicklung der Pferde durchaus nicht orthogenetisch verlaufen ist, sondern daß es mehrmals zur Radiation und damit zur Speziation gekommen ist, und daß, um nur einige wichtige Evolutionsschritte zu erwähnen, weder die Größenzunahme während der Evolution orthogenetisch erfolgte, noch der Übergang vom dreizehigen zum einzehigen Zustand, noch der vom brachyodonten zum kionodonten (prismatischen) Backenzahn (s. Abb. 40). Die Entwicklungsgeschwindigkeit ist von Merkmal zu Merkmal, von Zeitspanne zu Zeitspanne, von Gattung zu Gattung verschieden. Es war kein kontinuierlicher und geradliniger Verlauf der Evolution. Überdies bilden die heutigen Einhufer nur einen Seitenzweig, während der Hauptstamm (Anchitherien) bereits im Jungtertiär ausgestorben ist.

Die Morphogenese zahlreicher Skeletmerkmale (Gebiß, Schädel, Gehirngröße, Gliedmaßen) läßt sich dank eines reichen Fossilmateriales schrittweise verfolgen.

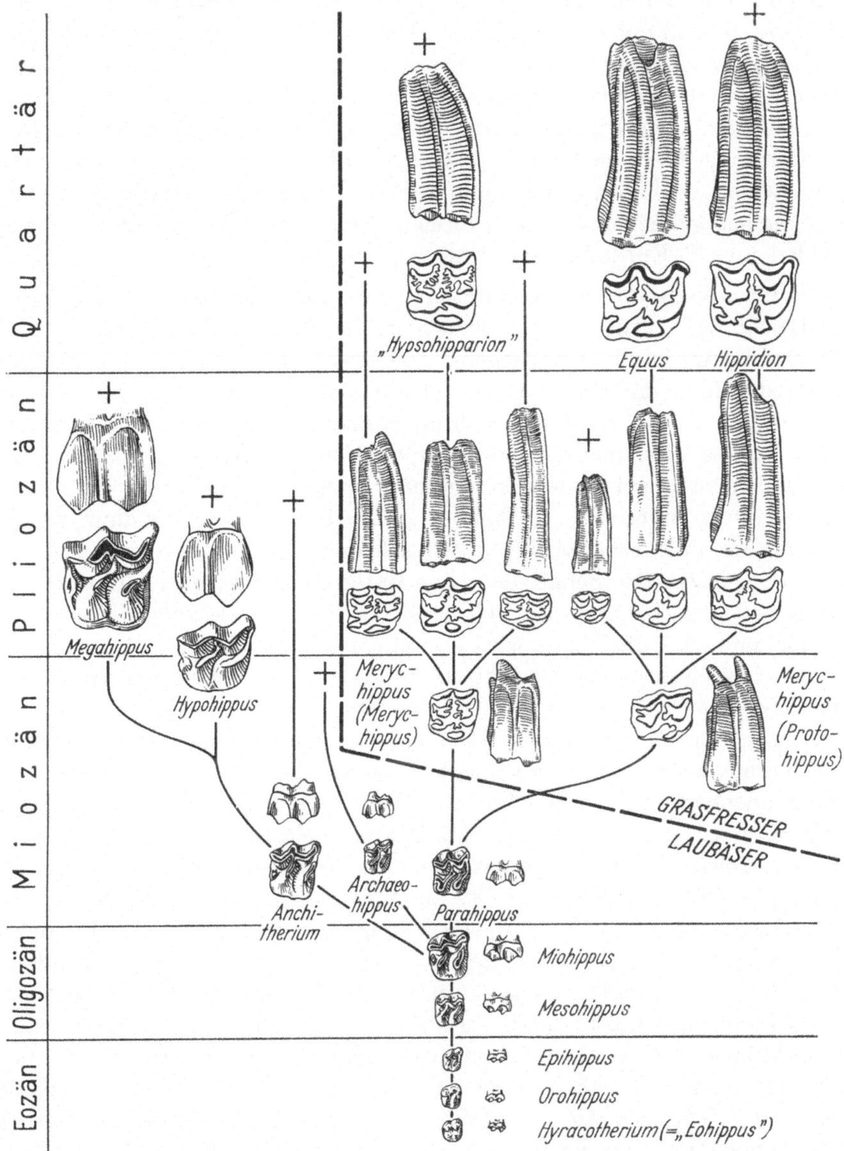

Abb. 40. Evolution der Equidae I (Gebiß). Maxillarmolar in Kauflächen- und Seitenansicht. Beachte allgemeine Größenzunahme sowie plötzliche Hypsodontie bzw. Kionodontie beim Übergang von Laubäsern zu Grasfressern. Die pliozänen Nachkommen von *Merychippus (Merychippus)* sind (von links nach rechts): *Neohipparion, Hipparion* und *Nannippus*, jene von *Merychippus (Protohippus): Calippus, Pliohippus (Astrohippus)* und *Pliohippus (Pliohippus)*. Maßstäblich verkleinert. (Zusammengestellt in Anlehnung an G. G. Simpson 1951 und R. A. Stirton 1940)

Die rezenten Pferde sind steppenbewohnende Herdentiere mit einhufigen Gliedmaßen und einem an harte (Gras-)Nahrung angepaßten Gebiß. Die geologisch ältesten Equiden (*„Eohippus“ = Hyracotherium)* aus dem älteren Eozän

Nordamerikas und Europas waren fuchsgroße Buschschlüpfer mit vorne vier-, hinten dreizehigen, digitigraden Pfoten und sind habituell am ehesten mit Duckerantilopen vergleichbar. Es waren paarweise lebende Urwaldbewohner mit einem Backenzahngebiß auf niedrigkronigen Höckerzähnen, das nur quetschende Kaubewegungen zuließ. Am Gliedmaßenskelet sind die Unterarmknochen voneinander getrennt, und die Fibula ist in ihrer gesamten Länge entwickelt. Die hinten offene Orbita liegt ungefähr in der Mitte des langen, niedrigen Schädels (s. Abb. 41). Das Gehirn ist klein im Verhältnis zum Schädel und ist, nach dem Umfange des Neocortex zu schließen, hochgradig primitiv. Ähnliche Gehirne trifft man bei ursprünglich gebliebenen Insectivoren *(Tenrec)* und Beuteltieren *(Didelphis)*, mit denen es T. Edinger vergleicht.

Die im älteren Eozän verbreiteten Hyracotherien lassen sich auf Urhuftiere (Condylarthren) zurückführen, jedoch fehlen bisher Fossilformen, die einen lückenlosen Anschluß ermöglichen. Unter den Urhuftieren stehen ihnen die Phenacodontiden am nächsten. Die Unterschiede betreffen keine wesentlichen Konstruktionen, sondern lassen sich im Zusammenhang mit der fortschreitenden Reduktion der Gliedmaßen und Komplikation des Gebisses erklären. Die im Gliedmaßenbau angebahnte Entwicklung setzte sich im Laufe der Tertiärzeit fort und führte innerhalb der Equiden (echte Pferde) zu den einhufigen Pferden des Quartärs, indem die seitlichen Zehenstrahlen zu funktionslosen Griffelbeinen reduziert, wurden, der Schaft der Ulna unter gleichzeitiger Reduktion mit dem Radius verschmilzt; Carpalia und Tarsalia werden entsprechend umgestaltet bzw. reduziert und auch die Fibula wird bis auf ein proximales Reststück rückgebildet. Mit der fortschreitenden Reduktion der seitlichen Zehen verstärkt sich der mittlere Zehenstrahl, und die Grundphalangen werden zu richtigen Hufen. War ursprünglich die Mehrzehigkeit dank der Lebensweise auf weichem Boden zur Vergrößerung der Standfläche vorteilhaft, so stand die Reduktion der Seitenzehen in Zusammenhang mit der zunehmenden Entwicklung zu flüchtigen, unguligraden Steppentieren. Die mit der ausschließlichen Belastung des Mittelstrahles verbundene Konstruktion bahnt sich bei den dreizehigen Formen des jüngeren Tertiärs *(Merychippus, Hipparion)* an, indem sich anstelle des ursprünglichen stützenden Polsters ein Sprungmechanismus mit dem Huf als Stützpunkt ausbildet. Damit erfährt auch der Bandapparat eine grundlegende Wandlung (Tobien 1952). In Zusammenhang damit verschieben sich die Gesamtproportionen der Gliedmaßenabschnitte durch Verlängerung der distalen Partien, die schließlich zur funktionell wirksamsten Proportionierung mit kurzen Propodien führt, wie sie für gute Läufer charakteristisch ist. Während sich beim Übergang von *Merychippus* zu *Pliohippus* ein neues Wachstumsmuster zeigt, das zum Verlust der bis dahin noch funktionellen Seitenzehen führt, bleibt bei *Hipparion* der ursprüngliche Wachstumsmodus erhalten (vgl. Abb. 42).

Das Gebiß erfährt durch die Molarisierung der Prämolaren $\left(P \frac{2-4}{2-4}\right)$ und die Hypsodontie, die schließlich zur Kionodontie führt, entsprechende Änderungen, die wiederum mit Umkonstruktionen im Bau des Schädels in Zusammenhang stehen. Die bei *Parahippus* angebahnte Umwandlung des brachyodonten Quetschgebisses zum hypsodonten Mahlgebiß führte zu einer Verlängerung des Facialschädels und schließlich auch zu der für *Equus* charakteristischen Unterkiefergestalt. Die Schneidezähne sind ebenfalls hypsodont geworden, die Eckzähne hingegen erhalten sich in der Regel nur bei den männlichen Tieren und sind

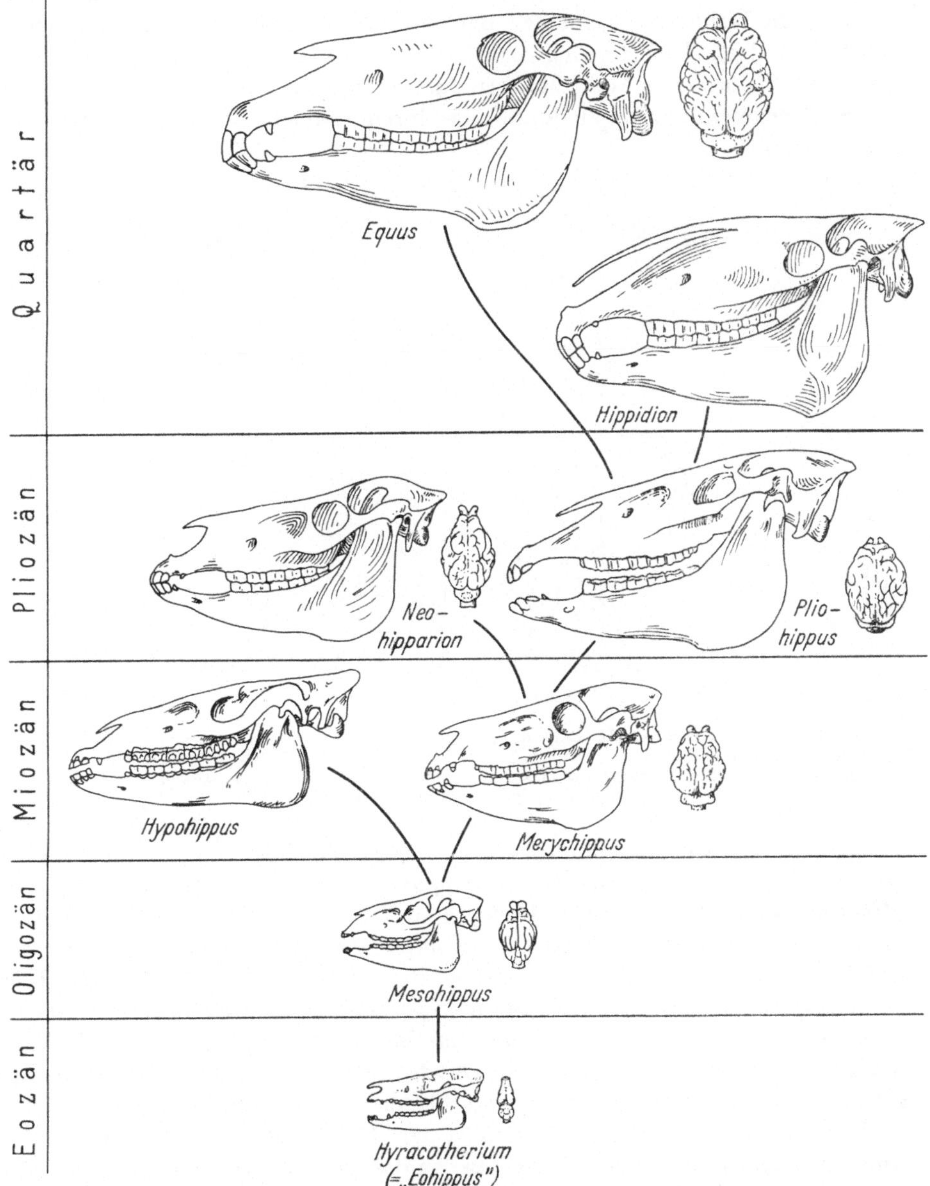

Abb. 41. Evolution der Equidae II (Schädel und „Gehirn"). Auswahl. Beachte Größenzunahme, Proportionsverschiebung sowie die Gehirnentwicklung, indem im Oligozän der Huftiercharakter, im jüngeren Miozän der equine Habitus ausgebildet erscheint. Maßstäblich verkleinert. (Kombiniert nach G. G. SIMPSON 1951 und T. EDINGER 1948)

durch Diastemata von den Incisiven und den Prämolaren getrennt. Im Verlauf des Miozäns kommt es plötzlich zur Ausbildung der Kionodontie, d. h. zu allseitig hochkronigen Backenzähnen *(Merychippus)*, die bei den geologisch jüngeren Equiden nur noch etwas gesteigert wird. Sie wird mit der Entfaltung der hartstengligen Gramineen (Steppengräser) in Verbindung gebracht (DIETRICH 1949).

Mit dem Höhenwachstum der Backenzähne hat sich auch das Kronenbild selbst verändert. Ursprünglich mehrhöckerig, kommt es zur Bunoselenodontie, später bei W-förmigen Außenhöckern zur Lophoselenodontie und schließlich bei den Säulenzähnen zur Lophodontie, die durch Schmelzfältelung noch gesteigert werden kann.

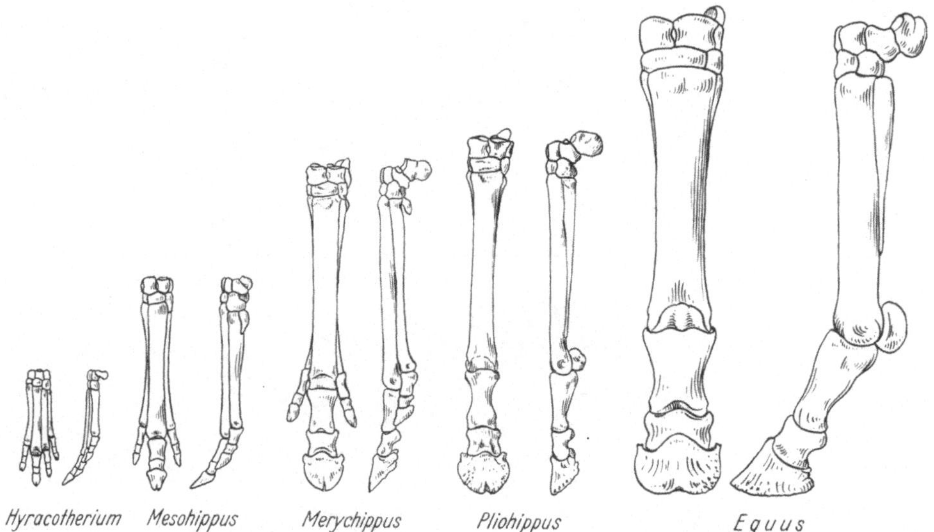

Abb. 42. Evolution der Equidae III (Extremitäten). Handskelet der wichtigsten Gattungen in Frontal- und Seitenansicht. Beachte allgemeine Größenzunahme und Reduktion der seitlichen Zehenstrahlen zu Griffelbeinen, vom vierzehigen alteozänen *Hyracotherium* bis zum einhufigen rezenten *Equus*. Maßstäblich verkleinert. (Nach G. G. SIMPSON 1951, verändert)

Auch die Gehirnentwicklung verlief nicht gleichmäßig. Ausgehend von einem sehr primitiven Säugergehirn bei „*Eohippus*", wird erst im Oligozän *(Meso-* und *Miohippus)* der Ungulatencharakter des Gehirns geprägt. Im Miozän kommt es rasch zu einer Vergrößerung und zur Komplikation *(Merychippus)* der Furchen des Gehirns und damit zur equinen Gestalt desselben (T. EDINGER 1948; s. Abb. 41).

Im ganzen gesehen stellt die Stammesgeschichte der Equiden jedenfalls kein Beispiel einer orthogenetischen Evolution dar, sondern eine durch das Auftreten neuer Evolutionsrichtungen (z. B. Grasfresser) und wiederholter Entfaltung gekennzeichnete Entwicklung mit verschieden hoher Evolutionsgeschwindigkeit.

Vom alteozänen *Hyracotherium* führt der Hauptstamm über das mitteleozäne *Orohippus* zum jungeozänen *Epihippus*, an das sich im Oligozän *Meso-* und *Miohippus* anschließen lassen, die im Miozän von *Archaeohippus* bzw. *Anchitherium* (einschließlich *Paranchitherium*) abgelöst werden, um mit *Hypohippus* (= „*Megahippus*") im Pliozän zu enden.

Wesentlich für den Hauptstamm ist die bei den Endformen nur schwache Hypsodontie der Backenzähne und die Dreihufigkeit, die sie als laubfressende Waldpferde kennzeichnen. Außer dieser Hypsodontie kommt es im wesentlichen nur zu einer Größenzunahme innerhalb dieses Stammes. Viel wichtiger ist jedoch die Entwicklung jener Seitenlinie, die vom oligozänen *Miohippus* über das miozäne *Merychippus* (Subgenus *Protohippus*) zum pliozänen *Pliohippus* bzw. *Astrohippus* führt, denn sie endet in der Gattung *Equus*, der die pleistozänen und rezenten Pferdearten angehören. Bei *Merychippus* tritt nicht nur die Verlängerung der Backenzähne ein, sondern auch die Zementeinlagerung in die Kronenelemente.

Miozäne *Merychippus*-Arten (Subgenus *Merychippus*) bilden die Ausgangsformen für die dreizehigen Hipparionen, die einst als Ahnen der Einhufer angesehen wurden (Antonius, Abel), jedoch nur einen ausgestorbenen Seitenzweig darstellen (Stehlin 1929, Stirton 1940) (s. S. 212). Eine weitere erloschene Seitenlinie bildet die Gattung *Calippus*, die ebenfalls auf *Merychippus* zurückgeht. Damit wird die stammesgeschichtliche Bedeutung der Gattung *Merychippus* deutlich.

Betrachtet man nur den Ablauf der Entwicklung von *Hyracotherium* zu *Equus*, so scheint dieser wohl ein Beispiel für eine Orthogenese zu bilden, doch ist dies nur durch die Betrachtungsweise gegeben. Bestimmte Entwicklungstendenzen treten wohl innerhalb verschiedener Stämme auf. Dadurch bildet die Equidenphylogenie in ihrer Gesamtheit ein typisches Beispiel für zunehmende Spezialisierung und damit stammesgeschichtlich gesehen eine Sackgassenentwicklung, im Gegensatz etwa zur evolutionsmäßig ausbaufähigen menschlichen Stammesgeschichte. Wie Antonius (1932) mit Recht betont, bilden die Einhufer eine aussterbende Gruppe.

Im Gegensatz zu der Einhelligkeit über die Evolution der tertiären Equiden gehen die Ansichten über die stammesgeschichtlichen Zusammenhänge der quartären Equiden stark auseinander, was durch die verschiedene stammesgeschichtliche Bewertung und durch das Fossilmaterial bedingt ist. Die durch Quinn (1955) angenommene Trennung der rezenten Pferde- (Unter-) Gattungen (z. B. *Hippotigris*, *Equus*, *Asinus*) im mittleren Miozän beruht auf einer irrigen Alterseinstufung von fossilen Säugetierfaunen aus Texas. So entspricht die Cold Spring-Fauna nicht dem Late Hemingfordian (= Mittelmiozän), sondern dem Clarendonian (= Altpliozän), die Lapara Creek-Fauna nicht dem Late Barstovian (Jungmiozän), sondern dem Hemphillian (= Jungpliozän). Die Trennung obenerwähnter „Gattungen" erfolgte frühestens im jüngeren Pliozän. In Anbetracht der gleitenden Übergänge zwischen *Astrohippus* und rezenten Equiden-„gattungen" ist auch die Fassung der einzelnen Gattungen unter den einzelnen Autoren nicht einheitlich.

So zeigen die geologisch ältesten Einhufer, die im jüngsten Tertiär in Nordamerika bzw. im ältesten Pleistozän in Eurasien auftraten, zahlreiche primitive (= zebrine bzw. asinide) Merkmale (z. B. kleiner Protoconus an den Oberkieferbackenzähnen, V-förmiger Einschnitt zwischen Metaconid und Metastylid an den Unterkieferbackenzähnen, langer Schädel, schlanke distale Extremitätenknochen), weshalb sie verschiedentlich als Zebras (*Hippotigris*) oder Esel (*Asinus*) angesehen wurden. Zu diesen primitiven ältestquartären Equiden gehören *Astrohippus mexicanus* und *Plesippus simplicidens* in Nordamerika, *Allohippus*[1] *stenonis* in Europa und *A. cautleyi* in Asien (vgl. Hopwood 1936). Derart primitive Merkmale finden sich gegenwärtig nur bei zebrinen Pferden, nicht hingegen bei

[1] *Allohippus* Kretzoi (1938) ist möglicherweise kongenerisch mit *Plesippus*.

den progressiven caballinen Equiden. *Allohippus stenonis* des Villafranchiums (Ältestquartär) kann als etwas polymorphe Stammform sowohl der zebrinen als auch caballiner Pferde angesehen werden (GROMOVA 1949). Sie lassen sich vom pliozänen *Pliohippus* (Subgenus *Astrohippus*) ableiten (STIRTON 1940, 1942, vgl. McGREW 1944). *Equus suessenbornensis* aus Europa und *sanmeniensis* aus Asien sind Übergangsformen zu rein caballinen Pferden, die in Europa erstmalig mit *Equus mosbachensis*[1] im älteren Quartär nachgewiesen sind. In Nordamerika traten die ersten echten *Equus* (s. str.)-Arten mit der Hay Springs-Fauna zusammen mit *Archidiskodon*, *Mammonteus* und *Bison* auf. Während in Afrika zebrine Equiden (Grevy-Zebra, Quaggas und Bergzebra) sich bis in die Jetztzeit gehalten haben, starben sie in Eurasien bereits im Laufe des Pleistozäns aus (HOPWOOD 1936). In Nord- und Südamerika lassen sich auch noch an jungpleistozänen Equiden zahlreiche zebrine Merkmale (z. B. Fehlen von Marken an den Incisiven; s. *Amerhippus* bei HOFFSTETTER 1950) beobachten. Diese zebrinen Merkmale sind durchaus kein Gradmesser näherer Verwandtschaft, sondern erklären sich aus den gemeinsamen Stammformen.

Der caballine Stamm ist im älteren Quartär Europas durch große Formen (*Equus mosbachensis*) vertreten gewesen und als *E.* „*taubachensis*" und *E.* „*abeli*" auch noch im jüngeren Pleistozän nachgewiesen. Es sind jedoch Formen, die sich von *E. mosbachensis* artlich nicht trennen lassen. Daneben existierten verschiedene mittelgroße Formen (*E. germanicus* = *remagenensis*, *E. przewalskii*, *E. chosaricus* usw.), die sich vor allem im Bau des Schädels und der Gliedmaßen unterscheiden (GROMOVA 1949). Caballine Pferde waren demnach im europäischen Pleistozän nicht nur durch einen einzigen, langsam an Größe abnehmenden Stamm vertreten, wie NOBIS (1955) annimmt. Ob jedoch das jungpleistozäne Pferd Europas zu *E. przewalskii* gehört und damit diese Art auch im europäischen Pleistozän nachgewiesen ist, ist umstritten. Während nämlich allgemein das spätglaziale Magdalenienpferd West- und Mitteleuropas mit dem mongolischen Wildpferd identifiziert wird (vgl. HERRE 1939, DIETRICH 1949, LEHMANN 1954), weicht dieses nach GROMOVA (1949) im Extremitätenbau vom rezenten mongolischen Wildpferd ab. Auch über dessen Wildnatur gehen die Ansichten auseinander, indem *E. przewalskii* verschiedentlich als verwildertes und vielfach vermischtes Hauspferd angesehen wird (vgl. FLOWER, SKORKOWSKI 1955).

Die durch ANTONIUS, HILZHEIMER, VETULANI, GROMOVA u. a. angenommene Existenz eines zweiten caballinen Wildpferdes (Tarpan oder „Waldpferd", „*Equus gmelini*") im ausgehenden Pleistozän und in geschichtlicher Zeit hat sich nicht bestätigen lassen. Die Schädelmerkmale des sog. Tarpans (kurzschnauziger Schädel mit konkavem Stirnprofil usw.) sind als Haustiermerkmale aufzufassen (SKORKOWSKI 1934, NOBIS 1955). Dadurch kommt für die heutigen caballinen Hauspferde nur *Equus przewalskii* als Stammform in Betracht.

Mit der Domestikation tritt im allgemeinen eine Erhöhung der Variabilität ein. Sie ist jedoch auch für die Populationen der rezenten Wildpferde kennzeichnend. Gelegentlich sind aufrechte Mähne, Aalstrich und Schulterstreifen als „atavistische" Merkmale bei Hauspferden noch zu beobachten (ANTONIUS 1936, HOLECEK-HOLLESCHOWITZ 1937, SCHÄFER 1937). Die verschiedenen Hauspferd-

[1] Die angeblich caballinen Pferde des Ältestquartärs fallen in die Variationsbreite von *Allohippus stenonis* (z. B. *Equus bressanus* VIRET = *E. robustus* usw.; s. DIETRICH).

typen (s. FRANCK, SANSON, NEHRING, DUERST usw.) sind im Zusammenhang mit der Domestikation entstandene Formtypen. Schwere Pferde (Kaltblüter) sind reine Zuchtprodukte, die erst in geschichtlicher Zeit auftreten. Ein direkter genetischer Zusammenhang mit den schweren pleistozänen Wildpferden besteht nicht. Dasselbe gilt für die Ponys, die verschiedene Autoren mit mikrodonten eiszeitlichen Wildpferden in direkte Verbindung bringen wollen (z. B. ALIMEN 1946). Hauspferde treten erstmalig im Neolithikum auf (vgl. S. 274). Größenbedingte Unterschiede sind vielfach als Wuchsformen gedeutet worden und waren Anlaß zu Meinungsverschiedenheiten.

In Nord- und Südamerika sind die einst heimischen Wildpferde vollkommen ausgestorben. Die heutigen Pferde der Neuen Welt sind ausnahmslos durch den Menschen eingeführt worden; die Mustangs sind verwilderte Hauspferde. Im südamerikanischen Pleistozän waren verschiedene Arten vertreten, die zum Teil durch ihre eigenartig gestaltete Nasenregion von *Equus* abwichen (*Hippidion*, *Onohippidium*; SEFVE 1912). Die südamerikanischen Wildpferde können auf das nordamerikanische *Pliohippus* zurückgeführt werden.

Die Wildesel (Subgenus *Asinus*) gehen vermutlich auf kleine Formen des *Allohippus stenonis*-Formenkreises zurück, der sich wiederum von nordamerikanischen *Astrohippus*-Formen ableiten läßt. Gegenwärtig in zwei fast ausgestorbenen Rassen auf das östliche Nordafrika beschränkt, waren Wildesel im Pleistozän und im Neolithikum auch in Europa und Vorderasien *(E. hydruntinus)* verbreitet (STEHLIN u. GRAZIOSI 1935; BATE 1937; GROMOVA 1949; BÖKÖNY 1954). *Equus hydruntinus* wird allerdings nicht einhellig als echter Wildesel angesehen (ALIMEN 1946). In geschichtlicher Zeit existierte eine gegenwärtig ausgestorbene Wildeselrasse *(E. [A.] asinus atlanticus)* in der Berberei. Der Ursprung der Hausesel ist zwar noch nicht ganz geklärt, doch hat sich die Ansicht durchgesetzt, daß die Domestikation im nordafrikanischen Raum zur Zeit der Negada I-Kultur (etwa 3000 v.Chr.) erfolgte (BOESSNECK 1953).

Die Pferde- oder Halbesel, die auf die gleichen Stammformen zurückgehen dürften wie die Wildesel, waren im Pleistozän ebenfalls weiter verbreitet und sind auch aus Europa nachgewiesen (DIETRICH 1959). Sie bilden gegenwärtig zwei Rassenkreise *(Hemionus*; *Onager [= Equionus]* und *Hemippus)*, von denen der zentralasiatische mit Kiang und Kulan caballine, der vorderasiatische *(Onager* und *Hemippus)* asinide Formen umfaßt, wobei nicht nur die Größe von Westen nach Osten zunimmt, sondern auch der pferdeähnliche Habitus, indem der tibetische Kiang dem Przewalski-Pferd am nächsten kommt (SCHAEFER 1937). *Equus sivalensis* kann als primitiver Vertreter der Pferdeesel angesehen werden. Unter den lebenden Kiangs verhält sich nach TRUMLER (1959) die nepalische Form am urtümlichsten. Die Domestikation von Pferdeeseln wird von kulturgeschichtlicher Seite wohl als erwiesen betrachtet, ist jedoch nicht mit Sicherheit belegt. Der Fang und die Verwendung von Onagern als Zugtiere ist durch sumerische Darstellungen allerdings bezeugt (ANTONIUS 1939, HANČAR 1956).

Die als Zebras zusammengefaßten, gestreiften Equiden Afrikas sind untereinander kaum näher verwandt als die übrigen rezenten Einhufer. Es lassen sich gegenwärtig drei Formengruppen unterscheiden, von denen das Grevy-Zebra *(Equus [Dolichohippus] grevyi)* als primitivste, die fast ausgestorbenen Bergzebras *(E. [Hippotigris] zebra)* Südafrikas als „asinide“ (lange Ohren, schmale Hufe,

Schwanz mit Endquaste) und die Quaggas *(E. [H.] quagga)* als „caballine" (Ohren kurz, Hufe breiter, Schwanzquaste höher ansetzend) bezeichnet werden können. Die Verbreitung und rassische Differenzierung bringt ANTONIUS (1937) mit drei, offenbar ursprünglich getrennten Steppengebieten (Somaliland, Ostafrika und Kapland) in Verbindung. Unter den Quaggas kommt es vom Norden nach Süden fortschreitend zur Auflockerung und zum Schwund der Fellstreifen, die beim im 19. Jahrhundert ausgerotteten echten Quagga *(E. [H.] quagga quagga)* des Kaplandes ihr Extrem erreichte (s. Abb. 43). Die Rassenunterschiede stehen in Zusammenhang mit der von Ostafrika nach dem Kapland erfolgten geographischen Ausbreitung und besitzen annähernde Parallelen unter den Giraffen und anderen Paarhufern. Wenn auch deutlich getrennte geographische Rassen sich unter den Quaggas kaum unterscheiden lassen, so zeigen die Populationen die Merkmalsverschiebung von Norden nach Süden deutlich (ANTONIUS 1951). Das nördliche Böhm-Zebra *(E. [H.] quagga böhmi)* besitzt die volle Streifung, während sich bei E. *(H.) quagga antiquorum* bereits der Schwund der Beinstreifung und das Auftreten von Zwischenstreifen auf der Hinterhand bemerkbar machen. Das ebenfalls schon ausgerottete Burchell-Zebra *(E. [H.] quagga burchelli)* des nördlichen Kaplandes war völlig weißbeinig, und das echte Quagga *(E. [H.] quagga quagga)* als Extremform war nur mehr an Kopf, Hals und Schulter gestreift. Im Pleistozän waren Zebras auch in Eurasien und Nordafrika verbreitet. Riesenformen sind aus Afrika bekanntgeworden. Noch in vorgeschichtlicher Zeit waren Bergzebras bis zum Oranje-River verbreitet (LUNDHOLM 1952). Auch die Zebras lassen sich auf *Pliohippus*-Formen zurückführen. Direkte verwandtschaftliche Beziehungen zu Hipparionen, wie sie KATTINGER (1953) annimmt, bestehen nicht.

Einen ausgestorbenen Seitenzweig des Hauptstammes bilden — wie schon kurz angedeutet — die dreizehigen plio-pleistozänen Hipparionen, die vom nordamerikanischen *Merychippus* (Subgenus *Merychippus)* ausgehend, als Steppenformen in großen Herden über Nordamerika, Eurasien und Afrika verbreitet waren. Es werden nach Gebißmerkmalen mehrere Gattungen (*Hipparion*, *Neohipparion*, *Nannippus* usw.) unterschieden, innerhalb derer sich verschiedene (Öko-)Rassen entwickelt haben. Die Hipparionen starben im Tertiär bzw. im Pleistozän wieder aus, ohne zu Einhufern geworden zu sein. In der Zahnkronenhöhe haben sie allerdings *Equus* erreicht (*Hypso-* bzw. *Stylohipparion* des afrikanischen, *Hipparion crusafonti* des europäischen Pleistozäns; s. DIETRICH 1942, CRUSAFONT 1958). Bau der Gliedmaßen, des Schädels und auch des Gebisses zeigen, daß die Hipparionen einem blind endenden Stamm angehören. Kennzeichnend ist an den Oberkieferbackenzähnen der bis nahe zur Basis von der übrigen Krone abgeschnürte Protoconus. *Hemihipparion* kann als etwas primitivere Gattung des altweltlichen Pliozäns angesehen werden (WEHRLI 1941, CRUSAFONT 1958).

Ursprünglich nur in Nordamerika und Europa heimisch *(„Eohippus" = Hyracotherium)*, spielte sich die eigentliche Geschichte der Equiden in Nordamerika ab, und nur zu verschiedenen Zeiten erreichten Einwanderungswellen die Alte Welt über die einst landfeste Beringstraße (*Anchitherium* — Miozän, *Hipparion* — Pliozän, *Equus* — Pleistozän). Dennoch fehlten im jüngeren Eozän und im Oligozän Eurasiens pferdeartige Huftiere nicht. Es waren dies die Palaeotherien, die in mehreren Stammlinien *(Plagiolophus, Propalaeotherium, Palaeotherium)* in

Eurasien verbreitet waren und auch Großformen entwickelten (*Palaeotherium magnum* von Nashorngröße). Sie starben jedoch bereits im älteren Oligozän

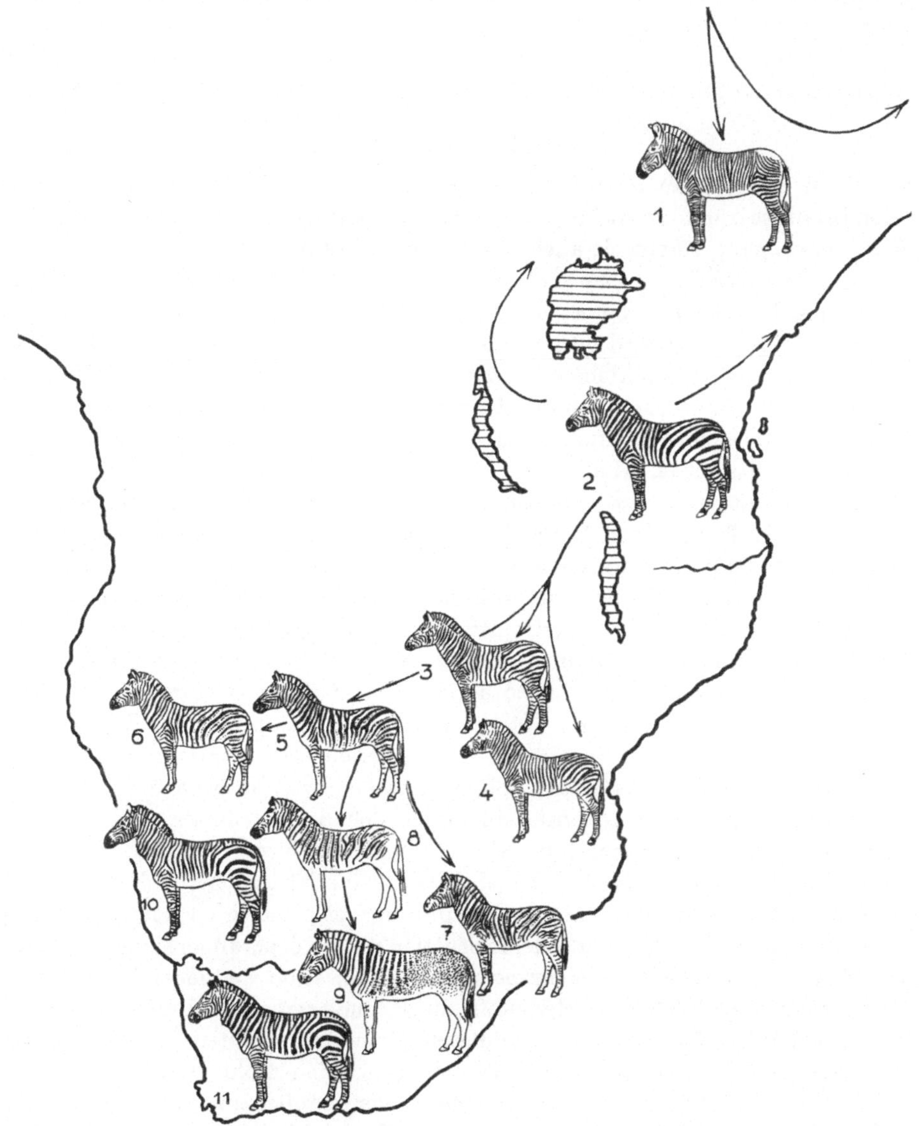

Abb. 43. Die Verbreitung der Zebras und ihre rassische Differenzierung. *1* Grevyzebra *(Equus [Dolichohippus] grevyi)*, *2—9* Steppenzebras oder Quaggas, deren einzelne „Rassen" sich durch die Streifung unterscheiden. Zunehmende Auflockerung durch Zwischenstreifen bzw. Schwund der (Bein-) Streifen, die ihren Höhepunkt beim ausgerotteten Quagga erreichte. *2 Equus (Hippotigris) quagga böhmi*, *3 E. (H.) qu. selousi*, *4 E. (H,) qu. foia*, *5 E. (H.) qu. chapmani*, *6 E. (H.) qu. antiquorum* (Westform), *7 E. (H.) qu. antiquorum* (Ostform), *8 E. (H.) qu. burchelli*, *9 E. (H.) qu. quagga*, *10—11* Bergzebras, *10 Equus (Hippotigris) zebra hartmannae*, *11 E. (H.) z. zebra*. Die Anordnung entspricht weitgehend der (einstigen) räumlichen Verbreitung. (In Anlehnung an O. ANTONIUS 1951, zusammengestellt von E. THENIUS 1954)

wieder aus. Zu den geologisch jüngsten Arten zählen *Palaeotherium duvali* und *P. mühlbergi* (LAVOCAT 1951). Sie unterscheiden sich in zahlreichen Merkmalen

(Schädel, Gebiß und Gliedmaßen) von den Equiden und werden deshalb als eigene Familie aufgefaßt. Im Habitus erinnerten die Palaeotherien bis auf die mehr pferdeartige Schnauze an Tapire (s. Abb. 39). Das lophoselenodonte Backengebiß zeigt bereits im jüngeren Eozän eine deutliche Hypsodontie samt Zementeinlagerung und Molarisierung der Prämolaren. Ähnliche Erscheinungen (Hypsodontie im Eozän) finden sich auch bei den Amynodontiden unter den Nashörnern.

Titanotherien (+ *Brontotheriidae*)

Einen weiteren ausgestorbenen Unpaarhuferstamm bilden die Titanotherien oder Brontotherien, die auf das ältere Tertiär beschränkt, aus Nordamerika und Asien sowie ganz vereinzelt auch aus Europa bekannt wurden.

Die Titanotherien geben neben der „Pferdereihe" ein weiteres, sehr gut bekanntes Beispiel für die Evolution einer Säugergruppe. Wesentlich ist, daß innerhalb einer bedeutend geringeren Zeitspanne (etwa 25 Millionen Jahre) ihre gesamte Geschichte von kleinen Frühformen bis zu den fast elefantengroßen Endformen ablief. Abgesehen von den Dimensionen waren die Änderungen im Schädelbau recht beachtlich, indem bei den späten Formen regelmäßig knöcherne Fortsätze auftraten (s. Abb. 44).

Neuere Untersuchungen haben zu Modifikationen der Osbornschen Vorstellungen (1929) über den Verlauf der Titanotherienphylogenie geführt (Clark 1937; Granger u. Gregory 1943), die auch tiergeographisch bedeutsam sind. Es lassen sich innerhalb der Titanotherien mehrere Stammlinien unterscheiden.

Lambdotherium aus dem nordamerikanischen Alteozän (Wasatchian) ist die älteste und primitivste Gattung. Sie ähnelt stark den ältesten Pferdeartigen, besonders den altweltlichen Palaeotheriiden, so daß gemeinsame Stammformen angenommen werden können. Während sich in Nordamerika die Titanotherien entwickelten, waren es in Europa die Palaeotherien. Nur knapp größer als *Hyracotherium* besaß *Lambdotherium* schlanke, vier- bzw. dreizehige Gliedmaßen, einen recht ursprünglich gebauten, niedrigen Schädel mit hinten offenen Orbitae und einem brachyodonten, bunoselenodonten Backenzahn- sowie einem vollständigen Vordergebiß. Der Schädel besaß keinerlei knöcherne Fortsätze.

Die nun einsetzenden, durch Fossilfunde reich belegten morphologischen Veränderungen betrafen vor allem Schädel und Körperdimensionen, während Gebiß und Gliedmaßenbau den ursprünglichen Charakter weitgehend beibehielten. Die Backenzähne blieben brachyodont, die Prämolaren wurden nicht molarisiert. Nur am Vordergebiß und am vordersten Prämolar machten sich Reduktionserscheinungen bemerkbar. Die Gliedmaßen wurden wohl stämmiger, und die Proportionen änderten sich entsprechend der Größenzunahme, sie erfuhren jedoch keine Reduktion der Seitenzehen. Kennzeichnend waren hingegen die Veränderungen im Bau des Schädels, der nunmehr, ausgehend von schwachen Anschwellungen, knöcherne Fortsätze ausbildete, die bei den oligozänen Riesenformen infolge des allometrischen Wachstums beträchtliche Ausmaße erreichten (s. Abb. 44). Gleichzeitig wurde der Facialschädel verkürzt, der Hirnschädel verlängert, ohne daß jedoch das Gehirn wesentliche Veränderungen erfuhr. Es blieb auch bei den Endformen außerordentlich klein (T. Edinger 1929).

Die wichtigste Ahnenreihe innerhalb der Brontotheriiden wird durch die Gattungen *Limnohyops* (älteres Bridgerian = älteres Mittel- bzw. jüngstes Alteozän), *Manteoceras* (jüngeres Bridgerian = jüngeres Mitteleozän), *Protitanotherium* (Uintan = Jungeozän) und *Brontops* (Chadronian = Altoligozän) gebildet, die auf Nordamerika beschränkt blieb (Unterfamilie Brontopinae). Wie GRANGER

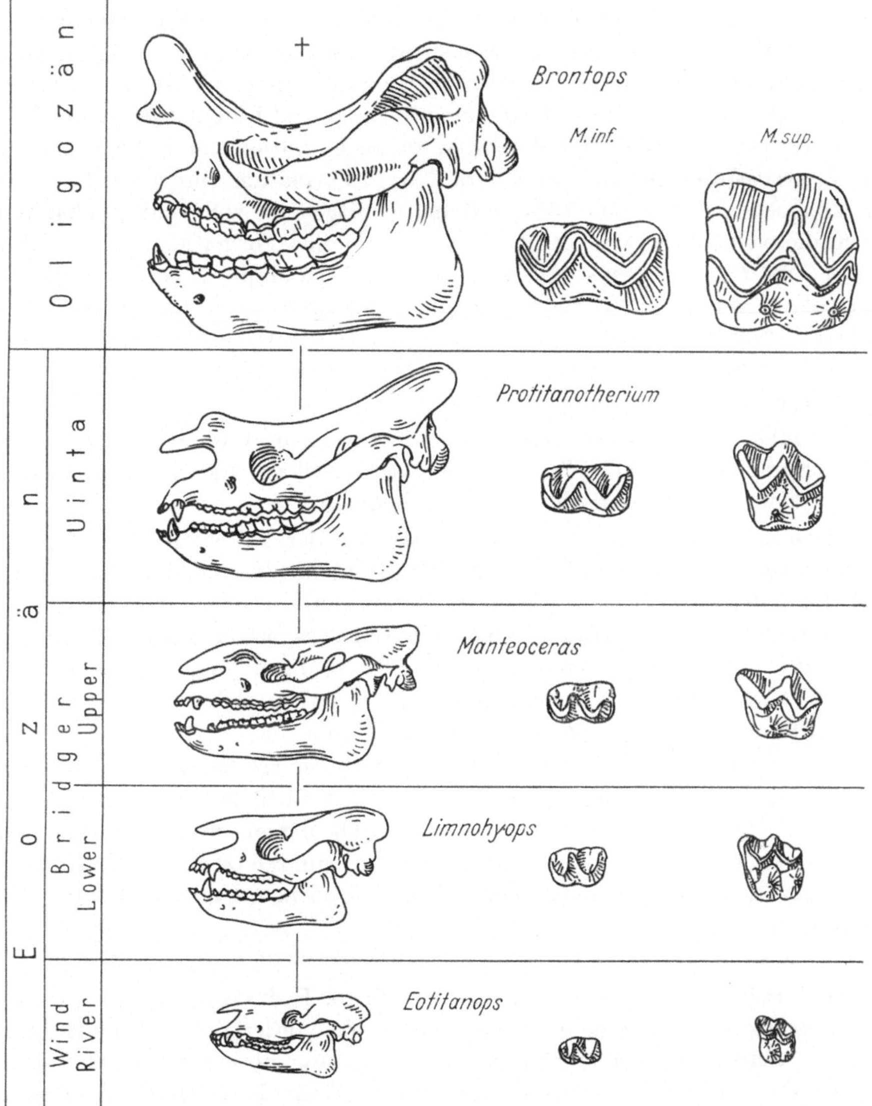

Abb. 44. Evolution der Brontotheriidae (Titanotherier). Schädel und Gebiß (M inf. und M sup.). Ahnenreihe. Beachte Größenzunahme und Differenzierung des Schädels bei morphologisch unverändertem Gebiß. (Nach H. F. OSBORN 1929, verändert)

u. GREGORY (1943) zeigen konnten, sind die vermeintlichen nordamerikanischen Titanotheriergattungen des mongolischen Jungeozäns Parallelentwicklungen („*Protitanotherium*" und „*Manteoceras*" bei OSBORN = *Protitan* bzw. *Rhinotitan*, „*Metarhinus*" = *Microtitan*, „*Telmatherium*" = *Gnathotitan*), die sich auf mittel- und jungeozäne nordamerikanische Gattungen zurückführen lassen (Telmatherien). Sie beweisen den damaligen Faunenaustausch über die Beringstraße, der auch durch andere Säugetiergruppen bestätigt wird (Artiodactylen, Lagomorphen, Rodentier usw.). Andererseits ist die Übereinstimmung zwischen den altoligozänen mongolischen Gattungen *Parabrontops* und *Metatitan* und den nordamerikanischen *Brontops* und *Menodus* im Gebiß so groß, daß es gewagt erscheint, sie als Parallelentwicklungen zu bezeichnen. Sie sind vermutlich durch direkte Einwanderung zu erklären. Granger u. Gregory unterscheiden drei asiatische Stämme (Metatelmatheriinae, Epimanteoceratinae und Embolotheriinae). Besonders interessant sind die Embolotherien, deren Evolution durch die Entdeckung von *Protembolotherium* aus der Shara Murun-Formation (jüngeres Jungeozän) der Mongolei (Janovskaja 1954) nunmehr weitgehend vollständig bekannt ist, indem diese Gattung zwischen *Protitan* (Irdin Manha-Formation = älteres Jungeozän) und *Embolotherium* (Ulan Gochu- und Houldjin-Oligozän) vermittelt. *Titanodectes* gehört einer Seitenlinie an. Charakteristisch für die asiatischen Embolotherien sind die enorm entwickelten, spitzenwärts verbreiteten Nasenhörner, die jene der nordamerikanischen Formen übertreffen. Sie zählen dadurch zu den spezialisiertesten Titanotherien.

Ebenfalls auf primitive Palaeosyopinae zurückzuführen sind die hornlosen Dolichorhiniden und die Telmatherien Nordamerikas, von denen letztere die Ausgangsformen der asiatischen Stämme bildeten.

Interessant ist das „plötzliche" Aussterben der Brontotheriiden in Nordamerika mit dem Ende des Altoligozäns (Chadronian). In Asien lebten sie dagegen noch im mittleren Oligozän (Houldjin-Formation). Dieses unvermittelte Verschwinden einer ganzen Gruppe zählt zu den bemerkenswertesten Erscheinungen und dürfte mit einschneidenden Umweltänderungen (Trockenerwerden des Klimas) in Zusammenhang stehen, denen die zu hochspezialisierten Riesenformen entwickelten Titanotherien nicht gewachsen waren.

Als Ganzes gesehen bilden die Brontotheriidae ein Beispiel der Evolution einer Gruppe von Säugetieren, die sich bei gleichbleibenden Umweltbedingungen von kleinen Arten zu Riesenformen entwickelt haben, wobei nur bestimmte Skeletmerkmale eine zunehmende Spezialisation erfuhren (z. B. Schädel), während Gebiß und Gliedmaßen, abgesehen von der Größenzunahme, sich konservativ verhalten.

Chalicotherien (+ Chalicotheriidae)

Die Chalicotherien bilden eine ausgestorbene Huftiergruppe, die durch die Verlängerung der mit riesigen Krallen versehenen Vordergliedmaßen einen eigenartigen Habitus besessen haben müssen. Dies war übrigens auch der Grund, weshalb sie ursprünglich — solange nur sehr unvollständige Skeletreste vorlagen — in die Verwandtschaft der „Edentaten" gestellt wurden. Im Gebiß den Titanotherien weitgehend entsprechend, zeigt auch der Schädel, daß es sich um eigenartig spezialisierte Huftiere handelt.

Die geologisch ältesten Chalicotheriiden (Eomoropinae) sind aus dem Jungeozän von Nordamerika und Ostasien bekannt geworden (*Eomoropus*, *Grangeria*). Im Tertiär in Eurasien, Afrika und Nordamerika verbreitet, starben sie im Pleistozän aus. Die ältesten Arten verhalten sich bedeutend primitiver (schlanke Gliedmaßen mit noch nicht zu Hufkrallen umgebildeten Endphalangen,

Backenzahngebiß brachyodont und nicht reduziert usw.), doch schließen gewisse Spezialisationsmerkmale (z. B. reduziertes Vordergebiß) diese Formen als Stammformen der geologisch jüngeren Chalicotherien aus. Diese besaßen riesige Hufkrallen, denen vermutlich eine enterhakenartige Funktion zukam (vgl. SCHAUB 1943).

Unter den posteozänen Chalicotherien lassen sich zwei Hauptstämme unterscheiden. Die Schizotheriinae mit Tendenz zum hypsodonten Backenzahngebiß und die Chalicotheriinae mit brachyodontem Gebiß (COLBERT 1934). Wie bei den Titanotherien erfolgt keine Molarisierung der Prämolaren bei Reduktion des Vordergebisses. Die Hypsodontie ergreift jedoch nur die selenodonte Außenwand der Backenzähne, während die Innenhöcker brachyodont bleiben, wodurch die Zähne infolge des einseitigen Höhenwachstums sich nach innen krümmen (*Postschizotherium* p. p., s. TEILHARD DE CHARDIN u. LICENT 1936).

Während die Schizotheriinae durch *Schizotherium*, *Phyllotillon*, *Ancylotherium* (= „*Metaschizotherium*“) und *Postschizotherium* in der Alten und *Moropus* in der Neuen Welt vertreten sind, zählen *Chalicotherium* (= „*Macrotherium*“) und *Nestoritherium* (= *Circotherium*) zu Gattungen der Chalicotheriinen. In Afrika hat sich die Gattung *Ancylotherium* bis ins Pleistozän erhalten, während sie in Europa bereits mit dem Altpliozän verschwindet (DIETRICH 1942). In Europa traten die ältesten richtigen Chalicotherien mit *Schizotherium* erstmalig im Altoligozän auf. Das Vorkommen im Eozän Ostasiens und Nordamerikas bestätigt die nahen faunistischen Beziehungen zwischen diesen beiden Kontinenten im jüngeren Eozän (vgl. BELIAEVA 1954).

Die Herkunft dieser Huftiergruppe ist noch in Dunkel gehüllt, doch gehen sie zweifellos wie die übrigen Perissodactylen auf Condylarthren zurück. Was den Anschluß an bestimmte Urhuftiere betrifft, ist man über Vermutungen bisher nicht hinausgekommen.

Paarhufer (Paraxonia oder Artiodactyla)

Die Paarhufer bilden eine einheitlich, durch den charakteristischen Fußbau gekennzeichnete Ordnung innerhalb der Säugetiere, deren Zusammengehörigkeit mit Ausnahme der Flußpferde, die als „Dickhäuter“ mit Unpaarhufern und Rüsseltieren in Verbindung gebracht wurden, frühzeitig erkannt worden war (BLAINVILLE, OWEN).

So einheitlich diese Gruppe von Säugetieren auch scheinen mag, so ist die nähere Verwandtschaft mit den übrigen Ungulaten, d. h. die genetische Einheit der Huftiere überhaupt, keineswegs allgemein anerkannt (s. MATTHEW 1937, REMANE 1954). Denn die Unterschiede im Fußbau gegenüber den Unpaarhufern sind beträchtlich. Doch lassen die Condylarthren nach SIMPSON (1945) auch eine Ableitung der Artiodactylen zu, so daß diese als gemeinsame Stammgruppe angesehen werden kann.

Durch Fossilfunde läßt sich die Geschichte der Paarhufer vom ältesten Eozän bis zur Gegenwart verfolgen. Wichtig für diese Geschichte ist die Homologisierung der Höcker der Backenzähne. Diese Erkenntnis ist das Verdienst H. G. STEHLINs. Wenn heute auch die darauf beruhende Dreigliederung in Hypoconifera, Caenotherioidea und Euartiodactyla nicht mehr aufrechterhalten werden kann (vgl. DEHM u. OETTINGEN 1958), indem der grundsätzliche Unterschied zwischen

Hypoconifera und Euartiodactyla wegfällt, so kommt den ausgestorbenen Caenotheriiden zweifellos eine isolierte Stellung zu. Bei ihnen wird der hintere Innenhöcker der Oberkiefermolaren durch den nach rückwärts verschobenen Protoconus gebildet anstelle des Hypoconus bei den Hypoconifera und den Euartiodactyla.

Eine weitere stammesgeschichtlich bedeutsame Erkenntnis bildet die sog. Neobunodontie der schweineartigen Paarhufer. Deren stumpfkonische Zahnhöcker entsprechen nicht dem ursprünglichen, bunodonten Ausgangszustand, sondern sind, nach STEHLIN (1899), sekundär über ein protoselenodontes Stadium erreicht worden (s. S. 222). Die typische Selenodontie läßt sich direkt vom bunodonten Zustand ableiten und ist erstmalig bei jungeozänen Formen nachgewiesen (GAZIN 1955).

Das Gebiß der ältesten Paarhufer zeigt weitestgehende Übereinstimmung mit Condylarthren, während die Gliedmaßen Gemeinsamkeiten mit den Creodonten aufweisen. Den bisherigen Fossilfunden nach zu schließen haben sich die Paarhufer im ältesten Tertiär (Paleozän) aus Condylarthren (Hypsodontiden bzw. Phenacodontiden) entwickelt.

Die geologisch ältesten Paarhufer stammen aus dem Alteozän (Wasatchian) von Nordamerika. Es sind Dichobuniden (*Diacodexis* aus dem Wind River-Becken von Wyoming). Allerdings sind die Übergangsstadien vom Condylarthrentarsus zum Artiodactylentarsus bisher noch nicht bekannt (SCHAEFFER 1948). Für diese Umbildung stand der Zeitraum des Paleozäns zur Verfügung.

Die zahlreichen aus dem Tertiär vorliegenden Fossilfunde haben gezeigt, daß die Paarhufer bereits damals eine große Formenfülle besaßen, und daß viele Familien heute ausgestorben sind (s. Abb. 45). Außerdem ist durch die Fossilien die Stammesgeschichte der einzelnen Paarhuferstämme weitgehend geklärt und ihr verschieden hohes geologisches Alter belegt.

Während im älteren Tertiär bunodonte und bunoselenodonte Paarhufer vorherrschten, waren im Jungtertiär die selenodonten häufiger. Gegenwärtig treten unter diesen nach der Formenfülle die Rinderartigen (Boviden) als geologisch jüngste Gruppe hervor.

Über die Großgliederung der rezenten Paarhufer bestehen kaum Differenzen. Im allgemeinen werden die primitiveren Bunodontia (= Nonruminantia oder Nichtwiederkäuer = Suiformes: Schweine und Flußpferde) den fortschrittlicheren Selenodontia (= Ruminantia oder Wiederkäuer[1]: Tylopoda, Tragulina und Pecora) gegenübergestellt, eine Gliederung, der annähernd die Zweiteilung in amastoide und mastoide Artiodactylen (PEARSON 1927) entspricht. Aber schon mit dieser Grundgliederung ist das Problem der Wiederkäuer verknüpft. Als Wiederkäuer (Ruminantia) werden jene Formen bezeichnet, die ihre aus Laub oder Gräsern bestehende Nahrung zur besseren Aufschließung doppelt kauen und die im Zusammenhang damit einen sehr kompliziert gebauten Magen besitzen. Wie sowohl anatomische Untersuchungen als auch Fossilfunde gezeigt haben, sind Wiederkäuer mindestens zweimal unabhängig voneinander unter den Paarhufern entstanden. Nämlich bei den Tylopoden oder Schwielenfüßern einerseits

[1] SIMPSON (1945) bezeichnet als Ruminantia nur die Tragulina und Pecora, schließt also die Tylopoden aus.

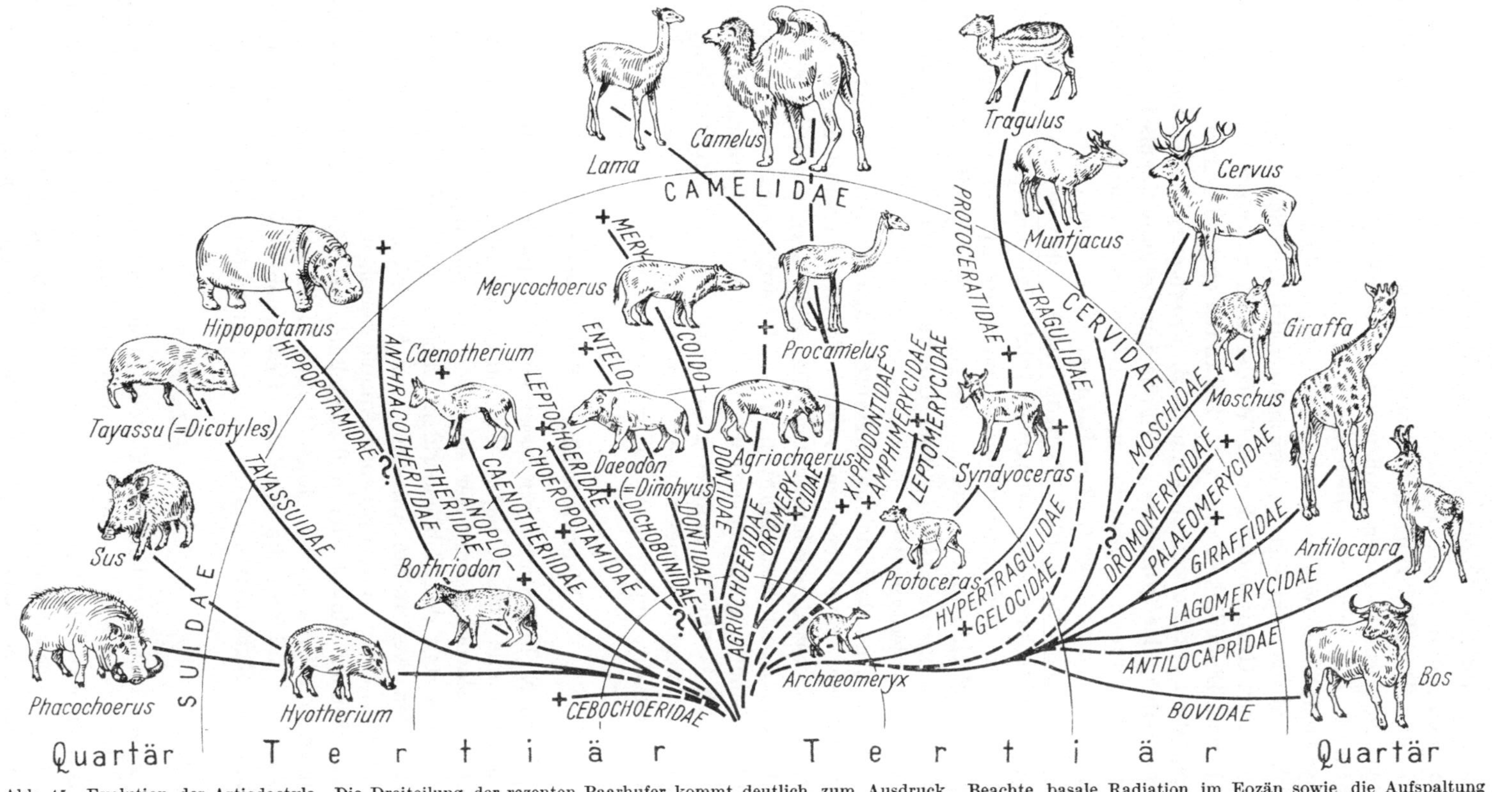

Abb. 45. Evolution der Artiodactyla. Die Dreiteilung der rezenten Paarhufer kommt deutlich zum Ausdruck. Beachte basale Radiation im Eozän sowie die Aufspaltung der Pecora an der Oligo-Miozänwende. Boviden, Antilocapriden und Giraffiden gehören zu den geologisch jüngsten Paarhufern. (Original THENIUS)

und bei den übrigen Wiederkäuern, also den Zwerghirschen, echten Hirschen, Giraffen und Hohlhörnern (Boviden und Antilocapriden) andererseits, wodurch sich die alte Dreigliederung in Suiformes, Tylopoda und Ruminantia (s. str.) anbietet, die zweifellos den großen stammesgeschichtlichen Zusammenhängen gerecht wird. Diese einfache Gliederung wird durch eine Fülle nur fossil bekannter Gruppen kompliziert, wie aus dem Übersichtsstammbaum (s. Abb. 45) hervorgeht.

So besteht über die engeren verwandtschaftlichen Beziehungen innerhalb der ausgestorbenen Gruppen der Pecora (Wiederkäuer mit vierteiligem Wiederkäuermagen) keine Einhelligkeit, was zum Teil durch eine noch unzureichende Fossildokumentation erklärt werden kann (z. B. *Triceromeryx*). Besonders diskutiert wird die Stellung der Dromomeryciden aus dem nordamerikanischen Jungtertiär. Es waren Paarhufer mit geweihartigen, jedoch nicht gewechselten Schädelfortsätzen, ähnlich den altweltlichen Lagomeryciden, die einerseits als Cerviden angesehen werden (FRICK 1937, STIRTON 1944), andererseits den Giraffen näher stehen sollen (PILGRIM 1941, CRUSAFONT 1952). Wie bereits SIMPSON (1945) ausführt, sind diese Meinungsverschiedenheiten durch die abweichende Interpretation der Merkmale zu erklären. Es steht außer Zweifel, daß die Giraffenartigen von primitiven hirschähnlichen Paarhufern abzuleiten sind, was auch für die Dromomeryciden zutrifft.

Eine stammesgeschichtlich interessante Frage ist die nach der Entstehung des Wiederkäuens, die leider niemals durch Fossilfunde gelöst werden kann. Das Wiederkäuen bietet den selenodonten Pflanzenfressern zweifellos einen Vorteil gegenüber den bunodonten Formen, indem die aufgenommene — entsprechend der verhältnismäßig geringen enthaltenen Nährstoffe — große Nahrungsmenge auch an durch Raubtiere weniger gefährdeten Stellen in Ruhestellung zerkaut und dadurch leichter aufgeschlossen werden kann. Das während der Äsung bestehende Gefahrenmoment ist dadurch stark vermindert.

Nichtwiederkäuer (Nonruminantia)

Unter den Nichtwiederkäuern lassen sich verschiedene, untereinander näher verwandte Stämme unterscheiden. Es sind einerseits die primitiven, heute ausgestorbenen Palaeodonta mit der zentralen Stammgruppe, nämlich den Dichobuniden, ferner mit den Cebochoeriden, Choeropotamiden, Leptochoeriden und Entelodontiden, weiters die Ancodonta (im Sinne von DEHM 1950, nicht MATTHEW 1929) mit den ausgestorbenen Anoplotherien und Anthracotherien sowie den noch lebenden Flußpferden und schließlich die Schweineartigen (Suina) mit den Suiden und Tayassuiden. Eine Gruppe für sich bilden die ausgestorbenen Caenotheriiden, während die ebenfalls erloschenen Oreodonten den Tylopoden und damit den Ruminantiern nahe stehen dürften (vgl. auch GAZIN 1955).

+ *Palaeodonta*

Als Palaeodonta werden verschiedene ausgestorbene Paarhufer zusammengefaßt. Es sind einerseits die primitiven Dichobunoidea, andererseits die spezialisierten Entelodontoidea. Als Dichobunoidea werden kleine, primitive alttertiäre Artiodactylen mit generalisiertem Schädelbau, getrennten Basicranialforamina, normalem Basicranium, knorpeliger Bulla, zentralgelegener Orbita und kompletter Gebißformel bezeichnet. Die Oberkiefermolaren bestehen aus fünf bis sechs Höckern, die penta- oder tetradactylen Gliedmaßen besitzen durchweg unverschmolzene Metapodien. Es sind die primitivsten Paarhufer überhaupt.

Unter den Dichobunoidea bilden die Dichobuniden nicht nur die ältesten und ursprünglichsten Paarhufer, sondern zugleich auch die Stammgruppe der übrigen Artiodactylen. Sie waren auf das nordamerikanische und eurasiatische Alttertiär beschränkt; es lassen sich mehrere Stammlinien unterscheiden. Die auf das ältere Eozän Nordamerikas (Wasatchian) beschränkten Diacodexinae, die Helohyinae, die mit *Helohyus* (Mitteleozän) über *Parahyus* zu *Achaenodon* (Jungeozän) zu verfolgen sind, und die artenreichen Homacodontinen mit *Microsus* — *Bunomeryx* — *Pentacemylus*, die vom Bridger B (Mitteleozän) bis zum jüngsten Uintan (Jungeozän) verfolgt werden können. Die Leptochoeriden lassen sich nach Gazin (1955) auf Diacodexinen, die Entelodontiden auf Helohyinen *(Helohyus)* zurückführen und vielfach wird die Gattung *Achaenodon* bereits als Entelodontide betrachtet (Simpson 1945, Colbert 1938). Es zeigt sich somit die intermediäre Stellung dieser Gattung.

Cebochoeriden und Choeropotamiden lassen sich mit Dichobuniden auf gemeinsame Stammformen zurückführen, die im Paleozän zu suchen wären. Während die Cebochoeriden auf das Eozän *(Cebochoerus, Choeromorus, Mixtotherium)* und Oligozän Europas beschränkt waren, sind die Choeropotamiden *(Choeropotamus)* auch aus Asien *(Khirtaria, Gobiohyus)* bekannt geworden (Colbert 1938). Aus Nordamerika sind sie bisher nicht beschrieben worden. Die einst als Choeropotamiden angesehenen Formen *(Lophiohyus, Parahyus, Helohyus)* betrachtet Gazin (1955) als Dichobuniden.

Interessant ist, daß sich innerhalb verschiedener Stämme unabhängig voneinander die Tendenzen zur Selenodontie bemerkbar machen, wie überhaupt im älteren Tertiär in Nordamerika und Europa verschiedene parallele Entwicklungslinien zu beobachten sind (z. B. Agriochoeridae — Anoplotheriidae; Camelidae — Xiphodontidae).

Die Entelodontoidea sind in vieler Hinsicht spezialisierter als die Dichobunoidea. Es handelt sich um große bunodonte Paarhufer mit zwei- oder dreizehigen Gliedmaßen, deren Metapodien nicht verschmolzen waren. Der Schädel ist stark modifiziert mit meist nach rückwärts verlagerten Orbitae, gut entwickelten Bullae, zusammengedrücktem Basicranium und mehr oder weniger verschmolzenen Foramina. Die Zahnformel ist vielfach etwas reduziert und die Oberkiefermolaren vierhöckerig und verlängert. Die Entelodontiden waren bis vor kurzem (wenn man *Achaenodon* aus dem Jungeozän Nordamerikas als spezialisierten Dichobuniden ansieht) nicht aus eozänen Ablagerungen bekannt, sondern nur aus posteozänen Schichten. Nun konnte Chow (1958) aus dem Jungeozän von China einen primitiven Entelodontiden *(Eoentelodon yunanense)* beschreiben, der als Ausgangsform von *Entelodon* und *Archaeotherium* betrachtet werden kann.

Bemerkenswert sind am Schädel die Fortsätze der Jochbögen und Auswüchse an der Mandibel, die ziemlich stark variieren und auch geschlechtliche Differenzen darstellen. Die Entelodontiden starben als hochspezialisierte Formen im Miozän wieder aus (Marinelli 1924).

Schweineartige (Suidae und Tayassuidae)

Unter den schweineartigen Paarhufern sind zwei Gruppen zu unterscheiden, die altweltlichen echten Schweine (Suidae) und die gegenwärtig ausschließlich neuweltlichen Nabelschweine (Tayassuidae = „Dicotylidae"), denen nunmehr allgemein Familienrang zuerkannt wird.

Beide Familien sind seit dem Beginn des Oligozäns fossil nachgewiesen. Durch die Fossilfunde ist ihre seitherige Geschichte in großen Zügen geklärt und zugleich auch einiges vom einstigen Formenreichtum bekannt geworden. Während im Gliedmaßenskelet im Laufe der Phylogenese nur geringfügige Veränderungen eintraten (z. B. Reduktion des 1. Zehenstrahles, der bei *Propalaeochoerus* aus dem Oligozän noch vorhanden war, STEHLIN 1929a), erfahren Gebiß und Schädel manchmal weitgehende Umbildungen.

Für die rezenten Suiden ist der bunodonte Gebißcharakter kennzeichnend, der allerdings sekundär eingetreten ist, da die Ahnenformen ein bunoselenodontes Gebiß besaßen (s. STEHLIN 1899/1900), das bei den ältesten Suiden noch angedeutet ist (z. B. *Propalaeochoerus*). Molarisierung der Prämolaren, Vermehrung der Zahnhöcker und Umbildung zu zitzen- bis fingerförmigen Gebilden durch Steigerung der Kronenhöhe zählen zu weiteren Kennzeichen bzw. Entwicklungstendenzen im Gebiß. Lophodontie ist von den tertiären Listriodonten bekannt. Reduktion kann im Bereich der Incisiven und Prämolaren eintreten (z. B. *Phacochoerus, Microstonyx*). Die ursprünglich senkrecht eingepflanzten und bewurzelten Eckzähne werden im Laufe der Phylogenese bei den Suiden nach außen gedreht und sind bei den modernen Formen wurzellos geworden. Diese Veränderungen lassen sich an Hand fossiler Arten schrittweise verfolgen und bilden zugleich verschiedene, als Gattungen ausgeschiedene Stadien einer Ahnenreihe, die vom oligozänen *Propalaeochoerus* über die oligo-miozäne „Gattung" *Palaeochoerus* und das mio-pliozäne *Hyotherium* zu *Sus* verläuft, dessen Caninen wurzellos sind. Von *Hyotherium* des Miozäns lassen sich außer *Sus,* das COLBERT (1935) von *Dicoryphochoerus* des indischen Pliozäns ableitet, auch *Propotamochoerus* und *Microstonyx* des Pliozäns ableiten. Die Arten der Gattung *Microstonyx,* die in Eurasien und Nordafrika verbreitet waren, besaßen außerordentlich stark verbreiterte Jochbögen bei stark dorsal verschobenen Orbitae. Es waren zum Teil richtige Steppenschweine, ähnlich den heutigen Warzenschweinen, deren Rolle sie im Pliozän vertraten. Neben ihnen existierten auch spezialisierte „Fluß"schweine *(Postpotamochoerus),* die nach Vorkommen und Gebiß im Gegensatz zu ihren lebenden Verwandten als Steppenformen angesehen werden müssen. Im ausgehenden Tertiär differenziert sich der *Sus*-Stamm (*verrucosus*-, *falconeri*-, *barbatus*- und *scrofa*-Typen). *Sus strozzi* des europäischen Ältestquartärs, das vom jungpliozänen *Sus minor* abstammt, ist ein Vertreter der *verrucosus*-Gruppe. *Sus scrofa* erscheint im älteren Quartär und ist im Pleistozän nur während der Warmzeiten nachgewiesen. Die Stammform des Hausschweines *(Sus scrofa domestica)* bildet die Großart *Sus scrofa.*

Für die Herkunft der Warzenschweine (Gattung *Phacochoerus*) sind Formen aus dem indischen Ältestquartär interessant, die im Gebiß morphologisch zwischen *Sus* und *Phacochoerus* vermitteln (z. B. *Sus falconeri*). Wenn sie auch infolge des geologischen Alters und der Unterschiede im Bau des Schädels nicht als Ahnenformen der Gattung *Phacochoerus*, die bereits im afrikanischen Ältestquartär nachgewiesen ist, in Betracht kommen, so zeigen derartige Formen doch, daß sich die Warzenschweine aus primitiv *sus*-ähnlichen Formen entwickelt haben können und nicht, wie verschiedentlich angenommen wurde, sich seit dem Alttertiär selbständig entwickelten. Aus dem Pleistozän Afrikas ist eine Reihe verwandter, zum Teil weniger differenzierter Formen beschrieben worden (*Metridiochoerus* = „*Pronotochoerus*", *Kolpochoerus*, *Notochoerus* = „*Gerontochoerus*", *Tapinochoerus* (Arambourg 1943, 1947, Ewer 1956), die jedoch Seitenlinien darstellen. *Phacochoerus (Potamochoerops) antiquus* aus dem Ältestquartär Afrikas kann als Vorläufer von *Ph. aethiopicus* und *Ph. africanus* angesehen werden (Ewer 1956). Letzteres ist jedenfalls ein extrem spezialisiertes Steppenschwein mit hochgradig reduziertem Gebiß und hochbeinigen Gliedmaßen. Ähnliches gilt für die jungtertiären Listriodonten, unter denen die mit lophodontem Gebiß ausgestatteten Formen (z. B. *Listriodon splendens*) ökologisch den Warzenschweinen vergleichbar sind. Die Herkunft der Listriodonten ist mangels vollständiger Fossilfunde noch nicht geklärt, jedoch werden die Ahnen den oligozänen Propalaeochoeren nicht ferne gestanden sein. Die geologisch ältesten Listriodonten besitzen ein bunodontes Backenzahngebiß (*L. lockharti* = „*latidens*" des älteren und mittleren Miozäns) und können als Ahnenformen der lophodonten Arten (*L. splendens*, *L. pentapotamiae*) des eurasiatischen Mio-Pliozäns betrachtet werden. Auch bunodonte Formen lebten noch im Pliozän (*L. gigas*). Eine weiter zurückliegende Trennung (Oligozän) der beiden Stämme, wie sie Dehm (1934) vertritt, ist nicht anzunehmen. Die Listriodonten starben im Pliozän wieder aus, ohne Nachkommen hinterlassen zu haben.

Einen weiteren ausgestorbenen Seitenstamm bilden die Tetraconodontinen (*Tetraconodon*, *Conohyus*, *Sivachoerus*) des Jungtertiärs und älteren Quartärs Eurasiens und Afrikas. Sie unterscheiden sich vom *Hyotherium*-Stamm durch die starke Vergrößerung der beiden hintersten Prämolaren ($P\frac{3-4}{3-4}$). Weitere morphologische Unterschiede im Gebiß (Molaren, Caninen) und im Schädel (s. Colbert 1935) sprechen für eine bereits im späteren Oligozän erfolgte Abspaltung, wie sie durch Funde primitiver Tetraconodontinen aus dem jüngeren Oligozän von Kasachstan bestätigt werden (*Conohyus betpakdalensis*; Trofimov 1949).

Zu einer eigenen, ausgestorbenen Seitenlinie gehören auch die miozänen Kubanochoerinae, die einen knöchernen Schädelfortsatz in der Stirnregion besitzen und bisher nur aus dem Kaukasus bekannt wurden (Gabunia 1958).

Zu den aberrantesten tertiären Schweinen zählt jedoch die Gattung *Sanitherium* (= „*Xenochoerus*"), die aus dem Miozän Europas und Asiens beschrieben wurde, und die durch eine extreme Molarisierung der Prämolaren charakterisiert ist, die jene der Tayassuiden noch übertrifft. Über die Herkunft und die näheren verwandtschaftlichen Beziehungen dieser Gattung sagen die bisherigen Fossilfunde leider nichts aus. Möglicherweise gehört *Diamantohyus* aus dem Altmiozän Südwestafrikas in die nähere Verwandtschaft von *Sanitherium* (Stromer 1926). Da bisher nur Gebißreste vorliegen, ist eine definitive taxionomisch-phylogenetische Beurteilung noch nicht möglich (Thenius 1956).

Unter den rezenten Suiden bildet der Hirscheber (*Babyrousa babyrussa*) von Celebes durch die Lage der Maxillarcaninen eine sehr charakteristische Form, die nach HOOIJER (1954) einem seit dem Miozän vom Hauptstamm getrennten Zweig angehören dürfte. Das gleiche gilt für das ausgestorbene *Celebochoerus*, das gleichfalls von potamochoeroiden Formen des Miozäns seinen Ausgang genommen hat. Beiden Gattungen ist der primitive Bau von Molaren und Prämolaren bei stark spezialisierten Oberkiefereckzähnen charakteristisch. Gewisse Schädelmerkmale finden sich bei *Phacochoerus* wieder.

Weitgehend ungeklärt ist die systematische Stellung der zentral-afrikanischen Riesenwaldschweine (Gattung *Hylochoerus*), die sich im Gebiß primitiver verhalten als die Flußschweine (*Potamochoerus*), aber im Schädel und anderen Merkmalen spezialisierter sind. Es ist nicht ganz ausgeschlossen, daß es sich um sekundäre Urwaldbewohner handelt, die von primitiven miozänen Formen ihren Ursprung genommen haben. Möglicherweise bestehen verwandtschaftliche Beziehungen zu pleistozänen afrikanischen Formen aus der ferneren Verwandtschaft der Warzenschweine.

Die Nabelschweine (Tayassuidae), welche die Stelle der echten Schweine in der Neuen Welt einnehmen, unterscheiden sich in zahlreichen Merkmalen von diesen, weshalb eine familienmäßige Trennung gerechtfertigt erscheint. Im Habitus weichen die rezenten Nabelschweine durch geringe Größe, den verkürzten Schwanz und vor allem durch die ihnen eigene Drüse auf dem Hinterrücken, der sie ihren Namen verdanken, von den echten Schweinen ab. Der Schädel ist etwas kurzschnauziger, der faciale Teil des Lacrimale und dessen Tränenlöcher fehlen, die Gelenkpfanne für den Unterkiefer ist nach unten und vorne verschoben; die Gliedmaßen sind funktionell dreizehig, die mittleren Metatarsalia teilweise verschmolzen. Das Gebiß ist durch die molarisierten Prämolaren und die stets senkrecht eingepflanzten Eckzähne gekennzeichnet. Die bunodonten Molaren sind nicht verlängert oder kompliziert gebaut wie bei den Suiden.

Die Geschichte der Tayassuiden läßt sich auf nordamerikanischem Boden vom Oligozän bis zur Gegenwart verfolgen. Die geologisch älteste Gattung ist *Perchoerus* (= „*Thinohyus*"), für das Miozän sind *Hesperhys* (= „*Desmathyus*") und *Dyseohyus*, für das Pliozän *Prosthennops* und für das Pleistozän die Gattung *Platygonus* kennzeichnend. Mit dem Beginn der Eiszeit erreichten die Tayassuiden Südamerika. Im Tertiär waren Nabelschweine, wie PEARSON (1927) erstmalig sicher zeigen konnte, auch in der Alten Welt verbreitet (*Doliochoerus* aus dem Oligozän, *Taucanamo* [= „*Choerotherium*"] und *Pecarichoerus* aus dem Jungtertiär). Sie lassen den asiatischen Ursprung der Familien vermuten.

Entsprechend dem zeitlichen Auftreten und der Organisation der ältesten Suiden und Tayassuiden gehen beide Familien auf gemeinsame Ahnen zurück, die unter den eozänen Dichobuniden zu suchen sind, weshalb beide Familien auch als Suina zusammengefaßt werden.

Besondere Probleme in systematischer und phylogenetischer Hinsicht bieten jene Gruppen von Paarhufern, die nicht eindeutig als Nichtwiederkäuer bzw. als Wiederkäuer gekennzeichnet sind. Es sind dies durchweg ausgestorbene Gruppen, die als Oreodonta, Anthracotheriidae, Anoplotheriidae und Caenotheriidae beschrieben wurden und die MATTHEW (1929) auf Grund des Vordergebisses und der Fußstruktur zu einer Einheit (Ancodonta) vereinigte.

Wie neuere Untersuchungen gezeigt haben, handelt es sich um Formen, die phylogenetisch völlig isoliert stehen (Caenotheriidae) bzw. eigenen Seitenlinien angehören (Oreodonta). Untereinander näher verwandt dürften nur die Anoplotheriiden und Anthracotheriiden sein, von denen die rezenten Flußpferde abgeleitet werden können (Colbert 1935).

Caenotherien (+ Caenotheriidae)

Die Caenotherien sind kleinwüchsige Paarhufer, die auf das Tertiär der Alten Welt beschränkt waren. Sie erinnerten nicht nur habituell an Lagomorphen bzw. die südamerikanischen Maras, deren Rolle sie im Oligozän ökologisch vertreten haben mögen, sondern besitzen mit diesen auch einzelne Merkmale gemeinsam, ohne daß jedoch direkte verwandtschaftliche Beziehungen zu Lagomorphen oder gar Rodentiern anzunehmen wären. So sind die Zehen eher mit Krallen als mit Hufen versehen; die Caenotheriiden waren keine Zehenspitzengänger, sondern metapodiograd wie *Dasyprocta* unter den Nagern.

Durch den Nachweis von Stehlin (1906, S. 685), daß der hintere Innenhügel der Oberkiefermolaren durch den nach rückwärts verlagerten Protoconus gebildet wird, kommt ihnen innerhalb der Artiodactylen eine phylogenetische Sonderstellung zu (s. a. Berger 1959). Ihre Anfänge sind derzeit noch in Dunkel gehüllt. Das Großhirn erinnert im Umriß, Proportionen und Furchung am ehesten an *Lepus*, *Procavia* bzw. an eozäne Ungulaten.

Die geologisch ältesten Caenotherien treten unvermittelt im Jungeozän gleichzeitig mit den Anoplotherien auf *(Oxacron, Paroxacron)*. *Paroxacron* mit noch trigonodonter Molarenstruktur kann als Ausgangsform der jüngeren Caenotherien betrachtet werden, deren Entwicklung von „*Procaenotherium*“ des älteren Oligozäns zu *Caenotherium* des Oligozäns und Miozäns verlief (Hürzeler 1936). Innerhalb der Gattung *Caenotherium* bilden *C. commune* (Chattium), *C. laticurvatum* (Aquitanium) und *C. bavaricum* (Burdigalium) eine Reihe, während *Caenotherium miocenicum* einem weiteren Stamm angehört (Berger 1959). *Plesiomeryx* und *Caenomeryx* sind Seitenlinien. Im Miozän starben die Caenotherien wieder aus.

Anoplotherien (+ Anoplotheriidae)

Zu den merkwürdigsten Paarhufern des europäischen Alttertiärs gehören zweifellos die Anoplotheriiden, die im jüngeren Ludien (Jungeozän) plötzlich auftreten, um nach ziemlichem Individuenreichtum im Oligozän wieder zu verschwinden. Die wichtigsten Gattungen sind *Anoplotherium*, *Diplobune* und *Ephelcomenus* (Hürzeler 1938). Der Fußbau ist interessant. Es sind dreizehige Extremitäten, indem neben dem paraxonisch entwickelten 3. und 4. Strahl die 2. Zehe vorhanden ist, die Dietrich (1936) als Sperrzehe deutet. Die mittleren Metapodien waren nicht zu Kanonenbeinen verschmolzen. Die jungeozänen Anoplotherien bewohnten hauptsächlich Trockengebiete. Ihr rasches Verschwinden kann durch das Auftreten überlegener Konkurrenten erklärt werden.

Anthracotherien (+ Anthracotheriidae)

Die als Kohlentiere bezeichneten Paarhufer sind durch Fossilfunde vom Eozän bis in das Pleistozän nachgewiesen. Es waren zum Teil sehr großwüchsige und schwerfällige Paarhufer, unter denen vermutlich die Ahnen der Flußpferde zu suchen sind. Die frühesten echten Anthracotheriiden sind aus dem mittleren

Eozän von Südasien (*Anthracobune* nach PILGRIM, wird durch DEHM u. OETTINGEN 1958 als Dichobunide angesehen) bekannt. Die Maxillarmolaren dieser Formen sind mit einem kräftigen Metaconulus ausgestattet, der jedoch weitgehend reduziert wird, wobei die Außenhügel mehr oder weniger selenodont werden. Diese Bunoselenodontie wird bei den Anthracotherien beibehalten.

Die primitivsten Anthracotherien sprechen für eine Ableitung von eozänen Dichobuniden, bei denen der Metaconulus gut entwickelt war. Nach DEHM u. OETTINGEN (1958) steht *Pilgrimella* aus dem mittleren Eozän dem Ursprung der Anthracotherien sehr nahe.

Die Anthracotherien erlebten im Oligozän ihre Blütezeit, indem sie Großformen entwickelten (*Anthracotherium magnum*, *A. bumbachense* usw.) und sie bis nach Nordamerika gelangten (*Elomeryx*, *Aepinacodon*, *Heptacodon*; MACDONALD 1956). Im Jungtertiär wurden sie seltener (*Brachyodus*, *Arretotherium*) und erlebten nur in Südasien und Afrika die Eiszeit.

Nach dem Bau des Schädels und des Gebisses lassen sich unter den Anthracotherien verschiedene Stammlinien unterscheiden. Besonders häufig waren diese Paarhufer im südasiatischen (*Anthracokeryx*, *Anthracohyus*, *Anthracothema*) und im afrikanischen (*Bothriogenys*) Alttertiär. Ihre geographische Verbreitung zeigt, daß sie in Asien die klimatisch günstigeren Gebiete bevorzugten. In Europa waren sie hauptsächlich durch *Bothriodon*, *Anthracotherium*, *Elomeryx* und *Brachyodus* vertreten. Das häufige Vorkommen in Braunkohlen und deren Begleitschichten hat den Tieren den Namen Kohlentiere eingetragen. Es waren Bewohner feuchter Wälder und Niederungen. Ihr Habitus läßt sich am ehesten mit großen Schweinen vergleichen. Einzelne Formen besaßen sehr plumpe Extremitäten, ähnlich dem heutigen Flußpferd. Interessant ist, daß bei verschiedenen Anthracotherien des Oligozäns (*Anthracochoerus*, *Elomeryx borbonicus*, *Anthracotherium magnum*) der 1. Finger noch vorhanden war (STEHLIN u. HÜRZELER 1941).

Über die phylogenetischen Zusammenhänge läßt sich sagen, daß *Anthracothema* aus dem asiatischen Jungeozän möglicherweise die Ahnenform von *Anthracotherium* des Oligozäns darstellt, während *Bothriogenys* (Afrika), *Ancodon* (Europa) und *Aepinacodon* (Nordamerika) auf *Anthracokeryx* zurückgeführt werden können. Auch für die konservative Kleinform *Microbunodon* aus dem europäischen Jungoligozän gilt dies. *Hemimeryx* aus dem zentralasiatischen Oligozän dürfte die Ahnenform des in Nordafrika, Süd- und Ostasien verbreiteten pliozänen *Merycopotamus* darstellen (PILGRIM 1941). *Brachyodus onoideus* des Miozäns stammt nach STEHLIN nicht von den oligozänen „*Brachyodus*"-Arten Europas (= *Elomeryx*) ab (vgl. SCHAUB 1948). *Elomeryx* wird von *Aepinacodon*-Arten abgeleitet und bildet die Stammform von *Arretotherium* (MACDONALD 1956).

Flußpferde (Hippopotamidae)

Die Flußpferde bilden einen spezialisierten Seitenzweig der bunodonten Paarhufer. Gegenwärtig nur auf Afrika beschränkt, waren sie im Pliozän und Pleistozän auch im südlichen Eurasien verbreitet.

Die geologisch ältesten Flußpferde[1] sind aus dem Altpliozän (Pannonium) von Italien und Spanien (*Hippopotamus siculus*, *H. crusafonti*) bekanntgeworden

[1] *Aprotodon smithwoodwardi* aus dem älteren Miozän von Belutschistan ist kein Flußpferd, wie JOLEAUD (1920) annahm, sondern ein Nashorn (VAUFREY 1928).

(Hooijer 1946, Aguirre 1958). Es handelt sich um primitive Formen mit vollständigem Vordergebiß und geringeren Dimensionen als *H. amphibius*. Der Schädel beider Arten ist leider noch unbekannt.

Interessanterweise haben sich bisher Flußpferdreste in altpliozänen Ablagerungen Mitteleuropas und auch Asiens nicht gefunden, obwohl die ökologischen Voraussetzungen für die Existenz von Flußpferden gegeben wären und die Faunen dieser Schichten gut bekannt sind. Das Auftreten in Sizilien und Südspanien läßt den afrikanischen Ursprung der Flußpferde vermuten, womit auch das häufige Vorkommen von Anthracotherien auf dem afrikanischen Kontinent, den vermutlichen Ahnenformen, in Einklang steht. Die ältesten Flußpferdfunde aus den Siwalikschichten stammen aus der Pinjor-Zone, die dem Villafranchium und damit dem ältesten Quartär entspricht. Diese ältestpleistozänen Formen *(Hexaprotodon)* verhalten sich im Gebiß (vollständiges Vordergebiß) und auch im Bau des Schädels etwas primitiver als die rezente Art, erreichen aber ihre Körpergröße (Colbert 1935, Hooijer 1950). Demgegenüber sind die gleichaltrigen europäischen Formen bereits spezialisierter (*Hippopotamus antiquus* Desm. = *H. amphibius major* des Valdarno, Rheintales usw.; Kuss 1957); es sind tetraprotodonte Formen, die erstmalig im Jungpliozän mit *Hippopotamus protamphibius andrewsi* auftraten (Joleaud 1920, Arambourg 1947). In Mitteleuropa starben die Flußpferde in der mittleren Eiszeit, in Südeuropa erst mit ihrem Ende aus. Auf verschiedenen Mittelmeerinseln entwickelten sich Zwergformen *(Hippopotamus minor, H. cretensis, H. pentlandi)*. Dasselbe gilt auch für Madagaskar, von wo aus quartären Ablagerungen eine Zwergform als *H. lemerlei* beschrieben wurde, die vermutlich von der ostafrikanischen ältestpleistozänen Kleinform *Hippopotamus imaguncula* abstammt (Misonne 1952). Diese Art ist wohl hexaprotodont, doch sind die lateralen Incisiven (I_3) stark reduziert. Die Zwergformen selbst jedoch sind durchweg tetraprotodonte Formen, wie sie gegenwärtig durch *Hippopotamus amphibius* vertreten sind. Sie sind nicht näher verwandt mit dem rezenten Zwergflußpferd Westafrikas *(Choeropsis liberiensis)*. Von den verschiedenen Stammlinien innerhalb der Gattung *Hippopotamus* existiert gegenwärtig nur das afrikanische *Hippopotamus amphibius*, während die asiatischen und europäischen Formen ausgestorben sind.

Während *Hippopotamus amphibius* ein stark an das Wasserleben angepaßtes Huftier darstellt (Lage der äußeren Nasen-, Augen- und Ohrenöffnungen, Verhalten bei der Flucht, Geburt unter Wasser usw.), sind diese Anpassungen bei *Choeropsis* viel geringer. Auch das Verhalten spricht dafür, daß es sich hier um eine Landform handelt. Dementsprechend ist der gesamte Habitus auch ähnlicher dem eines Schweines als dem Flußpferd. Neben diesen im Vergleich zu *Hippopotamus amphibius* als primitiv zu bewertenden Merkmalen und Verhalten erweist sich das Zwergflußpferd in manchen Eigenschaften höher spezialisiert als *Hippopotamus amphibius* (z. B. Reduktion bis auf zwei Schneidezähne, d. h. „diprotodonter“ Zustand des Vordergebisses). Unabhängig von diesen Spezialisationsmerkmalen steht *Choeropsis liberiensis* den Ausgangsformen näher als *H. amphibius*.

Über die Herkunft der Flußpferde sind vor allem zwei Ansichten zu erwähnen. Während die Hippopotamiden nach Matthew von Suiden abzuleiten sind, wollen sie Andrews, Colbert u. a. auf Anthracotherien zurückführen. Letztere Ansicht ist die wahrscheinlichere, wie verschiedene Übereinstimmungen im Bau des Schädels mit fortschrittlichen Anthracotherien (z. B. *Merycopotamus*) erkennen lassen. Ähnlichkeiten mit alttertiären „Suiden" (z. B. *Cebochoerus*) sind wohl vorhanden, doch bestehen zugleich zahlreiche Differenzen, denen größere Bedeutung zukommt, und außerdem ist der zeitliche Abstand für die Annahme direkter verwandtschaftlicher Beziehungen viel zu groß. Auch die Neigung zu Zwerg- und Riesenwuchs ist bei den Anthracotherien vorhanden.

Wir betrachten daher die Hippopotamiden als spezialisierte Abkömmlinge fortschrittlicher Anthracotherien, die sich im Laufe des Miozäns aus diesen entwickelten. *Choeropsis* und *Hippopotamus* bilden zwei seit dem Miozän getrennte Stämme. Die Bezeichnung Zwergflußpferd für die rezente westafrikanische Art ist übrigens nicht zutreffend, da es sich um eine ursprünglich kleine und nicht um eine sekundär verkleinerte, also um eine echte Zwergform handelt. Von einer solchen kann nur dann gesprochen werden, wenn der Nachweis erbracht ist, daß eine sekundäre Verkleinerung eines normalwüchsigen Typus vorliegt. Eine primitive Kleinform ist keine Zwergform. Das Vorkommen von *Choeropsis liberiensis* macht den afrikanischen Ursprung der Hippopotamiden ebenfalls wahrscheinlich (s. o.).

Oreodonten (+Agriochoeridae und +Merycoidodontidae)

Als Oreodonten werden die miteinander näher verwandten Familien der Agriochoeriden und „Oreodontiden" (= Merycoidodontiden) des nordamerikanischen Tertiärs zusammengefaßt. Es waren kleine bis mittelgroße Pflanzenfresser mit einem selenodonten Gebiß ohne Zahnlücken, die bei recht konstanter Fußstruktur große Unterschiede im Bau des Schädels aufweisen, die vor allem die Gestaltung des Facialschädels betreffen (Rüsselbildung, Mopsgesicht, Hochstellung der Orbitae; ferner riesige Paukenblase, hoher Unterkiefer). Das Gehirn entspricht dem primitiver Huftiere. Im Gebiß übernimmt der P_1 die Rolle des Eckzahnes, eine Erscheinung, wie sie auch bei anderen Paarhufern beobachtet werden kann (z. B. Cebochoeriden, Xiphodontiden, Hypertraguliden). Der Bau der Gliedmaßen ist ähnlich wie bei den Anthracotherien als primitiv zu bezeichnen. Es waren ursprünglich fünffingrige und vierzehige Extremitäten mit getrenntem Radius und Ulna sowie Tibia und Fibula und unverschmolzenen Metapodien, während die Phalangen mit Krallen (Agriochoeriden) oder Hufen (Merycoidodontiden) versehen waren. Interessant ist, daß fünffingrige Oreodonten noch im älteren Miozän auftraten (*Leptauchenia* und *Cyclopidius* aus den Rosebud beds).

Die geologisch ältesten Oreodonten erscheinen mit *Protoreodon* bzw. *Diplobunops* im Jungeozän und lassen sich bis in das jüngere Pliozän (Hemphillian) verfolgen, wo sie ausstarben.

Die taxionomisch-phylogenetische Stellung dieser innerhalb der Paarhufer etwas isoliert stehenden Gruppe ist im Laufe der Zeit sehr verschieden beurteilt worden. Die Oreodonten wurden mit den verschiedensten Artiodactylen in verwandtschaftliche Beziehungen gebracht (Cameliden, Traguliden, Anoplotheriiden, Anthracotheriiden und Xiphodontiden). Merkmale im Bau des Schädels, Gebisses und des postkranialen Skeletes lassen den Schluß zu, daß sich die Oreodonten, und zwar als Agriochoeriden, gemeinsam mit den Tylopoden aus einer einheitlichen Wurzelgruppe entwickelt haben (vgl. SCOTT 1940, GAZIN 1955). Sie stehen demnach den Tylopoden unter den lebenden Paarhufern am nächsten.

Mit den stammesgeschichtlichen Zusammenhängen innerhalb der Oreodonten haben sich vor allem SCHULTZ u. FALKENBACH beschäftigt (s. a. THORPE 1937, GAZIN 1955). Unter den Agriochoeriden läßt sich *Agriochoerus* aus dem Oligozän von jungeozänen *Protoreodon*-Arten ableiten, unter denen auch die Ausgangsformen der Merycoidodontiden zu suchen sind, die ihren größten Artenreichtum im Oligozän erreichten.

Von den zahlreichen Stämmen unter den letzteren seien nur die Promerycochoerinae mit *Promesoreodon* — *Mesoreodon* — *Promerycochoerus* im Oligo-Miozän, die Ticholeptinae mit *Ticholeptus* und *Ustatochoerus* im Mio-Pliozän, die Desmatochoerinae mit *Prodesmatochoerus* — *Syndesmatochoerus* — *Desmatochoerus* im Oligo-Miozän, die Merychyinae mit *Merychyus*, *Paramerychyus* und *Oreodontoides* im Miozän und schließlich die Merycoidodontinae als zentrale Gruppe erwähnt. Die im Habitus schweineähnlichen, mit einem Rüssel versehenen, kurzbeinigen und vermutlich semiaquatischen Merycochoerinae lassen sich von den Phenacocoelinen (*Submerycochoerus*) ableiten. Die Merychyinae waren schlankbeinige Laufformen, unter denen *Merychyus crabilli* — *M. minimus* — *M. elegans* und *M. relictus* eine Ahnenreihe bilden (vgl. SCHULTZ u. FALKENBACH 1940—1956, BADER 1955).

Wiederkäuer („Ruminantia[1]“)

Schwielensohler (Tylopoda)

Die Tylopoden bilden ähnlich den Equiden ein Beispiel für eine Säugetiergruppe, die in ihrem Ursprungsland ausgestorben ist. Auch hier haben Fossilfunde wesentlich zur Aufhellung der Phylogenie beigetragen.

Die gegenwärtig nur durch die Kamele und Lamas (Familie Camelidae) vertretenen Schwielensohler sind auf Nordafrika und Asien bzw. Südamerika beschränkt. Durch zahlreiche anatomische und physiologische Merkmale (z. B. ovale Blutkörperchen, Magen, Zwerchfellknochen, Innervation gewisser Muskeln, Tylopodie) von den übrigen Selenodontiern verschieden, belegen Fossilfunde die bereits im Eozän erfolgte Abspaltung der Tylopoden von den übrigen selenodonten Huftieren. Bemerkenswert ist, daß der Wiederkäuermagen der Tylopoden nicht mit dem der übrigen Wiederkäuer übereinstimmt (BOAS 1890, BOHLKEN 1960). Das Wiederkäuen ist demnach zweimal unabhängig voneinander unter den Huftieren entstanden (Tragulina und Pecora einer-, Tylopoda andererseits). Über die Entstehung des Wiederkäuens sind verschiedene Ansichten geäußert worden. Jedenfalls kann das Wiederkäuen als biologischer Vorteil gegenüber nicht wiederkäuenden und ebenfalls nicht wehrhaften Pflanzenfressern vor Raubtieren gedeutet werden, wobei der Ort der Entstehung (ob in offener Landschaft oder in Waldgebieten) dahingestellt sei.

[1] Wie bereits angedeutet (s. S. 218), bezeichnet der Begriff Ruminantia keine phylogenetische Einheit, weshalb er in der neueren Literatur meist auf die Tragulina und Pecora (Cervoidea, Giraffoidea, „Bovoidea“) beschränkt wird (s. SIMPSON 1945).

Der nordamerikanische Kontinent ist die ursprüngliche Heimat der Tylopoden. Die geologisch ältesten Reste (*Protylopus*[1] und *Poëbrodon*) stammen aus dem Uintan (Jungeozän) von Nordamerika. Es waren kleine Paarhufer mit einem vollständigen, geschlossenen Gebiß, dessen Backenzähne selenodont waren. Bei *Protylopus* sind Radius und Ulna frei und verschmelzen erst im höheren Alter in der Mitte, die Metapodien der vierfingrigen Vordergliedmaßen und der zweizehigen Hinterextremitäten sind nicht verwachsen, die Fibula stark reduziert, die Seitenzehen nur als Griffelbeine erhalten. Während *Protylopus* hasengroß war, besaß *Poëbrotherium* aus dem Mitteloligozän Rehgröße. Der verlängerte Facialschädel weist noch das vollständige Gebiß auf, dessen Molaren allerdings bereits eine leichte Hypsodontie erkennen lassen. Die Orbita war gegen die Temporalgrube noch nicht völlig abgeschlossen. Radius und Ulna sind verwachsen, die Seitenzehen rudimentär.

Im Oligozän kam es über *Paratylopus* zur Entwicklung der langhalsigen und hochbeinigen „Giraffenkamele" (*Alticamelus*) bzw. der langbeinigen „Gazellenkamele" (*Stenomylus*), die im Miozän ihre Blütezeit hatten und im Pliozän wieder ausstarben.

Neben diesen Seitenzweigen entwickelte sich der Hauptstamm über *Protomeryx* des Oligo-Miozäns weiter und hat schließlich über *Procamelus* des Jungtertiärs zur Entstehung der Kamele und ferner der Lamas[2] geführt. Bei *Procamelus* sind die Metapodien bereits zu Kanonenbeinen verschmolzen und die Backenzähne hypsodont. In Nordamerika entwickelten sich die echten Kamele über *Pliauchenia* zu *Camelops* bzw. *Camelus*. Im ausgehenden Tertiär wanderte ein Stamm der Kamele (*Paracamelus*) nach Eurasien aus, aus dem sich im ältesten Pleistozän die echten Kamele (*Camelus*) entwickelten (Havesson 1954), während die Lamas erst im Pleistozän nach Südamerika gelangten. In Nordamerika selbst starben die Cameliden (*Camelops*) in der ausgehenden Eiszeit aus.

Unter den rezenten altweltlichen Kamelen bildet das zweihöckrige Trampeltier (*Camelus bactrianus*) die primitivere, das einhöckrige Dromedar (*C. dromedarius*) die spezialisiertere Form. Das Dromedar ist nur mehr als Haustier bekannt, während vom Trampeltier nach Bannikov (1958) noch wilde Herden in Zentralasien existieren. Bemerkenswert ist übrigens, daß die Domestikation nur zu geringfügigen Veränderungen geführt hat. Nordafrikanische Ritzzeichnungen werden als Beweis für die in vorgeschichtlicher Zeit erfolgte Domestikation des Dromedars angesehen. Jedenfalls waren Kamele bereits in frühgeschichtlicher Zeit vom Menschen in den Hausstand übernommen worden (vgl. altassyrische Reliefs usw.).

Die Lamas sind an das Leben in den Hochsteppen der Anden angepaßte Paarhufer und gegenwärtig durch das Guanako (*Lama guanicoë*) und Vicugna (*Lama vicugna*) als Wildformen vertreten. Sie unterscheiden sich schon äußerlich durch das Fehlen des Fettbuckels, den kurzen Schwanz und die spitze Ohrenform von den Kamelen. Über die Abstammung der bereits lange vor der Entdeckung Amerikas durch die Europäer domestizierten Formen (Lama und Alpaka) gehen die

---

[1] Gazin (1955) trennt *Protylopus* und einige andere Gattungen als eigene Familie (Oromerycidae) von den Cameliden ab. Selbst wenn man *Protylopus* als Oromeryciden betrachtet, so steht diese Gattung den Cameliden (*Poëbrodon*) doch sehr nahe und geht mit diesen auf gemeinsame Stammformen zurück.

[2] Havesson (1954) leitet *Lama* vom pleistozänen *Camelops* ab.

Meinungen auseinander. Während nach KRUMBIEGEL (1952) und anderen Autoren das Lama vom Guanako und das Alpaka vom Vicugna abstammt, lassen sich nach HERRE (1952, 1958) beide Haustierformen auf das Guanako zurückführen. Sie wurden als Trag- und Nutztiere (Wolle) domestiziert. Die von ARANGUREN (1930) vertretene Auffassung, beide Haustiere von gesonderten, ausgestorbenen Wildformen herzuleiten, ist abzulehnen.

Eine ausgestorbene Gruppe selenodonter Paarhufer, die als altweltliches Gegenstück zu den Tylopoden betrachtet werden kann, sind die Xiphodontiden des europäischen Alttertiärs. Die gemeinsamen Merkmale der Angehörigen dieser Familie liegen im Bau der Molaren und den schlanken, hochbeinigen Gliedmaßen. Im vollständigen Gebiß ist der ohne Diastem vor dem P_1 sitzende Unterkiefereckzahn incisiviform wie bei den echten Wiederkäuern, und seine Funktion hat der P_1 übernommen. Zu den bekanntesten Gattungen zählen *Xiphodon* und *Dichodon* aus dem Eozän und Oligozän Europas.

Nach STEHLIN (1909—1910) bilden *Xiphodon castrense* des „Bartonien“, *X. intermedium* (älteres Ludien) und *X. gracile* (jüngeres Ludien und Sannoisien) eine Ahnenreihe. Nähere verwandtschaftliche Beziehungen zu den Cameliden sind u. E. nicht vorhanden. Die Xiphodontiden erscheinen mit *Dichodon* plötzlich im europäischen Mitteleozän (Lutetien) und sind vermutlich aus Asien eingewandert.

Zwerghirsche (Tragulina)

Die Zwerghirsche bilden eine gegenwärtig nur durch zwei bzw. drei Gattungen (*Tragulus* und „*Moschiola*“ sowie *Hyemoschus*) auf Reliktareale (Südostasien, Westafrika) beschränkte Gruppe, die im Tertiär in ganz Eurasien und Afrika verbreitet war. Es handelt sich um kleine bis kaum mittelgroße geweihlose Paarhufer, deren zahlreiche primitive Merkmale das hohe geologische Alter vermuten lassen. Tatsächlich sind die ältesten Zwerghirsche aus dem Jungeozän bekannt geworden.

Die Traguliden sind also eine geologisch alte Gruppe, die bereits vor der Entstehung der Hirsche und Rinder existierte. Die rezenten Formen (*Hyemoschus aquaticus*, das Wassermoschustier Westafrikas, „*Moschiola*“ *meminna* und *Tragulus* in mehreren Arten in Süd- und Südostasien) sind wie ihre Vorfahren Waldbewohner. Neben zahlreichen primitiven Kennzeichen im Bau des Schädels (Bulla, Fehlen der Tränengruben), des Gebisses (keine typisch selenodonten Backenzähne; durch die dolchförmigen Oberkiefereckzähne verhalten sie sich wohl primitiver als die Cerviden, aber spezialisierter als die Ausgangsformen), der Gliedmaßen (meist freie Ulna, freie oder nur teilweise verwachsene Metapodien, vier vollständige Metatarsalia) und der Muskulatur verhalten sie sich in einzelnen Merkmalen (Cubonaviculare und Ectocuneiforme verschmolzen, Os malleolare mit der Tibia verwachsen, Verdauungsorgane) spezialisierter als die übrigen Ruminantier (CARLSSON 1926). Das Gehirn ist bei *Tragulus* gegenüber den alttertiären Formen nur wenig weiterentwickelt. *Hyemoschus* ist nur unwesentlich vom jungtertiären *Dorcatherium* Eurasiens und Afrikas verschieden. Das Vorkommen von *Dorcatherium* im afrikanischen Miozän zeigt, daß die Vorfahren des rezenten Wassermoschustieres bereits seit dem Miozän in Afrika heimisch waren.

Nächstverwandte Formen bzw. Vorläufer sind die Gelociden des eurasiatischen Alttertiärs *(Gelocus, Lophiomeryx, Miomeryx, Indomeryx)*. Sie stehen den Traguliden morphologisch sehr nahe, doch werden sie verschiedentlich nicht als deren Stammformen angesehen.

In die weitere Verwandtschaft werden die gleichfalls ausgestorbenen und auf das Tertiär beschränkten Amphimeryciden, Leptomeryciden, Protoceratiden und Hypertraguliden gestellt und als Tragulina mit den Gelociden und Traguliden zusammengefaßt. Stammesgeschichtlich interessant sind die Amphimeryciden des europäischen Alttertiärs, die allgemein als Ahnenformen der alt- und neuweltlichen Tragulina angesehen werden. Die Oberkiefermolaren dieser Formen besitzen noch einen Protoconulus. Während Traguliden und Gelociden die Zwerghirsche in der Alten Welt vertreten, bilden Hypertraguliden, Leptomeryciden und Protoceratiden die neuweltlichen Tragulina.

Die Hypertraguliden treten erstmalig im Jungeozän auf und haben ihren Ursprung in Zentralasien genommen. Als eine der primitivsten und am besten bekannten Arten wird *Archaeomeryx optatus* aus dem Jungeozän der Mongolei angesehen (Colbert 1941a), der jedoch von manchen Autoren (z. B. Pilgrim 1941) als primitiver Tragulide gewertet wird (s. o.). Es handelt sich um einen der primitivsten Ruminantier überhaupt. Die wichtigsten Merkmale dieser Art sind: Schädel ohne Fortsätze, funktionelle obere Schneidezähne und „normaler" Oberkiefereckzahn, brachyodonte Prämolaren und Molaren, caniniformer P_1, C inf. incisiviform, Radius und Ulna getrennt, Gliedmaßen vierzehig, Metapodien frei, Cubonaviculare, langer Schwanz.

Die systematisch-phylogenetische Beurteilung von *Archaeomeryx optatus* hängt hauptsächlich vom caniniformen P_1 ab, weshalb Matthew u. Granger, Colbert und Simpson diese Art zu den Hypertraguliden stellen. Jedenfalls bildet *Archaeomeryx* das Modell der Ahnenformen der Pecora. Wenn diese Art sehr wahrscheinlich auch nicht als direkte Stammform der Pecora betrachtet werden kann, so war diese nur unwesentlich davon verschieden.

Die weitere Entwicklung der Hypertraguliden ist hauptsächlich auf nordamerikanischem Boden verlaufen, wo sie im Oligozän zur dominierenden Gruppe der Ruminantier gehören. Vereinzelt finden sie sich auch im europäischen Alttertiär (*Bachitherium*, s. Lavocat 1946, 1951). Ausschließlich auf Nordamerika beschränkt sind die Leptomeryciden, die Gazin (1955) von den Hypertraguliden trennt, und die Protoceratiden. Letztere wurden seinerzeit ihrer Schädelfortsätze wegen mit Giraffen in Verbindung gebracht (Schlosser). Sie lassen sich jedoch auf primitive Hypertraguliden zurückführen. Der langgestreckte Schädel besitzt drei Paar von Schädelfortsätzen, die auf den Maxillaria, den Frontalia und den Parietalia sitzen. Bei den geologisch jüngsten Formen (*Syndyoceras* und *Synthetoceras* des Jungtertiärs) erreichten die knöchernen Fortsätze beträchtliche Länge.

Hirsche und Moschustiere (Cervidae und Moschidae)

Die Geschichte der Cerviden ist durch zahlreiche Fossilfunde in ihren Grundzügen bekannt, doch harren noch verschiedene Einzelfragen einer Lösung, wie auch die systematische Zuordnung und damit die phylogenetische Stellung einzelner Gruppen diskutiert wird (vgl. Stirton 1944, Crusafont 1952, 1958).

Die rezenten Hirsche werden meist nach der Fußstruktur, dem Penis und der geographischen Verbreitung in die telemetakarpalen oder auch langballigen (Odocoilinae = „Capreolinae") und in die plesiometakarpalen oder kurzballigen Formen (Cervinae) eingeteilt, zu denen die Muntjakhirsche (Muntjacinae) und die Wasserrehe (Hydropotinae) kommen.

Die Cervinae sind, mit Ausnahme der erst im Pleistozän nach Nordamerika eingewanderten Wapitis, auf Eurasien beschränkt (einschließlich Nordafrika). Bei den fossilen Formen ist die Fußstruktur jedoch nur unter besonders günstigen Umständen erhalten bzw. die Zugehörigkeit von derartigen Extremitätenknochen zu Schädel- oder Gebißresten nur selten gesichert.

Die phylogenetische Bedeutung des Geweihes ist gleichfalls meist überschätzt worden (z. B. *Rangifer*); so ist nicht einmal die Homologisierung der einzelnen Sprossen restlos gelungen. Dies und das Fehlen von Geweihresten, sei es primär oder sekundär, hat zur besonderen Berücksichtigung des Gebisses geführt (vgl. OBERGFELL 1957).

Wie die ältesten Fossilfunde vermuten lassen, ist Asien das Entstehungszentrum dieser gegenwärtig über die ganze Holarktis und Südamerika verbreiteten Familie. Die ältesten Formen (*Eumeryx* aus dem Altoligozän Asiens) besitzen tragulidenähnlichen Habitus und bilden die Ahnenformen von *Prodremotherium*, *Dremotherium* und *Amphitragulus* des Oligozäns sowie von *Palaeomeryx* des Miozän Europas. Auch *Blastomeryx* aus dem Miozän Nordamerikas läßt sich von diesen primitiven Formen ableiten. Es sind wohl richtige Hirsche, doch unterscheiden sie sich durch zahlreiche ursprüngliche Merkmale von ihren rezenten Verwandten (langer niedriger Schädel ohne Geweih und mit vollständigem, brachyodontem Backenzahngebiß, *Palaeomeryx*-Wulst an den Mandibularmolaren, verlängerte Oberkiefereckzähne, schlanke Kanonenbeine und Holometakarpalie). Sie werden entsprechend ihrer stammesgeschichtlichen Stellung als Ausgangsformen geologisch jüngerer Cerviden und auch der Giraffiden manchmal als eigene Familie (Palaeomerycidae) abgetrennt, was jedoch vom phylogenetischen Standpunkt aus unwesentlich ist[1].

Zu den primitivsten, wegen einzelner Merkmale an Traguliden (Fehlen eines Geweihes, säbelförmige C sup., eine Lakrimalöffnung, Mandibulargebiß usw.) oder Boviden anklingenden Merkmalen sowie verschiedener Eigentümlichkeiten (z.B. Moschusdrüsen) oft als eigene Familie (Moschidae) abgetrennten Hirschen gehört das rezente Moschustier (*Moschus moschiferus*) Asiens. Die ältesten Fossilfunde dieser Gattung stammen aus dem Pliozän Ostasiens. Sie sagen über die Herkunft nichts aus und bestätigen nur, daß es sich um konservative Paarhufer handelt, die sich seit dem Jungtertiär kaum verändert haben.

Die Muntjakhirsche (Muntjacinae = „Cervulinae"), die mit dem beginnenden Miozän (Burdigalium) auftraten, sind die ältesten geweihtragenden Cerviden und die rezenten Gattungen (*Muntjacus* und *Elaphodus*) Südostasiens zählen zu den primitivsten geweihtragenden Hirschen. Das Geweih ist entweder ein Spieß, oder es ist ein Gablergeweih. Sechsender sind aus dem Miozän als seltene Ausnahmen

---

[1] Die Palaeomeryciden im Sinne von STIRTON (1944) umfassen jedoch auch die hier als Lagomeryciden angeführten Formen (s. S. 240).

bei *Dicrocerus elegans* bekanntgeworden (STEHLIN 1939). Unter den miozänen Muntjacinen lassen sich der bereits im Miozän wieder ausgestorbene *Dicrocerus*-Stamm (einschließlich *Heteroprox* und *Stephanocemas*) und der evolutivere *Euprox*-Stamm, dem auch *Palaeoplatyceros* und der pliozäne *Amphiprox* angehören, unterscheiden. *Euprox minimus* (Spießer) — *E. furcatus* und *E. dicranocerus* bilden drei Evolutionsstadien vom Burdigalium bis zum Pannonium. Mit *Paracervulus australis* bzw. *Metacervulus ruscinensis*, die ursprünglich zu *Capreolus* gestellt wurden, verschwand dieser Stamm im Jungpliozän aus Europa. Letztgenannte Arten zeigen, daß selbst die tertiärzeitlichen Muntjacinen im Geweih nicht über das Sechserstadium hinausgekommen sind. Aus dem asiatischen Pliozän ist außer *Metacervulus* noch *Eostyloceros* zu erwähnen, eine Gattung, die als Vorläufer von *Muntjacus* betrachtet werden kann (ZDANSKY 1925).

Die rezenten Muntjakhirsche sind demnach in zahlreichen Merkmalen primitiv geblieben (langer, flach eingepflanzter Rosenstock, Gablergeweih, dolchförmige Oberkiefereckzähne, geringe Größe usw.), in anderen jedoch evoluiert (subbrachyodontes Gebiß, plesiometakarpale Gliedmaßen).

Erst die „Pliocervinen" des älteren Pliozäns haben das Sechserstadium im Geweih überwunden. Sie wurden als *Cervavitus tarakliensis*, *Cervocerus novorossiae*, *Damacerus bessarabiae* und „*Procervus*" *variabilis* beschrieben, die jedoch alle nach PIDOPLITSCHKO u. FLEROV (1952) nur Altersstadien einer Art darstellen, die als *Cervavitus tarakliensis* zu bezeichnen wäre. Formen aus dieser Verwandtschaft können als Stammformen der Cervinen angesehen werden. Die „Pliocervinen" besitzen verschiedene primitive Merkmale (Palaeomeryx-Wulst an den Molaren, Holometakarpalie usw.), die ihre Herkunft von miozänen muntjakähnlichen Hirschen wahrscheinlich machen. Aus ihnen sind die plesiometakarpalen Hirsche, wie *Axis*, *Rucervus*, *Rusa*, *Sika*, *Dama*, *Cervus* und vermutlich auch *Elaphurus* (Davidshirsch), hervorgegangen. Die „oberpliozänen" (= ältestquartären) Hirsche Europas, die meist mit *Axis* und *Rusa* in Verbindung gebracht wurden, sind zweifellos Nachkommen der altpliozänen *Cervavitus*-Gruppe, ohne jedoch zu rezenten asiatischen Gattungen gestellt werden zu können (SCHAUB 1941). Wenn auch die Mehrzahl von ihnen heute ausgestorbenen Seitenlinien angehören, so befinden sich unter ihnen die Ahnen der rezenten Cervinen (vgl. *Metacervocerus*; DIETRICH 1938). Von den ausgestorbenen Formen ist besonders die *Euctenoceros*-Gruppe mit *Euctenoceros dicranius*, einer Art mit polydichotom verzweigtem Geweih, aus dem Villafranchium Europas zu erwähnen (AZZAROLI 1947). Auch „*Rusa*" *moldavica* aus dem Jungpliozän der südlichen UdSSR gehört einem ausgestorbenen Stamm an (JANOVSKAJA 1954a). Ob *Cervodama pontoborealis* aus dem Jungpliozän der Ukraine in die Verwandtschaft der Damhirsche gehört, ist nicht zu entscheiden.

Ist auch die Anknüpfung an bestimmte *Metacervocerus*-Arten noch nicht möglich, so läßt sich demgegenüber die Entstehung der Kronenhirsche (*Cervus elaphus*) im Laufe des Pleistozäns schrittweise an Hand von Fossilfunden verfolgen. Als kronenlose Ausgangsform ist *Cervus acoronatus* aus dem Altquartär Mitteleuropas zu betrachten (BENINDE 1937), die über *Cervus elaphus priscus* zu den echten Kronenhirschen des mittleren Pleistozäns führt. Aus dem jüngeren Pleistozän sind sowohl typische Kronenhirsche als auch wapitiartige Mehrender beschrieben worden. Die Wapitis (Altai- und nordamerikanische Wapitis) übertreffen in der Größe wohl die Rothirsche, haben jedoch in der Geweihentwicklung nicht das Stadium der Kronenhirsche erreicht.

Auch die verschiedenen rezenten Hirschgattungen Asiens sind auf Arten aus dem *Cervavitus*-Formenkreis zurückzuführen *(Axis, Rusa, Sika, Rucervus)*. Axishirsche sind mit Sicherheit seit dem Jungpliozän, Sambarhirsche *(Rusa)* seit dem Villafranchium aus Ostasien bekanntgeworden (SCHLOSSER 1924, TEILHARD DE CHARDIN u. TRASSAERT 1937). *Dama nestii* MAJ. aus dem Villafranchium Europas ist nach HALTENORTH (1959) kein Damhirsch, wie AZZAROLI (1947) annimmt, sondern eher ein Sikahirsch *(Sika = „Pseudaxis")*, so daß also auch diese Gattung mit dem Beginn des Pleistozäns nachgewiesen ist. Der tibetische Weißlippenhirsch *(Cervus [Przewalskium] albirostris)* ist nach ANTONIUS (1942) möglicherweise mit *Rucervus* näher verwandt und auch *Elaphurus* ist vermutlich nur ein abweichend entwickelter *Rucervus*-Abkömmling.

Was die Damhirsche (Gattung *Dama*) betrifft, so liegen die ältesten sicheren Fossilfunde aus dem mittleren Quartär vor (vgl. HALTENORTH 1959). Wenn auch die meisten pleistozänen Damhirschnachweise nicht stichhaltig sind (Geweihreste!), so läßt sich doch mit Sicherheit sagen, daß Damhirsche noch in der jüngeren Eiszeit in Nord- (Dänemark), Mittel- und Südeuropa existierten und erst im Mittelalter durch den Menschen wieder in Mitteleuropa eingebürgert worden sind. Als postglaziales Stammland von *Dama dama* ist jedoch nicht Südeuropa bzw. Nordafrika anzusehen, sondern das Ostmittelmeergebiet, indem *Dama dama* damals in Kleinasien, *Dama mesopotamiae*, die zweite lebende Damhirschart, in Mesopotamien und Persien lebte (s. HALTENORTH 1958, 1959).

Außer den eben besprochenen pleistozänen Stämmen sind noch weitere bekannt, die allerdings bereits wieder in der Eiszeit ausstarben. Zu den bekanntesten gehören die Riesenhirsche (Gattung *Megaloceros* = *Megaceros*), deren Ahnenformen wohl unter großwüchsigen, ältestquartären Hirschen mit einem Stangengeweih zu suchen sind *(Cervus senezensis*-Formenkreis; s. KAHLKE 1956) bzw. unter asiatischen Hirschen. SHIKAMA u. OKAFUJI (1958) unterscheiden zwei Gruppen: die occidentale mit *Megaloceros algericus* aus Nordafrika und *M. giganteus* aus Europa und die orientalische Gruppe mit *Sinomegaceros (S. flabellatus, S. yabei)* und *Mongolomegaceros (M. ordosianus)*, die auf gemeinsame Ausgangsformen zurückgeführt werden, wie sie als *Metaplatyceros sequoiae* aus dem älteren Quartär Japans bekannt wurden. Die für die Riesenhirsche so kennzeichnende Schaufelbildung des Geweihes tritt erst im Laufe des Pleistozäns ein. Weitere charakteristische Merkmale der Riesenhirsche bilden die stark abgeflachten Basalsprossen und die Pachygnathie der Unterkieferknochen. Der jungeiszeitliche europäische Riesenhirsch *(Megaloceros giganteus)* erreichte eine Geweihspannweite bis über 3,50 m und starb als Bewohner offenen Geländes im Spätglazial infolge der Wiederbewaldung aus. Das durch BACHOFEN-ECHT (1937) auf Grund skythischer Grabfunde angenommene Vorkommen des Riesenhirsches in geschichtlicher Zeit trifft nicht zu, wie PRELL (1950) gezeigt hat. Daß das riesige Geweih an sich (Gewicht, physiologische Belastung durch jährlichen Ersatz) der Grund des Aussterbens war, ist nicht anzunehmen. Die riesigen Geweihdimensionen erklären sich aus den großen Körperdimensionen und sind nach den Wachstumsgesetzen zu erwarten gewesen. Besonders zahlreich sind die Skeletfunde in den irischen Mooren. Aus dem mittleren Pleistozän Europas ist ein Waldriesenhirsch (*Megaloceros giganteus antecedens*) mit nur schwach ausladendem Geweih bekanntgeworden, der als Ahnenform des jungeiszeitlichen Riesenhirsches betrachtet werden kann (BERCKHEMER 1941).

Einen weiteren Stamm bilden die eiszeitlichen Steppenhirsche, die ursprünglich mit den Riesenhirschen vereint wurden und denen sie durch das schaufelförmig verbreiterte Geweih ähneln (Gattungen *Orthogonoceros* und *Dolichodoryceros*, s. KAHLKE 1956). Auch sie starben bereits im Pleistozän wieder aus, nachdem sie im Jungpleistozän auf den Mittelmeerinseln auch Zwergformen hervorgebracht hatten (AZZAROLI 1952).

Die telemetakarpalen oder Trughirsche (Odocoilinae) sind in der gesamten Holarktis und in Südamerika verbreitet. Untereinander stehen sich die einzelnen Gattungen etwas ferner als jene der Cervinen, was zusammen mit der geographischen Verbreitung auf stammesgeschichtlich lang getrennte Entwicklungslinien schließen läßt. Über den Ursprung dieser Gruppe gehen die Meinungen auseinander. Während MATTHEW für nordamerikanische Entstehung eintritt, werden die nordamerikanischen Arten in der neueren Literatur wieder als plio-pleistozäne Einwanderer aus Asien her betrachtet. Sicher ist jedenfalls, daß die südamerikanischen Hirsche (*Odocoileus, Hippocamelus, Mazama, Pudu*) diesen Kontinent erst mit der Eiszeit besiedelt haben. Leider ist deren Kenntnis noch zu gering, um sichere phylogenetische Schlußfolgerungen zuzulassen. Die vereinzelt vertretene Ansicht vom Vorkommen pleistozäner Cervinen in Südamerika (KRAGLIEVICH 1932, *Morenelaphus*) beruht meist auf isolierten Geweihfunden, die als Stütze dafür nicht ausreichen. Nach KRUMBIEGEL (1949) ist übrigens das einfache Geweih der Spieß- und Puduhirsche Südamerikas sekundär vereinfacht.

In der Alten Welt erscheinen im Pleistozän plötzlich Elche, Rehe und auch Rentiere[1], ohne daß tertiäre Ahnenformen bekannt wären. Die ältestpleistozänen Elche (*Libralces gallicus*) weichen durch die ausladenden, auf langen Stangen sitzenden Geweihschaufeln von den geologisch jüngeren Elchen ab. Sie zeigen an Unterkiefermolaren noch den Palaeomeryx-Wulst. *Alces latifrons* des älteren Quartärs leitet durch die etwas geringere Ausladung des Geweihes zum jungeiszeitlichen und rezenten Elch (*Alces alces*) über, bei dem sie noch geringer ist (KAHLKE 1956). Für den Facialschädel läßt sich eine ähnliche Stufenreihe aufstellen, indem bei *Libralces gallicus* die Nasalia kaum verkürzt sind und bei *Alces latifrons* noch nicht der für *Alces alces* charakteristische Verkürzungsgrad erreicht war.

Die ältesten echten Rehe kennt man aus dem Ältestquartär (*Capreolus suessenbornensis = priscus*). Es sind großwüchsigere Formen als die rezente mitteleuropäische Art (*Capreolus capreolus*), die jedoch im Geweihbau von der ostasiatischen Form (*C. pygargus*) abweichen. Die verschiedenen pliozänen „*Capreolus*"-Arten sind, wie schon erwähnt, Muntjacinen. Auch *Procapreolus* aus dem Altpliozän Eurasiens kann nicht als Ahnenform der Rehe betrachtet werden, sondern ist ein Nachkomme miozäner Muntjakhirsche. Für die europäischen Rehe ist vom Altquartär bis zur Gegenwart eine Abnahme der Körpergröße festzustellen.

[1] Auf *Rangifer* hat SCHLOSSER (1902) allerdings einige isolierte Zähne aus pliozänen Bohnerzspalten Süddeutschlands bezogen. PAVLOW beschreibt (1926) aus dem südrussischen Pliozän *Alces maeoticus*, der als tertiärer Elch zu betrachten wäre.

Entstehung und Herkunft der Rentiere (Gattung *Rangifer*) ist bisher mangels geeigneter Fossilfunde noch ungeklärt. Die Rentiere besitzen als ausgesprochene Tundrenformen zahlreiche Eigentümlichkeiten, die anderen Hirschen abgehen (z. B. lange, breite und weit spreizbare Hufe, behaarte vordere Nasenfläche, Art der Körperbehaarung). Ein weiteres Kennzeichen bildet das auch bei weiblichen Tieren vorhandene Geweih, wobei stammesgeschichtlich interessant erscheint, daß einerseits geweihlose Ren-Kühe nur bei südlichen Waldrassen auftreten (Herre 1956), andererseits das Geweih während der gesamten Kolbenzeit zu spontaner Sproßneubildung fähig ist (Bubenik 1956). Auf Grund der Eigentümlichkeiten im Geweih sieht Bubenik einen weiteren Grund zur Abtrennung der Rentiere als eigene Unterfamilie. Nach dem Verhalten schließt Krumbiegel (1955) auf einen sekundären Erwerb des Geweihes bei den weiblichen Rentieren.

Wie die geologisch ältesten Rentierfunde, die aus dem älteren Quartär Mitteleuropas stammen, vermuten lassen, waren die Rentiere bereits damals kälteliebende Formen (Soergel 1941). Es sind Geweihreste vom Typ des Tundra-Ren, deren (seltenes) Vorkommen durch Zuwandern aus höheren Breiten erklärt werden kann (Soergel). Interessant ist, daß sich diese Reste mit Steppenformen vergesellschaftet finden.

Nähere verwandtschaftliche Beziehungen der Rentiere zu „*Cervus pliotarandoides*“ aus dem Ältestquartär bestehen nicht. Diese Form gehört dem *verticornis*-Formenkreis an und damit zu den pleistozänen Steppenhirschen *(Orthogonoceros)*. In der jüngeren Eiszeit waren Rentiere bis nach Nordkatalonien, an die Riviera, Triest und Slowenien verbreitet. Ihr Geweih entsprach mehr dem heutiger *articus*-Rentiere als *tarandus*-Formen. Im Spätglazial verhinderte das Yoldiameer anscheinend den Rückzug dieser mittel- und südeuropäischen Rentiere nach Skandinavien, so daß angenommen werden kann, daß die heutigen skandinavischen Rentiere aus dem Osten zugewandert sind.

Wie jedoch Untersuchungen an steinzeitlichen Rentierresten Norddeutschlands gezeigt haben (Gripp 1943), können die im Geweihbau feststellbaren Veränderungen vom ausgehenden Paläolithikum ins Neolithikum auch mit der Klimaverschiebung (Wiederbewaldung) in Zusammenhang gebracht werden bzw. es existierten zwischen den mitteleuropäischen eiszeitlichen und dem rezenten skandinavischen Fjällren keine grundlegenden Unterschiede (Fries 1941).

Über die stammesgeschichtlichen Zusammenhänge der Rentiere besteht keine Klarheit. Das Geweih ist zur Beurteilung der Phylogenie nicht verwendbar und die Untersuchungen von Jacobi (1931) sind mit Recht kritisiert worden (Flerov 1932, 1933), nicht zuletzt, da Wild- und Hausrengeweihe nicht getrennt wurden. In neuerer Zeit hat sich die Ansicht durchgesetzt, in den rezenten Rentierformen einen einheitlichen, aus geographischen Rassen zusammengesetzten Formenkreis *(Rangifer tarandus)* zu sehen. Das Ren wird gegenwärtig verschiedentlich als Haustier gezüchtet. Die Domestikation erfolgte sicher schon in frühgeschichtlicher Zeit (vgl. Hančar 1956). Allerdings sind die Beziehungen zwischen Mensch und Rentier anders als bei den übrigen Haustieren, indem der Mensch der Tiere wegen zum Nomaden wurde (Herre 1955, 1956).

Eine etwas eigenartige Form ist *Hydropotes inermis*, das Wasserreh Ostchinas und Koreas, das verschiedene primitive Merkmale (Geweihlosigkeit, ♂ mit verlängertem C sup., große Bulla, tiefe Lakrimalgruben) besitzt, die ihm eine Sonderstellung innerhalb der Hirsche zuweisen. *Hydropotes* ist mit den Muntjacinen, Moschiden und plesio- bzw. telemetakarpalen Cerviden in Verbindung gebracht worden. Mit den telemetakarpalen Hirschen hat diese Gattung wohl verschiedene Merkmale gemeinsam (Brooke 1878), doch sprechen tiefgreifende Unterschiede gegen nähere verwandtschaftliche Beziehungen. Es erscheint daher angebracht, *Hydropotes* als Vertreter einer eigenen Unterfamilie (Hydropotinae Trouessart) und zugleich als primitivsten lebenden Cerviden anzusehen (vgl. Pocock 1923).

Giraffenartige Paarhufer (Giraffoidea)

Die Giraffen (Giraffidae) gehören einer einst weitverbreiteten und formenreich entfalteten, jetzt nur mehr in zwei Gattungen überlebenden Gruppe an. Den Fossilfunden zufolge ist sie verhältnismäßig jung und erst im Jungtertiär aus geweihlosen primitiven Hirschen (Palaeomeryciden) hervorgegangen.

Die geologisch ältesten und auch primitivsten Giraffen (Palaeotraginae) sind aus dem mittleren und jüngeren Miozän Eurasiens bekanntgeworden (Colbert 1935, 1936a, Ćirić u. Thenius 1959). Es waren ungefähr rothirschgroße, kurzhalsige Giraffen mit paarigen, von Haut bedeckten Schädelfortsätzen und noch zahlreichen hirschartigen Merkmalen. Als nur wenig veränderter Nachkomme dieser jungtertiären Kurzhalsgiraffen ist das Okapi *(Okapia johnstoni)* Zentralafrikas angesehen worden (Colbert 1935), das als ausschließlicher Urwaldbewohner in einzelnen Merkmalen stark von den rezenten Steppengiraffen abweicht. Eine Abtrennung als eigene Unterfamilie (Okapiinae) wird von Bohlin (1926) und Crusafont (1952) befürwortet. Als reine Urwaldform erst anfangs des 20. Jahrhunderts entdeckt, zählen der nur mäßig verlängerte Hals, die Überbauung der Vorderextremität, die rudimentären seitlichen Metapodien, das brachyodonte Gebiß, die Greifzunge, die großen Ohren und Augen und die typische Fellstreifung zu den Kennzeichen dieser Urwaldgiraffe, die jedoch nur zum Teil als primitive Merkmale zu betrachten sind bzw. sich durch die Lebensweise erklären lassen, weshalb das Okapi verschiedentlich auch als sekundärer Urwaldbewohner angesehen wird, eine noch nicht endgültig geklärte Frage. Auch die hohe Cerebralisation läßt sich nach Munoz (1959) nur schwer mit der Deutung als primitive Waldform in Einklang bringen. Zahlreiche Merkmale sind bei den Steppengiraffen weiterentwickelt (langer Hals, hohe Gliedmaßen, Schädelknickung, längerer Facialschädel, Zunge usw.).

Im Altpliozän erscheinen neben den Palaeotraginen *(Palaeotragus = „Achtiaria“, Orasius, Samotragus, Giraffokeryx)* auch Steppengiraffen (Giraffinae: *Giraffa, Honanotherium, Decennatherium*), die zweifellos von *Palaeotragus* oder nahe verwandten Formen abstammen und von Westeuropa bis nach Ostasien verbreitet waren. Ähnliches gilt für die im Pleistozän wieder ausgestorbenen Sivatherien, riesigen Kurzhalsgiraffen mit normal proportionierten Gliedmaßen und rinderartigem Rumpf *(Helladotherium)* und zum Teil recht bizarren Schädelfortsätzen, die flächig verbreitert *(Sivatherium)* oder kegelstumpfartig gestaltet sein können *(Bramatherium)*. Diese Kurzhalsgiraffen sind auch aus Afrika bekanntgeworden *(Libytherium, Griquatherium)* (s. Abb. 46). Wie eine Bronzeplastik vermuten läßt, waren Sivatherien noch den Sumerern des vorderen Orients bekannt (Colbert 1936).

Die rezenten Steppengiraffen, die noch in historischer Zeit in Nordafrika verbreitet waren, gehören nach KRUMBIEGEL (1939) einem Rassenkreis an, dessen nördliche Formen die ursprünglichere Zeichnung besitzen (Netzgiraffen), während die südlicheren abgeleitet sind (Reduktion der Fellzeichnung bei Massai- und Kapgiraffen zu Blattmustern usw.) (vgl. KRUMBIEGEL 1954). Sie bilden dadurch

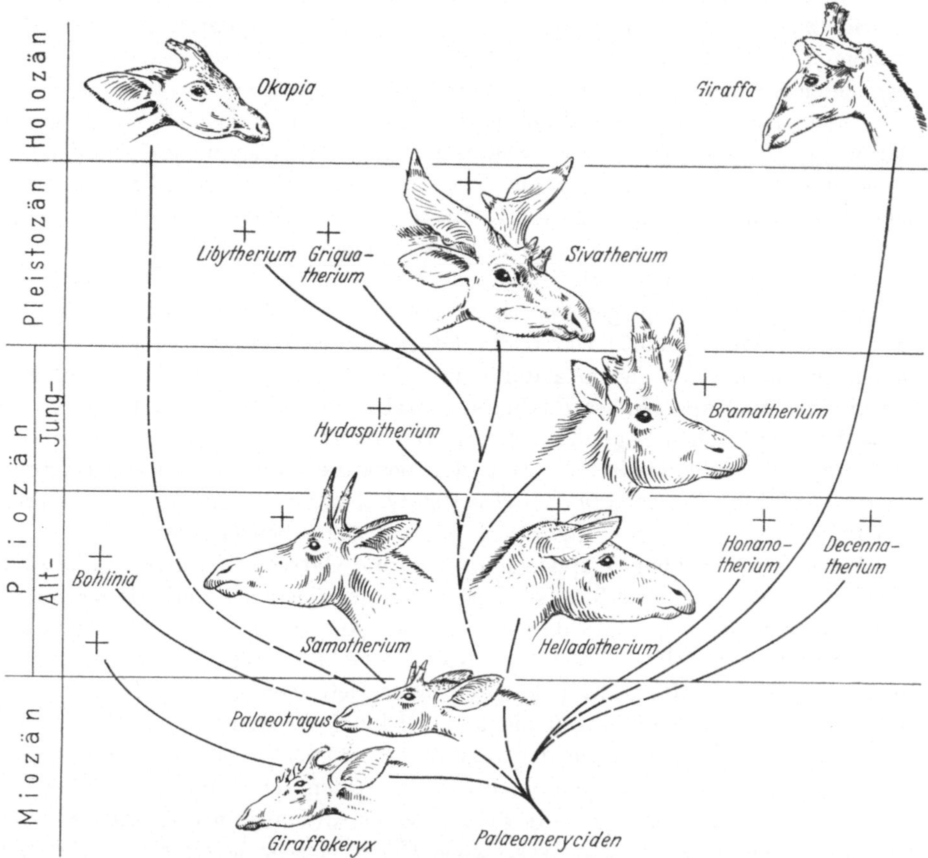

Abb. 46. Evolution der Giraffidae (Schädel). Rekonstruktionen nach E. H. COLBERT (1935), H. KRIEG (1944) und Originalen. Nur annähernd im gleichen Größenverhältnis dargestellt. Unterfamilien Palaeotraginae und Okapiinae: *Giraffokeryx*, *Palaeotragus*, *Samotherium*, *Bohlinia* und *Okapia*. Unterfamilie Sivatheriinae: *Helladotherium*, *Hydaspitherium*, *Bramatherium*, *Sivatherium*, *Griquatherium* und *Libytherium*. Unterfamilie Giraffinae: *Honanotherium*, *Decennatherium* und *Giraffa*. (Original THENIUS)

eine gewisse Parallele zu den Quaggas, die in Zusammenhang mit der geographischen Verbreitung steht (vgl. ANTONIUS 1941). Die Tendenz zur Entwicklung eines langen Halses und zu verlängerten Gliedmaßen ist bereits im Pliozän vorhanden, wo Giraffen zu den Angehörigen der über ganz Eurasien und Nordafrika verbreiteten Hipparionfauna gehören.

Zahlreiche Eigentümlichkeiten der Giraffen stehen in Zusammenhang mit der Lebensweise. Abgesehen von der Halswirbelsäule, die wie bei fast allen Säugetieren aus sieben Halswirbeln gebildet wird, ist der Schädel trotz seiner Größe außerordentlich leicht gebaut, da er pneumatisiert ist. Der Schnauzenteil wirkt im

Verhältnis zum übrigen Schädel sehr zart und kennzeichnet die Giraffe als Blattpflücker. Der meißelförmige vierte, dem Eckzahn homologe Zahn des Vordergebisses besitzt eine doppelte Krone (Schädelmeißel). Kiefer, Kaumuskulatur und Backenzähne der Giraffen sind nicht zum Verarbeiten harter Pflanzenteile, sondern nur für Blätter und junge Triebe geeignet (KRIEG 1944). Bei den tertiären Palaeotraginen, Sivatherien und Helladotherien war die Aufblähung der Schädelknochen nur ganz gering. So gesehen, sind die rezenten Steppengiraffen vollendet an ihren Lebensraum angepaßte Lebewesen, deren Existenz bei einschneidenden Umweltsänderungen allerdings in Frage gestellt wäre.

Außer diesen echten Giraffen (Fam. Giraffidae) werden noch einige weitere Gruppen mit den Giraffen in verwandtschaftliche Beziehungen gebracht. Es handelt sich durchweg um jungtertiäre Säugetiere. So kennt man seit langem aus dem eurasiatischen Jungtertiär Reste von Paarhufern mit geweihartigen Schädelfortsätzen, die jedoch im Gegensatz zu denen der Cerviden nicht gewechselt wurden und anscheinend mit Haut bedeckt waren. Diese Schädelfortsätze sind gegabelt oder überhaupt geweihartig verzweigt, doch fehlt eine Rose. Diese und andere Merkmale (Gebiß) waren der Grund, diese Formen von den Hirschen abzutrennen und als eigene Familie mit den Giraffiden zur Überfamilie der Giraffoidea zusammenzufassen (PILGRIM 1941, CRUSAFONT 1952). Es sind einerseits die altweltlichen Lagomeryciden (z. B. *Lagomeryx*[1] in Eurasien, *Procervulus* in Europa, *Climacoceras* in Afrika), andererseits die nordamerikanischen Dromomeryciden (z. B. *Dromomeryx*, *Barbouromeryx*, *Rakomeryx*), die im Jungtertiär verbreitet und mit dessen Ende auch wieder ausstarben (FRICK 1937).

Außer diesen beiden Gruppen muß noch die Gattung *Triceromeryx* erwähnt werden, die CRUSAFONT (1952) als Vertreter einer eigenen Familie innerhalb der Giraffoidea betrachtet. Von dieser Form sind aus dem Miozän Spaniens außer eigenartigen Schädelfortsätzen nur Kiefer-, Gebiß- und Gliedmaßenknochen bekanntgeworden, die u. E. jedoch zu einer definitiven Beurteilung der verwandtschaftlichen Beziehungen nicht ausreichen. Während CRUSAFONT in *Triceromeryx* einen Paarhufer aus der Verwandtschaft der Giraffoidea sieht, handelt es sich nach BOHLIN (1953) um einen Protoceratiden, der von Nordamerika über Asien nach Europa gelangte. Als Stütze seiner Ansicht führt BOHLIN Schädelzapfenreste aus dem Pliozän Westchinas *(Triceromeryx tsaidamensis)* an. Abgesehen davon, daß die asiatischen Reste jünger sind als die europäischen, sind sie viel zu fragmentär, um eine derartige Annahme zu stützen.

Rinderartige Paarhufer (Bovidae)

Die Boviden zählen zu den spezialisiertesten Wiederkäuern und bilden eine geologisch junge Familie, die gegenwärtig zur artenreichsten Gruppe der Huftiere gehört. Diese Formenfülle ist auch einer der Gründe der so wechselnden systematisch-phylogenetischen Beurteilung, die aus den verschiedenen Klassifikationsversuchen durch zahlreiche Autoren hervorgeht (GRAY, FLOWER, LYDEKKER, SCLATER, THOMAS, SCHLOSSER, SCHWARZ, POCOCK, PILGRIM, SIMPSON, SOKOLOV). Teilweise ist die verschiedene Gliederung auch auf die Untersuchungsmerkmale (z. B. Gehörn, Schädel, Gebiß, Hautdrüsen) und deren verschiedene Bewertung

---

[1] *Lagomeryx* ist kein Synonym von *Palaeomeryx*, wie STIRTON annimmt.

in phylogenetischer Hinsicht zurückzuführen. So sieht WINGE in der Lacrimalgrube ein fortschrittliches Merkmal. Es ist jedoch ein Zeichen primitiver Boviden und fehlt den echten Rindern, Schafen und Ziegen, d. h. den spezialisiertesten Boviden, während sie bei ursprünglichen Boviden wie Boselaphinen oder Cephalophinen vorhanden ist.

Die neueste Übersicht über die Phylogenie der Boviden mit detaillierten Stammbaumdarstellungen hat SOKOLOV (1954) gegeben.

Die Boviden sind vermutlich asiatischen Ursprunges und haben den südamerikanischen Kontinent nie erreicht. Nordamerika wurde erst im Quartär von ihnen besiedelt (*Oreamnos*, *Bison*, *Ovis* usw.). Die geologisch ältesten Boviden[1] sind aus dem Altmiozän Eurasiens bekannt geworden (Gattung *Gobiocerus* aus der burdigalischen Lohformation der Mongolei; *Eotragus* aus dem Burdigal Westeuropas; SOKOLOV 1952, STEHLIN 1907). Während *Gobiocerus mongolicus* bisher nur aus der Mongolei nachgewiesen werden konnte, sind Reste von *Eotragus*-Arten aus dem Miozän Eurasiens und Afrikas beschrieben worden. Letztere waren kaum rehgroße Paarhufer mit einem kleinen gestreckten oder schwach einwärts gekrümmten Gehörn, mäßig langem Schädel, großen Präorbitalgruben, brachyodontem bis subbrachyodontem Gebiß, bereits vollkommen reduzierter Prämaxillarbezahnung und schlanken Gliedmaßen. Sie können im Habitus und in der Lebensweise am ehesten mit den rezenten Duckerantilopen verglichen werden, die in zahlreichen Merkmalen primitiv gebliebene Paarhufer sind. Als Stammformen der *Eotragus*-Arten kommen Paarhufer in Betracht, die morphologisch der Gattung *Archaeomeryx* aus dem Jungeozän Ostasiens entsprechen. *Archaeomeryx* wird in die Verwandtschaft der Tragulinen gestellt und kann als strukturelle Ausgangsform der Boviden und Antilocapriden angesehen werden. Diese Gattung besitzt im Praemaxillare noch das vollständige Vordergebiß, ferner kräftige Afterzehen, seitliche Metapodien und einen langen Schwanz.

Zu den charakteristischen Merkmalen der Boviden gehören die meist beiden Geschlechtern zukommenden, zeitlebens (bei juvenilen Rindern kommt gelegentlich ein Abwurf der Hornscheide vor) von einer Hornscheide umgebenen, dem Frontale aufsitzenden Knochenzapfen, die im Laufe des Wachstums Veränderungen erfahren und hohl sein können, die meist hypsodonten Backenzähne, die mit Kanonenbeinen versehenen Gliedmaßen, die weitgehend rückgebildeten seitlichen Metapodien und das vollständig reduzierte Vordergebiß im Oberkiefer.

Aus miozänen *Eotragus*-Arten haben sich die Tragocerinen entwickelt, als deren nächste lebende Verwandte die indische Nilgauantilope (*Boselaphus tragocamelus*) und die Vierhornantilope (*Tetracerus quadricornis*) zu betrachten sind. Die Tragocerinen waren im Jungtertiär Eurasiens verbreitet (z. B. *Protragocerus*, *Miotragocerus*, *Tragocerus*) und besaßen ein mannigfaltig differenziertes Gehörn (s. PILGRIM 1937, 1939). Jungtertiäre Boselaphinen (*Pachyportax*) bilden die Ausgangsformen der Rinder (Bovini). Diese erfuhren im Laufe der Phylogenese vor allem im Schädelbau wesentliche Umgestaltungen, die sie als fortschrittlichste Angehörige der Boviden kennzeichnen.

[1] Von *Palaeohypsodontus asiaticus* (TROFIMOV 1958) aus dem mongolischen Oligozän liegen bisher nur Kieferfragmente mit Molaren vor, die für eine Zuordnung zu den Boviden allein nicht ausreichen.

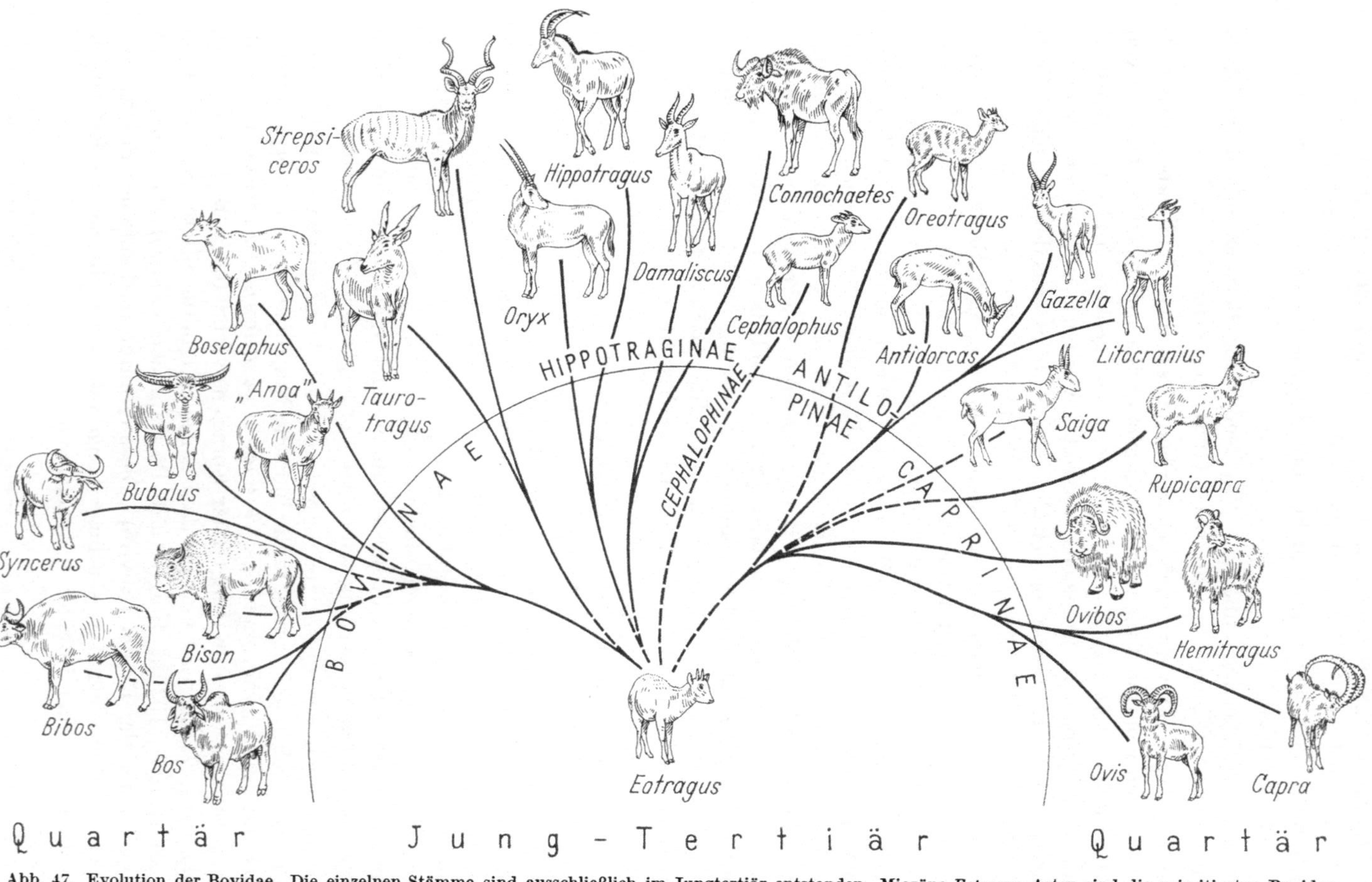

Abb. 47. Evolution der Bovidae. Die einzelnen Stämme sind ausschließlich im Jungtertiär entstanden. Miozäne *Eotragus*-Arten sind die primitivsten Boviden. Die Differenzierung der echten Rinder, der Schafe und Ziegen erfolgte erst im Quartär. (Original THENIUS)

Mit der Phylogenie der Bovinae haben sich in der letzten Zeit besonders PILGRIM (1939, 1947), SOKOLOV (1954) und BOHLKEN (1958) befaßt. PILGRIM und SOKOLOV stützen ihre Ansichten vor allem auf Fossilfunde aus dem eurasiatischen Tertiär und Pleistozän, wobei hauptsächlich Merkmale des Schädels und des Gehörns berücksichtigt wurden (vgl. Abb. 47).

Die geologisch ältesten Bovini treten mit *Parabos* im Altpliozän Eurasiens auf. Aus dieser Gattung nahestehenden Formen haben sich *Proleptobos* und *Proamphibos* des jüngeren Pliozäns entwickelt, die einerseits als Stammform der echten Rinder (Taurina: *Bison*, *Bibos* und *Bos* einschließlich *Poëphagus*), andererseits der asiatischen Büffel (*Bubalus* einschließlich *Anoa*) anzusehen sind. Demgegenüber hätten sich nach SOKOLOV (1954) die Stammlinien der asiatischen Büffel und der echten Rinder bereits im Miozän getrennt, da *Urmiabos azerbaidzanicus*, eine in der Verkürzung des Hinterhornabschnittes des Schädels und der Pneumatisierung von Frontalia und Knochenzapfen an *Bos* und *Poëphagus* erinnernde Form, bereits im Altpliozän (Pannonium) auftreten soll. Das als *Urmiabos azerbaidzanicus* beschriebene Schädelfragment, das den rückwärtigen Teil des linken Frontale und die Basis des Knochenzapfens umfaßt, stammt angeblich aus dem Altpliozän von Maraghä im Iran (BURTSCHAK-ABRAMOVITSCH 1950). In Anbetracht der bisherigen Fossilfunde aus dem Pliozän und deren schrittweise Spezialisierung im Bau des Schädels und der Knochenzapfen muß das pliozäne Alter von *Urmiabos azerbaidzanicus* als zweifelhaft gelten. Damit ist *Urmiabos* vorläufig für phylogenetische Fragen nicht auswertbar. Nach PILGRIM (1947) bilden *Pachyportax* und *Perimia* aus dem indischen Pliozän die Ahnenformen der Rinder. *Pachyportax* läßt sich von *Eotragus* und *Perimia* von *Pachyportax* ableiten. Die Gattung *Perimia* begründet sich jedoch auf einen juvenilen Schädel.

Fossilfunde von *Bubalus*, *Bison*, *Bos* und *Bibos* sind bisher nicht aus präquartären Ablagerungen bekannt geworden. Die Entwicklung dieser Gattungen fällt in das Pleistozän. *Leptobos* aus dem eurasiatischen Ältestquartär (Villafranchium) gehört einem ausgestorbenen Seitenstamm an. Die Knochenzapfen der Rinder waren ursprünglich dreikielig (*Proamphibos*). Sie wurden im Laufe der Phylogenese immer mehr nach hinten verschoben, wobei gleichzeitig die Parietalia von der Schädeloberfläche verdrängt wurden. So bilden „*Anoa*“, *Bubalus*, *Bibos* und *Bos* eine anatomische Reihe. Wie BOHLKEN erst kürzlich (1958) gezeigt hat, kommt *Anoa depressicornis* von Celebes wohl eine Sonderstellung unter den asiatischen Büffeln zu, doch besteht kein Grund, *Anoa* generisch von *Bubalus* zu trennen (vgl. auch TURNER 1850, LYDEKKER 1913, ANTONIUS 1922 und WEBER 1928). „*Anoa*“ *depressicornis* bildet jedenfalls die kleinste und primitivste Art der Gattung *Bubalus*. Diese ist nach BOHLKEN (1958) gegenwärtig nur durch zwei wildlebende Arten mit mehreren Unterarten in Südostasien vertreten (*B. depressicornis* und *B. arnee* einschließlich *mindorensis*). Fossil kennt man *Bubalus*-Arten aus dem asiatischen und europäischen Pleistozän. In Europa treten sie nur während der zwischeneiszeitlichen Warmzeiten auf, als das Klima nicht nur wärmer, sondern auch feuchter war als heute. Nach PILGRIM kann *Proamphibos* aus dem indischen Jungpliozän als Stammform von *Bubalus* angesehen werden, die erstmalig im Ältestquartär auftritt. Der Wasserbüffel (*Bubalus arnee*) ist in domestizierter Form in Südasien und Südosteuropa verbreitet.

Die afrikanischen Büffel, die von verschiedenen Autoren auch noch in jüngster Zeit mit *Bubalus* vereint werden (z. B. FRECHKOP in GRASSÉ 1955; DALIMIER 1955) haben sich bereits frühzeitig (im Pliozän) von den übrigen Boviden getrennt und sind als Vertreter einer eigenen Gattung (*Syncerus*) zu betrachten. Bei ihnen sind Vomer und Palatinum nicht miteinander verwachsen. Die Choanenöffnung wird durch den Vomer nicht geteilt, die Krümmung der basal verdickten Hörner ist komplizierter als bei den asiatischen Büffeln. Innerhalb der Gattung *Syncerus* bilden *S. caffer nanus* (Rotbüffel), *S. c. aequinoctialis* und *S. c. caffer* (Kaffernbüffel) einen von Westafrika bis nach Südafrika verbreiteten Rassenkreis. Die kleinen Rotbüffel sind die primitiven Waldformen, die großen Kaffernbüffel bilden richtige Steppenbewohner. Die einzelnen Rassen sind durch Übergänge verbunden.

Die afrikanischen Büffel sind bisher nur aus Afrika bekannt geworden, und es ist sehr wahrscheinlich, daß sie auch in Afrika entstanden sind. Fossilfunde haben bisher in stammesgeschichtlicher Hinsicht nichts ausgesagt. Sie zeigen nur, daß im afrikanischen Pleistozän auch langhörnige Formen (Gattung *Homoioceras* BATE 1949) und Riesenbüffel existierten und die *Syncerus*-Gruppe auf Afrika beschränkt war.

Die systematisch-phylogenetische Stellung von *Poëphagus mutus* (= *grunniens*), dem Yak, ist auch heute noch umstritten. Nach BOHLKEN (1958) rechtfertigen die Unterschiede (z. B. geringere Streckung der Frontalia, Fehlen des Stirnwulstes) nur eine subgenerische Abtrennung von *Bos*. Die Differenzierung ist erst im Pleistozän erfolgt. Interessant ist, daß der Wildyak, der die Wüstensteppen des tibetischen Hochlandes bewohnt, einen außerordentlich großen Geschlechtsdimorphismus (besonders Größe) zeigt wie der ausgestorbene Ur. Beim domestizierten Yak sind diese Unterschiede stark ausgeglichen (SCHÄFER 1937). Die domestizierte Form ist weiter verbreitet als die Wildart, die ihre Stammform darstellt. Fossilfunde von *Poëphagus* sind aus dem Pleistozän bekannt (DUBROVO 1957).

Die sich auf *Urmiabos azerbaidzanicus* stützende Ansicht SOKOLOVS (1954), die Trennung dieser beiden (Unter-) Gattungen habe bereits im Pliozän stattgefunden, ist abzulehnen (s. S. 243).

Von *Bos* (s. str.) ist gegenwärtig keine wildlebende Art bekannt. *Bos primigenius*, der Ur, war im Jungpleistozän in Eurasien und Nordafrika verbreitet und wurde im 18. Jahrhundert ausgerottet. *Bos primigenius* kann auf *Bos planifrons* aus dem indischen Ältestpleistozän (Pinjor-Zone) zurückgeführt werden. In Europa tritt *Bos primigenius* nicht vor der großen pleistozänen Warmzeit (Mindel/Riß) auf.

Sämtliche taurinen Hausrinder stammen von *Bos primigenius* ab. Dies gilt auch für die Kurzhornrinder, für die ursprünglich eine eigene Wildform angenommen wurde (*Bos brachyceros*). Die als brachycere Rassekennzeichen beschriebenen Merkmale sind Folgen der Größenabnahme, wie sie durch die Domestikation eintraten (LA BAUME 1948, KLATT 1913). Das Hausrind bildet neben dem Schaf das älteste Haustier und ist aus dem östlichen Mittelmeergebiet bereits im 7. Jahrtausend v. Chr. nachgewiesen.

Banteng und Gaur werden meist als eigene Gattung (*Bibos*) von *Bos* abgetrennt. Sie unterscheiden sich durch den Gesamthabitus, Schädel und Gehörn von der Gattung *Bos*, der sie am nächsten stehen. Sie verhalten sich jedoch durch die geringere Verkürzung der Parietalia und die auch noch antilopenhafte Züge aufweisende Färbung primitiver. Von beiden wildlebenden Arten sind domestizierte Formen bekannt. Das Balirind hat den Banteng (*Bibos javanicus* = „*banteng*"), der Gayal den Gaur (*B. gaurus*) zur wilden Stammform. Der Kouprey (*Bibos sauveli* URBAN) von Kambodscha ist nach BOHLKEN (1958) vermutlich keine eigene Art, sondern aus einer Kreuzung zwischen Banteng und Zebu hervorgegangen.

Die Bisonten (Gattung *Bison*) sind heute durch zwei Arten vertreten (Unterarten bei BOHLKEN 1958) und waren im Pleistozän formenreich entwickelt. Die zwischen Bison und Wisent bestehenden Unterschiede sind als artliche, nicht nur durch die unterschiedliche Größe bedingte Proportionsverschiebungen anzusehen. Im Schädelbau primitiver als *Bos* und *Bibos* (Parietale noch am Schädeldach beteiligt bei stark vergrößertem Interparietale), stammen die geologisch ältesten Funde dieser Gattung aus dem Ältestpleistozän Asiens und Europas. Über die Phylogenie innerhalb der Gattung besteht keine einheitliche Auffassung. Es werden wald- (*Bison schoetensacki*) und steppenbewohnende Formen (*B. priscus*) unterschieden. Beide lebende Formen bewohnen nur ein winziges Areal des einstigen Verbreitungsgebietes. Bemerkenswert ist, daß vom jüngeren Pleistozän bis zur Gegenwart eine allmähliche Verringerung der Gesamtgröße, verbunden mit einer Abnahme der Gehörnstärke verbunden ist (vgl. STEHLIN 1931).

Während vielfach der alt- und mittelquartäre *Bison schoetensacki* als Ahnenform von *B. bonasus* angesehen wird, führen SKINNER u. KAISEN (1947) *Bison bison* und *B. bonasus* auf den eiszeitlichen *B. occidentalis* bzw. *B. occidentalis primitivus* zurück. Die Trennung der beiden lebenden Formen würde demnach erst in das Jungpleistozän fallen und durch die geographische Isolierung und die verschiedenen Lebensräume begünstigt worden sein. Nordamerika wurde von den Bisonten erst während des mittleren Pleistozäns erreicht.

Die Waldböcke Afrikas (Strepsicerotini = „Tragelaphinae") mit den Kudus, Buschböcken, Sumpfantilopen, Nyalas, dem Bongo und den Elenantilopen besitzen zahlreiche Affinitäten mit den Nilgauantilopen. Elenantilopen (*Taurotragus*) und Bongo (*Boocerus*) bilden einen Stamm, Buschböcke, Nyalas, Sumpfböcke und Kudus (*Strepsiceros* einschließlich „*Tragelaphus*" sowie *Limnotragus*) den anderen. Erstere besitzen durch ihre zum Teil riesigen Dimensionen rinderähnlichen Habitus (Riesenelenantilopen). Durch Fossilfunde sind die Strepsicerotini auch aus dem Jungtertiär Eurasiens (z. B. *Sivoreas*, *Palaeoreas*, *Protragelaphus*) nachgewiesen.

Die Duckerantilopen (Cephalophinae) bilden in vieler Hinsicht primitiv gebliebene Boviden, die durch Fußstruktur (interdigitale Drüsen) und präorbitale Drüsen stark von den übrigen Boviden abweichen. Ihre Trennung von diesen muß sehr frühzeitig (Altmiozän) erfolgt sein. Es sind kleine Buschschlüpfer, die in den afrikanischen Urwäldern heimisch sind. Neuerdings wird *Cephalophus* aus dem nordafrikanischen Miocène supérieur angeführt (ARAMBOURG 1959).

Untereinander näher verwandt sind die Alcelaphini (Kuhantilopen) und die Hippotragini (Pferdeantilopen), denen auch die Reduncini (Wasser- und Riedböcke) angeschlossen werden. Innerhalb der Kuhantilopen bilden die Hartebeeste (*Alcelaphus*) und Leierantilopen (*Damaliscus*) zwei näher verwandte Stämme, die sich erst im ausgehenden Tertiär getrennt haben, während die Gnus *(Connochaetes* und *Gorgon)* einem im Pliozän bereits davon getrennten Zweig angehören. *Prodamaliscus* aus dem Altpliozän kann als gemeinsame Stammform der Hartebeeste und Leierantilopen angesehen werden (SOKOLOV 1954, vgl. LENZ 1952). Die Hartebeeste und die Leierantilopen bilden jeweils drei Rassengruppen, die in den während des Pleistozäns getrennten Steppengebieten Afrikas (Nordafrika, Somaliland und Ostafrika) entstanden sind und sich seither ausgebreitet haben (ANTONIUS 1941).

Die Pferdeantilopen waren im Jungtertiär über große Teile Eurasiens verbreitet *(Palaeoryx, Protoryx, Sinotragus, Olonbulukia).* SOKOLOV betrachtet *Tragoreas* als Stammform von *Hippotragus.* Säbel- *(Oryx)* und Mendesantilopen *(Addax)* sind zwei nahestehende Stämme.

Die gegenwärtig auf Afrika beschränkten Wasser- und Riedböcke (Reduncini: *Kobus, Adenota, Redunca* usw.) sind, wie Fossilfunde vermuten lassen, asiatischen Ursprunges. *Cambayella* aus dem Jungpliozän und *Sivacobus* aus dem Pleistozän Indiens stehen *Kobus* sehr nahe. SOKOLOV schließt die Reduncini den Gazellinae (= Antilopinae) an, indem *Pelea capreolus,* der südafrikanische Rehbock der Buren, zwischen den Riedböcken und den Neotragini steht. *Pelea* ist eine aberrante Steppenform.

Die Gazellenartigen (Gazellinae oder Antilopinae) bilden eine biologisch weitgehend einheitliche Gruppe, die in der Ausbildung des Gehörns und des Gebisses nur wenig variiert, und die sich nur geringfügig von den Ausgangsformen unterscheidet. Von den Giraffengazellen *(Lithocranius),* Lamagazellen *(Ammodorcas)* und Impalas *(Aepyceros)* abgesehen, sind keine aberranten Typen bekannt. Gazellen sind bereits aus dem Mittelmiozän (Tortonium) Europas durch in beiden Geschlechtern gehörnte Formen nachgewiesen (*Gazella stehlini,* THENIUS 1952). Auch für die rezenten primitiven Gazellen ist die Behörnung beider Geschlechter eigentümlich. BOETTICHER (1953) unterscheidet unter den rezenten Gazellen drei Gruppen: Kropfgazellen *(Gazella),* Ziergazellen *(Dorcas)* und Spiegelgazellen *(Nanger),* von denen die afroasiatischen Ziergazellen, die in beiden Geschlechtern behörnt sind, die artenreichste Gruppe mit mehreren, zum Teil erst in Bildung begriffenen Formenkreisen darstellen. Sie sind die zentrale Gruppe, die sowohl Beziehungen zu *Nanger* (über *Nanger [Matschiea] granti* , der ursprünglichsten Art der Gattung) als auch zu *Gazella (G. subgutturosa)* bzw. *Procapra* (durch *G. [Procapra] gutturosa*) besitzt. Nanger steht wiederum dem Springbock *(Antidorcas)* nahe. Die Anschwellung oberhalb der Nase bei *Dorcas (Rhinodorcas) spekei* ist eine Anpassung an das Trockenklima, analog zu Tschiru- *(Pantholops)* und Saiga-Antilope *(Saiga).*

Die Entstehung der Gazellen ist im asiatischen Raum erfolgt, von wo sie nach Afrika gelangten. *Gazella kuetensis* und *G. paragutturosa* aus dem chinesischen Pliozän sind primitive Repräsentanten der *Procapra*-Gruppe (BOHLIN 1938). Nachstehendes Schema gibt eine Vorstellung der hier vertretenen Ansichten über die verwandtschaftlichen Beziehungen zwischen den rezenten Gazellen.

Von den mittel- und jungpleistozänen Gazellen Nordwestafrikas weist *Gazella atlantica* zahlreiche altertümliche Merkmale auf, weshalb sie ARAMBOURG (1957) als letzte Überlebende der altpliozänen *G. deperdita*-Gruppe betrachtet.

Die durchweg kleine Arten umfassenden Neotraginae (Klippspringer, Zwergböckchen: *Oreotragus*, *Madoqua*, *Neotragus* usw.) lassen sich mit den Gazellen auf gemeinsame Stammformen zurückführen. Die spärlichen Fossilfunde, die aus dem afrikanischen Pleistozän stammen, geben keinen Hinweis auf den näheren stammesgeschichtlichen Verlauf innerhalb dieser Gruppe.

Einen der formenreichsten Stämme bilden die Caprinae mit den Ziegen und Schafen (Caprini), den Schafochsen (Ovibovini), den Gemsen und verwandten Formen (Rupicaprini samt Nemorhaedini) sowie evtl. auch Saiga- und Tschiru-antilope (Saigini und Pantholopini) (Abb. 48). Nicht einheitlich werden die Ovibovinen beurteilt, die manchmal den Caprini, manchmal den Rupicaprini genähert

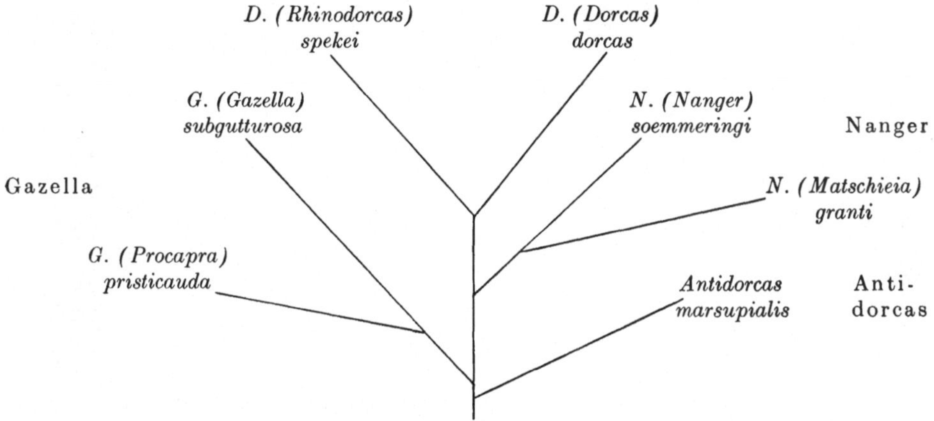

Schema der stammesgeschichtlichen Beziehungen zwischen den Gazellae (in Anlehnung an H. Boetticher 1953)

werden. Gegenwärtig als Moschusochsen mit *Ovibos moschatus* in mehreren Unterarten auf Grönland und Nordamerika beschränkt, waren Ovibovinen im Jungtertiär Eurasiens (z. B. *Criotherium*, *Urmiatherium*, *Tsaidamotherium*) und im Pleistozän Nordamerikas (z. B. *Euceratherium*, *Bootherium*, *Scaphoceros*) verbreitet. Die tertiären Formen besaßen zum Teil völlig abweichend gestaltete Knochenzapfen, die jedoch die gleichen Wachstumstendenzen erkennen lassen wie bei den rezenten Moschusochsen. Es handelt sich bei den tertiärzeitlichen Arten um ausgesprochene Steppenformen, eine für die Herkunft und Entstehung der „nordischen" Elemente wesentliche Feststellung. *Ovibos* wird allgemein vom altquartären *Praeovibos*, einer aus dem mitteleuropäischen Altquartär beschriebenen „Gattung" (fraglich, ob nicht nur altersbedingte Unterschiede die Gattungsmerkmale vortäuschen), abgeleitet. *Praeovibos priscus* verhält sich nämlich im Bau des Knochenzapfens etwas ursprünglicher als die rezente Art. Nach Kretzoi (1942) bildet diese Form einen Seitenstamm. *Bootherium* und *Scaphoceros* sind ausgestorbene Nebenlinien mit einem primitiven bzw. besonders spezialisierten Gehörn. Der rinderartige Habitus der Moschusochsen ist nur eine Parallelerscheinung und kein Zeichen näherer Verwandtschaft. Jungtiere ähneln im Habitus Schafen.

Die systematisch-phylogenetische Stellung des Takin (Gattung *Budorcas*) aus dem südlichen Zentralasien wird nach wie vor diskutiert, jedoch scheinen die

Abb. 48. Evolution der Caprinae einschließlich *Pantholops* und *Saiga*. Mähnen„schaf" *(Ammotragus)* und „Blauschaf" *(Pseudois)* werden als Ziegenverwandte betrachtet, der Takin *(Budorcas)* als Verwandter der Moschusochsen. Beachte Aufspaltung der Ziegen im Pleistozän. Schädelrekonstruktionen z. T. in Anlehnung an C. FRICK (1937). Nicht maßstäblich verkleinert. (Original THENIUS)

verwandtschaftlichen Beziehungen zu den Ovibovinen näher zu sein als zu den Rupicaprinen (vgl. SCHÄFER 1938). So sprechen auch Fossilfunde aus dem älteren Quartär Nordchinas (*Budorcas teilhardi*; YOUNG 1948) für nahe Beziehungen zu den Moschusochsen. Auch SOKOLOV (1954) nimmt eine Trennung von *Budorcas* und *Ovibos* erst für das ausgehende Pliozän an (vgl. dagegen ROY 1958).

Echte Gemsen (Gattung *Rupicapra*), Schneeziegen *(Oreamnos)* und Urwaldgemsen (Goral: *Nemorhaedus*; Serau: *Capricornis*) bilden eine untereinander näher verwandte Formengruppe, die in Asien entstanden ist. Sie ist durch *Pachygazella grangeri*, einer recht primitiven Art, die vermutlich als Stammform angesehen werden kann, erstmalig im Pliozän Chinas nachgewiesen. Im Pleistozän auch in Europa formenreich entwickelt *(Procamptoceras, Myotragus, Nemorhaedus, Rupicapra)*, sind diese Formen in der Gegenwart in Europa *(Rupicapra)*, Asien *(Capricornis* und *Nemorhaedus)* und Nordamerika *(Oreamnos)* verbreitet. SOKOLOV trennt die Rupicaprini *(Rupicapra, Oreamnos* und *Procamptoceras)* von den Nemorhaedini *(Nemorhaedus, Capricornis, Myotragus* und *Pachygazella)*. *Myotragus balearicus* aus dem Pleistozän der Balearen weicht durch die Vergrößerung der beiden (einzigen) mittleren Schneidezähne von den übrigen Gemsenartigen stark ab (ANDREWS 1915), ist jedoch durch *Nemorhaedus melonii* von Sardinien mit den rezenten *Nemorhaedus*-Arten morphologisch verbunden (DEHAUT 1954). Saiga- und Tschiruantilope lassen sich einerseits an die Gazellinae anschließen, andererseits erinnern sie in verschiedenen Merkmalen an die Caprinae, weshalb sie mit diesen in Verbindung gebracht werden. Fossilfunde, die phylogenetisch bedeutsam sind, fehlen noch.

Die Ziegen und Schafe bilden die am weitesten verbreitete Gruppe innerhalb der Caprinae. Verschiedene Formen aus dem Mittel- und Jungmiozän Eurasiens (*Hypsodontus miocenicus*, „*Oioceros*" *grangeri*; s. PILGRIM 1934, SOKOLOV 1949) werden als Stammformen der Schafe angesehen (PILGRIM 1947). Sie scheinen jedoch schon zu spezialisiert zu sein, um als deren Stammformen angesehen werden zu können. Vermutlich handelt es sich um ausgestorbene Seitenstämme. Dagegen kann die Gattung *Tossunnoria* aus dem Altpliozän Chinas (BOHLIN 1937) als Stammform der rezenten Caprini angesehen werden. *Tossunnoria pseudibex* verbindet im Schädelbau Merkmale von *Hemitragus* und *Capra* mit solchen von Gemsenartigen, von denen sie abgeleitet werden kann. Die älteste echte Ziege bildet *Sivacapra sivalensis* aus dem indischen Altquartär, an die sich *Capra* anschließen läßt. Die Gattung *Ovis* erscheint erstmalig im Ältestquartär Europas und Ostasiens (vgl. Abb. 48).

Capra und *Ovis* haben sich während des Quartärs aufgespalten und sind gegenwärtig durch verschiedene Stämme vertreten, die taxionomisch als Untergattungen bzw. Unterarten aufgefaßt werden können (KESPER 1953; HERRE u. RÖHRS 1955). KESPER gliedert die rezenten Wildziegen (Gattung *Capra*) in drei Gruppen: *aegagrus*-, *ibex*- und *falconeri*-Gruppe, an die sich die in der Hornform evoluierte Gattung *Pseudois*, die Blauschafe Zentralasiens, die von PILGRIM und SOKOLOV zu *Ovis* gestellt wird, bzw. *Ammotragus* anschließen lassen. *Ammotragus lervia*, der Mähnenspringer oder das Mähnen„schaf" Nordafrikas, hat nichts mit den Schafen zu tun, sondern ist eine Wildziege (vgl. PETZSCH 1957). Die Tahre *(Hemitragus)* verhalten sich im Gehörn primitiver als *Capra*, *Soergelia* aus dem Pleistozän bildet eine ausgestorbene Gattung. Innerhalb der Steinböcke sind verschiedene Formenkreise zu unterscheiden, deren Entwicklung mit der Isolation auf bestimmte Gebirgsstöcke zusammenhängt. Aus echten Wildziegen (*aegagrus*-Formenkreis), die gegenwärtig im östlichen Mittelmeergebiet und den anschließenden Ländern (vorderer Orient und Nordostafrika mit *nubiana*-Formen) verbreitet sind, haben sich die Hausziegen entwickelt *(Capra hircus)*. Die im Gehörn auftretende Vielfalt der domestizierten Formen erschwert die Beurteilung der Herkunft, doch scheint die im Gehörn vorhandene Ähnlichkeit mit *ibex*-, *ovis*- und *falconeri*-Formen nicht genetisch bedingt zu sein. Nicht geklärt ist die Herkunft der *falconeri*-Hausziegen, die verschiedentlich auf die wilde Schraubenziege *(C. falconeri)* zurückgeführt wird (vgl. ADAMETZ 1932, PETZSCH 1957). Die als *Capra prisca* von ADAMETZ angenommene weitere wilde Stammform hat sich als neolithische Hausziege erwiesen. Dem Erhaltungszustand nach zu urteilen gilt dies auch für die angeblich aus dem Jungpleistozän stammende *Capra prisca* von Schleinbach (SICKENBERG 1930), die KRETZOI (1942a) als *Capra zimmermanni* bezeichnet (vgl. SCHWARZ 1935).

Die rezenten Wildschafe verteilt KESPER (1953) auf zwei Arten: *Ovis ammon* mit europäischer und zentralasiatischer und *Ovis nivicola* mit nordostasiatisch-nordamerikanischer Verbreitung. Die Wildschafe sind an verschiedene Lebensbedingungen angepaßte Wiederkäuer. *Ovis ammon arcal* ist als Tiefsteppenbewohner, *O. ammon ammon* dagegen als Hochsteppenbewohner zu bezeichnen. Die wilden Stammformen der Hausschafe sind in der westlichen Gruppe von *Ovis ammon* zu suchen. Die Schafe zeigen im Hausstand eine viel geringere Variabilität als die Hausziegen. Das Hausschaf gehört neben dem Rind zum ältesten Haustier und ist bereits aus dem 7. Jahrtausend v.Chr. nachgewiesen.

Gabelböcke (Antilocapridae)

Mit Erörterung der systematisch-phylogenetischen Stellung des nordamerikanischen Gabelbockes *(Antilocapra americana)* sind zahlreiche Probleme verknüpft. Der Gabelbock bildet das einzige Überbleibsel einer einst sehr formenreichen Gruppe. Zoologisch ist die isolierte Stellung innerhalb der sonstigen nordamerikanischen Hornträger nur schwer erklärbar. Paläontologisch ist sie ohne weiteres verständlich, denn sie läßt sich lückenlos mit quartären und tertiären Formen verbinden. Sämtliche dieser Formen sind auf Nordamerika beschränkt. Ursprünglich als Unterfamilie der Boviden aufgefaßt, sind die Gabelböcke besser als eigene Familie zu betrachten. Ihre Herkunft ist mit einem tiergeographischen Problem verbunden.

Über die Abstammung der Antilocapriden sind im wesentlichen zwei Ansichten vertreten worden: Gemeinsamer Ursprung mit den Boviden oder unabhängige Herkunft von nordamerikanischen Cerviden. Zur Entscheidung dieser Frage sind Fossilfunde wesentlich. Nun sind aus dem Jungtertiär Nordamerikas zahlreiche Reste beschrieben worden, die in die Verwandtschaft des Gabelbockes gehören. Es sind dies vor allem die Merycodonten (*Merycodus* usw.), Paarhufer mit einem an ein Geweih erinnernden Gehörn und einem hypsodonten Gebiß. Ihre systematische Stellung war lange Zeit umstritten. Während sie WINGE und HILZHEIMER (1922) als hypsodonte Cerviden betrachteten, haben neuere Untersuchungen die Zugehörigkeit zu den Antilocapriden bestätigt (MATTHEW 1924, FURLONG 1927,

Frick 1937). Die sog. „Rose“ des verzweigten Gehörns ist mit der Rose des Hirschgeweihes nicht vergleichbar. Es handelt sich nämlich nur um die periodisch erfolgende Anlagerung von Knochenmasse, die leicht von der „Stange“ lösbar ist und mit ihr nicht verschmilzt. Das von vermutlich periodisch gewechselter „Haut“ bedeckte Gehörn wurde nicht abgeworfen. *Proantilocarpa platycornea* und *Capromeryx* (mit *C. furcifer, texanus* und *altidens*) aus dem Pliozän vermitteln zwischen Merycodonten und *Antilocapra*. *Antilocapra americana* bildet demnach den letzten Überrest einer einst formenreich entwickelten Gruppe, die neben zweihörnigen auch drei- und vierhörnige Formen umfaßte, deren Knochenzapfen einfach und gerade, spiral gedreht, gabelförmig geteilt oder mehrsprossig waren.

Zu den kennzeichnendsten Merkmalen des Gabelbockes zählen die von gegabelten, periodisch gewechselten Hornscheiden bedeckten Knochenzapfen[1], die ihn grundsätzlich von den Boviden unterscheiden.

Verschiedene, ursprünglich als Boviden gedeutete fossile nordamerikanische Selenodontier sind Antilocapriden (z. B. *Ilingoceras, Neotragocerus*). So zeigen die Fossilfunde, daß die Trennung von Boviden und Antilocapriden bereits sehr frühzeitig erfolgt sein mußte, sofern nicht überhaupt eine unabhängige Entstehung eingetreten ist, was auf Grund des zeitlichen Auftretens und ihrer räumlichen Verbreitung eher anzunehmen ist. Demnach erscheint eine Zusammenfassung der Bovidae und Antilocapridae in eine Überfamilie der Bovoidea vom stammesgeschichtlichen Gesichtspunkt aus nicht gerechtfertigt.

Paenungulata

Die durch Simpson (1945) als Paenungulaten zusammengefaßten Säugetierstämme werden gegenwärtig nur durch die Seekühe, Rüsseltiere und Schliefer vertreten. Während diese wie auch die ausgestorbenen Embrithopoden afrikanischen Ursprunges sind, haben die Dinoceraten, Pantodonten, Xenungulaten und Pyrotherien ihre Hauptentwicklung in der Neuen Welt durchgemacht. Alle vier letztgenannten Gruppen sind bisher nur aus dem Alttertiär bekanntgeworden.

Simpson hat mit dieser neuen Überordnung der älteren, jedoch nicht einheitlich definierten Einheit der Subungulaten einen erweiterten und präziseren Umfang gegeben. Der Name Subungulaten, der sich auf die nicht völlig hufartige Gestalt der Endphalangen stützt, ist nicht ganz glücklich gewählt und wurde in Anbetracht dieses Umstandes und des wechselnden Umfanges wegen im Schrifttum von Simpson durch die Bezeichnung Paenungulata ersetzt, was soviel wie „Fast“-Huftiere bedeutet.

Freilich ist die nähere Verwandtschaft der vier neuweltlichen Formengruppen mit den „Subungulaten“ (Sirenen, Proboscidier und Hyracoiden) äußerst hypothetisch; jedoch ist ihr gemeinsamer Ursprung von bestimmten Protungulaten nicht ganz auszuschließen. Nur aus diesem Grund sind sie hier als „Einheit“ aufgefaßt. Ihre Differenzierung war bereits im Paleozän vollzogen, wie der Nachweis von Pantodonten und Dinoceraten sowie der Xenungulaten im Paleozän und das Auftreten der Pyrotheria im Alteozän beweist (s. Abb. 49).

[1] Gegabelte Hornscheiden sind von Boviden nicht bekannt. Die von Bohlin (1935) für die fossilen Tragocerinen angenommene Gabelung trifft nicht zu (Thenius 1948). Ein Wechsel der Hornscheide ist nur gelegentlich bei jungen Rindern zu beobachten.

+ „Amblypoda“

Als Amblypoden wurden seinerzeit die Pantodonta, die Dinocerata und die Periptychidae (= Condylarthra) zusammengefaßt. Erst SIMPSON (1937) trennte

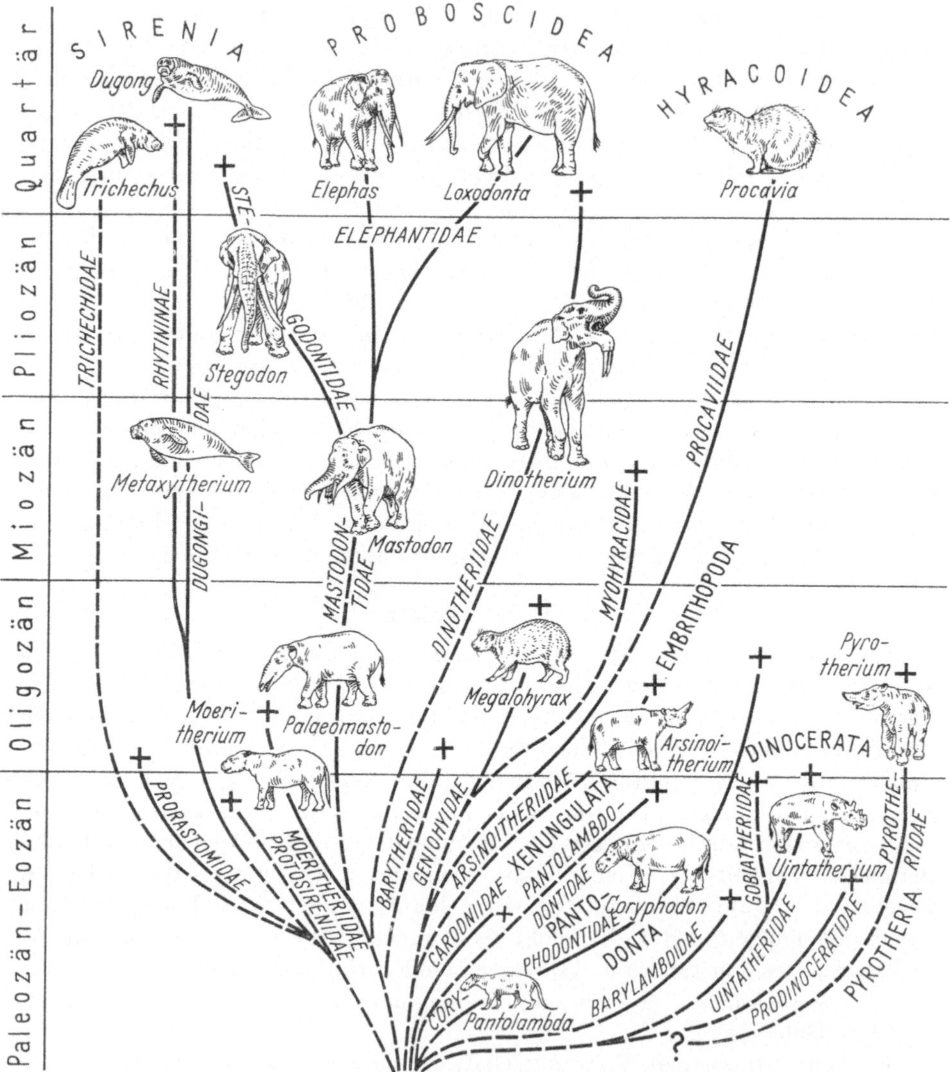

Abb. 49. Evolution der Paenungulata. Hauptentfaltung der Stämme im Alttertiär. Sekundäre Radiationen bei Mastodonten im Jungtertiär und bei den Elefanten im Quartär. Sirenen, Elefanten und Schliefer als rezente Überlebende. (Original THENIUS)

die Pantodonten und Dinoceraten wieder und stellte die Periptychiden zu den Condylarthren. Unter den Dinoceraten befinden sich übrigens die größten Landsäugetiere des nordamerikanischen Eozäns, in dem sie ihre Blütezeit hatten.

Die Pantodonten sind erstmalig im mittleren Paleozän (Torrejonian) mit etwa schafgroßen Formen *(Pantolambda)* nachgewiesen, die zahlreiche altertümliche Züge besitzen (z. B. tribosphenische Molaren), die für eine Ableitung von primitiven Protungulaten bzw. Creodonten sprechen. Aus der Gattung *Pantolambda* hat sich über *Sparactolambda* des jüngeren Paleozäns *Coryphodon* des Alt-

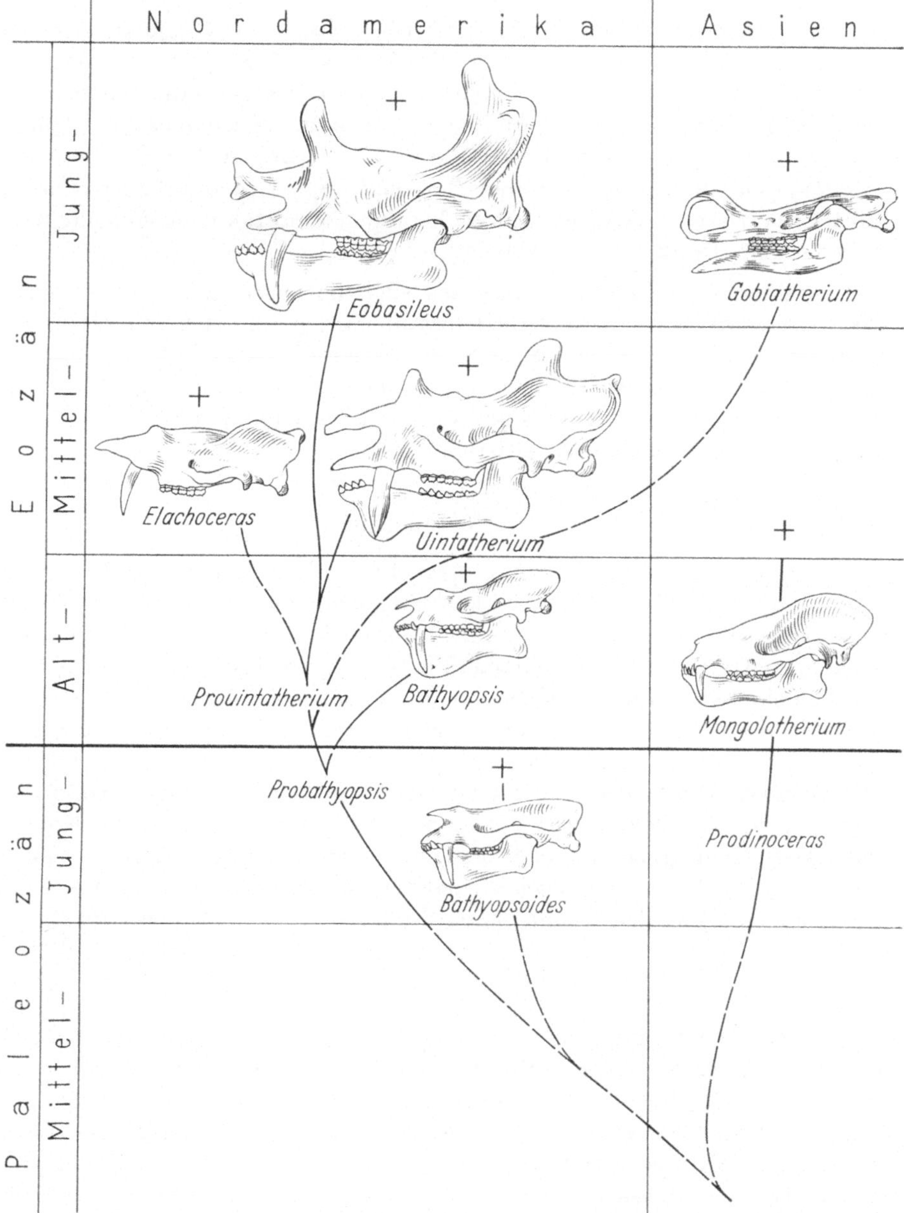

Abb. 50. Evolution der Dinocerata (Schädel). Maßstäblich verkleinert. (Nach C. C. Flerov 1957, verändert nach J. A. Dorr 1958)

eozäns entwickelt, eine plumpfüßige Gattung, die bereits Flußpferdgröße erreichte und in Nordamerika und Europa verbreitet war. Mit *Eudinoceras* im Jungeozän und *Hypercoryphodon* im Oligozän Asiens sind die letzten Vertreter der Pantodonten bekannt, die in Asien noch zu einer Zeit existierten, als sie in Nordamerika längst ausgestorben waren. *Barylambda* aus Nordamerika und *Archaeolambda* aus Asien gehören Seitenlinien an (s. PATTERSON 1937, 1939, FLEROV 1952).

Die Dinoceraten, deren geologisch älteste Formen aus dem jüngeren Paleozän (Tiffanian) stammen *(Prodinoceras, Probathyopsis, Bathyopsoides)*, waren ebenfalls in Nordamerika und Asien verbreitet. Dank reicher Fossilfunde läßt sich die Phylogenie dieser Gruppe, die mehrere Stammlinien umfaßt, vom jüngsten Paleozän bis in das Jungeozän verfolgen. Die wichtigste Reihe bildet die von *Probathyopsis* (Jung-Paleozän) über *Prouintatherium* (Alteozän) zu *Uintatherium* (Mitteleozän) bzw. *Eobasileus* (Mittel- bis Jungeozän) führende Ahnenreihe (vgl. FLEROV 1957, DORR 1958; s. Abb. 50).

Charakteristisch für die Dinoceraten sind die meist säbelartig verlängerten Oberkiefereckzähne und die Schädelprotuberanzen, die sich allometrisch vergrößern und bei den geologisch jüngsten Formen *(Uintatherium* und *Eobasileus)* zu drei Paaren massiver Knochenzapfen angewachsen sind. Das Gliedmaßenskelet der nashorngroßen mittel- und jungeozänen Arten ist fünfzehig und plump und erinnert an jenes der Rüsseltiere.

+ Xenungulata

Die neuerdings durch PAULA COUTO (1952) als Xenungulaten bezeichneten Carodniidae sind südamerikanische Huftiere, die im Gebiß Anklänge an die nordamerikanischen Dinoceraten zeigen. Ursprünglich wegen der bilophodonten Molaren zu den ebenfalls rein südamerikanischen Pyrotheria gestellt (s. u.), unterscheiden sie sich von diesen nicht nur im Gebiß, sondern auch im Gliedmaßenskelet. Die Ähnlichkeiten mit den nordamerikanischen Dinoceraten führt PAULA COUTO auf die gemeinsame Stammgruppe zurück, die unter den Condylarthren zu suchen ist. Die Dinoceraten haben sich in Nordamerika und Asien, die Xenungulaten unmittelbar nach der Isolierung Südamerikas auf diesem Kontinent entwickelt. Xenungulaten sind bisher nur aus dem jüngeren Paleozän bekanntgeworden *(Carodnia)*. Die Zugehörigkeit von *Carolozittelia* aus dem älteren Eozän (Casamayorense) zu den Xenungulaten ist fraglich (PAULA COUTO 1952).

+ Pyrotheria

Die Pyrotheria bilden eine bisher ebenfalls nur aus dem Alttertiär Südamerikas bekanntgewordene Huftiergruppe, die durch ihre bilophodonten Backenzähne entfernt an die altweltlichen Dinotherien unter den Proboscidiern erinnern. Vergrößerte Schneidezähne im Ober- und Unterkiefer und der mit einer rüsselartig erweiterten Oberlippe versehene Schädel sowie das außerordentlich charakteristische Extremitätenskelet (stark verkürzte Unterarm- und Unterschenkelknochen) lassen erkennen, daß es sich um Konvergenzerscheinungen zu den Proboscidiern handelt. Dasselbe gilt für die angeblichen verwandtschaftlichen Beziehungen zu Hyracoiden, Marsupialiern und zu Toxodonten. Die Pyrotheria bilden einen interessanten Fall einer Parallelentwicklung und haben ihren Ausgang von primitiven Condylarthren genommen. Die wichtigsten Gattungen sind *Pyrotherium* und *Griphotherium* aus dem älteren Oligozän (Deseadense).

Rüsseltiere (Proboscidea)

Die Rüsseltiere sind gegenwärtig nur mehr durch die Elefanten mit zwei Gattungen *(Loxodonta* und *Elephas)* vertreten, nachdem sie im Tertiär und im Pleistozän fast weltweit verbreitet waren und eine riesige Artenfülle hervorgebracht hatten. Diese Kenntnis ist den zahlreichen Fossilfunden zu verdanken, die die Geschichte der Proboscidier bis in das Eozän zurückverfolgen lassen und auch sichere Angaben über ihre Entstehungs- und Ausbreitungszentren ermöglichen. So bilden die heutigen Elefanten die letzten Überlebenden einer einst überaus formenreich entwickelten Gruppe. Ursprünglich als Pachydermen (Dickhäuter) mit Unpaarhufern (Tapiren und Nashörnern) und Paarhufern (Flußpferden) zusammengefaßt, zeigten anatomische Untersuchungen Gemeinsamkeiten mit den Seekühen, deren gemeinsamer Ursprung durch Fossilfunde auch bestätigt wurde.

Die ältesten Proboscidier-Reste stammen aus dem mittleren Eozän von Französisch-Westafrika (Arambourg, Kikoine u. Lavocat 1951) und sind auf eine kleine *Moeritherium*-Art zu beziehen. *Moeritherium lyonsi* aus dem Jungeozän Ägyptens ist etwas größer und durch Schädel-, Gebiß- und postkraniale Skeletreste gut belegt. Die Gliedmaßen dieser Form sind entsprechend der Größe, die einem Tapir entspricht, noch verhältnismäßig schlank; ein langer Schwanz war vorhanden. Besonders wichtig sind Schädel und Gebiß dieser Gattung, die in mehreren Arten aus dem Jungeozän und Altoligozän Ägyptens beschrieben worden ist. Kennzeichnend ist das aus oligobunodonten Backenzähnen und einzelnen, zum Teil vergrößerten Schneidezähnen bestehende Gebiß mit der Zahnformel $\frac{3\ 1\ 3\ 3}{2\ 0\ 3\ 3}$. Das zweite obere und untere Schneidezahnpaar sind vergrößert. Es sitzt etwas schräg im Kiefer und erinnert dadurch an das Vordergebiß der Klippschliefer. Die mittleren Incisiven und die I^3 sind klein. Diastemata trennen Vorder- und Backenzahngebiß. Der Schädel ist niedrig, langgestreckt, die Orbitae liegen im vorderen Drittel, die kräftigen Jochbögen laden mäßig aus, der Hirnschädel ist außerordentlich klein und mit einem Sagittalkamm versehen. Die äußere Nasenöffnung ist kaum vergrößert und zeigt, daß *Moeritherium* noch keinen Rüssel besessen hat (s. Abb. 51). Sämtliche Backenzähne waren gleichzeitig in Funktion, eine Erscheinung, die sich unter den Proboscidiern sonst nur noch bei den oligozänen Palaeomastodonten bzw. den Dinotherien wiederfindet. Lehmann (1950) sieht in *Moeritherium* eine ohne Nachkommen erloschene Gattung, die nicht als Ahnenform der Mastodonten und Elefanten in Betracht kommt. Immerhin waren die tatsächlichen Ahnenformen der jüngeren Proboscidier *Moeritherium* nah verwandt und von dieser Gattung nicht wesentlich verschieden.

Im älteren Oligozän finden sich neben *Moeritherium* Reste primitiver Mastodonten, die als *Palaeomastodon* und *Phiomia* beschrieben und die durch Matsumoto (1923) und Osborn (1936) als Ausgangsformen der höcker- und der jochzähnigen Mastodontenstämme angesehen wurden, d. h. daß die Trennung dieser beiden Stämme bereits im Oligozän vollzogen gewesen sei. Demgegenüber betont Lehmann (1950), daß die als *Palaeomastodon* und *Phiomia* beschriebenen Gattungen zu einer einzigen, allerdings sehr variablen Art zu zählen seien, die aus einem einzigen geologischen Horizont stammt und die als Ahnenform des miozänen „*Mastodon*“ (= *Trilophodon* = *Bunolophodon*) *angustidens* angesehen werden kann. Die Trennung in die verschiedenen, vor allem im Gebiß abweichenden Stämme bildete sich erst im Laufe des Miozäns heraus, indem aus ursprünglich bunodonten Mastodonten die zygodonten Formen hervorgingen (*Zygolophodon* = *Turicius*). Entsprechend der verschiedenen Bewertung der systematisch wichtigen Merkmale werden die miozänen Mastodonten Europas als Arten oder Unterarten (LEHMANN 1950) bzw. als Gattungen und Unterfamilien (OSBORN 1936) angesehen. Wir schließen uns der Ansicht LEHMANNS an, derzufolge die Trennung der bunodonten und zygodonten Reihe im Miozän erfolgt ist. Unter den bunodonten Mastodonten (*Bunolophodon angustidens*) ist eine Seitenlinie mit zygodonten Tendenzen festzustellen (*B. angustidens tapiroides* = „*subtapiroidea*“ SCHLESINGER = *Serridentinus* bei OSBORN). Zu den wichtigsten und gesicherten Stammlinien zählt die vom miozänen *Bunolophodon angustidens* über das altpliozäne *B. longirostris* zum jungpliozänen und ältestquartären *B.* (*Anancus*) *arvernensis* führende Linie, die in Europa durch zahlreiche Fossilfunde und durch Übergangsformen belegt ist. Es handelt sich um eine richtige Ahnenreihe, wie bereits SCHLESINGER (1919, 1921) erkannt hatte. Die Osbornsche Annahme von drei getrennten Stämmen kann nicht aufrechterhalten werden. Ähnliches gilt für das Auftreten sog. *Protanancus*-Formen im Miozän (s. BERGOUNIOUX, ZBYSZEWSKI u. CROUZEL 1953, ARAMBOURG 1945, MACINNES 1942). Es handelt sich um einzelne Zähne innerhalb verschiedener Populationen, die Tendenzen zu einer alternierenden Jochhälftenstellung

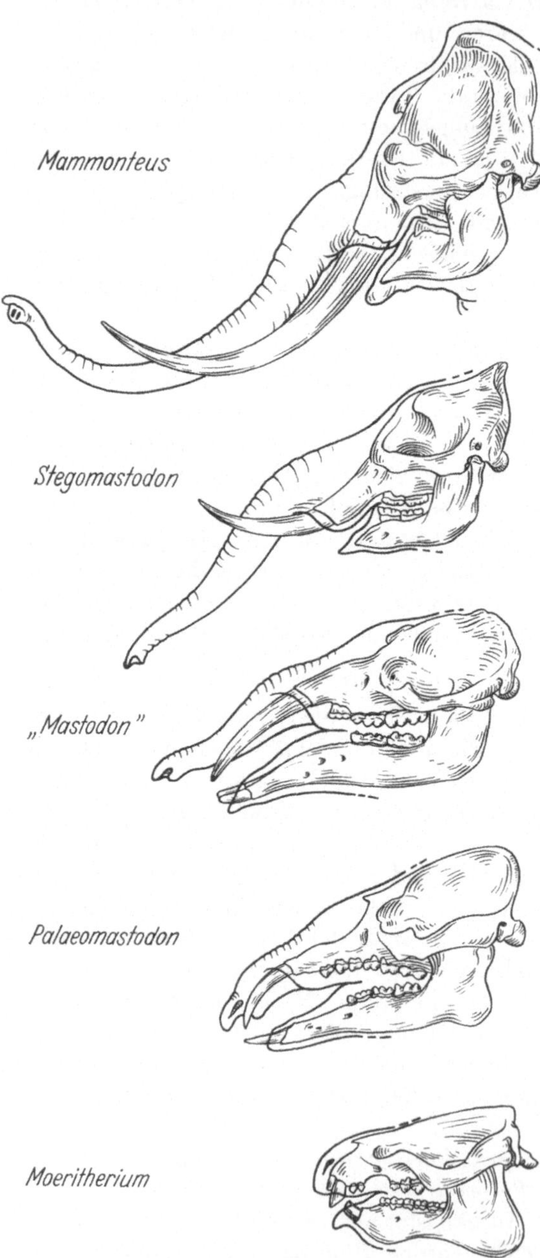

Abb. 51. Evolution der Proboscidea I (Schädel). Stufenreihe zur Illustration der Entstehung von Rüssel und Stoßzähnen bei den Elefanten. *Moeritherium* — Eozän, *Palaeomastodon* — Oligozän, *Bunolophodon* („*Mastodon*“) — Miozän, *Stegomastodon* — Plio-Pleistozän, *Mammonteus* — Pleistozän. Maßstäblich verkleinert. (Nach W. K. GREGORY 1951, ergänzt)

zeigen, wie sie für *Anancus* charakteristisch ist. Es kommt ihnen jedoch kein systematisch-phylogenetischer Wert zu. Kennzeichnend für die Reihe von *B. angustidens* — *longirostris* — *arvernensis* ist die fortschreitende Verkürzung des Unterkiefers und die Reduktion der Mandibularstoßzähne bis zum völligen Schwund, bei gleichzeitiger Vergrößerung und Verlängerung der Oberkieferstoßzähne. Diese Entwicklung kann mit der Verlängerung des Rüssels in Verbindung gebracht werden, der als stark vergrößerte Oberlippe erstmalig bei *Palaeomastodon* auftritt, um bei *B. (Anancus) arvernensis* den für die Elefanten charakteristischen Grad zu erreichen (s. Abb. 51). In Zusammenhang mit den Veränderungen in der Schnauzenregion stehen Umbildungen im Schädelbau, die zum Ansatz der immer mächtiger werdenden Rüsselmuskulatur notwendig werden. Der ursprünglich langgestreckte Kiefer der Mastodonten erhält durch die Verkürzung der Symphysenpartie und durch die Veränderungen im Gebiß schließlich die für Elefanten charakteristische Gestalt. Die Umbildungen im Backenzahngebiß erfolgten ebenfalls schrittweise. Die bei *Moeritherium* und primitiven Mastodonten bunodonten Molaren werden durch zusätzliche Höcker verlängert. Durch seitliche Verschmelzung der Höckerpaare kommt es zur Jochbildung *(Zygolophodon)*, deren Zahl bei den geologisch jüngsten Formen *(Stegodon)* beträchtlich ansteigen kann, ohne daß es dabei zu einem Höherwachsen der Krone kommt, wobei *Stegolophodon* zwischen Mastodonten und Stegodonten vermittelt (s. Abb. 52). Mit den Stegodonten stirbt dieser Hauptstamm der Proboscidier aus.

Die Tendenz zur Hypsodontie der Joche setzt erst bei den Elefanten ein, die damit in der Lage sind, wesentlich neue Lebensräume zu erobern, was auch durch ihre rasche, fast weltweite Verbreitung bestätigt wird. Die geologisch ältesten Vertreter der Elefanten sind aus dem Ältestquartär (Villafranchium) bekanntgeworden *(Archidiskodon)*. Zugleich mit der steigenden Hypsodontie werden die Joche komprimiert und ihre Zahl im Laufe der weiteren Entwicklung erhöht, um bei der in dieser Hinsicht spezialisiertesten Art, dem Mammut *(Mammonteus primigenius)* des Jungpleistozäns, am M_3 die Zahl von 27 Lamellen zu erreichen. Mit der Hypsodontie setzt auch die Zementablagerung intensiver ein, die bereits bei Mastodonten zu beobachten ist und die zur Füllung der Jochzwischenräume dient und damit zu einer einheitlichen Kaufläche führt. Mit der zunehmenden Vergrößerung der Molaren werden die Prämolaren mehr und mehr reduziert und finden sich nur noch bei den geologisch ältesten Elefanten *(Archidiskodon planifrons)* (vgl. SCHAUB 1948a). Dadurch folgen bei den Elefanten auf die (drei) Milchmolaren die (drei) Dauermolaren. Die Zähne rücken mit zunehmender Abkauung im Kiefer nach vorne und werden schließlich als kleine Stummel ausgestoßen. Entsprechend der Zahngröße ist von den Dauermolaren nur jeweils ein Zahn pro Kieferhälfte in Funktion. Diese Art des Zahnwechsels kann eigentlich nicht mit einem normalen Zahnwechsel verglichen werden, da die „gewechselten" Zähne einer Zahngeneration angehören. Die Zähne selbst rücken durch ständige Resorption und Anlagerung der Kieferknochen nach vorne. Man spricht von einem „horizontalen Zahnwechsel", eine irreführende Bezeichnung, da ein richtiger Zahnwechsel nicht vorliegt.

Stammesgeschichtlich außerordentlich interessant ist das Auftreten von rudimentären Unterkieferstoßzähnen bei einer insularen Zwergform von *Archidiskodon*

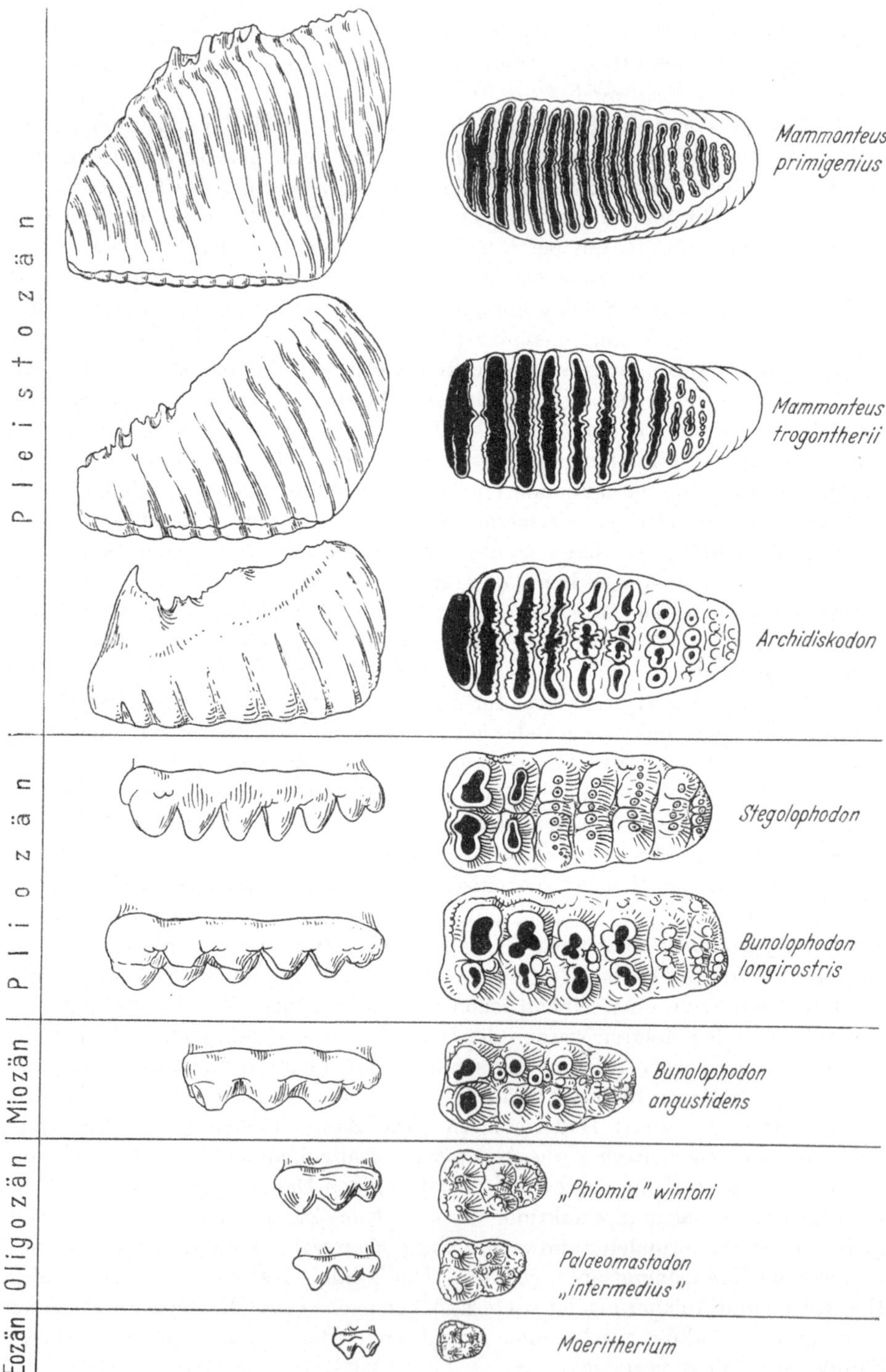

Abb. 52. Evolution der Proboscidea II (Gebiß). M^3 dext. Stufenreihe. Links: Lingualansicht, rechts: Kauflächenansicht. Beachte Größenzunahme, Komplikation des Zahnes und zunehmende Hypsodontie. Maßstäblich verkleinert. (Original THENIUS)

(*A. celebensis* aus Celebes), die auf longirostrine mastodontenähnliche Vorfahren deutet (HOOIJER 1954a). Dasselbe gilt für die besonders für den afrikanischen Elefanten (Gattung *Loxodonta*) typische Rautenfigur der Zahnlamellen der Molaren im angekauten Zustand, die auf den einstigen Sperrhügel zwischen den Molarenhöckern bzw. -jochen bei den Mastodonten hinweist. Diese und andere Merkmale (z. B. Fehlen der Prämolaren bei Stegodonten) lassen die ursprüngliche Annahme der Herkunft der Elefanten von den Stegodonten als hinfällig erscheinen. Die Stegodonten bilden den ohne lebende Nachkommen erloschenen Hauptstamm, während die Elefanten direkt von longirostrinen, bunodonten Mastodonten des jüngeren Tertiärs abgeleitet werden müssen (s. DIETRICH 1951). Seit etlichen Jahren sind auch aus Afrika evoluierte *Anancus*- und *Pentalophodon*-Arten bekannt (MACINNES 1942), die als Ausgangsformen von *Loxodonta* bzw. *Elephas* angesehen werden können. Bei *Loxodonta* werden die Joche nicht zu schmalen Platten zusammengedrückt, sondern bleiben als ,,rhombische Schmelzbüchsen" bestehen. In Zusammenhang damit ist auch die Jochzahl der Molaren bei *Loxodonta* nur geringfügig vermehrt, während sie bei *Elephas* mit den engen Lamellen stark gestiegen ist gegenüber den Stammformen. *Loxodonta* verhält sich also hinsichtlich des Gebisses primitiver als *Elephas* und bildet die stammesgeschichtlich ursprünglichere Linie. *Stegoloxodon indonesicus* KRETZOI ist nicht als Übergangsform zwischen *Archidiskodon planifrons* und *Loxodonta africana* zu betrachten, sondern eine *antiquus*-artige Varietät von *A. planifrons* (DIETRICH 1958). Innerhalb dieses Stammes bleibt die Lamellenzahl niedrig. Auch bei *Metarchidiskodon*. *Loxodonta* selbst ist auf Afrika beschränkt. *Elephas maximus (= indicus)*, der indische Elefant, läßt sich von ältestquartären Archidiskodonten, wie sie als *A. planifrons* aus Indien beschrieben worden sind, über *Elephas hysudricus* und *E. hysudrindicus* des Pleistozäns ableiten (vgl. ADAM 1957). Bestehen also zwischen den afrikanischen und indischen Elefanten der Gegenwart tiefgreifende Unterschiede, die eine generische Trennung notwendig machten, so sind die Differenzen innerhalb der afrikanischen Elefanten nur subspezifischer Natur, indem die Waldelefanten (*Loxodonta africana cyclotis* usw.) die primitiveren, die Steppenelefanten (*L. africana oxyotis* usw.) die spezialisierteren Formen darstellen (Zehenzahl, Ohrenform usw.). Laufende Übergänge zwischen den Extremformen sind vorhanden (vgl. BACKHAUS 1958).

Wie Fossilfunde zeigen, haben die Mastodonten im Tertiär eine Formenmannigfaltigkeit erreicht, die zur Ausscheidung zahlreicher ,,Gattungen" geführt hat. Interessant ist ihre weite Verbreitung, indem sie nicht nur auf Afrika und Eurasien beschränkt blieben, sondern im Laufe des Miozäns über die damals landfeste Beringstraße auch nach Nordamerika und während des Pleistozäns schließlich sogar nach Südamerika gelangten (*Cuvieronius*, *Haplomastodon*, *Stegomastodon*; s. SIMPSON u. PAULA COUTO 1955). Während in Eurasien die Mastodonten bereits im Ältestquartär ausstarben (*Anancus arvernensis falconeri*), lebten sie in Nordamerika noch bis in die jüngste Eiszeit und in Süd- und Zentralamerika sogar noch in historischer Zeit, wie durch Skeletfunde und auch durch Kunstwerke der Mayas bezeugt wird (vgl. SPILLMANN 1929). Die auf Mastodonten bezogenen Buschmannzeichnungen Südafrikas aus historischer Zeit haben sich hingegen als überzeichnete Nashörner erwiesen (ABEL 1933). Als aberrante Formen seien die mit schaufelförmig verbreitertem Unterkiefer versehenen Gattungen (*Amebelodon*,

Platybelodon) erwähnt, die aus dem asiatischen und dem nordamerikanischen Jungtertiär bekannt wurden.

Auch unter den quartären Elefanten sind verschiedene Stämme zu unterscheiden. Einer der wichtigsten wird durch die von *Archidiskodon meridionalis* des Villafranchium über den alt- und mitteleiszeitlichen *Mammonteus trogontherii* zum jungpleistozänen *Mammonteus primigenius*, dem Mammut, führende Ahnenreihe dargestellt, die mit dem relativ kleinen *Mammonteus primigenius sibiricus* Blainv. in Sibirien im Spätglazial ausstarb. *Archidiskodon meridionalis* des südlicheren Europa lebte während eines warmgemäßigten Klimas, während *Mammonteus primigenius* eine Kaltsteppenform war, die von Westeuropa bis Japan und sogar Nordamerika verbreitet war. Mit dem Lebensraum und damit mit der Lebensweise stehen zahlreiche Merkmale in Zusammenhang, über die Funde von Mammutkadavern im sibirischen Frostboden sowie Höhlenzeichnungen des Paläolithikers aus Südfrankreich hinreichend Aufschluß geben. Das aus starken Grannen- und Wollhaaren bestehende Haarkleid, der Fetthöcker in der Nackengegend, die Afterklappe, das zum Zerreiben härterer Pflanzennahrung geeignete, komplizierte Backenzahngebiß, die kleinen Ohren usw. stellen Anpassungen an die Kältesteppe dar. Ebenfalls von *Archidiskodon meridionalis* läßt sich der im Villafranchium abspaltende Altelefant *(Palaeoloxodon antiquus)* ableiten, der im mittleren Quartär Europas verbreitet war und im Gegensatz zum gleichzeitig lebenden *Mammonteus trogontherii* jedoch ein Waldbewohner war. Wie Soergel (1913) und neuerdings Adam (1957) gezeigt haben, ist eine Zweistämmigkeit (süd- und mitteleuropäische Formen) und damit eine Polyphylie, wie sie Trevisan (1954) für *Elephas (= Palaeoloxodon) antiquus* und den *trogontherii*- und *primigenius*-Formenkreis angenommen hat, nicht nachweisbar. Wie neuere und vollständigere Schädelfunde gezeigt haben, sind der europäische *Palaeoloxodon antiquus* und der asiatische *P. namadicus* spezifisch nicht zu trennen. Von dieser Art sind auch die Zwergformen abzuleiten, die im Jungpleistozän die Mittelmeerinseln (Kreta, Zypern, Malta, Sizilien) bewohnten (Vaufrey 1929). Es werden drei verschiedene Rassen *(P. antiquus mnadriensis, P. a. melitensis* und *P. a. falconeri)* unterschieden. Bemerkenswert ist, daß diese Zwergelefanten mit anderen Zwerg- bzw. mit Riesenformen vergesellschaftet waren (z. B. Zwergflußpferde, Zwerghirsche, Riesenschläfer, Riesenschildkröten), eine Erscheinung, die auch von anderen Inseln festgestellt werden konnte (malayischer Archipel, Hooijer 1951). Spärliche Funde vom Festland (Griechenland) zeigen jedoch, daß die Zwergelefanten nicht ausschließlich auf Inseln beschränkt waren. Ebenfalls vom *Palaeoloxodon namadicus-antiquus*-Formenkreis lassen sich pleistozäne Zwergelefanten von den Philippinen (Luzon) ableiten, die mit einer Zwergform der Gattung *Stegodon (St. luzonensis)* vergesellschaftet waren (v. Koenigswald 1956). Weitere Zwergelefanten und -mammute sind von Inseln vor der kalifornischen Küste (z. B. Santa-Rosa-Insel) bekanntgeworden. Sie zeigen zusammen mit den bereits oben erwähnten Kleinformen von Archidiskodonten und Stegodonten, daß Zwergformen auf Inseln unter den Proboscidiern keine Seltenheit waren. Sie sind heute sämtlich ausgestorben.

In diesem Zusammenhang sei auf das viel diskutierte Vorkommen rezenter „Zwergelefanten“ in Zentralafrika hingewiesen (vgl. Krumbiegel 1943, Morrison-Scott 1948, Grzimek 1956). Im Gegensatz zum rezenten Zwergflußpferd kann sowohl bei den jungpleistozänen Zwergelefanten als auch bei den Zwergflußpferden des Mittelmeergebietes von echten Zwergen gesprochen werden, da es sich um Arten handelt, deren Ahnenformen größer waren. Hingegen ist dies beim rezenten Zwergflußpferd weder erwiesen noch wahrscheinlich.

Als Ganzes gesehen, bilden die heutigen zwei Elefantengattungen Überbleibsel aus einer Zeit, in der die Proboscidier fast alle Kontinente bevölkerten.

Einen isolierten, auf Afrika und Eurasien beschränkten Seitenstamm bildeten die Dinotherien, deren Ableitung noch unsicher ist. Kennzeichnend für diese Proboscidier ist der flache Schädel, dem Oberkieferstoßzähne fehlen, hakenförmig nach abwärts gekrümmte Unterkiefer mit kräftigen Stoßzähnen und die zwei- oder dreijochigen Backenzähne, die riesigen Tapirzähnen vergleichbar sind. Habituell durch die hohen, säulenförmig gestellten Extremitäten, den Rüssel usw. den Elefanten gleichkommend, sind die Dinotherien bisher nur aus dem Jungtertiär Afrikas und Eurasiens und aus der Eiszeit aus Afrika bekanntgeworden. Die ältesten Funde stammen aus altmiozänen (burdigalischen) Ablagerungen Afrikas, Asiens und Europas. Innerhalb der Dinotherien läßt sich eine Ahnenreihe vom altmiozänen *Dinotherium bavaricum (= „cuvieri")* über *D. levius* bzw. *D.* aff. *giganteum* des Mittel- und Jungmiozäns zum altpliozänen *D. giganteum* bzw. *D. gigantissimum* des Jungpliozäns verfolgen, die hauptsächlich durch eine Größenzunahme gekennzeichnet ist (vgl. Gräf 1957). Während die Dinotherien in Eurasien mit *D. giganteum* bzw. *D. gigantissimum* ausstarben, verschwanden sie in Afrika erst mit der Eiszeit (s. Arambourg 1947), das zweifellos ihre ursprüngliche Heimat bildete.

Ein weiterer, ebenfalls ausgestorbener Seitenstamm wird als Barytherioidea (Gattung *Barytherium*) bezeichnet. Reste dieser Formen sind bisher nur aus dem Jungeozän von Ägypten bekanntgeworden. Sie zeigen gewisse Ähnlichkeit mit Proboscidiern, weshalb man sie hier einordnet (s. Simpson 1945). Andrews betrachtet sie als eigene Ordnung. Die bisher vorliegenden Reste erlauben jedenfalls keine Beurteilung in phylogenetischer Hinsicht.

+ Embrithopoda

Die Embrithopoden bilden gleichfalls eine ausgestorbene Gruppe, die bisher nur aus Afrika nachgewiesen werden konnte und die den Hyracoidea und den Proboscidea als gleichwertige Einheit gegenübergestellt wird. Die einzig bekannte Gattung *(Arsinoitherium* mit *A. zitteli)* ist aus dem älteren Oligozän von Ägypten beschrieben worden (Andrews 1906). Es handelt sich um nashorngroße Tiere mit plumpen, mehrzehigen mastodonähnlichen Gliedmaßen und einem großen, mit zwei Paar Knochenzapfen versehenen Schädel. Das vordere (riesige) Schädelzapfenpaar erhebt sich über den Augen, das hintere ist ganz klein. Das aus lophodonten Backenzähnen bestehende Gebiß bildet zusammen mit dem Vordergebiß eine geschlossene Zahnreihe. Ahnen sowie Nachkommen dieser eigenartigen Huftiergattung sind bisher nicht bekanntgeworden.

Nach Andrews (1906) stehen die Arsinoitherien den Hyracoiden am nächsten und gehören wie diese zu einem in Afrika entstandenen Säugetierstamm.

Schliefer (Hyracoidea)

Die Schliefer bilden gegenwärtig eine nur durch wenige Arten und Rassen vertretene Gruppe (Klipp-, Steppen- und Baumschliefer), die auf Afrika und den vorderen Orient beschränkt ist. Es sind Überlebende einer einst formenreich entwickelten und auch über ganz Eurasien verbreiteten Gruppe von Säugern, die verschiedene altertümliche Merkmale bewahrt haben.

Ursprünglich durch den an Nagetiere erinnernden Habitus und wegen eines anscheinend nagezahnartigen Vordergebisses mit Nagern in Verbindung gebracht *(Procavia: Cavia)*, unterscheiden sie sich durch zahlreiche Merkmale im Schädel, Backenzahngebiß und im postkranialen Skelet sowie durch anatomische Merkmale von diesen und zeigen Affinitäten zu „Subungulaten" (s. o.) und Unpaarhufern, weshalb sie meist auch mit ersteren vereint werden (= Paenungulata SIMPSON). Die durch AMEGHINO und STROMER angenommenen verwandtschaftlichen Beziehungen zu südamerikanischen Notoungulaten beruhen auf Konvergenzerscheinungen. Auch serologische Untersuchungen bestätigen die nähere Verwandtschaft zwischen Proboscidiern und Hyracoiden (WEITZ 1953).

Fossilfunde, die hauptsächlich aus dem afrikanischen Oligozän und Miozän stammen, geben über die einstige Formenmannigfaltigkeit der Hyracoidea Bescheid. Es lassen sich zwei, bereits im Oligozän getrennte Hauptstämme unterscheiden. Die kurzschnauzigen Procaviiden (= „Hyracidae") und die ausgestorbenen, langschnauzigen Geniohyiden, die sich auch in zahlreichen anderen Merkmalen unterscheiden und an die sich ferner noch die ebenfalls ausgestorbenen Myohyraciden anschließen lassen. Charakteristisch für die Geniohyiden sind zahlreiche hippomorphe Tendenzen (Gebiß, mesaxoner Fußbau mit ähnlichen Reduktionstendenzen), während sich die Procaviiden konservativer verhalten und im Backenzahngebiß Übereinstimmung mit den Rhinocerotiden aufweisen. Diese und andere Merkmale haben WHITWORTH (1954) veranlaßt, die Hyracoidea als eigene Ordnung zu den Mesaxonia zu stellen. Bereits SCHLOSSER (1911) hat auf die allgemeine Ähnlichkeit im Schädel zwischen oligozänen Hyracoiden und primitiven Ungulaten hingewiesen. WHITWORTH unterscheidet die Unterordnung der Procaviomorpha mit den Procaviidae und die Unterordnung der Pseudhippomorpha mit den Geniohyidae und den etwas aberranten und bisher wenig bekannten Myohyracidae. Letztere weichen durch ihren nagerähnlichen Habitus von den Geniohyidae ab. WHITWORTH vergleicht die beiden Unterordnungen mit den hippomorphen und den ceratomorphen Perissodactylen, die sich gleichfalls fortschrittlicher bzw. primitiver verhalten.

Unter den Geniohyidae lassen sich mehrere kurzlebige Stämme mit rascher Evolution unterscheiden. Von den Hyracoiden des Fayum (Oligozän Ägyptens) bilden *Bunohyrax* und *Geniohyus* die primitivsten Gattungen. Die größere Ausdehnung der Angularregion des Unterkiefers und die beginnende Vergrößerung der mittleren Incisiven unterscheiden sie jedoch von Perissodactylen *(„Eohippus")*, die geringe Hypsodontie, kleine Orbitae usw. von den Notoungulaten. *Titanohyrax* und *Megalohyrax* verhalten sich fortschrittlicher (Molarisierung der Prämolaren usw.; vgl. MATSUMOTO 1926).

Unter den seit dem Oligozän nachgewiesenen Procaviiden sind auch Riesenformen bekanntgeworden (z. B. *Pliohyrax* aus dem Pliozän Eurasiens und Afrikas), die sich vor allem durch das unreduzierte Gebiß von den Procaviinae unterscheiden. Bemerkenswert ist die Tendenz zur Hypsodontie im Backenzahngebiß, die zu einer starken Einwärtskrümmung der Außenwand der Zähne führt, während die Innenhöcker nur wenig erhöht sind. Diese Entwicklung erreicht im

Pleistozän ihren Höhepunkt („*Postschizotherium*“ aus China), wo dieser Stamm in Asien ausstarb, nachdem er in Europa bereits mit *Pliohyrax occidentalis* im Jungpliozän zum letzten Mal nachgewiesen ist.

Während also die tertiärzeitlichen Hyracoiden Huftiercharakter besaßen, lassen sich die rezenten Schliefer ökologisch eher mit Nagetieren vergleichen. Allerdings ist das Vordergebiß der Klipp- und Baumschliefer kein Nagegebiß, da die Schneidezähne weder eine richtige Schneide besitzen noch deren Querschnitt und Schmelzbedeckung denen von Nagezähnen entsprechen.

Unter den rezenten Formen verhält sich *Dendrohyrax dorsalis* als Regenwaldbewohner am primitivsten, während *D. validus* morphologisch zu *Heterohyrax* (Buschschliefer) überleitet. Die Gattung *Procavia* (Klippschliefer) umfaßt die spezialisiertesten Arten, unter denen *P. ruficeps* die ursprünglichste darstellt (Hahn 1959).

Nach den bisherigen Fossilfunden ist eine Herleitung der Hyracoiden von primitiven Condylarthren am wahrscheinlichsten, die bereits in präeozäner Zeit in Afrika verbreitet gewesen sein müssen. Dies erklärt auch die verschiedenen Gemeinsamkeiten mit Perissodactylen. Zusammen mit den Proboscidiern, Sirenen und Embrithopoden bilden sie eine in Afrika entstandene Gruppe von Säugetieren, die allerdings bis zum Pliozän auf diesen Kontinent beschränkt geblieben ist. Erst im beginnenden Pliozän erreichten die Hyracoidea Europa und Asien, wo sie sich als Steppenformen bis nach Ostasien ausbreiteten.

Seekühe (Sirenia)

Auch die Seekühe waren einst viel formenreicher entwickelt. Sie werden gegenwärtig nur mehr durch zwei Gattungen vertreten. Es sind an das Leben im Wasser angepaßte „Huftiere“, die in küstennahen Meeresgewässern (Dugong), im Brack- oder Süßwasser (z. B. *Trichechus inunguis* des Amazonas- und Orinokobeckens) leben. Sie werden zusammen mit den Proboscidiern, mit denen sie auf gemeinsame Stammformen zurückzuführen sind, und den Klippschliefern als „Subungulaten“ (= Paenungulaten Simpson p. p.) zusammengefaßt. Diese Auffassung stützt sich auf die geologisch ältesten Funde von Sirenen und Proboscidiern sowie auf anatomische Befunde (z. B. Genitalapparat, Larynx, Nasenhöhle, Zahnbau, Gehirn, Hufrudimente, brustständige Milchdrüsen, Hautbeschaffenheit).

Ursprünglich zu den Walen gestellt (Linné, Buffon, Cuvier, Brandt usw.), wurden die Sirenen später mit den „Edentaten“, Proboscidiern, Robben und Monotremen in Verbindung gebracht (Shaw, Blumenbach, Lepsius). Erst die alttertiären Funde von Proboscidiern und Sirenen aus Ägypten haben die Stammesverwandtschaft mit den Proboscidiern gezeigt (Matsumoto 1923, Gregory 1951). Sie lassen sich von primitiven präproboscidierartigen Stammformen herleiten. Durch die aquatische Lebensweise ist manche Ähnlichkeit mit Walen vorhanden (z. B. Schwund der hinteren Gliedmaßen, Ausdehnung der Lungen nach hinten und damit schräge Zwerchfellage, Ausbildung von Wundernetzen, Ohrmuschelreduktion, Isolierung des Tympano-Perioticum, Schwund der tubulösen Hautdrüsen, fast völlige Reduktion des Haarkleides). Grundlegende Unterschiede zeigen jedoch, daß keine näheren verwandtschaftlichen Beziehungen zu den Cetaceen bestehen.

Als Pflanzenfresser sind die Sirenen langsame und träge Schwimmer mit walzenförmigem Körper, flossenartigen Vordergliedmaßen und einem horizontalen, entweder gerundeten (Rundschwanzsirenen oder Trichechidae) oder gabelförmig ausgeschnittenen Ruderschwanz (Gabelschwanzsirenen oder Dugongidae einschließlich *Rhytina*). Der Schädel ist durch die verlängerten und nach abwärts geknickten Prämaxillaria, die „Stoßzähne" besitzen können, gekennzeichnet. Diese oder auch Hornplatten dienen den Sirenen zur Gewinnung ihrer Nahrung, die aus Algen und Seegräsern besteht und die entweder als Ganzes verschluckt oder mit den Backenzähnen zerrieben wird. Die Zahl der Backenzähne ist bei den Manatis (Trichechidae) sekundär vermehrt, indem die Zahnleiste auch noch im erwachsenen Zustand Backenzähne produziert. Die funktionellen Backenzähne des Dugongs gehören morphologisch einer Generation an (Milchzähne und Molaren), da die Prämolaren unterdrückt sind.

Die Phylogenie der Sirenen wird durch Fossilfunde einigermaßen aufgehellt. Diese Fossilfunde reichen vom Eozän bis in das Pleistozän. Es sind vorwiegend solche von Dugongiden. Sie lassen erkennen, daß die beiden lebenden Gattungen (*Trichechus* = „*Manatus*" und *Dugong* = „*Halicore*") zwei seit dem älteren Tertiär getrennten Stämmen angehören, was auch die morphologischen Differenzen bestätigen, die im Bau des Schädels, Gebisses und selbst der Gliedmaßen sehr bedeutend sind. So kommt es bei den Dugongiden etwa zu einer weitgehenden Verschmelzung der Karpalelemente, und die Beckenrudimente sind stets mehr oder weniger stabförmig, während diese bei den Trichechiden unregelmäßig gestaltet sind und die Carpalia nicht weiter verschmelzen.

Die geologisch ältesten Sirenen sind bereits Wasserbewohner gewesen, doch zeigen sie noch verschiedene ursprüngliche Merkmale, die ihre Herkunft von Landtieren und zugleich auch die nähere Verwandtschaft mit den Proboscidiern belegen. Besonders bemerkenswert ist das Vorhandensein eines richtigen Beckens mit Foramen obturatum und auch von Resten der Hintergliedmaßen, die beide den rezenten Arten fehlen bzw. zu rudimentären Gebilden rückgebildet sind; weiters das noch nicht besonders differenzierte Gebiß mit der noch ursprünglichen Zahnformel $\frac{3\,1\,4\,3}{3\,1\,4\,3}$ und den noch nicht zu „Stoßzähnen" vergrößerten oder etwa reduzierten Incisiven sowie die noch nicht vermehrten Höcker der Molaren. Auch Schädel und Unterkiefer lassen die Spezialisationserscheinungen geologisch jüngerer Sirenen vermissen. Allerdings sind die im Laufe der Phylogenese eingetretenen Veränderungen nicht so durchgreifend wie bei den Proboscidiern.

Interessant ist das Auftreten der sog. Ponderosität (SPILLMANN 1959), eine Erscheinung, die bei sekundär aquatischen Wirbeltieren verschiedentlich zu beobachten ist. Sie kann sämtliche Skeletpartien ergreifen und geht meist mit einer Knochenverdickung Hand in Hand. Die Ponderosität führt zu einem Markraumverschluß bei Röhrenknochen, ohne daß das Haverssche Kanalsystem schwindet, sondern eher stärker ausgebildet ist als bei anderen Säugetieren, eine den Wundernetzen vergleichbare Erscheinung. Ein krankhafter Zustand liegt somit nicht vor wie etwa bei der Osteosklerose des Menschen, mit der diese Erscheinung früher identifiziert wurde (vgl. NOPCSA 1923, SICKENBERG 1931, aber auch noch bei MOHR 1957).

Die ältesten Sirenenfunde stammen aus mitteleozänen Ablagerungen der Tethys (Ägypten: *Eotheroides*, *Protosiren*; Ungarn: *Sirenavus*; Jamaika: *Prorastomus*) und gehören völlig erloschenen Stämmen an (Prorastomiden mit *Prorastomus* und *Sirenavus*, Protosireniden mit *Protosiren*), die wohl durch primitive Merkmale verschiedene Anklänge an Trichechiden besitzen, doch nach Reinhart (1959) echte Dugongiden sind. Sie bestätigen die nahen faunistischen Beziehungen der Faunen beider Atlantikküsten im ältesten Tertiär.

Für die Geschichte der Sirenen sind vor allem Fossilfunde aus dem europäischen Tertiär wichtig, unter denen sich verschiedene Stammlinien verfolgen lassen. Eine der wichtigsten ist die der Halitheriinae, die vom mitteleozänen *Eotheroides* über *Prototherium* (Jungeozän) zu *Halitherium* (einschließlich *Manatherium*) des Oligozän führt und bei denen die Nasalia median nicht durch die Frontalia getrennt sind. Dies gilt zwar auch für die mittelmiozäne Gattung *Thalattosiren* aus Österreich (Sickenberg 1928), die jedoch sonst (mit Ausnahme der Reduktion der Incisiven) weitgehende Ähnlichkeit mit den rezenten Dugongs besitzt. Wegen der Reduktion der Schneidezähne kann sie nicht als deren direkte Stammform betrachtet werden. Die noch gut entwickelten Nasalia berühren einander median noch, doch erscheint dieser Unterschied phyletisch überbrückbar, womit also die Herkunft der rezenten Dugongiden einigermaßen aufgehellt worden wäre. Die durch v. Koenigswald (1952) als *Indosiren* beschriebene und als Ahnenform von Dugong angesehene Gattung aus dem Jungmiozän Javas beruht nur auf einem Backenzahn, der für eine derartige Annahme nicht ausreicht. Wahrscheinlich war die geographische Verbreitung für den angenommenen stammesgeschichtlichen Zusammenhang maßgebend.

Einen weiteren Stamm bilden die Metaxytherien der Tethys, die vom Mittelmeer über die Karibische See bis in den Pazifik nachgewiesen sind. Die ältesten Funde stammen aus dem Oligozän (*Caribosiren*), während *Metaxytherium*, *Hesperosiren* und *Felsinotherium* aus dem Jungtertiär nachgewiesen sind (Simpson 1932, Reinhart 1959). Unter ihnen sind vermutlich die Stammformen der Stellerschen Seekuh zu suchen (s. u.). Die weite Verbreitung der Metaxytherien erklärt sich aus der im Tertiär offenen Verbindung zwischen Karibischer See und Pazifischem Ozean (vgl. Abb. 53).

Miosiren und *Rytiodus* gehören ausgestorbenen Seitenstämmen an. *Rytiodus* ist eine Riesenform aus dem europäischen Aquitanium.

Die erst in geschichtlicher Zeit (1767) ausgerottete Stellersche Seekuh (*Rhytina [= „Hydrodamalis"] gigas* Zimm.) wird vielfach als Vertreter einer eigenen Familie angesehen (Kretzoi 1941, Grassé 1955). Sie unterscheidet sich nicht nur durch die riesige Größe und die eigenartige Hautbeschaffenheit (daher auch Borkentier genannt) von den übrigen rezenten Seekühen, sondern durch ihre Kälteanpassung. Die restlichen rezenten Sirenen sind nämlich ausgesprochene Warmwassertiere. Die erst im Jahre 1741 entdeckte Stellersche Seekuh war auf die Commander- oder Kommodorski-Inseln (vor allem die Bering- und die Kupferinsel) östlich Kamtschatka in der Beringsee beschränkt. Ihre Herkunft war so lange ungeklärt, als nur pleistozäne Fossilfunde vorlagen. Untersuchungen in jüngster Zeit (Reinhart 1959) haben jedoch gezeigt, daß die Metaxytherien (= „*Halianassa*" bei Reinhart 1959) aus dem Miozän des Pazifiks als vermutliche Ahnenformen betrachtet werden können oder diesen zumindest außerordentlich nahestanden (vgl. VANDERHOOF 1941, dagegen KELLOGG 1925). Diese Ansicht wird durch noch unveröffentlichte Untersuchungen von HERBERT SCHAFFER,

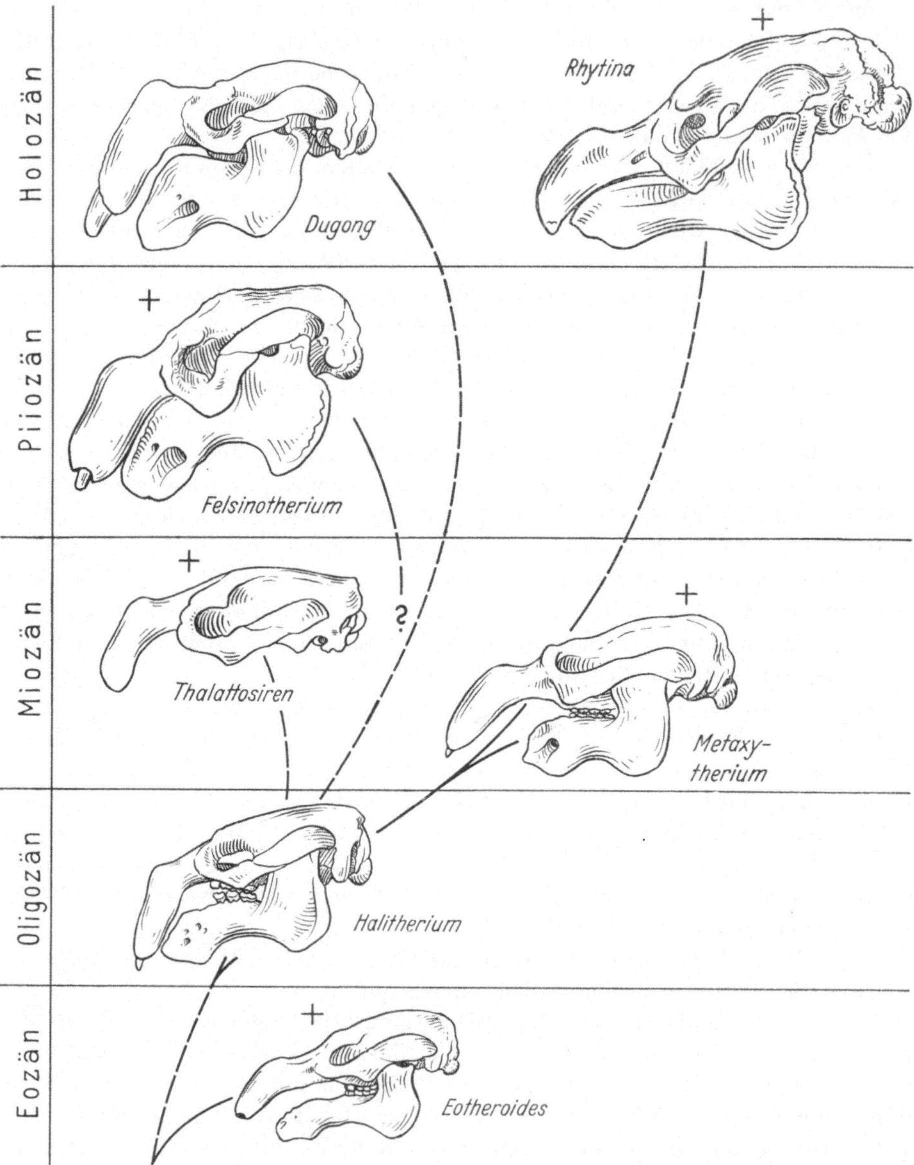

Abb. 53. Evolution der Dugongidae (Schädel). Maßstäblich verkleinert. (Nach W. K. GREGORY 1951, ergänzt und verändert unter Verwendung von Ergebnissen von H. SCHAFFER)

Wien, an den europäischen Metaxytherien bestätigt. Die Übereinstimmung im Schädelbau ist außerordentlich groß mit *Rhytina gigas* und wird auch durch das postkraniale Skelet bestätigt. Die Reduktion des Backenzahngebisses der Stellerschen Seekuh ist demnach erst im Laufe des Jungtertiärs erfolgt, da die Metaxytherien noch das vollständige Molarengebiß besaßen. In Anbetracht dieser

Erkenntnis ist eine Abtrennung der Stellerschen Seekuh als eigene Familie nicht erforderlich. Auch SIMPSON (1945) betrachtet *Rhytina* nur als Angehörige einer eigenen Unterfamilie innerhalb der Dugongiden.

Die Geschichte der Manatis und Lamantins (Trichechidae) ist dagegen mangels entsprechender Fossilfunde noch weitgehend in Dunkel gehüllt, wie auch die heutige geographische Verbreitung durch die Fossilfunde nicht restlos erklärt werden kann (z. B. rezentes Florida-Manati *[Trichechus manatus latirostris]* und die fossilen Sirenen Floridas, die zu den Dugongiden gehören). Immerhin bestätigt *Potamosiren magdalenensis* (REINHART 1951) aus dem Jungmiozän von Kolumbien die Annahme, daß die Trichechiden den karibischen Raum bereits im Miozän besiedelt haben und nicht, wie verschiedentlich angenommen wurde, erst im Pliozän oder Pleistozän erreichten. Gleichzeitig ist dadurch auch KALTENMARKS Ansicht (1943), *Trichechus* von „*Halianassa*" *(= Metaxytherium) cuvieri* abzuleiten, hinfällig geworden. Das gleiche gilt für die angeblich nahe Verwandtschaft zwischen *Metaxytherium* und *Trichechus* (KELLOGG 1925). *Potamosiren magdalenensis* (nur Unterkiefer bekannt) verhält sich in zahlreichen Merkmalen primitiver als *Trichechus* (Mandibel schwächer gekrümmt, schlanker, Gebiß nicht homodont, sondern lophodont mit weniger akzessorischen Höckern). Nach REINHART (1951) erfolgte die Trennung der Trichechidae und Dugongidae in präburdigalischer Zeit, und zwar vermutlich schon im Eozän. *Potamosiren* kann jedoch kaum als direkte Ahnenform von *Trichechus* angesehen werden und besitzt — soweit bekannt — keine primitiveren Merkmale als die Gattungen *Eotheroides*, *Protosiren*, *Sirenavus* oder *Prorastomus*.

5. Die Haussäugetiere und ihre Abstammung

In den Abschnitten des Hauptteiles wurde die Herkunft der domestizierten Tiere bereits erörtert, so daß hier nur mehr eine zusammenfassende Übersicht gegeben werden und auf einige allgemeine wichtige Probleme der Haustierforschung hingewiesen werden muß.

Der Mensch hat immer wieder Wildtiere in seinen Machtbereich gezogen, um sie in sehr verschiedener Form nützen zu können. Er hat damit das großartigste biologische Experiment eingeleitet, dem nur der Mangel anhaftet, daß darüber durch Jahrtausende hindurch kein Protokoll geführt wurde (KLATT, W. HERRE). Eine planmäßige Haltung von Tieren kann erst erfolgt sein, nachdem der Mensch seßhaft wurde. Solange er als Jäger herumstreifte, kann nur gelegentlich und wohl nur kurzfristig und damit für die Haustierwerdung bedeutungslos ein Tier gehalten worden sein. Ausnahmen machen vielleicht nur Hund und Rentier (vgl. S. 274). Der Vorgang des In-Besitz-Nehmens von Wildtieren zu bestimmten Zwecken ist auch heute noch in vollem Fluß, so daß man von alten (Hund, Rind, Pferd usw.) und jungen Haustieren (Nerz, Frettchen, Füchse, Goldhamster, Labortiere, Wellensittich usw.) sprechen kann. Die allgemeinbiologische Bedeutung des Studiums der Haustiere erhellt allein aus der Tatsache, daß DARWIN das neue biologische Weltbild uns kaum hätte schenken können, wenn er nicht als Züchter Erfahrungen über „Das Variieren der Tiere und Pflanzen im Zustande der Domestikation" (1868) gehabt hätte. In neuerer Zeit hat B. KLATT die im Hausstande erfolgenden Veränderungen zur Grundlage einer neuen und sehr fruchtbaren

Forschungsrichtung der vergleichenden Anatomie gemacht, die von seinem Schüler W. Herre weitergeführt und ausgebaut wird. Es sei nur auf die Untersuchungen über die Veränderungen am Hirn und am Schädel hingewiesen, die weit über den Rahmen der eigentlichen Haustierforschung hinaus Bedeutung gewonnen haben.

Versucht man zu definieren, was unter einem Haustier verstanden werden soll, dann zeigt sich an den Schwierigkeiten, daß die Haustiere in sehr verschiedenem Maße in den Hausstand geraten sind. Deshalb hat Klatt (1927), der diese Frage diskutierte, einer sehr weiten Definition von Keller (1902) den Vorzug gegeben und als Haustiere solche Tiere verstanden, die mit dem Menschen in Symbiose leben. Definiert man schärfer, etwa durch Einführung eines weiteren Bestimmungsstückes, daß der Mensch die Fortpflanzung beeinflußt, wie das mehrfach in Definitionen geschehen ist, z. B. E. Fischer (1914), Hilzheimer (1926) u. a., erheben sich dem Sinn des Begriffes „Haustier“ nicht entsprechende Schwierigkeiten. Die Hauskatze wird z. B. nur dort, wo Liebhaber am Werk sind, mit einem bestimmten Ziel fortgepflanzt. Die Katzen auf den Dörfern unterliegen solchen Maßnahmen nicht. Man hat deshalb einmal die Katze nicht zu den Haustieren rechnen wollen. Weitere Beispiele könnten angeführt werden.

Klatt hat sehr klar ausgeführt, daß die Haustierwerdung zunächst ein psychologisches Problem ist, sowohl für den Menschen wie für das ausgewählte Tier. Letzteres muß gewisse Voraussetzungen psychischer, aber nicht nur solcher Art mitbringen, um Haustier werden zu können oder wenigstens in der Umgebung des Menschen leben zu können. Tiere mit Sozialinstinkten werden leichter in die Gewalt des Menschen kommen können, weil sie ihn als Herdenältesten anerkennen und sich ihm fügen. Der Herr ist für den Hund der Leitrüde. Sozial lebende Affen sind jedoch nie in den Hausstand gekommen, weil sie zu intelligent sind und damit im Hausstand für den Menschen unbequem werden. Sie werden aber immer wieder gezähmt und zu bestimmten Verrichtungen (Abwerfen von Kokosnüssen) dressiert. Auch als „heilige Affen“ werden sie nie zum Haustier.

Die psychischen Voraussetzungen des Menschen sind bei der Haustierwerdung wohl verschiedenartig. Ganz im Vordergrund standen wohl religiöse Vorstellungen, und erst später kamen Nutzungsziele dazu. In Ägypten und Vorderasien war das Rind ein der Mondgottheit geheiligtes Tier. Heute noch werden „heilige Kühe“ in Indien gehalten, und die riesigen Rinderherden in Afrika werden nicht genützt, sondern sollen nur die Macht und den Reichtum ihres Besitzers darstellen. Eine wichtige Voraussetzung für die Übernahme von Wildtieren in den Hausstand ist der geringere psychische Abstand des Naturmenschen von dem Tier, das ihm vielleicht gelegentlich zulief. Daß auch andere psychische Faktoren eine Rolle spielen, die hier nicht zu untersuchen sind, zeigt die Tatsache, daß die Neger nicht ein einziges Säugetier Afrikas in den Hausstand übernehmen konnten. Bereits domestizierte Tiere (Rind, Pferd, Hund) konnten sie halten.

Wie in jedem Einzelfall der erste Schritt von der Wildform zu dem im menschlichen Einfluß lebenden Tier getan wurde, läßt sich schwer entscheiden. Denkbar ist (vgl. Klatt 1927), daß, wenn die psychischen Voraussetzungen von beiden Seiten gegeben sind, der erste Schritt sowohl vom Tier wie vom Menschen getan wurde. Erkaltete Asche der Feuerstellen, Reste von Mahlzeiten usw. konnten Wildtiere immer wieder in die Nähe der menschlichen Siedlung führen. Für den

Hund ist dieser Weg der „Selbstdomestikation" angenommen worden. Dabei mußte sich zeigen, daß der in Rudeln jagende Wolf, die wilde Stammform des Haushundes, ein sehr brauchbarer Jagdgehilfe für den Menschen war. Einzelne Wildtiere begeben sich häufig von sich aus, sei es zum Schutz vor anderen Tieren, sei es als Ausgestoßene ihrer Herde, in die Nähe menschlicher Behausungen. Berichte von Wildhütern in afrikanischen Schutzgebieten sind in dieser Hinsicht sehr aufschlußreich. Andererseits kann der Mensch Jungtiere gefangen haben und aus religiösen Motiven gehalten haben. Der Schritt von einem gelegentlich in menschlicher Umgebung lebenden Wildtier zu einem dauernd in der neuen Umwelt lebenden, also in Symbiose mit dem Menschen lebenden Tier, ist vielleicht sehr kurz gewesen. Damit war eine doppelte Voraussetzung geschaffen: Erstens mußte sehr bald der Nutzwert erkannt werden; und zweitens war das Tier seiner natürlichen Umwelt entzogen. Damit war der erste Schritt zur Domestikation getan. Sowie der Mensch mit einem Ziel, einer bestimmten Nutzung, Tiere hält, unterwirft er sich wieder verschiedenen Bedingungen, die er sich selbst, aber auch das Tier ihm stellt. Eine, wenn auch zunächst nicht in bestimmter Weise, zielstrebige Zucht ist nur möglich, wenn der Mensch den Erfolg seiner Bemühungen erleben kann. Das heißt, die Generationenfolge des Tieres muß erheblich schneller erfolgen als die des Menschen. Darum sind Elefanten zwar als gezähmte Arbeitselefanten heute noch im Gebrauch, aber sie sind niemals Haustiere geworden. Ein weiteres läßt sich am Beispiel des Elefanten zeigen. Die Haltung des Tieres darf nicht mit einem Aufwand verbunden sein, der nur wenigen gestattet, es zu halten. Beim Arbeitselefanten ist der Nahrungsverbrauch so groß, daß er für die meisten Verhältnisse unrentabel wird. Damit ist eine vom Tier her kommende Bedingung gegeben. Solche Einschränkungen sind beim Rind nicht gegeben. Daraus erkennt man, daß der Mensch das Haustier braucht, wenn er zu dem von ihm erstrebten Nutzen kommen will, daß aber umgekehrt das Haustier auch den Menschen braucht (Schutz, Ernährung, Unterbringung) und ihm damit einen Teil seiner Handlungen vorschreibt (KLATT 1948). Das erhellt die Richtigkeit der Definition: „Haustier ... eine mit dem Menschen in Symbiose lebende Tierform" (KLATT 1948, S. 5).

Ist ein Wildtier zum Symbionten des Menschen geworden, dann unterliegt es der Domestikation[1]. In diesem Zustande wird die natürliche Auslese ausgeschaltet und damit eine erbliche Vermannigfaltigung herbeigeführt (HERRE). Für die Art werden im Zustande der Domestikation die Daseinsmöglichkeiten vielfältiger als bei der Wildform; man vergleiche die verschiedenen Formen des Lebens der Haushunde mit der ihres Stammvaters, des Wolfes. Durch eine bestimmte Nutzung wird aber in das Leben des Individuums in mitunter sehr einseitiger Form eingegriffen. Die Nutzung bestimmt das Zuchtziel, und damit wird durch eine vom Menschen vorgenommene Gattenwahl in einer Form eingegriffen, die auch tiefgreifende morphologische Veränderungen zur Folge haben kann. Man denke an die verschiedenen Haushundrassen und ihre Nutzung (vgl. dazu KLATT 1927, 1948). Damit werden vom Haustier sehr einseitige Leistungen verlangt, die in keiner Weise mehr der der Wildform entsprechen, man denke an Milchkühe,

[1] Eine ausführliche Darstellung der hier berührten Fragen findet sich mit ausführlicher Literaturangabe bei HERRE (1956) sowie KLATT (1927). Besonders sei auf die überaus weitblickende, vielfache Anregungen bietende Darstellung von KLATT (1948) verwiesen.

Fettschweine, Mastgänse oder an das Pferd, das ein reines Steppentier war und nun zum Zugtier wird. KLATT (1927, 1948) hat hervorgehoben, daß damit der Lebensablauf des Individuums viel einseitiger und einheitlicher wird als der seiner wilden Stammform.

Die Domestikationsbedingungen sind von einer Haustierart zur anderen etwas verschieden, was unter anderem auch mit dem Nutzungszweck zusammenhängt. Sie betreffen die Ernährung, die Fortpflanzung (Einschränkung der Gattenwahl), die Akklimatisation bei Änderung des der Wildform gemäßen Klimas durch Verfrachtung. Die Verschiedenheit der Einwirkung der Domestikationsbedingungen mag an zwei Beispielen erläutert sein. Auf dem Dorfe gehaltene Katzen werden in der Ernährung, Fortpflanzung und Bewegung kaum nennenswert beeinflußt; durch ihr vielfach nur gelegentliches Leben in menschlichen Behausungen genießen sie Schutz vor dem Klima. Daß in Gegenden, wo noch Wildkatzen vorkommen, immer wieder die Wildform einkreuzen kann, beweist, wie wenig unter diesen Lebensbedingungen die Domestikation eingreift. Ganz anders ist das bei Hauskatzen der Fall, die als Luxusrassen in Großstadtwohnungen gehalten werden. Vergleicht man im Falle der Hauskatze die Gründe, warum sie in einem und im anderen Falle gehalten und gezüchtet werden, dann versteht man den Einfluß des Nutzungszweckes auf das Haustier. Ein anderer Fall tritt beim Hausschwein ein, das durch eine bestimmte Ernährung (Mastfutter), Einschränkung der Bewegung und bestimmte Zucht zum Fettschwein werden kann: „... das einzelne Individuum[1] zwingt sie (die Domestikation; d. Verff.) zu einem mehr regelmäßigen Rhythmus seines Tageslaufes und fordert oft von ihm einseitige Höchstleistungen ..." (KLATT 1948, S. 42).

Die Folgen der Domestikation sind hier nicht in extenso abzuhandeln (HERRE 1956; KLATT 1927, 1948); sie führen jedenfalls zu zahlreichen Merkmalen im morphologischen, physiologischen und psychologischen Bereich, die in erstaunlicher Weise bei verschiedenen Haustieren parallel vorkommen (Einfärbigkeit, Mehrfärbigkeit, Tigerung, Scheckung, Haar- und Federform, Verringerung der sexuellen Unterschiede usw.) und von denen der Wildform abweichen. Vor allem wichtig sind die in der Domestikation erfolgenden Veränderungen am Gehirn. In Gefangenschaft nachgezüchtete Tiere können eine Verminderung des Hirngewichtes bis zu 30% aufweisen. Diese an Zoo-Tieren gewonnenen Ergebnisse sind aber anders zu bewerten als die Veränderungen am Gehirn in der Domestikation. Auch das Hirngewicht des domestizierten Tieres ist bis zu 30% geringer als das der zugehörigen Wildform, aber es handelt sich dabei nicht um einen das Gesamthirn betreffenden Vorgang, sondern mit hoher Wahrscheinlichkeit um eine Rückbildung der Projektionszentren und eine Zunahme der Assoziationszentren (HERRE 1956, S. 813).

E. FISCHER (1914, 1923) hat gezeigt, daß viele der menschlichen Rassemerkmale bei Haustieren als Domestikationsfolgen zu beobachten sind. Er kommt daher auch zu dem Schluß, daß der Mensch eine domestizierte Form sei. Blauäugigkeit trifft man nur bei Haustieren (Schwein, Hund, Pferd, Gans) und beim Menschen. Die Wildformen der Haustiere sind schlicht- oder straffhaarig; im Hausstande entwickeln sich erst die verschiedenen Haarformen (Kraushaar,

[1] Im Original gesperrt.

Angorahaar, Locken- und Wollhaar), die wir in paralleler Weise auch beim Menschen finden. Hier kann nur darauf verwiesen werden, daß mit der Frage, wann und in welcher Reihenfolge die Merkmale der (Selbst-)Domestikation des Menschen aufgetreten sind, ein sehr weites und wichtiges Gebiet der Anthropologie betreten ist.

Früher nahm man an, daß eine Haustierform von mehreren wilden Stammformen abzuleiten sei. Heute ist man dagegen der Ansicht, daß immer nur eine Stammart dafür in Frage kommt. Allerdings ist die Übernahme von Wildtieren in den Hausstand mehrfach an verschiedenen Orten erfolgt. Damit sind verschiedene Wildpopulationen einer Art zu Stammformen unserer Haustiere geworden, so daß a priori bereits Rassenunterschiede vorhanden gewesen sein müssen; vgl. S. 274 das über das Hauspferd Gesagte sowie HERRE (1956, S. 804f.). Damit muß es mehrere Zentren der Haustierwerdung gegeben haben, um deren Aufklärung HERRE und seine Mitarbeiter bemüht sind.

Die Haustierforschung hat zur Klarstellung der Herkunft der Haustiere im wesentlichen drei Methoden zur Verfügung: die physiologische, die morphologische und urgeschichtlich-archäologische. Die Arbeitsweise nach den beiden ersteren bedarf keiner Erläuterung. Die urgeschichtlich-archäologische Methode beruht auf der Deutung vor- und frühgeschichtlicher Urkunden (Höhlenzeichnungen, Bilderschmuck von Grabkammern und Tempeln usw.). Solche Dokumente vermögen wertvolle Hinweise auf den Zeitpunkt der in den meisten Fällen wohl bereits vollzogenen Domestikation zu geben. Da in vielen Fällen eine Darstellung als die eines bestimmten Tieres oder einer Rasse desselben gedeutet werden muß, sind die Ergebnisse der Autoren oft stark widersprechend.

Die in den letzten Jahren möglich gewordene absolute Datierung durch die Radio-Karbonmethode (C^{14}) hat bereits mehrfach zu Korrekturen bestehender Ansichten über den Zeitpunkt der Domestikation einzelner Arten nötig gemacht und unter anderem gezeigt, daß der Haushund nicht allgemein das älteste Haustier ist, sondern Schaf, Ziege und Rind im östlichen Mittelmeergebiet früher domestiziert wurden.

Im folgenden sind nur die „eigentlichen" Haustiere besprochen. Zusammenfassende Darstellungen über den gegenwärtigen Stand der Abstammungsfragen unserer Haussäugetiere geben BOESSNECK (1958) und HERRE (1958).

Die wilde Stammform des Haushundes *(Canis familiaris)* bildet der Wolf *(Canis lupus)*, der gegenwärtig in zahlreichen Rassen holarktisch verbreitet ist. Unter den kleinen südlichen Wolfsrassen sind die Stammformen zu suchen (vgl. BRINKMANN 1921). Bereits im Neolithikum Mitteleuropas, wo er zum ältesten Haustier gehört, lassen sich verschiedene Haushundtypen unterscheiden, und schon in frühgeschichtlicher Zeit finden sich extreme Typen (Windhunde der Pharaonen, die als Antilopenhetzhunde verwendet wurden). Bulldogge und Windhund sind die spezialisiertesten Formen, denen die Schensihunde und Parias als primitivste gegenüberstehen. Der australische Dingo *(Canis familiaris dingo)* ist ein verwilderter primitiver Haushund, der mit einer frühen Einwanderungswelle des Menschen nach Australien gelangte.

Silberfüchse *(Vulpes vulpes domesticus)* sind eine wegen des Pelzes in Farmen gezüchtete Variante des nordamerikanischen Rotfuchses. Eisfüchse *(Alopex lagopus)* werden als Blaufüchse in Farmen ebenfalls gezüchtet. Die Unterschiede gegenüber den wilden Stammformen sind, da es sich um stammesgeschichtlich junge „Haustiere" handelt, nur gering, doch vorhanden (Koch 1951).

Für den Nerz *(Lutreola lutreola)* gilt das gleiche. Obwohl erst seit ungefähr 30 Generationen Haustier, sind bereits mehr als ein Dutzend Farbmutanten von ihm bekannt (Shackelford 1949, Herre 1955).

Das als Jagdtier gezüchtete Frettchen *(Putorius furo)* stammt von der nordafrikanisch-spanischen Wildform ab. Auf Sardinien und Sizilien findet es sich wieder verwildert.

Auch der nordamerikanische Waschbär *(Procyon lotor)* wird als Pelztier in Farmen gezüchtet.

Die Hauskatze *(Felis catus)* läßt sich auf die ägyptische Falbkatze *(Felis silvestris libyca)* zurückführen, doch ist auch die europäische Wildkatze *(Felis silvestris silvestris)* durch spätere Einkreuzung blutmäßig beteiligt. Ihre Domestikation fällt in frühgeschichtliche Zeit. Sie war um 2000 v. Chr. in Ägypten bereits domestiziert und hatte ursprünglich kultische Bedeutung (Boessneck 1953). Nach Mitteleuropa gelangte die Hauskatze durch die Römer (Hilzheimer 1933, Sieber 1934), um sich in der Völkerwanderungszeit weiter nach Norden auszubreiten.

Die Hausschweine *(Sus scrofa domestica)* stammen sämtlich von *Sus scrofa* ab. Das asiatische Bindenschwein *(Sus scrofa vittatus)* ist nur eine Rasse von *Sus scrofa*. Nach Herre (1958) sind Indien, Europa und Sibirien drei verschiedene Domestikationszentren für die Hausschweine gewesen. Bei verschiedenen Schweinerassen ist es zu einer Kreuzung europäischer und asiatischer Schweine gekommen. Die Domestikation führt vor allem zu einer Verkürzung des Facialschädels, zu einer Schädelknickung und zur Verringerung der sexuellen Unterschiede. Ihr Extrem ist bei den englischen Hochzuchtrassen erreicht. Jedoch werden auch die übrigen Organe und Körperteile von der Domestikation betroffen (s. Wiarda 1954).

Die Herkunft des Hausrindes *(Bos primigenius taurus)* war lange Zeit umstritten, indem für die Kurzhornrinder eine eigene wilde Stammform angenommen wurde. Das „*Brachyceros*"-Rind ist eine bereits in der Frühzeit der Domestikation auftretende Kleinform, die gegenwärtig weitgehend unverändert in primitiven Schlägen in Südosteuropa anzutreffen ist. Sämtliche taurinen Hausrinderrassen lassen sich auf den Ur *(Bos primigenius)* zurückführen, der im 18. Jahrhundert ausgerottet wurde. Das Hausrind gehört zu den ältesten Haustieren. Wie bei den Hausschweinen müssen mehrere Entwicklungszentren angenommen werden (östlicher Mittelmeerraum, Persien, Indien, ferner Mitteleuropa). Gegenwärtig zählen die spanischen Kampfrinder, das korsikanische Rind und das wallisische Schwarzvieh zu den ursprünglichsten und auch im Habitus urähnlichen Hausrindern. Auch die Zebus, meist Buckelrinder genannt, lassen sich von primigenen Rindern ableiten. Ihre Domestikation erfolgte in den Steppengebieten Südasiens. Hornlose Rinderrassen („*Akeratos*"-Rinder) wurden verschiedentlich gezüchtet.

Der Hausyak *(Bos mutus grunniens)* hat sich gegenüber seiner wilden Stammform *(Bos [Poëphagus] mutus)*, abgesehen von den geringeren Dimensionen, nur geringfügig verändert. Charakteristisch ist der bedeutend schwächere Sexualdimorphismus. Der Hausyak ist ein kälteliebendes Hochsteppentier, jedoch weiter verbreitet als die Wildform. Die Domestikation erfolgte später als bei den taurinen Rindern.

Von den südostasiatischen Hausrindern, die zur Gattung *Bibos* gestellt werden, wird der Gayal *(Bibos gaurus frontalis)* auf den Gaur *(Bibos gaurus)*, das Balirind *(Bibos javanicus domesticus)* dagegen auf den Banteng *(B. javanicus = „banteng")* zurückgeführt. Die morphologischen Veränderungen betreffen vor allem die Größe, Färbung und das Gehörn.

Als weitere Angehörige der Bovinen sind verschiedene Lokalrassen des asiatischen Wasserbüffels *(Bubalus arnee)* domestiziert worden. Während Horn- und Körpereigenheiten bei den Hausbüffeln *(Bubalus arnee bubalis)* stark wechseln, bleibt die Färbung ziemlich einheitlich (Herre 1955). Das Alter der Domestikation ist nicht sicher festzulegen, doch sind Hausbüffel bereits vom Ende des 3. Jahrhunderts v. Chr. aus Indien belegt. Der Hausbüffel ist viel weiter verbreitet als die Wildform, doch bilden für ihn als Bewohner feuchter subtropisch bis tropischer Niederungsgebiete Wüstengürtel und kältere Klimate Verbreitungsschranken.

Das Hausschaf *(Ovis ammon aries)*, das neben dem Hausrind und der Hausziege zu den ältesten Haussäugetieren zählt (aus Jericho seit dem 7. Jahrtausend v. Chr. nachgewiesen), stammt vom westlichen Formenkreis der eurasiatischen Wildschafe *(Ovis ammon)* ab. Die mit der Domestikation eingetretenen morphologischen Veränderungen sind zum Teil recht bedeutend, erreichen jedoch nicht das von Hausziegen bekannte Ausmaß.

Die Herkunft der Hausziegen *(Capra hircus)* ist ein wiederholt diskutiertes Problem, doch stellt die Bezoarziege *(Capra aegagrus)* des östlichen Mittelmeergebietes zweifellos die Stammform der säbel- und drehhörnigen, nicht pervertierthörnigen Typen dar. Fraglich ist es nur für die *falconeri*-Hausziegen, deren Horn pervertiert ist. Ob diese unabhängig von den übrigen auf die wilde vorderasiatische Schraubenziege *(Capra falconeri)* zurückzuführen ist, kann nicht mit Sicherheit entschieden werden (vgl. Herre u. Röhrs 1955, Petzsch 1957). Eine recht ursprüngliche Hausziege ist die Zwergziege der Lappen. Eine von Adametz (1914) für Hausziegen mit homonym gedrehtem Gehörn angenommene, weitere wilde, heute ausgestorbene Stammform (*Capra prisca* Adametz u. Niezabitowsky = *Capra „adametzi"* Kretzoi) beruht auf prähistorischen Resten einer Hausziege (Herre 1958), die ebenfalls auf *C. aegagrus* zurückzuführen ist. Die Domestikation der Hausziege erfolgte bereits frühzeitig. Hausziegen werden bereits für das 7. Jahrtausend v. Chr. angegeben. Die Formenmannigfaltigkeit der Hausziegen zeigt sich vor allem im Bau des Gehörns.

Weitaus geringere morphologische Veränderungen lassen sich an den domestizierten Tylopoden feststellen, unter denen einerseits Lama *(Lama lama)* und Alpaka *(L. pakos)*, andererseits Dromedar *(Camelus dromedarius)* und Trampeltier *(C. bactrianus)* zu erwähnen sind. Dies und die beschränkte räumliche Verbreitung lassen erkennen, daß es sich um primitive domestizierte Säugetiere handelt, wenngleich auch die Domestikation bereits in frühgeschichtlicher Zeit erfolgte. Die ältesten domestizierten Trampeltierreste stammen aus der Zeit 3000—2000 v. Chr.; Hausdromedare sind aus dem 11. Jahrhundert v. Chr. nachgewiesen (Walz 1956). Vermutlich ging deren Zucht vom zentralasiatischen Hochland aus. Das Dromedar ist derzeit nur als Haustier bekannt. Die Abstammung von Lama und Alpaka ist viel diskutiert worden. Während ursprünglich das Lama auf das Guanako *(Lama guanicoë)* und das Alpaka auf das Vicugna

(L. vicugna) zurückgeführt wurden, stammen nach HERRE (1952) beide Haustierformen vom Guanako ab. Das Lama wurde als Lasttier, das Alpaka als Wolltier entwickelt. Wie schon erwähnt, sind die morphologischen Veränderungen dieser Hochsteppentiere im Hausstand nur geringfügig (z. B. Behaarung, Färbung).

Als Haustier besonderer Prägung muß das Rentier *(Rangifer tarandus)* bezeichnet werden, denn die zwischen ihm und dem Menschen bestehenden Beziehungen weichen von den sonst bekannten stark ab, indem der Mensch nicht direkt für die Fütterung und Haltung aufkommt, sondern der Tiere wegen zum Nomaden wurde. Dementsprechend sind die Unterschiede zwischen Haus- und Wildren gering, doch sind auch hier die Domestikationserscheinungen moderner Haustiere bekannt (HERRE 1955, 1958). Die Domestikation erfolgte bereits vor langer Zeit, doch nicht im Paläolithikum, wie einst auf Grund prähistorischer Ritzzeichnungen vermutet worden war. Nach HERRE (1958) ist in Sibirien mit Rentierzucht etwa seit dem Beginn der skythischen Zeit (7. Jahrhundert v. Chr.) zu rechnen (vgl. dagegen HERMANNS 1949).

Die Abstammung des Hauspferdes *(Equus caballus)* ist ein wiederholt diskutiertes und umstrittenes Problem. Die Meinungsverschiedenheiten betreffen einerseits die wilden Stammformen, andererseits auch deren Wildnatur. So wird verschiedentlich der sog. Waldtarpan *(Equus gmelini)* als Wildform angesehen. Der Tarpan ist jedoch nur als primitives Domestikationsstadium zu werten. Die ausgerotteten, wilden Tarpane lassen sich als verwilderte primitive Hauspferde verstehen. Auch die Wildnatur des rezenten mongolischen Wildpferdes *(Equus przewalskii)* ist angezweifelt worden. Wie dem auch sei, kommen als Ahnen der Hauspferde nur Formen aus der Verwandtschaft von *Equus przewalskii* in Betracht. Die Domestikation der Hauspferde erfolgte nach HANČAR (1956) an drei Stellen unabhängig voneinander (Südosteuropa, Sibirien und Mitteleuropa). Sichere Zeichen der Hauspferde liegen aus dem 3. Jahrtausend v. Chr. vor. Die ältesten Hauspferde waren klein und ponyähnlich. Die Kaltblutpferde sind reine Zuchtprodukte und nicht direkte Nachkommen der schweren eiszeitlichen Wildpferde *(Equus mosbachensis, E. abeli)*. Weitere eingehende Angaben über die Frühgeschichte der Hauspferde bringt HANČAR (1956).

Auch der Hausesel *(Equus [Asinus] asinus)* wurde frühzeitig im Verbreitungsgebiet der Wildesel, nämlich im alten Ägypten, domestiziert und als Lasttier verwendet. Die Stammformen sind unter afrikanischen Wildeselrassen zu suchen. Maultier und Maulesel sind unfruchtbare Blendlinge zwischen Hauspferden und Hauseseln. Die Domestikation von Pferdeeseln *(Equus [Hemionus] hemionus)* ist zwar umstritten, jedoch ihre Verwendung als Zugtier für Kampf- und Prunkwägen bei den alten Sumerern lange vor dem Pferd erwiesen, was aus der Verbreitung dieser Equiden verständlich wird (ANTONIUS 1939, HERMANNS 1949).

Das Hauskaninchen *(Oryctolagus cuniculus)*, das gegenwärtig in zahlreichen Rassen gezüchtet wird, ist im Mittelmeergebiet in frühgeschichtlicher Zeit domestiziert worden und gelangte im Mittelalter nach Mitteleuropa. Es stammt von dem in der Nacheiszeit in Südeuropa heimischen Wildkaninchen ab (NACHTSHEIM 1949).

Das Meerschweinchen *(Cavia porcellus)* wurde bereits zur Prä-Inkazeit als Fleischtier gezüchtet. Die wilde Stammform ist das peruanische Meerschweinchen

(Cavia cutleri). Die morphologischen Veränderungen der domestizierten Form betreffen vorwiegend Ausbildung und Färbung des Haarkleides.

Die Sumpfbiber oder Nutrias *(Myocastor coypus)* werden erst seit wenigen Generationen als Pelztiere gezüchtet und unterscheiden sich dementsprechend nur geringfügig von den lebenden südamerikanischen Wildformen (Koch 1951).

Auch der Goldhamster *(Mesocricetus auratus)* ist ein sehr junges „Haustier". Als Anzeichen der Domestikation kann die Scheckung angesehen werden (Koch 1951). Er stammt von einer rötlichen Form des Wildtieres in Syrien ab.

Eine vergleichende Übersicht über die Haussäugetiere zeigt, daß ihre wilden Stammformen — stammesgeschichtlich gesehen — durchweg junge und plastische Arten sind, deren artliche Umbildung meist noch in Fluß ist. Auch die Gattungen selbst sind entweder pleistozänen oder höchstens jungtertiären Ursprunges.

6. Die Entwicklung der Säugetierfaunen auf den einzelnen Kontinenten

Nachdem in den vorhergehenden Kapiteln die Evolution der einzelnen Säugetiergruppen geschildert wurde, soll in diesem ein Überblick über Herkunft und Entwicklung der Säugetierfaunen der verschiedenen Kontinente gegeben werden.

Für die Geschichte der Säugetierfauna des australischen Kontinentes einschließlich Neuguinea ist dessen Isolierung seit der jüngeren Kreidezeit entscheidend gewesen, die nicht nur zur gegenwärtigen Formenfülle unter den Beuteltieren geführt hat, sondern auch zur Erhaltung der einst wohl viel weiter verbreiteten Kloakentiere. Australien ist der Kontinent der Marsupialia und der Monotremata. Beide Stämme waren bereits im ausgehenden Mesozoikum in Australien heimisch. Durch das Fehlen placentaler Säugetiere kam es innerhalb der Beutler unter Ausnützung des Lebensraumes zur Entstehung zahlreicher konvergenter Formen zu den Placentaliern, wie dies bereits näher ausgeführt wurde (s. S. 50ff.). Über die Herkunft der Stammformen ist man immer noch auf Vermutungen angewiesen, indem sowohl die Einwanderung vom asiatischen Kontinent her als auch von Südamerika über die Antarktis angenommen wird. Letztere ist mit der einstigen Lage der Kontinente zueinander engstens verknüpft. Zweifellos bildeten die Südkontinente einschließlich Indien noch im Paläozoikum ein untereinander verbundenes Ganzes. Das Fehlen von Beutel- und Kloakentieren auf Neuseeland muß jedoch nicht unbedingt gegen eine derartige Verbindung mit Südamerika sprechen, da Neuseeland frühzeitig auch vom australischen Kontinent getrennt wurde.

Die wenigen, bisher bekannt gewordenen tertiären Beutler Australiens zeigen nur, daß bereits damals zahlreiche Stämme existierten. Diese brachten im Pleistozän verschiedene Riesenformen hervor, die im frühen Holozän wieder ausgestorben waren.

Von verschiedenen Nagern und Fledermäusen abgesehen, fehlten placentale Säugetiere der australischen Fauna. Der Dingo ist ein vom Menschen eingeführter, verwilderter Haushund. Auf die ebenfalls vom Menschen eingeführten verwilderten Kaninchen und deren Einfluß auf die heimische Beutlerfauna braucht nur hingewiesen zu werden. Gegenwärtig sind zahlreiche australische Säugetiere durch den Menschen, sei es direkt oder indirekt, in ihrer Verbreitung und Individuenzahl stark eingeschränkt worden, so daß nun Schutzmaßnahmen notwendig sind, um sie der Nachwelt zu erhalten (Schnabeltier, Koalas, seltene Känguruharten, Beutelwolf, Beutelteufel).

Die faunistischen Übereinstimmungen bzw. nahe Beziehungen zu Neuguinea zeigen nicht nur, daß eine Landverbindung mit dem australischen Kontinent im Pleistozän bestand, sondern daß die wenigen australischen Nager von Asien her über den Sundaarchipel bzw. die Philippinen nach Neuguinea und Australien gelangten (s. S. 146). Einzelne Beuteltiere (Gattung *Phalanger*) einiger Inseln des östlichen Sundaarchipels (z. B. Timor, Celebes) sind keine alten Relikte, sondern junge „Rück"wanderer aus Australien (vgl. MERTENS 1958).

In Neuseeland gab es vor Ankunft der Europäer außer Fledermäusen keine Säugetiere.

Die Marinfauna, die fossil vor allem aus Südostaustralien und Neuseeland bekannt ist, setzte sich im Alttertiär aus Archaeoceten, im Jungtertiär aus Zahn- und Bartenwalen zusammen. Reste von Squalodonten zeigen deren einstige weltweite Verbreitung an.

Eine ähnlich ausschlaggebende Rolle wie für Australien spielten die paläogeographischen Bedingungen für die Entwicklung der Säugetierfauna Südamerikas. Dieser Kontinent war fast das ganze Tertiär hindurch isoliert. Durch zahlreiche Fossilfunde ist die Geschichte der südamerikanischen Säugetiere wenigstens in den Grundzügen bekannt. Südamerika ist der Kontinent der Xenarthren, der Platyrrhinen und der Caviomorphen. Außer diesen Gruppen zählen auch die Beutler und verschiedene, gegenwärtig ausgestorbene Huftierstämme (Litopterna, Notoungulata, Astrapotheria, Pyrotheria und Xenungulata) zu den alteingesessenen Säugetieren Südamerikas. Da echte Raubtiere, echte Huftiere, Insektenfresser und Lagomorphen ursprünglich fehlten, entwickelten sich unter den Beuteltieren Raubtiere (Borhyaeniden), spitzmaus- (Caenolestiden) und nagerähnliche Typen (Polydolopiden), während die endemischen Huftiere den echten Ungulaten entsprechende Typen sowie hasen-, elefanten- und schlieferähnliche Formen hervorbrachten. Die Formenfülle der südamerikanischen Beutler war im Tertiär ziemlich groß, aber nur wenige davon haben die Gegenwart erreicht (Didelphidae, Caenolestidae). Erstere haben sich im Quartär nach Zentral- und Nordamerika ausgebreitet.

Die Xenarthren sind gegenwärtig durch die Gürteltiere, Baumfaultiere und Ameisenfresser vertreten. Im Tertiär und im Pleistozän waren außerdem Glyptodontiden, Peltephiliden und die Erdfaultiere (Megatheriidae, Mylodontidae und Megalonychidae) vorhanden, die jedoch spätestens im älteren Holozän ausstarben. Dasypodiden, Glyptodontiden und auch Erdfaultiere wanderten im Pleistozän in Nordamerika ein. Die Xenarthra lassen sich von primitiven Palaeanodonten Nordamerikas ableiten.

Während Beutler und Xenarthra bereits zu Beginn des Tertiärs und dadurch vor der Isolation in Südamerika heimisch waren, gelangten die Nager und nach SIMPSON (1950) auch die Affen über Inselbrücken erst im Laufe des älteren Tertiärs nach Südamerika. Die Isolierung führte bei den Nagetieren zu einer ziemlichen Formenmannigfaltigkeit. Baumstachler und Wasserschweine gelangten im Pleistozän auch nach Nordamerika, wo letztere allerdings wieder ausstarben. Von den Baumstachlern abgesehen, finden sich unter den südamerikanischen Nagern zahlreiche ratten- und hasenähnliche Formen, während Chinchillas, Meerschweinchen und Wasserschweine sowie die Dinomyiden eigene, für Südamerika charakteristische Nagertypen darstellen. Die Caviomorphen lassen sich nach Wood von nordamerikanischen alttertiären Paramyiden ableiten. Die Baumstachler sind eine Art Parallele zu den altweltlichen Stacheltieren.

Ähnlich wirkte sich die Isolierung auf die platyrrhinen Primaten aus, die nach Gazin (1958) von nordamerikanischen alttertiären Halbaffen abstammen, und unter denen die Nachtaffen die primitivsten, die Woll- und Klammeraffen als Schwingkletterer die spezialisiertesten sind.

Unter den südamerikanischen Huftieren lebten die Condylarthren in äquatorialen Gebieten bis in das Jungtertiär. Ihre Stammformen sind unter den Urhuftieren Nordamerikas zu suchen. Die Notoungulaten lassen sich von den Arctostylopiden der nördlichen Hemisphäre ableiten. Ihren größten Formenreichtum entwickelten sie im Tertiär. Im Pleistozän waren sie nur mehr durch drei Familien vertreten. Die Litopterna sind Abkömmlinge von Condylarthren. Auch sie starben wie die Notoungulaten im Pleistozän aus. Die Astrapotheria, Pyrotheria und Xenungulata sind wie die Litopterna endemische Säugetiere Südamerikas. Von ihnen besitzen die Xenungulaten Beziehungen zu den nordamerikanischen Amblypoden.

Ebenfalls zu endemischen Elementen wären die Manatis (Trichechidae) und die Flußdelphine zu rechnen, von denen Fossilfunde aus dem Tertiär vorliegen.

Direkte faunistische Beziehungen zu afrikanischen oder australischen Säugetierfaunen, wie sie seinerzeit angenommen worden waren, bestehen nicht. Die vermeintlich verwandten Formen sind Konvergenzerscheinungen (Raubbeutler, angebliche Chrysochloriden, Schliefer, Cynocephaliden usw.).

Von den „modernen" südamerikanischen Säugetieren gelangten die Nasenbären bereits im Laufe des Jungtertiärs nach Südamerika, während die übrigen Procyoniden, ferner die Feliden, Machairodontiden, Caniden, Ursiden und Musteliden, die Leporiden und Soriciden, die Cameliden, Cerviden, Tayassuiden, Tapiriden, Equiden und die Mastodonten erst im Pleistozän den südamerikanischen Kontinent über die nunmehr landfeste Panamaenge erreichten. Die Machairodontiden, Arctotherien, Equiden und Mastodonten starben von diesen Einwanderern wieder aus, die Cerviden und Caniden hingegen entwickelten sich recht formenreich.

Die Entwicklung der Säugetierfaunen N o r d a m e r i k a s wird durch den Faunenaustausch mit Europa im ältesten Tertiär, den wiederholten Austausch mit Asien über die Beringstraße im Tertiär und Quartär und jenen mit Südamerika über die Panamaenge im Quartär beeinflußt. Der nordamerikanische Kontinent war, wie durch Fossilfunde erwiesen ist, das Entstehungsgebiet zahlreicher Säugetierstämme. Unter den Unpaarhufern waren es die Pferde, Titanotherien, Tapire und Nashörner sowie die (?) Chalicotherien, unter den Paarhufern die Nabelschweine, Oreodonten, Tylopoden, Protoceratiden, Dromomeryciden und Antilocapriden, unter den Raubtieren Caniden und Procyoniden, unter den Nagetieren die Paramyiden, Aplodontiden, Mylagauliden, Geomyiden und Heteromyiden, ferner die Tillodontier, Taeniodonten und Palaeanodonten sowie verschiedene Insektenfresser und Halbaffen, zu denen möglicherweise die Pelzflatterer und vielleicht auch die Desmostylia kommen. Die eindeutige Beurteilung der Herkunft einzelner Gruppen wird nicht nur durch das Fehlen von Fossilfunden im ältesten Tertiär

Asiens und Europas erschwert, sondern auch durch die damalige paläogeographische Situation, indem direkte landfeste Verbindungen nach Europa und Ostasien bestanden. Daher ist gegenwärtig das Entstehungsgebiet der Urhuftiere (Condylarthren), der Halbaffen und der Amblypoden nicht mit Sicherheit anzugeben.

Für das ältere Tertiär Nordamerikas waren jedenfalls Perissodactylen (mit sämtlichen Großstämmen), Coryphodonten und Uintatherien, Paarhufer (mit Nichtwiederkäuern, Tylopoden und Oreodonten, Hypertraguliden und Protoceratiden), Raubtiere (mit Creodonten, Caniden, Musteliden, Feliden und Machairodontiden), Insektenfresser, Pelzflatterer und Chiropteren, Palaeanodonten und Beutelratten, Rodentia und Lagomorphen, Halbaffen (Lemuren und Tarsiiformes) und Multituberculaten kennzeichnend.

Im Jungtertiär hatte sich das Faunenbild stark geändert, indem nicht nur zahlreiche Stämme ausgestorben waren und sich neue Formen entwickelt hatten, sondern aus Asien her verschiedene Formen (Mastodonten, Hirsche, Bären) eingewandert waren. So waren die Multituberculaten, Tillodontier und Taeniodonten Palaeanodonten, Pelzflatterer, Halbaffen, Creodonten, Titanotherier, Uintatherien und Coryphodonten sowie verschiedene Stämme innerhalb der Nagetiere und Insektenfresser verschwunden. Erstmalig finden sich auch Waschbären, Antilocapriden (Merycodonten) und Dromomeryciden. Daß der Faunenaustausch über die Beringstraße auch in umgekehrter Richtung erfolgte, beweist das wiederholte Auftauchen nordamerikanischer Elemente in Asien (z. B. *Anchitherium*, *Hipparion*). Von den im Jungtertiär aussterbenden Stämmen seien genannt: Didelphiden, Mylagauliden, Oreodonten, Chalicotheriiden und Nashörner.

Im Laufe des Quartärs traten in Nordamerika erstmalig echte Boviden (*Bison*, Ovibovinen, *Ovis*, *Oreamnos*), Hyänen (*Chasmaporthetes*), verschiedene Cerviden (*Cervus*), Carnivoren (*Ursus*) und Proboscidier (Elefanten) als asiatische Einwanderer auf, während aus Südamerika Beutelratten, Wasserschweine und Baumstachler, echte und Riesengürteltiere sowie Erdfaultiere nach Nordamerika gelangten. Mit der ausgehenden Eiszeit und im frühen Holozän starben jedoch nicht nur die Erdfaultiere, Riesengürteltiere, Wasserschweine und Kurzschnauzbären in Nordamerika wieder aus, sondern auch die Equiden, Kamele und Lamas, Hyänen, Säbelzahnkatzen, Mastodonten und Elefanten.

Als echte endemische Gruppen können daher von der gegenwärtigen Fauna nur die Nabelschweine, Gabelbockantilopen, Waschbären, Geomyiden, Heteromyiden, Hesperomyinen und Aplodontiden bezeichnet werden.

Von den marinen Säugetieren zeigen die alttertiären Archaeoceten und auch die Sirenen nahe Beziehungen zu den europäisch-nordafrikanischen Formen. Aus dem Jungtertiär sind zahlreiche Zahn- und Bartenwale aus den Küstengebieten nachgewiesen. Die jungtertiären Desmostylia der nordamerikanischen Pazifikküste finden sich an der asiatischen Pazifikküste wieder. Die jungtertiären Sirenen der Atlantikküste sind durchweg Dugongiden und nicht wie gegenwärtig Trichechiden. Auch an der pazifischen Küste traten Dugongiden auf. Die Robben waren als Otariiden bereits im Jungtertiär an der pazifischen Küste verbreitet. Primitive Odobeniden sind aus dem Jungtertiär der atlantischen Küste bekannt.

Auch der — von der südost- und ostasiatischen Inselwelt abgesehen — so einheitlich erscheinende asiatische Kontinent läßt den Einfluß der Paläogeographie (s. S. 9ff.) auf die Entwicklung der Säugetierfauna erkennen. Trennte doch im Mesozoikum und im älteren Tertiär ein östlich des Ural verlaufender Meeresarm Zentralasien von Europa und die Tethys ganz Südasien vom übrigen Kontinent, der wiederum zeitweise über die Beringstraße landfest mit Nordamerika verbunden war. Auch die japanische Inselwelt und der Sundaarchipel gehörten einst zum asiatischen Festland. Wenn auch die Kenntnis der fossilen Säugetierfaunen nicht mit der Europas oder Nordamerikas verglichen werden kann, so ist ihre Entwicklung in den Grundzügen bekannt.

Für das Alttertiär sind nahe faunistische Beziehungen zu Nordamerika festzustellen. Urhuftiere, Perissodactylen (mit Palaeotherien, Tapiren, Nashörnern, Chalicotherien und Titanotherien), Artiodactylen (mit Dichobuniden, Choeropotamiden, Entelodontiden, Anthracotherien, [Hyper-]Traguliden und auch Cerviden), Insektenfresser, Halbaffen und echte Affen, Multituberculaten, Taeniodonten, Lagomorphen und Rodentier, Dinoceraten und Pantodonten gehörten zu den Charakterformen. Interessant ist nicht nur das Vorkommen von primitiven Notoungulaten (Arctostylopiden) im Paleozän der Mongolei, sondern auch die anscheinend klimatisch bedingten Unterschiede zwischen den zentral- bzw. ostasiatischen und den südasiatischen Säugetierfaunen, die sich vor allem in der Verbreitung von Anthracotherien und Primaten widerspiegelt. Der Faunenaustausch mit Nordamerika war sehr intensiv, wie vor allem die Titanotherien, Nashörner, Dinoceraten, Multituberculaten, Lagomorphen und Creodonten beweisen.

Zu den Endemismen des asiatischen Alttertiärs gehören, abgesehen von zahlreichen endemischen Gattungen und Arten, die Riesennashörner mit *Indricotherium* und *Paraceratherium*, die im Jungtertiär wieder ausstarben. Auch die Cerviden können als bodenständig angesehen werden. Sie finden sich in primitiven, tragulidenähnlichen Formen *(Eumeryx)* erstmalig im älteren Oligozän. Aus ihnen haben sich *Prodremotherium*, *Dremotherium* und *Amphitragulus* des europäischen Oligozäns entwickelt. Im jüngeren Alttertiär macht sich dieser Faunenaustausch mit Europa über die nunmehr landfest gewordene Turanbrücke bemerkbar und mit dem beginnenden Jungtertiär auch mit Afrika. Letzterer bringt nicht nur Proboscidier (Mastodonten und Dinotherien) und Menschenaffen nach Asien, sondern auch Schliefer (z. B. *Pliohyrax*), Erdferkel *(Orycteropus)* und Steppennashörner *(Diceros)*. Erstmalig finden sich auch Boviden, Giraffen und Hyänen sowie geweihtragende Hirsche und Lagomeryciden.

Aus Nordamerika wanderten dreizehige Pferde (Anchitherien und Hipparionen) ein. Schleichkatzen, Bären, Marder und Hunde, Katzen und Säbelzahnkatzen waren ebenso vertreten wie Gazellen und Antilopen, Suiden und Cerviden. Zahlreiche aberrante Ovibovinen, lophodonte Listriodonten, Steppennashörner *(Chilotherium, Sinotherium)*, dreizehige Steppenpferde *(Hipparion)* und Steppennager (Dipodiden, Cricetiden) waren in den Steppengebieten Asiens verbreitet. Zwerg- und Muntjakhirsche, Moschustiere, Flußschweine und Nilgauantilopen, Tapire und Panzernashörner, Flughörnchen und Katzenbären, Hunds- und Menschenaffen bewohnten die Waldgebiete.

Auch noch im Quartär ist der Faunenaustausch mit anderen Kontinenten deutlich. Einhufer und Kamele sind nordamerikanische Einwanderer, Flußpferde, die allerdings im Pleistozän wieder ausstarben, traten auf, und aus den heimischen Formen entwickelten sich die Charakterformen der Gegenwart.

Die pleistozäne Säugetierfauna Asiens war durch das Vorkommen von Elasmotherien und Fellnashörnern, von Mammut, Stegodonten, Chalicotherien und Schliefern, Flußpferden und Anthracotherien, Riesenhirschen und Säbelzahnkatzen noch viel formenreicher als die gegenwärtige Fauna. Zahlreiche rezente Arten sind nur mehr auf Reliktareale beschränkt. Es sind vor allem geologisch alte Formen, zu denen Panzer- und Halbpanzernashörner, Muntjak- und auch die Zwerghirsche, Tapir und Malayenbär, Schuppentiere und Halbaffen gehören. Wasserbüffel, Gaur und Banteng, Trampeltier und Blauschaf, Pferdeesel und Wildpferd, Tiger und Braunbär, Wolf und Gepard zählen hingegen zu den stammesgeschichtlich jüngsten Faunenelementen.

Die Kenntnis der marinen Säugetiere ist sehr gering. Reste alttertiärer Archaeoceten sind nur aus Vorderasien bekannt. Jungtertiäre Sirenen-, Robben- und Walreste fügen sich den durch die rezenten Formen bekannten Vorstellungen ein. Die ausgestorbenen Desmostylia der pazifischen Westküste finden sich auch an der nordamerikanischen Pazifikküste.

Die durch Fossilfunde recht gut bekannten Säugetierfaunen Europas zeigen im ältesten Tertiär (Paleozän und Alteozän) weitgehende Übereinstimmung mit denen Nordamerikas, was durch die damals landfeste direkte Verbindung zu erklären ist. Multituberculaten, Beutelratten, Halbaffen, Insektenfresser, Urhuftiere, Nager, Tillodontier, Coryphodonten und Creodonten sind von den nordamerikanischen Formen zum Teil nicht zu unterscheiden. Erst im Laufe des Eozäns, nach der Trennung von Nordamerika, macht sich die eigenständige Entwicklung bemerkbar. Im jüngsten Alttertiär kommt es zur Verbindung mit Asien, die dann bis auf eine kurze Unterbrechung bis zur Gegenwart anhält. Palaeotherien, Lophiodonten, Xiphodonten, Cebochoeriden und Caenotherien gehören zu den charakteristischen Säugetiergruppen des europäischen Alttertiärs, die Nordamerika nie erreicht haben. Einwanderer aus Nordamerika gelangten seit der Trennung nur über Asien nach Europa.

Fossilfunde aus dem Alttertiär belegen außer den genannten Gruppen das Vorkommen von Flughunden, von Halbpanzernashörnern, Schuppentieren, Tapiren, Nabelschweinen und Pfeifhasen in Europa. Zahlreiche ausgestorbene Gattungen und Familien unter den Nichtwiederkäuern, Unpaarhufern, Raub- und Nagetieren geben der alttertiären Fauna Europas ein kennzeichnendes Gepräge.

Im Laufe des Jungtertiärs kommt es durch wiederholtes Eindringen afrikanischer Faunenelemente zu einer ähnlichen faunistischen Umwälzung wie in Asien. Zu den wichtigsten Immigranten gehören die Proboscidier mit den Mastodonten und Dinotherien, die Hylobatiden (*Pliopithecus*), Pongiden (*Dryopithecus*), Cercopitheciden (*Mesopithecus*), die Schliefer (*Pliohyrax*), Erdferkel (*Orycteropus*), Steppennashörner (*Diceros*) und (?) Flußpferde (*Hexaprotodon*) sowie vermutlich Antilopen. Die für das Alttertiär so charakteristischen Gruppen sind weitgehend ausgestorben. Noch im Laufe des Jungtertiärs verschwinden wiederum zahlreiche Gattungen und Familien (Chalicotherien, Dinotherien, Procaviiden, Hylobatiden und Pongiden, Orycteropodiden und Dicerinen).

Im Quartär starben dann die letzten tertiären Nachzügler wie Mastodonten, Säbelzahnkatzen, Flußpferde, Nashörner, Hyänen und Dreizehenpferde (Hipparionen) aus, und die „modernen" Gattungen treten auf (z. B. *Equus*, *Canis*, *Ovis*, *Capra*, *Bos*), soweit sie nicht schon im Tertiär vorhanden waren (z. B. *Martes*, *Mustela*, *Crocuta*, *Hyaena*, *Erinaceus*, *Sorex*, *Rhinolophus* usw.). Aber auch in Europa bringt das Holozän eine deutliche Faunenverarmung, indem zahlreiche für das Pleistozän charakteristische Arten ausstarben (z. B. Mammut, Fellnashorn, Höhlenbär, Höhlenhyäne, Steppenwisent, Riesenhirsch, Riesenbiber) oder gegenwärtig nicht mehr in Europa heimisch sind (z. B. Rotwölfe, Moschusochse, Trampeltier, Wildpferd). Dies läßt sich mit den wiederholten Vereisungen großer Gebiete Europas und die folgende Wiederbewaldung in Zusammenhang bringen. Besonders eindrucksvoll ist die einstige und gegenwärtige Verbreitung der boreoalpinen und vieler Steppentiere (z. B. Saiga-Antilope, Pferdespringer, Steppeniltis, Lemminge, Vielfraß, Eisfuchs, Schneehase).

Unter den marinen Säugetieren zeigen die alttertiären Archaeoceten nahe Beziehungen zu nordamerikanischen und nordafrikanischen Arten, was auch für die Sirenen gilt. Im Jungtertiär belegen die Fossilfunde die einst viel weitere Verbreitung der Phociden bzw. der Dugongiden, wie auch unter letzteren die Stammformen der Stellerschen Seekuh zu finden sind. Desmostylia fehlen den europäischen Tertiärablagerungen ebenso wie den afrikanischen. Es waren Küstenbewohner des Pazifiks. Schon aus diesem Grund erscheint ihre unmittelbare Verwandtschaft mit den „Subungulaten" fraglich.

Die Kenntnis der fossilen Säugetierfaunen Afrikas ist zwar noch sehr lückenhaft, doch geben die bisherigen Fossilfunde wertvolle Einblicke in ihre Geschichte und bestätigen die an Hand europäischer und asiatischer Säugetierfaunen gewonnenen Ergebnisse. Sie zeigen, daß nur wenige der gegenwärtig als afrikanisch geltenden Säugetiere wirklich afrikanischen Ursprunges sind. Zu diesen gehören die Proboscidier und mit ihnen die Sirenen und Schliefer, die Catarrhina, die Borstenigel, Goldmulle und Macroscelididen sowie einige ausgestorbene, bisher nur aus Afrika bekannt gewordene Gruppen (Barytheria, Embrithopoda). Das Entstehungsgebiet der Archaeoceten kann derzeit noch nicht mit Sicherheit bestimmt werden.

Die Proboscidier, Catarrhinen und Hyracoidea gelangten erst während des Jungtertiärs nach Eurasien. Die tertiären Säugetierfaunen Afrikas sind nur lückenhaft bekannt. Kennzeichnend ist der Reichtum an Anthracotherien und Schliefern. Die ältesten Primatenfunde stammen aus dem Oligozän *(Parapithecus)*. Besonders interessant sind jedoch die miozänen Primatenfunde Ostafrikas, unter denen primitive Hylobatiden *(Limnopithecus)* und Pongiden *(Proconsul)* vorhanden sind. Gibbons und Orangs stammen also von einem ursprünglich in Afrika heimischen Stock ab. Von den einst heimischen Halbaffen haben sich nur die Galagiden und Lorisiden auf dem afrikanischen Festland erhalten. Die Lemuren, die sich auf Madagaskar so artenreich entwickelten, sind ausgestorben. Gleichfalls alte „Afrikaner" sind die Borstenigel (Tenrecidae), die ihnen nahestehenden Otterspitzmäuse (Potamogaliden), die Goldmulle (Chrysochloriden) und die Macroscelididen. Ob dies auch für die Erdferkel zutrifft, ist derzeit ungewiß (s. S. 195). Eine weitere, alteingesessene Form ist der Springhase *(Pedetes caffer)*, dessen Geschlecht bereits im Miozän nachgewiesen ist. Das

Vorkommen von Zwerghirschen, Lagomeryciden, primitiven Boviden *(Eotragus)*, Listriodonten, Pfeifhasen und Haarigeln (Echinosoricinen) beweist den Faunenaustausch mit Eurasien, erschwert aber zugleich die Beurteilung der Herkunft verschiedener Formen (z. B. Flußpferde, Giraffen und einzelne Antilopen).

Pferde haben Afrika nach unserer bisherigen Kenntnis erst im Pliozän in Form dreizehiger Formen *(Hipparion)* erreicht. Auch die in Afrika erst im Pleistozän ausgestorbenen Chalicotheriiden lassen sich als Einwanderer auffassen.

Wie auch auf den übrigen Kontinenten begann sich das gegenwärtige Faunenbild erst im Pleistozän auszuprägen. Wohl lebten zur Eiszeit noch Dinotherien, Chalicotherien, Säbelzahnkatzen und Sivatherien in Afrika, und die heutigen Rassen waren noch nicht entstanden (z. B. bei den Zebras, Steppengiraffen, zahlreichen Gazellen und Antilopen sowie Büffeln), doch die Zusammensetzung glich bereits der jetzigen. Freilich kam es mit dem Ende der Eiszeit auch hier zu tiefgreifenden Veränderungen, die sich jedoch vorwiegend in der Verbreitung der Faunen bemerkbar machen (z. B. Reduktion der Urwaldgebiete, Austrocknung der ursprünglichen Saharasavanne zur Wüste). Die Eingriffe des Menschen haben überdies zu einschneidenden Veränderungen des ursprünglichen, postglazialen Faunenbildes geführt.

Die marine Säugetierfauna ist durch das Vorkommen der bisher primitivsten Archaeoceten *(Protocetus, Pappocetus)* im Eozän interessant. Auf Beziehungen zu europäischen und nordamerikanischen Formen wurde schon hingewiesen. Für die Sirenen gilt ähnliches. Weitere fossile Wale sowie Robben liegen nur spärlich vor und sind für ihre Geschichte ohne Bedeutung.

Wegen der tiergeographischen Sonderstellung Madagaskars seien noch einige Bemerkungen über diese Insel angefügt. Tertiäre Landsäugetierfaunen fehlen bisher. Immerhin bieten die pleistozänen und rezenten Formen sowie die in jüngster Zeit aus dem afrikanischen Jungtertiär beschriebenen Reste einige Anhaltspunkte zum Verständnis der Geschichte der madagassischen Säugetierfauna, soweit sie nicht aus der rezenten erschlossen werden kann.

Madagaskar wird nicht umsonst die Insel der Lemuren, Schleichkatzen und Borstenigel genannt. Damit sind aber nur drei charakteristische Gruppen der gegenwärtigen Fauna erwähnt. Zu ihnen sind auch die Madagaskarratten (Nesomyinae) und die madagassischen Haftscheibenfledermäuse (Myzopodidae) zu rechnen. Sie zeigen, daß Madagaskar seit dem älteren Tertiär vom afrikanischen Festland getrennt ist. Die wenigen „modernen“ Faunenelemente, die zum Teil nur subfossil bekannt sind, sind erst im Quartär *(Hippopotamus, Potamochoerus)* nach Madagaskar gelangt.

Die Lemuren mit drei Familien (Lemuridae, Indridae und Daubentoniidae), die Borstenigel (Tenrecidae), die Madagaskarratten, die madagassischen Haftscheibenfledermäuse, verschiedene Schleichkatzengattungen und die Fossas (Gattung *Cryptoprocta*) sind ausschließlich endemisch. Die Isolation Madagaskars muß demnach mindestens seit dem Alttertiär wirksam sein. Die Nesomyinae verhalten sich zum Teil ursprünglicher als miozäne Cricetiden; es sind „lebende Fossilien“ (SCHAUB 1925). Die Schleichkatzen zeigen zum Teil nahe Beziehungen zu alttertiären eurasiatischen Formen. Infolge der Isolierung haben sie zahlreiche Ökotypen entwickelt. Auch die Lemuren haben seit der Abtrennung Madagaskars zahlreiche eigentümliche Typen hervorgebracht, unter denen das Fingertier *(Daubentonia)* zu den eigenartigsten zählt. Zahlreiche Arten, unter ihnen die menschenaffengroßen Megaladapiden, sind erst in jüngster Zeit ausgestorben. Fossilfunde aus dem ostafrikanischen Miozän zeigen, daß die Tenreciden einst auf dem afrikanischen Festland verbreitet waren. Wie neuere Untersuchungen erwiesen haben, sind keine näheren verwandtschaftlichen Beziehungen zu dem westindischen Schlitzrüßler *(Solenodon)* vorhanden (s. S. 63). Auch die Myzopodiden sprechen für die vor langer Zeit erfolgte Isolierung Madagaskars.

Sogar Erdferkel gab es einst auf Madagaskar, wie durch Fossilfunde *(Plesiorycteropus)* belegt ist.

Die faunistischen Beziehungen zu Asien lassen sich durch die einst weite Verbreitung der Stammgruppen erklären. Die Annahme einer direkten Landverbindung ist von seiten der Säugetierfaunen nicht erforderlich.

Literatur

I. Lehr- und Handbücher, Nachschlagewerke

ABEL, O.: Grundzüge der Paläobiologie der Wirbeltiere. Stuttgart: Schweizerbart 1912. XV, 708 S. u. 470 Abb. — Die vorzeitlichen Säugetiere. Jena: Gustav Fischer 1914. VII, 309 S. u. 250 Abb. — Geschichte und Methode der Rekonstruktion vorzeitlicher Wirbeltiere. Jena: Gustav Fischer 1925. VIII, 327 S. u. 225 Abb. — Lebensbilder aus der Tierwelt der Vorzeit. Jena: Gustav Fischer 1927. 2. Aufl., VIII, 714 S., 551 Abb. u. 2 Taf. — Palaeobiologie und Stammesgeschichte. Jena: Gustav Fischer 1929. X, 423 S. u. 224 Abb. — Die Stellung des Menschen im Rahmen der Wirbeltiere. Jena: Gustav Fischer 1931. VIII, 398 S. u. 276 Abb. — Tiere der Vorzeit in ihrem Lebensraum. Berlin: Deutscher Verlag 1939. 336 S., 273 Abb. u. 16 Taf. — ANTONIUS, O.: Grundzüge einer Stammesgeschichte der Haustiere. Jena: Gustav Fischer 1922. XVI, 336 S. u. 144 Abb.

BOULE, M.: Les hommes fossiles. Paris: Masson & Cie. 1946. 3. Aufl. rev. v. H. V. VALLOIS, XII, 587 S. u. 294 Abb. — BROOM, R.: The mammal-like reptiles of South Africa and the origin of mammals. London: Witherby 1932. XVI, 376 S. u. 111 Abb.

COLBERT, E. H.: Evolution of the Vertebrates. New York and London: Wiley & Sons 1955. XIII, 479 S. u. 122 Abb.

DOBZHANSKY, T.: Die Entwicklung zum Menschen. Herausgeg. von F. SCHWANITZ. Hamburg u. Berlin: Parey 1958. V, 467 S. u. 215 Abb.

ELLERMAN, J., and T. MORRISON-SCOTT: Checklist of Palaearctic and Indian Mammals, 1758—1946. London: Brit. Mus. Natur. Hist. 1951.

FLOWER, W. H.: Einleitung in die Osteologie der Säugethiere. 3. Aufl. unter Mitwirkg. von H. GADOW. Leipzig: Wilhelm Engelmann 1888. X, 350 S. u. 134 Abb.

GOODRICH, E. S.: Studies on the structure and development of Vertebrates. LXIX u. 837 S., New York: Dover Publ. (Neudruck.) — GRASSÉ, P.: Traité de Zoologie XVII. Mammifères. (2. Fasc.) 2300 S., 2106 Abb. u. 4 Taf. Paris: Masson & Cie. 1955. — GREGORY, W. K.: The order of Mammals. Bull. Amer. Mus. Natur. Hist. 27, 1—524 (1910). — Man's place among the Anthropoids. Oxford 1934. 119 S. u. 11 Abb. — Evolution emerging. New York: American Mus. Natur. Hist. 1951. Vol. 2, XXVI, 735 S., illustr.

HEBERER, G., u. Mitarb.: Die Evolution der Organismen. Stuttgart: Gustav Fischer 1954—1959. 2. Aufl., 1326 S., 418 Abb., 2 Bde. — HILL, W. C. OSMAN: Primates. Bd. I: Strepsirhini; Bd. II: Haplorhini, Tarsioidea; Bd. III: Pithecoidea, Platyrrhini-Hapalidae. Edinburgh: University Press 1953—1957. Weitere Bände im Erscheinen. Illustr. — HOFER, H., A. H. SCHULTZ u. D. STARCK unter Mitw. zahlr. Fachgen.: Primatologia, Bd. I u. III (bish. erschienen). Basel: Karger 1956. — HOOTON, E. A.: Up from the ape. New York 1947. 2. Aufl., XXI, 788 S. u. 41 Abb. — HUENE, F. v.: Paläontologie und Phylogenie der niederen Tetrapoden. Jena: Gustav Fischer 1956. 716 S., illustr.

IHLE, J. E. W., P. N. VAN KAMPEN, H. F. NIERSTRASZ u. J. VERSLUYS: Vergleichende Anatomie der Wirbeltiere. Übers. von G. C. HIRSCH. Berlin: Springer 1927. VIII, 906 S. u. 987 Abb.

KLATT, B.: Haustier und Mensch. Hamburg: Hermes 1948. 95 S. u. 33 Abb. — KÜKENTHAL, W.: Handbuch der Zoologie, Bd. 8: Mammalia (im Erscheinen). Berlin: W. d. Gruyter 1956. — KUHN-SCHNYDER, E.: Geschichte der Wirbeltiere. Basel: Benno Schwabe & Co. 1953. 156 S., 69 Abb. u. 12 Taf.

LE GROS CLARK, W. E.: Early forerunners of man. London: Bailliere, Tindall & Cox 1934. XIX, 296 S. u. 89 Abb. — History of the Primates. 2. Aufl., 117 S. u. 40 Abb. London: Brit. Mus. Natur. Hist. 1950.

OSBORN, H. F.: Evolution of mammalian molar teeth. New York: Macmillan & Co. 1907. IX, 250 S. u. 215 Abb. — The age of mammals. In Europe, Asia and North America. New York: Macmillan & Co. 1910. XVII, 635 S. u. 220 Abb.

PIVETEAU, J.: Traité de Paléontologie, Bd. VI/2. Mammifères, evolution. Bd. VII. Primates, paléontologie humaine. Paris: Masson & Cie. 1957/58. 962 u. 675 S., 1040 u. 639 Abb., 1 u. 8 Taf. — PORTMANN, A.: Biologische Fragmente zu einer Lehre vom Menschen. Basel u. Stuttgart: Benno Schwabe & Co. 1951. 2. Aufl., 147 S. — Einführung in die vergleichende Morphologie der Wirbeltiere. Basel u. Stuttgart: Benno Schwabe & Co. 1959. 2. Aufl., 337 S. u. 268 Abb.

REMANE, A.: Die Grundlagen des Natürlichen Systems, der Vergleichenden Anatomie und der Phylogenetik. Leipzig: Akademische Verlagsgesellschaft 1952. 400 S. u. 82 Abb. — ROMER, A. S.: Man and the Vertebrates. Chicago: University Press 1948. 3. Aufl., VIII u. 405 S., illustr. — Vertebrate paleontology. Chicago: University Press 1953. 5. Aufl., IX, 687 S. u. 377 Abb. — The vertebrate body. Philadelphia: W. B. Saunders Company 1955. 2. Aufl., IV, 644 S., 390 Abb. — Osteology of the Reptiles. Chicago: University Press 1956. XXI, 772 S. u. 248 Abb. — Vergleichende Anatomie der Wirbeltiere. Übers. und bearb. v. H. FRICK, Geleitw. von D. STARCK. Hamburg u. Berlin: Parey 1959. XII, 499 S. u. 390 Abb.

SCHINDEWOLF, O. H.: Grundfragen der Paläontologie. Stuttgart: Schweizerbart 1950. 506 S. u. 332 Abb. — SCOTT, W. B.: A history of the land mammals in the western hemisphere. New York 1937. 2. Aufl., XIV, 786 S., illustr. — SIMPSON, G. G.: The principles of classification and a classification of Mammals. Bull. Amer. Mus. Natur. Hist. **85**, XVI u. 350 S. New York 1945. — Tempo and mode in evolution. New York: Columbia University 1947. XV u. 237 S. — The meaning of evolution. London: Oxford University Press 1950. XV, 364 S. u. 38 Abb.

THENIUS, E.: Tertiär. II. Wirbeltierfaunen. Handb. stratigr. Geol. Stuttgart: Ferdinand Enke 1959. Bd. 3/2, XI, 328 S., 10 Taf. u. 12 Abb. — TSCHULOK, S.: Deszendenzlehre. Jena: Gustav Fischer 1922. XII, 324 S. u. 63 Abb.

WATSON, D. M. S.: Paleontology and modern biology. New Haven: Yale University Press 1951. XII u. 218 S., illustr. — WEBER, M.: Die Säugetiere. 2. Aufl. unter Mitw. v. O. ABEL u. H. M. DE BURLET. Jena: Gustav Fischer 1927/28. Bd. I, XV, 444 S. u. 316 Abb.; Bd. II, XXIV, 898 S. u. 573 Abb.

ZIMMERMANN, W.: Evolution. Freiburg u. München: Alber 1953. IX, 623 S. u. 8 Taf. — ZITTEL, K. A.: Grundzüge der Palaeontologie. Bd. II: Wirbeltiere. 4. Aufl. bearb. v. F. BROILI u. M. SCHLOSSER. München: Oldenbourg 1923. V, 706 S. u. 800 Abb.

II. Einzelarbeiten

ABEL, O.: Zwei neue Menschenaffen aus den Leithakalkbildungen des Wiener Beckens. S.-B. Akad. Wiss. Wien, math.-nat. Kl. Abt. I, **111**, 1171—1206 (1902). — Die phylogenetische Entwicklung des Cetaceengebisses und die systematische Stellung der Physeteriden. Verh. dtsch. zool. Ges. **15**, 84—96 (1905). — Die Vorfahren der Bartenwale. Denkschr. Akad. Wiss., Wien, math.-nat. Kl. **90**, 155—224, 12 Taf. (1914). — Desmostylus, ein mariner Multituberculate aus dem Miozän der nordpazifischen Küstenregion. Acta zool. **3**, 361—394, 3 Taf. (1922). — Neue Untersuchungen über Desmostylus, einem Monotremen aus dem Tertiär der pazifischen Küstenregion. Verh. zool. bot. Ges. **74/75**, 134—138 (1925). — Vorgeschichte der Sirenen. In M. WEBER, Die Säugetiere I, S. 496—504. Jena: Gustav Fischer 1928. — Die angeblichen prähistorischen Darstellungen von Mastodonten in Südafrika. Biol. generalis (Wien) **9**,1 —12, 6 Taf. (1933). — Studien über vergrößerte Einzelzähne der Wirbeltiere und deren Funktion. Palaeobiologica 8, 1—112 (1944). — ADAM, K. D.: Zur Phylogenie der pleistozänen Elefanten Europas. Actes IV. Congr. Internat. Quatern., Rome-Pise 1953, p. 1—8. Rom 1957. — ADAMETZ, L.: Über die Stellung der Ziege von Girgenti im zootechnischen System und ihre angebliche Herkunft von Capra falconeri. Z. Tierzüchtg u. Züchtungsbiol. **25** (1932). — AGUIRRE, E.: Remarques sur la stratigraphie et la paléontologie du bassin de Granada (Espagne). C. R. Acad. Sci. (Paris) **246**, 2140—2142 (1958). — ALIMEN, H.: Remarques sur Equus hydruntinus Reg. Bull. soc. géol. France (5) **16**, 585—596, 1 Taf. (1946). — AMEGHINO, F.: Les édentés fossiles de France et d'Allemagne. Ann. Mus. Nacion. (3) **6**, 175—250 (1905). — ANDREWS, C. W.: A descriptive catalogue of the tertiary vertebrate of the Fayum, Egypt. XXXVIII u. 324 S. London: Brit. Mus. Natur. Hist. 1906. — A description of the skull and skeleton of a peculiarly modified rupicaprine antelope. (Myotragus balearicus Bate.) Phil. Trans. B **206**, 281—305, 4 Taf. (1915). — ANTONIUS, O.: Die Pferde als aussterbende Tiergruppe. Biol. generalis (Wien) 8, 33—44 (1932). — Zur

Abstammung des Hauspferdes. Z. Tierzüchtg u. Züchtungsbiol. B **34**, 359—398 (1936). — Zur Abstammung des Hauspferdes und Hausesels. Verh. zool.-bot. Ges. **85**, 102—104 (1936). — On the geographical distribution in former times and to-day, of the recent Equidae. Proc. zool. Soc. B **107**, 557—564 (1937). — Zur Frage der Zähmung des Onager bei den alten Sumerern. Bijdr. Dierkunde, Feestnr. Kon. zool. Genootsch. Leiden 1939. — Die Herkunft und Entstehung der afrikanischen Huftierfauna. Verh. zool.-bot. Ges. **88/89**, 218—224 (1941). — Zwei Argumente zur Systematik der Hirsche. Z. Säugetierk. **14**, 308—309 (1942). — Die Tigerpferde. Die Zebras. Monogr. Wildsäugetiere **11**, 1—148 (1951). — ARAMBOURG, C.: Observations sur les suidés fossiles du Pléistocène d'Afrique. Bull. Mus. nation. Hist. natur. (2) **15**, 471—476 (1943). — Anancus osiris, un mastodonte nouveau du Pliocène inférieur de l'Egypt. Bull. Soc. géol. France (5) **15**, 479—495, 1 Taf. (1945) - Contribution à l'étude géologique et paléontologique du bassin du Lac Rodolphe et de la basse vallée de l'Omo. Miss. scient. Omo 1932—1933. I. Géol. Anthrop. Fasc. **3**, 75—406, 40 Taf. (1947). — Observations sur les gazelles fossiles du Pléistocène supérieur. Bull. Soc. Hist. natur. Afrique Nord **48**, 49—81. 2 Taf. (1957). — Vertébrés continentaux du miocène supérieur de l'Afrique du Nord. Publ. serv. carte géol. Algérien. s., Paléont. Mém. **4**, 1—161, 18 Taf. (1959). — ARAMBOURG, C., J KIKOINE et R. LAVOCAT: Découverte du genre Moeritherium dans le tertiaire continental du Soudan. C. R. Acad. Sci. (Paris) **233**, 68—70 (1951). — ARANGUREN, L.: Camelidos fosiles argentinos. An. Soc. cient. argent. **109** (1930). — AZZAROLI, A.: I cervi fossili della Toscana con particulare riguardo alle specie Villafranchiane. Palaeontograph. ital., N. s. **13**, 31—68, 4 Taf. (1947). — La sistematica dei cervi giganti e i cervi nani delle Isole. Atti Soc. Toscana Sci. natur. A **59**, 3—11 (1953).

BACHOFEN-ECHT, A.: Bildliche Darstellung des Riesenhirsches aus vorgeschichtlicher und geschichtlicher Zeit. Z. Säugetierk. **12**, 81—88 (1937). — BACKHAUS, D.: Zur Variabilität der äußeren systematischen Merkmale des afrikanischen Elefanten (Loxodonta Cuvier 1825). Säugetierkdl. Mitt. **6**, 166—173 (1958). — BADER, R. S.: Variability and evolutionary rate in the Oreodonts. Evolution **9**, 119—140 (1955). — BAKER, H. G., and B. J. HARRIS: The pollination of Parkia by bats and its attendante evolutionary problems. Evolution **11**, 449 bis 460 (1957). — BANNIKOV, A. G.: Distribution géographique et biologie du cheval sauvage et chameau du Mongolie. Mammalia **22**, 152—160 (1938). — BARDENFLETH, K. S.: On the systematic position of Ailuropus melanoleucus. Mindeskr. Japetus Steenstrup **17**, 1—15 (1914). — BATE, M. D. A.: The fossil fauna of the Wady El-Mughara caves. In: The stone age of Mount Carmel. I. Pt. II. Paleontology, p. 137—240. Oxford 1937. — A new African fossil long-horned Buffalo. Ann. Magaz. natur. Hist. (12) **2**, 396—398 (1949). — BELIAJEVA, E. J.: Chalicotherien Rußlands und der Mongolei. Tr. Paläont. Inst. Akad. Nauk USSR. **55**, 44—48, 3 Taf. (1954). — BENINDE, J.: Über die Edelhirschformen von Mosbach, Mauer und Steinheim a. d. Murr. Paläont. Z. **19**, 79—116 (1937). — BENSLEY, B. A.: On the evolution of the Australian marsupiala. Trans. Linn. Soc. London (2) **9**, 82—217 (1903). — BERCKHEMER, F.: Über die Riesenhirschfunde von Steinheim a. d. Murr. Jh. Ver. vaterld. Naturkunde **96**, 63—88 (1941). — BERGER, F. E.: Untersuchungen an Schädel- und Gebißresten von Cainotheriidae, besonders an den oberoligozänen von Gaimersheim bei Ingolstadt. Palaeontographica **112**, 1—58, 5 Taf. (1959). — BERGOUNIOUX, F. M., G. ZBYSZEWSKI et F. CROUZEL: Les mastodontes miocènes du Portugal. Mém. serv. géol. Portugal **1**, 139 S., 60 Taf. (1953). — BERRY, E. W., and W. K. GREGORY: Prorosmarus alleni, a new genus and species of walrus from the Upper Miocene of Yorktown, Virginia. Amer. J. Sci. (4) **21**, 444 bis 450 (1906). — BETTENSTAEDT, F.: Phylogenetische Beobachtungen in der Mikropaläontologie. Paläont. Z. **32**, 115—140. Stuttgart 1958. — BISHOP, M. W. H., u. C. R. AUSTIN: Die Spermien der Säuger. Endeavour **16**, No 63, 137—150 (1957). — BLUNTSCHLI, H.: *Homunculus patagonicus* und die ihm zugereihten Fossilfunde aus den Santa-Cruz-Schichten Patagoniens. Morph. Jb. **67**, 811—892 (1931). — BOAS, J. E. V.: Zur Morphologie des Magens der Cameliden und der Traguliden und über die systematische Stellung letzter Abteilung. Morph. Jb. **16**, 494—524, 1 Taf. (1890). — BÖKÖNY, S.: Eine Pleistozän-Eselsart im Neolithikum der ungarischen Tiefebene. Acta Archaeol. Hungar. **4**, 9—21 (1954). — BOESSNECK, J.: Haustiere in Altägypten. Veröff. zool. Staatssammlg München **3** (1955). — Herkunft und Frühgeschichte unserer mitteleuropäischen landwirtschaftlichen Nutztiere. Züchtungsk. **30**, 289—296 (1958). BOETTICHER, H. v.: Gedanken über eine natürliche systematische Gruppierung der Gazellen (Gazellae). Z. Säugetierk. **17**, 83—92 (1953). — BOHLIN, B.: Die Familie Giraffidae mit besonderer Berücksichtigung der fossilen Formen aus China. Palaeont. Sinica C **4**, 1, 1—178, 12 Taf. (1926). — Kritische Bemerkungen über die Gattung Tragocerus. Nova Acta Regiae Soc. Sci. Upsal. (4) **9**, No 10, 1—19, 5 Taf. (1935). — Eine tertiäre Säugetierfauna aus Tsaidam. Palaeont. Sinica C **14**, 1—111, 9 Taf. (1937). — Einige jungtertiäre und pleistozäne Cavicornier aus Nordchina. Nova Acta Regiae Soc. Sci. Upsal. (4) **11**, No 2, 1—54, 12 Taf. (1938). — Food habit of the Machaerodonts, with special regard to Smilodon. Bull. geol. Inst. Upsala **28**, 156—174 (1940). — A revision of the fossil Lagomorpha in the Palaeontological Museum, Upsala. Bull. geol. Inst. Upsala **30**, 117—154 (1942). — The fossil mammals from the Tertiary deposit of Taben-Buluk, W-Kansu. I. Insectivora and Lagomorpha. Palaeont. Sinica, N. s. C 8a, 113 S., 1 Taf. (1942). — The Jurassic mammals and the origin of the mammalian molar teeth. Bull. geol. Inst. Upsala **31**, 363—368 (1945). — The Fossil Mammals from the Tertiary Deposit of Taben-buluk, Western Kansu II. Sino-Swedish Exp. Publ. 28, p. 13—259, Stockholm 1946. — The sabre-toothed tigers once more. Bull. geol. Inst. Upsala **32**, 11—20 (1947). — Some Mammalian remains from ... Western Kansu. Sino-Swedish Exp. Publ. 35, p. 9—47, Stockholm 1951. — Triceromeryx an American immigrant to Europe. Bull. geol. Inst. Upsala **35**, 1—6, 1 Taf. (1953). — Bohlken, H.: Vergleichende Untersuchungen an Wildrindern (Tribus Bovini Simpson 1945). Zool. Jb., Abt. allg. Zool. u. Physiol. **68**, 113—202 (1958). — Remarks on the stomach and the systematic position of the Tylopoda. Proc. zool. Soc. **133**, im Druck (1960). — Borissiak, A.: Neue Materialien zur Phylogenie der Dicerorhinae. Dokl. Akad. Nauk USSR. (3) 8, Nr 8 (**68**), 381—384 (1935). — Boule, M., et J. Piveteau: Les fossiles. Eléments de Paléontologie. VII, 899 S. u. 6 Taf. Paris: Masson & Cie. 1935. — Brandt, J. F.: Beiträge zur näheren Kenntnis der Säugetiere Rußlands. Mém. Acad. Imp. Sci. (6) **9**, 375 S., 18 Taf. (1855). — Breitinger, E.: Zur frühesten Phase der Hominiden-Evolution. Beitr. österr. Erforschung d. Verght. u. Kulturgesch. der Menschheit. Symposion 1958, Wien, S. 205—235 (1959). — Brink, A. S.: Speculations on some advanced mammalian-characteristics in the higher mammal-like Reptiles. Palaeontol. africana **4**, 77—95 (1956). — Brinkmann, A.: Canidenstudien I—III. Vidensk. Medd. Dansk naturhist. Foren. **72**, 1—43 (1921). — Brooke, V.: On the classification of the Cervidae, with a synopsis of the existing species. Proc. zool. Soc. Lond. **48**, 883—928 (1878). — Broom, R.: Finding the Missing Link. Secd. edit., VI u. 111 S. London: Watts & Co. 1950. — The genera and species of the South Africa fossil ape-man. Amer. J. Phys. Anthrop., N. s. **8**, 1—14 (1950). — Broom, R., aud G. H. W. Schepers: The South African fossil apeman. The Australopithecinae. Transvaal Mus. Mem. **2**, 1—272 (1946). — Brown, B., W. K. Gregory and M. Hellman: On three incomplete anthropoid jaws from the Siwaliks, India. Amer. Mus. Nov. **130**, 1—9 (1924). — Bubenik, A. B.: Eine seltsame Geweihentwicklung beim Ren. Z. Jagdwiss. **2**, 21—24 (1956). — Burtschak-Abramovitsch, N. O.: Ein neuer Vertreter fossiler tauriner Boviden in der Hipparionfauna von Maragha (Urmiabos azerbaidzanicus). Dokl. Akad. Nauk USSR. **70**, 875—878 (1950). — Butler, P. M.: The teeth of the Jurassic mammals. Proc. zool. Soc. Lond. B **109**, 329—356 (1939). — A theory of the evolution of mammalian molar teeth. Amer. J. Sci. **239**, 421—450 (1941). — On the evolution of the skull and the teeth in erinaceidae, with special reference to fossil material in the British Museum. Proc. zool. Soc. Lond. **118**, 446—500 (1948). — The skull of Ictops and the classification of the Insectivora. Proc. zool. Soc. Lond. **126**, 453—481 (1956). — Butler, P. M., and T. A. Hopwood: Insectivora and Chiroptera from the Miocene rocks of Kenya colony. Fossil mammals of Africa **13**, 1—35 (1957). — Butler, P. M., and J. R. E. Mills: A contribution to the odontology of Oreopithecus. Bull. Brit. Mus. (Nat. Hist.) **4**, No 1, 1—26 (1959).

Campbell, B.: The shoulder anatomy of the moles. A study in phylogeny and adaptation. Amer. J. Anat. **64** (1939). — Carleton, A.: The limb-bones and vertebrae of the extinct lemurs of Madagascar. Proc. zool. Soc. Lond. **106**, 281—307 (1936). — On the osteology of certain extinct Lemurids of Madagascar. Proc. zool. Soc. Lond. **107**, 553—556 (1937). — Carlsson, A.: Ist Otocyon caffer die Ausgangsform des Hundegeschlechts oder nicht? Zool. Jb., Syst. etc. **22**, 717—754 (1905). — Die Macroscelididae und ihre Beziehungen zu den übrigen Insectivoren. Zool. Jb., Syst. etc. **28**, 349—400 (1909). — Über Cryptoprocta ferox. Zool. Jb., Syst. etc. **30**, 419—470 (1911). — Über Arctictis binturong. Acta zool. **1**, 337—380 (1920). — Über die Tupaiidae und ihre Beziehungen zu den Insectivoren und den Prosimiae. Acta zool. **3**, 227—270 (1922). — Über die Tragulidae und ihre Beziehungen zu den übrigen Artiodactyla. Acta zool. **7**, 69—100 (1926). — Chapskiy, K. K.: Attempt to review the systematics and diagnostics of seals of the subfamily Phocinae. Tr. zool. Inst. Akad. Nauk USSR. **17**, 160—199 (1955). — On the history of origin of the Caspian and Baikal seals. Tr. zool. Inst. Akad. Nauk USSR. **17**, 200—216 (1955). — CHOW, M.: Eoentelodon — a new primitive entelodont from the Eocene of Lunan, Yunnan. Vertebrata Palasiatica **2**, 30—36, 1 Taf. (1958). — New Elasmotherine Rhinoceroses from Shansi. Vertebrata Palasiatica **2**, 135—142 (1958). — A record of the earliest sabre toothed cats from the Eocene of Lushih, Honan. Sci. Rec., N. s. **2**, 347—349 (1958). — CIRIĆ, A., u. E. THENIUS: Über das Vorkommen von Giraffokeryx (Giraffidae) im europäischen Miozän. Anz. öst. Akad. Wiss. Nr 9, 153—162 (1959). — CLARK, J.: The stratigraphy and paleontology of the Chadron-Formation in the Big Badlands of South Dakota. Ann. Carnegie Mus. **25**, 261—350, 6 Taf. (1937). — COLBERT, E. H.: Chalicotheres from Mongolia and China in the American Museum. Bull. Amer. Mus. natur. Hist. **67**, 353—387 (1934). — Siwalik mammals in the American Museum of Natural History. Trans. Amer. Philos. Soc., N. s. **26**, X u. 401 S. (1935). — Was the extinct giraffe (Sivatherium) known to the Early sumerians? Amer. Anthrop. **38**, No 4, 605—608 (1936). — Palaeotragus in the Tung gur formation of Mongolia. Amer. Mus. Nov. **874**, 19 S. (1936a). — A new primate from the upper Eocene Pondaungia formation of Burma. Amer. Mus. Nov. **951**, 1—18 (1937). — Fossil Mammals from Burma in the American Museum of Natural History. Bull. Amer. Mus. natur. Hist. **74**, 255—436 (1938). — Brachyhyops, a new bunodont artiodactyl from Beaver Divide, Wyoming. Ann. Carnegie Mus. **27**, 87—108 (1938). — A study of Orycteropus gaudryi from the Island of Samos. Bull. Amer. Mus. natur. Hist. **78**, 305—351 (1941). — The osteology and relationships of Archaeomeryx, an ancestral ruminant. Amer. Mus. Nov. **1135**, 24 S. (1941). — A new fossil whale from the Miocene of Peru. Bull. Amer. Mus. natur. Hist. **83**, 195—216, 4 Taf. (1944). — COPE, E. D.: On the supposed carnivora of the Eocene of the Rocky Mountains. Proc. Acad. nat. Sci. **27**, 444—448 (1875). — On the Taeniodonta, a new group of Eocene Mammalia. Proc. Acad. nat. Sci. **28**, S. 39 (1876). — The Lemuroidea and Insectivora of the Eocene Period of North America. Amer. Nat. **19**, 458—461 (1885). — CROMPTON, A. W.: A revision of the Scaloposauridae with special reference to kinetism in this family. Res. nat. Mus. **1**, 1—149 (1955). — The cranial morphology of a new genus and species of ictidosaurian. Proc. zool. Soc. Lond. **130**, 183—216 (1958). — CRUSAFONT-PAIRÓ, M.: El primer representante del genero Canis en el Pontiense eurasiatico. (Canis cipio n. sp.) Bol. R. Soc. esp. Hist. natur. **48**, 43—51 (1950). — Los girafidos fosiles de España. Mem. y comun. Inst. geol. 8, 1—239, 47 Taf. (1952). — Nouvelles vues sur la classification paléontologique des pecora. Mammalia **22**, 45—52 (1958). — Endemism and Paneuropism in Spanish fossil mammalian faunas, with special regard to miocene. Soc. Sci. Fenn. Comment. Biol. **18**, Nr 1, 3—31 (1958). — Los mamiferos del Luteciense superior de Capella (Huesca). Notas y comun. Inst. geol. y Minero esp. **50**, 259—282, 3 Taf. (1958). — CRUSAFONT-PAIRÓ, M., e J. F. DE VILLALTA-COMELLA: Sobre un interesante rinoceronte (Hispanotherium) del Mioceno del Valle del Manzanares. Ciencias **12**, No 4, 869—883 (1948).

DALIMIER, P.: Les buffles du Congo Belge. 68 S. Brüssel 1955. — DAL PIAZ, G.: I mammiferi dell'Oligocene veneto. Archaeopteropus transiens. Mem. Istit. geol. R. Univ. **11**, 1—8, 1 Taf. (1937). — DART, R.: Australopithecus africanus: The man ape of South Africa. Nature (Lond.) **115**, 195—199 (1925). — The status of Australopithecus. Amer. J. phys. Anthrop. **28**, 167—186 (1940). — DARWIN, C.: Das Variieren der Tiere und Pflanzen im Zustande der Domestikation. London 1868. — DAVIS, D. D.: The arteries of the forearm in carnivores. Publ. Field Mus. natur. Hist. Zool. ser. **27**, 137—227, (1941) — DAWSON, M. R.: Later Tertiary leporidae of North America. Paleont. Contrib. Univ. Kansas, Vertebr. Art. **6**, 1—75 (1958). — Paludotona etruria, a new ochotonid. Verh. naturf. Ges. Basel **70**, 157—166 (1959). — DEHAUT, G.: Considerations sur l'histoire evolutive des vertébrés insulaires dans la région méditerranéenne occidentale. Bull. Mus. Hist. natur. (2) **26**, 413—418 (1954). — DEHM, R.: Listriodon im südbayerischen Flinz (Obermiocän). Zbl. Mineral. Geol., Paläont., Abt. B 513—528 (1934). — Die Raubtiere aus dem Mittelmiocän (Burdigalium) von Wintershof-West bei Eichstätt in Bayern. Abh. Bayer. Akad. Wiss., math.-nat. Kl., N. F. **58**, 1—141 (1950). — Die Nagetiere aus dem Mittelmiocän (Burdigalium) von Wintershof-West bei Eichstätt in Bayern. Neues Jb. Mineral. Geol. Paläont. [Abh.] Abt. B **91**, 321—428 (1950a). — DEHM, R., u. T. ZU OETTINGEN-SPIELBERG: Die mitteleocänen Säugetiere von Ganda Kas bei Basal in NW-Pakistan. Abh. Bayer. Akad. Wiss., math.-nat. Kl., N. F.

91, 54 S., 3 Taf. (1958). — DEPERET, CH.: Les animaux pliocènes du Roussillon. Mém. Soc. géol. France, Paléont. No 3, 1—194, 19 Taf. (1890). — Dolichopithecus arvernensis Dep., nouveau singe du Pliocène supérieur de Senèze (Hte.-Loire). Trav. Lab. Géol. Univ. Lyon 15, Mém. 12, 1—12 (1929). — DICE, L. R.: The phylogeny of the Leporidae, with description of a new genus. J. Mammal. 10, 340—344 (1929). — DIETRICH, W. O.: Über den Fußbau von Anoplotherium. Zbl. Mineral., Geol., Paläont., Abt. B, 296—303 (1936). — Zur Kenntnis der oberpliozänen echten Hirsche. Z. dtsch. geol. Ges. 90, 261—267 (1938). — Ältestquartäre Säugetiere aus der südlichen Serengeti, Deutsch-Ostafrika. Palaeontographica A 94, 43—133, 21 Taf. (1942). — Stetigkeit und Unstetigkeit in der Pferdegeschichte. Neues Jb. Mineral., Geol. Paläont. [Abh.] Abt. B 91, 121—148 (1949). — Daten zu den fossilen Elefanten Afrikas und Ursprung der Gattung Loxodonta. Neues Jb. Mineral., Geol. Paläont. [Abh.] 93, 325—378 (1951). — Übergangsformen des Südelefanten (Elephas meridionalis Nesti) im Ältestpleistozän Thüringens. Geologie 7, 797—806 (1958). — Hemionus Pallas im Pleistozän von Berlin. Vertebrata Palasiatica 3, 13—22, 2 Taf. (1959). — DIJKGRAAF, S.: Die Sinneswelt der Fledermäuse. Experientia (Basel) 2, 438—448 (1946). — DÖDERLEIN, L.: Betrachtungen über die Entwicklung und Nahrungsaufnahme bei Wirbeltieren. Zoologica (Stuttgart) 71, 1—59 (1921). — DORAN, A. H. G.: Morphology of the mammalian ossicula auditus. Trans. Linn. Soc., Zool. (2) 1, 371—497 (1878). — DORR, J. A.: Prouintatherium, new uintathere genus, earliest Eocene, Hoback formation, Wyoming, and the phylogeny of Dinocerata. J. Paleont. 32, 506—516 (1958). — DUBROVO, J. A.: Der erste Nachweis des fossilen Yak im nördlichen Ostsibirien (Jakutsk). Vertebrata Palasiatica 1, 293—300 (1957).

EDINGER, T.: Die fossilen Gehirne. Ergebn. Anat. Entwickl.-Gesch. 28, 1—249 (1929). — Mitteilungen über Wirbeltierreste aus dem Mittelpliozän des Natrontales (Ägypten). 9. Das Gehirn des Libypithecus. Zbl. Mineral., Geol., Paläont., Abt. B, Nr 4, 122—128 (1938). — Two notes on the central nervous system of fossil Sirenia. The Fuad I. University. Bull. Fac. Sci. Nr 19, 43—57 (1939). — Evolution of the horse brain. Mem. geol. Soc. Amer. 25, X, 174 S., 4 Taf. (1948). — Paleoneurology versus comparative brain anatomy. Confer. neurol. (Basel) 9, 5—24 (1949). — Die Paläoneurologie am Beginn einer neuen Phase. Experientia (Basel) 6, 250—258 (1950). — Objets et résultats de la paléoneurologie. Ann. Paléont. 42, 97—116 (1956). — EHGARTNER, W.: Fossile Menschenaffen aus Südafrika, Australopithecinae etc. Mitt. anthrop. Ges. Wien. 30, 157—212 (1950). — EHIK, J.: The right interpretation of the checkteeth tubercles of Titanomys. Ann. Mus. nat. Hungar. 23, 178—186 (1926). — EHRENBERG, K.: Austriacopithecus, ein neuer menschenaffenartiger Primate aus dem Miozän von Klein Hadersdorf bei Poysdorf in Niederösterreich. S.-B. Akad. Wiss. Wien, math.-nat. Kl., Abt. I 147, 71—110 (1938). — EIBL-EIBESFELDT, I.: Das Verhalten der Nagetiere (Glires: Lagomorpha und Rodentia). In Handbuch der Zoologie, Bd. 8. Berlin 1958. 88 S. — EISENTRAUT, M.: Der Winterschlaf mit seinen ökologischen und physiologischen Begleiterscheinungen. Jena: Gustav Fischer 1956. VIII u. 160 S. — Temperaturschwankungen bei niederen Säugetieren. Z. Säugetierk. 21, 49—52 (1956). — Aus dem Leben der Fledermäuse und Flughunde. Jena: Gustav Fischer 1957. VIII u. 175 S. — ELLERMAN, J. R.: The families and genera of living rodents. I. Brit. Mus. natur. Hist., 689 S. (1940). — ELLERMAN, J. R., T. C. S. MORRISON-SCOTT and R. W. HAYMAN: Southern African Mammals 1758—1951: A reclassification. Brit. Mus. natur. Hist. 363 S. (1953). — ERDBRINK, D. P.: A review of fossil and recent bears of the Old World, with remarks on their phylogeny based upon their dentition. Proefschrift, S. 1—597. Deventer 1953. — EVANS, F. G.: The osteology and relationships of the elephant-shrews (Macroscelididae). Bull. Amer. Mus. natur. Hist. 80, 85—125 (1953). — EWER, F. R.: The fossil carnivores of the Transvaal caves. The Lycyaenas of Sterkfontein and Swartkrans, together with some general considerations of the Transvaal fossil Hyaenids. Proc. zool. Soc. Lond. 124, 839—857 (1955). — The fossil suids of the Transvaal caves. Proc. zool. Soc. Lond. 127, 527—544 (1955).

FABIANI, R.: Monografia sui terreni terziari del Veneto I. Il Paleogene. Mem. Istit. geol. Padova 3, 1—336 (1915). — FIEDLER, W.: Übersicht über das System der Primaten. Primatologia 1, 1—266 (1956). — FIELDS, R. W.: Hystricomorph rodents from the Late Miocene of Colombia, South America. Univ. Calif. Publ. geol. Sci. 32, 273—404 (1957). — FILHOL, H.: Observations concernant quelques mammifères fossiles nouveaux du Quercy. Ann. Sci. natur. Zool. (3) 16, 129—150 (1894). — FITZINGER, L. J. F.: Versuch einer natürlichen Anordnung der Nagethiere. S.-B. Akad. Wiss. Wien, math.-nat. Kl. 55, 453—515;

56, 57—168 (1867). — FLEMING, C. A.: Trans-Tasman relationships in natural history. Sci. in New Zealand 1957, 1—19 (1957). — FLEROV, C. C.: Review of the Palaearctic reindeer or caribou. J. Mammal. **14**, 328—338 (1933). — Die Pantodonten, gesammelt durch die mongolische paläontologische Expedition der Akademie der Wissenschaften der UdSSR. Tr. Paleont. Inst. Akad. Nauk SSSR. **41**, 43—50 (1952). — A new Coryphodont from Mongolia, and on evolution and distribution of Pantodonta. Vertebrata Palasiatica **1**, 73—81 (1957). — FLOHN, H.: Kontinentalverschiebungen, Polwanderung und Vorzeitklimate im Lichte paläomagnetischer Meßergebnisse. Naturwiss. Rdsch. **12**, 375—384 (1959). — FRAAS, E.: Neue Zeuglodonten aus dem unteren Mitteleocän von Mokattam bei Cairo. Geol. paläont. Abh. **10**, 199—220, 3 Taf. (1904). — Oligozäne Affen aus Ägypten. Korresp.-Bl. anthrop. Ges. **42**, Nr 8/12 (1911). — FRANCK, J.: Beiträge zur Rassenkunde unserer Pferde. Landwirtschaftl. Jb. (1875). — FRASER, F. C., u. P. E. PURVES: Das Gehör der Waltiere. Endeavour **18**, No 70, 93—98 (1959). — FRECHKOP, S.: Sous-ordre des ruminants ou sélénodontes. In P. GRASSÉ, Traité Zool. **17**, fasc. 1, 568—667 (1955). — FREUDENBERG, H.: Die oberoligocänen Nager von Gaimersheim bei Ingolstadt und ihre Verwandten. Palaeontographica A **92**, 99—164, 4 Taf. (1941). — FRIANT, M.: Recherches sur le fémur des Phocidae. Bull. Mus. roy. Hist. natur. Belg. **23**, No. 2, 1—51, 4 Taf., (1947). — Les chauves-souris frugivores firent-elles partie des mammifères les plus anciens? Rev. Stomat. **53**, 207—211, (1952). — Sur les affinités du Plagiaulax, Mammifère mésozoique. Proc. zool. Soc. Lond. **124**, 501 bis 507 (1954). — Sur la dentition des Multituberculés, mammifères très ancien. Vjschr. naturforsch. Ges. Zürich **103**, 327—331 (1958). — FRICK, C.: The Hemicyoninae and an American Tertiary bear. Bull. Amer. Mus. natur. Hist. **56**, Art. 1, 1—119 (1926). — Horned ruminants of North America. Bull. Amer. Mus. natur. Hist. **69**, 669 S., 69 Taf. (1937). — FRICK, H.: Zur Taxonomie der Tubulidentata. Säugetierkdl. Mitt. **4**, 15—17 (1956). — FRIES, M. E.: Die Form rezenter und diluvialer Rentiergeweihe als Beweis der geographischen Herkunft der europäischen Rentiere. Zoogeographica **4**, 1—17 (1941). — FÜRBRINGER, M.: Zur Frage der Abstammung der Säugetiere. I. u. II. Festschr. z. 70. Geburtstag von E. HAECKEL, 32 u. 77 S. Jena: Gustav Fischer 1904. — FURLONG, E. L.: The occurrence and phylogenetic status of Merycodus from the Mohave desert, Tertiary. Univ. Calif. Publ. Bull. Dept. geol. Sci. **17**, 145—186, 5 Taf. (1927). — A new Pliocene antelope from Mexico, with remarks on some known antilocaprids. Carnegie Inst. Wash. Publ. **530**, 25—33, 2 Taf. (1941).

GABUNIA, L. K.: Der Schädel eines fossilen Schweines mit Hörnern aus dem Mittelmiozän des Kaukasus. Dokl. Akad. Nauk SSSR. **118**, 1187—1190 (1958). — GAZIN, C. L.: A new mustelid carnivore from the Neogene beds of Northwestern Nebraska. J. Wash. Acad. Sci. **26**, 199—207 (1936). — The Lower Eocene Knight formation of Western Wyoming and its mammalian faunas. Smithson. Miscell. coll. **117**, No 18, Publ. 4097, 1—82, 11 Taf. (1952). — The Tillodontia: An Early Tertiary order of mammals. Smithson. Miscell. coll. **121**, No 10, Publ. 4109, 1—110, 16 Taf. (1953). — A review of the Upper Eocene Artiodactyla of North America. Smithson. Miscell. coll. **128**, No 8, Publ. 4217, 1—96, 18 Taf. (1955). — A skull of the Bridger Middle Eocene creodont, Patriofelis ulta Leidy. Smithson Miscell. coll. **134**, No 8, Publ. 4293, 1—20 (1957). — A review of the Middle and Upper Eocene primates of North America. Smithson. Miscell. coll. **136**, No 1, Publ. 4340, 1—112, 14 Taf. (1958). — GIDLEY, J. W.: Evidence bearing tooth-cusp development. Proc. Wash. Acad. Sci. **8**, 91 bis 110 (1906). — The Lagomorpha, an independant order. Science, N. s. **36**, No 922, 285—286 (1912). — Paleocene Primates of the Fort Union, with discussion of relationships of Eocene Primates. Proc. U.S. nat. Mus. **63**, 1—38 (1924). — GIESELER, W.: Die Fossilgeschichte des Menschen. In G. HEBERER, Die Evolution der Organismen, 2. Aufl., S. 951—1109. Stuttgart 1957. — GILL, E. D.: Australian Tertiary marsupials. Aust. J. Sci. (3) **16**, 106—108 (1953). — The problem of the extinction with special reference to Australian marsupials. Evolution **9**, 87—92 (1955). — Fluorine phosphate ratios in relation to the age of the Keilor skull, a Tertiary marsupial, and other fossils from Western Victoria. Mem. nat. Mus. Victoria **19**, 106—125 (1955). — The stratigraphic occurrence and palaeoecology of some Australian Tertiary marsupials. Mem. nat. Mus. Victoria **21**, 135—203, 4 Taf. (1957). — GILL, T.: Arrangement of the families of mammals with analytical tables. Smithson. Miscell. coll. **11**, Art. 1, VI u. 98 S. (1872). — GINSBURG, L.: De la subdivision du genre Hemicyon Lartet, carnassier du Miocène. Bull. Soc. géol. France (6) **5**, 85—99 (1955). — Affinités et originalité structurale de Sansanosmilus palmidens Blv. (Miocène moyen de Sansan.) C. R. Acad. Sci.

(Paris) **242**, No 22, 2654—2656 (1956). — GRÄF, I. E.: Die Prinzipien der Artbestimmung bei Dinotherien. Palaeontographica A **108**, 131—185 (1957). — GRANDIDIER, M., et H. FILHOL: Observations relatives aux ossements d'Hippopotames trouvés dans le marais d'Ambolisatra à Madagascar. Ann. Sci. natur. Zool. Paléont. **16**, 151—190, 9 Taf. (1894). — GRANGER, W., and W. K. GREGORY: A revision of the Mongolian Titanotheres. Bull. Amer. Mus. natur. Hist. **80**, 349—386 (1943). — GRAY, A. P.: Mammalian hybrids. A check-list with bibliography. London 1954. 153 S. — GREEN, H. L. H. H.: The development and morphology of the teeth of Ornithorhynchus. Trans. philos. roy. Soc. B **228**, 367—420, 18 Taf. (1937). — GREGORY, W. K.: The orders of Mammals. Bull. Amer. Mus. natur. Hist. **27**, 1—524 (1910). — Studies on the evolution of Primates. Bull. Amer. Mus. natur. Hist. **35**, 239—355 (1910). — On the structure and relations of *Notharctus* an American Eocene Primate. Mem. Amer. Mus. natur. Hist., N. s. **3**, 51—243 (1920). — The origin and evolution of human dentition. J. dent. Res. **2**, No 1, 89—175; No 2, 215—273; No 3, 357—426; No 4, 607—717 (1920); **3**, No 1, 87—228 (1921). — On the phylogenetic relationships of the giant Panda (Ailuropoda) to other arctoid carnivora. Amer. Mus. Nov. **878**, 1—29 (1936). — The monotremes and the palimpsest theory. Bull. Amer. Mus. natur. Hist. 88, 1—52, 2 Taf. (1947). — GREGORY, W. K., u. M. HELLMAN: The dentition of Dryopithecus and the origin of man. Anthrop. Papers. Amer. Mus. natur. Hist. **28**, 1—115 (1926). — On the evolution and major classification of the civets (Viverridae) and allied fossil and recent carnivora. Proc. Amer. philos. Soc. **81**, 309—392 (1939). — The dentition of the extinct South African Man apes Australopithecus (Plesianthropus) transvaalensis Broom. Ann. Trans. Mus. **29**, 339—373 (1939). — GREGORY, W. K., M. HELLMAN and G. E. LEWIS: Fossil anthropoids of the Yale-Cambridge India-Expedition of 1935. Carnegie Inst. Publ. Nr 495, 1—27 (1938). — GREGORY, W. K., and G. G. SIMPSON: Cretaceous mammal skulls from Mongolia. Amer. Mus. Nov. **225**, 1—20 (1926). — GRIFFIN, D. R., and R. GALAMBOS: The sensory basis of obstacle avoidance by flying bats. J. exp. Biol. **86**, 481—506 (1941). — GRIPP, K.: Die Rengeweihe von Stellmoor, Ahrensburger Stufe. In A. RUST, Die alt- und mittelsteinzeitlichen Funde von Stellmoor, S. 106—122. Neumünster 1943. — GROMOVA, V.: Die Geschichte der Pferde (Gattung Equus) in der Alten Welt. Tr. Paleont. Inst. Akad. Nauk SSSR. **17**, No 2, 1—162 (1949). — Neue Fundstellen von Anchitherium in der Mongolei. Tr. Paleont. Inst. Akad. Nauk SSSR. **41**, 87—97 (1952). — Le genre Hipparion. Tr. Paleont. Inst. Akad. Nauk SSSR. **36**. [Übers.: Ann. Centre Etud. Docum. paléont. **12**, 290 S., 13 Taf. (1955)]. — Sumpfnashörner (Amynodontidae) aus der Mongolei. Tr. Paleont. Inst. Akad. Nauk SSSR. **55**, 85—189 (1954). — Nouveautés sur les Rhinocéros gigantique (Indricotheriidae). Curs. y confer. Inst. „Lucas Mallada" **4**, 127—130 (1957). — Gigantische Nashörner. Tr. Paleont. Inst. Akad. Nauk SSSR. **71**, 1—164, 21 Taf. (1959). — GRZIMEK, B.: Die belgische Elefantenzähmungsstation Gangala na Bodio. Säugetierkdl. Mitt. **4**, 1—10 (1956).

HAHN, H.: Von Baum-, Busch- und Klippschliefern. Neue Brehm-Bücherei **246**, 88 S., (1959). — HALTENORTH, T.: Die verwandtschaftliche Stellung der Großkatzen zueinander. Z. Säugetierk. **12**, 97—240, 11 Taf. (1937). — Die Wildkatzen der Alten Welt. Eine Übersicht über die Untergattung Felis. Leipzig: Akademische Verlagsgesellschaft 1953. 166 S. — Die Säugetiere Europas westlich des 30. Längengrades. Von F. H. VAN DEN BRINK (übers. u. bearb.). Berlin u. Hamburg: Parey 1957. 225 S. — Die Wildkatze. Die Neue Brehm-Bücherei **189**, 1—100 (1957). — Rassehunde — Wildhunde. Herkunft, Arten, Rassen, Haltung. Winters naturwiss. Taschenb. **28**, 216 S. (1958). — Klassifikation der Säugetiere. I. In Handbuch der Zoologie, Bd. 8, S. 1—40, 8 Taf. Berlin 1958a. — Beitrag zur Kenntnis des Mesopotamischen Damhirsches — Cervus (Dama) mesopotamicus Brooke 1875 — und zur Stammes- und Verbreitungsgeschichte der Damhirsche allgemein. Säugetierkdl. Mitt. **7**, 1—89 (1959). — HANČAR, F.: Das Pferd in praehistorischer und früher historischer Zeit. Wien. Beitr. Kulturgesch. u. Ling. (Inst. Völkerkunde) **11**, 1—651, 30 Taf. (1956). — HARTMANN, C. G.: On some characters of taxonomic value appertaining to the egg and ovary of rabbits. J. Mammal. **6**, 114—121 (1925). — HAUCK, E.: Abstammung, Ur- und Frühgeschichte des Haushundes. Prähistor. Forsch. **1**, 1—164, 1 Taf. (1950). — HAVESSON, J. J.: Tertiäre Kamele der östlichen Hemisphäre. Tr. Paleont. Inst. Akad. Nauk SSSR. **47**, 100—162 (1954). — HEBERER, G.: Die Fossilgeschichte der Hominoidea. In H. HOFER, A. H. SCHULTZ u. D. STARCK, Primatologia **1**, 379—560 (1956). — War die Hominisation ein adaptiv-selektiver oder ein orthogenetischer Prozeß? Naturwiss. Rdsch. H. 11, 414—419 (1959). —

The Descent of Man and the Present Fossil Record. Cold Spring Harbor Symposia on Quant. Biol. **24**, 235—244 (1959). — HELBING, H.: Nachweis manisartiger Säugetiere im stratifizierten europäischen Oligozän. Eclogae geol. Helv. **31**, 296—303 (1938). — HELLER, F.: Die Säugetierfauna der mitteleozänen Braunkohle des Geiseltales bei Halle a. d. S. Jb. Hallesch. Verb. mitteldtsch. Bodensch., N. F. **9**, 13—41 (1930). — Amphilemur eocaenicus nov. gen. nov. sp., ein primitiver Primate aus dem Mitteleozän des Geiseltales bei Halle a. d. S. Nova Acta Leopold-Carol., N. S. **2**, 293—300 (1935). — Fledermäuse aus der eozänen Braunkohle des Geiseltales bei Halle a. d. S. Nova Acta Leopold-Carol., N. S. **2**, 301—314 (1935). — Die fossilen Gattungen Mimomys, Cosomys und Ogmodontomys (Rodentia, Microtinae) in ihrer systematischen Beziehung. Acta zool. Cracov. **2**, 219—237 (1957). — HENNING, G. A.: Ahnherr ist der Wolf. Woher kommen unsere Rassenhunde? Westerm. Mon.-H. **100**, No 4, 18—26, 2 Taf. (1959). — HERMANNS, M.: Die Nomaden von Tibet. Die sozial-wirtschaftlichen Grundlagen der Hirtenkulturen in A Mdo und von Innerasien. Ursprung und Entwicklung der Viehzucht. Wien: Herold 1949. XVI u. 327, 4 Kt. — HERRE, W.: Beiträge zur Kenntnis der Wildpferde. Z. Tierzücht. u. Züchtungsbiol. B **44**, 342—363 (1939). — Beiträge zur Kenntnis der Zwergziegen. Zool. Garten, N. F. **15**, 26—45 (1943). — Kritische Bemerkungen zum Gigantenproblem der Summoprimaten auf Grund vergleichender Domestikationsstudien. Anat. Anz. **98**, 49—56 (1951). — Studien über die wilden und domestizierten Tylopoden Südamerikas. Anat. Anz. **19**, 70—98 (1952). — Fragen und Ergebnisse der Domestikationsforschung nach Studien am Hirn. Verh. dtsch. zool. Ges. 144—214 (1955). — Domestikation und Stammesgeschichte. In G. HEBERER, Die Evolution der Organismen, 2. Aufl., S. 801—856. Stuttgart 1955. — Das Ren als Haustier, eine zoologische Monographie, S. 1—324. Leipzig: Akademische Verlagsgesellschaft 1955. — Rentiere. Die Neue Brehm-Bücherei **180**, 1—48 (1956). — Domestikation und Stammesgeschichte. In G. HEBERER, Die Evolution der Organismen, 2. Aufl., S. 801—856. Stuttgart 1956. — Züchtungsbiologische Betrachtungen an primitiven Tierzuchten. Z. Tierzücht. u. Züchtungsbiol. **71**, 252—272 (1958). — Abstammung und Domestikation der Haustiere. Handbuch der Tierzüchtung, Bd. 1, S. 1—58. Hamburg u. Berlin: Parey 1958. — HESSE, C. J.: New evidence of the ancestry of Antilocapra americana. J. Mammal. **16**, 307—315 (1935). — HILL, W. C. O.: The anatomy of Callimico goeldii (Thomas). Trans. Amer. philos. Soc., N. s. **49**, 1—116 (1959). — HILZHEIMER, M.: Über die Systematik einiger fossiler Cerviden. Zbl. Mineral., Geol., Paläont. 712—717, 741—749 (1922). — Natürliche Rassengeschichte der Haussäugetiere. In: Bücherei für Landwirte, S. 1—235. Berlin: W. de Gruyter & Co. 1926. — Die Tierreste. In F. TREMERSDORF, Der römische Gutshof Köln-Müngersdorf. 1933. — HINTON, M. A. C.: Monograph of the voles and lemmings (Microtinae), living and extinct. Brit. Mus. natur. Hist., XVI, 1 bis 488, 15 Taf. (1926). — HOFER, H.: Über das gegenwärtige Bild der Evolution der Beuteltiere. Zool. Jb., Abt. Anat. u. Ontog. **72**, 289—437 (1952). — Die Paläoneurologie als Weg zur Erforschung der Evolution des Gehirnes. Naturwiss. **40**, 566—569 (1953a). — Über Gehirn und Schädel von Megaladapis edwardsi G. Grandidier (Lemuroidea), nebst Bemerkungen über einige airorhynche Säugerschädel und die Stirnhöhlenfrage. Z. wiss. Zool. **157**, 220—284 (1953b). — Das Furchenbild der Hirnrinde von Daubentonia madagascariensis (Gmelin 1788) und seine morphologische Bedeutung. Zool. Anz. **156**, 177—194 (1956). — Über das Spitzhörnchen. Natur u. Volk **87**, 145—155 (1957). — Über das Bewegungsspiel der Klammeraffen. Natur u. Volk **88**, 397—407 (1958). — HOFFSTETTER, R.: Algunos observaciones sobre los caballos fosiles de la America del Sur Amerhippus gen. nov. Bol. Inform. Cient. Nacion. **3**, No 26/27, 426—454 (1950). — Phylogénie des edentés Xenarthres. Bull. Mus. nat. Hist. natur. (2) **26**, 433—438 (1954). — Xenarthra. In J. PIVETEAU, Traité de Paléontologie, tome 6/2, p. 535—636. Paris: Masson & Cie. 1958. — HOLECEK-HOLLESCHOWITZ, C.: Wildpferd-Merkmale bei Hauspferden in den Waldkarpathen. Natur u. Volk **67**, 175—179 (1937). — HOLLISTER, N.: The genera and subgenera of racoons and their allies. Proc. U.S. nat. Mus. **49**, No 2100, 143—150, 2 Taf. (1916). — HOOIJER, D. A.: Notes on some Pontian mammals from Sicily. Arch. neérl. Zool. **7**, 301—333 (1946). — Pleistocene remains of Panthera tigris subspecies from Wanshien, Szechwan, China, compared with fossil and recent tigers from other localities. Amer. Mus. Nov. **1346**, 1—17 (1947). — Prehistoric teeth of Man and the Orang Utan from Central Sumatra, with notes on the fossil Orang Utan from Java and Southern China. Zool. Med. Mus. Leiden **29**, 175—301 (1948). — Some notes on the Gigantopithecus question. Amer. J. physiol. Anthrop., N. s. **7**, 513—518 (1949). — The fossil Hippopotamidae of Asia, with notes on the recent species. Zool. Verh. **8**, 1—124,

22 Taf. (1950). — Pygmy elephant and giant tortoise. Sci. Monthly **72**, No 1, 3—8 (1951). — The geological age of Pithecanthropus, Meganthropus, and Gigantopithecus. Amer. J. physiol. Anthrop., N. s. **9**, 265—281 (1951). — Pleistocene vertebrates from Celebes. VIII. Dentition and skeleton of Celebochoerus heekereni Hooijer. Zool. Verh. **24**, 1—46, 6 Taf. (1954). — Pleistocene vertebrates from Celebes. XI. Molars and a tusked mandible of Archidiskodon celebensis Hooijer. Zool. Mededel. **33**, No 15, 103—120, 3 Taf. (1954a). — Hopkins, G. H. E.: The host-associations of the lice of mammals. Proc. zool. Soc. Lond. **119**, 387—604 (1949). — Hopwood, A. T.: Miocene Primates from Kenya. J. Linn. Soc. Zool. (London) **38**, 437—464 (1933). — The former distribution of caballine and zebrine horses in Europe and Asia. J. Linn. Soc. Zool., London 1936, 897—912, (1936). — Hough, J. R.: The auditory region in some members of the Procyonidae, Canidae, and Ursidae. Bull. Amer. Mus. natur. Hist. **92**, 67 bis 118, 7 Taf. (1948). — Auditory region in North American fossil felidae. Its significance in phylogeny. U.S. geol. Surv., Prof. Pap. 243-G, 95—115, Washington 1953. — Howell, A. B.: Aquatic mammals, their adaptations to life in the water. Baltimore: Ch. C. Thomas 1930. 338 S. — Howell, F. C.: The age of the Australopithecines of Southern Africa. Amer. J. physiol. Anthrop., N. s. **13**, 635—662 (1955). — Hrubesch, K.: Zahnstudien an tertiären Rodentia als Beitrag zu deren Stammesgeschichte. Abh. Bayer. Akad. Wiss., math.-nat. Kl., N. F. **83**, 1—100, 5 Taf. (1957). — Hürzeler, J.: Osteologie und Odontologie der Caenotheriden. Abh. schweiz. paläont. Ges. **58/59**, 112 S., 8 Taf. (1936). — Ephelcomenus n. g. ein Anoplotheriide aus dem mittleren Stampien. Eclogae geol. Helv. **31**, 317—326 (1938). — Beiträge zur Kenntnis der Dimylidae. Schweiz. paläont. Abh. **65**, 1—44 (1944). — Zur Kenntnis des Extremitätenskelettes einiger oligocäner und miocäner Carnivoren Europas. Eclogae geol. Helv. **38**, 635—655 (1945). — Alsaticopithecus leemanni nov. gen. nov. spec. ein neuer Primate aus dem unteren Lutetien von Buchsweiler im Unterelsaß. Eclogae **40**, 343—356 (1947). — Zur Stammesgeschichte der Necrolemuriden. Schweiz. paläont. Abh. **66**, 1—46 (1946). — Neubeschreibung von Oreopithecus bambolii Gervais. Schweiz. paläont. Abh. **66**, 1—20 (1949). — Über die europäischen Apatemyiden (vorläuf. Mitt.). Eclogae geol. Helv. **42**, 485 (1949). — Contribution à l'odontologie et à la phylogenese du genre Pliopithecus Gervais. Ann. Paléont. **40**, 1—63 (1954). — Oreopithecus bambolii Gervais. A preliminary report. Verh. naturforsch. Ges. Basel **69**, 1—48 (1958). — Huxley, J. S.: Evolutionary process and taxonomy with special reference to grades. Uppsala Univ. Arsskr. **1958**, 21—39.

Illiger, C.: Prodromus systematis mammalium et avium additis terminis zoographicis utriudque classis. Berlin: Salfeld 1811. XVIII u. 301.

Jacobi, A.: Das Rentier. Eine zoologische Monographie der Gattung Rangifer. Zool. Anz. **96**, Erg.-Bd. (1931). — Der Seeotter. Monogr. Wildsäugetiere **6**, 1—93 (1938). — Janovskaja, N. M.: Eine neue Gattung der Embolotheriinae aus dem Paläogen der Mongolei. Tr. Paleont. Inst. Akad. Nauk SSSR. **55**, 5—43, 3 Taf. (1954). — Ein neuer Cervide aus dem Mittelpliozän der Moldau. Tr. Paleont. Inst. Akad. Nauk SSSR. **47**, 163—171 (1954). — Jepsen, G. L.: Tubulodon taylori, a Wind River Eocene tubulidentate from Wyoming. Proc. Amer. philos. Soc. **71**, 255—274, 1 Taf. (1932). — A revision of the American Apatemyidae and the description of a new genus, Sinclairella, from the White River Oligocene of South Dakota. Proc. Amer. philos. Soc. **74**, 287—305 (1934). — Joleaud, L.: Contribution à l'étude des Hippopotames fossiles. Bull. soc. géol. France (4) **20**, 13—26, 1 Taf. (1920). — Jones, F. Wood: The mammals of South Australia. In Handbook Flora and Fauna Australia, Bd. I—III, Adelaide 1923—1925.

Kälin, J.: Zur Systematik und Nomenklatur der fossilen Hominiden. Bull. schweiz. Ges. Anthrop. Ethnol. **21**, 1—25 (1944/45). — Zum Problem der menschlichen Stammesgeschichte. Experientia (Basel) **2**, 1—16 (1946). — Zum Problem der menschlichen Stammesgeschichte. Verh. Schweiz. Naturforsch. Ges. Luzern 1951, S. 59—78. 1952. — Über verschiedene Merkmals-Kategorien und ihre evolutive Wertung bei den höheren Primaten. Proc. XIV. Internat. Congr. Zoology, Copenhagen, S. 528—530, 1953. — Zur Systematik und evolutiven Deutung der höheren Primaten. Experientia (Basel) **11**, 1—17 (1955). — Zur Morphologie und evolutiven Deutung von Parapithecus fraasi. Homo, Bd. **9** (1958). Suppl. Ber. 6. Tagg Dtsch. Ges. Anthrop., S. 188—190. — Kahlke, H. D.: Die Cervidenreste aus den altpleistotänen Ilmkiesen von Süssenborn bei Weimar. I. Berlin: Akademie-Verlag 1956. S. 1—62 u. 31 Taf. — Kampen, P. N. van: Die Tympanalgegend des Säugetierschädels. Morph. Jb. **34**, 321—722 (1905). — Kattinger, E.: Bemerkungen über Tigerpferde. Z. Säugetierk. **17**, 115—124 (1953). — Kellogg, R.: A new fossil sirenian from Santa

Barbara County, California. Carnegie Inst. Wash. Publ. **348**, 57—70 (1925). — The history of Whales. Their adaptation to life in the water. Quart. Rev. Biol. **3** (1928). — Pelagic mammals from the Temblor formation of the Kern River region, California. Proc. Calif. Acad. Sci. (4) **19**, 219—277 (1931). — A review of the Archaeoceti. Publ. Carnegie Inst. **482**, 1—366, 37 Taf. (1936). — Kermack, K. A., and F. Mussett: The jaw articulation of the Docodonta and the classification of Mesozoic mammals. Proc. roy. Soc. B **148**, 204—215 (1958). — Kesper, K. D.: Phylogenetische und entwicklungsgeschichtliche Studien an den Gattungen Capra und Ovis. Diss. Univ. Kiel 1953. — King, J. E.: The monk seals (Genus Monachus). Bull. Brit. Mus. natur. Hist., Zool. ser. **3**, 201—256 (1956). — Klatt, B.: Über die Veränderungen der Schädelkapazität in der Domestikation. S.-B. Ges. naturforsch. Freunde Berlin, 153—179 (1912). — Über den Einfluß der Gesamtgröße auf das Schädelbild nebst Bemerkungen über die Vorgeschichte der Haustiere. Arch. Entwickl.-Mech. Org. **36**, 387—471 (1913). — Entstehung der Haustiere. In Handbuch der Vererbungswissenschaft, Bd. 3. Berlin 1927. — Koch, W.: Scheckung als erstes Domestikationsmerkmal beim Goldhamster. Berl. münchn. tierärztl. Wschr. **23** (1951). — Das erste Auftreten von Mutationen bei neu domestizierten Tieren. Z. Züchtungsk. **23** (1951). — Kurzköpfigkeit als Domestikationsmerkmal beim Fuchs. Berl. münchn. tierärztl. Wschr. **23** (1951). — Koenigswald, G. H. R. v.: Die Tapirreste aus dem Aquitan von Ulm und Mainz. Palaeontographica **73**, 1—30 (1930). — Bemerkungen zu Dryopithecus giganteus Pilgrim. Eclogae Geol. Helv. **42**, 515—519 (1949). — Remarks on Indopithecus. A reply. Amer. J. physiol. Anthrop., N. s. **9**, 461—464 (1951). — Gigantopithecus blacki v. Koenigswald, a giant fossil Hominoid from the Pleistocene of Southern China. Anthrop. Papers Amer. Mus. natur. Hist. **43**, 293—325 (1952). - Fossil sirenians from Java. Proc. kon. ned. Akad. Wet. B **55**, 610—612 (1952). - Fossil mammals from the Philippines. Prof. 4th Far-Eastern prehist. Congr. 1955, spec. repr. p. 1—24, 7 Taf. Quezon City 1956. — Kormos, T.: Amblycoptus oligodon n. sp. n. g., eine neue Spitzmaus aus dem ungarischen Pliozän. Ann. Mus. nat. Hungar. **24**, 352—391, 1 Taf. (1926). — Zur Frage der Abstammung eurasiatischer Hasen. Allatt. Közl. **31**, 65—78 (1934). — Manis hungarica n. sp., das erste Schuppentier aus dem europäischen Oberpliozän. Folia zool. et Hydrobiol. **5**, No 1 (1934a). — Korvenkontio, V. A.: Mikroskopische Untersuchungen an Nagerincisiven, unter Hinweis auf die Schmelzstruktur der Backenzähne. Histologisch-phyletische Studie. Ann. Zool. Soc. Zool. Bot. Fenn. **2**, 1—274 (1934). — Kraglievich, J. L.: Contribuciones al conocimiento de los primates fosiles de la Patagonia. I. Diagnosis previa de un nuovo primate fosil del Oligoceno Superior (Colhuehuapiano) de Gaiman, Chubut. Inst. Invest. Ciencias nat. B. Aires **2**, 50—82 (1951). — Kraglievich, L.: Contribucion al conocimiento de los ciervos fosiles del Uruguay. An. Mus. Hist. natur. (2) **3**, 355—438, 8 Taf. (1932). — Kretzoi, M.: Materialien zur phylogenetischen Klassifikation der Aeluroideen. 10th Congr. Internat. Zool. Budapest 1927, Pt. 2, S. 1293—1355, 2 Taf. Budapest 1929. — Die Raubtiere von Gombaszög nebst einer Übersicht der Gesamtfauna. Ann. Mus. nat. Hungar. **31**, 88—157 (1938). — Sirenavus hungaricus n. g. n. sp., ein neuer Prorastomide aus dem Mitteleozän (Lutetium) von Felsögalla in Ungarn. Ann. Mus. nat. Hungar. **34**, 146—156, 1 Taf. (1941). — Ausländische Säugetierfossilien aus ungarischen Museen. Földt. Közl. **71**, 170—176 (1941). — Seehundreste aus dem Sarmat von Erd bei Budapest. Földt. Közl. **71**, 274—279 (1941). — Ausländische Säugetierfossilen aus ungarischen Museen. 6. Cadurcotheriinenfund aus Dakota. Földt. Közl. **72**, 139—148 (1942). — Capra im ungarischen Diluvium. Földt. Közl. **72**, 353—356 (1942). — Der Moschusochse in Ungarn. Földt. Közl. **72**, 357—364 (1942). — Bemerkungen über das Raubtiersystem. Ann. Mus. nat. Hungar. **38**, 59—83 (1945). — The Hipparionfauna from Csakvar. Földt. Közl. **81**, 384—417 (1951). — Promimomys cor n. g. n. sp., ein altertümlicher Arvicolide aus dem ungarischen Unterpleistozän. Acta geol. **3**, 89—94, 1 Taf. (1955). — Cryptoprocta und die monophyletische Entstehung der Carnivoren. Z. Säugetierk. **22**, 45—49 (1957). — Krieg, H.: Der Schädel einer Giraffe. Naturwiss. **26**, 148—156 (1944). — Krumbiegel, I.: Die Giraffe. Unter besonderer Berücksichtigung der Rassen. Monogr. Wildsäugetiere 8, 1—98 (1939). — Der afrikanische Elefant. Monogr. Wildsäugetiere **9**, 1—152 (1943). — Die phylogenetische Interpretation von Verhaltensweisen. Verh. Dtsch. Zool. Ges. Kiel, 1948. S. 290—294. 1949. — Lamas. Die Neue Brehm-Bücherei **54**, 1—40 (1952). — Biologie der Säugetiere, Bd. I u. II. Krefeld: Agis-Verlag 1954/55. 844S. - Phyletische Verhaltensweisen im Tierreich. Zool. Beitr. **1**, 367—398 (1955). — Kühne, W. G.: The Liassic Therapsid Oligokyphus. Brit. Mus. natur. Hist., X, 1—149, 12 Taf. (1956). — Rhaetische Triconodonten von Glamorgan, ihre

Stellung zwischen den Klassen Reptilia und Mammalia und ihre Bedeutung für die Reichertsche Theorie. Paläont. Z. **32**, 197—235 (1958). — KÜKENTHAL, W.: Vergleichend-anatomische und entwicklungsgeschichtliche Untersuchungen an Waltieren. I—III. Denkschr. med. naturwiss. Ges. **3**, 1—200 (1889—1893). — KUHN-SCHNYDER, E.: Der Ursprung der Säugetiere. Vjschr. naturforsch. Ges. **99**, 165—197 (1954). — KURTÉN, B.: The Chinese Hipparion-fauna. Soc. Sci. Fenn. Comment. Biol. **13**, No 4, 1—82 (1952). — The type collection of Ictitherium robustum and the radiation of the Ictitheres. Acta zool. Fenn. **86**, 1—26 (1954). — The status and affinities of Hyaena sinensis and Hyaena ultima. Amer. Mus. Nov. **1764**, 1—48 (1956). — Percrocuta Kretzoi (Mammalia, Carnivora), a group of Neogene hyenas. Acta zool. Cracov. **2**, 375—404 (1957). — A note on the systematic and evolutionary relationships of Felis teilhardi Pei. Vertebr. Palasiatica **1**, 123—127 (1957). — Mammal migrations, Cenozoic stratigraphy, and the age of Peking Man and the Australopithecines. J. Paleont. **31**, 215—227 (1957). — The bears and hyenas of the Interglacials. Quaternaria **4**, 1—13, (1957a). — On the longevity of mammalian species in the Tertiary. Soc. Sci. Fenn. Comment. Biol. **21**, 14 S. (1959). — On the bears of the Holsteinian interglacial. Acta Univ. Stockholm., contr. geol. **2**, 73—102, 1 Taf. (1959). — KUSS, S. E.: Altpleistozäne Reste des Hippopotamus antiquus vom Oberrhein. Jh. geol. Landes-Amt Baden-Württemberg **2**, 299—331 (1957).

LA BAUME, W.: Die ältesten europäischen Haustiere. Verh. Dtsch. Zool., Kiel, 1948. S. 74—90. Leipzig 1949. — Zur Abstammung des Hausrindes. Forsch. u. Fortschr. **26**, 43—45 (1950). — LAMBERTON, C.: Nouveaux Lemuriens fossiles du groupe des Propithèques et de l'interêt de leur découverte. Bull. Mus. Hist. nat. Paris (2), **8**, 370—373 (1936). — Lémuriens fossiles de Madagascar. Bull. Acad. Sci. malgache, N. s. **19**, 18—213 (1938). — Contribution à la connaissance de la faune subfossile de Madagascar. III. Les Hadropithèques. Bull. Acad. Sci. malgache, N.s. **20**, 127—170 (1938). — Contribution à la connaissance de la faune subfossile de Madagascar. IV.—VIII. Lémuriens et Cryptoproctes. Mém. Acad. Malgache **27**, 1—203, 28 Taf. (1939). — LANDRY, S. O.: The interrelationships of the New and Old World hystricomorph rodents. Univ. Calif. Publ. Zool. **56**, No 1, 1—118 (1957). — LANG, H.: The white rhinoceros of the Belgian Congo. Bull. zool. Soc. **23**, No. 4, 67—92 (1920). — LAVOCAT, R.: Observations sur le genre Bachitherium et sur l'extension géographique des Hypertragulidés. C. R. Soc. géol. France **7**, 115—117 (1946). — Révision de la faune des mammifères oligocènes d'Auvergne et du Velay. Sci. et avenir ed., 1—153, 26 Taf. (1951). — Sur diverses découvertes récentes de gisements de vertébrés africains et leurs conséquences géologiques. C. R. Soc. géol. France Nr 13/14, 284—286 (1953). — Reflexions sur la classification des rongeurs. Mammalia **20**, 49—56 (1956). — Quelques progrès récents dans la connaissance de rongeurs fossiles. Coll. Internat. Centre nat. Rech. Sci. **60**, 77—85 (1956). — LEAKEY, L. S. B.: Fossil and subfossil Hominoidea in East Africa. R. Broom commemorative vol., p. 165—170. 1948. — LECHE, W.: Zur Frage nach der stammesgeschichtlichen Bedeutung des Milchgebisses bei den Säugetieren. Zool. Jb., Abt. System. Ökol. u. Geogr. **28**, 449—456 (1910). — Über Beziehungen zwischen Gehirn und Schädel bei den Affen. Zool. Jb., Anat. etc., Suppl. **15**, 1—106 (1912). — LE GROS CLARK, W. E.: On the brain of the Tree-Shrew (Tupaia minor). Proc. Zool. Soc. Lond. **94**, 1053—1074 (1924). — On the anatomy of the pen-tailed Tree-Shrew (Ptilocercus lowii). Proc. Zool. Soc. Lond. **96**, 1179—1309 (1926). — On the skull structure of Pronycticebus gaudryi. Proc. Zool. Soc. Lond. **104**, 19—27 (1934). — Note on the paleontology of the lemuroid brain. J. Anat. (London) **79**, 123—126 (1945). — LE GROS CLARK, W. E., and L. S. B. LEAKEY: Fossil Mammals of Africa. I. The Miocene Hominoidea of East Africa. Brit. Mus. natur. Hist., 1—117 (1951). — LE GROS CLARK, W. E., and C. F. SONNTAG: A monograph of Orycteropus afer. III. The skull, skeleton of the trunk and limbs. Proc. zool. Soc. Lond. **96**, 445—485 (1926). — LE GROS CLARK, W. E., and D. P. THOMAS: Associated jaws and limb bones of Limnopithecus macinnesi. Fossil Mammals of Africa **3**, 1—27 (1951). — The Miocene lemuroids of East Africa. Fossil Mammals of Africa **5**, 1—20 (1952). — LEHMANN, U.: Über Mastodontenreste in der Bayerischen Staatssammlung in München. Palaeontographica A **99**, 121—228, 13 Taf. (1950). — Die Fauna des „Vogelherds“ bei Stetten ob Lontal (Württemberg). Neues Jb. Mineral., Geol. Paläont. [Abh.] **99**, 33—146 (1954). — LEMOINE, V.: Sur le genre Plesiadapis, Mammifère fossile de l'Eocéne inférieur des environs de Reims. C. R. Acad. Sci. (Paris) **104**, 190—193 (1887). — LENZ, C.: Vergleichende Betrachtungen an Antilopen. Zool. Jb., Abt. allg. Zool. u. Physiol. **63**, 403—476 (1952). — LEONARDI, P.: Les mammifères nains du

Pléistocène méditerranéen. Ann. Paléont. **40**, 187—201 (1954). — LEWIS, G. E.: Preliminary notice of a new genus of lemuroid from the Siwaliks. Amer. J. Sci. (5), **26**, 134—138 (1933). — Preliminary notice of new man-like apes from India. Scientific results of the Yale India expedition. Amer. J. Sci. **27**, 161—181 (1934). — Taxonomic Syllabus of Siwalik fossil anthropoids. Amer. J. Sci. **34**, 139—147 (1937). — LEYHAUSEN, P.: Beobachtungen an Löwen-Tiger-Bastarden, mit einigen Bemerkungen zur Systematik der Großkatzen. Z. Tierpsychol. **7**, 46—83 (1950). — Über die unterschiedliche Entwicklung einiger Verhaltensweisen bei den Feliden. Säugetierkdl. Mitt. **4**, 122—125 (1956). — LOOMIS, F. B.: Origin of South American faunas. Bull. geol. Soc. Amer. **32**, 187—196 (1921). — LORENZ, K.: Er redete mit dem Vieh, den Vögeln und Fischen. Wien: Borotha-Schöler 1949. 254 S. — So kam der Mensch auf den Hund. Wien: Borotha-Schöler 1950. 234 S. — Psychologie und Stammesgeschichte. In: G. HEBERER: Die Evolution der Organismen, 2. Aufl., S. 131—172. Stuttgart 1954. — LORENZ-LIBURNAU, L. v.: Über Hadropithecus stenognathus, nebst Bemerkungen zu einigen anderen Primaten von Madagaskar. S.-B. Akad. Wiss. Wien, math.-nat. Kl. **72**, 254—266 (1902). — Megaladapis edwardsi G. Grandidier. Denkschr. Akad. Wiss. Wien, math.-nat. Kl. **77**, 1—40 (1905). — LUNDHOLM, B.: Abstammung und Domestikation des Hauspferdes. Zool. Bidrag **27**, 1—287 (1947). — Equus zebra greatheadi n. ssp., a new South African fossil Zebra. Ann. Transvaal Mus. **22**, 25—27, 1 Taf. (1952). — LYDEKKER, R.: Catalogue of the Ungulate Mammals in the British Museum 1. Brit. Mus. natur. Hist., XVII, 1—249 (1913).

MACAROVICI, N., u. C. V. OESCU: Quelques vertébrés fossiles trouvés dans les calcaires recifales de Chisinau (Bess.). Ann. Acad. Romana, Mem. Sect. Stiint. (3) **17**, 351—382, 7 Taf. (1942). — MACDONALD, J. R.: The North American anthracotheres. J. Paleont. **30**, 615—645 (1956). — MACINNES, D. G.: Notes on the East African Miocene primates. J. East Africa and Uganda Natur. Hist. Soc. **17**, 141—181 (1943). — MACINNES, G. D.: Miocene and Post-Miocene Proboscidea from East-Africa. Trans. zool. Soc. **25**, 33—106 (1942). — The Miocene and Pleistocene Lagomorpha of East Africa. Fossil Mammals of Africa **6**, 1—32 1 Taf. (1953). — Fossil Tubulidentata from East Africa. Fossil Mammals of Africa **10**, 38 S., 4 Taf. (1956). — A new Miocene rodent from East Africa. Fossil Mammals of Africa **12**, 35 S., 1 Taf. (1956). — MAJOR, C. I.: On Megaladapis madagascariensis, an extinct gigantic lemuroid from Madagascar. Philos Trans. roy. Soc. Lond. **185**, 15—38 (1894). — MAJOR, F. C. J.: On fossil and recent Lagomorpha. Trans. Linn. Soc. Zool. (2) **7**, 433—520, 4 Taf. (1899). — MARINELLI, W.: Untersuchungen über die Funktion des Gebisses der Entelodontiden. Paläont. Z. **6**, 25—42 (1924). — Der Schädel von Smilodon, nach der Funktion des Kieferapparates analysiert. Palaeobiologica **6**, 246—272, 1 Taf. (1938). — MARSH, C. O.: Notice of some new fossil mammals from the tertiary formation. Amer. J. Sci. (3) **2** (1871). — Notice of Jurassic mammals representing two new orders. Amer. J. Sci. (3) **20**, 235—239 (1880). — MATSCHIE, P.: Die geographische Verbreitung der Katzen und ihre Verwandtschaft zueinander. S.-B. Ges. naturforsch. Freunde Berlin. 190—199 (1895). — MATSUMOTO, H.: A contribution to the knowledge of Moeritherium. Bull. Amer. Mus. natur. Hist. **48**, 97—139 (1923). — A revision of Palaeomastodon. Bull. Amer. Mus. natur. Hist. **50**, 1—58 (1924). — Contribution to the knowledge of the fossil Hyracoidea of the Fayum. Bull. Amer. Mus. natur. Hist. **56**, 253—350 (1926). — MATTHEW, W. D.: On the osteology and relationships of Paramys, and the affinities of the Ischyromyidae. Bull. Amer. Mus. natur. Hist. **28**, 43—71 (1910). — The phylogeny of the Felidae. Bull. Amer. Mus. natur. Hist. **28**, 289—316 (1910). — A revision of the Lower Eocene Wasatch and Wind River faunas 5. Insectivora, Glires, Edentata. Bull. Amer. Mus. natur. Hist. **38**, 565—657 (1918). — Third contribution to the Snake Creek fauna. Bull. Amer. Mus. natur. Hist. **50**, 59—210 (1924). — Reclassification of the Artiodactyl families. Bull. geol. Soc. Amer. **40**, 403—408 (1929). — Paleocene faunas of the San Juan Basin, New Mexico. Trans. phil. roy. Soc., N. s. **30**, 510 S., 65 Taf. (1937). — MATTHEW, W. D., and W. GRANGER: A revision of the Lower Eocene Wasatch and Wind River faunas. IV. Entelonychia, Primates, Insectivora. Bull. Amer. Mus. natur. Hist. **34**, 429—483 (1915). — New fossil mammals from the Pliocene of Szechuan. Bull. Amer. Mus. natur. Hist. **48**, 563—598 (1923). — Fauna and correlation of the Gashato formation of Mongolia. Amer. Mus. Nov. **189**, 12 S. (1925). — MATTHEY, R.: Chromosomes et systématique des Canidés. Mammalia **18**, 225—230 (1954). — Sex chromosomes in Amniota. Evolution **11**, 163—165 (1957). — Les chromosomes des mammifères euthériens. Arch. Klaus-Stift. Vererb.-Forsch. **33**, 253—297 (1952). — McDOWELL, S. B.: The greater Antillean insectivores. Bull. Amer. Mus. natur. Hist. **115**, Art. 3, 115—214 (1958). — McGrew, P. O.: Dental morphology of the Procyonidae with a description of Cynarctoides gen. nov. Geol. ser. Field Mus. natur. Hist. **6**, No 22, 323—339 (1938). — The Aplodontoidea. Geol. ser. Field Mus. natur. Hist. **9**, No 1, 1—30 (1941). — McKenna, M. C.: Survival of primitive notoungulates and condylarthrs into the Miocene of Colombia. Amer. J. Sci. **254**, 736—743 (1956). — McKenna, M. C., and G. G. Simpson: A new insectivore from the Middle Eocene of Tabernacle Butte, Wyoming. Amer. Mus. Nov. **1952**, 12 S. (1959). — Mehely, L. v.: Fibrinae Hungariae. Die tertiären und quartären wurzelzähnigen Wühlmäuse Ungarns. Ann. Mus. nat. Hungar. **12**, 155—243 (1914). — Mertens, R.: Quer durch Australien. Biologische Aufzeichnungen über eine Forschungsreise. Frankfurt: Kramer 1958. 200 S. u. 8 Taf. — Miller, G. S.: The families and genera of bats. Bull. U. S. nat. Mus. **57**, 282 S., 15 Taf. (1907). — Miller, G. S., and W. J. Gidley: Synopsis of the supergeneric groups of rodents. J. Wash. Acad. Sci. 8, No 13, 431—448 (1918). — Misonne, X.: Quelques éléments nouveaux concernant Hippopotamus imaguncula Hopw. Bull. Inst. roy. Sci. natur. Belg. **28**, 3, 12 S., 3 Taf. (1952). — Mohr, E.: Sirenen oder Seekühe. Die Neue Brehm-Bücherei **197**, 61 S. (1957). — Mollison, T.: Zur systematischen Stellung des Parapithecus fraasi Schlosser. Z. Morph. Anthrop. **24**, 206—210 (1924). — Moody, P. A., and D. A. Doninger: Serological light on porcupine relationships. Evolution **10**, 47—55 (1956). — Moody, P. A., V. A. Cochran and H. Drugg: Serological evidence on lagomorph relationships. Evolution **3**, 25—33 (1949). — Moore, J. C.: Relationships among living squirrels. Bull. Amer. Mus. natur. Hist. **118**, 153—206 (1959). — Morrison-Scott, T.: A revision of our knowledge of Elephant teeth, with notes in forest and „pygmy" Elephants. Proc. zool. Soc. Lond. **117**, 505—527 (1948). — Mottl, M.: Untersuchungen an Pannonictis Extremitäten. Mitt. Jb. kgl. ungar. geol. Anst. **35**, 39—72, (1941). — Müller, A. H.: Grundlagen der Biostratonomie. Abh. dtsch. Akad. Wiss., Kl. Math. u. allg. Naturwiss. 1950, Nr **3**, 147 S (1951). — Munoz, P. A.: Vergleichende Untersuchungen zur endocranialen Morphologie und craniocerebralen Topographie von Giraffe und Okapi. Morph. Jb. **100**, 213—264 (1959).

Nachtsheim, H.: Vom Wildtier zum Haustier. Berlin u. Hamburg: Parey 1949. 2. Aufl., 123 S. — Nagao, T.: On the skeleton of Desmostylus. Jabe Jubil. Publ., 43—52. 1941. — Napier, J. R.: The problem of brachiation among the Primates with special reference to Proconsul. Homo **9** (1958). Suppl.-Ber. 6. Tagg. der Dtsch. Ges. Anthrop., Kiel, 187—188. — Napier, J. R., and P. R. Davis: Fossil Mammals of Africa **16**, Brit. Mus. natur. Hist. (1959). — Newell, J. M.: Studies on the morphology and systematics of the family Halarachnidae (Acari, Parasitoidea). Bull. Bingham Oceanograp. coll. **10**, 235—266 (1947). — Nobis, G.: Beiträge zur Abstammung und Domestikation des Hauspferdes. Z. Tierzücht. Züchtungsbiol. **64**, 201—246 (1955). — Nopcsa, F.: Vorläufige Notiz über die Pachyostose und Osteosklerose einiger mariner Wirbeltiere. Anat. Anz. **56**, 353—359 (1923).

Obergfell, F. A.: Vergleichende Untersuchungen an Dentitionen und Dentale altburdigalischer Cerviden von Wintershof-West in Bayern und rezenter Cerviden. Palaeontographica A **109**, 71—166, 4 Taf. (1957). — Oboussier, H.: Zur Kenntnis der Wuchsform von Wolf und Schakal im Vergleich zum Hund. Morph. Jb. **99**, 65—108 (1958). — Oettingen-Spielberg, T. zu: Neue Tapirfunde aus dem Oberoligozän von Gaimersheim bei Ingolstadt. Neues Jb. Mineral., Geol., Paläont. [Abh.] **106**, 261—276 (1958). — Olson, E. C.: The origin of mammals based upon cranial morphology of the therapsid suborders. Geol. Soc. Amer., spec. pap. **55**, 1—136, 35 Taf. (1944). — The evolution of mammalian characters. Evolution **13**, 344—353 (1959). — Orlov, J. A.: Semantor macrurus aus den Neogenablagerungen Westsibirens. Tr. Paleont. Inst. Akad. Nauk SSSR. **2**, 165—268, 11 Taf. (1933). — Osborn, H. F.: The causes of extinction of mammalia. Amer. Naturalist **40**, 769—795, 829—859 (1906). — The Titanotheres of ancient Wyoming, Dakota, and Nebraska. I. u. II. U. S. geol. surv., Monogr. **55**, 953 S., 236 Taf. (1929). — Proboscidea. I. u. II. Amer. Mus. natur. Hist. XL, 1675 S. (1936 u. 1942). — Osgood, W. H.: A monographic study of the American marsupial Caenolestes, Publ. Field. Mus. natur. Hist., Zool. ser. **14**, No 4, 1—156 (1928). — Ozansoy, F.: Faunes de mammifères du Tertiaires de Turquie et leurs revisions stratigraphiques. Bull. Mineral. Res. Explor. Inst. Turkey **49**, 29—48, (1957).

Parrington, F. R.: Remarks on a theory of the evolution of the tetrapod middle ear. J. Laryng. **63**, 580—595 (1949). — Parrington, F. R., and T. S. Westoll: On the evolution of the mammalian palate. Philos. Trans. roy Soc., Ser. B **230**, 305—355 (1940). — Patterson, B.: The internal structure of the ear in some notoungulates. Publ. Field Mus. natur. Hist..

Geol. ser. **6**, 199—227 (1936). — A new genus, Barylambda, for Titanoides faberi, Paleocene amblypod. Publ. Field Mus. natur. Hist. Geol. ser. **6**, 229—231 (1937). — New Pantodonta and Dinocerata from the Upper Paleocene of Western Colorado. Publ. Field Mus. natur. Hist., Geol. ser. **6**, 351—384 (1939). — Rates of evolution in Taeniodonts. In G. L. JEPSEN, G. G. SIMPSON and E. MAYR, Genetics, paleontology and evolution, p. 243—278. Princeton: University Press 1949. — The geologic history of non hominoid primates in the Old World. Hum. Biol. **26**, 191—209 (1954). — Early Cretaceous mammals and the evolution of mammalian molar teeth. Fieldiana, Geol. **13**, No 1, 105 S. (1956). — Affinities of the Patagonian fossil mammal Necrolestes. Breviora **94**, 14 S. (1958). — PAULA COUTO, C. DE: Fossil mammals from the beginning of the Cenozoic in Brazil. Marsupialia: Borhyaenidae and Polydolopidae. Amer. Mus. Nov. **1559**, 27 S. (1952). — Fossil mammals from the beginning of the Cenozoic in Brazil. Condylarthra, Litopterna, Xenungulata, and Astrapotheria. Bull. Amer. Mus. natur. Hist. **99**, 355—394, 12 Taf. (1952). — PAVLOVIC, M., u. E. THENIUS: Gobicyon macrognathus aus dem Miozän Jugoslawiens. Anz. öst. Akad. Wiss., math.-nat. Kl. 11 (1959). — PAVLOW, M.: Cervus tschelekensis n. sp. et Alces maeoticus n. sp. Ann. Soc. Paléont. **4**, (1926). — PEARSON, H. S.: On the skulls of early Tertiary suidae, together with an account of the otic region in some other primitive Artiodactyla. Philos. Trans. roy Soc. Lond. B **215**, 389—460 (1927). — PEARSON, J.: The relationships of the Potoroidae to the Macropodidae (Marsupialia). Pap. and Proc. roy. Soc. Tasmania for 1949, p. 211—229. Hobart. 1950. — PEI, W. C., and Y. H. LI: Discovery of a third mandible of Gigantopithecus in Liu-Cheng, Kwangsi, South China. Vertebrata Palasiatica **2**, 193—200, 3 Taf. (1958). — PETZSCH, H.: Reflexionen zur Phylogenie der Capridae im allgemeinen und der Hausziege im besonderen. Wiss. Z. M. Luther-Univ. Halle **6**, 995—1020 (1957). — PEYER, B.: Über Zähne von Haramyiden, von Triconodonten und von wahrscheinlich synpasiden Reptilien aus dem Rhaet von Hallau, Kt. Schaffhausen Schweiz. Schweiz. Paläont. Abh. **72**, 1—72, 12 Taf. (1956). — PIDOPLITSCHKO, J., and C. C. FLEROV: New form of deer from the Pliocene of South Ukraine. C. R. Acad. Sci. URSS, N. s. **84**, 1239—1242 (1952). — PILGRIM, G. E.: New Sivalik primates and their bearing on the question of the evolution of man and the anthropoidea. Rec. Geol. Surv. India **45**, 1—74 (1925). — Catalogue of the Pontian carnivora of Europe in the department of geology. 174 S., 2 Taf. London 1931. — The fossil carnivora of India. Palaeont. Indica, N. s. **18**, 232 S., 10 Taf. (1932). — The genera Trochictis, Enhydrictis, and Trocharion, with remarks on the taxonomy of the Mustelidae. Proc. zool. Soc., Lond. **103**, 845—867, 2 Taf. (1933). — Two new species of sheep-like antelope from the Miocene of Mongolia. Amer. Mus. Nov. **716**, 1—29 (1934). — Siwalik Antelopes and Oxen in the American Muesum of natural history. Bull. Amer. Mus. natur. Hist. **72**, 729—874 (1937). — The fossil bovidae of India. Palaeont. Indica, N. s. **25**, 1—356 (1939). — The dispersal of the Artiodactyla. Biol. Rev. **16**, 134—163 (1941). — The evolution of the Buffaloes, Oxen, Sheep and Goats. Linn. Soc. Zool. **41**, No 279, 272—286 (1947). — PIVETEAU, J.: Les chats des phosphorites du Quercy. Ann. Paléont. **20**, 105—163, 7 Taf. (1931). — Un félidé du Pliocène du Roussillon. Ann. Paléont. **34**, 97—124, 2 Taf. (1948). — POCOCK, R. J.: On the feet and other external features of the Canidae and Ursidae. Proc. zool. Soc. Lond. **84**, 913—941 (1914). — The classification of existing Felidae. Ann. Mag. natur. Hist. (8) **20**, 329—350 (1917). — The external characters and classification of the Procyonidae. Proc. zool. Soc. Lond. **91**, 389—422 (1921). — The external characters of Scarturus and other Jerboas, compared with those of Zapus and Pedetes. Proc. zool. Soc. Lond. **92**, 659—682 (1922). — On the external characters of Elaphurus, Hydropotes, Pudu and other Cervidae. Proc. zool. Soc. Lond. **93**, 181—207 (1923). — POHLE, H.: Die Raubtiere von Oldoway. Wiss. Ergebn. Oldoway-Exp. 1913, N. F. **3**, 45—54, 3 Taf. (1928). — PRELL, H.: Der Riesenhirsch als angeblich historische Wildart. Neue Ergebn. u. Probl. Zool. (Klatt-Festschr.) 778—793 (1950).

QUINN, J. H.: Miocene Equidae of the Texas Gulf Coastal Plain. Univ. Texas Publ. No **5516**, 1—102, 14 Taf. (1955). — Pleistocene equidae of Texas. Rept. Invest. Bureau oecon. geol. Univ. Texas **33**, 1—51 (1957). — New Pleistocene Asinus from Southwestern Arizona. J. Paleont. **32**, 603—610 (1958).

RAVEN, H. C.: Notes on the anatomy of the viscera of the giant Panda (Ailuropoda melanoleuca). Amer. Mus. Nov. **877**, 23 S. (1936). — RAVEN, H. C., and W. K. GREGORY: Adaptive branching of the Kangaroo family in relation to habitat. Amer. Mus. Nov. **1309**, 33 S. (1946). — REINHART, R. H.: A new genus of sea cow from the Miocene of Colombia. Univ. Calif. Publ. geol. Sci. **28**, 203—214 (1951). — Diagnosis of the new mammalian order

Desmostylia. J. Geol. **61**, 187 (1953). — A review of the Sirenia and Desmostylia. Univ. Calif. Publ. geol. Sci. **36**, 1—146, 14 Taf. (1959). — REMANE, A.: Die Geschichte der Tiere. In G. HEBERER, Die Evolution der Organismen, 2. Aufl., S. 340—422, Stuttgart 1954. — Paläontologie und Evolution der Primaten. In H. HOFER, A. H. SCHULTZ u. D. STARCK, Primatologia, Bd. I, S. 267—378. Basel: S. Karger 1956. — Ist Oreopithecus ein Hominide? Akad. Wiss. u. Literatur, Mainz, Abh. math.-nat. Kl. 1955, Nr 12, S. 469—497. Wiesbaden 1955. — RENSCH, B.: Neuere Probleme der Abstammungslehre. Die transspezifische Evolution, 2. Aufl. Stuttgart: Ferdinand Enke 1954. — REQUATE, H.: Zur nacheiszeitlichen Geschichte der Säugetiere Schleswig-Holsteins. Bonner zool. Beitr. 8, 207—229 (1957). — REVILLIOD, P.: Fledermäuse aus der Braunkohle von Messel bei Darmstadt. Abh. hess. geol. Landes-Anst. **7**, 158—196 (1917). — Contribution à l'étude des chiroptères des terrains tertiaires. Mém. Soc. paléont. Suisse **42**, **44** u. **45** (1917—1925). — RIDE, W. D. L.: Protemnodon parma and the classification of related wallabies (Protemnodon, Thylogale and Setonix). Proc. zool. Soc. Lond. **128**, 327—346, 1 Taf. (1957). — The affinities of Plagiaulax (Multituberculata). — Proc. zool. Soc. Lond. **128**, 397—402 (1957). — RIGGS, E. S.: A new marsupial saber tooth from the Pliocene of Argentine. Trans Amer. philos. Soc., N. s. **24**, 32 S., 8 Taf. (1934). — RINGSTRÖM, T.: Nashörner der Hipparionfauna Nordchinas. Palaeont. Sinica C **1**, 4, 156 S., 12 Taf. (1924). — ROBERTS, A.: The mammals of South Africa. Central Agency S.-Africa 1951. 700 S. — ROBINSON, J. T.: Note on the skull of Proconsul africanus. Amer. J. physiol. Anthrop., N. s. **10**, 7—12 (1952). — ROY, E. v.: Einige Bemerkungen zur Systematik der Paarhufer. Säugetierkdl. Mitt. **6**, 150—153 (1958).

SABAN, R.: Phylogenie des Insectivores. Bull. Mus. Hist. natur. **26**, Nr 3 (1954). — Les affinities du genre Tupaia d'après les caractères morphologiques de la tête osseuse. Ann. Palèont. **42**, 169—224, (1956); **43**, 1—44, 3 Taf. (1957). — Insectivora. In J. PIVETEAU, Traité Paléontologie **6**, fasc. 2, 822—909 (1958). — SCHÄFER, E.: Der wilde Yak (Bos [Poephagus] grunniens mutus Prz.). Zool. Garten, N. F. **9**, 26—34 (1937). — Zur Kenntnis des Kiang. (Equus kiang Moorcr.). Zool. Garten **9**, 122—139 (1937). — Über den Takin (Gattung Budorcas). Zool. Garten **11**, 123—130 (1939). — SCHAEFFER, B.: The origin of a mammalian ordinal character. Evolution **2**, 164—175 (1948). — SCHAUB, S.: Die hamsterartigen Nagetiere des Tertiärs und ihre lebenden Verwandten. Abh. schweiz. paläont. Ges. **45**, 112 S., 5 Taf. (1925). — Fossile Sicistinae. Eclogae geol. Helv. **23**, 616—637 (1930a). — Quartäre und jungtertiäre Hamster. Abh. schweiz. paläont. Ges. **49**, Nr 6, 1—49, 2 Taf. (1930b). — Tertiäre und quartäre Murinae. Abh. schweiz. paläont. Ges. **61**, 1—38, 1 Taf. (1938). — Die Vorderextremität von Ancylotherium pentelicum. Abh. schweiz. paläont. Ges. **64**, 1—36, 2 Taf. (1938). — Elomeryx minor, ein Bothriodontine aus dem schweizerischen Aquitanien. Eclogae geol. Helv. **41**, 340—347 (1948). — Das Gebiß der Elephanten. Verh. naturforsch. Ges. Basel **59**, 89—112 (1948a). — Revision de quelques carnassiers villafranchiens du Niveau des Etouaires (Montagne de Perrier, Puy-de-Dôme). Eclogae geol. Helv. **42**, 492—506 (1949). — Remarks on the distribution and classification of the „Hystricomorpha". Verh. naturforsch. Ges. Basel **64**, 389—400 (1953a). — SCHAUB, S.: La trigonodontie des rongeurs simplicidentés. Ann. Paléont. **39**, 29—57 (1953b). — Simplicidentata (= Rodentia). — In: J. PIVETEAU: Traité Paléontologie **6**, fasc. 2, 659—818 (1958). — SCHAUB, S., u. H. G. STEHLIN: Die Trigonodontie der simplicidentaten Nager. Schweiz. paläont. Abh. **67**, 385 S. (1951). — SCHEFFER, V. B.: Seals, sea lions and walruses. A review of the Pinnipedia. Stanford 1958. 179 S. u. 32 Taf. — SCHINDEWOLF, O. H.: Grundlagen und Methoden der paläontologischen Chronologie. Berlin 1950. 3. Aufl., VIII u. 152 S. — SCHLAIKJER, E. M.: A new tapir from the Lower Miocene of Wyoming. Bull. Mus. Compar. Zool. Harv. coll. **80**, 231—251 (1937). — SCHLESINGER, G.: Die stratigraphische Bedeutung der europäischen Mastodonten. Mitt. geol. Ges. **11**, 129—166, 6 Taf. (1919). — Die Mastodonten des Naturhistorischen Staatsmuseums. Morphologisch-phylogenetische Untersuchungen. Denkschr. Naturhist. Staatsmus., geol.-pal. Reihe 1 **1**, 230 S., 35 Taf. (1921). — SCHLOSSER, M.: Über das Verhältnis der Copeschen Creodonta zu den übrigen Fleischfressern. Morph. Jb. **12**, 287—298 (1886). — Die Affen, Lemuren, Chiropteren etc. des europäischen Tertiärs. Beitr. Paläont. Geol. Öst.-Ung. **6**, 1—162 (1888). — Beiträge zur Kenntnis der Säugethierreste aus den süddeutschen Bohnerzen. Geol. paläont. Abh., N. F. **5**, 117—258, 5 Taf. (1902). — Beiträge zur Kenntnis der oligozänen Landsäugetiere aus dem Fayum (Ägypten). Beitr. Paläont. Geol. Öst.-Ung. **24**, 51—167, 8 Taf. (1911). — Über die systematische Stellung jungtertiärer Cerviden. Zbl. Mineral. Geol., Paläont., 634—640 (1924). — SCHNEIDER, R.: Morphologische Untersuchungen am Gehirn der Chiroptera (Mammalia). Abh. Senckenberg. naturforsch. Ges. **495**, 1—92 (1957). — SCHREUDER, A.: Hypolagus from the Tegelen clay, with a note on recent Nesolagus. Arch. neérl. Zool. **2**, 225—239 (1936). — A revision of the fossil watermoles. Arch. néerl. Zool. **4**, 201—333 (1940). The three species of Trogontherium, with a remark on Anchitheriomys. Arch. neérl. Zool. **8**, 400—433 3 Taf. (1951). — SCHULTZ, A. H.: Studies on the variability in platyrrhine monkeys. J. Mammal. **7**, 286—305 (1926). — The skeleton of the trunk and limbs of higher primates. Hum. Biol. **2**, 303—438 (1930). — The relative lenght of the regions of the spinal column in Old World primates. Amer. J. physiol. Anthrop. **24**, 1—22 (1938). — The size of the orbit and of the eye in primates. Amer. J. physiol. **26**, 389—408 (1940). — Studien über die Wirbelzahlen und die Körperproprotionen von Halbaffen. Vjschr. naturforsch. Ges. Zürich **99**, 39—75 (1954). — Bemerkungen zur Variabilität und Systematik der Schimpansen. Säugetierkdl. Mitt. **2**, 159—163 (1954). — Einige Beobachtungen und Maße am Skelett von Oreopithecus im Vergleich mit anderen catarrhinen Primaten. Z. Morph. Anthrop. **50**, 136—149 (1960). — SCHULTZ, B. C., and C. H. FALKENBACH: Contributions to the revision of the Oreodonts (Merycoidodontidae). I—VII. Bull. Amer. Mus. natur. Hist. **77**, Art. 5 (1940); **79**, Art. 1 (1941); 88, Art. 4 (1947); **93**, Art. 3 (1949); **95**, Art. 3 (1950); **105**, Art. 2 (1954); **109**, Art. 4 (1956). — SCHWALBE, G.: Über den fossilen Affen Oreopithecus bambolii. Z. Morph. Anthrop. **19**, 149—254 (1915). — SCHWANGART, F.: Stammesgeschichte, Rassenkunde und Zuchtsystem der Hauskatzen. Leipzig: Heber 1929. — Zur Rassenbildung und -züchtung der Hauskatze. Z. Säugetierk. **7**, 73—155 (1932). — Der Manul, Otocolobus manul (Pallas), im System der Feliden. Zbl. Kleintierk. u. Pelztierk. **12**, 19—67, 13 Taf. (1936). — SCHWARZ, E.: On Ibex and Wild Goat. Ann. Mag. natur. Hist. (10), **16**, 433—437 (1935). — SCOTT, W. B.: The mammalian fauna of the White Riber Oligocence. IV. Artiodactyla. Trans. Amer. philos. Soc., N. s. **28**, 363—746, 43 Taf. (1940). — SEFVE, I.: Die fossilen Pferde Südamerikas. Kungl. svenska Vetenskapsakad. Handl. **48**, Nr 6, 1—185, 3 Taf. (1912). — SHACKELFORD, R.: Mutations affecting coat color in ranch bred mink and foxes. Proc. 8th Internat. Congr. Genetics, Stockholm, 1949. — SHIKAMA, T.: On the Desmostylid skeleton. Natur. Sci. Mus. **24**, 16—21 (1957). — SHIKAMA, T., and G. OKAFUJI: Quaternary cave and fissure deposits and their fossils in Akiyosi district, Yamaguti Prefecture. Sci. Rep. Yokohama nat. Univ. (2) **7**, 44—163, 12 Taf. (1958). — SHOTWELL, J. A.: Evolution and biogeography of the Aplodontid and Mylagaulid rodents. Evolution **12**, 451—484 (1958). — SICKENBERG, O.: Eine Sirene aus dem Leithakalk des Burgenlandes. Denkschr. Akad. Wiss., math-nat. Kl. **101**, 293—323, 2 Taf. (1928). — Eine Wildziege der Capra prisca-Gruppe aus dem Plistozän Niederösterreichs. Palaeobiologica **3**, 92—102, 1 Taf. (1930). — Morphologie und Stammesgeschichte der Sirenen. I. Palaeobiologica **4**, 405—444 (1931). — Ist Desmostylus eine Sirene? Palaeobiologica **6**, 340—356 (1938). — SIEBER, R.: Über das Auftreten der Hauskatze in Mitteleuropa. Verh. zool.-bot. Ges. **84**, 27—29 (1934). — SIMONS, E. L.: An anthropoid frontal bone from the Fayum Oligocene of Egypt: The oldest skull fragment of a higher primate. Amer. Mus. Nov. **1976**, 1—16 (1959). — SIMPSON, G. G.: Further notes on Mongolian Cretaceous mammals. Amer. Mus. Nov. **329**, 14 S. (1928). — American Mesozoic mammalia. Mem. Peabody Mus. Yale Univ. **2**, Pt. 1, 171 S., 31 Taf. (1929). — The dentition of Ornithorhynchus as evidence of its affinities. Amer. Mus. Nov. **390**, 15 S. (1929). — Post-Mesozoic marsupialia. Fossil. Catal. I, Ps. **47**, 87 S. (1930). — A new insectivore from the Oligocene, Ulan Gochu horizon, of Mongolia. Amer. Mus. Nov. **505**, 22 S. (1931). — Metacheiromys and the Edentata. Bull. Amer. Mus. natur. Hist. **59**, 295—381 (1931). — The „plagiaulacoid"type of mammalian dentition. A study of convergence. J. Mammal. **14**, 97—107 (1933). — The Tiffany Fauna, Upper Paleocene. II. Structure and relationships of Plesiadapis. Amer. Mus. Nov. **816**, 1—30; **817**, 1—28 (1935). — Skeletal remains and restoration of Eocene Entelonychia from Patagonia. Amer. Mus. Nov. **826**, 12 S. (1936). — Studies on the earliest mammalian dentitions. Dental Cosmos **78**, 1—24 (1936). — The Union of the Crazy Mountain field, Montana, and its mammalian faunas. Bull. U. S. nat. Mus. **169**, 287 S., 10 Taf. (1937). — Skull structure of the Multituberculata. Bull. Amer. Mus. natur. Hist. **73**, 727—763 (1937). — A new marsupial from the Eocene of Patagonia. Amer. Mus. Nov. **989**, 5 S. (1938). — Studies on earliest Primates. Bull. Amer. Mus. natur. Hist. **77**, 185—212 (1940). — The affinities of the Borhyaenidae. Amer. Mus. Nov. **1118**, 6 S. (1941). — The function of saber-like canines in carnivorous mammals. Amer. Mus. Nov. **1130**, 12 S., New York. — Large Pleistocene felines of North America. Amer. Mus. Nov. **1136**, 27 S. (1941). — Mounted skeleton and restoration of an Early Paleocene mammal. Amer. Mus. Nov. **1155**, 7 S. (1941). — Early Cenozoic mammals of South America. — Proc. 8th Amer. Sci. Congr. **4**, 303—332 (1942). — A new Eocene marsupial from Brazil. Amer. Mus. Nov. **1357**, 7 S. (1947). — The beginning of the age of mammals in South America. I. Bull. Amer. Mus. natur. Hist. **91**, 232 S., 19 Taf. (1948). — History of the fauna of Latin America. Amer. Sci. **38**, 361—389 (1950). — Horses. New York: Oxford University Press 1951. XXIV, 247 S. u. 32 Taf. — The Phenacolemuridae, new family of early primates. Bull. Amer. Mus. natur. Hist. **105**, 414—442, 6 Taf. (1955). — A new Middle Eocene edentate from Wyoming. Amer. Mus. Nov. **1950**, 8 S. (1959). — Mesozoic mammals and the polyphyletic origin of mammals. Evolution **13**, 405—414 (1959). — SIMPSON, G. G., and C. DE PAULA COUTO: The Mastodonts of Brazil. Bol. Inst. Brasil. Bibliogr. Document **2**, 1—20 (1955). — SINCLAIR, W. J.: Mammalia of the Santa Cruz beds. Marsupialia. Rept. Princeton Univ. Exp. Patagonia **4**, Pt. 3, 333–482, 16 Taf. (1906). — SKINNER, M. F., and O. C. KAISEN: The fossil Bison of Alaska and preliminary revision of the genus. Bull. Amer. Mus. natur. Hist. **89**, 123—256, 19 Taf. (1947). — SKORKOWSKI, E.: Systematik und Abstammung des Pferdes. Z. Tierzücht. u. Züchtgsbiol. **68**, 42—74 (1956). — SLIJPER, E. J.: Die Cetaceen vergleichend anatomisch und systematisch. Capita Zool. **6** u. **7**, XV u. 590 S. (1936). — Walvissen. Amsterdam: D. B. Centens Uitgeversmaatsch 1958. 524 S., illustr. — SOERGEL, W.: Das Aussterben diluvialer Säugetiere und die Jagd des diluvialen Menschen. Festschr. 43 Verslg. Dtsch. Anthrop. Ges. Weimar. Jena, 1912. S. 1—81, 3 Taf. — Elephas trogontherii und E. antiquus, ihre Stammesgeschichte und ihre Bedeutung für die Gliederung des deutschen Diluviums. Palaeontographica **60**, 1—114, 3 Taf. (1913). — Rentiere des deutschen Alt- und Mitteldiluviums. Paläont. Z. **22**, 387—420 (1941). — SOKOLOV, J. J.: Über die Entdeckung von Resten von Horntieren in untermiozänen Ablagerungen der westlichen Gobi. Tr. Paleont. Inst. Akad. Nauk USSR. **41**, 155—158 (1952). — Versuch einer natürlichen Klassifikation der Horntiere (Bovidae). Tr. Zool. Inst. Akad. Nauk USSR. **14**, 1—295, 22 Taf. (1954). — SPATZ, H.: Die Evolution des Menschenhirns und ihre Bedeutung für die Sonderstellung des Menschen. Nachr. Giessener Hochschulges. **24**, 51—74 (1955). SPATZ, H., E. KLENK u. P. B. DIEZEL: Der Gehirnrest der Moorleiche von Windeby. Praehist. Z. **36**, 129—156 (1957). — SPENCER, B. A.: A description of Wynyardia bassiana. Proc. zool. Soc. **70**, 776—795, 2 Taf. (1900). — SPILLMANN, F.: Das südamerikanische Mastodon als Zeitgenosse des Menschen majoiden Kulturkreises. Paläont. Z. **11**, 170—177 (1929). — Die Sirenen aus dem Oligozän des Linzer Beckens (Oberösterr.) mit Ausführungen über „Osteosklerose" und „Pachyostose". Denkschr. öst. Akad. Wiss., math.-nat. Kl. **110**, 1—68, 4 Taf. (1959). — STACH, J.: Arctomeles pliocaenicus n. g. n. sp. from Weze. Acta geol. Polon. **2**, 129—157, 4 Taf. (1951). — STANDING, H. F.: On recently discovered subfossil primates from Madagascar. Trans. Zool. Soc. Lond. **18**, 59—162 (1907). — STARCK, D.: Morphologische Untersuchungen am Kopf der Säugetiere, besonders der Prosimier, ein Beitrag zum Problem des Formwandels des Säugetierschädels. Z. wiss. Zool. **157**, 169—219 (1953). — Die endokraniale Morphologie der Ratiten besonders der Apterygidae und Dinornithidae. Morph. Jb. **96**, 14—72 (1955). — Neuere Ergebnisse der vergleichenden Anatomie und ihre Bedeutung für die Taxonomie. J. Ornith. **100**, 47—59 (1959). — Über ein Anlagerungsgelenk zwischen Unterkiefer und Schädelbasis bei den Mausvögeln (Coliidae). Zool. Anz. **164**, 1—11 (1960). — STEHLIN, H. G.: Über die Geschichte des Suidengebisses. Abh. schweiz. paläont. Ges. **26/27**, 1—527, 10 Taf. (1899/1900). — Die Säugetiere des schweizerischen Eozäns. Abh. schweiz. paläont. Ges. **33**, 597—690, 1 Taf. (1906); **35**, 691—837, 2 Taf. (1908); **36**, 839—1164, 6 Taf. (1909/1910). — Bemerkungen zu der Frage nach der unmittelbaren Ascendenz des Genus Equus. Eclogae geol. Helv. **22**, 186—201 (1929). — Artiodactylen mit fünffingriger Vorderextremität aus dem europäischen Oligozän. Verh. naturforsch. Ges. Basel **40**, 599—625 (1929). — Bemerkungen zur Vordergebißformel der Rhinocerotiden. Eclogae geol. Helv. **23**, 644—648 (1930). — Bemerkungen zu einem Bisonfund aus den Freibergen (Kanton Bern). Eclogae geol. Helv. **24**, 279—288 (1931). — Dicroceros elegans und sein Geweihwechsel. Eclogae geol. Helv. **32**, 162—179 (1939). — Zur Stammesgeschichte der Soriciden. Eclogae geol. Helv. **33**, 298—306 (1940). — STEHLIN, H. G., et A. DUBOIS: La grotte de Cotencher, station moustérienne. Mém. Soc. paléont. Suisse **52/53**, 1—292 (1933). — STEHLIN, H. G., et P. GRAZIOSI: Ricerchi sugli Asinidi fossili d'Europa. Mém. Soc. paléont. Suisse **56**, 1—73, 10 Taf. (1935). — STEHLIN, H. G., u. J. HÜRZELER: Ein weiterer Paarhufer mit fünffingriger Vorderextremität aus dem europäischen Oligocän. Eclogae geol. Helv. **34**, 272—277 (1941). — STEHLIN, H. G., u.

S. Schaub: Siehe S. Schaub. — Steiner, H.: Hinweise auf die ursprüngliche Arboricolie der Säugetiere in der Extremitätenentwicklung einiger rezenter primitiver Formen. Proc. 14. Internat. Congr. Zool. Kopenhagen, 1956. S. 532—533. — Steinmann, G.: Zur Abstammung der Säuger. Z. indukt. Abstamm.- u. Vererb.-Lehre **2**, 65—90 (1909). — Stirton, R. A.: A review of the Tertiary beavers. Univ. Calif. Publ. Bull. Dept. geol. Sci. **23**, 391—458, 2 Taf. (1935). — Phylogeny of North American Equidae. Univ. Calif. Publ. Bull. Dept. geol. Sci. **25**, 165—197 (1940). — Comments on the origin and generic status of Equus. J. Paleont. **16**, 627—637 (1942). — Comments and relationships of the cervid family Palaeomerycidae. Amer. J. Sci. **242**, 633—655 (1944). — Ceboid monkeys from the Miocene of Colombia. Univ. Calif. Publ. Bull. Dept. geol. Sci. **28**, No. 11, 315—356 (1951). — Vertebrate Paleontology and continental stratigraphy in Colombia. Bull. geol. Soc. Amer. **64**, 603—622 (1953). — Late Tertiary marsupials from South Australia. Rec. South. Austr. Mus. **11**, 247—268 (1955). — Tertiary marsupials from Victoria, Australia. Mem. nat. Mus. Victoria **21**, 121—134 (1957). — Stirton, R. A., and W. G. Christian: A member of the hyaenidae from the Upper Pliocene of Texas. J. Mammal. **21**, 445—448 (1940). — Strauss, F.: Vergleichende Beurteilung der Placentation bei den Insectivoren. Rev. suisse Zool. **49**, 269—282 (1942). — Stromer, E.: Mitteilungen über die Wirbeltierreste aus dem Mittelpliozän des Natrontales (Ägypten). Z. dtsch. geol. Ges. **65**, 350—361 (1913). — Reste land- und süßwasserbewohender Wirbeltiere aus den Diamantfeldern Deutsch-Südwestafriaks. In E. Kaiser, Die Diamantwüste Südwestafrikas, Bd. 2, S. 107—153. Berlin: Reimer 1926. — Referat über R. Kellogg: A review of the Archaeoceti. Neues Jb. Mineral., Geol. Paläont., Teil III, 153—157 (1938). — Studer, T.: Die praehistorischen Hunde in ihrer Beziehung zu den gegenwärtig lebenden Rassen. Abh. schweiz. paläont. Ges. **28**, 1—137, 9 Taf. (1901).

Tate, G. H. H.: On the anatomy and classification of the Dasyuridae (Marsupialia). Bull. Amer. Mus. natur. Hist. 88, 97—156, 9 Taf. (1947). — Studies in the anatomy and phylogeny of the Macropodidae (Marsupialia). Bull. Amer. Mus. natur. Hist. **91**, 233—253, 5 Taf. (1948). — Studies in the Peramelidae (Marsupialia). Bull. Amer. Mus. natur. Hist. **92**, 313 bis 346 (1948). — The banded anteater, Myrmecobius Waterh. (Marsupialia). Amer. Mus. Nov. **1521**, 8 S. (1951). — Tedford, R. H.: Report on the extinct mammalian remains at Lake Menindee, New South Wales. Rec. South Aust. Mus. **11**, 299—305 (1955). — Teilhard de Chardin, P.: Les carnassiers des phosphorites du Quercy. Ann. Paléont. **9**, 103—192, 2 Taf. (1915). — Sur quelques Primates des Phosphorites du Quercy. Ann. Paléont. **10**, 1—20 (1916). — La présence d'un Tarsier dans les Phosphorites du Quercy et sur l'Origine Tarsienne de l'Homme. Anthropologie **31**, 329—330 (1921). — Description de Mammifères de Chine et de Mongolie. Ann. Paléont. **15**, 1—52 (1926). — New rodents of the Pliocene and Lower Pleistocene of North China. Publ. Inst. géol.-biol. **9**, 101 S. (1942). — Teilhard de Chardin, P., and P. Leroy: Chinese fossil mammals. Publ. Inst. géol.-biol. 8, 143 S. (1942). — Teilhard de Chardin, P., and E. Licent: New remains of Postschizotherium from SE-Shansi. Bull. geol. Soc. China **15**, 421—427 (1936). — Teilhard de Chardin, P., and M. Trassaert: Pliocene camelidae, giraffidae and cervidae of South-Eastern Shansi. Palaeont. Sinica, N. s. C **1** (1937). — Termier, H. et G.: Atlas de Paléogéographie. 99 S., 36 Kart. Paris: Masson & Cie. 1960. — Thenius, E.: Die Lutrinen des steirischen Tertiärs. S.-B. Akad. Wiss. Wien, math.-nat. Kl. I **158**, 299—322 (1949). — Über die systematische und phylogenetische Stellung der Genera Promeles und Semantor. S.-B. Akad. Wiss. Wien, math.-nat. Kl. I **158**, 323—336 (1949). — Zur Herkunft der Simocyoniden (Canidae, Mammalia). S.-B. Akad. Wiss. Wien, math.-nat. Kl. I **158**, 799—810 (1949b). — Ergebnisse der Neuuntersuchung von Miophoca vetusta (Phocidae, Mammalia) aus dem Torton des Wiener Beckens. Anz. öst. Akad. Wiss. Nr **5**, 99—107 (1950). — Das Meerschweinchen — biologisch betrachtet. Öst. zool. Z. **2**, 414—422 (1950a). — Gazella cf. deperdita aus dem europäischen Vindobonien und das Auftreten der Hipparionfauna. Eclogae geol. Helv. **44**, 381—394 (1952). — Zur Analyse des Gebisses des Eisbären (Thalarctos maritimus). Säugetierkdl. Mitt. **1**, 1—7 (1953). — Zur Gebißanalyse von Megaladapis edwardsi (Lemur, Mammal.). Zool. Anz. **150**, 251—260 (1953). — Zur Abstammung der Rotwölfe (Gattung Cuon). Öst. zool. Z. **5**, 377—387 (1954). — Tigerpferde. Zur Verbreitungsgeschichte einer Tiergruppe. Univ. Natur u. Technik **9**, H. 20, 627—629 (1954). — Die Bedeutung von Austriacopithecus Ehrenberg für die Stammesgeschichte der Hominoidea. Anz. Akad. Wiss. Wien, math.-nat. Kl. **1954**, 191—196. — Zur Kenntnis der unterpliozänen Diceros-Arten (Mammalia, Rhinocerotidae). Ann. naturhist. Mus. **60**, 202—211 (1955). — Die Suiden und Tayassuiden des steirischen Tertiärs. S.-B. Akad. Wiss. Wien, math.-nat. Kl. I **165**, 337—382 (1956). — Tertiärstratigraphie und tertiäre Hominoidenfunde. Anthrop. Anz. **22**, 66—77 (1958a). — Zum Skelettfund von Oreopithecus in der Toskana. Öst. Hochschulz. **10**, Nr 19, 3—4 (1958b). — Ursidenphylogenese und Biostratigraphie. Z. Säugetierk. **24**, 78—84 (1959). — Über die Bedeutung der Palökologie für die Anthropologie und Urgeschichte. Beitr. öst. Erforsch. Vergangenheit u. Kulturgesch. der Menschheit, Sympos. 1959. Wien 1960. — THOMAS, O.: On the genera of rodents: an attempt to bring up to date the current arrangement of the order. Proc. zool. Soc., 1896, 1012—1028, London. — THORPE, M. R.: The Merycoidodontidae, an extinct group of ruminant mammals. Mem. Peabody Mus. natur. Hist. **3**, No. 4, 428 S., 50 Taf. (1937). — TINDALE, N. B.: Archaeological site at Lake Menindee, New South Wales. Rec. South Aust. Mus. **11**, 269—298 (1955). — TOBIEN, H.: Über die Funktion der Seitenzehen tridactyler Equiden. Neues Jb. Mineral., Geol. Paläont. [Abh.] **96**, 137—172 (1952). — TOLMACHOFF, J. P.: Extinction and extermination. Bull. geol. Soc. Amer. **39**, 1131—1148 (1928). — TOTH, G.: Weitere Reste von Miophoca vetusta aus dem Torton des Wiener Beckens. Palaeobiologica **8**, 173—194 (1944). — TREVISAN, L.: Lo scheletro di Elephas antiquus italicus di Fonte Campanile (Viterbo). Palaeontogr. Ital. **44**, 1—78, 5 Taf. (1954). — TROFIMOV, B. A.: Der älteste Vertreter der Urschweine in Asien. C. R. Acad. Sci. URSS. **67**, 145—148 (1949). — New bovidae from the Oligocene of Central Asia. Vertebrata Palasiatica **2**, 243—247 (1958). — TRUMLER, E.: Die Unterarten des Kiangs, Hemionus kiang Moorcr. Säugetierkdl. Mitt. **7**, 17—24 (1959). — TULLBERG, T.: Über das System der Nagethiere. Eine phylogenetische Studie. Mitt. kgl. Ges. Wiss. 1—514, 57 Taf. (1899). — TURNER, H. N.: On the generic subdivision of the bovidae, or hollowhorned ruminants. Proc. zool. Soc. Lond. **18**, 164—178 (1850).

VANDERHOOF, V. L.: A study of the Miocene sirenian Desmostylus. Univ. Calif. Publ. Bull. Dept. geol. Sci. **24**, 169—262 (1937). — Miocene sea-cow from Santa Cruz, California, and its bearing on intercontinental correlation. Bull. geol Soc. Amer. **52**, 1984—1985 (1941). — VANZOLINI, P. E., and L. R. GUIMARAES: South American land mammals and their lice. Evolution **9**, 345—347 (1955). — VAUFREY, R.: Sur l'Aprotodon smith-woodwardi et la phylogenie des Hippopotames. Bull. Soc. géol. France (4) **28**, 227—239 (1928). — Les éléphants nains des îles méditerranéennes. Arch. Inst. paléont. hum. Mém. **6**, 220 S. (1929). — VERSLUYS, J.: Kranium und Visceralskelett der Sauropsiden. I. Reptilien. In L. BOLK, E. GÖPPERT, E. KALLIUS u. W. LUBOSCH, Handbuch der vergleichenden Anatomie der Wirbeltiere, Bd. 4, S. 699—808. Berlin u. Wien 1936. — VIRET, J.: Etude sur quelques érinacéidés fossile spécialement sur le genre Palerinaceus. Trav. Lab. géol. Fac. Sci. Univ. Lyon Fasc. **34**, Mém. 28, 32 S. (1938). — Monographie paléontologique de la faune de vertébrés des sables de Montpellier. III. Carnivora fissipedia. Trav. Lab. géol. Fac. Sci. Univ. Lyon, Fasc. **37**, Mém. 2, 26 S., 2 Taf. (1938). — Sur une microévolution de type orthogenetique chez les lagomorphes européens. Coll. du Paléont. Paris, 2 S. (1947). — Catalogue critique de la faune des mammifères miocènes de la Grive-St. Alban (Isère). I. Chiroptères, Carnivores, Edentés, Pholidotes. Nouv. Arch. Mus. Hist. natur. **3**, 104 S., 4 Taf. (1951). — Meles thorali n. sp. du loess villafranchien de St. Vallier (Drôme). Eclogae geol. Helv. **43**, 274—287 (1951). — Le loess à bancs durcis de St. Vallier et sa faune de mammifères villafranchiens. Nouv. Arch. Mus. Hist. natur. **4**, 200 S., 33 Taf. (1954). — VIRET, J., et M. CRUSAFONT-PAIRÓ: Plesiomeles cajali n. g. n. sp., un Méliné du Vallésien d'Espagne. Eclogae geol. Helv. **48**, 447—452 (1955). — VIRET, J., et G. MAZENOT: Nouveaux restes de mammifères dans le gisement de lignite pontien de Soblay (Ain.). Ann. Paléont. **34**, 19—58, 2 Taf. (1948). — VIRET, J., et H. ZAPFE: Sur quelques soricidés miocènes. Eclogae geol. Helv. **44**, 411—426 (1951). — VOIGT, E.: Mikroskopische Untersuchungen an fossilen tierischen Weichteilen und ihre Bedeutung für Systematik und Paläobiologie. Z. dtsch. geol. Ges. **101**, 99—104 (1950).

WAGNER, J. A.: Die Nagethiere. In J. C. D. v. SCHREBER, Die Säugethiere. Erlangen 1841. — WALZ, R.: Beiträge zur ältesten Geschichte der altweltlichen Cameliden unter bes. Berücksichtigung des Problems des Domestikationszeitpunktes. Actes IV. Congr. Internat. Sci. anthrop. ethnol. Vienne 1952, Bd. 3, 190—204 (1956). — WATSON, D. M. S.: On Permian and Triassic tetrapods. Geol. Mag. **79**, 81—116 (1942). — WEHRLI, H.: Beitrag zur Kenntnis der „Hipparionen" von Samos. Paläont. Z. **22**, 321—386 (1941). — WEIDENREICH, F.: Giant early man from Java and South China. Anthrop. Pap. Amer. Mus. natur. Hist. **40**, 1—134 (1945). — WEIGELT, J.: Rezente Wirbeltierleichen und ihre paläobiologische Bedeutung. Leipzig: Weg 1927. XVI, 227 S. u. 37 Taf. — Neue Primaten aus der mitteleozänen (oberlutetischen) Braunkohle des Geiseltales. Nova Acta Leopold., N. s. **1**, 97—156 (1933). — Weitz, B.: Serological relationships of Hyrax and Elephant. Nature **171**, 261, London (1953). — Weitzel, K.: Neue Wirbeltiere (Rodentia, Insectivora, Testudinata) aus dem Mitteleozän von Messel bei Darmstadt. Abh. Senckenberg. naturforsch. Ges. Nr 489, 1—24 (1949). — Werth, E.: Parapithecus, ein primitiver Menschenaffe. S.-B. naturforsch. Freunde Berlin **1918**, 327—345. — Die primitiven Hunde und die Abstammungsfrage des Haushundes. Z. Tierzücht. u. Züchtungsbiol. **56**, 213—260 (1944). — Whitworth, T.: The Miocene Hyracoids of East Africa. Fossil Mammals of Africa **7** (1954). — Williams, E. E., and K. T. Koopman: West Indian fossil monkeys. Amer. Mus. Nov. **1546**, 1—16 (1952). — Wilson, R. W.: Cricetine-like rodents from the Sespe Eocene of California. Proc. nat. Acad. Sci. **21**, 26—32 (1935). — Simimys, a new name to replace Eumysops Wils., preoccupied. A correction. Proc. nat. Acad. Sci. **21**, 177—180, (1935). — Early Tertiary rodents of North America. Carnegie Inst. Publ. **584**, 67—164 (1949). — Winge, H.: Jordfundne og nulevende Gnavere (Rodentia) fra Lagoa Santa, Minas Geraes, Brasilien. Museo Lundi **1**, Nr 7, 1—178 (1887). — Jordfundne og nulevende gumlere (Edentata) fra Lagoa Santa, Minas Geraes, Brasilien. Museo Lundi **3**, Nr 2, 1—321 (1915). — A review of the interrelationships of the Cetacea. Smithson. Miscell. coll. **72**, Publ. 2650, 97 S. (1921). — The interrelationships of the mammalian genera. I.—III. Kopenhagen: Reitzel. XII, 418 S. u. 1 Taf., 1941; 376 S., 1941; 308 S., 1942. — Wood, A. E.: Evolution and relationships of the heteromyid rodents. Ann. Carnegie Mus. **24**, 73—262 (1935). — A new subfamily of heteromyid rodents from the Miocene of Western United States. Amer. J. Sci. (5) **31**, 41—49 (1936). — Fossil rodents from the Siwalik beds of India. Amer. J. Sci. (5) **34**, 64—76 (1937). — The mammalian fauna of the White River Oligocene. Pt. III. Lagomorpha. Trans. Amer. philos. Soc., N. s. **28**, Pt. 3, 271—362, 2 Taf. (1940). — Notes on the Paleocene lagomorph Eurymylus. Amer. Mus. Nov. **1162**, 7 S. (1942). — Porcupines, palaeogeography, and parallelism. Evolution **4**, 87—98 (1950). — A revised classification of the rodents. J. Mammal. **36**, 165—187 (1955). — What, if anything, is a rabbit? Evolution **11**, 417—425 (1957). — Wood, A. E., and B. Patterson: The rodents of the Deseadan Oligocene of Patagonia and the beginnings of South American rodent evolution. Bull. Mus. Compar. Zool. **120**, 279—428 (1959). — Wood, E. H.: Evolutionary rates and trends in rhinoceroses. In G. L. Jepsen, G. G. Simpson and E. Mayr, Genetics, Paleontology and Evolution, p. 185—189. Princeton: University Press 1949. — Trends in rhinoceros evolution. Trans. N. Y. Acad. Sci. (2) **3**, 83—96 (1941). — Wood, H. E.: The position of the „Sparassodonts", with notes on the relationships and history of the marsupialia. Bull. Amer. Mus. natur. Hist. **51**, 77—101 (1924). — Some early Tertiary rhinoceroses and hyracodonts. Bull. Amer. Paleont. **13**, No 50, 10—12 (1927). — Lower Oligocene rhinoceroses of the genus Trigonias. J. Mammal. **12**, 414—428 (1931). — Revision of the Hyrachyidae. Bull. Amer. Mus. natur. Hist. **67**, 181—295 (1934). — Perissodactyl suborders. J. Mammal. **18**, S. 106 (1937). — Cooperia totadentata, a remarkable rhinoceros from the Eocene of Mongolia. Amer. Mus. Nov. **1012**, 20 S. (1938). — Wortman, J. L.: The Ganodonta and their relationships to the Edentata. Bull. Amer. Mus. natur. Hist. **9**, 59—110 (1897). — Wüst, E.: Untersuchungen über das Pliozän und das älteste Pleistozän Thüringens. Abh. naturforsch. Ges. Halle **23**, 17—368 (1900).

Young, C. C.: On a new Ochotonid from North Suiyuan. Bull. geol. Soc. China **11**, 255—258 (1931). — Budorcas, a new element in the Proto-historic Anyang fauna in China. Amer. J. Sci. **246**, 157—164 (1948).

Zapfe, H.: Die Fauna der miozänen Spaltenfüllung von Neudorf a. d. March (ČSR). Carnivora. S.-B. Akad. Wiss. Wien, math.-nat. Kl. I **159**, 109—141 (1950). — The skeleton of Pliopithecus (Epipliopithecus) vindobonensis Zapfe and Hürzeler. Amer. J. physiol. Anthrop., N. s. **16**, 441—455 (1958). — Zapfe, H., u. L. Drexler: Ein pathologisches Skelett von Smilodon aus der argentinischen Pampas-Formation. Geologie **5**, 288—307, 3 Taf. (1956). — Zapfe, H., u. J. Hürzeler: Die Fauna der miozänen Spaltenfüllung von Neudorf a. d. March (ČSR). Primates. S.-B. Akad. Wiss. Wien, math.-nat. Kl. **166**, 113—123 (1957). Zdansky, O.: Jungtertiäre Carnivoren Chinas. Palaeont. Sinica C **2**, 1, 1—155, 33 Taf. (1924). — Fossile Hirsche Chinas. Palaeont. Sinica C **2**, 3, 1—90, 16 Taf. (1925). — Zeuner, F. E.: Die Beziehungen zwischen Schädelform und Lebensweise bei den rezenten und fossilen Nashörnern. Ber. naturforsch. Ges. Freiburg **34**, 21—80, 8 Taf. (1934). — Zittel, K. A. v.: Handbuch der Paläontologie I. Paläozoologie 4. Vertebrata (Mammalia). München: Oldenbourg 1893. IX u. 799 S.

Namenverzeichnis

Sachverzeichnis *

* Kursive Seitenzahlen bedeuten Abbildungen.